地球之路

人類、氣候與文明的未竟故事

The Earth Transformed

AN UNTOLD HISTORY

Peter Frankopan

彼德・梵科潘——著

馮奕達——譯

獻

給

Jessica

神造了最早的人，領著他走過伊甸園每一棵樹邊，對他說……「你聽好，不要敗壞、傷害我的世界；你敗壞它，不會有人接著幫你復原。」

——《傳道書大注釋書》（*Midrash Ecclesiastes Rabbah*）7：13

旱既大甚，蘊隆蟲蟲。不殄禋祀，自郊徂宮。上下奠瘞，靡神不宗。

——周宣王（西元前八二七年至七八二年治世），《詩經・雲漢》

〔神〕他曾升起蒼穹，他曾規定公平，以免你們用秤不公。

——《古蘭經》（*Qur'ān*）55：7－8

我們的氣候……正發生有感變化。熱與冷都變得溫和許多。

——湯瑪斯・傑佛遜（Thomas Jefferson），《維吉尼亞州隨筆》（*Notes on the State of Virginia*，一七八五年）

最窮困的國家已經遭受人禍所困擾，現在又多了天災的威脅，也就是氣候變遷的可能性。

——亨利・季辛吉（Henry Kissinger），聯合國大會第六屆特別會議致詞（一九七四年四月）

我看過，也讀過一點……我才不相信。

——美國第四十五任總統唐納・川普（Donald Trump）對於《二〇一八美國國家氣候評估報告》（*US National Climate Assessment 2018*）的看法

推薦序

地球是一本書

洪廣冀 臺灣大學地理環境資源學系副教授

尋常的一天

今天是二〇二五年七月七日，我坐在研究室中，努力完成《地球之路》的介紹文。兩天前，也就是七月五日，不少人擔憂日本將發生強震或火山爆發，為這個世界劃下句點。在七月七日這個當下，我的研究室外面正吹著強風，因為颱風丹娜絲在幾個小時前從嘉義登陸，雖說已轉為輕度颱風，但呼呼的風聲仍然揭示著它的存在。在國際新聞方面，歐洲正深陷熱浪，美國德州則遭洪水侵襲，死亡人數逼近百人。鹿兒島的櫻島火山正在噴發，煙塵直噴三千公尺高。

然而，放大時間尺度，二〇二五年七月七日恐怕是二十一世紀尋常的一天。問題就出在，生活在現代，我們愈來愈感覺到，任何一個尋常的日子，常常就充斥著不尋常的環境事件。你或許會懷疑，以前的人是如何理解與應對這些事件？人們有沒有設法控制它，而這些事件又如何形塑了人類社會的發展？

歷史學界的搖滾明星

這便是《地球之路》想要處理的主題。作者彼德．梵科潘出身劍橋大學歷史學系，目前在牛津大學歷史系任教。梵科潘是一位全球史家，專攻中東與中亞的歷史。他的成名作是《絲綢之路：從波斯帝國到當代國際情勢，橫跨兩千五百年人類文明的新世界史》（*The Silk Roads: A New History of the World*），於二〇一五年出版，全書約六百五十頁。

二〇一五年，梵科潘才四十幾歲。或許是初生之犢不畏虎，他跟他的同行表示：各位做的世界史都還是歐洲中心的歷史。他說：不是說探討歐洲人征服世界就是世界史；不管各位對這段歷史的評價如何，各位就是沒把歐洲以外的地方理解為中心。梵科潘說，他的《絲綢之路》就是要訴說一段不一樣的世界史：對於「絲路」，各位或許多少有聽過；但《絲綢之路》不是闡釋這條路如何銜接了東西兩大文明，而是要探討這條路本身，並把它以及它所串聯的人群，當成世界的中心。我們所熟悉的現代世界，其實是環繞著這條路緩緩開展，如同花朵般地綻放。

《絲綢之路》為梵科潘贏得莫大的學術聲譽，也相當暢銷。這位牛津大學教授不時出現在媒體上，發表他對中東與中亞地區的看法。梵科潘的形象鮮明，口才便給；他穿著休閒鞋與剪裁合度的襯衫，扣子總是沒有扣滿。《星期日泰晤士報》（*The Sunday Times*）如此評論：這位牛津大學歷史學教授就像個搖滾明星。

氣候與文明？

睽違近十年，梵科潘以《地球之路》回歸。這一次，他要說的是各種意義的全球史。他的全球就真的是「地球」，而這個「全球史」就是地球四十五億年的歷史。在英文版長達七百頁，中文版六百多頁（另外有兩百頁的註腳，放在出版社網頁上）的篇幅中，梵科潘的聲音更加宏亮，語調也更為激烈，如同隆隆的鼓聲與吉他 riff：「我一直想揣度，我們怎麼會走到彷彿懸崖邊緣的地步，讓我們物種以及一大部分的動植物世界，面臨未來存亡關頭？」

即便《地球之路》的時間尺度是四十五億年，空間尺度就是地球，作為一個歷史學者，梵科潘還是為人類留下絕大部分的篇幅。《地球之路》的第一章是「太初世界」，涵蓋了四十五億年前至西元前七百萬年。從第二章開始，梵科潘就開始說明「我們物種的起源」，即約西元前七百萬年至前一萬兩千年，再一路往下，走過「最早的城市」、「草原的前沿」、「帝國的黃金時代」、「中世紀溫暖期」、「小冰河期」、「工業與自然世界」、「重塑全球環境」再到最後的「瀕臨生態極限」。透過二十四個章節，梵科潘帶給讀者一個波瀾壯闊的氣候與文明史。

為何一位絲路研究者突然轉向至四十五億年的全球史？梵科潘表示，在撰寫本書時，他有三大目標：一、把氣候「擺回過去的歷史當中」；二、勾勒人類與自然界互動的千年史；三、拓展看待歷史的視野——他的意思是，寫歷史以及「有歷史」的人不會只在「全球北方」，即歐洲與北美洲那些相對富裕的社會。他也批評，歷史學家過於強調城鎮、國家與官僚等，這導致大部分的歷史是由都市人所寫，供都市人閱讀，重點也在都市人的生活，這就導致「我們看待過去、看待周遭世界的角度出現偏差」。

這是個相當大膽的舉動。從人文社會的發展來看，梵科潘不是第一位對此主題感興趣的研究者。早在十八世紀，法國思想家孟德斯鳩（Charles-Louis de Secondat, baron de La Brède et de Montesquieu，一六八九－一七五五年）即在《論法的精神》（*De l'esprit des lois*，一七四八年）中構思氣候與文明的關係。他的結論是，氣候會形塑人們的精神，從而形成迥異的生活方式，如寒帶人勇敢，熱帶人軟弱等。二十世紀初，美國地理學者亨廷頓（Ellsworth Huntington，一八七六－一九四七年）出版《文明與氣候》（*Civilization and Climate*，一九一五），論證氣候區就相當於「種族」（race）的界線，溫帶人位於文明的高峰，由此種族來管理其他氣候區，以及生活在此氣候區中的那些低等種族，是溫帶人的「昭昭天命」。二次世界大戰後，目睹種族主義為人類帶來的災難，人文社會科學研究者開始與氣候或環境保持距離。與其強調氣候或環境如何決定人類文明的發展，他們強調人的能動性與可能性。環繞在「氣候與文明」的討論被視為「偽科學」，或至少是有害的科學。然而，隨著太空科技的發展，「我們只有一個地球」的概念也開始成熟。人類是地球這艘太空船上的乘客；若地球沒了，人類就會無處可去。人類可以做的就是愛護它與保護它，或者設法以永續的方式運用它。從後見之明來看，這便是當代環境主義的起源。

更紮實的歷史學

梵科潘繼承了這數百年的研究傳統，同時小心翼翼地與種族主義、氣候與地理決定論保持距離。他批評，在目前的歷史學寫作中，鮮少有研究者把天氣，氣候與環境因素當成歷史背景，當然就不會把這些因素視為理解過去的一扇窗。雖說如此，他也注意到氣候決定論有復甦的趨勢，如地理學者賈德．戴蒙（Jared Diamond）的《大崩壞》（*Collapse: How Societies Choose to Fail or Succeed*，二〇〇五年），便是以「人類破壞環境，遭到環境反撲，最後自取滅亡」為基調。對此，梵科潘批評，這其實是把「複雜的敘事過度簡化為狹隘的解釋」，且往往是「搞錯先後順序，以今非古」。

梵科潘的策略很簡單。如同年輕的他，在探討絲路時，得學習各種語言，以撰寫絲路的全球史，現在的他也得學習新的語言。這個語言便是地球科學、大氣科學與電腦科學的語言。他指出：「歷史學家如今可謂身處黃金時代。機器學習、計算模型與數據分析不僅提供了探索其他歷史時期的新視角，更揭露了大量過往所未知、未見的資訊」。他潛心了解光學雷達探測出的亞馬遜雨林遺址，以及紅外線光譜資料如何呈現辛巴威沙希河（Shashi）周遭聚落的變化。他也試著了解大氣學家的數值模型，學習他們如何建構全球氣候系統及其次系統間的關聯。

梵科潘甚至注意到中央研究院地球科學研究所劉啟清與另外兩位國外學者發表的論文。該論文發表在二〇〇九年的《自然》（*Nature*）上，以花蓮為例，探討颱風與「慢地震」間的關聯。慢地震的規模小、溫和且持續時間長；劉啟清等人指出，颱風的低氣壓對陸地與海底的岩石帶來不同的影響，促成斷層滑動，因而誘發地震。

梵科潘以短短幾句話總結劉啟清等人的研究成果。讀到此段，臺灣讀者當會心一笑。二〇一五年，藝人炎亞綸在臉書上發表下雨地震說，又對質疑的讀者拋出「你地質系」？引發一陣風潮。當風波平息後，又有網友翻出劉啟清等人與其他相關研究成果，風向又開始轉彎，網友又湧入炎亞綸的該則貼文，讚嘆「先知總是孤獨的」。

梵科潘當然不知道颱風與地震是臺灣社會一度熱議的議題。然而，諸如此類挑戰人們一般認知的傑出研究成果，讓他體會到傳統歷史學研究的限制。梵科潘顯然善用了牛津大學的研究資源與社群。從《地球之路》的字裡行間，我們幾乎可以想像，這位歷史學者，是如何在各種場合，把握機會，向地球科學研究者交流，倡言各自專業下的地球史與人類史。

回顧這個過程，梵科潘表示他原本「只是想寫氣候如何形塑你我周圍的世界，寫全球氣候、降雨和海平面的調變，乃至暴風雨、火山爆發與隕石撞擊等極端事件如何影響歷史」。然而，當他真的開始思考全書架構時，他意識到他得談「天氣模式的變化，談人類對自然界的干預，進而探討更費解的問題與挑戰，像是農產剩餘與官僚體系起源的關係」等主題。問題是，他隨即發現，地球科學家所探索的區域，往往屬於「已經過深入探索，且資源豐富的國家」，造成嚴重的「研究失衡」。他指出，「這一點實在很諷刺，因為是最窮困的區域與國家受到氣候變遷最嚴重的衝擊」，但「它們的聲音卻是最細微，甚至完全被歷史所忽視」。

更好的讀者

那麼，該如何做才能解決如此研究失衡的問題？挑戰似乎一關接著一關。最後，梵科潘找到了可能的解方：深入無文字人群的口述史與神話，搭配考古學者的洞見，藉此「拓展歷史的疆界，讓未來的歷史研究看得更遠」。

在謝辭中，梵科潘寫道：「寫這本書，使我不得不去跟新類型的文獻材料打交道，尤其是科學文獻，並學習如何詮釋這些材料；寫這本書，也把我推向以前並未深入研究過的區域，探討當地人的歷史，讓我大開眼界，過程也令我成為更紮實的歷史學者」。

從這個角度，《地球之路》不只探討地球如何被人類活動所轉變，抑或人類如何為地球所形塑，還包括一位人文社會科學研究者如何轉型的旅程。

就讀者而言，閱讀本書的樂趣也就在於，看這位歷史學界的搖滾明星，如何意識到自己的局限，在消化數量龐大之科學文獻的同時，深入探究林林總總的地方史，最終將這些材料編織為一個地球與人的大歷史。

這也讓我想起伽利略著名的比喻：自然是一本書，且是由數學與自然科學寫成的。《地球之路》提醒讀者，數學與自然科學至關重要，但這本叫做「自然」的書還包含各式各樣的語言。梵科潘其實並未告訴讀者，面對氣候變遷，人類究竟該如何做；不過，他以行動證明，要了解地球未來會如何，以及人在其中的命運會如何被改變，我們得成為一個勇於挑戰學科界線、願意學習各種語言，且對不同文化的自然觀保持敬意的人——換言之，在地球這本大書面前，我們得成為更好的讀者。

目次

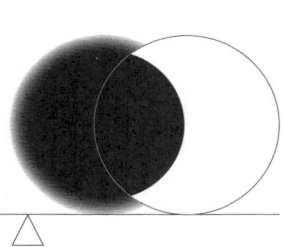

音譯說明

歷史學家設法為族群、地點與個人名稱找到最好的音譯，卻往往作繭自縛。我根據自己的判斷，盡可能使文字好讀，而我也了解有些讀者會希望譯音可以更精準，尤其是非歐洲語言的音譯。話雖如此，我還是得請對於信雅達寸步不讓的讀者們見諒。希望我的作法，能夠在我們看待自己生活的世界時，帶來更多的理解、啟發，以及新的觀點。

地圖

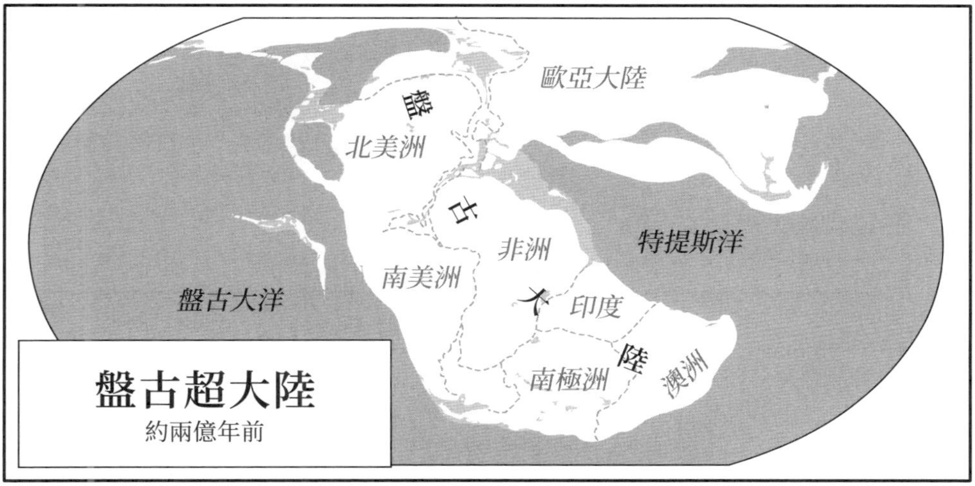
歐亞大陸
盤
北美洲
古
非洲
特提斯洋
南美洲
大
印度
盤古大洋
陸
澳洲
南極洲
盤古超大陸
約兩億年前

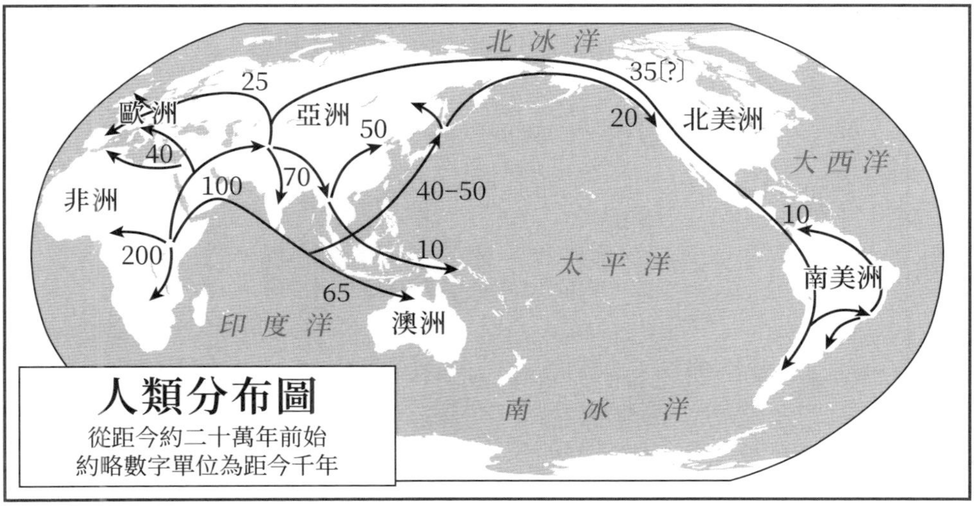
北冰洋
35[?]
25
歐洲
亞洲
20
北美洲
50
40
大西洋
100
70
40-50
非洲
10
200
10
太平洋
南美洲
65
印度洋
澳洲
南冰洋
人類分布圖
從距今約二十萬年前始
約略數字單位為距今千年

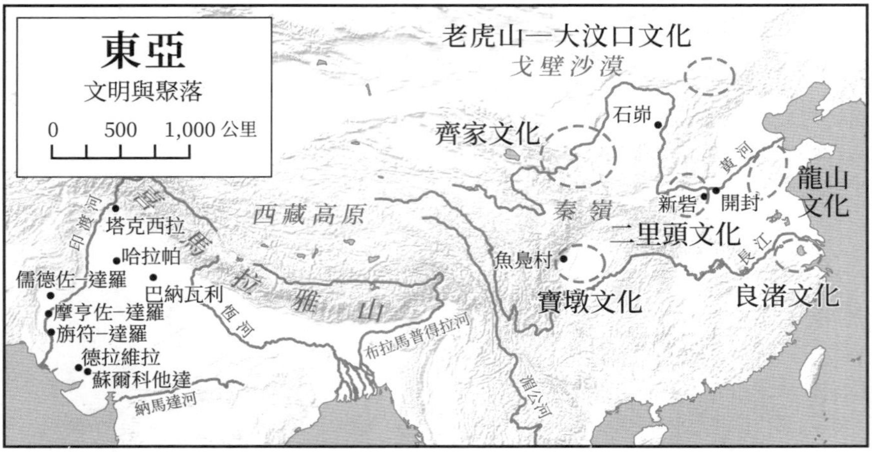
東亞
文明與聚落
0 500 1,000 公里
老虎山—大汶口文化
戈壁沙漠
石峁
齊家文化
黃河
龍山文化
新砦
開封
秦嶺
二里頭文化
西藏高原
喜馬拉雅山
印度河
塔克西拉
哈拉帕
儒德佐–達羅
巴納瓦利
摩亨佐–達羅
旃符–達羅
德拉維拉
蘇爾科他達
納馬達河
恆河
布拉馬普得拉河
湄公河
魚梟村
寶墩文化
長江
良渚文化

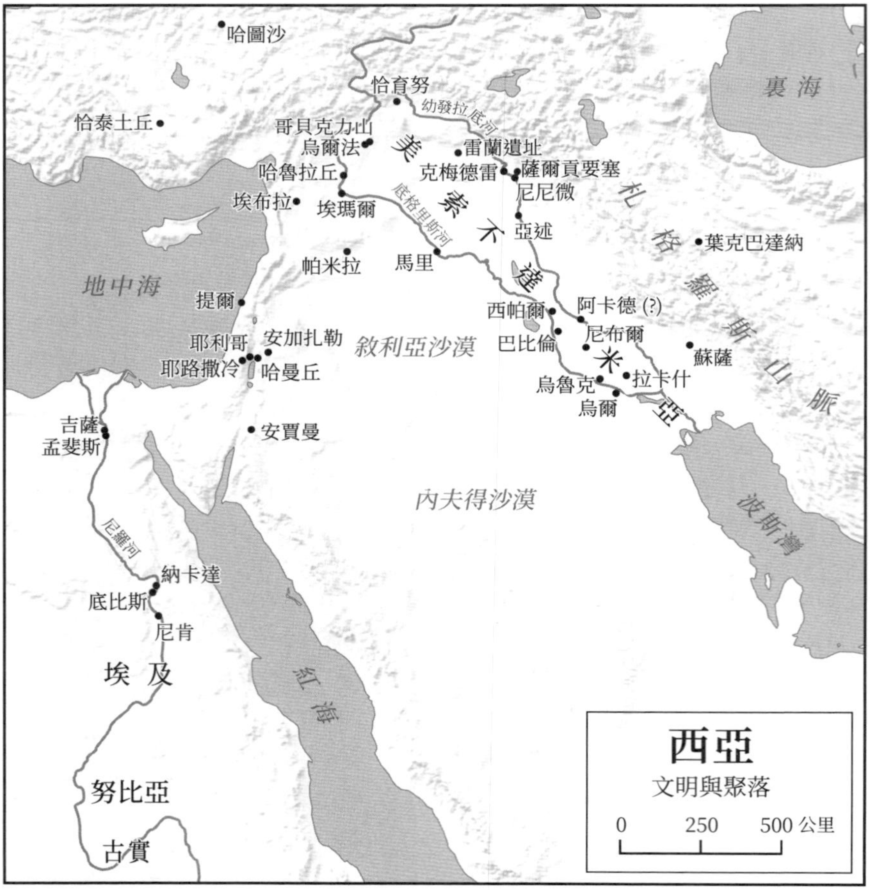
哈圖沙
恰育努
幼發拉底河
裏海
恰泰土丘
哥貝克力山
烏爾法
雷蘭遺址
美索不達米亞
哈魯拉丘
克梅德雷
薩爾頁要塞
尼尼微
埃布拉
埃瑪爾
底格里斯河
札格羅斯山脈
亞述
葉克巴達納
帕米拉
馬里
地中海
提爾
西帕爾
阿卡德 (?)
耶利哥
安加扎勒
敘利亞沙漠
巴比倫
尼布爾
蘇薩
耶路撒冷
哈曼丘
烏魯克
拉卡什
烏爾
吉薩
孟斐斯
安賈曼
內夫得沙漠
波斯灣
尼羅河
納卡達
底比斯
尼肯
紅海
埃及
努比亞
古實
西亞
文明與聚落
0 250 500 公里

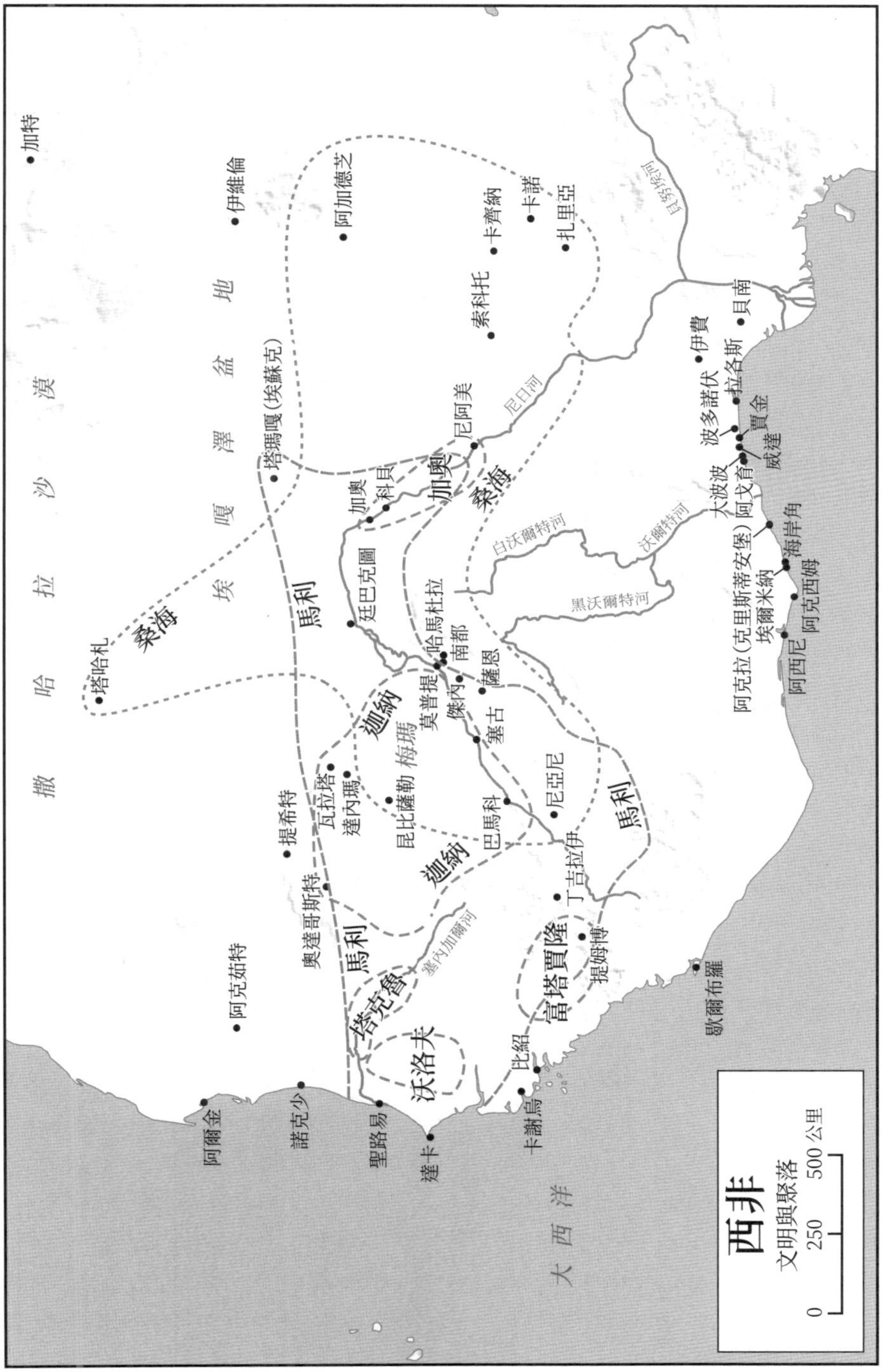

西非
文明與聚落
0
250
500 公里
大西洋
撒哈拉沙漠
埃嘎澤盆地
加特
伊維倫
阿加德芝
卡諾
卡齊納
扎里亞
索科托
塔瑪嘎(埃蘇克)
尼阿美
尼日河
貝努埃河
加奧
科貝
加奧
桑海
桑海
廷巴克圖
馬利
馬利
馬利
塔哈札
哈馬杜拉
南都
莫普提
傑內
薩恩
塞古
迦納
迦納
梅瑪
瓦拉塔
達內瑪
昆比薩勒
提希特
巴馬科
尼亞尼
奧達哥斯特
丁吉拉伊
塞內加爾河
提姆博
富塔賈隆
塔克魯
沃洛夫
阿克茹特
阿爾金
諾克少
聖路易
達卡
卡謝烏
比紹
歐爾布羅
白沃爾特河
黑沃爾特河
沃爾特河
伊費
貝南
拉各斯
波多諾伏
賈金
威達
大波波
阿戈育
阿克拉(克里斯蒂安堡)
海岸角
埃爾米納
阿克西姆
阿西尼

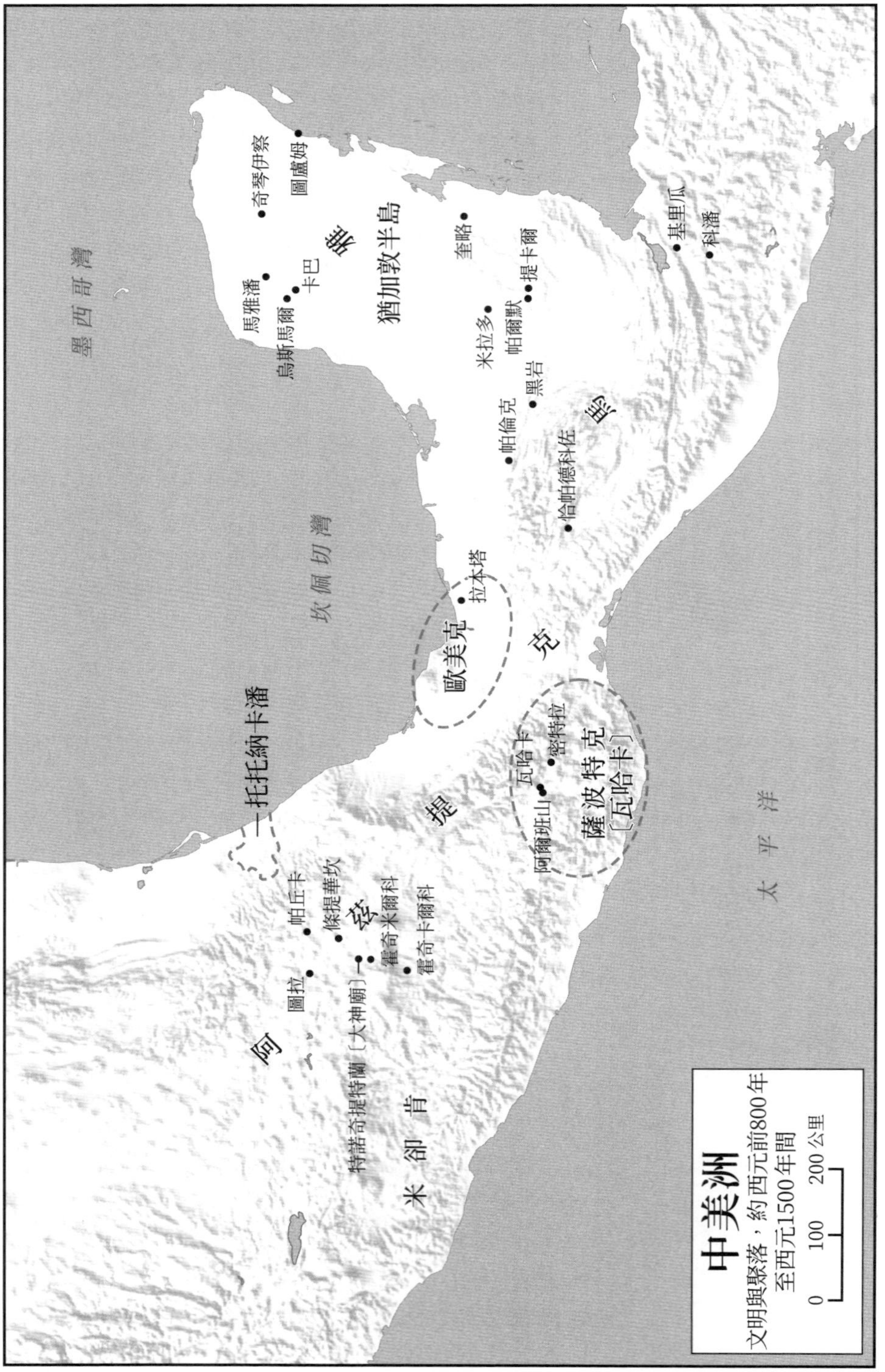
中美洲
文明與聚落，約西元前800年至西元1500年間
0
100
200 公里
墨西哥灣
坎佩切灣
太平洋
猶加敦半島
馬雅
奇琴伊察
圖盧姆
卡巴
馬雅潘
烏斯馬爾
奎略
米拉多
帕爾默
提卡爾
黑岩
帕倫克
恰帕德科佐
基里瓜
科潘
拉本塔
歐美克
托托納卡潘
阿茲提克
薩波特克〔瓦哈卡〕
阿爾班山
瓦哈卡
密特拉
帕丘卡
條提華坎
霍奇米爾科
霍奇卡爾科
圖拉
特諾奇提特蘭〔大神廟〕
米卻肯

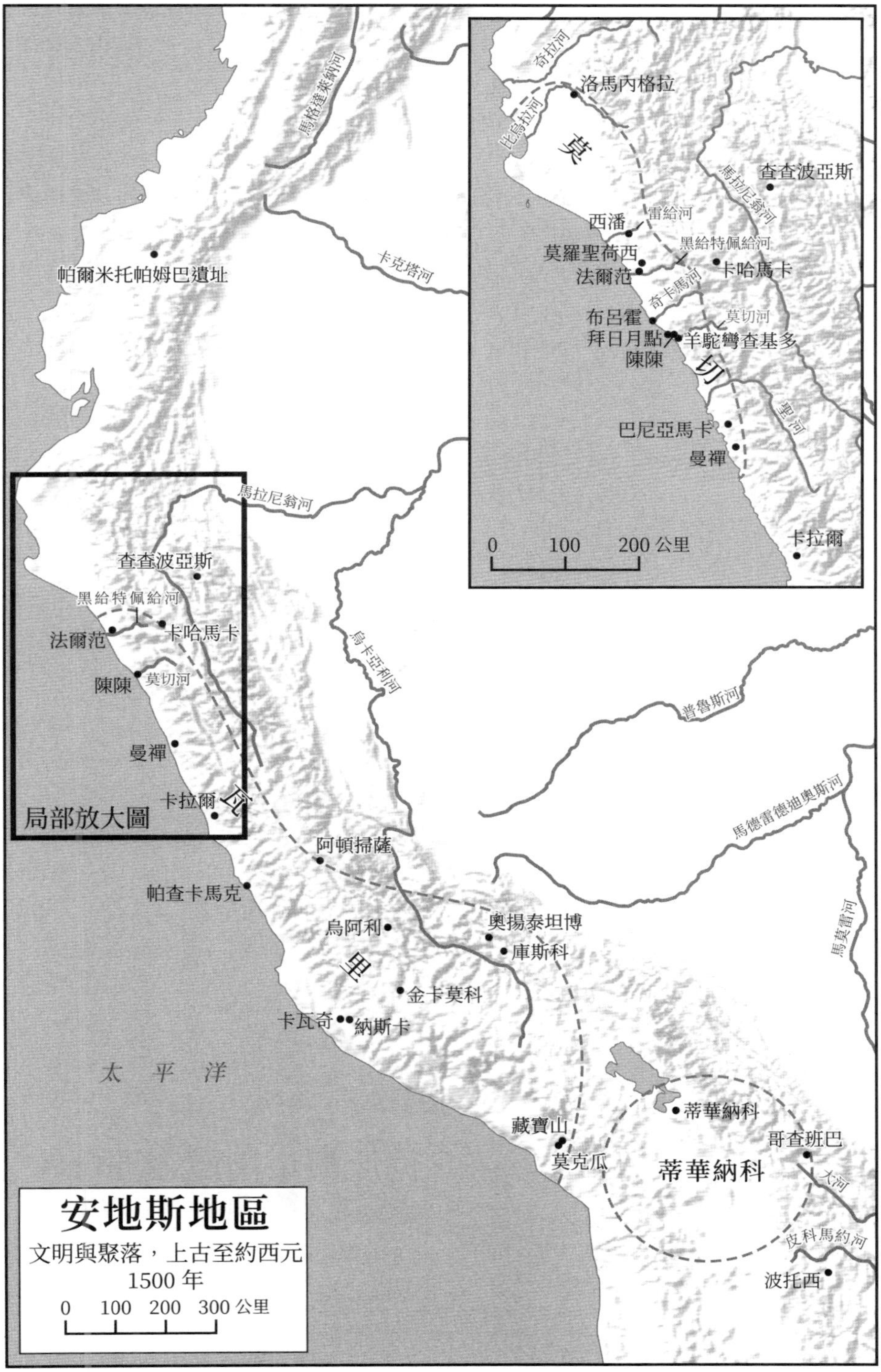

安地斯地區
文明與聚落，上古至約西元
1500 年
0 100 200 300 公里
太平洋
局部放大圖
馬格達萊納河
帕爾米托帕姆巴遺址
卡克塔河
馬拉尼翁河
查查波亞斯
黑給特佩給河
法爾范
卡哈馬卡
陳陳
莫切河
曼禪
卡拉爾
瓦
里
烏卡亞利河
普魯斯河
馬德雷德迪奧斯河
阿頓掃薩
帕查卡馬克
奧揚泰坦博
烏阿利
庫斯科
金卡莫科
卡瓦奇
納斯卡
馬莫雷河
蒂華納科
藏寶山
莫克瓜
哥查班巴
大河
皮科馬約河
波托西
奇拉河
洛馬內格拉
比烏拉河
莫
切
查查波亞斯
馬拉尼翁河
雷給河
西潘
黑給特佩給河
莫羅聖荷西
卡哈馬卡
法爾范
奇卡馬河
莫切河
布呂霍
拜日月點
羊駝彎查基多
陳陳
聖河
巴尼亞馬卡
曼禪
卡拉爾
0 100 200 公里

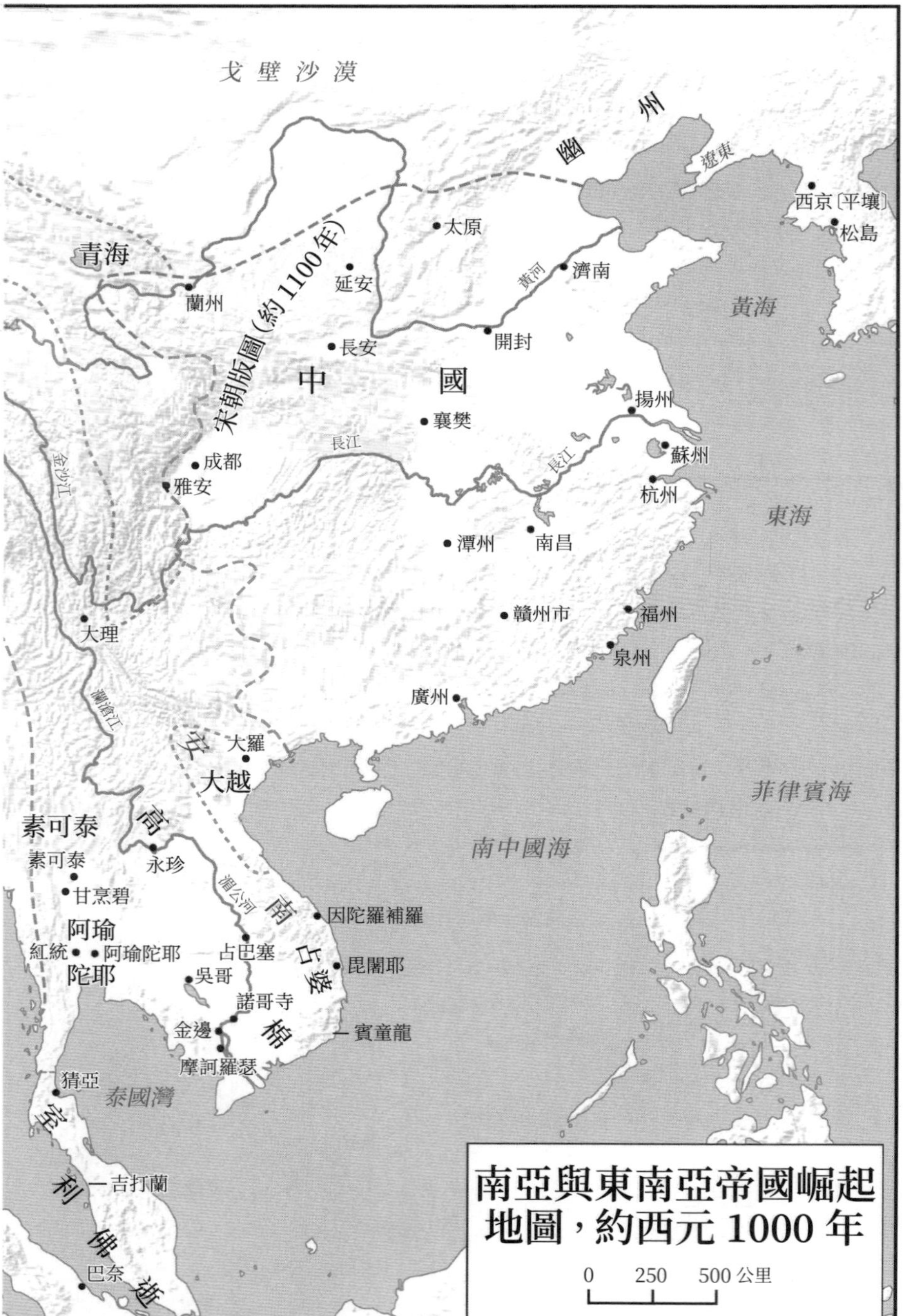

南亞與東南亞帝國崛起地圖，約西元 1000 年

錫爾河
龜茲
吐魯番
喀什
葉爾羌河
敦煌
阿姆河
于闐
唐朝版圖（約742年）
通天河
喜
馬
拉
雅
山
西藏高原
賈朗達爾
拉薩
雅魯藏布江
印度河
因陀羅城
馬圖拉
卡瑙傑
恆河
布拉馬普得拉河
華氏城
高達
摩訶珈瑪
提颾（？）
德拉維拉
鄔闍衍那
坎貝
納馬達河
泰母羅里卜地
蒲
甘
蒲甘
阿旃陀
普里
瓦塔比
〔巴達米〕
速瓦納吉里
雷瓦蒂吉帕
甘比里
阿拉伯海
孟加拉灣
勃固
吉里納加
德瓦拉薩姆德拉
建志補羅
注
輦
恆空達朱羅城
卡魯爾
納加帕蒂南
摩訶達雅補羅
坦賈武爾
馬杜賴
阿努拉達補羅
甘達路薩萊（？）
卡耶爾
安達曼海
印度洋

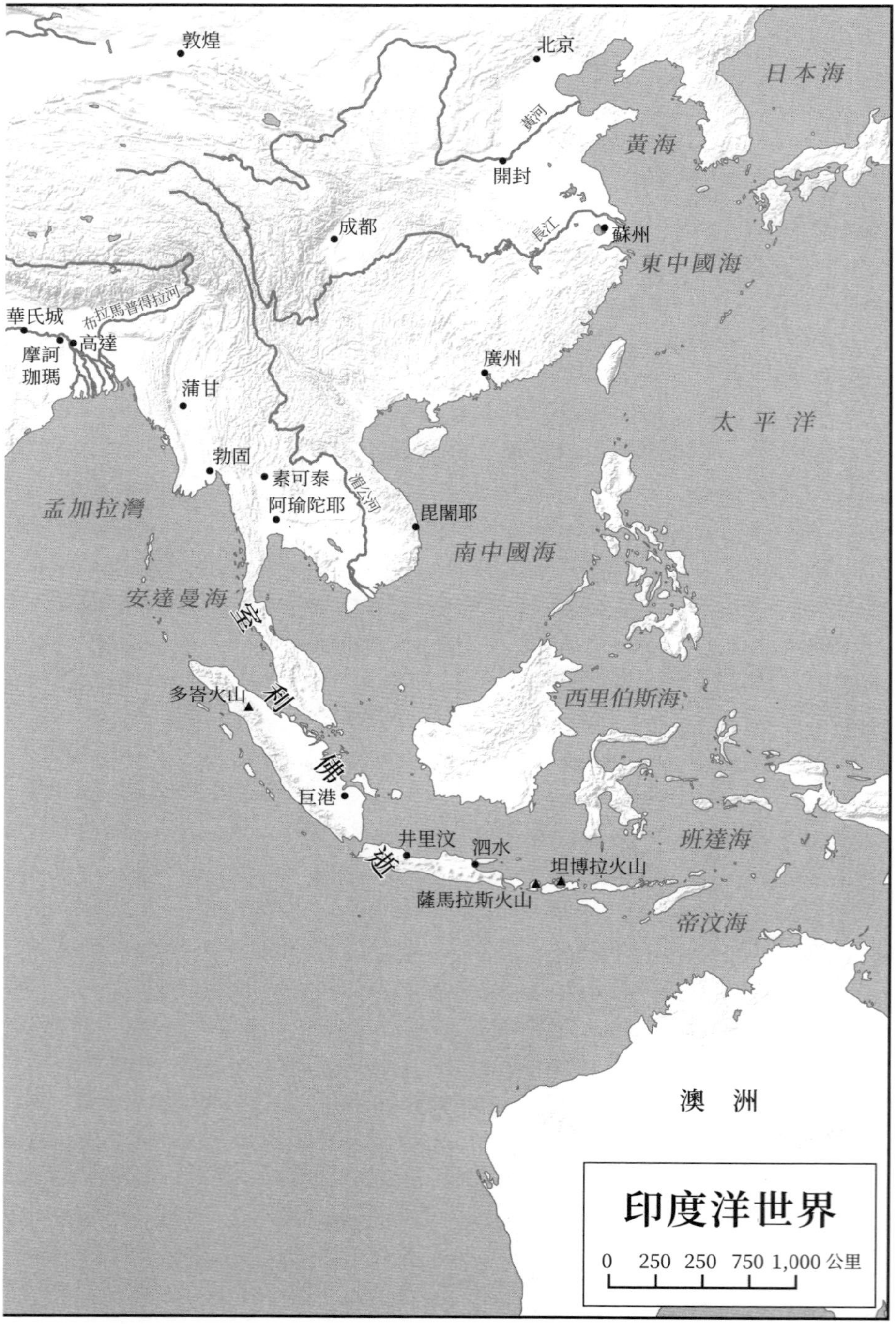
敦煌
北京
日本海
黃河
黃海
開封
成都
長江
蘇州
東中國海
華氏城
布拉馬普得拉河
高達
摩訶
珈瑪
廣州
蒲甘
太平洋
勃固
素可泰
湄公河
阿瑜陀耶
孟加拉灣
昆闍耶
南中國海
安達曼海
室
利
佛
逝
多峇火山
西里伯斯海
巨港
井里汶
泗水
班達海
坦博拉火山
薩馬拉斯火山
帝汶海
澳洲
印度洋世界
0 250 250 750 1,000 公里

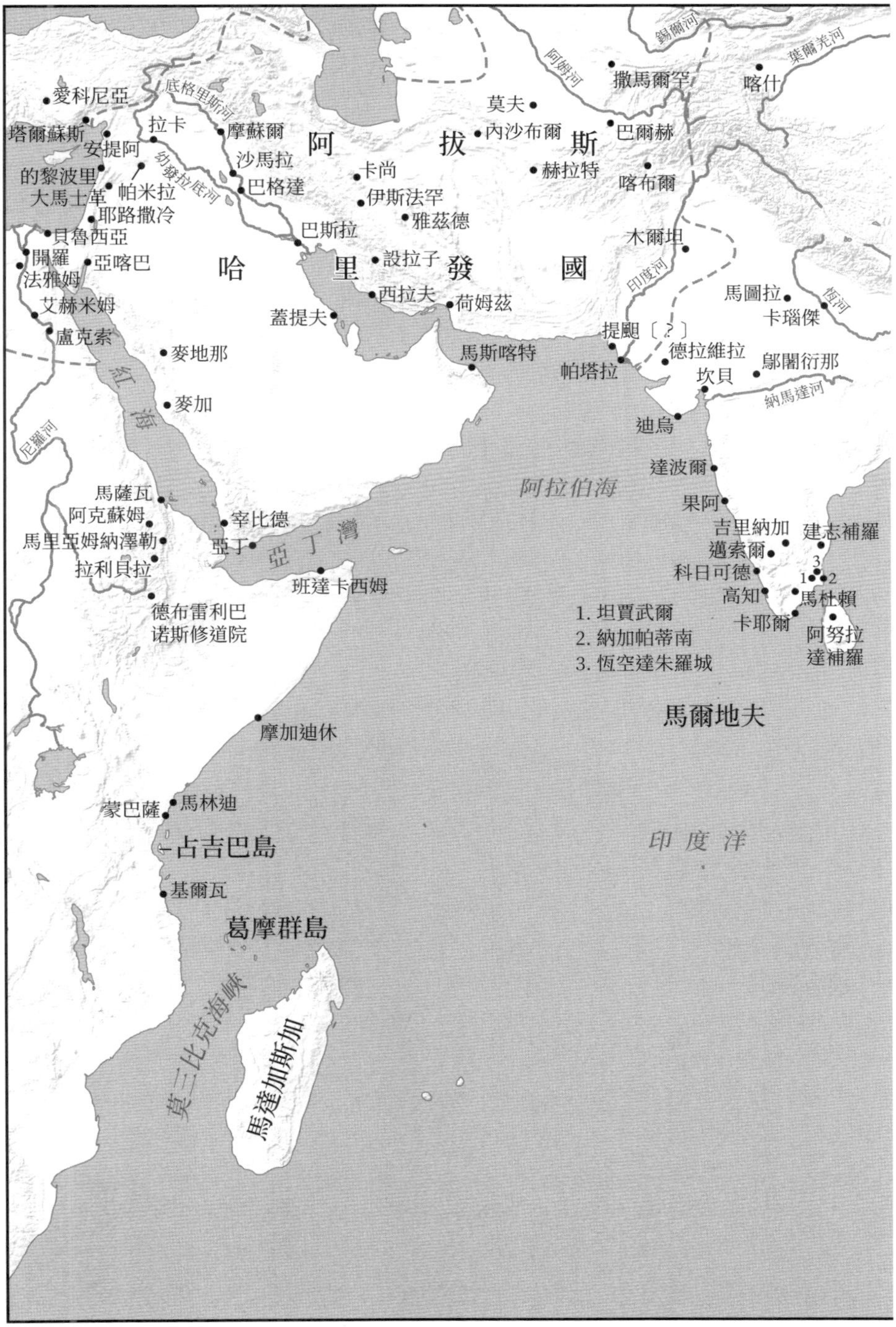
阿拔斯哈里發國
錫爾河
阿姆河
葉爾羌河
撒馬爾罕
喀什
莫夫
巴爾赫
內沙布爾
赫拉特
喀布爾
愛科尼亞
塔爾蘇斯
安提阿
的黎波里
大馬士革
帕米拉
耶路撒冷
貝魯西亞
開羅
法雅姆
艾赫米姆
盧克索
拉卡
底格里斯河
幼發拉底河
摩蘇爾
沙馬拉
巴格達
卡尚
伊斯法罕
雅茲德
巴斯拉
設拉子
西拉夫
荷姆茲
蓋提夫
亞喀巴
麥地那
麥加
紅海
尼羅河
馬斯喀特
木爾坦
印度河
提颶〔？〕
帕塔拉
德拉維拉
馬圖拉
卡瑙傑
恆河
鄔闍衍那
坎貝
納馬達河
迪烏
達波爾
果阿
阿拉伯海
吉里納加
邁索爾
科日可德
高知
卡耶爾
建志補羅
馬杜賴
阿努拉達補羅
1. 坦賈武爾
2. 納加帕蒂南
3. 恆空達朱羅城
馬爾地夫
馬薩瓦
阿克蘇姆
馬里亞姆納澤勒
拉利貝拉
德布雷利巴
诺斯修道院
辛比德
亞丁
亞丁灣
班達卡西姆
摩加迪休
馬林迪
蒙巴薩
占吉巴島
基爾瓦
葛摩群島
莫三比克海峽
馬達加斯加
印度洋

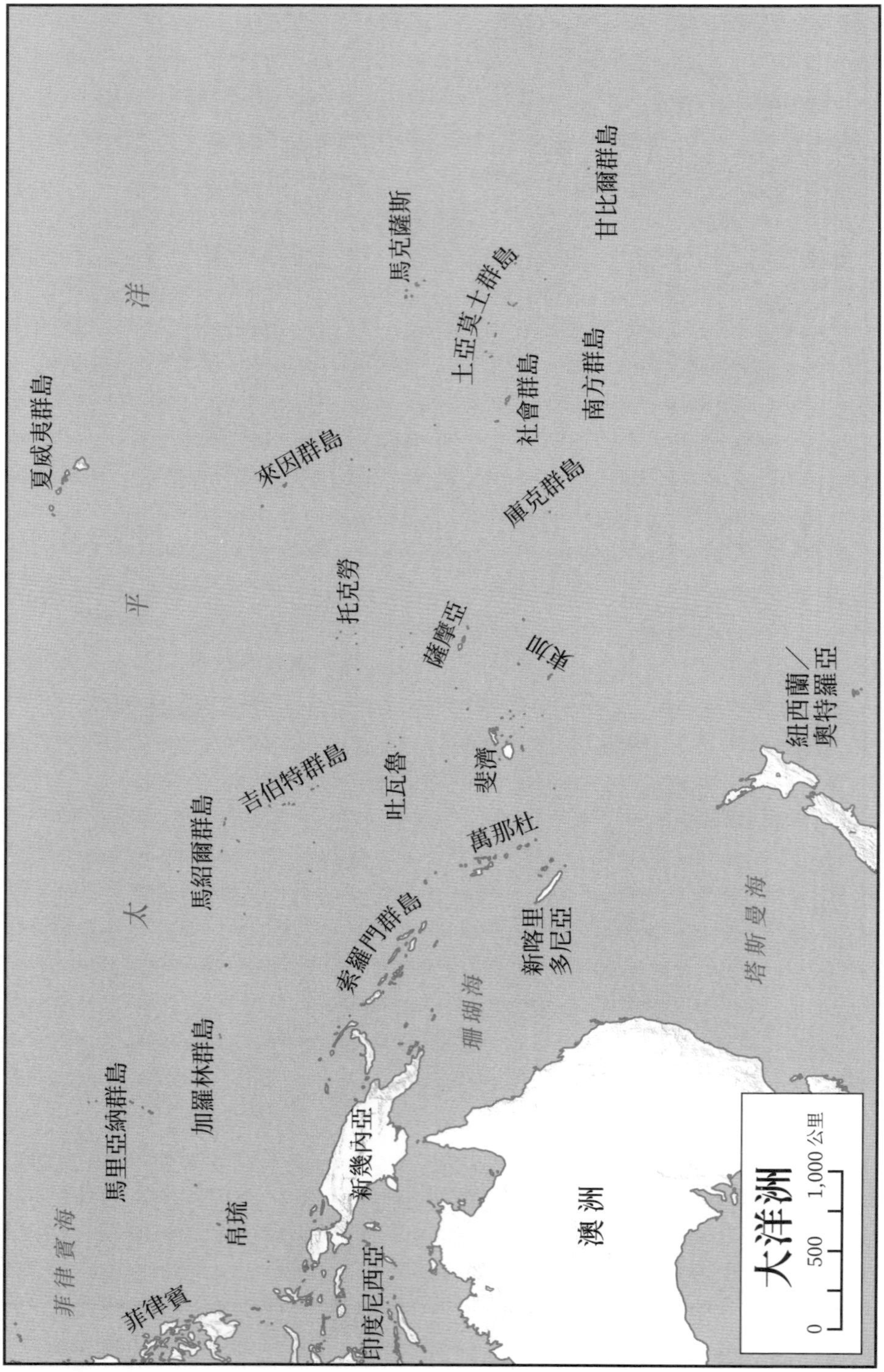

大洋洲
0
500
1,000 公里
夏威夷群島
太
平
洋
來因群島
馬克薩斯
土亞莫土群島
甘比爾群島
社會群島
南方群島
庫克群島
托克勞
薩摩亞
東加
紐西蘭／奧特亞羅亞
斐濟
吐瓦魯
吉伯特群島
馬紹爾群島
萬那杜
新喀里多尼亞
索羅門群島
珊瑚海
塔斯曼海
馬里亞納群島
加羅林群島
帛琉
菲律賓海
菲律賓
新幾內亞
印度尼西亞
澳洲

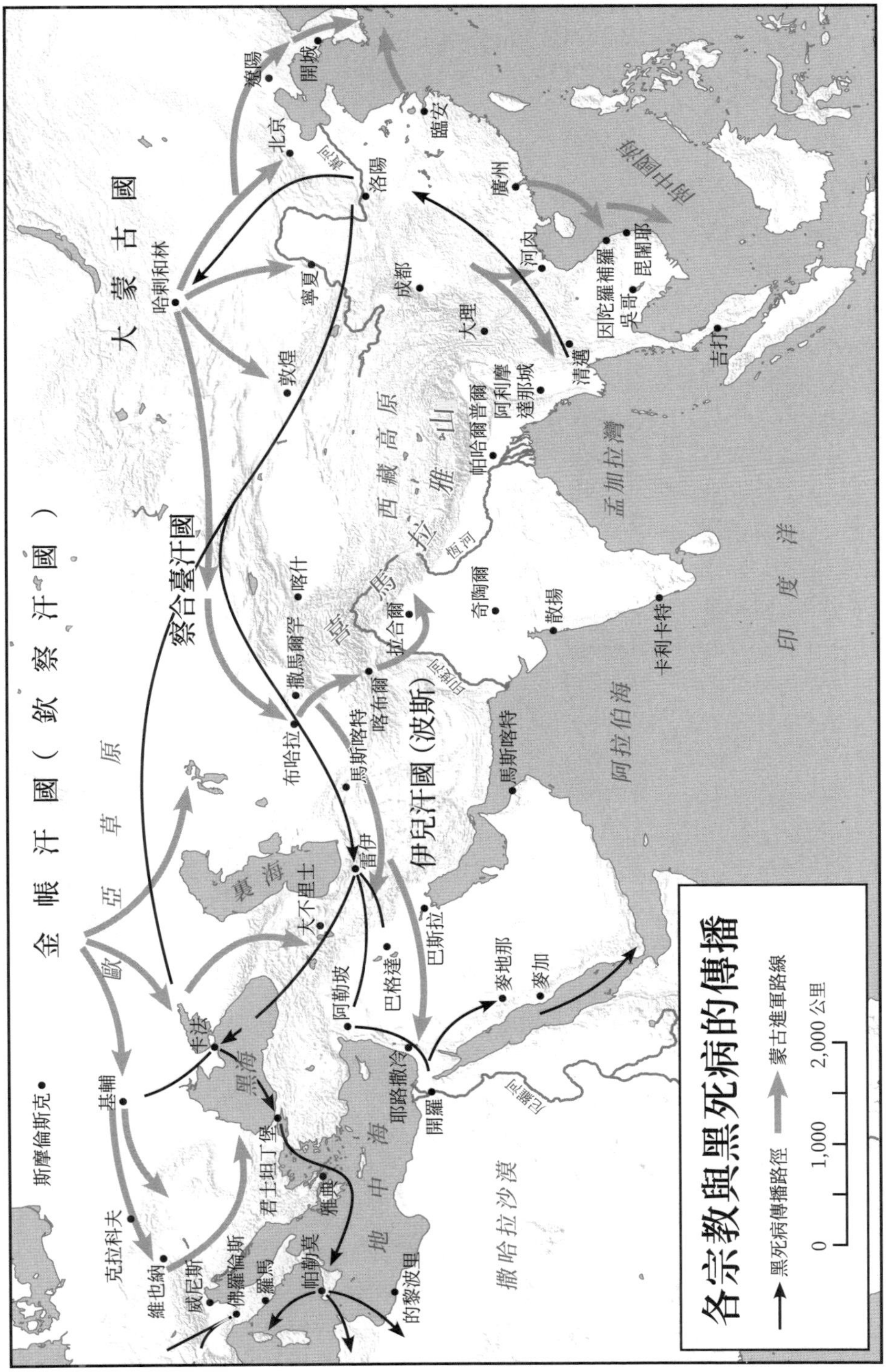
各宗教與黑死病的傳播
黑死病傳播路徑
蒙古進軍路線
0
1,000
2,000 公里
金帳汗國（欽察汗國）
歐亞草原
大蒙古國
察合臺汗國
伊兒汗國（波斯）
西藏高原
喜馬拉雅山
裏海
黑海
地中海
撒哈拉沙漠
阿拉伯海
孟加拉灣
印度洋
南中國海
黃河
恆河
印度河
尼羅河
斯摩倫斯克
基輔
卡法
克拉科夫
維也納
威尼斯
佛羅倫斯
羅馬
帕勒莫
雅典
君士坦丁堡
的黎波里
開羅
耶路撒冷
阿勒坡
巴格達
大不里士
雷伊
巴斯拉
麥地那
麥加
馬斯喀特
馬斯喀特
布哈拉
撒馬爾罕
喀布爾
拉合爾
喀什
奇陶爾
散揚
卡利卡特
帕哈爾普爾
阿利摩達那城
清邁
大理
成都
河內
廣州
吳哥
因陀羅補羅
昆闍耶
吉打
敦煌
寧夏
哈剌和林
洛陽
北京
瀋陽
開城
臨安

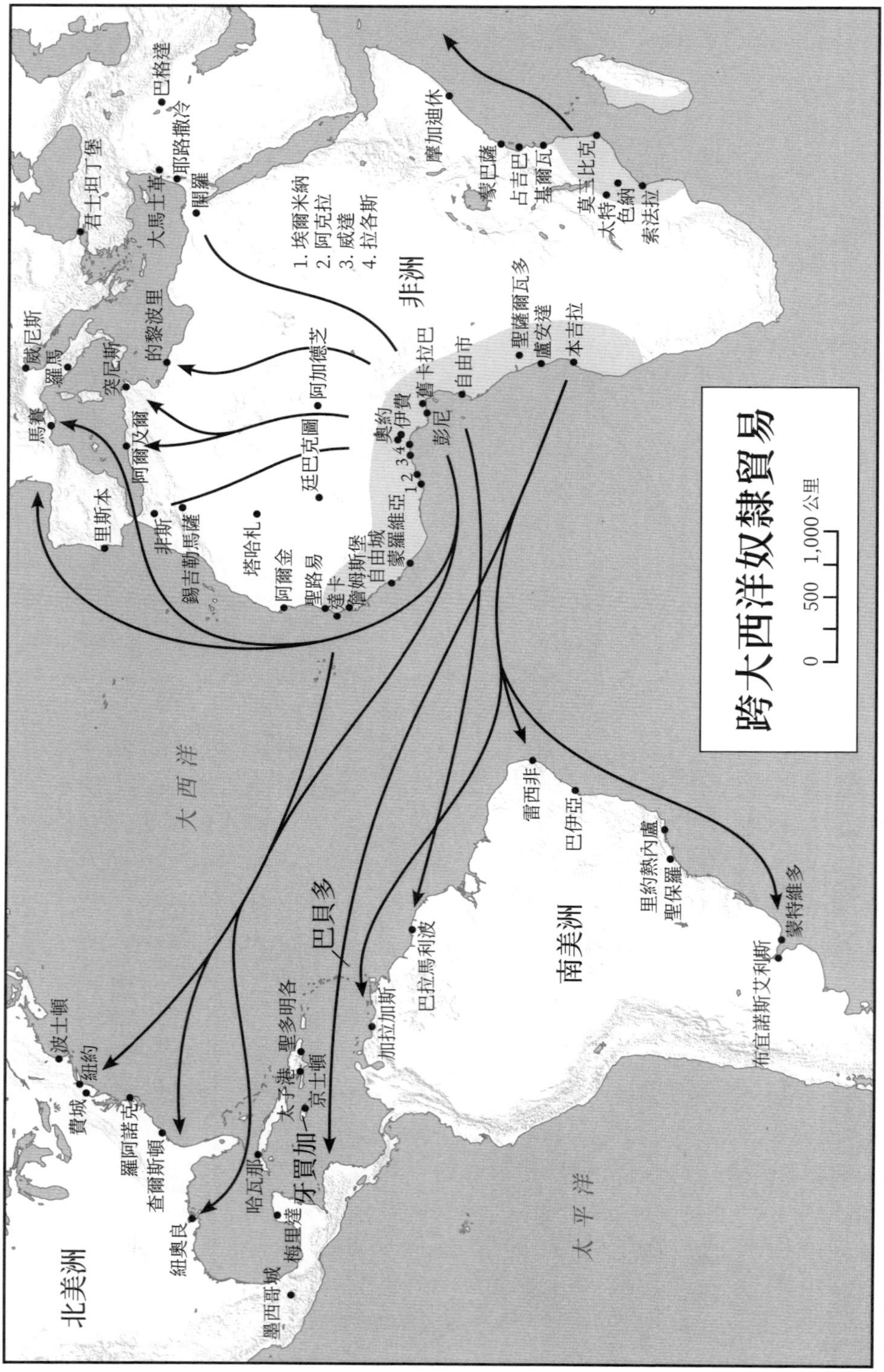
跨大西洋奴隸貿易
0 500 1,000 公里
1. 埃爾米納
2. 阿克拉
3. 威達
4. 拉各斯
非洲
北美洲
南美洲
大西洋
太平洋
巴格達
耶路撒冷
君士坦丁堡
大馬士革
開羅
威尼斯
羅馬
突尼斯
的黎波里
馬賽
阿爾及爾
里斯本
非斯
錫吉勒馬薩
塔哈札
廷巴克圖
阿加德芝
阿爾金
聖路易
達卡
詹姆斯堡
自由城
蒙羅維亞
奧約
伊費
貝寧
卡拉巴
自由市
聖薩爾瓦多
盧安達
本吉拉
彭尼
摩加迪休
蒙巴薩
占吉巴
基爾瓦
莫三比克
太特
色納
索法拉
雷西非
巴伊亞
里約熱內盧
聖保羅
蒙特維多
布宜諾斯艾利斯
巴拉馬利波
加拉加斯
巴貝多
聖多明各
太子港
京士頓
牙買加
哈瓦那
梅里達
墨西哥城
紐奧良
查爾斯頓
羅阿諾克
費城
紐約
波士頓

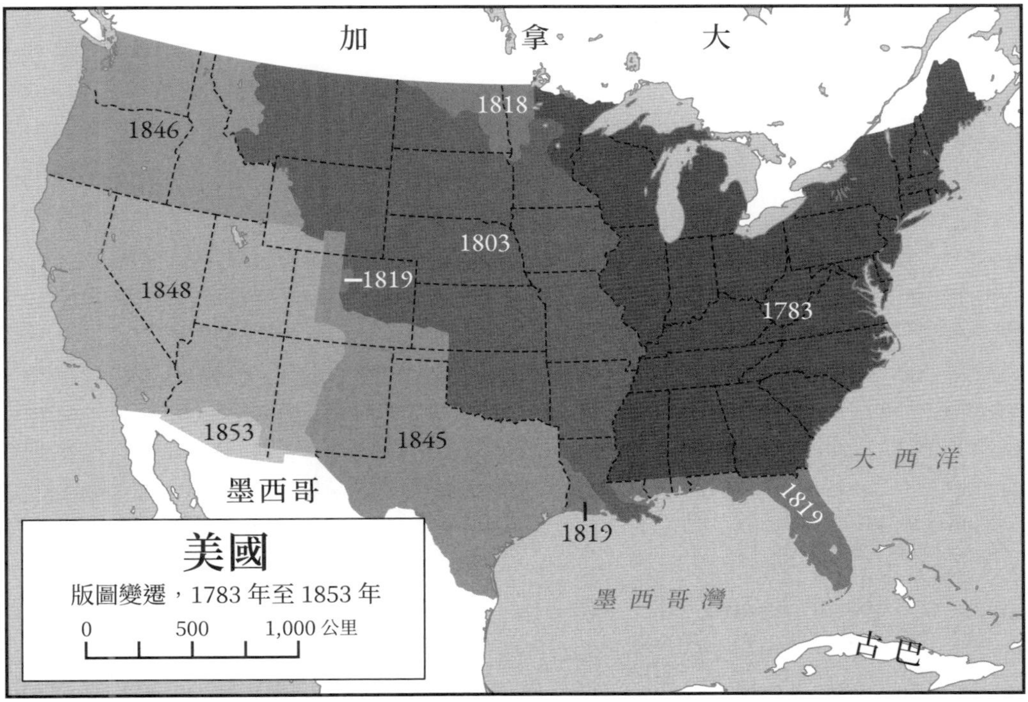
加拿大
1818
1846
1803
1819
1848
1783
1853
1845
大西洋
墨西哥
1819
1819
美國
版圖變遷，1783 年至 1853 年
0
500
1,000 公里
墨西哥灣
古巴

序言

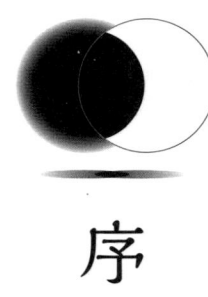

有三件事情持續影響人的心靈：氣候、政府與宗教。——伏爾泰，《風俗論》（*Essai sur les mœurs et l'esprit des nations*，一七五六年）

約翰・米爾頓（John Milton）在《失樂園》（*Paradise Lost*）開篇就說，「人首次違抗」，就是吃了伊甸園裡「那顆禁樹」的果實。這個決定「為世界帶來了死亡，也帶來我們所有的痛」。樂園的失落，把大地從豐美之地，化為傷悲哀愁之地，「和平與安寧永不居住，希望永不到來」的地方，生命變成了「無盡的折磨」。[1]米爾頓的史詩（十七世紀下半葉初版）換了另一種方式講述《創世記》（*Book of Genesis*）開頭的故事，說明人類是如何擘劃了自己的毀滅。亞當（Adam）與夏娃（Eve）屈從於「最狡猾的蛇」的引誘，害得後代全都得生活在生態挑戰中，環境不再和諧，食物不再容易取得，人類必須勞動，而不能從天主得到好處。樂園已然失落。

在今日世界裡，我們人類對待土地、開發自然資源與看待永續發展的方式，成為激辯的主題——許多人深信，人類的活動無遠弗屆，傷害甚鉅，甚至改變了氣候。本書旨在探討我們的地球，我們「圍內的花園」（「paradise」一詞的字面意義），從太初伊始至今如何發生了轉變。我們生活其中的世界，有時候是因為人類的施為、計算與誤算所影響，但也受到其他的角色、因素、影響力與驅力所形塑，而後者形塑世界的方式，往往是我們沒有想過，或是無法理解的方式。本書將說明我們的世界始終是個變異、變易的世界，畢竟只要出了伊甸園，光陰就會荏苒，時光終究遞嬗。

⋯　⋯　⋯

我第一次因為人類對環境與氣候變遷造成的衝擊感到當頭棒喝，是小時候看兒童時事節目《約翰・克雷文新聞寰宇》(*John Craven's Newsround*)，當時在英國是天天播映。《新聞寰宇》是BBC的重要節目，是一條別具意義的生命線，讓年輕的觀眾看見不列顛群島以外的世界。我們長大的時候，《新聞寰宇》是父母允許我與手足收看的少數節目之一，而我從中得知赤柬政權統治下的民眾有多苦、中東問題的複雜性，以及冷戰的現實。

一九七〇年代晚期與一九八〇年代初期，節目常常提到「酸雨」的主題。我還記得，看到樹木沒了葉子，想到人類的活動是破壞自然的元凶，讓我嚇到不能動彈。工廠排放的廢氣破壞森林、害死動物、汙染大地——一思及此，我便驚愕莫名。就算我還是個小男孩，也很清楚我們選擇生產的物品、商品，會對我們所有人帶來長期的衝擊。

對於毀滅的恐懼更是加深了這些疑慮，成為我童年難以抹滅的烙印。我們這一代人，成長的過程中都相信美國與蘇聯之間恐怕會爆發一場全球核武大戰，造成大規模的傷亡——不只是因為無數洲際彈道飛彈的引爆，更是因為彈頭爆炸的猛烈力道產生的蕈狀雲所引發的核子冬天。一九八〇年代中葉，電影《當風吹來的時候》(*When the Wind Blows*)上映，描繪了心酸、慘痛的前景：悲傷、苦難、飢餓與死亡，統統都是因為人類有能耐發明大規模毀滅武器，害數以百萬計的人死於烈焰與爆炸，甚至導致地球氣候劇烈改變，光是能活下來就是個奇蹟。

大量核武引爆，無疑會將輻射塵拋入大氣層中，量多到讓世人非得學會如何在零下的氣溫生活。在塵埃與微粒籠罩之下，陽光將無法穿透，導致植物死亡。動物也將因此倒下——核爆中倖存的人不僅將面臨酷寒，還得挨餓。輻射落塵將汙染動植物，毒害每一種型態的生命。度過末日，期盼能成為倖存者的一員，這就是目標。活下來的人只能盼望氣候能在應該的時候得到重整，之後才輪到看有多少人活下來，身在何方，然後重新開始。

災難讓我們這代人的恐懼不斷膨脹，其中最嚴重的災難，就是一九八六年車諾比（Chernobyl，位於今烏克蘭境內）反應爐的爆炸事件。蘇聯當局一連幾天堅決否認，但重災的消息仍警醒我們，錯估、誤判與失職都會衝擊我們生活的世界。接下來幾個月，我認真研究核子落塵的地圖，對自己的飲食非常小心，對氣候變遷的潛在可能性留心提防。

我們家以前會在仲夏時分到瑞典中部的湖邊度假。家人說，要是真有核戰爆發的危機，我們就會逃去那兒。大家都曉得，冬天的瑞典絕對稱不上暖和，但光是想到能夠躲開士兵、戰車和飛彈，我就覺得安心。就連知道藍莓（我現在還是很愛吃）能耐寒，也能讓我舒坦一點。總之，我在床邊準備小袋子，每年根據世界氣候一旦（而不是如果）變化而做出的適應措施，來更新盛裝的物品：一條巧克力、一把瑞士刀（讓我可以製作弓箭）、幾副羊毛手套、一副撲克牌和三顆球、兩支筆（免得墨水用完），還有幾張紙。

後來，我的準備一直沒有派上用場——不過這往往是因為好運，而不是人類有多厲害。我們現在都曉得，就連覓食的熊弄破鐵絲網、把軍事演習誤判為敵軍即將進攻，或是將氣象氣球誤認為彈道武器系統，都曾差點讓人按下飛彈發射鈕。我長大的世界千鈞一髮，與災難和人為錯誤擦身而過。

當然，長大的時候還有很多事情令我害怕：一九七〇年代與一九八〇年代，是一段不公義、憎恨、動盪、恐怖主義、饑荒與種族滅絕的時代。但在當時的問題背後，生態破壞、氣候與氣候變遷等問題卻從未消失，而且在未來必然會更加嚴重。對我這代人來說，能夠確定的事物寥寥可數。有一件事情很清楚：我們將生活在一顆更有敵意、更不安穩，比長大時還要危險的行星上。我以為，原因將是全球戰爭或大規模事故造成的災難。

當時我沒有想到，冷戰的結束會揭開一個生態壓力節節升高的時代，也沒有想到全球經濟合作提升，會導致碳排放大幅上升與全球暖化。我從小接受的是災難將源於兵凶戰危的看法，畢竟學校都是這樣教的。反過來說，和平與和諧本來應該是問題的解方，而不是問題的一環。總之，從多年前收看《新聞寰宇》而展開的旅程，讓我一路思考人類對於地貌的干預，思考氣候過去因此有了什麼改變，尤其是思考氣候在形塑世界史時發揮的影響力。

⋮ ⋮ ⋮

我們生活在一個搖搖欲墜，即將因為氣候變遷而落入深淵的世界。聯合國祕書長安東尼奧・古鐵雷斯（António Guterres）在二〇一九年表示：「每個星期都有跟氣候相關的新災難，洪水、乾旱、熱浪、野火、颶風。」他說，這不是末世預言，因為「氣候變遷現在就在發生，而且發生在我們每一個人身上」。他還說，至於未來還會帶來什麼，其中恐怕沒有多少希望。「對於你我所知的生活來說」，潛伏的不亞於「一場災難」。[2]

巴拉克・歐巴馬（Barack Obama）在他擔任美國總統的倒數第二次國情咨文中表示，人類正面臨許多問題，「對於後代來說，氣候變遷絕對是最大的挑戰」。[3] 教宗方濟各（Francis）在二〇一九年說：「今日的生態危機，尤其是氣候變遷，正威脅著人類大家庭的未來。」情況不容樂觀。他補充道，「後代子孫繼承的將是個受到嚴重破壞的世界。我們這一代人的不負責任，不該由我們的子孫承擔。」、「我們的子女和孫子們不應該為我們這一代的不負責任付出代價。」[4]

中國國家主席習近平在二〇二〇年指出，各國政府為了因應碳排放與全球暖化而達成的協議，代表「保護地球家園需要採取的最低限度行動」。「人類不能再忽視大自然一次又一次的警告。」因此，「人類需要一場自我革命，加快形成綠色發展方式和生活方式，建設生態文明和美麗地球」，這是當務之急。[5]

其他人則用很有個人特色的強烈口吻道出氣候的威脅。二〇一九年九月，格蕾塔・童貝里（Greta Thunberg）在聯合國氣候行動峰會（UN Climate Action Summit）說：「你們用空話偷走了我的夢和我的童年，但我居然還算是幸運兒。到處都在受苦，到處都在死人。整個生態系正在崩潰。我們正處於大規模滅絕的開端，你們卻還在那邊談錢，談經濟永續成長的童話。你們好大的膽子！」[6]

氣候變遷會引發水資源短缺、饑荒、大規模遷徙、軍事衝突與大規模滅絕。假如氣候變遷將成為，或者已經成為主導，那就不該只有政治人物、科學家與社運人士，而是我們每個人都該試圖了解未來將發生什麼。身為歷史學者，我知道解決繁瑣難題最好的方法，就是回顧過去，因為歷史能幫助我們了解當前與未來挑戰何以致此，為我們提供觀點。歷史也能讓我們學會寶貴的教訓，幫助我們提出問題，有時候甚至能替你我即將面臨的重大問題提供解答。

對於我多年研究的區域與地方來說，歷史尤其能幫助我們了解人類活動、環境與自然世界之間的關係。

水資源的取得、糧食生產規模的擴大、局部地理環境的挑戰與機遇，以及長距離貿易，幾乎都是長時間歷史底下的重要因素，甚至可說是基本元素。費爾南・布勞岱爾（Fernand Braudel）說得好，對於「過去」的研究，不只牽涉到人類與自然之間的競爭，而是根本就是人類與自然之間競爭的本身。[7]

我剛開始研究薩珊帝國與阿拔斯帝國時，立刻就意識到施政的成功與穩定，跟農田灌溉有密不可分的關係，而灌溉則讓農產量得以提升，養活更多的人口。[8]讀了中國史，讓我接觸到相關研究，它們主張在過去一千多年來，朝代興替跟氣溫的變化密切相關，比較冷的階段也是人口減少、衝突頻仍、新政權取代舊皇帝的時期。[9]

無獨有偶，讀了著名梵語詩人迦梨陀娑（Kālidāsa）約於五世紀所創作的《行雲使者》（*Meghadūtam*）等詩歌，會更清楚季風、降雨與四季，在南亞文學、文化與歷史中扮演主要的角色。[10]我也是很久以前就知道，在不久前的過去，蘇聯於一九五〇年代所採取的中亞政策，不僅造成環境惡夢，更是大大衝擊冷戰發展，甚至是今日當地利用強迫勞工的一個遠因。[11]也從經驗中得知我定期走訪的地方，受到汙染的空氣有多麼刺鼻、傷身、危險——新德里、比什凱克（Bishkek）與拉合爾（Lahore）等城市，在全球空氣品質排名上敬陪末座。二〇二〇年，烏茲別克首都塔什干有八〇％的時間，空氣品質指標都達到危險等級。[12]

總之，我著手研究環境史，希望能更了解歷史，了解人類的行為、人類在自然世界中的演變，以及極端天氣事件、長期天氣模式與氣候變遷，對歷史的影響與衝擊究竟有多深。我一直想揣度，我們怎麼會走到彷彿懸崖邊緣的地步，讓我們物種以及一大部分的動植物世界，面臨未來存亡關頭。醫生得充分了解疾病，才能試著對症下藥。同理，我們必須先研究當前問題的起因，才能提出建議，因應如今我們所有人面臨的危機。

多虧有如泉湧的新證據與新材料，深化我們對過去的理解，歷史學家如今可謂身處黃金時代。機器學習、計算模型與數據分析不僅提供探索其他歷史時期的新視角，更揭露大量過往所未知、未見的資訊。例如，在光學雷達（Light Detection and Ranging, LIDAR）的幫助下，我們看出亞馬遜雨林中長達數世紀歷史的村莊網絡，分布的方式與宇宙星辰有所呼應。[13]可見光／近紅外線／短波紅外線光譜資料分析成效的進展，帶來突破性的成果，讓學界得以確定馬蓬古布韋（Mapungubwe，位於沙希河〔Shashi River〕與林波波河〔Limpopo River〕交會處）的社會在十二世紀的變化。[14]從今日巴布亞紐幾內亞地區的人類墓葬與豬牙中獲得的同位素資料，不僅讓我們看出拓殖的模式，更能了解海鮮在兩千多年前人們飲食中所占的比例。[15]透過新科技，我們得以辨別阿拔斯時期耶路撒冷垃圾堆與糞坑裡保存的種子礦化的過程，進而為伊斯蘭時代早期穀物西向傳播的假說提供佐證。[16]

我們理解氣候的方式已經出現一些令人無比雀躍的進展，包括用嶄新的方式運用以前遭到忽略，或者未能充分利用的文獻。比方說，研究人員重建秘魯海岸蛤蜊殼化學成分的變化，進而以年、月甚至星期為單位，辨識出海洋的溫度。[17]日本早在九世紀初就開始有櫻花祭的記載，提到櫻花開花的日期，讓我們得以了解數世紀間每一年的春天在何時降臨。[18]愛沙尼亞塔林（Tallinn）港務單位保留五百年來的登記資料，不僅顯示每年最早何時有船進港，更可以推導出海面何時解除冰封，指出春季變得更長、更溫暖的模式。[19]來自北極斯瓦爾巴群島（Svalbard archipelago）的漂流木，顯示一六〇〇年至一八五〇年間的海冰變化可觀，進而說明這段時期的氣候模式出現異常。[20]

各種新奇的「氣候檔案」更是不斷增加，其中有許多將在本書中現身。我們將考量中亞阿爾泰山的年輪資料，以及西班牙洞穴內的礦物沉積，來看溫度與降雨的變化；我們要研究格陵蘭、歐洲阿爾卑斯山等地冰核中捕捉到的氣泡，那是火山爆發以及冶金、焚燒作物、森林或化石燃料等人為活動的證據；我們會碰到阿曼的花粉化石與安那托利亞湖泊季候泥（varve）中的花粉沉積物，藉此深入了解植被的變化（自然因素與人為干預皆有之）；我們還會遇到東南亞的碳化或乾燥種子、澳大利亞北部的乾果殼，以及巴勒斯坦地區被人消化與部分消化過的食物，了解飲食與疾病的實證。我們要探究是什麼樣的氣候條件有利於寄生蟲病原體在美洲擴散、看看西非耕作週期的證據，還要觀察衣索比亞、吉爾吉斯和與劍橋夏（Cambridgeshire）鼠疫的親緣關係樹。

愈來愈多的氣候數據能供我們所用，讓我們更了解大自然的長遠歷史。例如，研究團隊正在調查哈薩克東南部一處深達八十公尺的沉積層，該地層不只是土壤溼度的紀錄，也讓我們一窺中亞對於整體全球氣候演變的影響，以及北半球陸地、大氣、海洋的水循環，這對研究過去，對未來全球長期氣候分析來說都別具意義。[21]西藏高原上進行的新研究亦然，從高海拔無林木地區的發現所建立的模型來看，未來幾個世紀的高山植物多樣性恐將大幅減少。[22]

這類新類型的實證來源，讓我們對於歷史發展有了革命性的新構想。新的氣候資料讓人更加了解三世紀中葉的羅馬帝國動盪期，部分學者試圖把太陽活動程度的降低、海冰的增加，以及幾次火山大爆發，跟正好同時發生的氣溫陡降、糧食生產擾動，乃至於一連串政治、軍事與財政危機綜合起來。[23]根據一一〇〇年至一八〇〇年間，歐洲近千座都市與猶太人受迫害的相關資料來看，每當生長季節氣溫降低約攝氏三分之一度，未來五年間猶太人遭到攻擊的情況就會上升，兩者之間有所關聯；生活在地力差、組織力弱的地區周邊的人，更容易在糧食短缺與價格騰貴時受害。[24]

學者比較歐洲的低溫時間點與小麥價格後提出新的模型，說明哪些城市對於糧價波動更有承受力，進而催生出假說，認為現代早期英格蘭的涼爽天氣引發農業革命，激勵新技術的發展，帶來能源轉型，最終促成歐洲全球帝國時代的誕生。[25]

這麼引人注目的論點，理所當然會受到歷史學界熱議，甚至激辯，尤其是歷史決定論與環境決定論，以及要怎麼區別「相關性」與「因果關係」的難題。[26] 何況還有關於「詮釋」的挑戰。印度次大陸是個具體的例子，這個地區在生態與文化上極為多樣，除了各式各樣的「定居聚落、狩獵採集、刀耕火種、游牧、放牧與漁業」，還擁有驚人的物種多樣性與氣候、生態變化。有學者因此認為，把印度次大陸混為一談的作法大有問題，拿整個次大陸作為單位與世界其他地方做比較也很不合適。[27]

另一個相關的問題是，以氣候及其衝擊為題寫作的人，往往聚焦於社會的崩潰，舉的也是少數的標誌性範例，犖犖大者如馬雅、復活節島與羅馬帝國的「衰亡」——近年來，不少暢銷書都把前述的崩潰歸咎於氣候變化。[28] 除了把複雜的敘事過度簡化為狹隘的解釋（有些作者戮力想提出解釋），有人認為過度強調自然資源耗竭、環境調節失敗，或是未能以永續方式生活的後果，其實是搞錯先後順序，以今非古。[29]

優秀的歷史研究在處理文字材料與物質文化時，少不了良好的判斷力，而我們面對新材料的時候，也得舉重若輕。重點不在於氣候科學、數據或新方法本身是不是有問題、會不會騙人，而是我們必須小心處理它們，置於公允、有說服力且合宜的脈絡中。[30]

整體來說，人們鮮少把天氣、氣候和環境因素當成人類歷史的背景，自然更少認真透過它們來看過去。氣候在少數特殊情境中扮演吃重的角色，但這不見得說得通。有個出名的故事：西元前四八〇年，波斯王薛西斯（Xerxes）入侵希臘，但暴風雨吹垮橋梁，導致軍情延誤，薛西斯因此下令給赫勒斯滂（Hellespont）的海水抽三百鞭子——這感覺是杜撰出來的傳說，意在凸顯某個野蠻暴君的憤怒有多麼不可理喻，而不是一段可靠的事實陳述。[31]

成吉思汗的孫子忽必烈汗在十三世紀末兩度下令攻擊日本，誰知卻遭受「神風」阻止——這種故事說的主要是日本歷史對兩次蒙古來襲的看法，而不是元朝（控制今日中國大部分地區）征服日本失敗的原因。[32]不過，最有名的還是俄羅斯凜冬的降臨——一般人以為，無論是一八一二年拿破崙進攻莫斯科的倒楣發展，還是一九一四年希特勒進攻蘇聯，結果——導致德軍步伐陷入停滯，終至災難，俄羅斯的冬天都扮演決定性的角色。但這兩種常見的說法都模糊了實情：兩次入侵之所以失敗的原因，除了大雪外，還有目標設得太高、補給線效率太低、糟糕的戰略決策與等而下之的計畫執行，而這些因素的影響力完全不亞於寒冬。[33]

無論怎麼說，我們研究歷史的時候，通常都忽略了天候、長期氣候模式與氣候的變化。大家都說得出偉人與重大戰役的名字，卻講不出最強烈的風暴、最慘痛的洪災、最冷冽的冬天、最嚴重的乾旱，也不知道這些天災如何導致歉收、催化政治壓力，或是引發疾病的流行。假如我們想切實了解周圍的世界，就必須重新整合人類史與自然史，不能只是玩票。[34]

⋮ ⋮ ⋮

要評估天氣、極端天候事件、長期氣候模式，以及氣候變遷的影響力，就必須深入了解全球氣候系統及其次級系統之間的關聯。地球的氣候受到幾個強相關的因素所影響。首先是全球天氣系統——大氣條件的變化、海洋洋流與冰層動態的改變，乃至於地質、板塊與外地核液態鐵的震盪，會一直影響這個系統。

地球自轉軸的擺動、公轉軌道的些微離心率，以及赤道與極地能量分布的不平均，甚至是前述幾個因素彼此間的互動，也都會影響天氣與氣候模式。[35]

季節氣候異常的主因是聖嬰－南方震盪現象（El Niño–Southern Oscillation, ENSO），也就是太平洋赤道地區大氣與海洋條件的關係，包括信風的方向與風力、表層海水溫度與氣壓。溫暖的聖嬰現象與寒冷的反聖嬰現象交替出現，構成ＥＮＳＯ週期，是地球上主要的年時氣候指標。[36] ＥＮＳＯ週期影響南美洲的降雨量，也影響著南亞、東非和澳大利亞的氣候條件（此外，印度的季風也可能受到北大西洋短期氣候轉變的影響）。[37]

對於橫跨數年乃至數十年的溫度、氣候條件與變化來說，其他次級系統也有重大的影響力。例如，亞速群島（Azores）與冰島之間海平面氣壓的平衡，也就是北大西洋震盪（North Atlantic Oscillation, NAO），會產生氣旋與反氣旋週期模式，影響西歐地區。此外，ＮＡＯ主導地中海與黑海的冬季降雨量，也是把西伯利亞與極區冷空氣推到中歐和西歐的主因。[38] 南極洲和格陵蘭產生的融冰水，會提高表層下海水的溫度（不過近來有研究指出，南冰洋受影響的話，全球氣溫與海平面高度的變化會比北極受影響的情況更加明顯）。[39]

全球氣候條件中，受軌道因素牽動者會受到太陽活動的重大影響，這是因為太陽活動劇烈，其中以磁活動為最。太陽活動中最明顯的就是太陽黑子和極光，其週期通常延續十一年。[40] 太陽活動也受到長期變因的調節，這些變因造成偏活躍或偏穩定的模式，分別稱為「極大期」（grand maxima）與「極小期」（grand minima）。[41] 極小期最近的例子，是一六四五年至一七一五年間所謂的「蒙德極小期」（Maunder Minimum），期間太陽黑子活動極為罕見。[42]

火山活動也是影響氣候更迭的強因素。比方說，菲律賓的皮納圖博火山（Mount Pinatubo）在一九九一年大爆發，將一千五百萬至兩千萬噸的二氧化硫噴入大氣層，進一步氧化後，構成平流層中的硫酸鹽氣膠粒子，而後擴散，提高平流層的不透明度。相關的影響令人震驚，其中太陽輻射量的減少，導致全球平均氣溫降低約超過〇．五°C。[43]

這種平均數字會掩蓋重要的區域模式。北大西洋溫度比平均下降了五°C，同年冬天，西伯利亞、斯堪地那維亞和北美中部的溫度明顯比平常溫暖；火山爆發隔年，美國南部發生大範圍的洪水，撒哈拉以南非洲、南亞、東南亞以及歐洲中南部許多地區都發生嚴重缺水和乾旱。但總體的影響仍然非常劇烈。短波太陽輻射的減少，導致全球平均海面溫度降低〇．四°C——減少的能量約等於全球每年能源消耗總量的一百倍。[44]

火山爆發為自然界帶來各式各樣的影響。例如，熔岩流入海洋的量增加，導致海中浮游植物大量增生，也加溫局部地區的深層海水，上浮後為陽光照射層帶來養分。[45]之後我們還會談到，火山爆發有可能導致農產量驟減，進而引發經濟、社會和政治的動盪。我們還要看看火山爆發帶來的其他衝擊，像是改變疾病帶原物種的棲地，或是催動病原體地方性傳染的循環，抑或是開關某位學者所說的「疫情高速公路」。[46]

火山爆發的時間點，是個不亞於噴發量與爆發規模的關鍵因素。新的研究運用超級電腦與成千上萬次的模擬，顯示發生在夏季的火山爆發，影響全球氣候的程度遠高於冬、春兩季的爆發。[47]大規模火山爆發的地點也很重要，模型顯示在過去的十三個世紀中，非熱帶火山讓地球半球冷卻的幅度，大於熱帶火山的影響。[48]研究顯示，近年來火山和火山地區的二氧化碳排放量明顯增加，而火山平時排氣的二氧化碳排放量，也顯然遠超過短期噴發的排放量。[49]

還有其他現象顯示氣候對自然界有重大的影響。印度次大陸北部的印度河—恆河平原若降下暴雨，將會增加地殼受到的應力，進而減少鄰近喜馬拉雅山區的微地震。[50]證據顯示，東臺灣遭遇的強颱與臺灣島下方的地震活動有關，暗示天氣條件不僅會引發地質的反應，而且這些反應有可能是以小規模、溫和、定期的方式出現，從而降低單一毀滅性強震發生的機率。[51]

氣候和溫度對生物多樣性也有重大影響：從赤道到極區，物種數量正急遽下降——據部分估計，熱帶雨林囊括地球上半數以上的植物與陸生動物物種。不過，雖然熱帶雨林擁有的動植物種類之多令人目不暇給，但這是長期漸變的結果；其實在寒冷、乾燥、不穩定與極端的環境中，新物種出現的速度更快。[52]

太陽活動、長期天候週期與火山活動，似乎構成時間跨度數十年甚至數世紀的模式，而歷史學家對此早有注意。其中某些時期已經根據太陽活動，以及後續對全球氣候複雜次級系統造成的衝擊劃分出來，加以命名，給人某種一體感。羅馬氣候最佳期（Roman Climatic Optimum，約西元前一〇〇年至約西元二〇〇年）與中世紀氣候異常期（Medieval Climate Anomaly，約西元九〇〇年至一二五〇年）是其中兩個例子，據信期間氣候條件宜人、較平均溫暖，而且尤其穩定；至於小冰期（Little Ice Age，約一五五〇年至一八〇〇年）則是氣溫顯然較涼，太陽輻射減少，全球危機頻仍的時段。[53]

理論上當然如此。氣候科學為歷史學帶來許多挑戰，其中之一就是來自地方的新證據與日益提高的準確率，顯示某些地方言之成理的情況，異地而論就不成立了。十五世紀時，中太平洋與東太平洋顯然異常寒冷，但其他地方並非如此；十七世紀的西北歐與北美東南部，則明顯遭遇比其他地區更加冷冽的天候條件。其實，就工業革命之前的兩千年間，沒有證據能證明有全球一致性的溫暖期或寒冷期。[54]

我們光是看約西元一二二〇年至一二五〇年這一小段時間，就能了解對一致性必須謹慎以待。在這段相當短的窗口中，地中海東部與黎凡特地區（Levant，大概是今天的以色列、巴勒斯坦、約旦）南部的水文條件相當有利於穀物生產，但對於僅僅幾百公里之遙的地中海中部、西西里島與南義大利來說卻極為不利。

從 1900 年至 2019 年，各海盆海洋極端高溫事件的綜合頻率

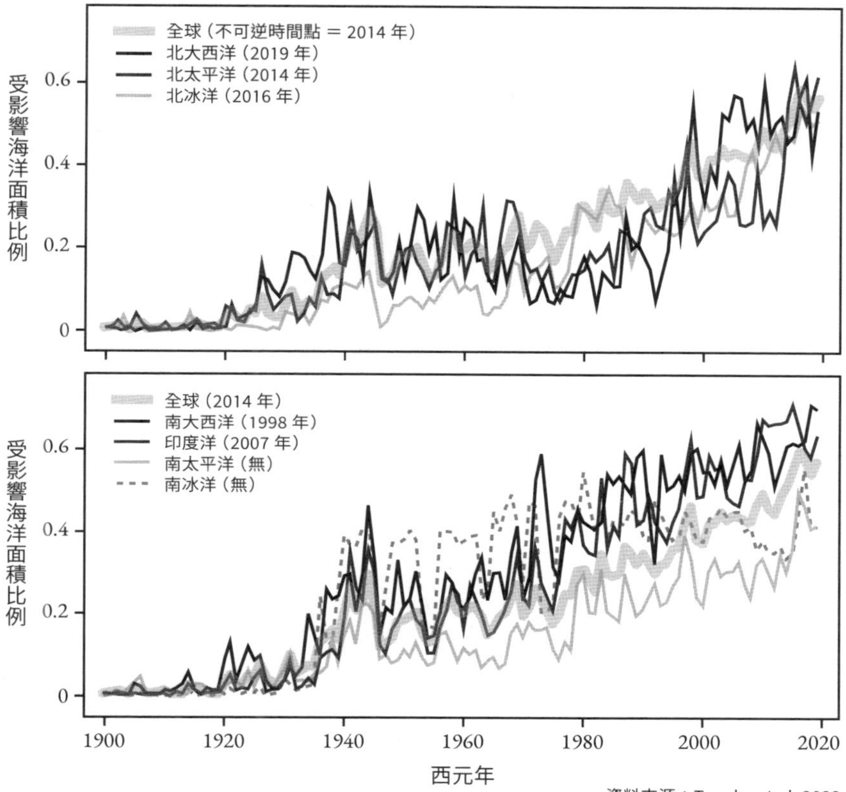

資料來源：Tanaka et al, 2022

[55]也就是說，重點在於就算甲地因為尚未得到深入研究或是沒有合適的相應材料，而沒有累積出足夠的證據，也不能把專屬乙地的資料過度外推，套用到甲地。

就連在今日世界中，區域氣候的一致性也有爭議，因為地球表面雖然有九八％受到全球暖化影響，但在南極洲整體卻沒有觀察到暖化現象。[56]即便暖化模式如此，各地受影響的方式以及影響的速率也各不相同。事實上，近年來的一份報告指出，就算世界上大部分的國家將經歷氣候變遷帶來的「惡性影響」，但也有少數國家說不定能因此受益。[57]

然而，就算先不考慮未來氣候模型的準確率與誤差範

圍，光是針對此時此刻的分析，就足以讓人嚴肅以對。大西洋經向翻轉環流（Atlantic Meridional Overturning Circulation, AMOC），是大西洋表層與深層海流結合而成的一套環流，讓北半球可以相對溫暖。目前，AMOC正處於近一千五百年來最弱的時候。[58]早期預警指標（例如大西洋海域多個地點的海面溫度與鹽度資料）指出洋流可能接近停擺，恐將嚴重擾亂全球氣候系統，並提升連鎖反應的可能性，引發進一步轉變，例如熱帶季風降雨分布改變，以及南極冰原融化。[59]部分科學家主張這些風險無異於「對文明存續的威脅」。[60]

當前全球氣候的重大變化，幾乎都是因為人類對環境的衝擊所造成的。十八世紀下半葉以來，蒸汽機的發明、能源革命與工業革命徹底扭轉生產方式和社會，凸顯人類跟自然界的關係開始變得不同於以往，此後人為衝擊便帶來劇烈的影響。諾貝爾化學獎得主保羅・J・克魯岑（Paul J. Crutzen）在二〇〇二年提出以「人類世」（Anthropocene）來命名工業革命以降的時期，[61]各界開始採用這個名字，來指稱這段二氧化碳與甲烷排放水準穩定陡升的時期。不久前，一個由傑出科學家組成的跨國小組通過將「人類世」正式定為歷史上的里程碑，並透過投票將起點訂於二十世紀中葉，也就是人類活動的碳排量開始急遽上升的時候。[62]

燃燒煤、石油等化石燃料，會釋放出水蒸氣、二氧化碳（CO_2）、甲烷（CH_4）和一氧化二氮（N_2O）。由於這些氣體會捕捉熱能，因此稱為溫室氣體。人口增加、能源需求增加、生產價格下降，加上大量投資基礎設施，導致石化燃料用量激增，進而導致溫室氣體排放量大幅增加，溫度急遽上升。工業革命展開前的八十萬年間，每百萬氣體分子當中只有約兩百八十個二氧化碳分子。到了二〇一八年，這個數字已經達到每百萬氣體分子中有四百零八個，是上新世（Pliocene，三百多萬年前）以來最高的程度，而當時的海平面比今天高了將近二十五公尺，平均氣溫也比今天高二至三°C。[63]到了二〇二二年夏季，二氧化碳水準更高，夏威夷冒納羅亞大氣基線觀測站（Mauna Loa Atmospheric Baseline Observatory）測得的月平均值為四百二十一ppm。[64]

間接影響有很多。全球暖化導致冰帽融化，使海平面上升。二〇一七年，南極洲拉爾森冰棚（Larsen-C ice shelf）崩落一塊冰山，編號為A68。A68冰山每天化出十五億噸的淡水注入海洋，直到二〇二一年消失為止。[65]世界上最大的城市有許多位於海岸，而這些濱海城市統統受到明顯影響。人工智慧運行的模型與高精度海平面讀數顯示，到了二〇五〇年，有三億人目前的家園將至少每年遭遇一次淹水，其中又以亞洲人口受影響最為嚴重。畢竟現在就有大約十億人生活在比高潮位高不到十公尺的土地上，還有兩億三千萬人生活在海拔不到一公尺高的濱海聚落。[66]

即便海平面只是微幅上升，英國的能源基礎設施也很容易受到影響，因為該國的十九座核反應爐皆位於沿海，而蘇格蘭、威爾斯與北愛爾蘭的大型石化燃料發電廠也都位於海邊。[67]據估計，美國恐將有價值三兆至十一兆美元的資產面臨洪水威脅，具體金額則取決於海平面上升的幅度和速度。[68]

國際貨幣基金（International Monetary Fund, IMF）表示，如果不採取行動減少碳排量，恐怕會有「災難般的後果」，例如農產量下跌、經濟活動頻繁中斷、基礎建設遭到破壞、健康水準惡化與傳染病盛行。[69]聯合國兒童基金會（UNICEF）表示，有十億名兒童（將近全球兒童總數的一半）面對氣候危機的衝擊，正處於「極高風險」狀態。[70]

想要在未來數十年間降低迅速暖化帶來的影響，挑戰的難度可謂艱鉅。近期的模型顯示，全球石油與天然氣產量必須每年減少三%，一直降到二〇五〇年——此外，六〇%的石油與化石甲烷氣與九〇%的煤炭必須保持在無開採的情況，才能維持一·五°C的碳預算。[71]二〇一五年，包括G20成員國在內的世界主要經濟體達成《巴黎協定》（*Paris Agreements*），承諾要制定氣候方案，但到了二〇二一年卻沒有一個國家付諸實現。雖然部分評論家強調，末日情境鮮少甚至無法提供任何適應之道、科技創新的方向，抑或是成功減緩最嚴重潛在問題的方法，但各國未能提出因應方案的事實，依舊顯示我們必須做最壞的打算，而非最佳的預期。[72]

當然，太過聽信算命或危言聳聽的危險，怎麼說都不為過。然而，最新的模型表示，未來恐怕比一般人所想的還要黯淡：到了二一〇〇年，溫度將上升約四°C。事實上，美國國家公路交通安全管理局在二〇一八年提出報告，表示推行汽車的燃油效率標準意義不大，因為長期下來的實際影響很小，畢竟想減少化石燃料，就得要求「經濟和車輛群體」以「現有科技辦不到或經濟上不可行」的方式運作。[73]許多人把這種說法解讀為地球的命運已經注定，至少美國政府部分部門如此認為。[74]

有些問題已經不再是不久後的將來、不是遙遠的未來，而是現實的一環，這類問題已經沒有什麼好爭論的。能源革命對人類健康造成災難性的影響，某些城市的空氣汙染程度已經比世界衛生組織（World Health Organization）的最底限標準高了數十倍：全世界有九二%的人口生活在這些超標的地方。[75]髒空氣的成因不只是為了供應能源而燃燒化石燃料，還有露天焚燒垃圾。據估計，全球有四〇%的廢棄物採用露天燃燒，導致大量的微粒與多環芳香烴釋放到大氣中。[76]

空氣汙染會要人命。二〇一五年，全球約有九百萬人因空氣汙染而死。[77]最新數據顯示，印度每年因空氣汙染導致的死亡人數超過一百六十萬人，人均收入低的邦死亡人數最高。[78]事實上在二〇一七年，阿富汗就算戰亂頻仍，死於空氣汙染的人數仍逼近平民傷亡數的八倍。[79]

慢性汙染的水準影響了一大部分的開發中國家，但富裕國家的政府對於汙染造成的危險認識也不足，或者因應不夠充分，國內的百姓同樣得付出代價。全歐洲死亡率約有八%是因為暴露在直徑小於或等於二．五微米（PM2.5）的微粒中，以及暴露在二氧化氮（NO_2）中所導致的。也就是說，歐洲每年有五十萬人因此身亡。[80]近年來的研究近一步指出，二〇一八年全球總死亡人口中，有一八%的死因與化石燃料汙染有關。[81]

許多問題都跟社經地位、收入水準有關（對富裕的已開發國家亦然），空氣汙染也不例外。製造汙染物的企業，坐落的位置恐多為少數族群比例與低收入比例高的社區中。[82]傷害遠遠不只如此，微粒會嚴重傷害認知功能，降低記憶力、方向感、口語能力與視覺空間能力。[83]兒童或青少年時期吸入氮氧化物和與細微懸浮粒子，會在成年後成為罹患精神疾病與失智症的風險因素，同時提升自殘的風險。[84]兒童時期暴露於汙染物的時間就算只有一天，日後同樣可能對心血管與免疫系統造成嚴重影響，傷害長期健康與基因調節。[85]

世界銀行（World Bank）近年來研究指出，暴露於汙染空氣中造成的健康傷害，成本達到八·一兆美元，也就是全球國內生產毛額（Gross Domestic Product, GDP）的六%以上。[86]人類的行為、生活方式以及對環境的衝擊，最後不只會害死其他人，自己的行為、思維與彼此的溝通也會受到前述因素的影響。

人類對自然環境的負面影響幾乎無所不在，方法五花八門，像是水汙染、水土流失、塑膠進入食物鏈、動植物生存壓力等，最近一份聯合國研究報告指出，影響的程度導致生物多樣性以前所為有的速度降低，「我們的經濟、生活方式、糧食安全、健康和全球生活品質的根本」正面臨威脅。[87]

人類的活動破壞世界的河流、海洋和海洋，各大洋從十多年前就出現塑膠垃圾，汙染、消化道阻塞、內傷與纏繞傷害了野生動物。[88]汙染物的規模超乎想像，光是在英國，據估計每週就有九兆根微纖維從丟進洗衣機的合成衣料中被洗刷、排放出來。[89]如今塑膠微粒出現在世界各地，數量驚人；研究團隊調查北極，發現每平方公尺海水中平均有四十顆塑膠微粒。[90]對美國的研究則顯示，民眾每年把七萬四千至十二萬一千顆塑膠微粒吃下肚或吸進肺裡；其他研究指出，孕婦胎盤中出現塑膠微粒，嬰兒糞便中有高濃度的塑膠微粒，連人類血液中也有。[91]

環境壓力如今已經大到全球四〇%的植物成了瀕危物種。[92]植物瀕危的主因之一是昆蟲族群崩潰，而昆蟲族群崩潰則是源於森林砍伐、大量使用農藥、都市化與氣候變化等因素，這些發展如今不只威脅動植物食物鏈，農業與糧食生產的前景也岌岌可危。[93]據估計，全球每年約有價值近六千億美元的農作物，正因為授粉昆蟲消失而受到威脅。[94]

每年有數百萬公頃的熱帶森林遭到砍伐，全球海洋也遭受長期過度捕撈，而動物們為了適應氣候變遷，不僅棲息地改變，連體態、體型都出現變化。對於氣候升溫，某些動物的因應之道是改變體溫調節機制，甚至連四肢、耳朵、嘴喙與其他附肢的形狀與大小都因為溫度上升而發生改變，以達到降溫效果。[95]懷孕母牛承受的熱緊迫，會降低體內小牛的生長率，跟免疫系統有關的器官尤其大受影響，而這種情況對乳製品與肉品生產的影響可謂顯而易見。[96]

生活在山麓的陸生物種往地勢更高的坡地遷徙，避開升溫的低地，至於魚類則因為海洋表面升溫而被迫往更深的水域生活。陸生類群每十年往極地方向移動十七公里，海洋物種的移動距離更是陸生物種的四倍。[97]喜馬拉雅山區有許多蝴蝶與蛾種為了更好的棲地，向高海拔方向遷徙超過一千公尺以上。[98]地中海海域的魚類、甲殼類與頭足類(包括章魚、烏賊和墨魚)等海洋生物，為了尋找更冷的水域，下潛的幅度平均達到五十五公尺以上。

五十年來經密切監測的脊椎動物，其物種規模平均已縮小將近七〇%。[99]一九七〇年以來，北美地區的鳥類數量已經減少近三十億，同時有超過四〇%的兩棲動物物種面臨威脅。[100]用於推算潛在滅絕速率的模型，推導出的不僅是劇烈的崩潰，恐怕還低估了物種豐富程度的降低與分布範圍的減少。[101]

衰退的步調並不一致——儘管某些物種與生態系正在崩潰，但其他物種與生態系的表現居然不差，有些案例甚至蓬勃發展，例如加拿大東部近極區森林的樹種就是如此。[102]更有甚者，某些物種的衰頹也是其他物種的契機。[103]部分科學家表示，在評估物種變化時地方層面的重要性應該高於全球層面，並主張應該把某些物種數量的急遽減少，視為極端衰退（或增長）現象的群聚，而不是看成整體、廣泛（且恐誤導結論）的發展模式。[104]

無論如何，科學家一致認為，一場堪稱「生物滅絕」的事件正在我們眼前發生，而且他們往往將之定調為「大規模滅絕事件」。[105]極地海洋研究顯示，食物鏈網絡已經開始變化，這不僅對海洋生態系有深遠的影響，連全球生態體系也無法置身事外。[106]許多人警告，「生物多樣性雪崩式侵蝕」與「共同滅絕」將會影響整體動植物生態。[107]「第六次大滅絕」與過往五次的不同之處，在於這一次的罪魁禍首是特定物種——人類。[108]近年來有一份報告直接點出現況：「對於生物圈及其中所有形態的生物（包括人類）來說，威脅其實極為嚴峻，連深耕這個領域的專家也很難掌握危機的規模。」[109]

⁝　⁝　⁝

本書要談的不是預測未來，也不是要挑戰科學界壓倒性的共識——對於當前的全球情勢，或者對於哪些步驟（例如調適或採用新科技）有機會能緩和氣候變遷造成的頭號難題，學界已經形成一致的看法。本書的宗旨反而是要回顧過去，去理解、解釋我們這個物種是怎麼把地球變成現在這個樣子，變成得面對如此危險的未來。

我原本的起心動念，只是想寫氣候如何形塑你我周圍的世界，寫全球氣候、降雨和海平面的調變，乃至暴風雨、火山爆發與隕石撞擊等極端事件是如何影響歷史，去定調哪些瞬間、時段與主題能說明氣候對全球歷史發揮的重要影響力。

然而，等到我開始思考本書該怎麼寫時，馬上意識到只要一談氣候，就得談天氣模式的變化、談人類對自然界的干預，進而探討更費解的問題與挑戰，像是農產剩餘與官僚政府起源的關係；放牧、游牧與村落、城鎮等定居社會的過從；宗教與信仰體系的發展與角色，對於氣候、環境及地理形勢的調節功能；種族與奴隸制度在資源開發過程發揮的作用；糧食、病原體與疾病的傳播；自工業革命起這數世紀的人口、貧困與消費模式；關於上一個世紀的全球化，以及農業、食品、時尚的標準化；以及為何二十一世紀會處於危機當中。

總之，本書有三大目標。第一個目標是把推動全球史的關鍵主軸，也是往往受到忽視的主軸——氣候——擺回過去的歷史當中，並凸顯天氣、長期氣候模式與氣候的改變（無論是否肇因於人為因素），在何處、何時、如何對世界帶來重大影響。第二個目標是勾勒過去數千年間，人類與自然界互動的歷史，並探究我們這個物種是如何根據自己或善或惡的意願，去開發、形塑、改造環境。

第三個目標則是拓展我們看待歷史的視野。對於「全球北方」（global north），亦即對於歐洲與北美洲富裕社會的關注，往往主導歷史的研究，其他大陸與地區因此不受重視，甚至完全受到忽視。氣候科學與氣候史的研究也遭遇一樣的問題，許多地區、時段與民族未能得到足夠的關注、投入與調查，而這也說明對歷史的既定觀點，以及學術研究資金的挹注（和學術偏見）是如何在學術實踐中發展和深化。

除了過度重視全球北方，歷史學家過度強調城鎮、國家、領導、官僚與共通的行為，則是之所以要重新評估歷史的另一項主因。「文明」（civilisation）的本意確實跟城市生活有關，跟生活在城市裡、從城市往外投射力量、進行統治的人有關。大部分的文字史料，像是敘事記載、土地買賣紀錄、稅單等，都反映出對「文明」的重視，也都具有強化行政階級體系的作用。大部分的歷史是由生活在城市裡的人所執筆，為居住在城市裡的人而寫，重點也都擺在城市居民的生活。這種情況導致我們看待過去、看待周遭世界的角度出現偏差。[110]

然而，「文明」也是目前造成環境惡化，以及引發人為氣候變遷的最主要因素——這都是因為都市人口對於能源、自然資源消費（包括糧食與飲水）的龐大需求所致。都市雖然只占地表三%的面積，但都市地帶卻容納全球一半以上的人口。都市不僅是全球暖化的重要因素，未來數十年也將受到暖化的重大衝擊。[111]

都市的數量、規模與人口在上個世紀激增，而地球環境也在上個世紀遭受最嚴重的破壞，資源的消耗速度也在上個世紀達到巔峰，這絕非巧合。土地使用與土地覆蓋隨著都市不斷發展而改變，水文經人為改造，生物地球化學循環受到變化的衝擊而破壞，自然、生物多樣性與永續發展也因此承受壓力。[112]光是在二〇〇一年至二〇一八年間，中國的已建設面積就擴大四七．五%，美國則是增加九%。根據目前的人口統計趨勢來看，到了二〇五〇年，都市人口將從目前的三十億人提升到約七十億人。[113]從歷史的角度來看，一九〇〇年全球生活在城鎮的人口稍高於一五%；到了二〇五〇年，卻會有七〇%以上的人口生活在城市裡。[114]

新科技問世的速度變快，生產成本降低，促使製造、運輸和消費模式產生劇烈轉變。據估計，原生塑膠製品超過七五%變成廢棄物，其中大約九%經回收再利用，一二%進了焚化爐，其餘（大約五十億公噸，相當於歷來塑膠製品的六〇%）則堆積在掩埋場，或是棄置於自然環境中。[115]

從若干指標來看，一個世紀前的人造質（例如混凝土、建材與金屬等）大約相當於全球生物質的三%，如今卻已超越生物質。時至今日，每個星期製造出來的人均人造質比體重還要重，而這種現象跟城市與超級城市的出現，跟糧食、飲水、能源與耐久商品的高度消耗皆密不可分。[116]高水準的消耗反過來跟全球化、供應鏈有關，跟超級鏈結（hyperconnectivity）、標準化、高速交易與低廉價格構成的良性循環有關，也跟榨取、資源匱乏、環境破壞構成的惡性循環有關。

綜觀歷史，農民、放牧與游牧民、原住民與狩獵、採集者深諳土地的極限，盡其所能因應環境的變化，但他們若非不見於史冊，就是被人以刻板的方式刻畫成野蠻、不規矩、原始的樣子。亞里斯多德如是說，不需要城市的「要麼是動物，要麼是神明」。[117]數世紀後，一位中國文人用「天所賤而棄之」來形容中亞游牧民族；到了十世紀，伊本・法德蘭（Ibn Faḍlān）與逐水草而居的牧民相遇後，也有一樣的看法，說他們「生活窮困，徬徨如驢」、「他們既不敬拜阿拉，也沒有理性可言。」[118]

這種態度仍然存在今日世界上的許多角落，往往是以成立、贊助野生動物保留區的方式體現，將當地人排擠出去，以創造出城市居民以為的自然樂園──裡面沒有人類。大峽谷是個很好的例子：一九〇三年，美國總統西奧多・羅斯福（Theodore Roosevelt）在走訪大峽谷之後接受訪問，表示這裡是「舉世無雙的自然奇觀」。他補充一句擲地有聲的話，「人類只會破壞它」，顯示「自然」必須不受人為干預，才叫純淨無瑕。僅僅十多年後，大峽谷就成為國家公園，而哈瓦蘇派族（Havasupai）與其他原住民族生活超過七百年以上的土地，此後就受到限制與控制。[119]

時至今日，我們經常看到世界各個角落對原住民、採集游獵者的惡劣種族歧視，像是波札那的布希曼人（Bushmen）、西非的巴卡人（Baka）、印度阿迪瓦西（Adivasi）族群或中亞傳統游牧民族，他們的「原始」生活方式每每受到不客氣的侮辱。原住民維護森林，碳儲存更多，發展出能維繫生物多樣性的生存策略，長期守護環境，結果卻遭受這種對待，實在是不無諷刺。[120]

寫歷史有許多難處，其中之一就是涵蓋範圍再怎麼樣都會有所缺漏。學界的確開始採用愈來愈細緻的新方法，來詮釋某些沒有文字紀錄的社會代代相傳的口述歷史，例如美國西南部，或是加拿大北方與阿拉斯加地區的聖埃利亞斯山區。[121] 然而，世界上有許多地方缺乏文字資料（例如澳大利亞與非洲南部），意味著本書終究無法保持地理上的衡平。科學家所做的氣候研究，絕大多數都聚焦於業已經過深入探索，而且資源豐富的國家，而後又是以這些地方的研究為基礎，一層層加劇研究失衡的問題。這一點實在很諷刺，因為是最窮困的區域與國家受到氣候變遷最嚴重的衝擊，偏偏數十年、數世紀乃至於數千年來，它們的聲音卻最是細微，甚至完全被歷史所忽視。[122]

這種問題光憑一本書是解決不了的。但是，一本書可以提供更廣泛的視野，凸顯主題、地理區域與問題，希望能拓展歷史的疆界，讓未來的歷史研究看得更遠。說不定，一本書還可以提供些許樂觀的根據，在這段氣候與科技、政治與經濟變化劇烈的時代，提供一點有建設性的建議，看如何安全度過這個時代。

關於我們如何把周遭的世界化為抽象概念，我在寫本書的時候有許多收穫。但我也同時意識到，我們之所以站在這麼危險的交叉路口，就是因為過去根深蒂固的趨勢所造成的。早在有史可稽之初，人們便會為人類與自然之間的互動感到憂心，並警告過度開發資源與長期破壞環境的風險。人類這個物種雖然成就斐然，但我們的行為對生態系造成的壓力與負擔，已經讓我們逼近甚或是越過了大難臨頭的臨界點，人類最終或將成為自己成就底下的受害者。然而，我們不能說自己沒有接獲警訊。

01 太初世界

（約四十五億年前至約西元前七百萬年）

在起初天主創造了天地。大地還是混沌空虛……——《創世記》1：1

對於全球氣候的劇變，我們都要感恩戴德。要是沒有數十億年間劇烈的天體與太陽活動、頻繁的小行星撞擊、開天闢地的火山爆發、大氣成分的徹底轉變、壯觀的板塊漂移與不斷的生物適應生物，今天就沒有我們。天體物理學家常說，在恆星周邊有些位置剛好的地方，不會太熱也不會太冷，這就是所謂的「適居帶」（goldilocks zone）。地球就是眾多例子之一。不過，自從我們的行星在大約四十六億年前形成以來，地表的環境一直在改變，有時候堪稱是災變。[1]地球存在的這段時間裡，大部分的時候是我們物種不可能會喜歡，甚至根本無法生存下來的。來到今日世界，我們以為人類造就了危險的環境與氣候變遷；但我們同時也是過往巨變的重要受益者。

我們在這顆行星上的角色真的微不足道。最早的人族（hominins）要到幾百萬年前才出現，而解剖結構上最早的現代人（包括尼安德塔人〔Neanderthals〕）則是大約五十萬年前才出現。[2]對於他們出現之後的這段期間，我們所知的不僅東一塊西一塊，很難詮釋，而且往往猜測成分居多。隨著時間逐漸接近現代，則有考古學能幫助我們更可靠地了解人類如何生活；但他們做了什麼、想過什麼、相信些什麼，則得等到大約五千年前，完整的書寫體系發展出來之後，我們才能了解。整體而言，我們據以細緻、縝密重建過去的那些敘述、文件與文本，只涵蓋世界歷史大約○．○○○一%的時間。人類這個物種不光是存在就很幸運，而且從歷史的大棋盤來看，我們是很晚才出現的新棋子。

人類就像最後一刻才登門的粗魯客人，大吵大鬧，簡直要把主人的家給拆了，自然環境遭受的人為衝擊不可小覷，而且衝擊的步調愈來愈快，不少科學家因此懷疑人類是否能長久存在。不過，大吵大鬧也不稀罕。首先，不是只有我們物種會改造周圍的環境，生物相（也就是植物、動物及微生物）當中的其他物種在人與自然的關係當中，既不是被動的參與者，也不是純粹的旁觀者，不只是單純的存在。每個物種都在改變、適應與演化的過程中發揮影響力，有時候也會造成毀滅性的後果。

正因為如此，部分學者對「人類世」的概念與名稱始終抱持批評態度，覺得不該把人類推上「特殊物種」的優越位置，好像是由人類界定什麼叫做「野生」、界定什麼是可以使用的「資源」（無論是否永續）。有人覺得這種作法「傲慢無比，太過高估人類的貢獻，還把其他生命形態貶到簡直是空氣的地步」。[3]

⋮ ⋮ ⋮

自有地球以來，前半段時間的地球大氣幾乎沒有氧氣存在。我們的行星是經由漫長的聚合，經過一層又一層的累積才形成的，接著遭到火星大小的撞擊體強烈碰撞，釋放出足以融化地函的能量，岩漿海與蒸氣之間的交互作用才產生最早的、無氧的大氣層。[4]

地球的生物地球化學循環最終造成一次徹底的轉變。雖然各界對於產氧光合作用（oxygenic photosynthesis）如何發生、何時發生以及為何發生仍未有定論，但有機生物標記、化石和基因組規模數據等證據顯示，藍菌（cyanobacteria）演化後吸收陽光，從中獲得能量，用水與二氧化碳製造出糖，同時釋出副產物——氧氣。新模型顯示，早期地球每年發生十億至五十億次閃電，這或許是前生物反應磷（prebioticreactive phosphorus）之所以如此大量的由來，而磷則是陸生生命出現的關鍵。[5]

大約三十億年前（或者更早），已經有足夠的氧氣製造出來，在養分豐富、擾動較少的淺海棲地形成「綠洲」。[6]大約在二十五億至二十三億年前，大氣含氧量迅速累積，原因可能是化學反應、演化發展、藍菌超大量增生、火山爆發或地球自轉減速（或上述五種因素的結合），引發所謂的「大氧化事件」（Great Oxidation Event），這是複雜生命體降生途中的重要瞬間。[7]

氣候也因此出現劇變，迅速增加的氧氣與甲烷反映，產生水蒸氣與二氧化碳。超級大陸因陸塊碰撞形成時，地球的溫室效應也在減弱，導致整個行星完全被冰雪所覆蓋。[8]地球繞日的軌道變化，亦即所謂的「米蘭科維奇循環」（Milankovitch cycle），可能也在這段過程中發揮影響力。[9]巨大隕石撞擊同樣是可能因素，一來是拋飛入大氣的碎片阻擋陽光與熱，二來撞擊力也影響大陸的形成。[10]數百萬年期間的冰河時期有強有弱，但「雪球地球」（Snowball Earth）整體效應強烈如斯，部分科學家甚至因此稱這整段時期為「氣候災難」。[11]

不穩而複雜的雪球地球過程，是現今研究中頗有進展的主題。[12]這次冰河期和後來的冰河期一樣，都對地球的動植物生命帶來深遠的改變。[13]其中，小型生物往更大的體型演化，因為冷冽海水稠度更高，比較大的體型能抵銷阻力，加快移動速度。[14]近年來，有人主張八千公里長的「超級山脈」說不定對大氣氧含量的提升有所影響，而數億年間從山脈上受到侵蝕、進入海洋的沉積物，如磷、鐵和養分也推動生物的演化。[15]

複雜、肉眼可見的生物化石紀錄，在埃迪卡拉生物群（Ediacara Biota）時期開始出現。咸認始於五億七千萬年前的埃迪卡拉紀，已有至少四十種經辨識出的物種發展成對稱的多細胞動物——據信對稱有助於行動。[16]埃迪卡拉紀不僅是各種海洋動物多元分化的時期，也是其演化、發展與適應的重要時期，例如三葉蟲的前肢就是在這段期間發展出呼吸器官。[17]

奧陶紀（Ordovician）接近尾聲時（約四億四千萬年前），氣候突然冷卻（可能是引發阿帕拉契山脈〔Appalachian mountains〕造山運動的同一場板塊運動所導致的），氣溫陡降，海平面降低，並引發深海洋流的轉變，同時海平面下降，海中浮游與自游物種的棲地因此縮小。同一場寒化引發了一波滅絕；另一波滅絕則發生在溫度回正、海平面上升、洋流停滯，導致氧氣量驟降時。[18]汞的痕跡和明顯的酸化跡象顯示，火山活動是第二階段滅絕過程的關鍵因素，最終有八五%的物種滅絕。[19]

對於這場幾乎消滅所有活物的滅絕中，火山爆發只是一個片段。月球可能也是接下來數百萬年間變化的一環。地球在撞擊中誕生，拋入太空的碎片形成月球。月球的引力是潮汐的關鍵因素，因為有潮汐產生的海流，才能把熱從赤道帶往極區，徹底形塑地球的氣候。[20]

月球以前距離地球更近（說不定只有今日距離的一半），潮汐力想必更強，對地球氣候與野生動植物的影響也更大：近年來的模擬顯示，大範圍的潮汐可能迫使硬骨魚類進入陸地上的淺水池，進而促成演化出可以承重的肢體與呼吸器官。[21]月球不僅在地球本身的轉變中軋了一腳，甚至影響這顆星球上的生命發展。

月球的影響力如今依然重要。許多海洋生物的繁殖週期跟月相緊密同步，魚、蟹與浮游生物的遷徙、產卵也受到月光的觸發。[22]珊瑚基因會根據月亮的盈虧改變其活動量。[23]月相似乎會影響塞倫蓋蒂（Serengeti）地區牛羚的交配季節，而且跟母牛的自然分娩有關。[24]滿月時，許多靈長類動物的夜間活動更活躍——也許是因為光線更好，讓牠們更有機會避開掠食者。[25]據觀察，信天翁在月明夜更活躍。[26]雖然研究還不多，但月相與月光似乎跟數十億季節性動物的年度遷徙密切相關，尤其是鳥類，因為光線對牠們的覓食機會影響極大。[27]

人類的行為、活動力，甚至是生育力，似乎跟月相的變化有重要的關係。學者研究沒有電力供應（因此是很好的控制變因）的阿根廷原住民社區，結果顯示在滿月前的幾個晚上，也就是太陽下山後的幾個小時內仍然有月光的晚上，大家比較晚睡覺，睡眠時間也比較短。也就是說，沒有人工照明設施的前工業社群，人們的睡眠模式可能同樣受到月相的影響。[28]女性月經週期的長期數據，表現出跟月光與月球重力有相關性，部分學者因此主張人類的生殖行為原本跟月相是同步的，是近期才受到現代生活方式的影響而改變。[29]

流行文化經常反映出月亮會影響、干擾人的行為舉止，比方說「瘋子」（lunatic）一語就暗示精神疾病與月亮的關係，但就算其間有任何因果關係，科學家也往往會淡化之。[30]不過，部分研究人員也強調，躁鬱病患的發作，跟三種獨特的月相有顯著的同步性。[31]也就是說，月亮對洋流、全球氣溫與氣候、生殖週期，乃至於整個地球上的生命，都有重要的影響。

至於月潮對於電離層—增溫層天氣體系，乃至於對演化過程或滅絕事件的影響，則需要進一步的研究。[32]滅絕事件並不罕見。情況最為慘烈的滅絕事件，發生在兩億五千兩百萬年前，人稱「大滅絕」（Great Dying）。這次事件的主因，是今日西伯利亞的位置發生前所未有的火山爆發，噴發極為大量的岩漿。[33]很有可能是在某個關鍵的瞬間，地面上不再噴發岩漿，開始形成熔岩層，把氣體困在地表下，直到引發一連串超級猛烈的噴發才釋放出來。[34]無論具體情況如何，總之，有大量的溫室氣體噴發進入大氣層，引發生物圈的不穩定。土壤與海水溫度一開始可能上升八至一〇℃，然後又增加了六至八℃，赤道地區的溫度恐高達四〇℃。結果九六%的海洋生物滅絕，四分之三的陸地動物消失，地球上的森林也全數消失了。[35]

其他大規模火山事件也帶來重大的變化，例如約兩億年前的三疊紀末期，海洋條件的變化導致海平面驟降，海洋水體鹽分淡化，形成低鹽分淺水區的微生物複合聚落。[36]同時發生的還有大規模的野火，火山氣體噴發注入大氣，二氧化碳水準因此提升四倍、海洋酸化，引發另一波動植物的大滅絕。[37]

這類事件導致生態系大洗牌，動植物群則以迅速的反應與多樣化回應。[38]動物必須適應新的植物聚集與食物，以三疊紀來說，當時的動物演化出更有力的顎部，能產生撕咬的力量，讓進食更為有效。尤其這個時候的植物多半變得更硬、更韌，因此咬合咀嚼的力量多寡可謂是主導哪些草食動物能興旺、哪些會滅絕的關鍵。[39]

不過，史上最知名的天崩地裂瞬間，則是約六千六百萬年前，一顆小行星撞擊今日墨西哥猶加敦半島（Yucatan Peninsula）城鎮奇克蘇魯布（Chicxulub）近郊，結果導致恐龍滅絕。[40]這只是地球形成以來眾多重大地外撞擊事件之一，其中已知最早的例子，可以回溯到大約三十億年前，在格陵蘭西部的馬尼特索克（Maniitsoq）附近形成撞擊坑。[41]

奇克蘇魯布近郊的撞擊事件想必造成極為嚴重的局部破壞——撞擊捲流帶來的高度熱輻射、颶風等級的強風、巨大海嘯，還有沖刷至海床的滑坡——而撞擊造成的影響更是席捲全球：大約有三百二十五億噸的硫與四百二十五億噸的二氧化碳，以每秒超過一公里的速度衝到大氣中。撞擊噴出物隨後重新落入地球大氣層，引發火暴風；灰燼阻礙陽光，造成短期寒化，大量二氧化碳引發長期暖化，海洋則嚴重酸化。[42]

這次撞擊之所以造成慘痛浩劫，除了因為撞擊物的大小（可能是來自太陽系邊緣奧特雲〔Oort cloud〕的彗星，直徑約十二公里），也是因為撞擊地球的方式與位置使然。[43]一九九四年，舒梅克—李維九號彗星（Shoemaker-Levy 9）撞擊木星，天體物理學家得以理解物體大小可能造成的毀滅效應。舒梅克—李維九號彗星在撞擊前，部分解體為更小的碎片，其中最大的碎片直徑大約只有一公里。光是這枚碎片便足以造成長度達十萬公里的撞擊痕跡（幾乎是地球直徑的八倍），令見證過程的科學家對撞擊的規模與後續效應震撼不已。[44]

從一九九四年的這起撞擊事件，便可一窺奇克蘇魯布撞擊，以及過去其他的類似撞擊事件，乃至於未來可能的撞擊情境——尤其新的研究指出，類似的長週期彗星撞擊地球機率應該要乘以十倍才對。[45]特定的撞擊角度影響也很大，新的模擬顯示，偏垂直的撞擊軌道會將大量碎片噴入大氣層，突如其來的災變將對地球上的生命造成最嚴重的威脅。[46]時間點也非常重要：由於奇克蘇魯布撞擊事件發生在北半球的春／夏季，而且正好是魚類與大部分陸生生物的產卵季節後，後續對動植物的影響尤其嚴重。[47]

加上這次撞擊發生的時間點，正好與大規模火山爆發大致相同，情況恐怕因此雪上加霜；事實上，部分科學家認為火山活動的影響比地外撞擊更嚴重。[48]無論如何，這次事件的結果包括地表均溫降低一〇至一六°C，海水溫度驟降（尤其是淺海地區）——動植物因此大量滅絕。[49]

⋮　⋮　⋮

這類事件不只壯觀，而且深具破壞力。包括前述災變在內，一連串出奇的僥倖、巧合、偶然與無意最終帶來了人類的抬頭，乃至於今日動植物群當中許多的出現。我們所熟悉的世界，是經歷多起大規模滅絕，以及程度沒那麼嚴重、卻數之不盡的重大氣候變遷與大氣條件變化才得以形成的；倖存下來的動物、植物與有機體，演化出了今日的生命。

雖然當前全球生態系奠定於數千萬年前，但我們所認為的基礎特徵，也是有前述引發劇變的嚴重災難所留下的痕跡。比方說，分析南美洲的花粉顆粒，我們得知奇克蘇魯布撞擊有助於形成現在所知的熱帶雨林。撞擊前，熱帶森林的樹木間距較遠，光線能夠直達進入森林地面；撞擊後，林木變得更為緊密（也許是因為大型草食動物滅絕的關係），遮蔭變得更多，讓豆科植物與豆莢得以蓬勃生長，而它們則透過跟細菌的交互

古新世至今的深海水溫

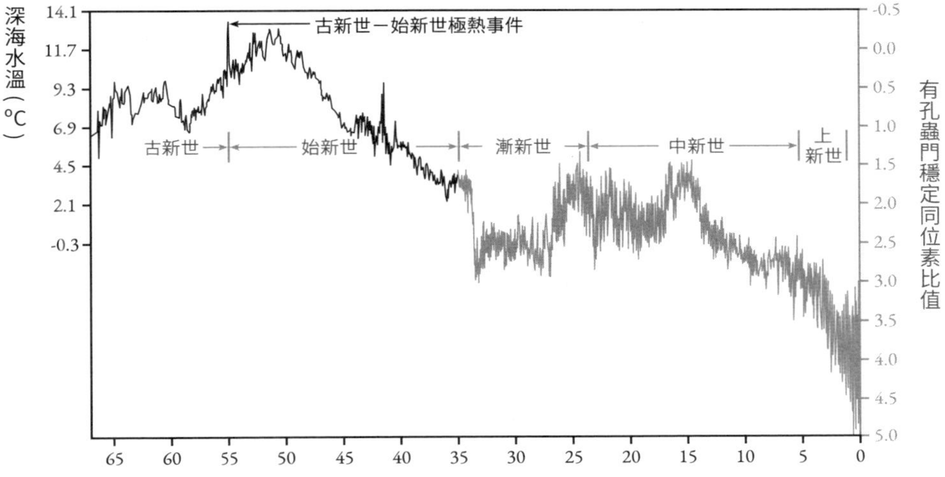

資料：NOAA　資料來源：Hunter Allen and Michon Scott

作用，捕捉空氣中的氮。撞擊所引起的火山灰附有可風化磷礦，落到陸地生態系中，進而成為提高土壤肥力與森林生產力的關鍵。相較於針葉樹與蕨類，磷對於開花植物更有利，落磷因此成為生物多樣性大爆發與雨林大面積生長的跳板，而雨林則是今日碳循環的重要一環。[50]

有些氣候變遷事件比較溫和，雖然造成重大影響，但沒有引發大規模滅絕。古新世—始新世極熱事件（Paleocene-Eocene Thermal Maximum）是個很好的例子：大約五千六百萬年前，有大量的碳釋放到海洋—大氣系統中，導致全球溫度上升了至少四至五℃，時間持續約二十萬年。[51]有人認為熱帶地區溫度上升到高達四〇℃。[52]此時二氧化碳的量非常龐大，據推測濃度比前工業時期高了十六倍。[53]

雖然碳的來源仍有爭議，但這一次引發動盪，大幅改變海陸有機體地理分布、促成迅速演化、影響食物鏈的主因似乎還是火山爆發。[54]此外，植物多樣性也因此大爆發（至少熱帶地區如此），北美、南亞、北非和南極洲等地的降雨量增加。[55]南極洲成為一片茂密森林，直到厚重的大陸冰層開始形成——這個過程跟大氣中二氧化碳濃度明顯下降有關，而南半球大部分陸地都受到影響。[56]

恐龍滅絕之後，全球已發生四十二起大規模火山爆發，這四十二次的每一次，規模都比一九九一年皮納圖博火山的爆發強烈一百五十倍以上。這些噴發引發區域性與全球性的氣候變化。最引人注意的一次爆發，發生在兩千八百多萬年前，地點是今日科羅拉多州魚峽谷凝灰岩（Fish Canyon Tuff），是五億年來最大的一次火山爆發。[57]小行星和隕石撞擊也改變了自然環境，例如八十萬年前有個直徑兩公里的物體撞擊地表，碎片拋散在包括亞洲、澳洲和南極洲的東半球各地；由於後續火山噴發的熔岩平原蓋住撞擊坑，直到不久前學界才在現在的寮國確認撞擊坑的位置。[58]長期的暖化也會帶來變化，例如上新世（Pliocene）的皮亞琴期（Piacenzian phase，約三百萬年前），溫度比今天高出三℃以上，海平面比今天高二十公尺；全球氣象模式大洗牌，造成當時大氣中的二氧化碳含量達到二十世紀前的最高點。[59]

地質條件與板塊運動也深深塑造、再造了地球，創造水體、陸地與如今我們所知的生態的地理分布。數千萬年間，可能是因為地核—地函邊界的地幔柱所引發的運動，或是海洋板塊的負浮力從下方施加的壓力（抑或兩者皆然），結果導致一塊巨大的超大陸分裂。[60]有時候，來自超級火山的熾熱物質激流，會造成板塊分裂並旋轉，就好像一百多萬年前印度板塊從非洲板塊分裂出去時的情況。[61]

當然，全球各大陸之所以會在今天的位置，就是前述地質運動的結果。但各大陸的形成與位移過程也別具意義。首先，陸地並非始終保持在海平面以上。其實，今天的紐西蘭與新喀里多尼亞周邊的抬升地區，曾經是某個連續陸塊的一部分，只是有近九五％後來被水淹沒；這塊陸地如此廣大，甚至有人稱之為地球的「第八大洲」[62]

就這個例子來說，大型陸地之所以消失在海面下，是因為陸塊遭到拉伸、變薄的關係。曾經有一塊大小與格陵蘭相當的陸地，從後來的北非斷裂出去，與南歐相撞，最後擠到南歐下方。[63]這塊陸地的情況就跟前述的第八大洲大不相同。類似的擠壓帶來極大的力量，造成陸地撓曲，塑造了世界各地的大山脈。南美洲的安地斯山脈與喜馬拉雅山脈都是類似的成因——喜馬拉雅山脈的形成，是因為印度次大陸在大約五千萬年前與歐亞大陸碰撞，將原本海平面高度的陸地往上推升，因此幾座最高峰的峰頂附近才會找到海洋生物化石。[64]

遼闊的山脈形成後，又回過頭來影響局部性、區域性，甚至是全球氣候模式的變化與塑造。例如，咸認洛磯山脈的位置與大小，不僅造就降雨模式，也形塑了颶風路線的發展，不只北美東海岸、北大西洋，甚至遠如挪威也受到影響。[65]多年來，各界不斷爭論喜馬拉雅山脈與西藏高原的抬升，是否影響遠至非洲的降雨分布，只不過近年來的敏感度模擬指出其影響相對弱且溫和。[66]相較之下，至少在過去數千年間，地表覆蓋與揚塵量的變化對於亞洲季風降雨強度的影響程度，比前述的抬升重要太多了。[67]

全球各大陸位置的重新配置，不僅對動植物有深遠的影響，也對人類社會的發展帶來相應結果。比方說，經過數百萬年間的演化，歐亞大陸與美洲的大型哺乳類動物數量和分布出現極為明顯的差異。重點在於大約兩萬五千年前，早期人類開始定居在美洲時，美洲缺乏適合馴化的動物，而這不僅影響社會理解自然世界、與之互動的方式，也影響農耕技術、糧食生產剩餘能力、社會階級的出現，甚至是對疾病的免疫反應——這是與馴化動物密切互動的附屬效應之一。[68]

不過，超大陸的分裂與大陸的形成（約始於兩億五千萬年前）所帶來的影響，可不只是創造你我今日所熟知的地圖。例如，人稱「特提斯海」（Tethys Sea）的龐大水體，就是在兩千多萬年前因為陸塊的分裂與形成而逐漸封閉，最終縮小形成後來的地中海。這導致全球氣候模式重組，包括非洲大部分地區乾旱化，以及南極開始長期冰河化。[69]環境條件改變，在大約五百六十萬年前引發「麥西尼亞鹽度危機」（Messinian salinity crisis），地中海因水分蒸發而變乾，在歐洲、非洲與中東之間形成動植物走廊，直到三十萬年前發生所謂的「贊克爾期洪水」（Zanclean flood），大西洋的水沖破直布羅陀海峽，迅速注滿地中海盆地為止。[70]

然而，從二十一世紀的觀點來看，重點在於大陸的斷裂、碰撞和主要海盆的變化，造就全球各地的巨大碳氫化合物沉積：全球八百七十七個巨型油氣田（亦即儲存量超過五億桶以上），幾乎都集中在二十七個關鍵區域。[71]這些油田的位置撐起每年價值上兆美元的化石燃料經濟，也是近現代氣候變化的主要推手：能源革命始於燃燒化石燃料，而使用石油與天然氣為動力的發動機、引擎與發電廠則進一步加速革命的腳步。也就是說，當前的人為氣候變遷、全球暖化與汙染，其實是過往數億年間發生的變化所推動的。

事實上，這些長期發展不僅與眼前的環境問題息息相關，更是現代全球經濟、社會和政治權力轉移的故事核心。比方說，大約三億年前，石炭紀與二疊紀初期的植物導致大氣中二氧化碳水準驟降，而後來工業革命的原動力——大量的煤炭，就是這些植物的殘骸所構成。[72]

一旦燃煤動力機械帶來推升產量與產能的絕佳契機，這些礦床的位置也就變得關鍵。確實有學者認為，造成大分流（Great Divergence），也就是歐洲一躍超越大清帝國與亞洲其他國家的原因之一，就是因為歐洲的煤礦比較靠近潛在的製造業中心，有更多勞動力能開採，因此開發更快、更便宜。[73]我們曉得，歐洲各國的崛起還有其他許多因素，但在全球化程度提升、能源革命開創新的可能性時，地質方面抽到上上籤就變得影響很大。

好籤運也有助於開闢新的生態前沿。例如，美國中西部城市和鐵路的崛起，得益於伊利諾伊州、愛荷華州和內布拉斯加州等地的大量化石燃料儲量（包括煤炭、石油及天然氣），龐大的蘊藏帶更是從達科他州與懷俄明州往南延伸，穿過科羅拉多州，直至新墨西哥州。[74]十九世紀下半葉，美國內陸開始出現「即時城市」（instant cities），工業化和城市化水準也同步上升。這一切雖有助於製造業火車頭的誕生，但也造成大量人口從沿海往內陸重分配。[75]

相反地，近年來由於政府提倡更環保的能源生產，加上再生能源成本大幅下降，煤礦產業就業市場承受壓力，總統大選的投票結果也因此受到影響，支持煤炭產業的共和黨候選人獲得強大奧援。無論是過去還是現在，蘊藏煤礦的地方及參與開採工作的人口，都影響著每四年由誰入主白宮，誰能、誰不能。[76]

地質方面的運氣是好是壞，在現代世界中有舉足輕重的影響，這一點還有許多類似的例子可以說明。例如，在白堊紀（一億四千五百萬年至六千五百萬年前），當時的世界比今天更溫暖，海平面也更高。數十億海洋微生物死亡後形成沉積層，最終化為石油。但是牠們的消亡還帶來其他結果。美國南方的龐大白堊層，是全球降溫、海平面下降時死去的浮游生物與海洋生物所構成。白堊層讓土地極為肥沃，尤其是降雨沖刷掉營養匱乏的碳酸鹽礦物之後更是如此。

美國東南各州有一條弧線地帶，因為土壤肥沃且呈黑色，因此得名「黑沃土帶」，對於經濟作物密集生產非常理想，尤其是棉花。歐洲人抵達美洲，建立跨大西洋奴隸貿易之後，把大量黑人送往黑沃土帶，生活在惡劣條件下，從事勞力密集的勞動。儘管奴隸制在一八六五年廢止，但許多美國黑人仍不得投票，直到一個世紀後《選舉權法》（*Voting Rights Act*）通過，禁止歧視性的選舉辦法，局面才改觀。非裔美國人構成今日黑沃土帶許多行政區的人口主體，尤其是高失業率、教育與醫療資源匱乏的地方。美國的這個地區及其他一些特定的郡，其選票對於總統選舉結果有重要的影響力。[77]氣候變遷不只是現在與未來的話題，也是歷史不可或缺的一環。

世界上其他地方的資源分配也有類似的情形。在過去的這個世紀，石油和天然氣的故事始終在全球地緣政局中扮演要角。沙烏地阿拉伯、伊朗、波斯灣、中東與北非等地的巨大儲備量，不僅關係到軍事干預的歷史，甚至跟專制與神權統治，乃至於一連串廣泛的議題密不可分。光憑美國與中東地區的過從，也許無法完全勾勒過去五十年來美國總統的施政，但從一九七〇年代甚或是更早之前開始，人質挾持、軍火買賣、軍事入侵、恐怖主義與核子協定一直是美國外交政策的關鍵元素，而這絕非偶然。假如中東沒有石油和天然氣，情況想必會大不相同。[78]

對於十九及二十世紀的不列顛、德國和日本來說也同樣如此。大英帝國之所以成形，跟許多奇妙的偶然有關。其中之一是，雖然該帝國在第一次世界大戰時握有全球將近四分之一的土地面積，但這個大帝國控制的重要石油儲備卻少之又少。因此，尋找可靠的石油來源，建立對源頭的控制以滋養帝國的根，就成了當務之急。隨之而來的軍事與政治干預決策，不僅重塑一戰戰後中東地區的局勢，其餘波更是蕩漾至今。[79]無獨有偶，德國與日本皆缺乏石油資源，這影響兩國的戰略決策，尤其是主導德國往高加索地區、日本往東南亞的軍事推進，最後超出兩國補給線與維繫能力的極限。[80]

同理，其他資源的分配（無論是自然資源還是其他資源）不僅深深影響人類的歷史，預料也會影響未來局勢。世界上可供開採的貴金屬礦脈（包括黃金），是地球形成後受到流星雨轟炸所造成的結果。[81]對於生活在礦脈所在地的人來說，礦藏的存在形塑他們的命途是好是壞——一旦黃金礦藏豐富且開採成本低，就會帶來強迫或自由的人口流動，有時甚至會造成軍事對抗。

重金屬（包括稀土）可能是超新星爆炸的副產物（超新星質量通常達到太陽的三十倍以上），這些礦物其實數量不少，但濃度往往不足，讓開採變得不切實際。[82]礦藏的濃度多半跟地球上鹼性火成活動與岩漿系統相關。[83]地質與運氣同樣決定這些重金屬礦藏的開採難度，也主導了政治發展、軍事敵對，乃至於社會與國家的演進：有人預測，對於鈹、鏑和釔等新元素的爭奪，將會影響二十一世紀的樣貌。數十年前，這幾種元素幾無價值或用途，如今卻成為高科技設備不可或缺的原料。新科技將會加劇未來的競爭——正因如此，各方才會再度對登月與登陸其他行星的任務重燃興趣，尤其是因為地外星體礦藏開採機會可期。[84]

地球資源分布的重點不只跟能源或貴金屬有關——環境抽抽樂抽的還有各種材料與物質，動植物自不例外。香料的重要性（尤其是南亞和東南亞產的香料）促成貿易網絡的形成，使這些地區與中東、非洲、地中海及中國、日本等地產生密切接觸。蠶絲可以織出精巧、堅韌、昂貴的絲綢，甚至連距離產地數千公里以外的地方都對這種紡織品有極高的需求，連帶提升了蠶棲息地的重要性。之後我們會談到，動植物的分布是短、中、長途貿易的結果（有刻意為之，也有無意之間），而這個結果則是全球生態史的關鍵，人類在過程中發揮不成比例的作用。

我們這個物種要如何理解自然界，甚至是對自己在自然界中的位置有所概念？這是一大挑戰。保育派有時候會認為應該讓時間停止，像是不該染指雨林，要維護草原的原貌，而「大自然」不該受到人為的干預。不過，植物和動物自有其改變、破壞，甚至是毀滅自然的方法。「自然」並不是某種和諧、良善與互補的理想，不是維護平衡而已，畢竟生態體系一直受到許多非人為因素的改變與改造。

不過，人類帶來改變的方式，卻是有意識地調整地貌，刻意干預生態系，用思慮不周的決策過度開發。這些都有可能產生意料不到的後果，像是把外來物種引入新環境之後的連鎖反應，或是病原體與疾病的傳播，結果大幅影響人類的生活與動植物群。

就此而論，人類的演化可為地球史上影響力最大的單一發展。以往的滅絕事件是火山與彗星造成的，但人類則是成功開發出足以憑一己之力引發大規模滅絕的科技。有人認為，我們在二十一世紀用非永續的方式生活，加上全球暖化的衝擊，將會威脅到人類的存續，甚至危及無數的動植物。我們透過旅行、運輸，以及商品、製造活動與思想的全球化來彼此交流的作法，其實也造成一定影響。

然而，我們也發展出其他能徹底自我毀滅的手段。像是車諾比核反應爐、埃克森瓦迪茲號（*Exxon Valdez*）油輪外洩，以及美商聯合碳化物（Union Carbide）在印度波帕爾（Bhopal）的工廠毒物外洩等事故，在在警醒我們新科技造成大規模環境災難的可能性。無論是第二次世界大戰終局時的廣島和長崎，還是前蘇聯、北美和太平洋地區的試爆場，核武的開發同樣展現出毀滅的力量。[85]

核武的力量，意味著我們自己就能夠造成與地外星體撞擊一樣的結果——而且不乏意外造成的可能性。[86]誤報之頻繁令人憂心，例如二〇一八年，夏威夷的電視、廣播與行動電話都接收到彈道飛彈警報。[87]機率法則告訴我們，問題並不在於人為錯誤、政治對立升級、地緣政治誤判所引發的災難事故「會不會」發生，而是「何時」發生。

無論衝突是有意還是無意，總之大規模核武衝突後最嚴重的威脅，其實並不在於飛彈投遞的大量酬載，而是在於所謂的「核子冬天」，也就是核戰後的全球迅速寒冷化——這實在不無諷刺。蘇聯與美國對末日情境的模擬，是一九八〇年代之所以能推動軍備限制協議，以及控制核子武器與科技擴散的關鍵。[88]

對當前的世界來說，這些領域再度獲得重視，也就意味著人類引發災難的風險，已經達到我們物種出現之後的最高點。地球形成至今已有數十億年的歷史，相對於此，人類出現的時間不過就是一眨眼。我們究竟是怎麼走到這個地步？怎麼會變成地球現在與未來的關鍵角色呢？

02 我們物種的起源

（約西元前七百萬年至前一萬兩千年）

雖然不盡完美，但我會試圖簡短勾勒「物種起源」觀點的推演。——查爾斯．達爾文（Charles Darwin），《物種經自然選擇之起源》（*On the Origin of Species by Means of Natural Selection*，一八七〇年）

智人（*Homo sapiens*）的起源不僅成謎，而且頗具爭議。人類的祖先與人猿分道揚鑣的時間，大約是七百萬前；假如近年來對於黑猩猩突變速率估計無誤的話，那麼分流的時間還有可能更早。[1]化石紀錄強烈指出人類的共祖生活在非洲，只不過具體地點很難確定，大家的推測也不一致。早期的人族下有幾種南方古猿（Australopithecus），其中最有名的個體，是一九七四年於衣索比亞發現的「露西」（Lucy）；另外，還有約翰尼斯堡斯特克泉洞窟（Sterkfontein Caves）所找到的標本，暱稱「小腳丫」（Little Foot），骨架比露西更完整，年代約為三百六十七萬年前。[2]近年來對於小腳丫的肩胛骨、關節與鎖骨的分析，顯示其脊柱排列適合爬樹，在枝頭上盪掛，等於進一步提供可能棲息地的訊息。[3]

人屬（我們這個物種的祖先）大約在三百萬年前出現，最早的可能實例是在二〇一三年找到的帶齒下顎骨，其年代約為兩百八十萬年前。[4]雖然人們往往把第一批人屬的出現視為重大的轉捩點，但物種的轉變過程與新物種的出現其實既不突然，也不深遠，畢竟他們跟南方古猿有許多共通特色。[5]確實也有學者認為，應該把某些早期的人種劃歸為南方古猿。[6]

近來研究成果顯示，人屬內部有相當的多樣性——因此學界對於如何描述或解釋變異、差異，甚至是構成一個物種的要素為何，才會缺乏共識。[7] 魯道夫人（Homo rudolfensis）、巧人（Homo habilis）和直立人（Homo erectus）如何演化？有何差異？他們與後續的海德堡人（Homo heidelbergensis，尼安德塔人與智人可能的演化祖先）又有什麼關係？都是充滿爭議的問題。不過，這些人屬動物似乎都具備某些與其他靈長類有別的特色，像是雙足步行、直立姿勢、大腦較大，或者還有使用專門工具的能力。[8]

多年來，人們認為森林因氣候模式改變而化為更乾燥的環境，擴大活動範圍才能生存，演化壓力隨之而來，而直立、較大的大腦與牙齒大小的變化，則是活動範圍擴大的必要條件或附帶收穫（抑或兩者皆然），這些都加速人族的演化。[9] 前述的身體變化不會一致發生，不過整體人屬的調適、成功適應與數量增加，其關鍵無疑在於環境無法預測時，他們的飲食有彈性餘裕，加上他們有能力降低死亡的風險。[10]

從南非獨一無二的洞穴遺址中出土的石器與骨器，無疑點出多個人族物種在面對生態系巨變時展現的適應能力。[11] 東非的發現可以與南非相互對照——當地火山活動留下地層層序，讓其中的化石與考古遺址定年可以達到一定的準確度——顯示這些物種可以透過社會合作解決問題。[12] 例子包括奧杜威峽谷（Olduvai Gorge，位於今日坦尚尼亞）遺跡中找到的石核、石片、錘石技術，以及用工具打獵、屠宰、去骨、去髓的證據；當時人族處理的動物包括小盾狷羚（Parmularius，與牛羚同屬牛科，已絕種），以及魚、鱷魚與龜鱉等水生物種，顯見都是人族的飲食範圍。[13]

飲食範圍非常重要，因為上述食物來源提供人類大腦成長所需的特定營養，尤其是多元不飽和脂肪酸與二十二碳六烯酸（Docosahexaenoic Acid，即DHA），堪稱是演化出更強的能力與新技能的關鍵。[14] 的確，有學者主張大腦基底核的神經化學變化，不僅是人族從人猿中脫穎而出的關鍵，後去還帶來大腦皮質的發展，有助於解釋溝通、同理、利他等社會行為。[15]

部分學者更認為腦容量的增加與人口水準提高有關，反映出適應群體規模擴大的需求（即「社會腦假說」〔social brain hypothesis〕）。然而，亦有人強調關鍵在於進入新的生態環境，或是原有環境變化所引發的壓力才是關鍵——需要致力才能適應以確保生存。智人身上有個關鍵的基因突變，不只讓大腦細胞激增，同時可能還帶來認知能力的優勢，造成深遠的影響。對於這一塊，學界的討論仍方興未艾，但普遍共識是生態與社會競爭是演化的「驅動力」，推動生物、神經與行為的變化。[16]

變化的關鍵，還有人類運用、控制火的能力，有了火就可以煮食、取暖、抵禦掠食者與野生動物的襲擊。自然生成的火主要是地球每年數億次閃電所造成的結果。[17]無論是人的體型、牙齒與大腦的大小，乃至於語言的發展與更為複雜的認知功能，這些雖然是長時間內穩定發展的個別環節，但它們也都跟開始煮食的作法有關。[18]非洲南部、黎凡特與華東等地的洞穴曾出土經火燒的木頭、骨頭、草及其他材質，顯示在一百萬至五十萬年前至少有部分人屬群體已知用火；到了大約四十萬年前，歐洲、非洲、亞洲等地的許多遺址，出現用火的跡象已屬常態。[19]

早期人屬動物得面對許多問題，其中最具挑戰性的就是時好時壞的氣候變化模式——從地層分層、湖泊、動物群等資料，可以看出數十萬年間環境不斷經歷乾溼之間的轉換。推動上述轉換的因素，除了板塊運動與火山活動的影響之外，還有地球公轉軌道的離心率、太陽活動，而水分可用率則涉及季風強度、大型湖泊的大小，以及聖嬰—南方震盪現象。綜合而論，這一切都需要變通的能力才能因應，也都對早期人屬的飲食、認知能力與社會適應力有極大的影響。[20]

非洲是不同物種的大熔爐——從最近的人屬物種群體與個體來看，非洲的遺傳多樣性都遠高於世界上其他地方。[21]大約在兩百萬年前，部分人屬物種與族群已經遷徙到其他大陸，過程中可能有過兩次大分散。[22]經證實的大分散實例中最早可以在高加索地居找到，而且是直立人。[23]證據顯示，大約在一百八十萬年前，中國與爪哇已有直立人，而西歐在一百萬年前也有直立人的足跡。[24]

上述各段歷程的背景、性質與時間點，甚至連人屬群體內部之間的差異，我們都不清楚。對於開枝散葉的過程有各式各樣的解釋，至於我們這個物種與尼安德塔人則可能是在八十萬年前分道揚鑣，遠比西北非、衣索比亞等地遺址中找到的最早化石證據（常見的定年為三十一萬五千年至十九萬五千年之間）還要早不少，不過這一點仍未有定論。[25]

古代人類族群的故事，遠比以往以為的更加複雜多樣，這一點經過近年來研究的證實，已經不容否認。不久前有研究獨立出新的人族群體，其中必然有部分與現代的人類雜處過。[26]有學者主張，美洲原住民人口中的特定單倍型（haplotypes，可以遺傳的基因變異），反映出前述群體的後代是最早移居美洲的人；也有人主張某些群體把有助於現代人在高海拔地區生存的基因傳承下來。[27]

尼安德塔人在歐亞大陸西部生活數千年，後來顯然與我們的物種混血，但這種情況並非到處都有：尼安德塔人的血緣可以在今天的人類基因，甚至遠至北歐、西伯利亞與中國的古代人基因中找到，但在撒哈拉以南非洲則很罕見。[28]尼安德塔人和智人的混合，使部分基因群傳到現代人類身上，例如影響免疫系統的基因——有些跟 COVID-19 感染的抵抗力有關，有些則會增加感染率。[29]

相較於我們物種，尼安德塔人的族群分布顯深受氣候壓力影響（至少四萬五千年前如此），原因可能是因為他們的體型與腦容量更大，因此消耗更多能量，需要更多食物，結果導致適應能力降低，尤其是在急速降溫的時期。[30]這一點或許能解釋長期發展模式，解釋為何歐洲大部分地區曾受到尼安德塔人的殖民、放棄，而後再殖民，這都跟天氣條件是否宜居有關。[31]此外，這或許也說明尼安德塔人幾支獨立的擴散——從西歐與南西伯利亞洞穴沉積物中找到的粒線體ＤＮＡ（mitochondrial DNA，簡稱 mtDNA）可為佐證。[32]其實，一直有人主張寒冷時期是觸發尼安德塔人族群內部出現分流的重要因素，而這也造成其他生活在歐洲、亞洲的人族群體的 mtDNA 變異。[33]

大約四十五萬年前，歐洲的冰帽與永凍層擴大，導致歐陸大部分地區無法居住。極端氣候時期一拉長，包括尼安德塔人在內的人屬群體也出現極端的適應、應對機制：從西班牙北部的阿塔普厄卡（Atapuerca）找到的骨骸，可以看出血清中副甲狀腺素濃度極高，暗示身體正進入低代謝狀態。換句話說，我們有部分的祖先似乎會在寒冬進入冬眠狀態。這個假設推測成分很高，但假若果真如此，那也只有成年個體能偶爾進入冬眠，而這個過程對青少年來說似乎更加困難。[34]

尼安德塔人和智人有不少共同的特色與能力，例如類似的聽力和語言能力。[35]然而，智人是一個相對均質的物種：mtDNA 和Ｙ染色體基因研究指出，所有現代人類都是從一個很小，甚至是非常小，而後高效且成功擴大的族群所演化而來。[36]過去二十萬年來的氣候變化，顯然對於人口的分散，以及基因的反覆重新分布有關鍵的影響——從坦尚尼亞的哈扎人（Hadza）、中非西部的巴卡（Baka）／比阿卡人（Biaka），以及中非東部的姆巴提（Mbuti）／埃費俾格米人（Efe Pygmies）等居住在地理陷落區的族群就可以看出這一點，他們是早期現代人類族群混血情況相對較少的後代。[37]特定區域與地段更加宜居的氣候條件，引發了遺傳、文化和行為上的變化，而生活在非洲氣候艱困地區的人則發現生存變得愈來愈難，甚至無法生存。[38]

適應、學習、傳遞訊息的能力至關重要，而早期人類也已成功獲得這些能力：近年來，針對法國南部一處遺址的研究發現，十七萬年前的早期人類知道在洞穴裡，把爐灶擺放在哪個位置最能讓煙飄散（進而降低吸入的量），卻又能滿足他們的社交、取暖與煮食需求。[39]

我們物種的歷史上有個關鍵，落在大約十三萬年前——受洋流與深海儲存的二氧化碳所調節的全球氣溫、海平面及天氣突然劇烈重組。[40]這個情況的可能成因是所謂的海因里希事件（Heinrich event），大量從勞倫斯冰層（Laurentide Ice Sheet）脫落的冰山經由哈德遜海峽（Hudson Strait）排入北大西洋，在海洋沉積物留下一層層的碎屑。[41]海因里希事件將嚴重減少北大西洋深層水的形成，干擾洋流，導致南半球熱積蓄。總之，極地溫度迅速升高，導致北極地區「綠化」，因為植物的生存範圍往北擴展了。[42]時間一到，融冰導致全球海平面上升好幾公尺，恐怕比今天海平面還高九公尺。[43]

來自丹麥沉積層中受困的搖蚊（chironomids，一種不會叮咬的蠓蟲）有助於重建溫度，證明上述暖化維持數千年之久。[44]暖化之後，植被範圍與撒哈拉各地的水系也跟著變化，一面連通東非與地中海的過道網絡隨之開展，帶來智人在黎凡特地區最早的聚落。[45]撒哈拉湖泊形成可以分為六個階段（各有其獨特的沉積記號，可以透過螢光定年法〔luminescence dating〕辨識出來，而且這六個階段也跟早期人類的石器使用情況相互呼應），暗示智人的外移並非一步到位，而是階段性的推進。[46]

儘管全基因組定序（whole-genome sequencing）科技的先驅性研究，提供關於基因與區域變異、智人與尼安德塔人和丹尼索瓦人（Denisovan）混血的新認識，甚至從骨骼紀錄找出其他已滅絕的人屬族群的存在，但關於現代人從非洲往外開枝散葉的時間點、路線與性質，還是有很高的不確定性。[47]

許多因素影響人類活動範圍的擴大與移居選擇，其中最重要的就是能否找到宜居的生態環境。許多棲地都算「宜居」，像是溫暖的樹林環境、莽原及水產豐富的沿岸，不過古人似乎會避免太過開闊的環境。[48]位於地中海沿岸與約旦裂谷兩側之間的狹窄林帶，因為有穩定的水源，抓捕野生動物又不困難，因此特別有吸引力。從埋葬的方式、骨骼與牙齒遺骸等證據來看，當地還同時住了一群從歐亞大陸南移的尼安德塔人；此外，也有跡象顯示生活在此的現代人跟尼安德塔人有混種的情況。[49]

以下案例足以顯示人類的生存岌岌可危：大約在七萬三千年前，有一段期間極端乾旱的冰期，情況艱難到連黎凡特地區的族群似乎難以生存，甚至死絕。原因可能是多峇山（Mount Toba，位於印尼）猛烈噴發，是兩百萬年來全球最大的火山爆發。火山硫酸鹽氣膠微粒大量注入平流層，導致火山冬天持續數年，世界各地許多地區溫度驟降。火山落塵範圍達數百萬平方公里，地球表面有一%以上的面積覆蓋了至少十公分的火山灰。[50]大量的火山灰落在印度次大陸，幾個沖積盆地的火山灰厚度高達一至三公尺。證據顯示有大規模的去森林化，林地變成草原。[51]有學者指出，由於糧食供應與生存壓力巨大，全球人類基因庫甚至大為縮水。[52]

多峇山爆發的破壞雖然嚴重，但衝擊的情況並不平均。全球氣候模擬顯示，歐洲、北美和中亞地區受到明顯影響，南半球則相對緩和。[53]這解釋馬拉威湖（Lake Malawi）在這段時間的沉積物何以沒有出現明顯的溫度變化。[54]從南非的考古遺址來看，當地聚落在多峇山爆發當下與隨之而來的冰期卻是相當興旺。另外，中印度有某谷地雖然遭一百萬立方公尺的火山噴發碎屑所掩埋，但當地有跡象顯示人類族群或許能克服挑戰，即便沒有克服，也會在不久後重新回到原地居住。[55]近年來有研究假設，因為這場火山爆發規模極大，噴發的硫酸鹽密度高、顆粒大，較重的粒子落地速度相對快，因此造成的冷卻效應或許比以前模擬的結果更短、更和緩。[56]也就是說，倖存者的幸運就幸運在於這次爆發如此猛烈，真是造化弄人。

而早在多峇山爆發以前，智人便已有一連串成功的開枝散葉，究其原因也是受到環境壓力的刺激或影響。有人推論，大約在八萬五千年前，由於長時間海平面降低，加上海洋生物減少，海鮮與蛋白質來源短缺，促使人們尋找更移居的棲地，因此才會從今日厄利垂亞渡過紅海，前往葉門居住。時光荏苒，往外擴散的人類進入東南亞、中國，乃至於更遠的地方，並且在大約六萬五千年前抵達澳大利亞。[57]

此時，人類對於如何因應生態系已經累積長久的經驗，發展出用火清理林地的林管手法，影響植被組成，甚至故意引發土壤沖蝕。[58]這些技術愈來愈重要，不只是因為火山爆發的影響，更因為南大西洋暖化，導致北半球正進入相應的寒冷期，時間長達數千年。

南大西洋暖化則替非洲南部帶來更潮溼的環境與更高的降雨量，進而替人口規模、密度與社會化的增強奠定基礎。把文化模式跟氣候的迅速變化連接起來，或許過於武斷。不過，在當時想必艱困的條件下，赭石、工具與珠寶卻出現象徵性的圖案，彷彿證明不光是人類行為有重大的變革，連技術上都有新的發展。[59]南非西開普 (Western Cape) 的布隆姆伯斯洞 (Blombos Cave) 出土的珠子是以河口軟體動物為材料製成的，年代約為七萬年前，而使用痕跡的模式符合與線、皮膚或其他珠子摩擦產生的痕跡。[60]這些珠子時代大致與最早期的繪畫相同，同一地點還找到大量赭石，上面刻有複雜的幾何圖案。[61]

其他行為的轉變與創新也有類似的情況，例如實用工具的出現，如弓箭等拋射武器，能達到比手擲長矛更快的速度，提升殺傷力，同時能在更遠的距離傷害或殺死目標，從而提升個人安全。[62]這些裝置還有進一步的優勢（打擊體型更大的潛在目標），對人類族群的社會有深遠的影響。[63]

這類變革都是逐漸發生的，但發生的範圍並不一致，而且不見得容易解釋或理解。比方說，有人認為可以透過鴕鳥蛋殼珠作為佐證，證明大約距今五萬年至三萬三千年間，非洲東部與南部曾經發展出社會網絡，後又瓦解，而這樣的起落是受到全球與區域氣候變遷的影響；更有甚者，後來氣候條件改善，社群之間又恢復聯繫，文化行為一體化也開始向外推展。[64]這樣的假設感覺很有說服力，但它們取決於少量的物證，偏偏這些證據可以用許多不同的方式加以詮釋。

不過，游獵採集者的社交世界想必更複雜了，開始發展出儀式來管理、規範關係，同時符號表達的背景也開始成形。到了約西元前五〇〇〇〇年，尼安德塔人已開始進行藝術形式的實驗，像是製作裝飾品（可能是珠寶），或者繪製如西班牙的阿爾達萊斯洞（Cueva de Ardales）出現的洞穴壁畫。[65]

大約四萬年前，幾何圖像與圖案在近東與北非已經相當普遍，案例也很多。[66]這些圖畫採用不同的創作形式。據信由智人所繪的洞穴創作當中，時代最早者是南蘇拉威西（South Sulawesi，位於今印尼）石灰岩溶洞壁畫上的兩頭爪哇疣豬。根據鈾定年，這些壁畫創作的時間約為四萬五千年前。[67]

在歐洲的話，經證實當時最早有智人出現的地方，也有早期洞穴壁畫畫著人類與動物互動的情境。[68]其中亦有罕見的半獸人圖例，這類神話角色暗示有口述虛構故事、宗教、民間傳說與超自然概念的發展。[69]

近年來，有人主張四萬兩千年前洞穴藝術的蓬勃發展，跟一段氣候巨變時期有關。拉尚地磁漂移（Laschamps Excursion）發生期間，太平洋與南極海的降雨和風向模式同時發生變化、地球磁場強度驟降、太陽活動不穩定、多次大型閃焰等，這些現象都對全球天氣模式造成影響。結果包括安地斯山脈冰川擴大，澳大利亞乾旱化，影響深遠甚至導致大型動物滅絕。勞倫斯冰層擴大，北美洲與歐洲降溫，加上天空中因為電磁風暴與極光帶來的壯觀光景，迫使現代人類長時間在洞穴中尋求庇護，或許也激發他們的靈感，帶來前所未見的社交互動與藝術表現形式。雖然未能說服多數專家，但這至少是個引人遐想的假設。[70]另一種說法則是，尋求靈光閃現的早期創作者，或許在有意或無意間受到深邃、黑暗洞穴裡低氧氣濃度的點化，造成意識狀態變化，進而帶來幻覺與靈魂出竅的經驗。[71]

⋮　　⋮　　⋮

歐洲尼安德塔人族群消失的時間點也大約是在四萬年前，原因顯然與突然間降臨的嚴酷副極地天氣有關，而且說不定是影響最大的因素。[72]歐亞大陸各地的尼安德塔人已經開始迅速消失，學界對於其人口崩潰提出各式各樣的解釋，像是植被的變化、已經在歐亞大陸開始經歷迅速的衰落，對於人口崩潰，有一系列的解釋被提出來，包括植被的變化、疾病惡化，以及雜交混種。每一種原因可能都有一點影響，但在食物因氣溫變冷而稀缺時，智人顯然更能開發新食物來源，尼安德塔人的命運也因此注定——只不過近年來的研究指出，尼安德塔人與智人在某幾個地方共存的時間遠比以前設想得更久。[73]這段期間，歐洲的現代人多了十倍，也就是說尼安德塔人的對手不只更厲害，而且人數更多。尼安德塔人似乎在大約三萬五千年前就完全滅絕了。[74]

尼安德塔人並非唯一受到氣候模式變化，以及後續引發的生態體系變化，而受到影響的人族族群；而且相較於氣候改變，生態改變的影響或許更大。比方說，人族動物多樣性達到最高點的時候，正好是莽原帶從印度支那往東南亞擴大，最後延伸到今印尼的時候，這並非巧合。[75]後來環境改變，幾乎所有人族物種都滅絕了——只不過這種轉變是數千年之間漸漸發生的。然而，從雨林到臨海而居，智人有能耐適應各種環境條件，甚至欣欣向榮，這種能力最是令人刮目相看。[76]現代人在這段期間出發尋找新的牧野，移居大洋洲最遙遠的萬那杜、玻里尼西亞等地，展現出隨機應變的能力與非凡的行動力。[77]

當然，現代人的適應力、彈性與耐力是取得成功的關鍵，但光是這些顯然不夠。約三萬年前，有一段寒化時期，導致澳洲大陸嚴重缺水，而澳洲北部卡卡杜（Kakadu）地區馬傑比比（Madjedbebe）石窟的社群卻仍能在此時繁榮擴展。大家很容易把焦點擺在該社群人丁興旺，卻往往忽略當時澳洲大部分地區遭棄的事實。[78]

世界其他地方在末次冰盛期（Last Glacial Maximum，開始的時間與前述寒冷期大致符合）也有類似的情況，北半球冰原因此擴大，太平洋海水溫度下降，大氣中二氧化碳水準也下降。[79]中歐地區人口水準崩潰，他們不是死光了，就是為了尋找更移居的地方而遷徙。[80]例如，南義大利的羅米托洞（Grotta del Romito）就成了極為重要的聚落，這個無價的個案研究有助於我們了解當時的人如何在困難的時期生活，如何適應與設法度過。[81]

西地中海深受這段寒冷期的影響，從黏土丘的形成與花粉紀錄，可以看出降雨量大幅減少。與此同時，考古證據則顯示人類反覆從今日西班牙南部的「高風險」地區往北方遷徙。此外，人口也出現大幅衰退。[82]雖然末次冰盛期（約兩萬六千五百年前至一萬九千年前）泰半處於乾燥狀況，但其中一段長達三千年的階段，阿爾卑斯山的秋季與初冬卻出現大量降雪，冰川擴大，環境極其嚴酷，甚至根本無法存活。[83]

北非海底岩芯鑽探顯示，末次冰盛期期間，不僅降雨量明顯減少，且氣溫同時驟降，比今天低一五℃，甚至有可能低二一℃。[84]從六大洲地下水惰性氣體溶解量的研究可以看出，當時陸地溫度下降大約六℃。[85]南中國海海平面下降一百至一百二十公尺，而東海海面降幅更大。[86]冬季的季風變得更加強勁，降雨模式也隨之改變，進而導致植被出現明顯改變，包括今日中國北部的沙漠化程度增加，以及南部落葉林擴大。[87]

不光只有人類在如此寒冷的環境中苦苦掙扎。從摩洛哥考古遺址來看，阿勒頗松（Aleppo pine）與常綠櫟樹因氣溫降低而受益，但雪松卻因為低溫與缺少降雨而幾乎無法生長。[88]來到更南方，到今天剛果民主共和國的位置，森林的覆蓋面積有所下降；不過，接受森林面積有縮小與擴張的事實不難，難的是如何評估面積變化的方式與時間點。[89]同時，東南亞的生態系和植被發生變化，導致大象、犀牛和貘的草場減少，土狼也在這個區域滅絕。[90]

牠們只是一系列大型動物消失的最新實例。五萬年至一萬年前，毛犀牛與劍齒虎等大型哺乳動物族群群出現嚴重衰退。期間，體重達四十四公斤以上的屬當中，已知的一百五十個屬有九十七個滅絕了。牠們滅絕的原因始終未有定論，主要的解釋是人類的獵捕、棲息地受人為改變、環境與氣候變化、淡水取得難度提高，或者這四個因素結合起來，加速牠們的滅絕。[91]結果，動物以數百萬年所未有的速度與規模絕種了。[92]

儘管證據顯示南美洲環境條件穩定，但大型動物的消失率依然很高，而且消失現象主要發生在大約一萬五千年前，也就是最早有人類來到南美洲之後。這個事實顯示我們的祖先對於南美洲動物大規模滅絕有不小的影響，對其他地方的滅絕可能也是。[93]部分學者主張，大型動物數量減少，迫使人類獵捕較小的獵物，並發展更好的打獵手法以達成目的；其實，南黎凡特缺乏大型獵物，這種情況跟採集游獵者設法擴大飲食範圍，甚至是農業的開端有關。[94]但我們也得強調，實情其實相當複雜，而在這段期間遭受氣候擾動之苦最嚴重的地方，也是動物數量減少最多的地方。[95]

滅絕的物種如此之多，數量如此之多，對陸地生態系當然會有巨大的衝擊。由於大型草食動物消失，植物的分布出現重大變化，例如大種子樹種與果實傳播樹種減少。這種變化影響亞馬遜森林的碳儲存，導致儲存量大幅減少。[96]澳洲的證據也表示，無論巨型動物是因為人類的狩獵、活動範圍擴大，還是環境的變遷而消失，都減輕了草食對植被造成的壓力，成為生態體系轉變的推力——就像人類族群愈來愈常刻意用火改造地景一樣。[97]

⋮

⋮

⋮

大約一萬九千年前，地貌因為冰融之故，開始有新的變化。北美洲的冰蓋開始融化，引發足以在歷史上名列前茅的超大洪水，水路受到地殼的變形與傾斜所影響，整個洪氾過程改變了地形，海拔高度變化甚至達到數百公尺。[98]數千年間，北半球冰層與冰河融退，導致大量淡水注入海洋。結果，全球海平面大幅上升（平均達八十公尺），陸地與海洋生態系受到擾動，二氧化碳與甲烷往大氣淨釋放。[99]

變動的規模有多大？舉例來說，大約一萬五千年前至八千年前，澳洲有兩百萬平方公里左右的土地被水淹沒，土地面積縮小到只剩三分之一。當時的海岸線比起今日遠離內陸約一百六十公里。光學雷達揭示了當時人類的聚落，這些聚落在海平面上升後被迫遷離。我們很難評估這對社會經濟與文化造成的影響，但影響程度必然相當重大。[100]即便當時的人口密度顯然相對較低，但每年海岸線都後退超過二十公尺，彷彿永無止盡，海水不斷推進，而陸地不斷消失。[101]

澳洲以外的世界各地也遭受重大影響。學界多數把現代人類最早抵達美洲的時間定在約兩萬兩千年前，遺傳資料顯示遠古美洲原住民是來自西伯利亞與東亞的分支，得益於海平面降低，群島化為一連串的踏腳石，讓他們可以跨越白令海峽，進入如今的阿拉斯加。[102]抵達美洲之後，他們的基因進一步發展成兩個明顯有別的群體。[103]

學界正在徹底審視其離散的本質、原因與遷徙路線，這一方面是因為有新的發現；一方面則是因為解釋這些材料的技術變得更好、更精確。[104]比方說，近年來的研究對墨西哥薩卡特卡斯州（Zacatecas）阿斯提略羅（Astillero）山脈的高海拔洞穴，以及提瓦坎谷（Tehuacán Valley）找到的兔骨與鹿骨上面的刻痕進行放射性碳和螢光定年，把早期拓荒者的年代往前推了一萬年，來到約西元前三〇〇〇〇年；而對科羅拉多高原的最新研究則顯示時代甚至更早，大約是三萬七千年前。[105]北美太平洋沿岸的森林有如庇護所，為最早抵達美洲的人遮風避雨，提供食物與其他資源，成為確保其生存的關鍵。[106]不過，相較於族群擴大的時間點，最讓人意外的反而是遠古聚落其實相當罕見，凸顯出最初的移民生活有多麼朝不保夕。移民群體一波波抵達，又一波波死去，直到環境變得更宜居，才能成功長久定居。

無怪乎環境與氣候條件顯著改善的時間點，會跟北美洲與加勒比海、甚至中美洲與南美洲各地成功出現永久聚落的時間點相仿，兩者可能並非巧合。[107]南半球部分地區先出現後冰河期的暖化，變得更宜居、更有魅力，這很可能是人類族群往南擴大的拉力之一。[108]

全球氣溫在一萬六千年前至一萬年前大幅上升，地表氣溫提高四到七°C，海水增溫幅度雖然不比陸地，但仍然相當顯著。[109]約一萬四千七百年前，北半球突然暖化，原因似乎是北大西洋深處溫暖的海水釋放的熱量，而深層海水之所以能蓄積熱量，則是跟先前深海鹽度提高、進而維持水柱穩定有關。[110]

黎凡特的洞穴灰華、海底岩芯與湖泊花粉核紀錄顯示，一萬年前至七千年前的降雨量有所增加，而這也有可能促成採集者活動範圍的擴大；他們紛紛來到新的地點，帶來自己的石器。[111]事實上，有人認為生態條件的改善不僅讓當地既有人類族群分布得更廣，甚至吸引來自北非等地的新移民。[112]

從世界各地數以百計的遺址所取得的巨體化石與花粉紀錄來看，隨著末次冰盛期消退，植被出現大幅度的變化，尤其是北半球中高緯度地區、南美洲、非洲熱帶與溫帶地區，以及印太地區與大洋洲。在這段暖化期，大氣中二氧化碳濃度明顯提高，在冰消期間從一百九十 ppm 提升到二百八十 ppm。不過，溫度升高不見得會帶來均勻的生態變化，有時候甚至出現與直覺不符的結果。[113]比方說，研究當代世界的植物，會發現某些物種能適應暖化，而這提醒我們不能只想著人類在面對環境變化時的反應，也要想到理解整體氣候變化是非常微妙且複雜的。[114]尤其是因為根據預測，未來數十年全球暖化的速度，將是上一次大規模冰消蝕期的六十五倍。[115]想要了解局部地區、大區域，乃至於全球未來可能發生什麼，關鍵不只在於理解人類與動物，更要知道植物因應變化的方式、時間點與原因。

大約一萬兩千九百年前，發生新的氣候衝擊，長期的暖化過程一下子逆轉。關於這起新仙女木期（Younger Dryas）事件的成因仍眾說紛紜。一般認為，這次的寒化是大量冰層融化的淡水注入北大西洋所造成。[116]但部分學者則主張是船帆座發生超新星爆炸，破壞地球臭氧層，引發大氣與地表的變化，造成降溫。[117]南非林波波省（Limpopo）有個地點叫做「奇蹟坑」（Wonderkrater），當地鉑含量出現明顯峰值，部分學者認為起因是流星或隕石撞擊造成的。[118]然而，德州有一處定年非常明確的遺址，沉積物出現火山氣體氣膠，暗示可能是一場大規模火山爆發導致氣候的變遷，而德國的拉赫湖（Laacher See）火山則是頭號嫌犯。[119]這個時間點前後確實有其他彗星撞擊事件，例如智利北部的亞他加馬（Atacama）沙漠曾遭受一次撞擊，溫度之高把砂土都變成玻璃了。[120]當然，很多事件都有可能是氣候迅速轉變的原因，它們共同創造的效應雖然還不到大規模滅絕事件那麼劇烈，但影響依然很大。

全球氣溫出現原因不明的重大異常。當時的格陵蘭比今天冷一五℃（正／負三℃），但在新仙女木事件時卻急速暖化，在一到三年之內出現明顯而劇烈的轉變。[121]華北湖泊沉積物所提供的地質化學證據，顯示氣候突然冷卻長達千年，改變北大西洋與東亞天氣模式的大氣耦合模式。[122]紐西蘭的花粉紀錄同樣指出在新仙女木事件前，南半球部分地區也變得愈來愈冷。[123]

明顯的結果包括海冰覆蓋區域變化，以及全球氣候條件普遍不穩。[124]另外，季風降雨量也出現變化——空間差異很大，青海湖的碳酸鈣紀錄顯示西藏高原降雨量下降，而長江中游的古代水文紀錄則暗示降雨量在新仙女木事件後提高。[125]對於馬拉威、坦加尼喀（Tanganyika）、博蘇姆維（Bosumtwi）等湖泊的高解析度研究，顯示湖區的風成環流突然轉變，而一系列其他證據則表明非洲季風系統突然向北遷移，造成北熱帶地區降水明顯增加，南熱帶則出現乾旱。[126]

動植物群自然受到嚴重影響。獵捕、氣候壓力或是這兩者的結合，再度掀起新一波動物滅絕的巨浪。[127]歐洲、加拿大、非洲與其他地方的植被分布也出現重大改變。[128]無怪乎人類群體也有明顯縮小的跡象，例如北美聚落的情況。[129]ＤＮＡ證據顯示，歐洲與其他地區的基因替換，可能意味著人口在這段時期大幅減少。[130]在日本，人類居住的地點大幅減少，這也是人口崩潰的明確跡象。[131]

黎凡特地區的居民因應惡劣條件的方式，是建立半永久乃至永久性的小型聚落。這種發展可以聚集資源與技能，但也是在食物短缺與壓力陡增的情況下，為了抵禦其他群體、確保生命安全而採取的集體解決措施。「留在原地」或許也是一種確保野生穀類產地的好方法，確保最好的地點不會白白拱手讓人。[132]

這些寒冷的情況大約在一千年後，也就是一萬一千九百年前左右改觀。氣候資料顯示，升溫的跡象最早出現在西太平洋熱帶地區與南半球，接著在兩個世紀內發展到北大西洋地區。[133]格陵蘭的冰芯紀錄顯示，溫度一開始上升就上升得極快，在六十年內升溫超過一五℃。[134]對於理解當前世界氣候變遷潛在影響而言，前述暖化的規模，以及在極短時間內暖化的速度，可謂耐人尋味，畢竟目前許多預測都以為全球暖化會以逐步而穩定，而非突然而劇烈的方式發生。

⋮

⋮

⋮

新仙女木期的結束，也是新時期的開端——早在一八六〇年代，法國古生物學家保羅・傑維（Paul Gervais）就提出「全新世」（Holocene）這個名字；冰期結束，冰融對沉積層帶來的改變，令傑維印象深刻。如今學界根據格陵蘭冰核所提供的穩定同位素數據，在測量穩定氧同位素的比例後，把全新世的起點定在大約一萬一千七百年。[135]

進入全新世之後，溫度有起有落，有時候落差似乎不小。長遠來看，新仙女木期的結束，只不過是歷史上的中繼站，是寒化、暖化交替的又一個瞬間。冰川或者擴大，或者融退；季風與降雨模式改變，表面空氣與海洋溫度改變。變化的情況雖然並不一致，但每每為動植物與海洋生物帶來挑戰，而且經常讓生物出現調適性改變。例如，來自太平洋的氮突然出現在北極海盆，與此同時，連接今日俄羅斯與阿拉斯加之間的陸橋，也因為海平面上升而淹沒在海面下，浮游生物生態系因此改變，而以浮游生物為基礎的食物鏈也隨之變化。[136]

然而，從人類的角度來看，全新世暖化確實是一道分水嶺。長期氣候變得溫暖而穩定，隨之而來的則是人口擴張、聚落模式與技術革新的深遠變化，其中最重要的莫過於農業出現。甚至有證據顯示，早在全新世降臨之前，人類互動的複雜程度就開始上升，帶來技術與文化行為的變革。比方說，在融冰期間，北非就開始出現製作石器與小刀的新技術。[137]類似情況也在亞洲各地出現，例如蒙古北部就有全新世初期的岩畫，畫的經常是原羊（ibex）。[138]

最早的人類墓地實例，意味著人們對於肉體、生命乃至於認同有了不同的想法。從遺骸中可以觀察到刻意拔除健康牙齒的作法，拔除時的年紀很輕，而且多半是女性。這很可能是為了在相對較小的地理區域內達到群體認同的手段，進而反映出人們已經有區分親疏遠近與社交團體的觀念。[139]從游獵採集社會轉變為定居經濟，不只需要新的行動方式，也不能沒有新的思路。[140]

在黎凡特地區，有大量證據顯示新仙女木期已經有社群採取半定居，甚至是全定居的生活方式，並有石造地基建築物，包括倉庫。部分學者在詮釋若干地點出土的磨石時，認為這不只代表人類有收集野生穀物，甚至暗示穀物是栽培得來。[141]

許多學者試圖把人類行為的變化，跟新仙女木期的環境因素連結起來，比方說主張最早的作物栽培試驗，就是因為資源量減少的時候，必須設法增加糧食生產。[142] 等到氣候條件更宜人，就會變成更有系統、成效更好的糧食栽種。糧食栽種的需求，反過來促進工具製作方面的創新，也帶來糧食剩餘，讓人群不需要隨季節遷徙，而是能在宜居的環境中安家落戶，同時讓愈來愈大的社群能一起生活。

日子一久，村落、城鎮與都市的基礎由是奠定，文字體系、宗教、複雜經濟活動、新的社會與政治結構也在刺激之下開始發展——稱為「文明」（civilisation）當之無愧，畢竟這個詞彙的字面意義就是都市化的聚落。我們之後會談到，這種轉變並非一帆風順，亦非沒有代價。此外，人類與動植物互動的形式，也不只定居農業，還有逐草而居的游牧，而這也意味著有馴化的家畜家禽——農與牧經常互補，卻也彼此競爭。

然而，回顧全新世展開以前的時期，現代人的表現真是出人意表，令人印象深刻——火山爆發、太陽活動劇烈或減少、隕石撞擊，甚至板塊、地質或地軸變動誘發劇烈氣候變化，棲地也隨之發生巨變，但他們卻一再以小搏大，設法生存下來。許多物種無法應付這些挑戰，逐一絕種，其中也包括人族的其餘物種。

當然，我們的祖先也不是全部都成功活下來，畢竟努力卻失敗，成功且生存，都是人類開拓故事的一環。然而，還是有足夠的小族群能蓬勃發展，或者因為適應，或者因為創新，但關鍵恐怕還是運氣——沒有在錯誤的時間出現在錯誤的地點。到了大約一萬一千年前，現代人已設法在南極洲以外的各大洲開枝散葉：有人估計，七五%的陸地是有人居住、利用或者改造過的，也就是說當時人跡未至的土地就跟今天一樣罕見。[143]人類分布之廣固然令人印象深刻，但重點是這代表物種承受的風險得到分散，大大提高長期生存的機率。

另外，還有偶然因素：過去的一萬一千多年當然也有不順遂、不方便的時候，但相較於更久以前的時代，已經沒有那麼不穩定、動盪了。[144]全球在二十一世紀因暖化成災的可能性不容小覷，但無論是跟地球歷史，還是跟人類歷史上的變化相比，目前預測的一．五至二°C的上升幅度，仍然是小巫見大巫——畢竟溫度升降達到兩位數的情況，在歷史上不僅常見，而且經常發生。

幸好我們的時間感相當有限，不然沒事就會夜不成眠。我們思考歷史時，會把時間點跟人類的成就，以及我們所選擇的事件彼此掛勾。這種作法必然會讓我們的思考架構變得很自我中心、物種中心，狹隘得可笑。遙想維多利亞時代，就像在想像另一個世界——深受吸引的我們，會去研究時人如何思想與行動，會想知道他們穿戴、書寫、聆聽些什麼，覺得他們過著不可思議的生活。但若要想像四千年前，想像當時美索不達米亞與埃及的王國、想像哈拉帕（Harappa）或摩亨佐—達羅（Mohenjo-daro）等城市、想像尼羅河三角洲或長江中游的聚落，甚或是想像安地斯山脈的柯托許（Kotosh）與中墨西哥的特拉帕科雅（Tlapacoya）等遺址？那可是異常陌生而困難。就連對歷史學、考古學與人類學等專業領域的人來說，想像過去的社會如何建構與運作，也都是一大挑戰。

然而，從地球歷史的角度看，數十年、數百年甚至是數千年的時間跨度，都不過是一眨眼。說起來，這點時間說不定一點都不重要：地球已經繞太陽轉了數十億年，未來還會繞行數十億年。「全新世」對於現代來說，還真是個完美的標籤——不僅地質上、氣候上獨樹一幟，同時又跟現代人類的時代無比吻合，而我們也很難把這個時期放進更大的背景中去理解。

無論何時何地，我們這個物種從一開始就在擴張、殖民、繁殖、創造與宰制，但同時也在摧毀、破壞與滅絕。就此而論，人類的表現簡直是過去四十五億年來表現最出色的生物。一段更宜人的氣候，成了一切的跳板，而這並非巧合。

03

人類與生態的互動

（約西元前一二〇〇〇年至前三五〇〇年）

懶惰人一寒冷，便不耕作；收穫之時，他必一無所獲。——《箴言》（*Book of Proverbs*）20：4

進入全新世，世界上許多地方的氣候條件變得更為有利。大約一萬年前，氣候開始轉變，帶來長期穩定的氣候模式——光是「長期穩定」本身就很關鍵，因為震盪的次數與頻率都減少了（當然各大洲之間與大洲之內還是有顯著的空間差異）。整體氣溫上升，降雨量增加。關鍵在於大氣中的二氧化碳含量也急遽增加。最末次冰盛期的二氧化碳量之低，以致有學者認為，當時的光合作用受限，影響植物作為食物來源的適合度、持久度與可依賴程度。根據一份重要研究論文表示，全新世之前不是不可能有農業，但全新世開始後就非常適合農業發展。[1]

華東姑蘇湖沉積層序和花粉相譜，顯然證明環境愈來愈溫暖潮溼，而常綠落葉、闊葉混合林的面積在約西元前八〇〇〇年開始擴大，也是氣候變化的佐證。[2]東瓜地馬拉沉積岩芯的放射性碳定年，指出約西元前七五〇〇年開始，降雨與侵蝕的大幅增加，為期長達五千年。[3]北非地區經歷重大變化，而夏季日照的增加與北極海冰消失或許跟這些變化有關，甚至就是其成因——北半球整體受日照加熱的程度因此大幅上升。[4]非洲撒哈拉地區大半變成莽原，為人類開闢新的居住地，同時改變植物和動物的生態系統。[5]對於上述變化，學界往往歸諸於地球自轉軸的搖擺（週期約兩萬五千年）強化夏季季風所致，不過如今有部分學者認為所謂的「綠色撒哈拉」（Green Sahara），其實是地中海冬季降雨模式南移的結果。[6]

這些變化對黎凡特地區的影響特別深，尤其是肥沃月彎（Fertile Crescent）地帶——新仙女木期期間，肥沃月彎的人口水準上升，可能反映其他地方的環境愈來愈嚴苛，人口於是移入該地之故。[7]生存競爭強度提高，想必對動植物食物來源造成壓力，而且在全新世尚未開始前，環境條件已經讓野生穀類與豆類變得難以取得，糧食壓力只會更大。[8]對拓墾的人來說，相應的作法可以是更加重視野生植物的採集，但也有另一種因應之道，就是更有章法地運用綿羊、山羊與瞪羚等野生動物群。[9]

今天有許多學者強調性別對於發展農業的重要性，而且對作物種植與儲存、調理食物來說皆然。[10]女性在收集、調理、展示與使用植物等儀式中扮演要角，而將女性葬於屋內的作法，不僅反映她們在家庭內的影響力，也證明她們是調解現世與祖先之間，乃至於精神世界的主要人物。[11]美索不達米亞與其他地區的眾多文化中，把女性刻畫為神祉的小雕像為數眾多，凸顯出性別角色對於生育、營生，乃至於生、死等觀念的發展來說極其重要。[12]

骨骼分析也能佐證女性對早期農業有多麼關鍵——分析顯示當時女性的上肢力量甚至超越今天頂尖女性運動員的水準。[13]從男性和女性的肌肉骨骼壓力水準來看，早期的播種與收割是兩性共同執行，有人認為一直要到大約西元前三〇〇〇年才出現性別的分工。[14]

證據指出，肥沃月彎與伊朗扎格羅斯（Zagros）山脈一帶在西元前八〇〇〇年前後，已經有愈來愈多的作物與動物馴化，顯見應對環境的知識已經傳播開來，成為新生活方式的基礎。[15]一粒麥、栽培二粒小麥與脫殼大麥等馴化過的穀類，以及扁豆、豌豆和苦豌豆等，已經成為人類飲食的固定班底，先是傳遍肥沃月灣內部，然後擴展至安那托利亞、埃及及其他地區。[16]大約同一時間，亞洲西南部出現最早的放牧跡象，最早馴化者為綿羊與山羊，不久後加入牛與豬。[17]

前述幾種過程不僅緩慢，而且很可能沒有什麼方向。學習、熟練新技巧需要時間，一旦掌握之後，傳授出去也需要時間。大家難免會想像從採集游獵「轉變」成農業與馴養的過程，但實際情況不會這麼明顯，甚至連用來描述這類生活方式的標籤都得打上問號。新技術的開發與適應，不會取代既有知識，也不會讓它們變得可有可無。也就是說，重點不在劃分採集、耕種、馴化與農業，而是在人類一開始為何必須這麼做。[18]

比較可以確定的是，全新世開始時，人類開始用新的方式處理食物與動物，並追求效益的最大化。氣候與環境的變遷催化了這些發展，也解釋為何類似的模式會大致同時在世界上的幾個地方浮現。比方說，人類抵達美洲的時間雖然比抵達其他大陸晚很多，但來到美洲的人也是在差不多的時間點開始密集開發土地。有學者認為，人類之所以努力確保定居性的食物來源，跟大型動物數量因狩獵與氣候衝擊而減少有密切關係。甚至有人主張大型草食動物（體重達兩百公斤以上者）的滅絕，說不定有助於早期的作物馴化，畢竟少了牠們，植物棲地受干擾的程度就會降低，耕種者的風險隨之減少，收穫隨之增加。[19]

來到中國，關於人類何時積極投入農耕，學界對此仍莫衷一是。比方說，長江下游的上山在約西元前八〇〇〇年就有早期的稻米栽種，但華中其他遺址（例如淮河上游的賈湖）則顯然晚了一千年。[20]然而，新聚落模式的出現（尤其是在中國北部和南部出現村莊），顯示社會經濟與意識型態有了根本的變化，居民從野生植物的利用，轉向管理、耕種，然後再進一步走向馴化。[21]

取得可靠的野生與馴化食物供應，不僅促成定居生活方式與村落的興起，也讓人口得以密集群聚，端視食物能撐起多少人口。早期生活在黎凡特地區的群體，留下來的都是小型、季節性居住的遺址。不過，隨著時間演進，聚落的規模與數量開始穩定成長，到了約西元前七〇〇〇年已有數百個社群，有時甚至上千。這自然會激發一系列社交行為的變革，以及新觀念的推動，例如對待死者的方式——像是更繁複的葬儀，在骨頭上作畫、撿骨，甚至是傳遞遺骨，尤其是頭骨。[22]至少對某些地點來說，人口遷移模式為當地注入生機，初來乍到的人不僅帶來新的觀念與技術，還強化了基因庫。不同的族群以多樣的方式提升文化的活力：例如在美索不達米亞上游與小亞細亞部分地區，早期定居社群是以生物性家族為核心，而其他地方則以不同的親屬關係與社會結構為特色。[23]

許多地方找到的物體、圖騰與偶像，顯示人們對於人與自然、神或無形力量之間的關係等宇宙觀的問題和解答愈來愈有興趣，像是安那托利亞東南部哥貝克力山（Göbekli Tepe）的石陣，以及同地區的其他遺址找到的鳥類、蛇和擬人形象的雕塑。[24]有些雕塑為人形，例如土耳其烏爾法（Urfa）出土的類人像雙手緊握，掛著項鍊；或者如一個多世紀以前，金礦工人在斯弗洛夫斯克（Sverdlovsk）附近的希吉爾（Shigir）泥炭沼發現的木質人像，居然高達五公尺。[25]阿拉伯西北的宗教性建物中，獸角與頭骨經過精心排列，一方面佐證早期的牛崇拜，一方面顯示這種崇拜應該跟當地的岩石藝術放在同一個脈絡下理解。[26]奧涅加湖（Lake Onega）湖畔的墓地是東北歐已知最大的墓葬場所，出土大量飾品與麋鹿牙齒製成的垂墜物（可能是用來在打鼓、儀式舞蹈、薩滿與其他儀式中製造沙沙聲），而這也跟大約八千年前因氣候變化所造成的文化、社會經濟習俗變化有關。[27]

⋮　⋮　⋮

有人認為，農耕出現之前，必須先發展出本來並無必要的所有權與私有財產觀念——這聽起來很有邏輯，很有道理，但很難實證。[28]我們比較容易呈現新手法與新技術的引進，尤其是建築領域，當時的人興建了不同種類、大小與用途的建築物。[29]要再次強調的是，這一切都不是一蹴可幾的，變革的步調不是數十年或數百年，而是數千年。

在北非、撒哈拉與尼羅河流域，因為資源變得更豐富（尤其是豐富的魚類，非洲心臟地帶曾經有一連串的湖泊與河道網），定居社群也更普遍。例如，利比亞西南方，位於撒哈拉沙漠深處的塔卡克羅里（Takarkori）岩棚，考古紀錄證明當地曾有多樣的魚類與軟體動物，還有通常跟水生環境有關的兩棲類、爬蟲類、鳥類物種的遺骸。[30]

一方面因為生態系改變，一方面則是因為偏向定居，新的習慣與生活方式因此出現，人們停留在固定的地點或者其周邊，而磨石等不容易移動的物品也愈來愈常見。[31]或許這並非巧合，畢竟聚落模式轉變後，新技術的實驗也不斷增加。例如，在中國西北，大約從西元前八〇〇〇年開始，新式的微型石器、刀刃與箭頭開始出現並普及。[32]美洲也有類似的情況：多數學者認為，全新世初期之所以出現不同的新工具組合，跟生態與生活方式的變化脫不了關係。[33]

陶器在許多不同地區，而且是在大致相仿的時代傳播開來，這個事實也顯示這是一段創新與複雜化的時代。在日本，陶器製作本來相當有限，此時卻大幅增加，這或許是因為新的儲存策略、定居程度提升、人口成長，抑或三者皆是。陶器技術在歐亞大陸北部與阿拉斯加的傳播，顯示新時代需要新的解決之道。[34]

最古老的陶器當中，有部分來自西非尼日與馬利的多貢高原（Dogon plateau），年代約在西元前八〇〇〇年。在最早期的時候，陶器在非洲地區是非常罕見的。[35]在技術發展的最初階段，陶器鮮少出現在非洲。其中一種解釋是，雖然一般認為採用陶器的那一刻，是技術方面的關鍵時刻，但技術水準比陶器低的容器其實便足以完美勝任食物和飲水的運輸與儲存工作。蘆葦籃不見得像陶器一樣耐用，但製作陶器得投入更多的時間、經歷與技能。無獨有偶，鴕鳥蛋殼數萬年來在非洲不僅廣泛作為裝飾之用，同時也能作為盛裝飲水的容器。因此，陶瓷的引進並不代表能力上的突破，也不代表新契機的開展。正因為如此，部分學者才會認為最早的陶器主要是為了社交與儀式用途而發明出來的。[36]

到了約西元前七〇〇〇年，非洲大陸的其他地區也開始製作陶器，尤其是從中撒哈拉到尼羅河上游的這一大段弧狀地帶。[37]此時在整個黎凡特地區、安那托利亞東南，以及沙烏地阿拉伯奈富德沙漠（Nefud desert，當時遍布著湖泊與河流，對人類來說是理想的活動與棲息地）已確定有陶器的存在。[38]奇特的是，當時世界上許多地方的陶器，往往都是用來盛裝水產，例如對朝鮮半島陶器的化學與同位素殘留分析，就點出這種現象。[39]

人類並非瞬間往定居發展，發展的地理空間分布也並不均衡。當然，有些聚落形成小規模的聚集，有些則相當龐大，但生活在永久聚落中的人跟游獵採集者之間的界線往往模糊不清。的確，人們有各式各樣的生活方式、累積資源的技巧，對於是否該投入精力的決策也各不相同，而競爭與合作也涉及地點、季節、人口規模。也就是說，沒有「一理通，萬理徹」這回事，而是有許多因為時間、地點與棲息地而定的微妙處和差異。

此外，也不是所有的聚落都能發展成功。雖然有人定居且人丁興旺的地點經常受到更多關注，但仰賴土地產出以維生的嘗試，其實往往以失敗告終。[40]比方說，人們一直認為黎凡特地區的聚落發展不僅勢不可當，而且過程鮮少受到干擾，但近年來的研究卻顯示聚落所在地經常遭棄，反映了建立永續社群的行動是多麼脆弱。[41]此外，群體間會為了爭奪資源與最好的位置而彼此敵對，發生衝突與暴力，進一步帶來防禦工事的創新，近代西南太平洋新幾內亞的情況就是很好的例子。[42]

然而，在全新世氣候改善造成的結果當中，最重要的還是人口的急遽增加。[43]穀物的可靠性與多樣性，以及貯藏窖的興建與管理，都能降低饑荒的風險；把剩餘物資儲存下來過冬，就能緩和季節造成的衝擊。新的工具與更耐用的儲存容器，顯然也有助於生產力的飛躍，讓更大的社群能夠在生態條件有利的地點維生。

創造可靠的資源並以此為生（例如穀類），或者生活在資源豐富的地方附近（例如海產），藉此增加可獲得的熱量，並減少能源消耗——人口規模的擴大與此關係密切。[44]定居程度的提升也有助於人口成長：根據現代民族學研究，若與定居社群相比，採集漁獵社會（例如菲律賓的阿埃塔人〔Agta〕）的女性成員生育數通常較少，間隔則更長。[45]重點是縮短每胎之間的間隔並提升生育率，都跟碳水化合物攝取增加有關，而增加攝取則近一步提高身體素質。[46]也就是說，生活模式的改變以及與接觸到新的植物食物來源，可能已經對性別關係造成影響，尤其影響母職角色與期望。生活改為定居，加上營養模式改變，對於促成高生育數量至為關鍵——從伊比利地區全新世初期以降的墓地中得到的骨骼數據，皆足以完美支持上述假說。[47]

穀物仰賴程度及居住密度的提升，可謂有利有弊，尤其是對健康影響顯著。首先，要用更重的工具研磨、加工穀物，人體的負擔也會增加，而農作物種植日益普及，關節炎的案例也隨之而來；此外，穀物中碳水化合物的醣分會導致牙齒琺瑯質被破壞，容易引發齲齒。[48]女性牙齒健康惡化似乎比較嚴重，或許是因為生育率提高造成賀爾蒙波動，抑或是孕期免疫能力與其間、其後唾液成分的變化使然。[49]

西元前六〇〇〇年前後，人類馴化了牛（起初用於脫粒工作），堪稱是重大突破，因為作業時間減少、出力增加，勞力得到解放，食物消耗量也大幅提升。[50]農事中運用大型動物的作法，刺激車與犁等創新工具的誕生，進一步提升產量，用更快的速度耕作更多的土地，養活更多的人。這些發展對社會也有影響。首先，性別角色因此改變，女性轉而操持家務，男性則在園藝和農業活動中扮演的角色愈來愈吃重。[51]其次，打造犁與車，以及擁有這些工具，能夠為持有人帶來回報與剩餘。有學界泰斗嘗言，這些集約化發展「埋藏著社會不平等的種子」。[52]性別不平等的問題也根源於此。[53]

緊密居住的代價當中，甚至還有生物方面的代價，像是糞便汙染、衛生不良，一方面引發細菌性疾病；另一方面則創造出有利於病毒與寄生蟲人傳人的條件。[54]儲糧吸引人畜共通疾病的大宗病媒，亦即齧齒動物；除此之外，牛、山羊、綿羊雖然經馴化而成為肉、奶、皮革與織品的來源，但牠們也會傳播疾病。[55]比方說，腮腺炎、水痘、麻疹和百日咳等疾病都會從動物傳給人類，並且因為人口密度增加，而在人與人之間輕鬆傳播。[56]

在這種脈絡之下，人口的成長就更形突出，繁殖增加壓倒疾病發病、致死的負面影響。連病原體蔓延的社群也有一線生機——即便經常遭受短期的疫病襲擊，但傳染病的反覆爆發也終將讓人們「三折肱成良醫」，因為經常接觸而漸漸累積部分免疫力。[57]

一旦氣候條件改變，人類得以開拓新地區時，或者因人口增加而必須向外遷徙時，短期的疫病反而帶來長期的優勢，可謂造化弄人。是否接觸過病原體，或者是否缺乏病原體，有可能大大影響土地、權力與資源的爭奪。例如，一四九二年哥倫布橫渡大西洋之後，西班牙人抵達美洲，人們往往認為原住民對於天花沒有抵抗力的事實，是導致當地人口崩潰、政治瓦解的原因。[58]另一個明顯的例子則是大概三千年前，班圖人 (Bantu) 散布到西非西部與中部大部分地區，而對於瘧疾累積的抵抗力，正是文化、語言、認同與基因得以往外傳播的關鍵之一。[59]我們之後會談到免疫力對後世情勢重組有極大的影響。[60]隨著全新世的

過去二十四千年（kyr）全球平均地表溫度（GMST）的變化

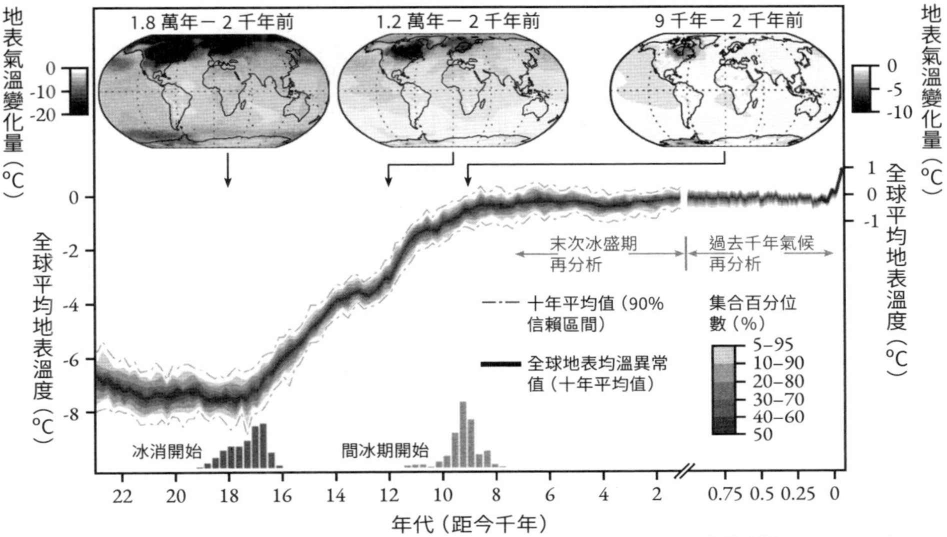

資料來源：Osman et al, 2021

開展，一波波的遷徙浪潮不斷開闢新的生態區域。移民不只推廣了「農耕」的概念，甚至帶來新工具，乃至於作物本身。通往中亞、地中海盆地、尼羅河谷與歐洲的廊道開通，小麥、大麥與來自亞洲西南的其他作物也隨之散布開來。到了約西元前七〇〇〇年，農業已在克里特島與希臘現蹤，不久後更遠及安道爾、西班牙、波士尼亞和西西里島等地。從綿羊、山羊牙根上的鈣化組織，以及骨骸上的切痕可以看出，早在西元前六〇〇〇年的中亞費爾干納盆地（Fergana Valley）就有這些動物的養殖。[61] 到了西元前五五〇〇年，農耕文化不僅已根植於中歐大部分地區，連法國北部、西班牙南部、尼羅河流域與高加索地區也都散布著農村。[62] 我們不該把前述這種概念與人流的移動看成單一波的大浪，而是小規模的流動，只是它們集體傳遞相同的訊號——DNA的證據也能佐證這一點。[63]

把作物與新觀念帶到歐洲來的人，對於歐洲的基因也帶來自己的影響。基因組學的進展，讓我們得以把早期農民與其他西遷群體，與來自安那托利亞和黎凡特地區、大約在西元前七〇〇〇年抵達歐洲的農民，以及大致同時從高加索地區來到東歐的人群統統區分開來。現代歐洲人會演化出淺色皮膚色素沉澱，就是他們帶來的基因變異所造成的。[64]

其實，跟淺色皮膚有關的基因變異，是出現在有各種膚色的非洲地區。在赤道地區，深色皮膚能抵擋紫外線；而在高緯度地區，淺色皮膚則能讓維生素D的生成達到最大化。早期人類移出非洲之後，包括對不同強度的陽光觸發的不同適應突變，然後他們再把突變傳給後代子孫。以SLC24A5基因的發生來說，這種基因在西歐人口中尤其普遍，當他們移入歐洲時，皮膚顏色開始出現緩慢但確實的轉變，變得比更早來到歐洲、但對高緯度環境適應不良的人有更淺的膚色。[65]淺膚色的遺傳訊號也有助於追溯人口移入中亞、北印度與東非的情況——從東非的單倍群資料來看，從約西元前七〇〇〇年開始，就有大批移民從亞洲回到非洲，移入今天的衣索比亞與坦尚尼亞地區。[66]

世界各地之間的差異，同樣與生態上的偶然關係匪淺。加州與肥沃月彎在氣候、地形及生態上有許多類似之處，但加州馴化植物的自體受精率卻遠低於肥沃月彎，而且當地也沒有大種子草本植物。再加上無論是控制玉米授粉以達到最佳結果，或者保持其遺傳純度都很困難，難怪北美洲西部的集約自給農業發展會這麼晚。[67]

農業革命發生在不同的時間與地點，造成的影響也各不相同。比方說，在非洲的大部分地區，牧養山羊、綿羊和牛的時間比種植農作物更早（其他大陸則是農耕在前），直到五千多年前才開始有本地植物的馴化，最早馴化者包括野生珍珠粟、花生、山藥、高粱與其他作物，其分布則隨著栽種適宜條件而不同。[68]南亞與北美洲東部則呈現出與近東截然不同的景象——植物考古學證據指出，當地是由機動、小規模的群體從事糧食生產，不像近東是大型農耕社群。[69]中國雖然早在西元前七〇〇〇年前後就有定居村落的證據，但動植物馴化還要過大概兩千年才開始普及。[70]此時，半坡文化的集約農業才遍布黃河與渭水流域。[71]

然而，約西元前六二〇〇年時卻發生一次大規模的震撼事件，引發一系列的挑戰和變化。哈德遜灣頂部的冰壩在所謂「恰好氣候驟變事件」(Goldilocks abrupt climate change event，因為這次事件的各個條件都恰到好處，對於預測未來災變很有幫助，因此得名) 中潰堤，導致阿格西湖 (Lake Agassiz) 與奧吉布威湖 (Lake Ojibway) 湖水流瀉成洪。[72]結果包括勞倫斯冰層加速融冰，造成大西洋環流模式減弱，北半球大範圍降溫一至三°C持續一百六十年，一波波注入海洋的淡水更導致全球海平面上升達一公尺。[73]

從宏觀角度來看，這些變化感覺還不夠劇烈，應該不用大幅調適。但此次事件的確造成重大的後果。中撒哈拉地區的沉積物資料顯示湖泊水位明顯下降，乾旱程度也在這段時間內增加，原因可能是大西洋洋流模式受到擾動，季風系統因此變化所致。[74]這些變化顯然也影響南亞，此時南亞突然遭遇嚴重乾旱，一方面凸顯印度夏季季風與北大西洋的整體關聯；另一方面則點出西元前六二〇〇年這場氣候事件的個別影響。[75]南韓飛禽島 (Bigeum Island) 的花粉與石筍紀錄顯示植被出現大規模變化，既見證氣候事件帶來的是全球性衝擊，也證明即便是相對較小的氣候變化，對生態系來說仍難以承受。[76]

想要生存，就得適應——還得走運。在某些地點，適應固然比較容易，但也不能沒有在遭逢巨變時想出因應方法的能力。比方說，逐草而居的牧民就是因為氣候震盪，所以從黎凡特移入非洲——我們應該把這種行動力理解成一種回應，是在因應資源供應不穩定，以及因為其他人類、掠食者，甚至是環境本身的因素而日益增加的競爭與風險。[77]當新的遺傳標記，包括淺色皮膚色素沉澱的基因出現在東非——也就是原本就來自非洲的人，帶著後續出現的基因突變回到非洲時，基本上也是一種對氣候變化的回應。[78]

在蘇格蘭西部、西班牙東北部與多瑙河流域部分地區，人類活動減少的幅度，甚至讓學界懷疑這些地點究竟是在氣候事件過後遭到放棄，或者單純是這些地方的人無法生存、撐不下去。[79]有些研究試圖把這次的氣候事件，跟推動安那托利亞與希臘部分地區的早期農民，往馬其頓、色薩利（Thessaly）與巴爾幹地區開拓新草場的動力彼此掛鉤，只是還無法清楚表述人群開枝散葉的確切時間點、當下情勢與性質。[80]

亞洲西南也能感受到這次氣候變化的影響，當時土耳其南部、美索不達米亞北部、敘利亞，甚至是賽普勒斯的好幾個地點都陷入混亂，是一段壓力陡增的時期；但新的氣候條件如何影響當地，跟動盪有什麼關係，則並不清楚。恰泰土丘（Çatalhöyük）是土耳其最知名，也是研究密度最高的遺址。當時的居民把聚落從土丘的東邊遷往西邊，住居的距離似乎也拉大了。[81]從遺址出土陶器中保存的動物脂肪來看，氫同位素組成出現變化，顯示當時食物生產也發生重大改變。[82]這也是一段文化出現變革的時期，而且宇宙、宗教與神祇觀念的演變尤其深刻。[83]

敘利亞北部白男孩丘（Tell Sabi Abyad）的聚落，同樣在此時進入轉型時期，不僅開始採用新的建築與陶器風格，而且族群也變得愈來愈多元，既有游牧民也有定居農民。考古發掘找到戳章與抽象標誌，當時的人用它們來控制取得商品或服務的管道，顯然時人對於個人財產的觀念有了轉變；在這個充滿挑戰的時期，身分想必需要更高程度的認證與保護。[84]許多假說認為，約西元前六二〇〇年的這場氣候變遷連帶造成社會的崩潰，但若審慎評估的話，只能說人類是有恢復力與調適能力的。[85]

但另一場嚴重的天災卻在大致同一時間發生，不僅導致北半球突然降溫，連歐洲的地理環境都出現改變。這次人類就沒有那麼走運了。西元前六一五〇年前後，挪威海岸外一塊長一百九十公里的沉積大陸棚錯位（原因可能是地震），引發巨大海嘯，往南席捲整個北海。[86]根據模擬，海嘯規模及其帶來的破壞，恐及於內陸二十一公里處，是二〇一一年福島海嘯波及距離的兩倍。[87]這次大海嘯淹沒了銜接不列顛與歐陸的多格蘭（Doggerland）地區；不過，最新研究也指出海嘯可能也創造出一個島群，該島群直到約西元前五〇〇〇年，海平面上升時才消失。[88]然而，無論地理上的隔絕是否為分階段完成，「隔絕」本身對於近代早期與現代歐洲政治，乃至於全球政局皆影響重大：不列顛與歐陸並不相連的事實，無論是對於不列顛發展海權、稱霸海上，還是第二次世界大戰的軍事結果，甚至是推動二〇一六年脫歐投票的特殊心態來說，都是關鍵。[89]

在那場海嘯發生時，海浪的高度足以消滅途中掃過的所有人與物。苔蘚莖分析顯示，沉積陸棚的滑移與引發的海嘯發生在靠近年末的時間，由於挪威北海沿岸的族群在溫暖的季節會到高地獵馴鹿，冬季時則到比較靠近海岸的地方生活，因此海嘯恐怕把人都掃進海裡了。倖存者失去了住居、船隻、工具與補給，只得艱難過冬。[90]

後來情況漸入佳境，進入所謂的氣候最適期，溫暖、潮溼的氣候條件有利於發展農業經濟。植物考古學證據顯示，從約西元前六〇〇〇年起，南美洲許多地區已經開始栽種馴化的植物（例如各種玉米），例如哥倫比亞、厄瓜多西北、秘魯沿岸，而後是秘魯高地，最終擴及安地斯山脈中段。[91]南美洲的情況也跟世界上其他地方一樣，生活方式往農耕轉型後，人類的牙齒健康情況也隨之變化，甚至連牙齒形狀都受到影響。[92]除此之外，南美洲也回歸溫和宜人的氣候條件，加上糧食生產在梯田與灌溉渠道的輔助下趨於穩定，人口規模隨之擴大，但仍有地理分布與時間先後的差異。[93]

此後，全球進入一段生態與人口大幅變化的時期，直到約西元前三〇〇〇年為止。變化的其中一個原因是當時有不尋常的高度火山活動（冰核紀錄裡的硫磺量與濃度可以證明這一點）。[94]太陽極小期也對全球氣候造成影響，尤其是為時約兩千四百年的哈爾許達塔特太陽週期（Hallstatt cycle），太陽活動在這段時期減弱，連帶造成寒冷化、冰川擴大，以及北極冰山漂入大西洋。[95]

全球氣候模式既複雜又相互連動，除了前述的事件之外，還有其他因素能大幅影響其模式。南半球似乎進入暖化階段，冰川因此融化，降低太平洋海面溫度，進一步影響聖嬰—南方震盪現象（ENSO），降低其強度與變動程度，直到約西元前三〇〇〇年才恢復。[96]一般認為，地球軌道幾何的週期性變化對ENSO的強度，乃至於全球氣候模式有關鍵的影響，但南半球此次暖化的影響程度更甚於前者。[97]

中亞地區的證據顯示約西元前四〇〇〇年起，季風帶逐漸退出中亞，而印度的生物指標也顯示當地的降雨大幅減少。[98]西非季風系統先是同時弱化，然後在三個世紀後急遽減弱，西非地區此後變得愈來愈乾燥，直到約西元前三〇〇〇年為止。[99]撒哈拉地區的湖泊與河流開始乾涸，乾燥化導致人口大規模遷徙——從約阿湖（Lake Yoa）的花粉與沉積岩紀錄可以得知，人口迅速移入東非與東北非，移入查德北方的速度比較慢。[100]水源穩定、牧草資源豐富的綠洲顯然是吸引他們的目標，而此時的尼羅河流域也吸納大量移民，他們想必是為了尋找更移居的地方而來。[101]其他的適應措施還有更加仰賴綿羊與山羊，以及因應季節尋找庇護所。[102]

非洲西北部分地區（包括今日茅利塔尼亞沿海）降雨量仍然相當高。[103]然而，氣候變化不僅導致撒哈拉地區開始沙漠化，擴大形成新的環境條件，更逐漸演變成我們今日所知的屏障，難以逾越，阻擋人類的移動。這道屏障導致基因上的分歧，讓北非族群與撒哈拉以南非洲族群在Y染色底單倍群出現明顯分化；這樣的差異雖然大多在現代世界中已經大致消弭，但仍然勾勒並強化了非洲族群的多樣性，使非洲成為全球基因多樣性最高的地區。[104]易言之，氣候變遷不僅讓非洲出現地形與環境的區隔，連基因都有分歧。

這些劇變引發植被、動物、人類與病原體之間所謂的「連鎖調整」（cascades of adjustments）。比方說埃及東部與利比亞西南部的遺址，出現了新的文化習俗，像是把牛隻與家畜骨頭埋在建築結構範圍內的作法。這種習俗顯然是儀式的一環，但我們不確定這些儀式是跟宗教信仰有關，還是是因為當時病原體環境出現劇烈改變，因此出現了疾病預防觀念之故。乾旱除了對秣料與水資源的取得有負面的影響，也跟疾病感染率的增加有關（人與家畜皆然），這一點在邏輯上顯然相當重要。[105]

ENSO在大約五千年前開始恢復，帶來一連串的新效應，但全球各地受到的影響並不一致。北美洲遭遇乾旱與嚴重的水源短缺，湖泊水位下降，甚至徹底枯竭。[106]花粉和樹木紀錄顯示，乾旱隨著大氣環流模式轉變而出現，進而導致植被變化。[107]地中海地區的降雨水準也發生變化，帶來地景生態的「地中海化」——也就是變成我們今日所認識的地中海樣貌，以適應乾旱夏季與溼冷冬季的常綠灌木與樹木為主。[108]

南亞與東南亞的情況大相逕庭，更高的降雨量顯然對印度北部與印度支那北部特別有利，但因為湖泊沉積物、花粉、石筍資料等有助於研究的指標目前研究仍相當有限，因此整體情況還很難斷定。[109]

不過，來自其他地方的豐富證據，則顯示當非洲日益乾燥時，東亞部分地區反而愈來愈潮溼。內蒙古高原在約西元前四〇〇〇年時開始暖化，降雨量增加，這個新的氣候模式持續了兩千年以上。至於西藏高原和新疆的溫度與降雨量，則是保持穩定。[110]從印尼、巴布亞紐幾內亞、大堡礁沿岸的單細胞生物與珊瑚化石的分析，可以看出海面溫度正在下降——若與約西元前三五〇〇年至前三二〇〇年間海平面下降的證據並陳，就能進一步推論出部分地區（不見得是全球）在這段時期經歷不小的氣候轉變。[111]

面對這些挑戰，人類族群不見得會有明確的反射動作與因應方式，而且事情本來就不是這樣。之後我們會談到，極端氣候事件固然會致災，集體記憶中也會有災難經驗的烙印。不過，以日、月或年為單位來看的話，就連天氣模式大幅變異恐怕也很難察覺。下定決心遷居或遷徙，建立新習慣，以不同的方式跟彼此、跟環境互動等，這些都不是一眨眼、一瞬間的事，而是在面對變遷不斷地累積的過程中達成或發展出來的。

無獨有偶，由雨量變化、氣溫差異、動植物生育地轉變所造成的生態轉變也不會突然發生，而是經數十年，乃至於數百年才會擴散出去。更有用的作法，毋寧是去思索各個社會如何開始構想周遭的世界，人類如何思索人與自然、動植物之間的關係，以及他們如何構思我們這個種族跟氣候條件的改變，乃至於整體資源開發之間的相對關係與影響力。

從大約西元前三五〇〇年開始，我們變得比以前更能理解這種問題，人類社會因為愈來愈複雜，更需要新的觀念、解方與工具。氣候變遷不會創造出對政治制度的需求，不會為城鎮、都市或國家的興起鋪路，也不會帶來文字體系的發展。這些都是人口與日俱增的結果，愈多人就需要愈多飲水與糧食資源，也更需要社會組織。話雖如此，環境仍然是重中之重。社會若要存續、茁壯，人類就不只需要主宰自然，更要按自己的意志改變自然。

04

最早的城市與貿易網絡

（約西元前三五〇〇年至前二五〇〇年）

烏魯克（Uruk）由他所建。——《蘇美王表》（*Sumerian King List*，約西元前二一〇〇年）

到了西元前三五〇〇年前後，人類對環境的衝擊已經不僅是區區的「改變」，甚至已經上升到成為影響動植物生態棲地的重要因素之一。空間模擬顯示，世界各地有愈來愈多適合耕作的土地受到開發，同時畜牧業也開始往更乾燥的地區擴大。部分學者認為，活動水準達到這個高度，代表人為改造地球已經展開。[1]有些人更進一步，主張人類活動確實對氣候有重大影響。近年的研究指出，中國與歐洲在五千年前的人口水準比以往的估計更高，而這帶來更多的問題，像是要多少土地才能養活這麼多的人，以及他們是如何使用土地的。[2]氣候紀錄顯示，這也是大氣中的溫室氣體——二氧化碳大幅增加的時期，有學者認為跟森林砍伐有關。[3]約西元前三〇〇〇年的格陵蘭冰芯有明顯的高濃度甲烷，而這種跡象也跟水稻種植集約化有關，因為水稻種植會引發涉及植物—微生物交互作用相關的成土作用，增加碳排量。[4]

學界因此逐漸形成所謂的「早期人為假說」（early anthropogenic hypothesis），意即在大約五千年前，人類的活動與行為對全球氣候造成深遠的影響，甚至徹底改變氣候。[5]研究人員近來用模擬來支持這個論點，他們認為由於大氣溫室氣體濃度高於預期——可能性最大的原因就是農耕——引發暖化，進而讓本該發生的新一波冰河時期沒有發生。[6]

這類假設的問題，在於「相關」跟「因果」很難分得一清二楚——也就是說，指出大致同時發生的暖化模式是一回事，指出人口與行為的變化是另一回事，而後者不見得是前者的成因。把兩者結合起來是很吸引人的作法，但我們很難它們的關聯不只是巧合。

比方說，有人認為氣候變化是特里皮利亞文化（Trypillia culture）聚落數量減少的主因（甚至是首要因素）。這些聚落分布在東歐喀爾巴阡山與聶伯河之間，並且從約西元前五〇〇〇年前開始數量變多，規模變大。部分聚落規模已經大到堪稱為巨型遺址（megasites），無愧於「已知最早城市」的稱號。這些聚落可謂是歐亞大陸乃至於全球最大的遺址，通常以大型建築為中心，而這些建築的作用則是舉行儀式活動、儲存與消費剩餘物資。每一個地點都是主要貿易網的一環，進行燧石、錳、銅和鹽的交換，有時候甚至是長距離的交換。[7]穀類、家畜、野生動物、乳製品的組合，滿足日常的需求。[8]

大約在西元前三五〇〇年左右，這些遺址出現受到壓力的跡象，像是建築失修、居住水平下降，以及社會階級體系的出現——學界向來把階級體系詮釋成社會不平等的指標，導致不平等的原因則是取得資源的能力減弱。[9]總之，這些壓力可以透過花粉數量降低（農業生產力下降的指標）及氣溫下降來證實，有人認為這是迫使人口往外分散的關鍵因素。[10]

不過，人口下降不見得是因為氣候變化，也有其他可能是因為土地過度開發導致肥力下降。[11]或許還有疾病因素，畢竟人口密集加上大量的動物，是傳染病出現與蔓延的理想條件。[12]新的研究找到無庸置疑的證據，顯示鼠疫病原體耶爾辛氏桿菌（Yersinia pestis）存在於此時的歐亞草原，並且在大約西元前四〇〇〇年至前三〇〇〇年間發展出多個分支，而這說不定不是巧合。[13]

人口衰退減少、社會變遷可能肇因於多重因素，這個事實多少能解釋中歐地區大部分的大型聚落何以在西元前三三〇〇年左右消失，證據指出災變集中在一段時間內發生。[14]這段時期充滿不穩定性，或許也說明歐洲許多地方儀式進行的強度為何增加，畢竟社會行為的改變通常可以反映環境日益嚴峻的情況。[15]

世界上正經歷迅速且重大社會轉變的絕不只歐洲。西元前三〇〇〇年左右，華南、臺灣與今菲律賓、印尼、美拉尼西亞以及太平洋地區首度出現人口、物質文化與語言聯繫增強的跡象。一般將之視為由北往南的擴大過程，不過其擴大應以百年為尺度，過程中往往涉及習俗、思想與技術得到當地原住民接受、傳遞，而非一陣突然、快速的波峰。[16]

北美洲的大西洋與墨西哥灣沿海地區也有類似的情況：大約在西元前三〇〇〇年，當地社區開始利用動植物遺骸，在廣場中心堆出環形的堆積土，稱為貝殼環（shell rings）。[17]對於這類結構體有許多的解釋，而它們顯然是聚落的重心，近來出土的證據更顯示貝殼環是當地貿易的節點，貿易網絡甚至能延伸數百公里。[18]如今學界利用遙測與機器學習進行調查，發現沿海森林與沼澤還有更多的貝殼環，顯示聚落數量比以往認為的更多，交流模式也從這個時候開始變得更加密集。[19]

對於泛歐亞語系（包括日語、韓語、通古斯語、蒙古語和突厥語）早期傳播的過程雖然仍有爭議，但基因、語言學和考古學構成的鐵三角清楚指出，隨著此時農耕範圍擴大到整個東北亞與東亞地區，農民肯定已經把農牧相關與其他基礎詞彙帶到上述地區了。[20]

至於歐洲，則有顏那亞文化（Yamnaya culture）的好幾波人群從黑海北方的森林地帶西遷的巨浪。這不僅深深影響人口結構，也帶來語言傳播在內的文化。[21]相較之下，人數較少、來自黑—裏海草原（Pontic-Caspian steppe）的人，則是在愛琴海島嶼與今天的希臘落腳，建造歐洲最早的宏偉宮殿與城市中心。[22]

約西元前二七五〇年，新的陶器風格，也就是所謂的繩紋器文化（Corded Ware culture）和鐘形杯文化（Bell Beaker culture）開始迅速傳播，在兩個世紀之間涵蓋了歐洲、西北非的大部分地區。然而，人口變動（population turnover）發生的情況更是令人不敢置信：根據粒線體遺傳資料顯示，歐洲的基因庫幾乎完全改頭換面，堪稱是有史以來最全面的人口遷徙之一。[23]根據估計，光是不列顛的人口變動就達到至少九〇％，[24]中歐部分地區的數值更是一〇〇％。[25]文化的仿效當然很重要，但人口的遷徙影響更甚於此。[26]

不過，對於美索不達米亞、尼羅河流域、中國的黃河與長江流域、南亞的印度河流域，以及安地斯山脈河谷來說，故事的主軸並非往外發散，而是人口累積。約西元前三五〇〇年至前三〇〇〇年間，整體人口的確有所成長，但重點在於村落數量的提升及其居民人數的增加。人們被迫離開黑海以北的永久與半永久聚落，但到了其他地方卻又不得不聚在一起。許多地方都有同樣的情況發生，而且時間大致相同，暗示或有類似的驅力推動著類似的潮流。無獨有偶，上述發展的速度不只帶來大量的村落，更讓部分村落的規模迅速擴大，變成大規模都市重鎮。[27]

有學者表示，出現城市的地點固然重要，但沒有城市形成的地點也值得關注，尤其是西歐、亞馬遜河流域與北美洲的空白地帶。開始形成大都會圈的幾個地點，各有不同的土壤、排水、降雨、溫度，甚至海拔高度等條件，但它們都有一個共通點，顯然這並非巧合——這些古代城市都出現在「受限的土地」（circumscribed land），也就是局部富饒，但受到沙漠、山脈和海洋圍繞下等並不宜居的地貌包圍的地點。[28]因此，群體被迫進入宜居且豐饒的土地，但生態足跡向外擴大的程度卻又受限，而促成這種發展的動力也就成為推動城市乃至於「文明」興起的動力。也就是說，早期城市的崛起是需求帶來的結果，因為合作對於生存的前景來說至關重要。

這些熱點當地內部與區域之間的貿易程度逐漸上升，社會互動的鞏固與政治權力的集中於焉出現。西元前四〇〇〇年前後，肥沃月彎地區的陶器與聚落布局等風格出現同質化，強烈暗示商業與文化交流穩定發展；同時期的黑海、地中海、愛琴海和安那托利亞高原等地區也出現類似的情況。[29]精湛的冶金業隨之而來——甚至冶金業說不定就是交流的推動力——從安那托利亞傳播到美索不達米亞、伊朗、巴基斯坦、東南歐及黑海地區，後來又傳到西西里島和伊比利半島。新引進的作物讓飲食更加豐富。新商品與原料出現，除了本身可以用於交易之外，也可以作為主食或是奢侈奇珍。新的生活方式、地位的表徵有了實現的可能。[30]

這種趨勢同樣出現在東亞、南亞、北非和南美洲，例如遼河的紅山文化、黃河下游的大汶口文化，還有印度河流域的多個群體，尼羅河沿岸和秘魯沿海的小北文明（Norte Chico）等地。上述這些地方都出現了類似的人口成長、農業提升、作物傳播、長距離貿易網絡浮現、觀念與科技推廣（例如冶金）的模式，發展軌跡與美索不達米亞類似，只是時間稍晚。[31]

成立永久性的聚落之前，必須先形成個人財產觀念，像是動產與不動產，以及土地和其所能生產資源的使用與控制。無論是古代還是現代世界，社會階級體系的出現與發展往往出現在城市背景中，尤其跟財產所有權（無論是田地、作物、牲口或商品）有密切的關係，而且人口密度愈高的話，階級與財產的關係就更緊密——財富的積累與傳承，使社會上層的形成成為可能，進而影響政治結構與決策。對於最早經歷都市化、而且是高強度都市化的群體來說，其標誌性特色就是「財富差距」。[32]

不過，這也不代表非都市社會的特色就是「平等」。其實近來對於今日東非、西非、西南亞等地四個游牧群體的研究，顯示世代間資產、地位的高度傳遞。[33]在採集游獵的族群中，世代間財富傳遞仍然對求生的機會有不小的影響，只是效果比起游牧群體的情況溫和。[34]不過，前現代世界與現代世界之間畢竟還是有很大的差異，古代城市的興起確實帶出一系列引人注意的變化，包括君主制、宗教、官僚制度興起，以及奴隸制度。城市崛起後，市民認同與「國家」（states）隨之而來，不過我們對於這個詞彙的理解必須盡量廣泛，以免過度簡化問題。[35]

美索不達米亞北部的情況相當有趣，西元前三〇〇〇年左右發展出來的聚落當中，最大的幾個居然不是位於水源豐富的地方，反而多半與大河的沖積平原或主流有一段距離。這些社群看起來很平等，很社群導向，沒有集權，地位的象徵也很少。[36]前述聚落中有些相當大，例如位於今敘利亞布拉克（Brak）的聚落，占地面積高達一百三十公頃，只是我們還不清楚居民的生活方式，城鎮及其土地能維持多少人口，也不曉得這些情況會隨時間而有什麼樣的改變。[37]

美索不達米亞南部的情況則完全不同，當地形成的聚落更大、更複雜，而且等級區別更明顯。其中最早也最重要的聚落是烏魯克，只不過後來蘇美語以及《舊約聖經》中比較晚寫成的故事，卻是從後往前冠上不同的說法，說尼普爾（Nippur）、埃里都（Eridu）或巴比倫（Babylon）才是最早的聚落。[38]時代更晚的記載，說烏魯克的創始者是恩美卡爾（Enmerkar）。《蘇美王表》說他是太陽神烏圖（Utu）與野牛女神寧蘇母納（Ninsumuna）的兒子，「烏魯克由他所建」。[39]重點是恩美卡爾的成就不在建築，而在政治——他承擔起領袖責任，有領導能力，而成就也都能歸功於他。一部約三千年前的文本寫道，恩美卡爾和他的妻子恩美卡爾吉（Enmerkar-zi）「懂得建造城鎮、製作磚塊與鋪磚路的知識」，也懂得如何用木頭製作犁、軛、繩索和脫粒橇，甚至知道興建「灌溉渠與各種水渠」的方法。[40]

恩美卡爾真有像這份文獻說的那樣三頭六臂嗎？很難說。但從文中把成就歸功於他，甚至讓其妻一同居功的事實，便透露烏魯克與其他主要都市重鎮已經出現上層階級。部分學者認為，城市變得愈來愈大、愈來愈有效率的過程中，那些有能耐獲得地位與財富的人挑起大梁。統治階級主宰土地所有權，擁有牲畜，控制糧食生產。他們能恩威並施，替自己積累更多，制定目標與提升效率，進而形塑城市的肌理，影響社會政治結構。[41]從各神廟以及其他裝潢華麗、某些人稱之為「宮殿」的建物，就可以看出統治階級造成的結果。[42]同時這些寺廟的重要之處在於，由僧侶等祭司階層掌控，他們集中權力於自己手中，同時也梳理、監管，甚至掌控貿易。[43]

其他地方也有類似的繞梁餘音，尤其埃及同樣演化出政教權力的雙主軸，統治階級亦透過興建神廟、石造建築與華麗的墓葬來獨占、積累權力，最著名者就數金字塔。以埃及與尼羅河流域來說，王權的概念與納卡達（Naqada）、希拉孔波利斯（Hierakonpolis）、阿拜多斯（Abydos）等城市中心同步出現，並逐漸集中鞏固於單一統治者身上，多個地區與城市皆由其節制。[44]集權的過程很可能跟人口增長或環境因素有關。無論何者為是，可用的土地資源有限，導致土地開發增強，這也有助於說明埃及為何演化成統合程度更高的國家結構。[45]

類似的過程也發生在今中國的範圍，好幾個文化在時間上先後重疊，仰韶文化等空間分散的、政治分權的文化逐漸衰落，取而代之的是由神權菁英從大城市中心掌控的文化，例如東南的良渚文化、華中的龍山文化與東北的紅山文化。良渚城本身就是很典型的例子，以宮殿建築群為中心，有高牆保護，城中的墓葬顯示社會分化與高度的分層，富人有珍稀寶物做陪葬品；這些陪葬品與儀式有關，暗示了墓主的地位不只是以財富為基礎。[46]玉在良渚文化以及當時東亞其他地方的許多文化中，都扮演著獨特且重要的角色，是一種象徵財富和地位的罕見珍貴材料。[47]

東亞的例子還有一點很不尋常——當地發展出來的信仰體系，與主導埃及、美索不達米亞以及（後來的）南亞的信仰大不相同。上述各個地區都有社會等級，金字塔頂端的統治者標榜與超自然世界的關聯，藉此強化自己的地位——獨特的世系譜牒不僅能鞏固權威，更是他們神性的來源。比方說，美索不達米亞諸王的力量來自於他們作為外來者的身分，他們找到「在自己的土地上的陌生人」所具有的優勢，而楚國（位於今中國江蘇與安徽省北部）統治者則是把世系回溯到火神祝融——據說祝融控制水神，確保土地肥沃，農作豐收。[48]其他地區與時期也能看到類似的周而復始，部分人類學家主張這種循環跟日益複雜的社會，以及宗教的起源皆有關聯。[49]

根據這種模型，社會愈來愈龐大，分工愈來愈專業，統治者與祭司成為詮釋一切的人——從天災到環境的挑戰、從資源過剩到資源不足、從兵敗到早夭，統統是由他們賦予意義，由他們解釋無形的神明為何降災、為何賜福。環境災變與自然災害跟「道德化的神」（moralising gods）關係尤其密切，是祂們出於憤怒或者純粹沒事找事做，對逾矩與不敬的行為所施以的懲罰。有一點雖然不意外，但想想還是很不可思議：深受天氣條件影響的地區（尤其是乾旱，不過洪水與暴風亦然）居然會發展出宇宙觀體系，認為「道德化的神」會以降災為手段，表現出祂們的不悅，帶給人們教訓。[50]

我們之後會談到，無論是巴比倫還是埃及，或是後來的後哈拉帕時期印度以及地中海地區，愛內鬥或喜歡降災於人的神祇都是文學與神學中的要角：希臘眾神會引發戰爭，彼此之間（以及人神之間）為了雞毛蒜皮的事情結下宿怨，讓不敬神的人遭逢厄運，敬神的人則能獲賞。但東亞的情況完全不同——從文學和宗教儀軌中可以清楚看到，東亞的主題並非毀滅和懲罰，而是玄妙與和平。為什麼古代中國人跟他們的諸神之間，沒有像其他地方的人神關係一樣充滿齟齬呢？有學者認為，其中一個原因是中國地區氣候條件更宜人、更好預測，「生態與環境方面沒有什麼好爭的」。華北偏冷的氣候說不定還形塑「祖先」觀念的獨特地位——在華北，屍體要更久才會腐敗，不僅讓人有更多餘裕能投入葬前儀式，也讓與祭祀相關的人有機會鞏固信仰體系，凸顯自己的重要性。[51]

讓地位高的人在死時能利用神廟、聖地空間，以及在死亡後給予特殊待遇，以確立高位者與聖神的關聯，凸顯上層與超自然存有的關係，這些顯然都是控制的工具，也是社會分層的明證。不只美索不達米亞、埃及、印度河、東亞和中美洲出現以人性強化上下隔絕的作法，甚至全世界都有強化藩籬的情況，只是不同的時期與發展的複雜程度而有不同。古代阿拉伯、突厥、因紐特、美洲、南島語族、中國、日本文化，乃至於美索不達米亞，都有有意為之、儀式性地殺害個人以平撫超自然界的作法。雖然人性的作用與目的有許多的詮釋，但最具說服力的或許是統治者用人牲來展現自己對子民的權威，展現自己有取悅諸神的獨特能力，進而合理化自己的威信。[52]

不只在世時有藩籬，死後也有藩籬。死去的統治者往往會有供品，例如在尼普爾，人們天天都會為烏拉納瑪（Uranamma）獻上供品。[53]上層社會的葬禮也很顯眼，不僅儀式浩大，更搭配音樂與飲宴，強調高社會階級與有錢人的地位。[54]美索不達米亞南部烏爾（Ur）的王室墓葬群（挖掘工作最早起於一九二〇年代與一九三〇年代）有成千上萬具骨骸出土，其中包括西元前第三千年中葉為地位顯赫的國王與王后殉葬的年輕隨從。隨從的頭部遭到某種帶有小尖端的工具打擊——必須用足夠的力量才能用這種工具擊穿顱骨。斷層掃描顯示，他們身體的部分保存完好，如此一來，才能在來世「繼續」服飾男女主人們；從遺體經化妝打扮，排在墓主周圍的事實，也能看出這一點。[55]

雖然不同地方、不同時段的社會階級制度很難一概而論，但公共建築物的規模與坐落的位置，顯然不只證明有統一的規劃，也證明有效調動大規模勞力的能耐。[56]最有名的例子就數吉薩大金字塔，其工程至少需要一萬人與三十年的時間；後勤挑戰想必相當艱鉅，光是每天餵飽勞工就不得了了。[57]

新城市的基礎設施由社會上層掌控，土地雖然能養活眾多人口，但它們並不屬於工人，工人對農地也沒有權利。後來的美索不達米亞文獻證明，他們反而得仰賴機構、神廟與富人，以配給的形式獲得糧食，或者從自己負責生產的額度中獲得一部分。[58]拉卡什（Lagash）、尼普爾、烏爾等城市的楔形文字文件上，就記錄牧人、織工、農工與釀酒工等各種工人配得大麥等穀物的情況。[59]

強大的機構與個人所持有的土地比例相當驚人。可以確定，到了西元前二三〇〇年左右，美索不達米亞已有部分神廟控制成千上萬公頃的土地，國王掌管的土地更是數倍於此。[60]擁有這麼多土地之後，重點就在於控制勞動力，以及管理、獨占這些勞力。食物的生產、分配，甚至烹調都集中在神廟，爐灶設在神廟裡，而非住宅裡，原因或許就在這裡。[61]這也有助於解釋城市近郊為何少有定居農村群體的跡象，就算前述勞動力生活在近郊，也是暫居而已。[62]

也就是說，興建城牆或許是控制勞動力的手段。有人認為，雖然城牆後來漸漸發展出防禦工事的功能，但一開始的目的是為了抵禦環境因素，尤其是淹水洪患。[63]近來有學者指出，像烏魯克等城市的城牆規模已經遠超想像所能及的軍事需求，這不禁讓人想問：之所以興建城牆，說不定不是為了抵抗攻擊，而本來就是作為權力的展現。[64]人們自然會拿埃及來佐證，當時埃及受到的外部威脅有限，對軍事的投入與花銷，顯然只是為了反映法老的威望，而不是為了國防。[65]

另一種主張（不見得會互斥）則是認為城牆是用來限制移動自由，以確保勞動力穩定供應恆定，畢竟這麼做可以保證有足夠的人力，人力充足就能確保城市本身的長期未來。城市仰賴糧食供應，為了確保其短、中、長期的成功，乃至於基本的生存能力，就必須擁有足夠規模的勞動力來開發土地。[66]因為疾病盛行、缺乏衛生設施，古代美索不達米亞城市的死亡率很可能超過出生率（其他地方的城市想必也是）。城市人口若要保持穩定，甚至是成長的話，就需要不斷有新人湧入。[67]

若要落實，就代表要吸引移民流入——移民對於維持城市人口與城市的擴大至關重要。[68]美索不達米亞南部有大量採用奴隸的證據，意味著人口不見得都是自然流入，強制勞動用於維持灌溉系統與（女性奴工）生產紡織品。[69]也就是說，到了約西元前三〇〇〇年，尼普爾、阿達卜（Adab）、基什（Kish）、烏爾和烏瑪（Umma）等城市都擁有大量人口，不過最大的城市還是烏魯克——占地兩百五十公頃，人口約兩萬至四萬。[70]

區域交流水準提升，加上人口成長，以及新工具、新技術與灌溉設施所推高的農產量，新興城市與國家也需要更高水準的行政監督和施政能力。結果，有如寄生般的城市或國家型態出現了——成長的動力由勞動力提供，收割成果的則是社會上層，他們設置並維持藩籬，鞏固自己的地位，同時限制進入上層的管道。

新興官僚制度的目的在於標準化、同化與和諧——中央在過程中也得到更多的收益。對官僚制度來說，若要衡量、記錄生產力，監控商品與勞動力，並防止體系內出現漏損，就必須有制度與工具。度量衡的標準化是一個例子；另一個例子則是行政規範網周圍城鎮、聚落的擴大實施。但最明顯、最重要的創新，則是此時在肥沃月彎發展出來的文字體系。

新石器時代之初，美索不達米亞開始使用黏土算籌來代表物品單位，進行基本記帳。到了西元前三五〇〇年前後，當地採用滾筒印章來封印貨物捆與其他物品。[71]大約兩個世紀後，人們用平面的象形符號取代上述實體作法——他們用尖筆在泥版上刻出符號，記錄數字與商品種類；這些符號在幾個世紀之內逐漸發展成音標構成的書寫體系，一開始是用來謄錄個人的名字，然後愈記愈多。[72]一個階段又一個階段，字母在過程中創造出來，語言與溝通的新視野大開。[73]

現在使用者可以把事件、故事、思想與神話寫下來，而後廣泛傳播，以標準化的形式傳承下去。不過，這些突破統統都源自一點都不浪漫的平凡需求，也就是記錄商品與交易的念頭、徵收稅賦，以及社會上層獨占交易網絡、把持權力的嘗試。多虧五千年前那些收稅的人有需求，此後才會有文學劇作的誕生：少了記帳的人，恐怕就不會有《妥拉》(*Torah*)、《聖經》或《古蘭經》，不會有莎士比亞，也沒有《巴布爾回憶錄》(*Bābur-Nāma*) 與托爾斯泰了。

此外，也不會有任何巴比倫史詩——史詩裡的神話、故事與歷史，都跟美索不達米亞歷史初期有關——或者世界其他地區的文學，畢竟各地都經歷同樣的都市化、階層制度、神職體系，以及政治領導權與官僚制度的興起。像是中美洲、尼羅河、印度河流域、中國的黃河和長江流域以及其他地區的社會，它們發展出文字的時間與發展中的階段不見得跟美索不達米亞南部一樣，甚至彼此各不相同（且印度的文字尚未得到完全的破譯），但各地區的發展途徑卻很類似。[74]

⁝　　⁝　　⁝

其他地方的上層階級發展的方式也跟美索不達米亞相類，例如埃及統治階級壟斷農民的勞動力，並保持權力留在一個封閉的祭司階級中。[75]官僚體系出現，對資料的彙編簡直入了魔，無窮無盡的清單上記錄城鎮、民人、食物和穀物的名稱——與美索不達米亞並無二致。[76]秦代中國官僚的核心目標之一，就是把勞動力與土地綁在一起，確保農業生產力維持高水準。他們透過編戶的方式，阻止農民移動，讓工人離不開土地。[77]

到了約西元前二五〇〇年，烏魯克、埃里都、烏瑪、烏凱爾（Uqair）和烏爾等美索不達米亞南部的城市，埃及的納卡達和尼肯（Nekhen），印度河流域的摩亨佐—達羅與哈拉帕，以及良渚與今中國四川省的寶墩、魚鳧村等都會重鎮已經茁壯成長。都市化似乎刺激周遭地區的改變，導致人口密度上升，鄰近族群出現社會分層，而這些或許是因為市場變得更大、需求逐漸成長而出現的反應。努比亞是很好的例子，牧民開始在今天蘇丹的位置，具體說來是後來出現科爾瑪（Kerma）城的地方落腳；經過幾個世紀，科爾瑪成為古實王國（kingdom of Kush）的重鎮，而努比亞也變成埃及及中王國的競爭對手。[78]

這一點很重要，因為人口密度的增加與社會階層的出現有密切關係。人口密度與社會階層的關係，解釋印度河流域的情況為何不太一樣，當地比較少出現政權集中在單一統治者、世家大族或社會菁英手中的情形。這個地區也比較少獻給個人或特定家族的精緻墓葬與雄偉的建築物，神廟與宗教建物的數量也明顯更少，意味著當地居民與其他地區或許有不同的精神和社會發展脈絡。[79]因此，生活在印度河及其支流的沖積扇上面的社群，似乎比生活在底格里斯河與幼發拉底河之間，或是生活在尼羅河沿岸的社群來得平等。[80]

南美洲小北地區（位於今秘魯）似乎也是這樣。西元前三〇〇〇年左右，出現一次迅速變化，第一批以宏偉的公共建築與大型儀式建築為特色的永久聚落誕生了。[81]雖然學界過往一直認為催生這次變革的是坐擁豐富海洋資源的沿海地區，認為變化是從沿海開始擴大的，但現在我們很確定最大、最重要的城鎮坐落於有農利之便的內陸谷地與高地。[82]其中最重要的是卡拉爾（Caral），卡拉爾可能是行政中心，控制著廣大地區。[83]各城鎮（某幾個城鎮的距離相當遙遠）的布局、儲藏區與儀式建物之間的類似之處，顯示從約西元前三〇〇〇年以降，地方交易網絡開始在村落、地區之間創造出共同的文化。[84]灌溉與土地管理方面的新發展，以及穀物生產、加工與消費的擴大（尤其是玉米），有助於支撐更大的聚落與驚人的人口增長。[85]有人認為當地的人口在三個世紀之內增加了三十倍。[86]

許多都市聚落都以土丘為中心。這類土丘非常重要，在特殊的活動與宗教儀式中發揮功用。雖然似乎只有少數人獲准進入土丘範圍（或許意味著社會上層的權力與地位），但其他證據卻顯示社會階層分化不強。[87]不過最讓人印象深刻的，卻是小北文明地區沒有戰爭或暴力的跡象：經過辨識，各類型的聚落都位於「顯然不設防的地點」，缺乏防禦工事、城牆，以及其他能作為衝突與對抗頻仍且嚴重的指標。[88]這種情況有個明顯的解釋，也就是各個社群之間的連結很弱，尤其是分屬不同地形與氣候背景的社群很少互通有無，居住在沿海的人跟生活在內陸谷地低處或高地的人交流有限。[89]

然而，在整體人口規模與聚落分布密度上，安地斯諸文明與美索不達米亞與埃及的情況似乎也有關鍵性的差異：安地斯地區的聚落比較像印度河流域的情況，彼此間的距離遠得多。即便在村落與城市裡，空間壓力也沒有其他生態壓力大的地方那麼迫切。安地斯山區與印度河的情況就像特里皮利亞巨型遺址，似乎沒有出現其他地方那樣的統治階級，而這個事實可能反映出當地的文化是個物產豐富的文化，土地質高量多，也沒有對糧食短缺的焦慮，因此也沒有迫切的需要去保護資產、展現地位。[90]

•••• •••• ••••

一邊是地位與階級、一邊是對於資源與空間的競爭，這兩邊的相互關聯很能解釋城市之間的競爭。美索不達米亞的城市分布密集，情況因此特別明顯。有些競爭關係激烈又長久，例如拉卡什和烏瑪從西元前二五〇〇年左右開始邊境衝突，持續了一百五十年。[91]問題的重點不是土地，而是水源。尼羅河經常洪氾（雖然頻率不見得穩定），北美索不達米亞的年降雨量則足以支撐農業，但南美索不達米亞的農產就得仰賴底格里斯河和幼發拉底河的水量，以及灌溉和運河建設。取得優質土地與水源是當務之急。[92]

然而，無論是製作工具、武器和珠寶的材料，還是神廟、宮殿和與家居所需的奢侈原料，兩種都很匱乏。銅、錫等金屬已屬罕見，連石材、木材等基本資源都供不應求，難以取得。某些新礦藏與其他原物料的來源，往往是諸神向國王「啟示」，而國王則利用來自神界的訊息派出探險隊尋找資源，開發並帶回所需的補給。[93]尋求資源也會加劇對其他城市的敵意，以及各城市之間的競爭，因為大家都有匱乏的問題要解決，結果導致控制礦藏與資源豐富地點的鬥爭變得更加激烈。激烈的角力刺激社會經濟的發展與創新。

此外，城市間的對抗也創造出衛星聚落與殖民地網絡，各城市藉此扼住通往金屬礦藏與石材豐富的地區，以及能獲得（或是強取）羊毛與紡織原料產地的路線；此外，這些據點顯然也有戰略前哨的功能，保護母城的商業利益，並作為通往長途貿易網絡的門戶。到了西元前二五〇〇年，這些貿易網不僅擴展到尼羅河、安那托利亞和印度河地區，甚至延伸到高加索和地中海地區。毋庸置疑，貿易網絕非單向，而是互通有無，讓北非、中東與至少南亞部分的地區透過商品、思想與技術，形成一套相互連結的交流體系。[94]

貿易網絡也有助於塑造君權觀念，一方面是因為長途貿易多少受到統治者的贊助（從結果中收穫最豐的也是他們）；一方面則是因為獲得來自異域的珍稀材料、商品和物件，讓他們可以在視覺與其他方面提高自己的地位，並且為追隨者提供獎賞。此外，由於統治者間的禮物交換，是展示權力與建立外交聯盟的重要環節，學者稱之為「君王兄弟會」(brotherhood of kings) 的概念應運而生，推動儀式的擴大、新儀式的發展，甚至深化君權觀念本身。[95]君主之間的聯繫，讓抽象層面或實際層面上的社會分層達到新的高度，像亞洲西南、中國各地與其他地方的菁英，也都透過監控奢侈品與奢侈品貿易而得益，從而崛起。[96]

前述的各種過程皆有助於上層階級與國家的形成；某些地方(例如美索不達米亞南部)非常適合種植作物和放牧，糧食與物品因此有機會出現剩餘。對於勞動力的掌控與對於利潤的榨取變得更加重要，階級制度本來就建立在這兩者之上，如今則更加深化，社會金字塔頂端的人則獲取更多。此外，書寫體系與奢侈品進出口市場的出現，也保障並強化社會階級。[97]

社會階級的主要受益者是男性，畢竟家父長制是歷史各時期國家與帝國的核心特徵。暴力的現實與暴力的美化，皆助長學者所謂的「侵略性文化的勝利」。社會益發複雜，集體暴力隨之上升，善戰與善於領導戰鬥的人獲得獎賞和威望。國家興起，暴力、父權體系與中央集權隨之攜手而來，而這些都對環境及女性的角色造成衝擊。[98]

貿易網絡的發展，原物料、工具和技術的取得，以及中央官僚愈來愈強的能力，共同催生效率的大幅提升，讓城市能夠吸引並養活愈來愈多的人口。農業與灌溉的進步也帶來能產出作物的新土地，擴大的循環似乎永無止盡，撐起美索不達米亞的通天塔 (ziggurats)、埃及的金字塔到印度河流域的浴場等壯麗的建築。

問題在於規模會造成壓力。更多的人需要更多的食物，這代表要麼更加辛勤耕地，要麼開發邊地，抑或是擴大播種的範圍，農產產出的地點與消費的地點相距愈來愈遠。城市之間與城市之內自然因此出現競爭，爭奪最好的土地。社會差異擴大，消費行為也必然隨之變化，富裕階層對商品與食物的品質、數量、種類提出更多的要求，生態資源承受的壓力進一步增加。

這些都是政治契機誕生的理想條件，但也是環境與生態壓力的溫床。高密度人口社群的脆弱程度一下子就暴露出來了。造成問題的事件很有可能出於人為，而且是代價高昂的對立造成的結果；資源因對立而耗竭，農民因此離開田地，作物的播種少了，收成少了，食物供應自然也少了。但問題也有可能是氣候事件或環境惡化的結果。農業經濟尤其依賴降雨和水資源的可用性，而這當然與氣候模式密切相關。只要底格里斯河、幼發拉底河、黃河、長江和印度河及其支流等大河的水流豐沛時，土地就不難耕作。另一方面，缺水意味著物資短缺、農作物歉收和饑荒，疾病的風險隨之而來。[99]

無怪乎最早以書面形式記載下來的想法，許多都跟人間的起源有關，跟曾經為人類所創造的完美條件有關。蘇美創世故事〈恩奇與世界秩序〉(Enki and the World Order) 中，恩奇神「充滿激情，如後腳站立的公牛，陽物勃起，射出流水，注滿底格里斯河」。[100] 巴比倫人的版本雖然類似，但沒那麼生動。《創世史詩》(*Enūma Eliš*，十九世紀出土於尼尼微〔Nineveh〕的亞述巴尼拔〔Ashurbanipal〕圖書館遺址）說太初之時，混沌中只有水的漩渦。後來，這些水分化成清新甘甜的水和苦澀的鹹水，變成底格里斯河和幼發拉底河的源頭。[101] 最後，眾神決定創造第一個人，名叫路爾路 (Lullu)，負責維持地上的秩序，服侍眾神。不過，眾神也負責提供「牧草地與水源地」，確保「鄉間有乾淨的耕地」，所有人都能獲得足夠的糧食。最終，恩比路路神 (Enbilulu)「讓百姓有餘糧，為遼闊的大地帶來豐厚的雨水，使植物茁壯繁茂」。[102]

南亞的情形也很類似，有四部頌歌、咒語與儀軌的集結，稱為《吠陀》(*Vedas*)，以神聖的梵語記錄著雅利安人 (Aryan) 的早期歷史和信仰。其中時代最早、名氣最響的是《梨俱吠陀》(*Rig Veda*，智慧詩)，約在兩千五百年前成文，不過其中所記錄的詩歌，其年代可能還能回溯一千年以上。《梨俱吠陀》裡有關於三大主神之一，因陀羅 (Indra) 的故事，講述祂如何把乾旱之惡魔弗栗多 (Vritra) 困在雲中的雨水釋放出來，傾瀉在烤焦的土地上。從魔咒的束縛中解放後，「雲朵傾瀉它們的水分」，河水充盈，耕種的人們「滿心歡喜與感激」，他們草木凋零的土地一下子就化為莊稼隨風搖曳的家園，而「大地母親」從「黃褐而荒蕪」的姿態，披上「一席燦爛的綠袍」。[103]

不過，最出名的創世故事則是來自亞伯拉罕宗教傳統，也就是《創世記》開篇的故事。「在起初天主創造了天地。大地還是混沌空虛，深淵上還是一團黑暗。」等到創造陸地、海洋、植物與「繁生蠕動的生物」之後，天主創造人類，並命令他們「管理海中的魚、天空的飛鳥、各種在地上爬行的生物」。[104]天主告訴男人與女人，「你們要生育繁殖，充滿大地，治理大地」。「看，」天主又說，「全地面上結種子的各種蔬菜，在果內含有種子的各種果樹。」乃至於地上的各種野獸，天空中的各種飛鳥，以及「有生魂的各種動物」，一切都給他們作為食物。情勢的發展不如預期，亞當、夏娃及他們的後代不再享有生活中一切所需，他們見逐於伊甸園，必須汗流滿面，與荊棘和蒺藜搏鬥。[105]世間本有仁慈、慷慨的形貌。人類墮落後，世間變得艱險。根據猶太教、基督教與伊斯蘭教的教義，上帝是為了讓人類享受而創造大地，但人類的不聽話招來懲罰，從樂園中的完美世界被驅逐到必須勞苦的世界，會面臨氣候與環境風險的世界。

對於在生態與農業持續力的邊緣運作的社會來說，有許多潛在的觸發因素會造成嚴重的後果，而天氣模式的轉變就是其中之一。此外，國家、城市或社會愈大，暴露於相對輕微的壓力或者幾股壓力匯聚的部分也就愈多，遭遇意外風險時也就愈容易受到傷害。二十一世紀頭十年的金融危機期間，民眾開始意識到企業或國家所謂「大到不能倒」的意思。但是，歷史早就明白告訴我們情況往往相反：帝國有隆興、衰亡，而且速度往往很快。大帝國非但沒有大到不會倒，愈來愈大的規模與愈來愈高的複雜程度反而有其態勢，導致骨牌效應，迅速、混亂、徹底地壓垮紙房子。

05 入不敷出的風險

（約西元前二五〇〇年至前二二〇〇年）

詛咒你那高聳入雲的城牆，迴盪著悲痛的聲音！——〈阿卡德的詛咒〉（The Curse of Akkad，約西元前二二〇〇年）

約西元前二三〇〇年，美索不達米亞阿卡德城（Akkad，位於今伊拉克）統治者薩爾貢（Sargon）展開征服行動，將眾多美索不達米亞城市納入自己的掌控範圍，建立人稱阿卡德帝國的政體。[1]他對自己的成就大書特書，以銘文記錄自己曾征服的人，自封「世界主」，口氣很大。[2]「我用銅鎬鑿穿巍峨群山」，他吹擂說自己攀登高山，並三度在大海上揚帆破浪。[3]根據許久後所寫下的史書《古代諸王紀》（*Chronicle of the Early Kings*），薩爾貢「無人能出其右，亦無人並駕齊驅」，他成功控制敵人，摧毀不服從的地方，殺得「連鳥兒都無枝可依靠」。[4]

從薩爾貢統治期間所遭遇的許多反叛，可以看出他的征服絕非萬民擁戴。權力與資源的集中，必然會帶來貿易路線的整合，刺激、促成不同地點之間的交流，但也會對供應造成擾動——國家擴張時往往會有這種情形。薩爾貢毫不猶豫拆毀城牆的作法，證明他採取明確政策，確保潛在競爭對手維持孱弱，同時將商品、原物料與勞動力導向帝國中心。新的神廟在這些資源的挹注下起建，進一步鞏固統治者與上層階級的權威；他們控制農產品的分配，將數百萬公升的大麥與二粒麥等農作，以駁船送往阿卡德統治者青睞有加的區域中心，從中獲利。[5]

西元前二二五三年，也就是薩爾貢辭世後大約四分之一個世紀時，他的孫子納拉姆辛（Naram-Sin）開始治世，此時已經有些裂痕出現了。有文獻提到一場嚴重的叛亂，「四方同時反抗我」，還有另一份文獻提到統治者襲擊聖地，違抗並侮辱諸神，因此失去神寵。[6]納拉姆辛也是一份古代著名文獻的主角，該文獻把他的治世等同於災難。

這篇人稱〈阿卡德的詛咒〉的文獻，解釋眾神因為納拉姆辛的褻瀆而懲罰他，文中提到自眾城建立以來，「寬廣的耕地第一次結不出穀粒，水裡不再有魚，果園就算有水灌溉也產不出糖漿或酒，厚重的雲也不再落雨。」歉收導致帝國各大城市物價上揚。餓殍遍野，無暇下葬。「百姓饑不擇食。」[7]

有人提出「蒸發事件」（evaporation event）假說，認為該事件導致乾旱，嚴重影響當地的生態敏感區；氣候數據似乎也支持這個假說。比方說，紅海北部的沉積物顯示環境在約西元前二二〇〇年出現變化，原因可能跟北大西洋震盪、太陽變異有關，或者兩者皆有。[8]阿曼沿岸的化石珊瑚顯示冬季塵暴季節時間拉長，而這或許跟美索不達米亞地區農業發展失敗有關。[9]伊朗哥爾扎洞穴（Gol-e-Zard Cave）的石筍紀錄顯示鎂濃度急劇升高，以鈾釷定年法進行精確定年後，證明一段漫長而困難的乾旱期已經開始，為期達數個世紀。[10]

位於今敘利亞東北部的雷蘭遺址（Tell Leilan），本來是個人口眾多的繁榮地點，但當地活動卻急遽減少，反映其他地方出現劇烈動盪。[11]降雨量下降三〇%至五〇%，導致土壤惡化，穀類產量驟跌，沙漠化嚴重，而這些愈來愈惡劣的環境條件則跟迅速的去都市化過程，以及大型城鎮聚落的廢棄相關。營建工程中止，有跡象顯示若干地點突遭拋棄。[12]災難般的結果引發學者所說的「黑暗時代」。到處都是饑荒與經濟崩潰。難民逃離家園，湧入南方低地，不久後帝國被人稱「庫提人」(Gutians) 的凶猛牧民推翻；根據一份時代相近的敘述，庫提人「擋也擋不住，他們有人的智慧，卻有狗的本能與猴子的外表；他們就像小鳥一般一大片飛掠地面，什麼都躲不過他們的爪子。」[13]政治解體與混亂隨之而來。氣候變化造成阿卡德帝國的崩潰。[14]

有人認為，阿卡德帝國的崩潰可謂現代不可不重視的教訓。阿卡德帝國的故事警醒我們，強大的文明很有可能在環境浩劫步步進逼的陰影下迅速且全面地崩塌。民間與學界對此確實印象深刻，地質學家因此選定西元前二二〇〇年作為地質時期的分界點——來自七大洲的花粉、矽藻與有殼變形蟲群落等指標，皆指出乾燥與乾旱大約在此時開始發生。[15]

所謂的梅加拉亞時期 (Meghalayan Age) 於焉展開——印度東北部梅加拉亞當地有一處洞穴，洞中氧原子同位素的變化，明確透露出季風降雨的減少。根據國際地層委員會 (International Commission on Stratigraphy) 的資料，西元前二二〇〇年左右的氣候變化引發一場巨大的乾旱，導致文明的崩潰，而且不只美索不達米亞如此，連埃及、希臘、敘利亞、巴勒斯坦、印度河流域和長江流域等許多其他地方也出現類似的情況。因此，委員會表示，西元前二二〇〇年不僅對地質演變有重要意義，也是歷史上決定性的時刻。[16]

然而，關於全球氣候是否一致，關於氣候變化的潛在因素及變化造成的影響，仍有極高的不確定性。雖然對於南、北美洲與歐洲、埃及、東非、美索不達米亞、印度河流域，以及今日中國範圍內多個地區的研究，可以看出世界上有許多地方在大致相同的時間點變得異常乾旱，但無論是在地理分布或時間上，乾旱的進程都不一致。[17]此外，各界對於乾旱的成因也未有定論。許多研究把降雨量的減少，跟北極冰筏外流以及後續導致的北大西洋海面降溫掛鉤，但晚近的研究則指出，即便兩者有關也是微乎其微。[18]還有另一種解釋：撒哈拉地區由綠帶轉為沙漠的過程，引發植被變化與大氣含塵量造成的回授強化循環，而這顯然導致水氣分布重新分配，遠離北非、中東與華北，甚至連聖嬰—南方震盪也受到衝擊。[19]

把某個特定的日期訂為明確的界線，把它說成一起「事件」，不失為一種推敲出廣泛結論的好方法。但這樣做會掩蓋變化的複雜程度，也會讓人忽略事實——氣候模式轉變所造成的結果雖然突然而劇烈，但轉變本身並非瞬間發生，而是經歷數十年乃至於數世紀。有人警告，太過急切想在西元前二二〇〇年前後找出「崩潰」模式的話，恐怕會影響對於資料的揀擇與詮釋，尤其是缺乏證據、證據有限或者彼此矛盾的時候。[20]許多考古遺址也有類似問題，出土材料若非無法肯定，就是不夠明確，因此部分學者提醒，就算真的有某個新時代展開，那也無法倏地證明，而是隱約出現。[21]

⋮　⋮　⋮

社會或文明「崩潰」的想法，容易讓人過度簡化實際發生的時間點、性質與進程。比方說，對伊比利半島南部來說，前述時期並非衰退期，而是社會與經濟轉型期（高度的基因替換顯示這場轉型或許是由移民所推動），同時也是人口流動與區域互動遽增的時期，與西西里和非洲的互動大幅提升。[22]

與此同時，印度河流域考古證據顯示，在本以為會發生的災難性崩潰時間點之後，當地的城市居然持續運作，在沒有大問題甚至一帆風順的情況下又成長了三百年。類似哈拉帕和摩亨佐—達羅這樣的城市，從西元前二二〇〇年發展到西元前一九〇〇年。學者本以為早該出現高度的緊繃，例如經濟、社會壓力，甚至是城市的崩潰，但這些跡象卻出現得很晚，令學界對於其長期存續感到不可思議。[23]

一般人以為印度河流域的都市聚落，是跟喜馬拉雅山一條得到冰川水挹注的河流，也就是傳說中的娑羅室伐底河（Sarasvati）一起誕生，但事實上這些聚落是在一處斷流的河谷中，靠著季風降雨開花結果。[24]季風的減弱導致河流乾涸，甚至變成季節河，結果徹底改變農業與人口分布。[25]天氣模式的變化較微妙，像夏季降水更為不穩定，覆蓋範圍也較小，但冬季降雨量卻比以往更高。降水的改變帶來一連串的調適，像是聚落規模縮小、農作物多樣化，或者轉以小麥與大麥等冬作為主力作物。[26]氣候條件的挑戰，反而促使人們發展因應策略與適應方法，而不是就此崩潰。

另一項長期的反應，則是從洪氾日益減少的河谷，遷徙至喜馬拉雅山腳下環境更宜人的平地，造成當地人口增長，城市密集度提高。人口擴張又快又無規劃，導致聚落布局日益混亂。其中一項影響是衛生條件明顯惡化，成為傳染病傳播的完美溫床，例如在南亞人口中傳播已數千年的結核分枝桿菌（mycobacterial tuberculosis），以及從當時的骨骼紀錄中可以證明存在的麻瘋病。在社會與經濟邊緣化的社群中，疾病的流行率最高，這個事實雖然令人揪心，但並不讓人意外。[27]

人口結構變化、生活環境更加擁擠骯髒、傳染病蔓延、健康情況惡化等壓力加總起來，變成慢性毒藥，而第二波的降雨量減少更是雪上加霜。[28]到了西元前二〇〇〇年左右，印度的德拉維拉（Dholavira）等業經深入發掘的遺址，出現紅樹林貝類等考古證據，證明居住密度大幅降低，缺少新建築與建物維修，工藝品製作水準顯著惡化。[29]不到一個世紀，人際暴力水準明顯上升，人口也往南發散，印度河流域諸文明於是崩潰。[30]過程中，氣候絕對有其影響力，甚至是改變的催化劑之一，但當時的情形相當複雜，氣候只是其中一項因素，必須仔細、持平地解釋。

至於中國地區的不同文化，一旦我們試圖評估氣候變異造成的可能影響，觀者的角度往往會影響得出的看法。近年來對於氣候變化的評估研究，存在嚴重的區域失衡，至於變化造成的影響更是不在話下。比方說，若以秦嶺—淮河為大致邊界，北方與南方的情況可謂大不相同。[31]

不光是評估區域變異有其難處，把東亞不同區域之間與區域內的變化（無論真實或想像）連結起來的作法也大有問題。近年來，有學者運用洞穴灰華與其他古氣候學與考古資料，來勾勒西元前二三〇〇年前後二十年間，顯示降雨量多到連長江三角洲的良渚文化也被洪水包圍，作為防洪或灌溉用的大型土堤等大面積水利設施也被洪水淹沒。結果水面淹過低窪地區，尤其是長江下游的太湖平原，嚴重影響稻米耕種，造成良渚城滅，居民四散。[32]

傳統的中國朝代年表往往把夏朝建立定於西元前二〇七〇年前後，認為夏的出現跟一場嚴重的洪水有關；後世史家認為夏朝開國君主大禹疏濬黃河，保護百姓不受類似前述長江洪水的影響。最近的研究指出，當地至少曾發生過一場大洪水，時間在西元前一九二〇年左右，原因可能是地震引發的潰堤。[33]有些研究試圖把夏興跟治水，以及氣候轉乾的情況聯繫在一起；從當時新興權力中心所在地區的洞穴裡找到的穩定同位素資料，可以看出氣候確實日趨乾燥。[34]

我們並不清楚這是否就是鞏固土地與人民為單一實體的背景，也不知道假如這樣的情況確實發生了，背後的原因又是什麼。夏朝（可能與二里頭文化有關，其新都則位於新砦城）似乎平息區域間的競爭與頻仍的戰事，但是這個過程跟氣候條件改變的相關性仍有爭議，尤其多數學者認為二里頭文化最早只能回溯到約西元前一七五〇年。[35]

西元前二〇〇〇年左右，甘肅、青海地區的齊家文化與內蒙古中部的老虎山—大汶口文化等先進農業社會內部出現衰退的跡象，但目前還不清楚今天中國各地出現的重大變化是否真與氣候變遷有關。對東亞來說，確實少有跡象顯示約西元前二二〇〇年是分水嶺或重大期間。[36]

如此說來，我們不妨思考為何此前的長期乾旱，沒有帶來類似的破壞性影響，甚至去探究乾旱是否真是這次巨變的主因。有一點必須注意：相同的氣候資料，也證實大約三個世紀前曾出現一段類似的乾旱期，持續數十年，而當時美索不達米亞等地的城市與政體設法成功克服挑戰；研究發現，西元前二二〇〇年左右石筍紀錄出現的鎂濃度激增，也出現在兩百五十年前，但當時卻沒有引發社會經濟或政治動盪。[37]也就是說，約西元前二二〇〇年除了作為氣候或地質史的分界之外，說這個時間點重要非常的話，恐怕並非對實情的冷靜分析，而是因為明顯或推測的社交、社會風俗變化，結果過度放大了。

總之，我們不清楚所謂的「崩潰」究竟實情為何。人們難免把注意力放在大型建築、王權象徵與官僚體系的力量，也難免把這三者的消失與減少跟社會的崩壞帶上關聯，但或許我們應該思索：假如這真的是一段變動深遠的時期，那麼農民、女性、兒童與家庭的生活實際上出現什麼改變。對於身居政治中心的人來說，建築物失修或者建築的位置遠離城市，恐怕不是什麼好消息，畢竟他們是因為能夠控制貿易、宗教、社會地位與勞動力，才獲得權力、威望與財富；但是對其他人來說，這種情況不見得是壞事。對許多人來說，無須承擔義務甚至可說是某種解放。比方說，就算不同種類的紡織品或是珍饈減少了，那也只代表飲食習慣非得有所限縮，但並非世界末日。

中央行政管理的崩潰、上層階級及其權威象徵的消失，對於社會的不同環節自然會有不同的影響。無論是四千年前還是今天，觀察家與史家在思索周遭世界、探討結構的時候，往往都是由上而下，而非由下而上，而這也影響他們看待變化的方式。有人主張，大災難的實證寥寥可數，與其把衰退與收縮當成災難的指標，不如將之視為韌性與堅持的良例。[38]也就是說，去都市化與人口重置乍看之下似乎是不祥的徵兆，但也可以反過來用積極的角度加以詮釋，看成是供給不足、需求過高等問題發生，甚至是面對中央政府失能等阻礙時不失邏輯與效率的解決方法。

阿卡德帝國的情況仍未有定論。人們因為〈阿卡德的詛咒〉的關係，把納拉姆辛的治世跟災難劃上等號，但他統治期間其實也是領土擴張期，征服阿瑪努姆（Armanum）與埃布拉（Ebla）；烏爾城因此成就而立碑，銘文中表示納拉姆辛完成「自人類誕生以來」其他國王皆未能達成的成就。[39]納拉姆辛自稱「地維四方之主」——對於一個據說造成災難降臨與社會崩潰的人來說，選這個頭銜還真不能說他自負。[40]其實，研究美索不達米亞歷史的現代學者如今認為，納拉姆辛統治下的軍事與行政改革，讓阿卡德成功從王國轉變為帝國。[41]也就是說，〈阿卡德的詛咒〉的主角並非眼睜睜看著國家滅亡，而是在強化帝國中心的控制力。

把災難歸咎於納拉姆辛的作法，以及所謂「詛咒」背後的動機，反映的其實是後來蘇美人想從中解讀出的教訓——重點不再環境壓力與氣候的巨變，而是在於王權的本質，尤其是統治者與諸神的關係。對於未來幾個世紀讀到或聽到這個故事的人來說，重點在於侮辱諸神（據說納拉姆辛在尼普爾的埃庫爾〔Ekur〕神殿褻瀆了神，並自封活神）會有後果：眾神可以選擇是否仁慈，但無論如何都要取悅眾神。神明不開心的話，那就大難臨頭了。[42]

更有甚者，人們難免想把後來的政局不穩與氣候因素聯想在一起，但對薩爾貢的繼承者來說，早在降雨模式改變之前，叛亂便已頻繁發生，像是西元前二二七六年與前二二三六年的兩次重大叛亂，南北城市同時結盟，對納拉姆辛舉起叛旗。[43]從《古代諸王紀》的內容，可以判斷糧食短缺也是常見的問題，書中不僅提到饑荒，更把饑荒與不道德的行為掛鉤：比方說，因為薩爾貢擾動巴比倫的土地，馬爾杜克神（Marduk）因此懲罰他，不僅讓食物短缺，還帶來後續的災難。[44]

古代世界對於危機可謂司空見慣，代代相傳的絕對是特別嚴重的事件。大洪水就是明顯的例子，古代文獻如《蘇美洪水故事》（*The Sumerian Flood Story*）、《阿特拉哈西斯史詩》（*The Epic of Atrahasis*）、《吉爾伽美什史詩》（*The Epic of Gilgamesh*）等巴比倫文本與埃及的《天牛之書》（*Book of the Heavenly Cow*）都用了不少篇幅談論這件事，而其中最知名的或許就是《創世記》的洪水故事了。前述文獻中的敘述都很類似：為了懲罰人類的邪惡與不敬，天神降下大水，打算徹底消滅人類。

各種版本的故事都提到神垂憐某個人，事先警告他洪水即將來臨：《阿特拉哈西斯史詩》中，神告訴主角打造方舟以保命，並且在「洪水如公牛般咆哮，如野驢般尖叫」、大風呼嘯、黑暗籠罩、日頭無光之前，把每一種動物都帶一對上船。[45]《創世記》講述的故事極為相似。上帝對挪亞宣布：「我已決定要結束一切有血肉的人，因為他們使大地充滿了強暴，我要將他們由大地上消滅。你要用柏木造一隻方舟」。挪亞照做，因而得以讓自己、家人與動物在大雨不止、「洪水在地上一再猛漲，天下所有的高山也都沒了頂」之時得以保全。[46]總之，傳統上眾神（或者唯一的神）都會用穩定的環境獎勵善良、順服的人，邪惡抗命的人則得面對環境災難。

一場單一的、毀滅性的事件，居然對這麼大地區的集體記憶有這麼強烈而長久的影響，顯見災變的震撼有多大。索多瑪（Sodom）和哈摩辣（Gomorrah）的毀滅也很類似——這兩座城市罪惡滿盈，天主因此決定懲罰它們。「硫磺和火」從天而降，兩座城市「那地煙火上騰，有如燒窯一般」，而羅特（Lot）的妻子則變成鹽柱。[47]

毀滅的故事或許是以真實事件為本，例如西元前一六五〇年前後一起或多起彗星或隕石造成的空爆，將約旦河流域南部哈曼丘（Tall el-Hammam）的城市夷為平地：這座城厚達四公尺的城牆在災變中全毀，大部分的宮殿建築也毀於一旦。受熱情況的重建顯示爆炸時溫度超過二〇〇〇℃，半徑二十五公里內的所有聚落遭棄置數世紀，部分是因為空爆帶來大量鹽分，使土壤高鹽化所導致。《創世記》提到羅特之妻變成鹽柱，恐怕也不是巧合：哈曼丘遺址出土的骨骸極度破碎，也就是說人體化為灰燼的想像說不定不是過度想像或詩意虛構，而是基於事實。[48] 哈曼丘與索多瑪究竟是否為同一個地方？這一點只能猜測。不過，兩者情況如此相似（而且故事不僅出現在《創世記》，《古蘭經》也有重點描述），顯示黎凡特與中東地區對災變的記憶久久不散，而災變也往往跟人類因罪孽而受天罰有關；《古蘭經》特別提到是因為同性戀。[49]

然而，相較於嚴重的天災，饑荒與疾病不僅更加普遍，也更具破壞力，而且與現代人以為的正好相反，這兩者往往是肇因於人類的錯誤估算。以阿卡德帝國來說，問題多半跟帝國的版圖擴張、資源榨取，無止境的集權所導致的政治分裂與破碎，還有嚴重的供給問題有關。

無怪乎〈阿卡德的詛咒〉特別提到大量農產與牛、山羊、奇珍異寶運往帝國首都，甚至多到連阿卡德主神伊南娜（Innana）「都不曉得該怎麼收下送來的食物」。[50] 被迫把資源運往政治中心的人，顯然會找方法來挑戰中央，糾集足夠的反抗力量達成局部的政治目標，不然區域人口就會因為糧食的轉移而承受壓力——或者兩者皆然。

也就是說，不用耗費多少力氣就能破壞這種脆弱的平衡。就算只是一次歉收，帶來的問題恐怕也不止於饑荒，甚至會造成政局動盪與社會動亂。因此，問題的關鍵其實不是約西元前二二〇〇年那場重大氣候變遷造成影響，而是當時的人採取哪些措施來減緩衝擊。換句話說，重點在於統治者、社會上層、祭司、官僚與工人能否適應不斷上升的環境壓力，在於他們的選擇與措施是否妥切有效。導致阿卡德帝國崩潰的主因不是氣候問題，而是帝國本身在重負之下瓦解，分散為新的城邦聯盟，在各個環節都回歸薩爾貢統一之前的時代。這對薩爾貢的後裔及其追隨者來說是壞消息，但對其他人來說卻是大喜過望，畢竟地方的權力又回到當地人的手中。

⋮ ⋮ ⋮

當時的埃及也經歷著動盪，這一點從埃及南方一位名叫安西堤菲（Ankhtifi）的重臣的岩雕陵墓可以看出來。安西堤菲絕對不是低調的人。「我的勇敢無人能比」，陵墓中有好幾處銘文如是說。另一段銘文則說：「我的成就遠多於祖先，我的繼承人也絕對無法與我比肩，一百萬年都做不到。」然而，這些墓誌銘也勾勒出佩皮二世（Pepi II，約西元前二一八四年駕崩）治世結束後一段期間內的動盪生活。我們曉得埃及陷入混亂，敵對派系彼此激烈傾軋。饑荒無所不在，嚴重影響整個上埃及，餓死者甚眾。民眾餓到人吃人，吃了自己的孩子。四處遊蕩的人們赤身裸體，沒有鞋子可穿。舉目皆是亂象。[51]

前述說法得到另一份文件的證實：《伊普韋的規勸》（*The Admonitions of Ipuwer*）同樣提到作物歉收，並表示從香料到衣物，各種奢侈品都供應不足。「倉庫空空如也」，記事「遭人殺害，文稿不翼而飛」。牛隻無人照料，四處遊蕩，異國士兵橫行霸道。[52]

地質與考古證據顯示衣索比亞高原夏季降雨驟減，導致注入藍尼羅河集水區的水量大減，而偶發強降雨則造成危險的洪水——很難不把埃及的崩潰歸因於更乾燥的環境條件，歸因於尼羅河洪氾頻率減少，甚或是沒有洪水的情況。[53]

水源短缺（以及偶發的水量過多）固然會引發問題，但阿卡德帝國瓦解所導致的長距離貿易崩潰同樣會切斷重要的收入來源，造成壓力。這恐怕不是巧合。從安西堤菲陵墓的墓誌銘來看，過去數十年乃至於數個世紀以來，關係良好的富人成功獲得特權、減稅與王室授田，如今老百姓對上層階級展開報復，以武力奪走他們的財富與資產。[54]根據《伊普韋的規勸》，曾經富有的人如今只求有水喝，而曾經只求殘羹剩菜的人如今碗裡的東西卻是滿出來。本來一無所有的人，倉庫裡擺著滿滿的商品；昔日為奴的人如今成了奴隸主。簡言之，舊秩序已被推翻。[55]

上述文獻勾勒的就是這種畫面。不過，文獻的內容是否可靠則是另一回事。考古證據可以指出經濟萎縮的時間，但無法說明這是一段動盪、騷亂與紛擾的時期。[56]安西堤菲墓誌銘的目的在於強調他是一位救星，為百姓帶來希望、寬慰與救濟，同時還恢復執掌省分的穩定。

問題的關鍵，仍然在於那些看似強大、國祚綿長的國家，為何會這麼不穩定、這麼搖搖欲墜。適應失調自然是這類國家的一個弱點，但還有另一個讓情況雪上加霜的問題，就是骨牌效應。中央集權的政治體系，是以盤根錯節的上層為基礎，但這種體系不僅缺乏因應變局的必備技能，甚至出於害怕失去權力、財富與地位而拒絕改變；未能採取因應措施是一大問題。動盪所造成的連鎖效應絕不會止於局部：尼羅河、美索不達米亞和印度河等地的文化與文明之所以崛起，關鍵因素之一就是彼此的相互連接。這些地方的社會不僅複雜，而且人口眾多。彼此間的互動不僅刺激貿易，也引發文化競爭與同化。東亞地區也曾發生類似的情形——地理上各自獨立的文化，因為統治權、聚落、貿易的發展模式，而逐漸展開頻繁，甚至密切的接觸。

這些文化群內部的發展契機與目標，群內與群間的競爭，堪稱是它們發展與演進的主要特徵。比方說，在西元前第四千年期，小麥與大麥已經往東傳過歐亞大陸，而稻米與小米則是在接下來數世紀間沿反方向傳播。[57]大約在西元前二〇〇〇年，印度西北的人已經開始種植高粱與龍爪稷等原生非洲作物，而原生南亞與東南亞的甜瓜、香櫞等水果，甚至在更之前便已栽種於黎凡特、埃及與地中海東部。[58]根據大量的遺傳證據、工具製作技術的變化，以及食物蒐集、烹飪手法的演進，可以證明印度與澳洲在這個時期有大量的交流。以澳洲野犬為例，雖然如今提到牠們就會立刻讓人聯想到澳洲，但澳洲野犬的原生地卻是亞洲，而從化石紀錄就能看出兩地的交流不只頻繁，甚至可說是密切。[59]

交流網擴大與嵌合的關鍵，在於銅、錫、光玉髓、青金石等珍貴原物料，以及冶金等技術在地理分布上的不均。由於體飾、武器與工具都會用到銅，相關金屬對社會分化、儀式，乃至於實際用途上都是需求的重點。族群、文化與地區因為日漸密切的互動而匯集，過程中透出許多全球化的特色，部分學者甚至用「青銅化」(Bronzisation) 時代作為概稱。[60]

由於環境、社會與經濟壓力增加，曾經讓商品、食物與思想得以傳播的機制因此崩潰。從文獻與考古實證可以看出，美索不達米亞與印度河流域之間的貿易是以象牙、銅、紡織品為基礎，但這種區域貿易卻在約西元前二〇〇〇年嚴重萎縮。[61]乾旱會改變物質環境，市場的枯竭也必然會衝擊社會與經濟的輪廓。

這種壓縮與崩潰在人類史上反覆出現。氣候與環境變化往往是左右著危機開展的因素。經濟學家與諾貝爾獎得主阿馬蒂亞・沈恩 (Amartya Sen) 主張，糟糕的決策、孱弱的領導，或是刻意按住本來有機會緩解甚或預防糧食短缺的措施不發，才是造成饑荒的原因。這番話可謂擲地有聲。他表示，饑荒不是供給不足的結果，而是價格問題的結果，對於糧價騰貴時無力負擔的人來說更是如此。更有甚者，面臨歉收或供給衝擊時不僅會導致通貨膨脹壓力，為了獲利或出於恐懼而囤積的作法也會讓情況雪上加霜。[62]

沈恩的研究主題雖然是二十世紀，但在探討更久遠的歷史時，同樣的原則也能一體適用。當然，無論是古代世界，還是在整體人類史上，天氣條件和極端事件都有可能造成問題。然而，這些問題通常都能透過調整，透過移居、遷置、發展新生活方式等因應策略而成功避開或是解決。對於發生在西元前二二〇〇年的事件來說，我們應該更關注像「社會為何陷入困境」這種比較廣泛的問題，而不是忍不住就抄捷徑，被看似一勞永逸、煞有其事的答案所迷惑，把一切都歸結於氣候。況且，去推敲同一種問題為什麼會一傳十、十傳百，一個地方的困境為何會導致其他地方無力招架，才最是耐人尋味的。

06 最早的大連通時代

（約西元前二二〇〇年至前八〇〇年）

你若未能速至，我們大家就要餓死了。——烏迦列泥板（Ugaritic tablet，約西元前一二〇〇年）

從約西元前二二〇〇年開始發生的崩潰，清楚說明相互嵌合的區域網絡不光能促進商品與思想的傳遞，也會把震波傳遞出去。這些貿易體系的收縮並非永久，舊有的聯繫終究會重新出現，或者新的聯繫將誕生。約西元前二二〇〇年的危機之後過了一段時間，出現一批新的據點與連結，它們逐漸擴大，重新創造出一個互動地理區，最後漸漸從地中海東部延伸到印度洋，甚至是更遠的地方。至少在一開始，政治的分裂讓一系列城市國家得以蓬勃發展，其中最耀眼的是美索不達米亞的烏爾王國烏爾統治者試圖把自己及這座城市，跟恩美卡爾、盧伽爾班達（Lugalbanda）與吉爾伽美什等聖王相連結，把自己定位為他們的傳人。[1]

然而，危機後的幾百年間最重要的趨勢，卻是朝政治集權發展，各個王朝開始擴大地盤，奠定基礎。這些政體的特色在於官僚行政管理，他們把行為方式與習慣加以簡化，制定規則與法律以明定君民之責任，進而提升效率。約西元前二〇五〇年，烏爾統治者烏爾那木（Ur-Nammu）所制定的法典就是明證，其中規定在爭端中作偽證者必須受處罰。[2]

不過，最有名的法典則是舊巴比倫帝國統治者漢摩拉比（Hammurabi）所制定的法典。約西元前一九〇〇年，舊巴比倫帝國開始擴張，成為美索不達米亞的經濟與軍事強權。這部法典之所以出名，是因為許多文獻曾經提過，其中以巴黎羅浮宮現藏的閃長岩石碑碑文最引人注意。該石碑原本立於巴比倫主城的馬爾杜克神廟中。漢摩拉比在銘文中說：「為使強不能凌弱，為餒餓與鰥寡帶來公義，吾銘刻吾之貴言。」法典中有兩百八十二條法律，涵蓋範圍從貿易、關稅到結婚與離婚，從盜竊到欠債不還。法條中還詳述要如何處罰故意破壞環境的人，例如未經果園主人同意便砍倒果樹者應如何處罰。[3]

新的國家如雨後春筍，出現在生態與環境區位足以支撐人口成長、位於貿易路線上、蘊藏各方所需原物料（或者三者兼具）的地方。比方說，亞述人在安那托利亞東部建立一系列的商業殖民地，用錫與紡織品跟當地王國交換金銀。幾個王國中最強大的就是西臺（Hatti），西臺逐漸併吞其他王國，形成西臺國（Hittite state，這個詞彙出自《舊約聖經》，但指的卻是巴勒斯坦的另一個民族，因此往往讓人混淆這兩者）。亞述人自己建立的國家位於今天伊拉克北部、敘利亞東北部與土耳其東南，以尼尼微與亞述城為中心。亞述跟近東世界的其他大王國並駕齊驅，像是米坦尼人（Mitanni）、埃布拉人與卡西堤人（Kassites）的國家，是盟友、對手與競爭者；舊巴比倫帝國在約西元前一六〇〇年滅亡之後，卡西堤人就控制著巴比倫。[4]

新的技術為交流網帶來進一步發展與擴大的新契機。新技術的關鍵首先是克里特島，然後是愛琴海、希臘本土與小亞細亞的無數城鎮，它們的發展帶動帆船的演進，也理所當然促進航海技術，連海象不佳時也能行船。[5]對於克里特島社會、政治結構的性質，學界有許多的看法。但光是從約西元前一九〇〇年所興建的大規模建築群來看，至少可以推斷當時克里特島與其他地方之間的交流正在增加，而且是全面的交流，拓展所有人的視野。[6]無獨有偶，克里特島與邁錫尼和其他地方一樣，創造出文字系統（分別稱為線形文字A〔Linear A〕與線形文字B〔Linear B〕），葬禮也愈來愈複雜，這些都證明隨著人口愈來愈多，社會上演化出風俗習慣與上層階級，不僅社會愈來愈分層，跟其他地方的貿易交流也愈來愈密切。各地之間買賣的有昂貴的奇珍（尤其是金屬），也有糧食對於陶器的新研究，發現內部有澱粉顆粒殘餘。[7]

下努比亞（Lower Nubia）也有類似的情況，埃及衰落時造成的權力真空則由其他人遞補。此時最成功的就數古實王朝，在約西元前一八五〇年，北邊的埃及法老重新鞏固權力之後，還不得不興建一連串的大型要塞（並留下碑文侮辱他們的新對手），可見古實有多麼強大。古實國力之鼎盛，不只足以把尼羅河流域泰半納入版圖，影響力更是及於非洲之角（Horn of Africa）。甚至有史家表示「古實帝國」已經發展成「非洲當時最大的政治實體」。[8]

國家雖然創造出階級制度，但也創造了穩定，穩定也就意味著提供貿易所不可或缺的安全，保護商人，讓商人能夠且有意願將物產送往更遠的市場，進而激勵貿易。約西元前一九〇〇年，一位亞述統治者留下內容相當典型的刻石，誇口自己為百姓建立自由，保護他們不受攻擊與侵擾。[9]自由與安定本身就是一項成就，而其內容也清楚肯定國王扮演的是救主與保護者的角色。不過，它們也是發展交流的先決條件，少了它們就無法創造社會結構。

其實，無論是複雜、分級的西非社會，還是未來古實王國的核心地區，都是益發緊密的貿易網催生出的產物。[10]上古的冶金傳統也在今茅利塔尼亞（Mauritania）的阿克柔特（Akjoujt）地區和尼日的埃嘎澤盆地（Eghazzer basin）發展出來，與貿易一同改變了社會組織，為族群、社群、商品、觀念的結合提供必要的發展背景，涵蓋的地理區域也愈來愈大。[11]總而言之，這一切都鞏固利比亞撒哈拉地區中部游牧菁英的權力與資源。[12]

至於印度次大陸，改變的關鍵動力之一在於大規模的人口移動。印度河流域諸文明在約西元前一九〇〇年衰微，接下來更因為來自中亞草原的新族群移入，而經歷長達數個世紀的人口動盪期。雖然移民潮的起因、特性與明確的時間點是很敏感的問題，經常引發爭議，但如今我們可以確定這些這些移民抵達的時間，晚於哈拉帕等地的人口離散，因此既不能說他們是前述文明的邊患，也不是導致其衰落的因素。[13]

基因組資料幾乎可以完全肯定既有居民與新移民融合的程度，更證明絕大多數的移民為男性。今天印度約有一八%的男性屬於R1a單倍群（廣泛出現在斯堪地那維亞、中歐與西伯利亞人口中的單倍群），可見遷徙規模之大。[14]語言也在傳播，原始印歐語是另一個跡象，顯示距今三千五百年前的世界其實是個四通八達的世界。[15]波羅的—斯拉夫語族（Balto-Slavic）與印度—伊朗語族（Indo-Iran）在語言上的相似性，不僅反映出人類的遷徙，也反映歐亞草原的共同歷史。[16]然而，第一線的新研究卻顯示人口與語言的傳播不僅複雜，而且往往出人意料，只要放下長久以來的成見，把遺傳與語言材料分開來個別評估，就會發現歐洲、南亞、安那托利亞與近東都出現截然不同的分布模式。[17]

新的人群一波波進入印度次大陸，他們的到來往往跟新觀念的引進或迅速演變有關。[18]其中最重要的就是種性制度。歷來人們往往認為種姓制度跟吠陀宗教的出現、信仰體系與社會實踐有關。[19]然而，從遺傳系譜可以看出移民跟本地人士漸漸融合，因此新的觀念很可能不是由外往內的強加或突然採用，而是隨著時間演進調整、發展出來的結果。[20]

當時的人用來呈現這些新觀念的語言，叫做梵語（Sanskrit 一詞源於 *samskrta*，意為「完滿」或「純潔而完美」），而最早的梵語文獻則是約西元前一五〇〇年成文的《吠陀》。這些觀念起源及其性質究竟為何，又是如何演變的？這些問題很難有明確的答案，畢竟《吠陀》文本（包括《梨俱吠陀》、《娑摩吠陀》〔*Sama Veda*〕、《夜柔吠陀》〔*Yajur Veda*〕和《阿闥婆吠陀》〔*Atharva Veda*〕）是印度教的根本教典。信徒認為永恆之法（sanatana dharma，一套永恆的秩序，相關的信仰既不受影響，也不會改變）由吠陀出。梵文文獻提到的三大吠陀世界有「地」（bhūrloka）、「天」（svarloka）和「空」（bhuvarloka 或 antarikṣa），其中蘊含著代表平靜與祥和的空氣及光明；《阿闥婆吠陀》有頌曰：「大地是我們的母親，我們是大地的孩子。」經文中不斷提醒要尊重森林、動物與水源，談到它們經常受到傷害；但這些頌歌並非所有人都能平等覺受。[21]唯有印度的聖賢，也得在精神感官條件恰到好處時，才終於得聞自有時間以來就在宇宙中迴盪的振動，並記錄下來。[22]

之後我們會談到，這些文本除了把理想、義務與責任化為美德之外，還詳細指示如何與自然環境互動，如何理解人世間、動植物界，以及神性領域之間的關係。世界上其他地方也在差不多的時間點出現這種思想、風俗與行為的傳播。例如在埃及，約西元前一六四〇年，希克索人（Hyksos）崛起，建立王朝統治該國，建都於阿瓦里斯（Avaris），領土北起尼羅河三角洲，南至庫薩伊（Cusae），並控制通往努比亞的西向綠洲貿易路線。[23]關於希克索人統治時期，主要的文字紀錄出自托勒密王朝的祭司馬內托（Manetho），他表示希克索統治者是外族，他們從黎凡特進攻埃及，以武力進行統治；不過，鍶同位素分析顯示，雖然希克索人的故鄉的確在埃及之外，但其社群在約西元前二〇〇〇年時就開始移入埃及，也就是說這是內部發動的叛亂，而非外來入侵。[24]

希克索人之於埃及，就像移民之於印度次大陸。他們帶來創新，從服飾到陶器、從武器到葬儀，這些葬儀中並無出現傳統的護身符，或是源於西亞的聖甲蟲象徵。[25]此時似乎也有性別不平等的情況，尤其是對女性的偏見，證據顯示婚姻多為擁有埃及名的男性與非埃及名的女性成婚，相反過來的情況並不多。[26]雖然希克索人最後遭上埃及及底比斯的王朝所推翻，但他們帶來的創新依然為埃及本地以及其他地方帶來長久影響。比方說字母，一開始可能是礦工在約西元前一八〇〇年所發展，或是採用拼音文字之後，才傳到埃及的。[27]從黎凡特與亞洲西南引進的技術還包括複合弓與馬車，這兩者意義重大，是政治、社會與經濟權威得以擴大的基礎。[28]

米坦尼王國（位於今敘利亞北部）情況可能也很類似。學界提出相當反常的現象：米坦尼王國使用胡里安語（一種非印歐語系的語言），但統治者採用的卻是古印度語尊號，在跟西臺等對手簽訂條約時，文字中也提到《吠陀》中最著名、最重要的一些神祇，像是因陀羅、伐樓拿（Varuna）和雙馬童（Nāsatya twins）。[29]有人假設米坦尼王國是由傭兵所建立，他們或者是戰車手，或者是騎兵，跟大致同時移入印度半島建立聚落的印歐族群屬於同一波移民潮。[30]不過，語言與神學思想的傳遞比較可能是透過接觸與吸收，而非大規模遷徙，因為安那托利亞與周邊地區鮮少出現大量移民的證據。[31]這似乎是說明天文學、宇宙學觀念傳遞方式的最合理解釋。此外，也解釋美索不達米亞人對於三條通天之路（北路、中路與南路）跟吠陀文獻說法的相似之處。[32]

約西元前一八〇〇年的安地斯眾文明也很類似，海岸、內陸河谷與高地的社群之間，文化、經濟交流水準愈來愈高。區域間互動益發頻繁密切，日子一久，儀式、神廟設計、陶器風格與食材開始趨向標準化。[33]無獨有偶，這些聯繫也帶來語言的傳播，艾馬拉語（Aymara）與克丘亞語（Quechua）傳到整個安地斯地區，有些學者認為語言的傳播跟農法的採行與傳播有關。[34]

大國能海納四面八方的人，發展出團結眾人的文化，為他們提供關注的焦點，而社會上層則同時身兼精神世界的詮釋者與地位、權勢、財富的受益者。近東如此，安地斯世界亦如此。以安地斯地區來說，這種情況發生在約西元前一〇〇〇年，恰文德萬塔（Chavín de Huántar）逐漸成為今秘魯北、中部的儀式中心，其影響力更往南深入，把各族群、社群與地形拉近統一的文化、宗教與政治範疇中。[35]

東亞的情況可謂遙相呼應。到了西元前二〇〇〇年，中國中原地區的石峁已經出現一處龐大的有牆聚落，是當時全世界前幾大的聚落。石峁的中心是一座至少七十公尺高的高臺宮殿群，整座城市與周邊皆在其睥睨之下。從數以千計的出土玉器，可以看出石峁是龐大的地方與遠距離貿易網絡的中心，而大規模的人牲則證明控制權掌握在社會上層手中，而且石峁也是權力重心。[36]

近年來的考古發掘讓人看到石峁的重要性，進而顛覆人們對古代中國文明的既有看法。東亞的圖像逐漸清晰起來，先是有大城二里岡的出現，然後從約西元前一二〇〇年開始，商朝統治的國家把勢力範圍延伸到今天的華北與華中。不過，由於文獻與考古紀錄有所矛盾，精確的時間還無法確定。[37]全面性的政治結構，再次帶來文化風格、宗教習俗及社會結構的同質化與標準化。[38]由於農產是王族財富、賞賜與權威的來源，因此王族極力想刺激產量的提升，透過工班擴大農業規模。古代中國也跟其他地方一樣，官僚體系逐漸形成，行政菁英發展出文字（也就是所謂的甲骨文）以記錄指示與決策，鞏固權力並集權中央是一段大家都不陌生的過程。[39]

⁘ ⁘ ⁘

每當探討帝國、王國、國家的崩潰與衰亡，史家往往一下子就會提到氣候的影響，奇妙的是談到鞏固、擴張或全盛期（例如西元前二二〇〇年危機之後的長時段）的模式時，他們卻很不情願提到氣候。當然這多少不太令人意外：大規模永久聚落出現的主要地區，都位於環境與生態上適合支撐其人口的地點，而且有手段促進人口成長，若非擴大耕地面積，就是以灌溉、引水等方式強力干預。

環境中的疾病較為溫和，不僅是人口得以擴張的重要因素，也解釋了在西元前二二〇〇年後的一千年間，世界上其他地方的發展不如美索不達米亞、尼羅河、中國部分地區與南美洲西北那麼蓬勃。以東南亞與西非許多地區來說，瘧疾制約人口規模，而且這些地方相較之下也缺乏種子、穀類與糧食。[40]以非洲赤道地區為例，約西元前一五〇〇年，班圖人開始遷徙，結果造成惡性循環：雖然聚落的規模因為香蕉與芭蕉的種植而擴大，但這些聚落也成為瘧疾傳染的重災區，造成的效應一如兩千年後的「白人墳墓」（white man's grave，涉足奴隸貿易的歐洲人大批病死）。對瘧疾沒有抵抗力的人，被祖先身上已經演化出不具達菲抗原（Duffy Negativity，一種基因變異，對於間日瘧有免疫力）的人所取代，但這個過程耗費了好幾個世紀，同時也拖慢當地城鎮與城市興起的速度，落後於世界上的其他地方。[41]

氣候變化、極端天氣事件或天災恐怕也有災難性的弦外之音，疾病因此出現。約西元前一六〇〇年，錫拉島／聖托里尼火山（Thera/Santorini volcano）以相當於廣島原子彈兩百萬倍的能量猛烈爆發，此事就是天災引發疾病的明證。這次爆發引發海嘯，摧毀克里特島，但最嚴重的衝擊其實不在於那場著名的災難，甚至不在於其直接的結果，也就是地中海文明的轉向。[42]這次的爆發反而很有可能促成病原體的出現，尤其是痘瘡病毒（variola virus），火山噴發、落塵、氣體與酸性物質很可能推動演化，導致病毒在尼羅河流域出現。[43]

假如真是如此，那麼從整體角度著眼，去看自然史上的這些事件如何對過去與現在，甚或是距今不久之前的世界帶來重大、長期的影響，其重要性怎麼說都不為過。以痘瘡病毒（也就是大家所說的天花）來說，光是在二十世紀，這種病毒就奪走三億人的性命；從一八五〇年到天花在一九七七年絕跡之間，恐怕有多達五億人喪生。[44]最早的天花受害者當中有埃及統治王朝的成員，像是法老拉美西斯五世（Ramses V），他的木乃伊身上（尤其是兩頰）清楚留有天花病毒標誌性的疱疹痕跡。[45]

火山大爆發這類單一事件，結果可能很劇烈、很難以預料。但整體而論，洪水或是持續數十年的長期乾旱也許會觸發某些情況，但這些事件本身並非真正的難題。人口負擔才是最沉重的風險。假如要養的人太多，多次歉收才會成為問題；對於必須看天吃飯的社群來說，假如降雨量異常，出人意料，把莊稼沖走了，恐怕就是災難；有時候只是情勢不穩，但只要有人出於恐慌，或是利用上漲的價格牟利而囤積，就會釀災。

人們在中央的驅動下索求權與錢，既推動資源的開發，也導致資源的枯竭。比方說，在美索不達米亞，既有木料本來就非常稀少，很快就耗盡了，因此到了西元前二〇〇〇年時，當地就必須進口木材，來源甚至遠至阿曼與印度西岸。[46]中國商朝為了製作禮器、武器和工具，需要銅、錫和鉛等金屬，導致本地有限的礦藏迅速枯竭，商人也愈來愈仰賴長途供應網絡；但有人說供應網絡遠達非洲，顯然並不正確。[47]

當然，各大城市的規模本身就是弱點，一旦資源短缺，城市就是風險最大的地方。城市型聚落的居民有可能因為心有不滿、飢餓或更慘痛的情況，而試圖自己出手掌握局面，舉起叛旗，因此城市也是潛在的危機發源地。然而，單一統治者與行政機構所控制的領土大小顯然也是弱點，畢竟在剛併吞或納入版圖不久的地方（尤其是遭到軍事征服者），當地人要反叛並不難。天高皇帝遠，位於邊緣的地點很容易就會脫離手掌心，為或舊或新的菁英提供契機，提供其他可供選擇的願景與解決方法，走自己的路。

⋮　⋮　⋮

在今日世界，我們會用「全球化」一詞來稱呼各種能夠聯繫人與地方的體系。不過，近年來大家逐漸認識到全球化不只會造成環境的重負，為了在允許的範圍內以最低的價格製造產品、種植作物、提煉燃料、開採資源，再用最快速度鋪貨的作法，也是有利有弊。但凡涉及威脅與競爭、效率與利益的複雜局面，只要有人贏，就會有人輸。

但我們也都曉得，這些全球化的力量帶來另一項更具體、更困難的挑戰，就是密切的交流有可能突然從解決之道的一環，變成問題的根源。相互依賴意味著「脆弱」一下子就會放大，而且會以似乎難以控制的速度迅速蔓延開來。

以約西元前一二〇〇年各地發生的災情為例，埃及、地中海東部、近東與美索不達米亞地區相繼面臨危機，像是長期反覆發生的糧食短缺。我們曉得，至少在一開始，埃及法老邁爾奈普塔（Merneptah）下令提供糧食，稍微緩解災情，讓上述地區的百姓得以活命。[48] 西臺國王曾懇求他盡速提供糧食，「如今已是生死關頭」。[49]

來自埃瑪爾（Emar，位於今敘利亞）的文獻簡短直接，懇求催促：「你若未能速至，我們大家就要餓死了。你的土地上將再也看不到活人。」[50] 該城邦出土的其他泥板，提到絕望的百姓鬻子以求生。[51] 巴比倫與亞述的文獻也描述艱困時期作物歉收、食物短缺與疾病爆發的情形。久而久之，埃及也遭遇農作歉收的問題；由於糧食供應不足或延遲，帝王谷（Valley of the Kings）修築法老陵墓的工人因此一再罷工。[52] 到了約西元前一一七〇年，糧食短缺導致嚴重通膨，穀物價格漲了八倍，有時候甚至更高。[53]

這是一段非常混亂的時代，當時的人把問題歸咎給所謂來自「海中島嶼」的某個或多個群體，今人則多半根據法國學者埃馬紐埃爾・德魯熱（Emmanuel de Rougé）在十九世紀末取的「海洋民族」（Sea Peoples）一詞來統稱他們。希伯來聖經中所謂的培肋舍特人（Philistines）也是海洋民族的一員，他們從南歐遷徙到中東。[54]據說，海洋民族為地中海東部的大片地區帶來混亂。有一塊楔形文字泥板寫著據說是烏迦列王所說的話：「敵人的船隻業已抵達。他們放火焚燒我的城市，傷害土地。」[55]

根據哈布城（Medinet Habu）拉美西斯三世（Ramses III）陵廟的刻石，以及同時期的莎草紙文獻來看，埃及同樣飽受折磨。「那些人從海上來，河口烈焰沖天，岸邊的木柵欄包圍著他們」，拉美西斯陵廟牆上刻著這些字句，「他們被拉進柵欄內，無處可逃，倒臥在沙灘上，盡數被殺，船隻與貨物彷彿沉入水中」。[56]一份當時的文獻表示，海洋民族蹂躪一個接著一個的社群，寸土都不放過。[57]

海洋民族襲擊事件正好發生在一段降雨量大減的艱難時期，前述地區有好幾個跟降雨量減少有關的指標都可以證明，像是花粉資料、焦黑的植物遺骸、死海與加利利海（Sea of Galilee）的低湖泊水位、尼羅河流量減少、地中海海面水溫下降等。[58]不過，這些變化的時間跨度非常長，它們都是長期趨勢的一環，時間可以回溯到數世紀以前，甚至是回溯到四百年前錫拉島／聖托里尼火山爆發，以及這類大爆發所引發的局部或全球天氣模式調整。[59]

降雨減少會導致生活變得更加困難，容錯空間更小，情勢也更不穩定，但青銅時代的結束恐怕有比降雨量更重要的因素。[60]比方說，一般認為西臺帝國在當時的動盪，主因是社會菁英的分裂與衝突。[61]另一位學者引用莎士比亞《哈姆雷特》（*Hamlet*）裡克勞狄烏斯（Claudius）的臺詞，「不幸的事情必不單行，而是接踵而來」，西元前一二二五年至一一七五年這五十年間，愛琴海和東地中海斷層帶沿線颳起一陣「地震風暴」，發生多起芮氏規模六．五以上的震災。[62]

因此，與其替多起崩潰事件找出單一的主因，不如把握問題會蔓延的原則：只要網絡有一個環節出了問題，無論是肇因於收成不好、地震災情，還是血親之間的明爭暗鬥，都有可能向外蔓延，導致整個網絡受到擾動、錯位，甚至體系崩潰。綿密的長距離交流網不僅促進貿易，也撐起有權有錢的人的地位，但這些網絡彼此依賴，超高相關性的好處是更能取得奢侈品，但壞處就是容易蔓延的高度脆弱性。[63]

也就是說，不需要多少時間，網絡就會解體；一旦網絡解體，社會結構、國家與帝國都會顫動，甚至崩潰。綜觀各個歷史時期與眾多地區，都能看出這一點。數百年後，羅馬帝國在西歐的衰亡就是一個例子，很普通的壓力就導致局勢迅速惡化，落入以往史家所謂的黑暗時代；另一個例子則是二十世紀末蘇維埃集團的崩潰，看似堅不可摧的帝國幾乎在一夜之間瓦解。些微波動引發的漣漪就能導致供應鏈失效瓦解，這就是所謂的「長鞭效應」(bullwhip effect) 原理，經濟學家對於這種效應的模擬一直很感興趣。[64]

只要一點點壓力，也許是因為出現新種類的商品，抑或是因為完全相反的資源短缺，就能讓看似無所不能、結構健全的帝國與網絡迅速瓦解崩潰。氣候和天氣通常不是災變的直接起因，而是雪上加霜。此外，雖然單一的衝擊偶爾會造成深遠的影響，但通常的情況是長期的轉變緩慢侵蝕人們的合作能力與意願，導致人口逐漸四散，而不是一次性的大規模遷徙。

約西元前一三〇〇年，下密西西比河谷 (lower Mississippi Valley) 貧窮點文化 (Poverty Point culture) 的崩潰，就是很好的例子。貧窮點是個以半圓形同心土脊構成的巨大土堆，是周邊社群這一帶的核心，這些社群的社會、政治與族群都很多元，而且很可能使用好幾種語言。[65]從傑克敦 (Jaketown) 的地層分析可以看出，在約西元前一三一〇年，曾有超大豪雨引發的洪水沖垮防洪堤，導致一場嚴重災情。[66]

然而，觸發大規模人口遷徙的決定性因素，其實是數百年來洪水頻繁發生，卻又難以預測的事實。[67]諷刺的是，社群雖然能撐過單一的嚴重創傷，但卻撐不過持續性的威脅，因為後者會削弱人們的向心力，把他們推散到新的地點。只要環境的挑戰趨於穩定或消失，人們通常會回到先前的地點，重新利用下密西西比河谷，就是這樣，等到原聚落的地點恢復以往的宜居，早期林地文化期（Early Woodland culture）的人便會回頭開墾同樣的地方。[68]

毫無疑問，對於統治政權來說，歉收所導致的艱困處境無疑很難處理，畢竟只要有條件，困局就等於是為對手提供可乘之機。因此，統治者必須拿捏好，確保沒有這種對手存在，或者即便有對手，也要好好控制他們、管理他們。如果沒有做到，結果恐怕會天崩地裂，就像西元前一〇四六年的華中與華北，周人推翻商朝。後來的史書把商亡歸咎於末代商王帝辛個人的缺點，指責他懶散、殘忍、好奢，這麼寫的目的主要告誡統治者作為前車之鑑。[69]但重點很明確：一粒老鼠屎，壞了一鍋粥。

商朝的覆亡固然標誌著中國歷史翻開新頁，但實質上只是一次管理階層的變革，是適應、增加、採取新的策略與文化習俗。西方的情況比較波瀾不驚。交易網需要一些時間才能恢復。有些地方（像是埃及）表現較好，因為比較不依賴進口、組織更好，或者抗壓性較高，抑或三者皆是。也有人從動盪中得益，少數地點正好處於有利位置，毫髮無傷地倖存下來，最後造就新的連結（以及競爭），典型的例子如邁錫尼（Mycenae）、雅典、斯巴達等新興的愛琴海王國與城邦，成為古希臘的主幹。一批又一批的城市與國家興衰起落，透過交流與競爭刺激彼此，創造出一種有可能造成失敗，也可能帶來成功的互相依賴。

西元前一二〇〇年前後，也是近大洋洲（Near Oceania）與遠大洋洲（Remote Oceania）出現人口移動、開拓與變化的石期。考古遺址出土的大量貝類與巨型陸龜、陸鱷與鳥類的骨頭，證實拉皮塔文化（Lapita culture）的移民潮，是先來到萬那杜、新喀里多尼亞與斐濟，然後及於東加，最後則是薩摩亞。[70]有人認為，這樣的移動路線或許反映風向的改變與反轉，西向東的航行比較容易、比較快，也就是花在海上的時間更少，對於食物與飲水的需求也因此更小。[71]

早在三千年前，甚至更早的時候，思想家、神職人員、行政官僚與統治者居然就開始關注人口過多的問題，以及相互依賴所導致的脆弱與風險。他們不只是意識到，更是密切關注可能會突然出現、帶來災難威脅的未知問題。學著辨認、預測與因應這些挑戰，成為數千年前人們的生活中的根本關懷。為什麼要去理解人類與神性、與自然的關係？為什麼要去思索這個世界？究其根本，為的就是預測挑戰，做好準備，甚至是防範於未然。

07

關於自然，關於神聖

（約西元前一七〇〇年至前三〇〇年）

上主是我的牧者，我實在一無所缺；他使我臥在青綠的草場。——《聖詠集》（*Psalm*）23

生活在幾千年前的人，一定曉得環境惡化、資源過度消耗與人口負擔過重的危險。比方說，來自西元前一七〇〇年左右最古老泥板上的舊巴比倫文獻——《大智慧者史詩》（*The Epic of Atrahasis*），就清楚透露人們了解超過承受界線的生態有多麼脆弱。敘事者說，眾神意識到自己要做的事情實在太多了，於是祂們創造人類，耳提面命地表示「凡人」應當「承擔眾神的重擔」。[1] 問題來了：眾神沒有考慮到自然壽命的長度，結果人口很快就過剩了。不消多久，人的數量變得「太多」，「世界變得有如一頭吼叫的公牛一樣喧鬧。」[2]「非得聽這些人的噪音」的天神埃利爾（Ellil），很快就開始抱怨「這些噪音害自己不能成眠」。好幾次之後，眾神決定動手殺死大部分的人，還自己一點平靜與安寧。於是，他們降下嚴重的乾旱，造成饑荒，還動用疾病、瘟疫等其他「解決之道」，來消除過度的噪音與過量的人口。[3]

其中出手最重的一次，是一場大洪水——這起洪水事件不僅有考古證據的佐證，而且很可能也是後來埃及文獻與聖經版洪水故事的根本。[4] 每個版本的故事都說洪水是天罰，但除此之外也都提到人口消失與人口控制等主題。以《大智慧者史詩》為例，問題很明確、很具體：地上生活的人太多了，必須採取措施減少人數，阻止相同的事情再度發生。

根據文獻記載，這場大洪水與許多人的死讓女神寧圖（Nintu）特別沮喪，因為人們本來會定期供奉啤酒，討祂歡喜，如今這些都沒有了。不過，一旦確定大智慧者和他的方舟平安無事，眾神又有了因應人口過剩的新點子：他們修改人類的設計，創造出升級版的新人類，不像舊版那麼會生。祂們的規劃五花八門，像是創造不能生育的女人，提高流產率，還有要處女守貞侍奉神明。這些微調都是為了降低生育率，使人口規模更小、更永續——也更安靜。[5]

洪水故事震撼歸震撼，但放在資源耗竭、環境惡化與人為干預對外在環境造成惡性影響等大脈絡下，真正的主調其實是人口過剩與脆弱環境之間的關係。擔心不是沒有道理，無論是因為降雨減少或是過度耕作導致地力耗竭，只要農產減少的時間拉長，問題就很嚴重，何況美索不達米亞南部生態特別敏感。

研究作物的產量，就能清楚可以看出問題的性質與規模——對土地的壓榨愈嚴重，作物產量降低得愈快、愈徹底。西元前第三千年期大部分的時候，上好的農地每公頃年產量約兩千公升；到了西元前二二〇〇年前後，也就是納拉姆辛統治時，產量只剩這個數字的一半多一點。接下來幾個世紀，許多新興國家（烏爾第三王朝為其佼佼者）取代阿卡德帝國，而農產量也愈變愈少。到了西元前一七〇〇年，每公頃年產量已經降到約七百公升，而且其中有一大部分的土地甚至無法達到每公頃四百公升。[6]過度開發導致土地的產量只能達到幾個世紀前的八〇%。

部分學者認為，生產崩潰的直接原因不只是人口規模擴大，更是因為中央官僚體系的貪得無厭，憑自己的需求與野心去壓榨農民，害他們的土地瀕臨生態極限。其中最嚴重的問題，就是過度灌溉造成土壤鹽度上升，土壤因此遭到破壞。追求短期利益所帶來的結果，不僅難以長久，而且有害。先前談國家的崩潰與貿易網絡的瓦解時就已經看到，複雜性的提高不只會減少收益，還會放大弱點。易言之，一時的成功絕非永遠的成功——就算國家擴張，農耕地增加，但這種看似無止盡的成功卻也在無意間種下毀滅的種子。[7]

文獻中同樣有不少證據，顯示人們有注意到過度利用自然所帶來的危險。例如，寫下《吉爾伽美什史詩》的人便提到砍伐森林會造成乾旱，奉勸大家謹慎。[8] 吉爾伽美什殺死森林之神胡姆巴巴（Humbaba）的那一瞬間，恐怕最教人震驚——森林之神遭到殺害，象徵美索不達米亞的森林砍伐，以及同一時間人類對自然世界的蠶食與缺乏尊重。[9] 史詩中動植物的擬人化，也暗示人們對於自然環境與脆弱的生態平衡其實相當敏感。這些動植物會講話、有感情，故事中睚眥必報的諸神害死吉爾伽美什的摯友與同伴恩基杜（Enkidu），連樹木、河流與野生動物也為之悲痛落淚。[10]

吉爾伽美什的英勇事蹟就像是種隱喻，是在對抗諸神所降下的天災。據說，烏魯克的百姓之所以崇拜這位史詩英雄，是因為他重建毀於洪水的聖所，藉此恢復秩序；對抗上天所降下的、「讓樹叢、蘆葦與沼澤乾涸」、導致河水水位降低七肘（約三公尺半）的旱災，就是他的使命。[11] 人不只要跟大自然抗衡，同時還要對抗其他試圖挑戰、打擊，乃至於毀滅人類的敵對力量。其他美索不達米亞文獻如《天地預兆》（*Enūma Anu Enlil*），則頻繁提及星象與天象，顯見當時的人非常想要理解氣象條件，甚至試圖影響。[12]

青銅器時代崩潰後的幾個世紀間，新亞述帝國崛起，為美索不達米亞北部的環境、社會經濟與政治格局帶來深刻的變化。都會中心的規模開始變得巨大無比，有些是新城市（例如薩爾貢要塞〔Dur-Šarrukin〕），至於尼尼微等城市則是大幅擴大，在辛那赫里布（Sennacherib）治世期間（西元前七〇五年至六八一年）成長到大約七百五十公頃。[13]

城市的擴大，對於土地的看法與互動方式必然有所不同。大幅投入與採用灌溉系統是一大變化，甚至完全扭轉物質與自然環境：運河網絡出現，把來自高山的融雪與河水導向有用水需求的地方，亦即為數不多，但規模奇大、需糧與水孔急的各大城市，以及城市周邊的農田。[14]從中獲益的不只是歷任亞述統治者的帝都，還有人口密度較低的農村地帶。[15]

這些干預是地形改造意識型態中的關鍵，凸顯亞述諸王的權力，他們能馴服河流，引導水供應，開阡陌，確保人人足食。難怪誇耀君主及其建設的紀念碑，會把這些成就拿出來大書特書。有一份碑銘寫道：「〔我〕辛那赫里布乃偉大的國王，強大的國王，世界之王」，是改變荒地，使之結出豐盛果實的人。人們過去習慣巴望著天空，期盼雨水降臨，但他挖了井，修建灌溉渠道，開鑿運河，並建造水閘和水壩來控制供水。這些工程壯觀又有效，文中還說，在運河口「我立了一尊表現謙卑的國王像」。國王說，要是自己的後代拆了這些運河，或是沒有好好維護，「願偉大的眾神推翻他的王朝」，以此作為碑銘的結尾。[16]

主宰自然的方法除了修築運河之外，還有道路、車軌與驛站構成的網絡，這些都可以從衛星照片中看出來。這一切建設都是靠王室，以及亞述擴張戰爭中獲得的戰俘來維護的。[17]西元前八〇〇年以降的兩個世紀中，當局可能迫遷了多達一百五十萬人，以減少地方叛亂的風險，同時按部就班開發帝國資源，在生態限制內生活。[18]

被打散到各地的人，其實途中的條件並不差。從寫給提格拉特帕拉沙爾三世（Tiglath-Pileser III，西元前七四五年至前七二七年在位）的信件來看，國王指示要給予被驅逐者「糧食、麻布衣、皮水袋、涼鞋和油」。信裡也說，如果國王有可供使用的驢子也會提供，而且驢子要拉的車都準備好了。亞述王家藝術品呈現了男女與小孩，他們往往騎著馱獸，或者坐在車上——重點是他們不受束縛。[19]國王在跟那些受到安置或迫遷的人打交道時，每每把自己比作園丁，將珍貴的樹木移植到最適合它們茁壯生長的環境中。[20]

在前工業社會中，土地的開發少不了人力勞動——這一點先前提過，之後也還會再談。因此，領土擴張的主要驅動力不只是贏得威望或獲取良田，還有增加人手。這不見得都是以強迫為手段：西元前七〇一年，亞述軍隊圍困耶路撒冷，亞述王辛那赫里布派代表向城內居民喊話：「與我和談，出來見我！」使節表示，只要放下干戈，國王會帶他們去一塊和他們現在的土地非常相像的地方，「有穀類與葡萄酒，有麵包與葡萄園，有橄欖樹與蜂蜜」，受到照料與珍惜。[21]

不著痕跡的王權以及王權對自然的控制，也延伸到其他領域——最引人注目的就是國王狩獵危險野獸的場面，象徵他主宰動物世界，也是他保護子民不受威脅的一種隱喻。當時的浮雕作品呈現亞述聖王亞述巴尼拔（西元前六六九年至前六三一年在位）赤手空拳與獅子搏鬥，旨在展現統治者超凡的膽量與戰技，讓他有別於普通人，進而肯定他的權威。[22]

國王如果要展現自己的財富，可以直接把財寶拿出來，也可以透過舉行盛大的宴會，展現有多少種類與數量的食物任他支配。一九五一年，迦拉（Kalḫu，今名尼姆魯德〔Nimrud〕，位於摩蘇爾附近）出土的石碑記錄了一件大事，充分展現宴會之盛大。根據銘文，我們得知亞述王亞述巴尼拔二世（Ashurnasirpal II）為了整整六萬九千五百七十四名賓客，舉行為期十天的慶典，準備了「一千頭以大麥飼養的成牛、一千頭幼牛……一萬四千頭成羊……一千隻羔羊、五百頭鹿、五百頭瞪羚、一千隻大鳥、五百隻鵝、五百隻鳥、一萬條魚與一萬隻螞蚱」，還有一萬個陶壺的啤酒，以及相同數量的葡萄酒袋。[23]

至於在都城內建構非本地的生態系，像是人工溼地、種植外來植物等，也都是有意展現對自然世界的主宰。[24]最好的例子或許就數辛那赫里布在尼尼微建造的驚人花園，這座位於今日摩蘇爾附近的花園是古代世界奇蹟之一；後來因為一連串的操弄、誤解和混淆，大家才會以為這裡是巴比倫的空中花園。[25]

中東地區在這數百年乃至數千年間確實出現許多變化，但在農業、建築、政治結構與經濟方面仍有其延續性。帝國有興有衰；遠近各個區域間的聯繫有時候比較疏離，有時候比較緊密。語言也會來來去去——西元前六一二年，強大的巴比倫國攻陷尼尼微，取亞述而代之，亞述的楔形文字與亞述語也隨之消失，後來波斯的阿契美尼德王朝（Achaemenids）取代巴比倫，巴比倫也遭遇與亞述一樣的命運。[26]

不過，宇宙觀也是其中一種延續性。各個社會擁戴其諸神的方式各有不同，取悅神明與詮釋吉兆、凶兆的具體方式也有差異。不過，試圖理解、詮釋、干預世界的方式（尤其是跟氣候及其變化）倒是相當類似。用天文日誌記錄星象，是一種將知識加以製表，建立框架，藉此辨別、試圖理解異常現象的方法。[27]在美索不達米亞世界裡，負責解釋星象的人是預言家與祭司，他們有責任解釋吉凶預兆，幫助人類理解眾神的念想與意志。

為了討好眾神，確保溝通順暢，結果動物成為祭品。有時候，祭祀的人會在宰殺羊隻時對牠們耳語傳話，讓訊息更快、更直接上達天聽。[28]要是犧牲品有先天缺陷，像是沒有膀胱，祭司就會推論「河流將會中斷，降雨將會減少」。[29]

這些預兆不見得都跟天氣、氣候有關。新亞述帝國從青銅時代的灰燼中誕生，帝國的強大統治者問：敵人會不會集結、組織、朝我們進軍？答案是不會。他接著又問，某位年輕人是否很有機會從癲癇中康復？答案是肯定的。不過，也有一些預兆是在警告商品價格上漲，或者商品供給短缺。比方說，假如月亮出現光暈，則糧食供應會減少；假如火星運行不穩，大麥會變貴。許多徵兆關係的是收成、降雨、饑荒，或是鋪天蓋地吃掉作物的蝗蟲。因此，預測未來等於警醒統治者，叫他小心，做好相應的準備。[30]當然，先知就是這樣預判你的預判——假如災難果真降臨，他們都可以說別人沒聽自己的警告；但如果災難沒有發生，他們也可以說是因為人家把話聽進去了。

中國商代社會頂層的權力，同樣關乎於掌控、解釋現實的能力，關乎於跟「帝」在內的龐雜諸神體系、河流、山岳與太陽的自然力量，乃至於神話與半神話的存有和祖先溝通的能力。王與貞人用牛肩胛骨與龜甲為主材料製成的甲骨做占卜工具，他們用燒熱的棒子在上面製造出一系列裂痕，再根據這些「答案」做相應的解釋。「吉」，有個例子是這樣的，「我受年」（今年會豐收）。[31]

人跟超自然世界的關係，是由商王所管理。他們在儀式和祭祀時擔任著薩滿的角色，同時也作為神明和王室祖先的中介。[32]過程中免不了要獻上合宜的祭品，才能確保降雨、豐收及其他的風和日麗，並安撫有敵意或惡意的靈魂。這些供品有可能相當豐盛，例如有一組甲骨文明確記載商王在一次活動中獻上「百鬯、百羌、卯三百牢」（一百杯酒、一百名羌人戰俘、三百頭羊）。[33]遭到獻祭的戰俘通常一組十人，但有時候是數以百計。他們遭斬首、支解後的屍體，會跟王的隨從、親屬一同葬於王墓中，是強調商王政治、社會、文化、精神地位獨一無二的重要一環。[34]

就像美索不達米亞文化，商人也探討各式各樣的主題，像是生病的人是否痊癒、與周遭民族的衝突結果如何、胎兒是男是女，以及商王的健康狀況如何。許多問題跟天氣有關，尤其是雨水，而這正是帝的權責範圍。人們敬畏帝「降」災的能力，也敬畏他控制風雨、天打雷劈的能耐。[35]一塊甲骨上寫著：「日不雨」。另一塊甲骨則說，如果王在某一天出去打獵，「王其田，往來亡（災），不雨」（他將不會遭遇任何不幸，也不會下雨）。[36]

商朝統治者重視趨吉避凶、確保降雨充足、農作豐收。西元前一〇四六年建立的周朝也抱持一樣的態度，標榜既有甚或是新創的儀式，以凸顯王室對於土地、對於從土地得到的成果照顧有加。其中一種儀式就是春耕前犁耕聖田的籍禮。[37]「命我衆人」，一首古詩提醒道，「庤乃錢鎛」、「王釐爾成，來諮來茹」（國王親自來視察你們的工作），而王的用心加上對上天的敬意，豐收也就可期。[38]

周朝統治者強調的重點，在於若想作為天地之間的橋梁，就必須負起責任，讓百姓可以從自然界中得到豐碩的成果。周王將宇宙觀大洗牌，帶入「天」的新概念——約略等於上天或自然，用這種普世性的觀念，把至高神與寰宇的道德力量融為一爐，人間在天之下，上天會照顧世人。周人之所以這麼做，也許是需要政治宣傳已確立自己的統治正當性，同時安撫仍忠於商朝的人——這顯然是一個嚴峻的挑戰，周興不久後，就爆發了一場嚴重的叛亂。[39]

修訂版的宇宙觀更強調統治者維繫天地人間的角色，上天將天命授予周王，周王則要經營好天命。《詩經‧文王》有言：「周雖舊邦，其命維新。」這首詩的作者說商朝之所以滅亡，是因為商人不了解天命，也沒有實踐保守天命的承諾。幸好現在有周朝來保護大家，而周文王就是第一個站出來的人。雖然守住天命並不容易，但文王和他的後代會盡其所能，進而讓天下人享有和平、繁榮與和諧。[40]

遭逢逆境時更是需要格外的小心。缺乏雨水讓人特別擔心。《詩經‧雲漢》記錄約西元前八〇〇年，周宣王面對旱災時有多麼苦惱。

旱既大甚，蘊隆蟲蟲。
不殄禋祀，自郊徂宮。
上下尊瘞，靡神不宗。……

旱既大甚，則不可推。
兢兢業業，如霆如雷。
周餘黎民，靡有孑遺。[41]

統治者竭盡所能，確保自己供奉適當的祭品，遵循正確的儀式，藉此告訴大家，乾旱不是自己的錯，而且他已經採取措施，繼續努力緩解嚴峻的情況。

大約三千年前西周時期的另一首詩（《詩經・召旻》）就說：「旻天疾威」而「天篤降喪」，造成遍地饑荒，百姓只能離開家園，變成「卒流亡」。[42]這類事件很容易削弱統治者的威信，一來是因為糧食生產壓力對社會穩定有實際的影響；二來則是大家會質疑負責調解天人之際的人是否有能力、效率與持續性。

這正是人們之所以試圖理解、記錄自然現象的一大原因。傳說中的堯帝是中國史料中提到的第一位傳奇人物。據說堯曾指示「數法日月星辰」，「歲三百六十六日，以閏月正四時」。[43]美索不達米亞文化則是以天文日誌的形式，積極將天氣觀測與天體分布記錄下來。這類日誌最早可以回溯到至少西元前七世紀中葉，目的則是協助預測、解釋異常天象與環境變化。[44]

⋮ ⋮ ⋮

人們也試圖詮釋各種跡象，尋求指引，想預知未來，用各個星體相對於太陽的位置組合來預測，當成「城市將彼此競爭，城牆將遭毀棄，百姓四散」的警告。[45]有人兩邊押寶，像是亞述巴尼拔王的御用占星師阿古拉努（Akkullanu），他在西元前七世紀中葉寫信給統治者，提到「今年的降雨減少，沒有收成」。但他反而主張，「對吾王的年祚福佑來說是好兆頭」。更有甚者，這是良機即將降臨的徵兆：只要國王「對敵人採取行動，他將能征服所有自己踏上的土地，也將長命百歲」。[46]

不知道這算不算是在收成失敗的情況下逃避責任的花招？相較之下，其他人的作法更謹慎，絕不把局面交給運氣。「我把尼羅河水往上帶到你們在高處的田地，」一位埃及法老自豪不已，「澆灌此前從未有水的土地。」[47]灌溉渠道等基礎建設，成果理應由所有人共享，但功勞都變成統治者的。

在世界各地，宜人的氣候、諸神的恩寵與優秀的領導往往密不可分。比方說，西元前八世紀的希臘作家海希奧德（Hesiod）認為，只要人們「處事公正，循規蹈矩」並遵守法律，「他們的城市就會繁榮，百姓會安居樂業」。尤其「饑荒和愚蠢將不會造訪義人」，而「用心照料的田地將會供應公正之人所需。大地因他們而豐沛」。海希奧德不僅推崇道德品質，更讚揚勤勞的益處：「勤奮使人成功，使人富裕……勤奮是你親近不朽的方式。」相形之下，犯下惡行的人不僅自己受罰；「往往整座城市都要付出代價」。[48]

自然秩序與權力之間的界線變得模糊，成為三千年間中國政治與宗教哲學的部分基礎，尤其是皇帝政治意識型態。皇帝的角色等於跟好的結果——無論是環境，還是其他方面——合而為一。為了證明天命所歸，統治者必須好好統治。這條規則從兩個方向看都行得通：天下太平的話，統治者就能獲譽；同理，任何的不平靜都可以解釋成天道遭受擾動，懲罰與艱困因此有其道理。精明的領袖當然可以利用這種情況，把艱困的情勢怪罪給他人，藉此消滅真實或想像的對手。不過，無論是對國家、統治者，還是個人來說，平衡的概念及秩序的維護都很重要、很有影響力。

怎麼樣最能達到太平？許多人提出自己的見解，多到後人用「百家爭鳴」來形容西元前六世紀以降的一段時期，此時正是東周城市與人口急速增加的時期。[49]孔子是其中一位重要人物，他主張人應該力求活出道德，盡孝道，重禮義。由於整體社會就是天地秩序的反映，因此統治者必須保護社會，而人人都該以守護穩定與和諧的方式生活。[50]

老子與莊子等人則有不同見解，抨擊那些人說自己懂道德、實踐道德，其實只是虛榮。他們主張宇宙其實遵循一種稱之為「道」的抽象概念，道統合存有，讓一切處於和諧。「人法地，地法天，天法道，道法自然。」[51]想成為有道之人，光是同情體諒還不夠。更要放棄奢侈的生活、放棄戰爭，過著簡樸和純真的生活。而這三「寶」就是「慈」、「儉」，以及「不敢為天下先」。[52]

墨子認為，這些聽起來都很好，但需要有權之人樹立榜樣。「國家治而刑法正」，「不黨父兄，不偏貴富，不嬖顏色。」統治者的責任就是提供、維護制度。也就是說，平衡不會自然出現。[53]

印度對於這類論辯也不算陌生，吠陀時代的雅利安人留下的最古老詩歌，明確提到天、地與法（ऋत，一種固定、穩定的秩序）的概念，並解釋守護神伐樓拿（Varuna）如何維持「法」背後的普世法則。早期印度文學採用了「天啟」（श्रुति，後人將之書寫下來）傳說形式，只有仙人（ऋषि，聖人或智者）透過冥想與啟示得到解讀的能力，能夠理解天啟。這些文本包括《吠陀》和《薄伽梵歌》——這部七百首詩歌所構成的經典，保存在史詩《摩訶婆羅多》（*Mahābhārata*）當中。[54]

構成四吠陀（《梨俱吠陀》、《娑摩吠陀》、《夜柔吠陀》、《阿闥婆吠陀》）的聖詠集，一般認為是約西元前一五〇〇年至前一〇〇〇年間編成的。四吠陀探討天地的關係，頌揚天與地的結合能「讓所有人沐浴於蜜中」，以及「巨大的榮耀、獎賞與勇氣中」。《梨俱吠陀》有詩云：天地「為我們帶來益處、獎賞與財富」。[55]

四吠陀中的教導既有實際用處，也有存有與精神上的用處，比方說有驅蛇的禱文，也有用牛藤

(apāmārga) 等植物治病的指示，還有祛除詛咒、避免噩夢、消除饑渴之威脅，甚至是不再賭博輸錢的提點。[56]有些草藥能保持空氣清新，沒有惡臭與汙染——這是很重要的事情，畢竟新鮮空氣有益於人的健康。[57]

這些文本經常提到更廣泛的概念，像是人與自然環境的關係。《夜柔吠陀》提到「海洋是你應當保護的財寶」，提醒人們不能讓水遭受汙染，而是要保持潔淨清澈。諄諄教誨不得汙染水源，不可傷害或砍伐樹木。[58]動物的福祉很重要，畢竟某些生物有其用處，「但凡對我們有益的動物，任誰都不能加以殺害。」勸告的適用範圍因為統治者的利益而擴大，還帶有解釋：「王者，你絕不能殺害有利於農業的公牛，或是能給我們提供奶的母牛，也不能殺害其他有益的動物，而且你必須懲罰殺害或傷害這些動物的人。」[59]

其中許多詩歌都提到眾神是善的存在，祂們選擇給予財富與獎賞——這個主題在四吠陀當中一再出現。一首歌頌曙光的頌歌把曙光比擬為美麗的女人，每天早上乘坐戰車，駛越天空，帶來新的一天。「她不停創造財富，永不止息。她通向繁榮，這位備受讚美的女神帶來所有令人渴望的事物，光芒四射。」[60]

人們根據《吠陀》與早期《奧義書》(*Upaniṣads*) 的教誨，在西元前六〇〇年前後創作一系列的著作，詳細闡明前述思想，確立理想生活之道。[61]有一個故事的主角是巨車王 (King Bṛhadratha)，他放棄王位，讓位給兒子，自己住進森林裡，思索存在的意義與「自我的本質」。他逐漸了解生命轉瞬即逝，「蒼蠅、小蟲與其他昆蟲、草木」先是生長，然後死亡。但他真正憂心的是「大海乾涸」、「大地被水淹沒」與永不止息的改變，這代表萬事萬物失常了。用這種角度看世界的他，說道：「在這種世界裡，哪有享樂可言呢？」他告訴自己在森林裡生活時所認識的著名仙人說，生命根本不值得，「我簡直是枯井中的一隻青蛙。」[62]

這些統稱為「斯姆里蒂」(स्मृति，記憶) 的經典、歷史敘事、法典、神話、傳說與哲學論著，共同形成一個架構，不僅讓人得以理解宇宙，獲知最為合宜的儀節，同時還擴大哲學、倫理學與認識論的範圍。只要主題與自然世界有關，教誨的內容都很實際，而且不容置疑：種樹要嘉獎，汙染水要譴責。遠離人群，處在動物與翠綠的樹木之間，是達到平靜的好方法，讓所有生物存在於一種幸福和諧的狀態，一如偉大的史詩《羅摩衍那》(*Rāmāyana*) 所建議。[63]

這些文本不僅構成了複雜的神學解釋，也讓據信有能力理解、講述、解釋這些文本的人獲得權威。在南亞地區，精神權威掌握在能夠與「祈禱主」(Brahmanaspati) 和「語女神」(Vāch) 交流的祭司階級手中，讓他們成為先知先覺的人。婆羅門掌握調解，甚至是掌控超自然的儀式、技術與知識，其中也包括控制有利氣候條件的手法。假如有人問，是哪一位神祇創造所有的人類與動物，創造「覆蓋白雪的山」(指喜馬拉雅山脈)、大河 (Rasā，大地的邊界) 與波光粼粼的深邃海水，我們該向哪一位神祇致謝呢？這時只有那些懂得頌歌的人才能告訴他們答案：創造這一切的是「生主」(Prajāpati)。[64]

這種觀點經人記錄、保存、傳播、增色，顯見它們對後人所說的印度教來說是很重要的基礎。[65] 菁英們顯然投注時間、精力與資源，以保存這些涵攝關於世間萬物、諸神實相的教誨，以及如何贏得眾神歡欣的方法。但是，菁英階級以外的人如何接受、理解這些訓誨？這我們就不得而知了。

⁝ ⁝ ⁝

後來，挑戰婆羅門的人出現了。他們提出與之相反的宇宙觀，許多挑戰者更是認為人們活著的方式、行為的方式才是最重要的。有些人則是反對知識與智慧掌握在他人手中，而非自性之中的觀點。其中最突出、最有影響的就屬佛陀的教誨。佛陀是貴族之子，拋棄奢華的生活，尋求開悟，而他也在伽耶 (Gayā，今印度北部的比哈爾〔Bihar〕) 一棵神聖的菩提樹下得道。

許多據說出自於佛陀的講道與觀點，我們最好還是把它們看成佛陀的追隨者與繼承者「比丘」（भिक्षु）所表達的內容。比丘們遵循佛陀的教誨，身著棕黃色的法衣，在佛陀圓寂後繼續傳道（學界如今多半認為佛陀在西元前四〇〇年左右離世）。[66]佛教哲學的核心要素之一，在於認為開悟之路是一條非常個人的道路，而這條路的重點則在於所謂的「四聖諦」。根據四聖諦，生命就是一場苦難之旅，苦是因為欲望，克制欲望則能離苦，而要克制欲望就只能嚴格守戒、精進禪修。[67]

部分學者提醒，最好不要誤以為佛教是在反對吠陀婆羅門教。不過，光是把開悟視為高度個人化的道路，由個人自己去發現真理，而不是仰賴別人出手，這種想法就非常重要。[68]佛教的立論點是開悟不需要婆羅門，就像《經集》(*Sutta Nipāta*) 所說，主張誰比誰在道德上更優越，根本就是不對的。

非因生來乃賤民
亦非生是婆羅門
乃由依行是賤民
亦依行是婆羅門

因此，重要的是個人的行為，而不是對古老梵文經典所揭示的宇宙運作原理有多麼深刻的理解。[69]無怪乎佛陀與追隨者所訂下的教義當中，許多都是以實際而非神學為導向。「夫之敬妻亦有五事，云何為五？一者相待以禮，二者威嚴不嬖，三者衣食隨時，四者莊嚴以時，五者委付家內。」、「主於僮使以五事教授，云何為五？一者隨能使役，二者飲食隨時，三者賜勞隨時，四者病與醫藥，五者縱其休假。」[70]、

「以布施、戒行、自制、從順，如善積財寶，此善積財寶，無依力而被奪，為死時伴隨物，雖捨離此世之富而行，此將持行於〔他世〕。不得為他分與之寶，亦為盜者所不能盜之財寶。」[71]

今人往往稱佛教標舉重視生態與環境永續的理念，把佛教收編到自己的陣營，但這些觀念都是現代的建構，而不是當時的實際情況。其實對早期佛教徒來說，自然世界轉瞬即逝，絕非什麼美妙的所在，而物質世界就跟人的生命一樣，充滿「苦難、衰敗、死亡與無常」。[72]

既然佛經有人整理、保存、傳播，那顯然不是每件事情都是靠個人去處理。求道者可以在通往開悟的路上尋求他人指點，意味著就算世人理論上是平等的，僧人與聖人仍然保有其特殊的地位。佛經當中也警告信徒要當心「六師外道」詭詐的教導——所謂的六師外道，其實是跟佛陀同時代的人，他們觀點各異，有些人否定從宇宙中尋找理性與秩序的努力，有些人則譴責道德良善的觀念。阿耆多翅舍欽婆羅（Ajita Kesakambal）就認為布施、犧牲和供奉沒有什麼好處或獎賞，他會說那些相信「行善」在未來會得到回報的人都是傻子。「現世與來世之間並無通道」，但凡告訴大家物質世界與超自然世界之間有任何聯繫的人，都在胡說八道，簡直就是說謊。[73]

有些聖人主張重新認真思考世界，尤其是芸芸眾生與自然界。耆那教教主筏馱摩那（Vardhamāna，尊號「大雄」〔Mahāvīra〕）表示，貪愛財物不僅虛幻，還會陷入極大的痛苦之中，而佛教跟這種看法也有共鳴。不過，耆那教更進一步主張，包括植物在內的所有生物，乃至於各種元素本身統統都有生命。耆那教經典之一的《阿查蘭伽經》（*Ācārāṅga Sūtra*）說：「傷害大地實無異於打割、殘傷或殺害盲人。」、「是故，汝不應對大地犯罪行，不應放任其發生，亦不應容忍他人這麼做。」[74]

耆那教的生態宇宙觀非常豐富，要求苦行，把人類視為「地水火風、草木植物與所有動物」所構成的芸芸眾生中的一分子。傷害其中的一員，都是在「傷害人類自己」。[75]因此，光是保持覺知、尋求開悟與超脫還不夠，人們必須把覺知的程度無限擴大，把意識層次提高，甚至在樹木遭砍伐、剝皮和鋸下時感受到疼痛，在鐵匠用錘鉗敲打鐵砧時與之一同痛苦抖顫。[76]

根據耆那教的教義，人類必須理解自己是這個活絡、彼此牽連的環境與生態系的一環，人類的行動也會影響、傷害、損及自身。有一部經典說「點火的人也殺死了生靈」，因為蟲子有可能不小心跳進火中，棲息在柴薪裡的蠕蟲可能會被火燒死，而砍伐樹木不僅是殺害樹木本身，更擾動其他動植物的棲息地。因此，但凡擁有智慧並理解生命意義的人，「都不應該生火」。[77]

現代有部分學者習慣把新思想（也包括文法、法律、文學、戲劇）的百花齊放，跟整體社會、政治變遷加以關聯。這些變化的推動力，首先是農產剩餘的增加，然後是西元前六世紀開始的新一波都市化。[78]這也是一段集權與整併的時期，先是一連串小王國崛起，融合成十六個大國（mahājanapadas），然後這些大國也擴張、合併。[79]

新觀念帶來新挑戰，引發思維方式的重大轉變。某些新觀念更是挑戰傳統的婆羅門教，尤其是涉及動物祭祀的環節。比方說，佛經就反對殺生，佛陀更警告用動物獻祭不會有好結果。據說殺生會帶來負面的後果，像是渴欲、飢餓與衰老，而這些惡果彼此相生，進一步引發九十八種疾病。[80]《長阿含經》從另一個方向闡明，供養是可以在不傷害動植物的情況下進行的。「彼王大祭祀時，不殺牛、羊及諸眾生，唯用酥、乳、麻油、蜜、黑蜜、石蜜，以為祭祀。」[81]

這種上門踢館的革命性作法，大大動搖吠陀祭司階級掌握儀軌、通往神性的權力，同時還暗示祭司的作法不僅多餘，而且大有問題。祭司階級則反過來設法闡述一種模型，來解釋社會不同成員的角色。

「種姓法」（varṇadharma）是其主軸，這套規矩中有四個階級的種姓（varṇas），每個階級都遵守自己的法（dharma）和秩序。社會可以分為婆羅門（祭司和教師）、剎帝利（貴族和武士）、吠舍（商人和農民），以及首陀羅（僕人和勞動者），而這無異於一套詳盡的政治哲學，不僅能處理自然界的交流與互動等抽象概念，也為世俗社會運作提供正規的解釋和指導，與統治者所制定的法律（rājadharma）相輔相成。[82]

轉世的概念之所以會發展出來，或許是為了回應愈來愈激烈的靈性競爭，不過這個概念出現的時間與脈絡很難確定。多數學者一致認為《吠陀》中沒有轉世概念，而轉世最早的表述則出現在早期的《奧義經》之一。「人們離開此世，去了月亮」，因為月亮是「通往天界的門」。無法到達彼端的人會變成雨，落在地球上，「他們會以不同的形貌再次誕生，像是蛆、昆蟲、魚、鳥、獅子、野豬、犀牛、老虎、人或其他生物，端視其行為與知識而定」。[83]

也許，轉世的觀念是因為人試圖理解自己這輩子的幸與不幸，自己無法控制的事情，就往上輩子去尋找解釋。[84]無獨有偶，東地中海地區也有人在同一時期提出類似的假說。希羅多德在西元前五世紀寫道，他發現埃及人和希臘人都接受「人的靈魂是不朽的，肉體死亡後，靈魂就進入另一個生物體內，宛如新生」。[85]有些人據說不僅有前世，甚至還曉得自己前世是誰——大數學家畢達哥拉斯顯然能提供「無庸置疑的證據，證明自己是潘托俄斯（Panthoos）之子優佛布斯（Euphorbos），曾經在《伊利亞德》（*The Iliad*）登場。」[86]另一位哲學家恩培多克勒（Empedokles）經驗更是豐富，他說：「我曾經是男孩、女孩、一株矮樹、一隻鳥，以及在海中靜靜游泳的魚」。[87]

一個人的行為，在此世與死後應該如何加以評判？靈魂不朽、轉世、美善等種種概念，跟這類大哉問是分不開的。這是一個柏拉圖等哲學家認為人應當為自己的作為，獲得相應獎賞或處罰的時代。[88]這些大哉問反映人與人、神聖、自然界之間，乃至於三者間的互動，哲學也因此發生廣泛而活躍的重組。古希臘人接受其中的宇宙觀，就是相信宇宙有靈性、感性與智慧，由和諧的力量加以維繫。[89]

根據柏拉圖的說法，所有生物都「領受了靈魂和理性」，也就是說前述的宇宙觀也滲透到跟生靈有關的概念中。[90]苦修者更進一步，主張食用動植物是錯的，因為吃掉它們通常代表要殺害它們。有人因此鄙視「有生命的」食材，偏好奶、乳酪、蜂蜜、葡萄酒、油與葉菜等無須傷害動物就能吃到，而且吃掉也不需要有罪惡感的食材。[91]

這種生活方式的選擇對現代世界來說似乎很新潮、很流行，畢竟現代人飲食的選擇往往受到動植物福利觀念的影響，而這些觀念有些則是在資源可用性與永續性的脈絡下形成的。不過，如果以為這種心態在古代就跟在現代一樣主流，恐怕是錯的。許多哲學家不僅沒有把動植物與人類擺在同樣的高度，有些甚至提出大不相同的階級模式。對亞里斯多德來說，植物存在是為了動物的利益；動物存在是為了人類的利益；而劣等人的存在則是為了做上等人的奴隸。[92]蘇格拉底更是直言不諱，至少柏拉圖口中的蘇格拉底是這樣：樹木、自然與鄉間是學不到東西的，唯一可以獲得知識的地方是城市，對象則是其他人。[93]

話雖如此，還是有人從個人的立場出發，表達對於環境惡化與汙染的擔憂，某些地方甚至是整體制度都表現出對環境的關心。早在西元前七〇〇年左右，海希奧德就警告不要在泉水或河流中便溺，強調此舉會造成疾病與痛苦。有不少人提倡善待生態環境的益處，色諾芬（Xenophon）就是其中之一。他說，大地會回報善待她的人，「把她照顧得愈好，她就會以更大的利益回報。」[94]其他像是泰奧弗拉斯托斯（Theophrastus）等人，則是開始觀察植物最適合的棲地，並構思、記錄植物型態，將知識加以系統化，以求對後代有所裨益。[95]

往更東方走，西元前六世紀中葉，波斯領導人居魯士（Cyrus）掀起的地方性起事，最後反而讓他推翻新巴比倫統治者，建立西起地中海、東至印度河流域的龐大帝國。這位新領袖提倡一套以至高神阿胡拉・馬茲達（Ahura Mazda，意為「智慧主」）為中心的信仰，對自然極為崇拜，有些學者甚至稱呼這種信仰（追隨者稱之為「善信」〔Mazdaism〕，但大多數人稱之為瑣羅亞斯德教〔Zoroastrianism〕）是世界上「第一個環保主義宗教」。[96]

瑣羅亞斯德教徒專注於追求善良與純潔，尤其是以火、水、土的形式來表現這兩者。教外之人提到他們堅持避免汙染。希羅多德寫道，波斯人非常尊崇河流：「他們不會在河裡小便、吐痰，不會在河中洗手，也不允許其他人這樣做」。後來，羅馬史家史特拉波（Strabo）提到波斯人不會在水裡沐浴，也「不會將任何不潔之物扔進水中」。[97]

這個宗教背後的靈魂人物是查拉圖斯特拉（Zarathustra，歐洲人稱他為瑣羅亞斯德〔Zoroaster〕），我們對他所知不多，對於他在世時間點的推測範圍很廣，從約西元前一八〇〇年至前六〇〇年都有。[98]有許多據說出自於他的教誨，經人集結為一套經典，其中年代最早的是人稱《頌歌》（*Gathas*）的十七首詩歌集。最古老的一首是阿胡拉・瑪茲達呼籲人們照料牛群與草場：

我的靈魂能夠向人期待什麼幫助，
我該信任誰，由誰來保護我的牛群……
此人將如何獲得帶來繁榮的牛群，噢
智者呀，

誰人渴望牛群，以及草場？

頌歌如是說：唯有仰視太陽，好好生活，態度正直的人，才配得上此等利益。[99] 另一首詩歌則感謝阿胡拉・瑪茲達「創造了水與好的植物」，以及秩序、光明、大地「和一切美好的事物」。[100] 還有一首詩歌，內容是一頭牛的靈魂向智慧主發出哀鳴，對於人類在殺害自己時的「殘暴」難以忘記。牛先是怨嘆「人類不懂得如何對待卑下」，接下來甚至說就算查拉圖斯特拉獲命保護自己，卻也任由自己受「無力之人的無力之語」所擺布。[101] 又有一首詩歌說，大自然理應是喜樂的來源。[102] 然而，這些文字確實用或明確、或含蓄的方式，表現出人與自然界之間的關係並不完美，尤其是因為破壞性的習性與傾向深深影響人類的行為。[103]

捍衛查拉圖斯特拉的教誨，堪稱是波斯君主與新統治階級的一大特色。有一點與其他時間、地點並無不同：權威與地位由少數菁英壟斷，他們手握強大的工具，對於宇宙的詮釋以及靈性的代禱都由他們掌握。亞洲、北非與地中海等多個地方同時出現新的階級制度，以及新的論辯、主張、討論與競爭，這不禁讓人想了解發展的模式，乃至於各民族、文化、文明內部與彼此間的思想、影響及相互反應。

⁝ ⁝ ⁝

猶太教正是其中之一。西元前七世紀與前六世紀時，猶太人先後落入亞述與新巴比倫帝國的手中，而這些經歷深深影響當時猶太人所留下的敘事。我們可以從兩個方面來看他們受影響的程度：其一是《聖經》中有一百五十次提到亞述人，每一次都是負面的；其二則是西元前五八〇年代，尼布甲尼撒

(Nebuchadnezzar) 王攻陷耶路撒冷，摧毀聖殿，導致猶太人經歷長達數十年的「巴比倫之囚」(Babylonian captivity) 時期。[104] 後來波斯帝國崛起，新巴比倫帝國衰落，波斯領導人居魯士解放猶太人，並下詔允許耶路撒冷聖殿重建，先知依撒意亞 (Prophet Isaiah) 因此認為居魯士是「受傅者」。[105]

猶太學者在思索周遭的自然世界與歷史時，深受這些經歷的影響。許多學者指出，《妥拉》的敘事部分是在聖殿被毀、猶太人遭流放之後才寫成的。其中包括討論上帝、自然和人類關係的《創世記》；記錄以色列人受奴役、離開埃及的原因與意義的《出埃及記》(*Book of Exodus*)；以及提到破壞上帝許諾摩西之聖約會有哪些後果的《申命記》。猶太人的歷史經驗，促使部分文本在此時首度成文，內容則強調虔誠、順服及遵從祭司教導的重要性。[106]

猶太文人旁徵博引，講述許多淵遠流長的故事。例如，先前我們談到的挪亞與大洪水，靈感便源於數世紀乃至於數千年前發生的事件；至於巴別塔 (Tower of Babel) 的故事，則是跟蘇美的《恩美爾卡與阿拉塔王》(*Enmerkar and the Lord of Aratta*) 故事有許多相似之處。[107] 還有其他來自遠古與不久前的事件編織成文，逐漸構成今人所知的《聖經》的基礎。約瑟 (Joseph) 的故事是其中之一：他成為法老的左右手，躋身埃及最有權勢的人；而這個故事的靈感顯然是某位高官的生平，可能是西元前一二〇〇年前後的埃及宰相巴亞 (Baya)。[108] 近年來學界熱議的其中一個題目，就是希克索統治者遭逐出埃及的方式，對於猶太思想有什麼影響。[109]

不過，猶太思想中最有意思的元素，或許是對城市空間的敵意——這是猶太人排斥整體近東上層文化的一個環節。[110] 信徒直接認識上帝，受上帝考驗的地方是沙漠，不是城市——有這種想法的不只猶太教，基督教與伊斯蘭等亞伯拉罕信仰也是如此。猶太教演變的另一個重要環節是排斥多神教，專奉一神，而猶太教對於動物犧牲與偶像崇拜的譴責，也反映出一套堅定的信仰表述，與曾經壓迫以色列民族的各大帝國首都形成鮮明對比。[111]

正因為如此，猶太人與自然界互動的方式，才會有別於黎凡特地區傳統的環境框架主軸。儘管伊甸園一度是個豐饒的樂園，但樂園已經隨亞當和夏娃的墮落而逝去。人類受造本是為了在這座花園中勞動或服務，和祭司在聖殿中侍奉上帝並無二致。不過，即便樂園已經不再，這種關係仍舊持續下去，耕耘大地、細心守護資源，就是敬拜上帝的方式。[112]

最典型的表現方式，就是讓人想起理想的田園，而非都市環境，上帝本身就是牧者，照看祂的羊群——《聖詠集》二十三章把這一點說得最清楚：「上主是我的牧者，我實在一無所缺。他使我臥在青綠的草場，又領我走近幽靜的水旁，還使我的心靈得到舒暢。」[113]聖經故事經常以農人與牧羊人的形象來刻畫關鍵人物，亞伯拉罕（Abraham）、大衛（David）與每一位族長（patriarchs）皆然。[114]

上帝的子民從埃及的奴役中得救，移居迦南地之後，上帝與他們所訂定的聖約其實就是一份特別的、神聖的生態協議：只要遵守誡命，像是棄絕對偶像以及其他神祇的崇拜，上帝就會讓土地肥沃多產，並確保以色列的和平。聖約條文也提到跟環境有關的懲罰：摩西（Moses）提醒以色列人，應許之地並不像埃及，「不像你們出來的埃及地，在那裏你撒了種，還要用腳灌溉，像灌溉菜園一樣」，應許之地是個「有天上的雨水所滋潤的地方」。因此，一旦違反與上帝的約定，上帝就會扣住雨水不發，糧食、健康與幸福顯然會受到嚴重打擊。[115]上帝與自然之間幾無分別，全能的神為了讓摩西等人都可以聽見祂的話，甚至以雲的模樣出現，把虹霓放在雲間做「立約的標記」。[116]

反過來說，自以為主宰大地的人將受到懲罰——上帝才是主宰。由於埃及法老一再吹噓自己如何控制尼羅河、如何治水，惱火的上帝威脅「埃及地將成為荒野沙漠」，要給埃及一個教訓。《以西結書》(*Book of Ezekiel*) 警告：「我要使埃及地，由米革多耳到色威乃，直到雇士邊界，都成為荒野和沙漠。人足不再經過那裡，獸蹄也不從那裡踏過；無人居住凡四十年之久。」埃及的城市將會毀滅荒廢，「在萬國中她是最小的」，弱小到再也無法統治列國。也就是說，上帝不只能任意操縱自然，這麼做還能讓自以為是、低估上帝意志之人內心充滿謙卑的美德。[117]

從西元前八世紀到前三世紀，黃河和長江流域、東地中海、黎凡特及恆河流域出現豐富且活絡的哲學、宗教與行為。這個事實受到許多人關注，尤其是德國哲學家卡爾・雅斯培 (Karl Jaspers) ——雅斯培在二戰結束後不久所發表的名著，就把這段時期稱為「軸心時代」(Axial age)。雅斯培主張，人類在這個時候「深呼吸」，思索深刻的問題，激發新層次的意識；他認為這是在印度、中國、波斯、巴勒斯坦和東地中海這五座「光明之島」(islands of light) 上獨立發生的。[118]

其他學者群起仿效，主張這是一個「文化結晶」(cultural crystallisation) 的時期，一個「超越的時代」(Age of Transcendence)，充滿一種被描述為「退後一步，然後展望未來」的新能力。[119]這是一個革命性的時代，「對觀念的領域與制度基礎帶來不可逆轉的影響」，受到影響的不只是幾個地區，而是「整體的人類史」，「社會內部的輪廓與不同社會的關係出現全面重組」，結果改變了「歷史的原動力」。[120]

有些人並不認為同時間真的出現這麼多道分水嶺，不認為一下子有這麼多人放棄舊有價值，或是經歷重大變革；他們覺得這種假設太過簡化，指出早在這段所謂的變遷「時代」之前幾百年，甚至幾千年前，就出現某些明顯的轉變。[121]不過，重要的顯然不是思維概念的轉變，而是知識編碼、傳遞機制的轉變。

文本的大量出現，以及保存、傳遞與複製，才是關鍵。清冊、敘事、經典與其他文字材料構成資訊體系，讓人可以學習、討論、增補與詮釋。宗教顯然很重要，但不是唯一受益於書寫人口大量增加的知識領域，這一點從重要的哲學、數學和科學著作的出現就能清楚看出，尤其地中海東部地區更是如雨後春筍。[122]

還有另一個因素：都市化水準與富裕程度提升，似乎推動某種違反直覺的轉變，讓人們從追求物質獎勵轉為追求自制與無私——許多在西元前六世紀前後新興的信仰體系，像是南亞的佛教與耆那教、古希臘的斯多噶派哲學，以及中國的儒家、道家，都有這樣的特色。它們強調中道而為，用齋戒、節慾、忍耐與同情來阻絕欲望，而不是貪婪、放縱和過度消費。這樣的觀念之所以會出現，或許是因為出現新的學者與思想家階層，他們有資源與影響力、有時間能思索存在的大哉問——也就是說，他們代表的是菁英的關懷與生活方式，他們的權威領域跨出經濟力，進入更加虛無飄渺的領域。[123]

不難想像，接下來這個新階級的人不再只是輔佐統治者，甚至開始把反常的自然現象怪罪到統治者身上。《尚書》在西元前五世紀左右成書（有些內容甚至來自更古老的材料），其中一章明確把豐收與統治者的良心、「乂用明」（清明的政治），以及仰賴「俊民用章」（傑出的人才）連結起來。[124] 王者的品格缺陷與天氣的情況就此掛鉤：雨下太多是缺乏紀律、風颳太大是愚昧、冷過頭是判斷力不佳、熱過頭是懶散、旱災則是傲慢的結果。正因為如此，千百年來的統治者總是在春耕前進行籍田。[125] 從此之後，天氣就跟道德密不可分，這下子在氣候方面就沒有多少操作的餘裕了；一旦在氣象上有任何出乎意料或成災的情況，都是一個人的責任——統治者的責任。這個規則在中國文化中歷經上千年，顯然頗深入人心。[126]

反過來說，中介者反而有了斡旋的空間，負責祈雨的官員想出複雜的儀式來求雨，像是舞蹈、祭獻和祈禱。約西元前三世紀形諸文字的記述中，個人受苦受難的故事變得愈來愈常見，像是中國統治者為了保護他人，於是自己做出慘痛犧牲的故事。這些故事之所以誕生，想必是要為當時的受眾提供美化過的過往統治者形象。故事裡經常提到嚴重的折磨，甚至到器官衰竭、肌肉萎縮、肢體變形到無法行走的地步。許多故事提到重臣受陽光曝晒、誠心祝禱，甚至揚言自焚等；他們之所以願意忍受苦痛，一方面是要表達自己的無私，一方面則是間接批評統治者。[127]

這算是菁英獲取、保護政治權力的常見手法——整體而言，他們都會利用對儀式的掌控來達成目標，而不同地區與不同時代的菁英，甚至還會用控制水與氣候的方式。十九世紀末，馬達加斯加王室的入浴禮是很有意思的例子；另一個例子則來自前殖民時期的峇里島社會，當地會用水與儀式來戲劇地展示地位和權威，作為「劇場國家」（theatre state）的核心元素（語出人類學大家克里弗德・紀爾茲〔Clifford Geertz〕）。[128]佛教出現之前，苦修者會在梅雨季節準備閉關修行，這個作法後來為佛教所沿用，變成對僧侶的要求，發展出一系列稱為「結夏安居」（varṣāvāsa）的儀式。[129]

人們對於降雨的觀念隨時間而演變，印度北部普遍信仰蛇神（尤其大乘佛教傳統），東亞也與之呼應，相信龍掌控雨水，而合適資格的中介者能利用這種力量。這些中介者不僅利用儀式展現自己的能耐，催生出文學作品來佐證這些能力，內容更是巧妙凸顯貴族乃至於王室對自己的供養，甚至跟佛教中的「龍王」掛鉤。[130]

中美洲的人口密度與開墾水準始終很低，直到所謂的「古典時期」（Classic period，學界多認為始於約西元二五〇年）才改觀。人口增加之後，水資源的控制就愈來愈重要，畢竟馬雅低地薄薄的石灰岩溶蝕土非常仰賴季節性降雨，而且當地缺乏天然水源。[131]祈雨成為宗教思想、社會階級與氣候中的重要元素。考古證據顯示，當時的人在洞穴中進行跟降雨有關的儀式，洞內找到哨子、長笛、骨笛與作為鼓敲打的龜殼。[132]有些儀式將小孩當成人牲獻給雨神，這種傳統可以回溯到約西元前一五〇〇年。[133]

世界各地都有跟土地、溫和的天氣與氣候條件有關的豐收儀式，也都發想出精妙的宇宙學解釋，展現人透過與神明的互動來影響天氣的能力。掌控知識的人會死守自己的特殊地位：在古希臘的厄琉息斯祕儀(Eleusinian Mysteries)中，洩密者的懲罰是死刑。[134]

⁝　⁝　⁝

對於如何詮釋與如何確保氣候宜人的方法雖然大不相同，但原則是一樣的：豐收時就自己居功，糧食短缺就怪罪極端天候事件。難怪在許多地方，人們也漸漸意識到資源有限，過度開發會導致資源的耗竭，連神明都無法可救，至於祂們在人間的中介者更是無力回天。

西元前五二四年，周王室的高級官員單穆公警告無止境砍伐「山林」會有什麼危險。如果樹木消失，「林麓散亡，藪澤肆既」，對環境可謂大不利；果真如此的話，則「民力凋盡，田疇荒蕪，資用乏匱」。他說這些話，不只是在關心那些因此受苦的人。但凡思維正常的人都該關注這個問題，而且絕不應該有所懈怠。畢竟不光是耕種土地的人，而是整個社會都會面臨這些問題。[135]

有時候，人們依靠法律來防止過度開發自然資源。旃陀羅笈多・孔雀(Chandragupta Maurya)之孫阿育王(Ashoka)建立一個版圖涵蓋印度北部半壁的大帝國。西元前二四三年，阿育王下詔禁止焚毀森林。[136]阿育王之所以降旨，多少是為了讓帝國能控制資源，控制過往(以及當時)盜匪橫行或苦修者眾多的地點：就連佛陀本人也曾在穿越森林時遭遇殘暴的匪徒央掘魔羅(Aṅgulimāla)，佛陀說服他放下屠刀，而他也受佛所度化。[137]

不過，阿育王的動機顯然跟他看待動植物的整體哲學態度密不可分。他在國土上立碑，宣布「不得宰殺或祭獻任何生物」。銘文更說，數個世紀以來「受到殺害與傷害的生靈」（包括人類）愈來愈多。當務之急是人人都應該練習「自我控制，維持心靈的純淨」，而不是受到「各種欲望與激情」所掌控。阿育王宣布，為了人心慈悲，他已經「為兩種醫療，也就是人類與動物的醫療做好準備。」、「缺乏人與動物所需草藥的地方，我都會加以引進並栽種。缺乏藥用根、果的地方，我都會加以引進並栽種。我已經沿道路掘井、種樹，以求裨益人與動物。」[138]

姑且假設此事為真，這種對於福利措施的投入已經夠大手筆了，但皇室甚至進一步加碼，宣布將轉向茹素。阿育王說：「為了製作咖哩，以往廚房天天都要宰殺數以萬計的動物。」但從今以後，「廚房〔將〕只會宰殺三隻動物，也就是兩隻孔雀與一頭鹿，而且不會每一次都屠宰鹿。假以時日，連這三隻動物都不會宰殺。」[139]

阿育王採取其他步驟來保護野生動物，頒布法律保護「鸚鵡、八哥、阿茹那（aruna）、棕頭草雁、野鴨、蝙蝠、蟻后、鱉、無骨魚、陸龜、豪豬」與其他多種動物，其中更包括「所有沒有用途或不可食用的四足動物」。逢指定日期就不得販賣魚類，閹割山羊、綿羊、豬和其他動物，亦不得烙印馬與牛。[140]我們不曉得這些命令如何執行、由誰執行，也不曉得執行的地點與時間。阿育王的宗教、靈性信念跟他的王權也很難一刀兩斷，畢竟這些命令的重點不只是把權力擴大到動植物身上，更是為了掌控行為、風俗與標準。不過，阿育王把這些法律銘刻在石碑上，顯示它們相當重要，表現統治者的天命不僅及於人民，更及於環境、動植物與自然資源。

類似的情況還有另一個例子，是出自考底利耶（Kauṭilya）之手的《政事論》（*Arthaśāstra*）。《政事論》成文的時間是一世紀，但內容至少可以回溯到一百年前。[141]其中有一個長篇章節，是為明智的領導者所制定的選角要求與職責。他的建議包括將土地授予學者與聖者，免除其稅賦與規費；贈送無法轉賣或典當的禮物給身居要職的官員，像是稅關、督察、訓象與訓馬師，以及各種廷臣。尚未耕種的土地應當收歸國有，重新分配。此外，還要盡力協助耕種土地的人確保收益，畢竟「國王若財政困窘，就會掠奪自己的臣民」。[142]

這些施政指南中特別提到在運作良好的官僚體系裡，必然要任命一位「農業尚書」，「此人必須精通農學、幾何學和植物學，或者由擁有前述專業的人士協助」。「任何一種作物的種子播種之前」，要先浸泡在「有金子的水中」預做準備，還要根據特定的儀節向生主、迦葉波（Kāśyapa）、提婆（Deva）與女神悉多（Sītā）說出特定的祈禱詞。由此來看，雖然阿育王對佛教非常虔誠，但吠陀信仰不僅仍然存在，更是在他死後數十年、帝國衰落時取代了佛教。[143]

總之，重點在於考底利耶，這位兩千年前古印度首屈一指的思想家與文人，明確表示統治者應該保護、管理國家的所有關鍵資源。為此，政府必須關注家畜、手工藝、農業、礦業和商業，以及野生動物、森林、林產與水資源。濫用或損害這些資源的人，要以死刑懲罰。[144]潛臺詞已經呼之欲出：善治才能帶來最好的成果。支撐善治的是社會、經濟與環境永續發展的價值觀。

這樣的訊息與數千公里外的其他人所寫下的內容遙相呼應。西元前二〇六年，漢朝建立。雖然漢代詩歌不常出現理想化的自然，但《楚辭》當中確實提到不少植物的名字，以之作為某種美德的明喻或暗喻。[145]另一方面，幾個世紀前，色諾芬也在《經濟論》（*Oikonomikos*）中說：「對於有能力學習的人，大地樂意把正義傳授給他們；把她照顧得愈好，她就會以更大的利益回報。」[146]他無須明說，讀者也知道此言有深意：過度開發、消耗資源的人不只傷害大地，也表現出他們不配為人。

08 草原的前沿與帝國的形成

（約西元前一七〇〇年至前三〇〇年）

歷史已經凝聚為一體。——波利比烏斯（Polybius，西元前二世紀）

先前提到，自從開始耕種作物以來，人類的聚落與社會模式已經出現巨幅改變。山羊、綿羊與牛的接連馴化也帶來一系列迷你變革，畢竟牲口是穩定的蛋白質來源，提供毛料、皮革，可以供布料、儲藏與新技術所用。畜力的投入形同釋放新的能量，人力投入減少，農產量回饋卻更多，多餘的時間也有了新的用途。

馬匹馴化的影響程度絕不下於前述的幾個發展。有學者嘗言，馬的行動速度比人類快了十倍，「是古典時代大帝國誕生所不可或缺」。[1] 對全球史而言，馬的關鍵影響力並不限於古代時期，例如到了美洲，馬的引進對原住民的衝擊更是難以評估。[2] 馬的馴化帶來最深遠的影響，莫過於人類與環境互動，以及運用、對待環境的方式。

雖然歐洲與亞洲在全新世之初本來都有大量的馬匹，但生態系的變化卻導致歐洲馬匹數量大幅減少——由於氣候暖化，歐洲的草原與苔原退縮，森林擴大，馬匹宜居環境縮小；這或許也是馬匹深色皮毛基因碼出現頻率大增的原因，畢竟在森林濃密的環境中，深色毛皮在陽光下較不顯眼。[3]

歐洲多數地區的馬群變得愈來愈零散，基因也愈來愈孤立，但中亞草原的馬群就不是這樣了，畢竟當地的氣候更適合馬。[4]雖然學界對於確切時間與地點仍有爭議，但最早馴化、育種馬匹的先驅無疑包括西元前三五〇〇年至前三〇〇〇年間，生活在今哈薩克一帶的波泰人（Botai people）。數以萬計的馬骨碎片足以證明波泰人非常仰賴馬匹，而從陶器內留下的厚重脂肪沉積來看，他們顯然很喜歡馬奶。[5]此時已有少數人精通御馬，訓練馬拉戰車與貨車，但從馬頭骨厚實的兩頰與馬齒的磨痕來看，想要馴服、控制馬匹一點都不容易。[6]

不久後，其他地區也開始運用馬匹，像是美索不達米亞，但一開始當地人沒有把馬當成用途廣泛的動物，而是作為珍禽異獸來賞玩。文獻中提到馬，往往是抓來餵獅子，作為地方統治者的餘興節目。[7]整體而言，當時西亞開始出現跟馬有關的文獻與考古材料時，馬的形象都是不可靠且危險的動物。[8]

即便如此，馬拉的戰車仍然是埃及新王國（約西元前一五〇〇年至前一〇五〇年）法老擴張版圖所不可或缺的軍備——《圖特摩斯三世紀年》（*Annals of Thutmose III*）所收錄的戰利品清單，顯示寶貴的戰車既是菁英地位的象徵，也是政治控制的工具。[9]從圖坦卡門（Tutankhamun）的陪葬品中包括六輛完整的「精良〔戰車〕構造」，同樣能看出戰車的重要地位。[10]

周代的詩歌提到英勇的將領，駕著由溫馴的灰點馬匹拉著的紅漆大戰車朝敵人衝鋒，轟隆隆的聲音「如霆如雷」。[11]馬與戰車在古代中國也是恩寵的標誌：約西元前九〇〇年以降，記錄周王室任官或贈與的青銅器銘文中，有三分之一提到戰車的配件。[12]「賜汝……金車、賁較、朱鞹鞃靳、虎冪熏裏、右軛、畫轉、畫輯、金桶、錯衡、金踵、金軛、勅幾、金簟第、魚箙、馬四匹、攸勒、金囐、金膺、朱旂二鈴」。[13]

馬在歐亞大陸各地都有重要的儀式地位。以西臺《尼西林法典》（*Code of the Nesilim*）為例，這部成文於西元前一六〇〇年左右的法典就提到，若人與豬、狗或牛獸交，則應受審並判處死刑，但與馬獸交則不算罪行。[14]馬在遠東地區同樣地位崇高，從印度《梨俱吠陀》的內容來看，馬往往作為獻祭給諸神的祭品，或者為諸神的座騎，或者為諸神拉戰車。[15]

不過，最讓人不敢置信的，還是馬匹文化擴大的範圍之大與速度之快。西元前一二〇〇年左右，以馬匹獻祭的作法已經遍布歐亞大陸從哈薩克到中國西北與蒙古的遼闊範圍。[16]在南亞，獻祭馬匹也是整體祭司階級，乃至於統治者個人強化權威的方式。「馬祀」（aśvamedha，即祭獻馬匹）是重要的吠陀儀式，《百道梵書》（*Śatapatha Brāhmaṇa*，約西元前九〇〇年至七〇〇年間成書）對於馬祀有詳細的描繪。《百道梵書》清楚提到馬匹尤其珍貴，珍貴到書中尊為至高神的生主規定馬只能用來祭祀祂，其他神祇則要用其他動物。[17]

到了約西元前一二〇〇年，御馬與育馬的技術顯然已經相當成熟，人類的飲食彈性與經濟開發程度都因此提高。動物考古學證據進一步指出，馬的數量大增，蒙古與中亞各地隨之出現騎馬的習慣。[18]此時的人類骨骸顯示出腳掌、臀部與附部關節肌肉、肌腱與韌帶大增，而這些部位都跟騎馬有關，佐證騎行流傳的廣度與速度。[19]

引發這種轉變的原因雖然還不清楚，但轉變的時間點正好與黎凡特地區周邊受氣候重組所影響相符，顯見兩者或有關聯。從骨頭膠原中穩定的氮同位素可以看出，在馬匹騎乘出現之前，草原居民攝入的肉與奶主要來自綿羊、山羊與牛。[20]學者發現，馬匹馴化的出現與迅速擴大，正好與黑海—中亞—蒙古開闊草原區特別乾旱的時間相符，可見放牧生活及改以馬為食物、蛋白質、奶類來源與勞力補充的作法，是為了因應氣候條件改變，尤其在蒙古中西部，氣候的高度乾燥有助於旱地草種與草原植物生長，進而促進馬群的發展。加上馬匹可以放牧的範圍很廣，馬又很耐渴，這些都說明為什麼人類會用更多的時間與精力來牧馬。[21]

一邊是新的用馬策略與技術，一邊是愈來愈乾燥的氣候，兩者之間的關係看似言之成理，但其間的因果關係仍相當複雜，難以釐清。無論如何，更重要的是騎馬造成的生態衝擊：此前的放牧經濟是以綿羊為主體，此後牧養的情況變得多元；馬群愈來愈大，需要的草場自然也愈來愈大；聚落模式從半定居明顯轉為四處游牧，牧民的行動力也更上一層樓。[22]同位素資料顯示，反芻動物的草場集中在聚落周邊，馬匹的草場範圍更大，及於草原各地。[23]

正因為有了這些變化，長距離交流網絡才得以成形，帶來並促進思想、信仰與儀式的傳播，以及物品與技術的交流。[24]數百年乃至於數千年來，移動靈活的牧民一直是傳播作物的要角。最早的炭化大麥、小麥與小米種子多是在喪葬環境中找到的（通常是人類的墓葬），這顯示作物的傳播一開始可能與儀式有關，而非作為重要的飲食或熱量攝取來源。[25]

⁝ ⁝ ⁝

截至約西元前一五〇〇年，馴化的小米、小麥與大麥等穀物，已經從亞洲西南傳到亞洲東部，也傳入內亞的山區。[26]小米似乎特別重要，主要是小米生長季短，而且耐旱，尤其很能適應熱天氣。[27]除了食材之外，順著放牧與游牧民網絡傳播的還有銅、錫等商品，以及製陶、冶金等技術。草原各地出現製作方法與風格都很接近的青銅小刀、斧頭及其他人工製品，而這都是「跨歐亞交換」（Transeurasian exchange）機制的一環。[28]

騎馬的引進，想必大為強化各種生態區之間的交流。一方面，牧民會四處尋找更大的草場，引發對於上佳牧草地與水源的競爭；另一方面則是因為騎馬能讓各民族更緊密、頻繁接觸。其中一個效應，就是中亞各地在此時發生徹底的基因替換與混合。[29]另一個明顯的影響，則是出現社會經濟迅速轉型的階段——從草原出現愈來愈細緻的葬儀，還有工藝專門化水準的提高，就能看出游牧人口中社會階級體系的擴大。[30]

部分學者指出，由於局部生態條件與限制，拓墾模式有相當大的變異。例如，夏季降雨豐沛的地方跟土壤肥沃的地方，就會發展出不同的聚落模式；假如有發展灌溉系統，農業就會得到強化，農地隨之擴大。[31]聚落的區域差異也很大，例如草原東部有豐富的農業證據，而西部的農業卻極為受限，甚至微乎其微。[32]

不過，牙齒琺瑯質與骨骸分析顯示，游牧民族已發展出高度分化的經濟策略，而非僅仰賴單一的游牧活動。[33]除了凸顯農業亦是游牧生活的重要環節之外，食物來源的開拓不僅能夠也確實帶來生產剩餘，深深影響草原民族重新思考土地的利用方式，以及跟環境的互動方式；此外，這也幫助學者理解歐亞史乃至全球史的一大題目——游牧帝國的興起。[34]

生活在城市裡的古代文人注意到游牧民族，對他們的生活方式與適應力印象深刻。希羅多德提到「斯基泰」（Scythian）騎士不僅有能力拖慢強大的波斯軍隊，還能有效滋擾，化整為零，與之擇日再戰。對手問斯基泰統治者為什麼一直後撤，不願意正面對決，他說：「我現在的作法與平時的生活方式沒什麼不同。我告訴你為什麼我不跟你打，有城鎮的人會擔心城鎮落入敵人手中，有農地的人會擔心田地荒蕪；但我們兩者都沒有。」這段對話顯然有文人的潤色，但足以傳達牧民與定居對手起衝突時永遠有路可退，把握到草原民族及其打擊範圍內的民族之間的現實。[35]

游牧民族不見得沒有永久性聚落。幾個世紀後一度稱霸、版圖遼闊的匈奴、回鶻與契丹等族群，都有建設或進一步將大型都會區擴大，內有巨型建物、花園、果園與灌溉設施。[36]莫呼查汗溝口（Mohuchahangoukou，位於今中國新疆）空照圖顯示，當地有數以百計的田地、運河、水壩、儲水池與房屋，足以看出機動靈活的游牧社群如何活出複雜多元的生活方式，這些社群不僅靈敏反應出微小的環境與生態變化，更採用能利用這些變化、減少風險的生存策略。[37]

那些提筆為文、談論游牧民族的人，無論是哪個時代、區域或大陸的人，都異口同聲用「野蠻」、「混亂」來形容牧民。曾有蘇美文人說牧民就像猴子，不敬神、在山腳下挖塊菌、吃生肉。近三千多年間，文人說牧民「內心如野鳥走獸」、「沒有人類思維」、「上天所棄」、「罪惡淵藪」，只曉得偷搶他人，有如野狼。[38]寫下這些說法的人住在城鎮與都市，站在城裡人的立場，代表都市知識分子的觀點，自我抬舉的程度有多高，嘲笑他人生活方式的念頭就有多強。

有證據顯示牧民對趾高氣揚的城裡人也不待見，覺得這些人說著甜言蜜語，提供珍寶，卻總是另有所圖。有人告訴自己的兒子，住在要塞裡的人「只能看著天空」，靈魂都被奪走了，千萬別受引誘去跟那些人生活在一起。他告訴兒子，最好跟他們保持距離。[39]

都市社會上層對牧民這種徹頭徹尾的刻板印象，不只是模糊焦點，甚至是忽視事實，無視於混合、彈性、高度適應的生活方式是需要成熟的管理，必須結合決斷力與有效的政策，才能讓共同生活的群體有共同的目標與社會凝聚力。草原社會絕不無知、衝動、缺乏理性，而是高效、按部就班而極為成功。其實連希羅多德也有這種看法：斯基泰人（他用這個詞彙涵蓋所有草原游牧民族）很難讓人懷有敬意，但他們「有一件事情，而且是人生在世最重要的一件事，做得比這世上的其他人都要好：那就是自保」。[40]草原社會深受地方層級影響，不像以城市為基礎的國家是由官僚菁英掌控，權力劃歸中央，由權威主導決策過程。[41]

當然，定居與移動社會的關係中最不可思議的，就是它們的相互依賴。放牧的人不能離需要或想要奶製品、肉品、毛皮、馱獸、馬匹等畜牧產品的消費者太遠。消費者的需求並不一致，而他們的需求也反映出地方的標準、品味與氣候。比方說，相對於中亞，中東飲食對於奶與蔬菜的需求更多，而中亞的肉類消費則明顯高於中東。[42]

各地雖有差異，但交換模式的運作則相當類似。牧民提供食物、原料與商品，換取有助於鞏固社會階層和部落領導人權威的奢侈商品與器物，一方面讓領袖能展現地位；一方面能用這些奢侈品獎賞家人、親族團體與整體人際網絡。[43]草場為集體共有，動物為個人所有，牲口的組成種類與體型也成為個人威望的來源。[44]

⋮ ⋮ ⋮

今日中國西部與北部地區在當時有著頻繁、活絡的交流，一邊賣的是畜產與牲畜；另一邊賣的則是絲綢、黃金與青銅飾品、陶器，以及其他專門為「游牧風格」設計、銷往塞外市場的物料。[45]此時渭河與黃河流域的墓葬中常常出現光玉髓珠，這些珠子八成是在美索不達米亞加工的，由此可以佐證當地與西亞的關係也很密切。[46]長途交流中交換的不只是原物料，還有新思想、新設計的引進——例如獅鷲（griffin）主題，就從愛琴海、東地中海與波斯一路傳到東亞與南亞。[47]

大量寶螺的發現（也許來自中國南海岸，不過印度洋的機會更高），可以證明當時的物流與人流不只沿著陸路廊道移動，而是海陸全面的提升。平民的墓葬裡找到寶螺，可見交流網絡與社會經濟擴張的程度之大。[48]人們向來認為寶螺是某種形態的通貨，但其價值顯然跟裝飾、儀式與喪葬功能更有關係。[49]

總而言之，地形、環境與氣候深深影響生態與文化的邊界，尤其是東亞游牧與定居社會之間的關係。雖然漢語史料每每用負面甚至詆毀的口吻去刻畫游牧民族及文化，但畜牧業擴大到距離城鎮不遠的地方，顯然也讓城市居民有辦法養活自己，並取得紡織、毛皮原料——這比奢侈品的流通，或是藝術風格的傳遞來得實際、重要許多。

所謂的長距離貿易網，其距離都是從數百公里起跳，甚至長達數千公里。學界一直都注意到牧民對於貿易網絡的創造與活絡有重要影響，不過近年來部分學者希望強調游牧的多樣性，認為不能把游牧過度簡化為長時期、區域間與區域內一貫的行為延續。[50]有些學者更進一步，希望凸顯牧民不只提供有別於定居社群的另一種生活方式，而是兩者互惠互利，共同構成整體。游牧非但不是城市生活的對立面，反而多方刺激城市的發展，既提供城市亟需的商品與原物料，又為另一方帶來威脅，促成社會、政治與軍事的鞏固。[51]

整個戰國時代，尤其是西元前四至前三世紀期間，游牧民族扮演著不可或缺的角色。有一位學界泰斗用極具說服力與動人的言詞，說明整體草原民族在這段時間變得愈來愈重要，尤其是他們所豢養的馬。戰國時代，各國彼此為敵，國君對資源的索求近乎無限，馬是當務之急，但其他動物也很重要，像是搬運軍備的馱獸——這些輜重不只甲冑，還有車夫、馴獸師、鞍，以及用途多元的布料與皮毛。[52]

騎射改革與各國之間的競爭，只會讓需求進一步提升。文獻中提到各國對於草原民族的依賴愈來愈高，充分證明牧民在軍事與戰略上的重要性，以及兩千五百年前雙方交易的規模不斷提升。[53]另一個跡象是戰術與戰略規劃的改變，其中最重要的或許就是修築厚重的防禦牆：一般認為築牆的目的在於把野蠻的入侵者擋在牆外，但個中原由很可能是擴大國家控制的領土，以確保供應來源。[54]

這種情況放到其他背景中也能成立。西元前五年，修昔底德（Thucydides）在著作中探討希臘的起源，以及某些城市何以如此強大。他認為關鍵在於守住肥沃的土地，以及累積農產剩餘的能力與必要。修昔底德指出，築牆是重中之重，強者靠築牆主宰、制伏他人，過程中財富與勢力隨之提升。[55]

美索不達米亞亦然，建設防禦工事的重點不只是防禦動機，更是為了控制最好的土地與勞動力。事實上，只有兩種方法能提升城市、國家與政體的實力：一是提高產量，二是併吞其他的農地。[56] 競爭的態勢會推動技術演進與政治中央集權的過程。首先，若要因應鄰近國家的威脅，就不能沒有適合的防禦與進攻戰略，而有能力解決問題的人，地位自然水漲船高。對手的挑戰必然會刺激中央把資源抓得更緊，以推動擴張或抵抗政策。其次，城市、國家與聚落變得更大、更複雜之後，就會發展出能統合、收編、同質化的體制，創造獨特認同，鼓勵整合、社會互動，並激勵合作。從官僚制度到文字體系、從教育到宗教，都是前述體制的一種。說來弔詭，不過軍事威脅與戰爭的影響不容小覷：這兩者都會帶來創傷，耗費巨資，進一步讓既得利益者更有優勢，但也非常能維繫眾人，推動常態的發展與演進，以及某些學者所謂的「超社會性」（ultrasociability）。[57] 外部威脅讓人提心吊膽，但也提供合作的理由，而合作對於集體認同的形成與鞏固來說至關重要。

⋮ ⋮ ⋮

世界各地都有相同的脈動。不過，最為勁亮的脈象，都發生在靠近草原的地方。有馴化的馬、宜人的生態條件，加上草原民族與城市間更活絡的交流，農業國家與「對應」的游牧聯盟的交互作用，顯然是亞洲多個地點發生迅速轉變的契機。自從採用成熟的騎兵戰術，以及馬鞍、馬鐙、複合弓等創新之後，游牧民族也就有了襲擊、壓榨周邊國家的能耐，而鄰國也因此調適、採用騎兵戰術，兩者的競爭實無異於軍備競賽。農業國家的效率因此提升，反過來刺激游牧民族強化實力，也讓後者潛在的回報變得更誘人。[58]

兩者之間的競爭化為兩股向心力，催動雙方大規模對外擴張：西元前第一千年期期間，一連串的弱國與四夷遭到併吞，而最大的農業國家則是在此時擴大四倍有餘。同一種推動力也帶來游牧集團的凝聚，形成更大的集團，像是歐亞草原的匈奴，或是稍後出現在滿洲的扶餘，抑或是朝鮮半島的朝鮮。不過，文獻中提到的這幾個名字，都是各自政團中的主導集團，各自底下其實還有複雜而多元的身分認同。這幾個游牧聯盟也和農業國家一樣，變得更加強大，控制更大的領土。[59]

作為馬匹、肉類、乳品、布料、皮革等原物料的供應者，游牧大集團的重要性愈來愈高，同時間城鎮與定居民即便版圖擴大，仍然受限於土地的產能；此外，草原領袖的追隨者需要更多上佳的草場與牲口，隨著領袖控制的資源愈來愈多，自然就更能制衡追隨者，也更能與想要、需要農產品的人喊價。當然，資源與人力強化之後，游牧集團自然更有能耐襲擊、威嚇其他部落與鄰國。對所有人來說，戰爭都有提升凝聚力的功效。[60]

這樣的結果既耐人尋味又充滿危險，而且不只古代如此，現代亦然。比方說，歷史上的前幾個大帝國，都是在草原鄰近地帶形成的。當然，「帝國」的量化與分類方式固然充滿問題，但根據研究在過去三千多年間的大帝國當中，仍有八五％左右是在歐亞草原或周邊發展出來的，顯見地理環境以及運用不同種類的土地、運用方式各不相同的民族之間的互動有多麼重要。[61]作為游牧民族的家園，草原絕非不毛惡地，而是帝國擴張的催化劑。

透過模擬預測與統計分析等新方法來理解過去，就能凸顯出生態與地理因素，對於複雜、宏大的人類社會的形成有絕大的影響力。尤其是密切的相關性：一旦某地區農業歷史悠久、戰爭頻仍，社會就會受到壓力做出因應，帝國通常就出現在這樣的地方。草原地帶不僅能創造契機，更是能帶動中央集權與成長的態勢。[62]

對於中國史來說，草原不只是推動歷史的重要因素之一，甚至可說是最重要的因素。一位史學泰斗曾說，三千五百多年來，中國歷史上的盛世幾乎都是從北方展開的，重要的「統一事件」都始於北方，唯一的例外是誕生於華中的明朝，但明朝的建立自有其重要脈絡，這一點在之後會談到。[63]

地形是關鍵。北方在中國史上不成比例的重要性，可用平坦的地勢加以解釋。由於北方缺少天然屏障，因此有利於軍事攻擊與政治鞏固，對農業國家或游牧集團皆然：一八〇〇年以前，所有的重大入侵皆來自北方。也就是說，這片平坦土地的地理特徵不只讓游牧民族可以一再入侵（甚至是更糟的情況），也有助於單一中央集權國家的出現。當然，中國史還是有分裂期，但大勢還是統一，政治中心試圖捍衛、控制，然後擴大其邊緣。[64]

這股中央集權的驅力創造出一套以統治者和朝廷為基礎的「輻輳體系」，核心的力量取決於資訊的有效傳達、標準化的官僚機構，以及（相當罕見的）單一語言與書寫體系，核心再下放有限的權力給外圍。不過，這種體系的弱點在於人口水準與經濟產出會高度波動，面對內部壓力時適應力也相當有限。也就是說內部會動亂不斷，王朝更迭，個別統治者遭到罷黜。[65]儘管如此，中國的情況仍然跟歐洲大為不同，不像歐洲鮮少有大國，即便有國祚也不長。無盡的統一過程不只吸引現代人，當時的人對此也很有興趣。近年來透過模擬預測，可以看出整個東亞乃至於位於今天中國境內的群山，也是統一過程的一個因素。西元前三世紀的秦國宰相呂不韋提到萬國曾經存在，如今卻只有幾個國家留下來。他認為，其他國家是因為「賞罰不當」所以遭到併吞，但這個說法不太有說服力。呂不韋死後，各國版圖愈縮愈小，秦國擊敗敵軍，滅六國，建立中國史上的第一個帝國。[66]

草原地帶從黑海北緣橫跨中亞，遠及太平洋海岸。草原與相接壤、鄰近地區的關係，不僅讓我們對帝國的演進有更深的認識，也能解釋大國之所以沒有形成的原因。放牧（包括馬匹）跟乾草原可謂天造地設，但熱帶氣候下很難放牧，甚至根本行不通，畢竟熱帶沒有豐美的牧草，牲口沒有充分的食物來源，更何況熱帶盛行動物傳染病。[67]

這也說明帝國為何難以在印度扎根。法國歷史學家喬治・杜比（Georges Duby）曾說印度是「無帝國之地」（le lieu de non-Empire）。當然有些明顯的例外，例如西元前三世紀阿育王統治時期，以及五百年後的笈多（Gupta）王朝。然而，印度次大陸卻不像東亞與西南亞，後兩個區域的趨勢是政權的鞏固、擴張與中央集權化，而馬的馴化與政治的競爭則近一步強化這種發展，但印度大部分時期不僅缺乏，甚至是根本沒有這些動機。[68]

生態因素是缺乏前述動機的關鍵：由於氣候模式差異甚大，南亞與東南亞河流很難稱得上穩定，加上河流經常會淤積，堵住原本流水量大的水道，形成難以捉摸的沖積扇。湄公河與伊洛瓦底江的出海口範圍在一年之內落差超過五十公尺寬；爪哇島的梭羅河（Solo River）長度只有萊茵河的四〇％，含沙量卻大約是六倍。[69]城市生活因此非常困難，東南亞的大型都市聚落經常會瓦解，人去樓空，甚至連麻六甲、巴盧亞斯（Baruas）與巨港（Palembang）等要地也不例外，而這種情況直到近代早期還會出現。[70]南亞的商業重鎮與政治都城也因為難以適應環境變遷而消失，例如水源供應不足、河川改道，或是其他水文挑戰。坎貝（Cambay）、卡瑙傑（Kanauj）、提颶（Debal）、卡耶爾（Kayal）與高魯（Gaur）等大型集合城市，就是出於類似因素而形同廢城。[71]一位頂尖印度史學家曾說，「印度終究是諸城的墳場」——這句話放諸南亞與東南亞半壁皆準。[72]

不穩定的氣候條件，讓人難以為灌溉系統選址，無怪乎南亞與東南亞的農產剩餘向來不多，城市自然難以蓬勃發展。[73]十四世紀大探險家伊本・巴杜達（Ibn Baṭṭūṭa）的經歷卓有見地。一三三〇年代，伊本・

巴杜達走訪德里，稱當地為「印度國的都城，金碧輝煌，結合了力與美」。德里是「印度諸城〔mudun al-hind〕之最，甚至是伊斯蘭東方最大的城市」。誰知六年後伊本・巴杜達再度造訪，卻發現德里「人去樓空……杳無人煙」。曾經「一望無際的城市」，如今淒涼無比，「居民四散」。[74]

這番話固然有誇大成分，畢竟他描述的是蒙古人襲擊過後的德里，但城市突然瓦解或遭到棄置的情形，的確頻繁出現在各個時代的文獻中，就像創立蒙兀兒王朝（Mughal dynasty）的巴布爾（Bābur）在《巴布爾回憶錄》（*Bābur-Nāma*）所言：「印度斯坦下至村莊，上至城市，都可以在一夕之間出現或消失。就算是住了很多年的城市，要放棄也就是一天的事，搞不好只需要半天，連一點痕跡都不剩。」這種情況當然會影響城市的選址，以及相應的基礎建設（或者沒有建設）。巴布爾寫道：「就算他們有建城的意思，也不認為必須挖掘灌溉水渠或修築擋水堤……。不用蓋房子或築牆。他們直接拿一大堆稻草和用不完的樹來蓋小屋，一座村莊或城市就此誕生。」[75]

知名探險家塞薩雷・費德里奇（Cesare Federici）的作品在英格蘭流傳甚廣，費德里奇曾在一五六〇年代造訪印度，勾勒出的畫面與巴布爾非常類似。他說：「貝脫（Buttor）的居民年年都在蓋村拆村，他們用乾草搭建房舍、店鋪與各種所需建設。船開到貝脫之後，他們就蓋起村子，等到要準備離開前往印度群島，大家就會回到各自的房子處，一把火把房子燒了，看得我目瞪口呆。」[76]

⁝ ⁝ ⁝

對於南亞和東南亞來說，潮溼的季風氣候還有其他影響，例如讓當地有大型熱帶森林，得耗費極大的勞力與時間才能整地。缺乏草地，意味著馬匹難以育種與養牧，大規模進行更是難上加難。取得馬匹是統治者的當務之急，尤其馬匹是一大軍事助力，無論是騎兵或戰車都少不了馬。當局非常重視馬匹的取得管道，上好的馬從西北引進，大約是今天的伊朗、阿富汗與巴基斯坦。考底利耶在《政事論》裡提到，適合上戰場的馬匹裡，莫過於來自犍陀羅（Gandhāra）、信德（Sindh）、旁遮普（Punjab）與瓦納瑜（Vanāyu，可能是波斯）的良駒，其他地方的馬則良莠不齊。[77]換句話說，印度統治者的發展潛力，受到取得馬匹的能耐所影響，而取得管道又與產地的距離有關。

難怪在工業時代以前，印度與鄰近地區之間貿易發展的主軸，向來都跟馬匹的引進有關，尤其是中亞的馬匹。[78]還記得中國史深受北方游牧民族活動所影響嗎？類似的影響力也左右著印度的命途。每當草原民族往南擴張，造成的衝擊有目共睹。約兩千年前成立的貴霜帝國（Kushan empire，約西元一二七年至一五〇年間，迦膩色伽〔Kanishka〕統治時為極盛期）就是個明顯的例子，另一個例子則是根源於中亞、目光焦點也放在中亞的巴布爾與蒙兀兒王朝。[79]

這不代表印度沒有集權或領土擴張的情況，畢竟生活在草原的人與周邊的人關係總是複雜，只是說過程的強度沒那麼高，範圍也沒那麼廣。低強度、小範圍是其中一個不同，另一個不同則是適合疾病發展的環境，熱帶氣候可謂傳染病猖獗的關鍵。人口趨勢因地區、病原體棲地與跨物種感染（疾病畜傳人的重要環節）的情形而有明顯的不同。歐洲與美洲病原體歷史的研究可謂豐富，但亞洲的相關學術研究卻極為有限。我們對於亞洲整體病原體發展的認識之所以受阻，一方面是因為學術研究數量少，另一方面則是因為大部分古遺傳學研究都是以歐洲的樣本為基礎。[80]

問題實在太多了，例如不同株的瘧疾、結核病、天花、鼠疫如何發展、在哪發展，以及不同的區域與亞區域如何、為何、何時受到這些病株的影響。[81]此外，由於實際致死率與可能致死率難以準確估計，因此無論爆發的是哪一種疾病，都只能模糊、謹慎地推斷對於人口成長的影響。即便如此，不同的地理、生態與氣候仍然可以作為背景與脈絡，有助於解釋古代及其後社會發展何以出現區域性變異。

美洲的情況也一樣，有各種不同的結構在兩千多年間浮現。南美洲安地斯文化初期的一些實體，例如莫切（Moche）、瓦里（Wari）與蒂華納科（Tiwanaku）之所以會出現，背後的驅力顯然是為了控制資源而起的競爭與敵對。這些實體的菁英群體藉此確立自己的權威，運用戰爭、宗教與其他社會規約來創造更廣泛的認同，手法與歷史上的美索不達米亞及其他地方的菁英並無二致。[82]

大約兩千五百年前，墨西哥灣上下開始有了貿易活動，區域性的酋邦應運而生。部分酋邦因為競爭、征服、併吞而擴大成國家，或是類似國家的實體，在分權委任與發展行政管理能力上都有一日之長。[83]其中一個例子是今人所說的「歐美克」（Olmec）文化，盛期在約西元前八〇〇年至前五〇〇年間。所謂的歐美克文化，指的是當時中美洲與墨西哥居民的一種藝術風格，而非居民的社會、族群或語言身分認同。歐美克文化最重要的城市是拉本塔（La Venta），以主廣場為中心，廣場上有一座三十公尺高的金字塔，一座三百公尺長的儀式用高臺讓菁英展現權力，以及稱為「集體獻祭室」（Massive Offerings）的墓室。集體獻祭室的設計與裝潢，是為了呈現宇宙的樣貌與食物之父——玉米神（Maize God）的核心地位。[84]至於在奎略（Cuello）與恰帕德科佐（Chiapa de Corzo）等遺址，綠岩的地位尤其崇高，像是翡翠、蛇紋石與片麻岩。[85]

對中美洲許多地方來說，玉米一直是神奇的材料。馬雅創世故事《議會之書》（*Popol Vuh*）提到，眾神把世界從寂靜、無波的深水，化為一處能提供其所需的地方。祂們創造動物的過程並不順利，最早創造出來的動物是鹿、鳥與美洲獅，但牠們講不好話；眾神接著笨手笨腳地試著用泥土造人，但成果也不怎麼樣。「還是做不好，一捏完就解體，攤成泥團。」這種早期人類只能講幾個字，「但沒有知識。而且因為不夠結實，碰到水就化掉了。」[86]

第三次嘗試也是徒勞，眾神用木頭為材料，造出來的人雖然能生養兒女，但他們既無知，也沒有認知能力，「在眾神的手上與膝上」爬來爬去。幸好第四次終於成功，這回眾神用上神奇的材料——玉米，造出最早的人類。造出來的人「會行走，會交流。他們能聽，能夠在行走時將東西拿在手中。他們是絕佳的天選之人。」這些人有意識，也有吸收知識的能力。尤其這些受造物不只能為了自己的益處而耕地，還能達成眾神的目標，滿足祂們的需求。[87]也就是說，玉米不只是寶貴的食物，更是智慧生命的奧祕所在。

西非亦有其特色，無論是都市演進、人與人的合作，還是社會體系的觀念，都有自己的節奏，而非對其他地方的模仿。無論是西非，還是非洲大陸的其他地方，向來都不是學界研究早期城市的主流。[88]事實上，目前學界對薩赫勒（Sahel，銜接北方沙漠與南方莽原之間的過渡帶，橫亙整個非洲大陸）的研究，都強調這個區域的社會是獨特的政體，運作方式與同時期世界的其他地方大不相同。[89]

在撒哈拉以南非洲，鮮少出現政治集權、社會階級與國家彼此併吞的跡象。無論是都城、社會上層的住宅，或是設計來鞏固中央全力、促成民眾合作以解決外來威脅等問題的行政機制，都少得出奇。[90]提希特傳統文化（Tichitt Tradition）堪稱是西非早期複雜社會的絕佳範例。約西元前一〇〇〇年，數十個大型聚落出現在茅利塔尼亞南部提希特（Tichitt）、瓦拉塔（Oualata）斷崖沿線，一路延伸到尼日河三角洲，幾個聚落都有乾砌建築物。一般認為，人口的增加與可耕地的減少將促成集權化，但根據提希特文化最東端的聚落——達內瑪（Dhar Nema）的考古發掘來看，情況顯然不是如此，幾乎沒有跡象顯示土地不敷使用，造成壓力。此外，各種生活方式出現在從提希特到南方的梅瑪（Mema）等地，顯見把居民貼上「定居」、「移動」或「半移動」等標籤，會有過度簡化的風險。[91]無論在古代還是後來的時代，大型聚落與周邊地區的關係都很複雜。[92]

社會變化也很複雜，不僅隨著時間而改變，甚至經常性、持續性做出調整，其原由往往是氣候變遷。促成提希特文化開花結果的關鍵之一，似乎是撒哈拉的乾燥化，導致人口聚集在較潮溼的地點，而適應的成果就包括珍珠粟的馴化。約西元前五〇〇年，氣候格外乾旱，導致家庭、群體與個人逐漸往外離散，尋找比較穩定的環境條件。[93]學界認為，這場離散後來構成迦納帝國（Ghanaian empire）的核心，該帝國崛起於約西元三〇〇年，直到約一一〇〇年都很興盛，而這段期間的西非氣候也特別宜人。[94]

前述區域重鎮之間的差異，主要在於它們彼此聯繫或者不相往來的方式。以美洲來說，幾個活絡的網絡彼此距離太遠，難以有效互動，甚至根本沒有互動，直到歐洲人在十五世紀末、十六世紀初到來才有所改觀，這意味著中南美洲各文化是個別發展的。西非則大不相同，局部與區域層級的交流都很密切——遠道而來的奢侈品則形塑品味與風格。[95]不過，無論是這些交流的強度、區域之間互相依賴的情況，還是互動、互賴所創造出的挑戰與契機，甚至是影響，都跟其他地方不在同一個量級。

希臘歷史學家希羅多德嘗言，姑且不論為何拿三個女性的名字，把三個大陸命名為「歐羅巴」、「阿非利加」與「亞細亞」，他認為分別取三個名字的作法本來就很愚蠢，畢竟這三者其實是一塊大陸。[96]他關注的不是地理形勢，而是生活在這些地方，在此爭鬥、做生意、彼此雜處、形形色色的人，以及這些人彼此的關係、借鑑與風俗。羅馬演說家與文學家西塞羅（Cicero）對希羅多德的才華讚不絕口，封他為「歷史之父」，但普魯塔克（Plutarch）等人則抱持不同觀點，說他的說法既不準確又充滿偏見，應該叫他「謊言之父」才對。[97]

不過，比較重要的應該是古代世界中學者與文人抱持多麼不同的看法——雖然他們提供的資訊不能盡信，例如曾有中國正史說羅馬帝國「其王無有常人，皆簡立賢者。國中災異及風雨不時，輒廢而更立，受放者甘黜不怨。」[98]這種看法是天馬行空，甚至是一廂情願。此外，也透出人們擔心不利的氣候可能造成的問題，這一點特別有趣。不過，他們的說法證明彼此重疊、互相翻合的網絡，終將把地中海、波斯灣與紅海、中亞、南亞及東亞連成一氣。

思想、信仰由此傳布，貨物、人流開始交換。比方說，我們知道古羅馬的馬祭跟印度的馬祭非常類似，例如挑選競賽獲勝的賽馬為祭品、儀式性將馬肢解，以及馬祭與精神、物質福祉的關聯。[99]這些相似處透露出世界各地的消費模式，以及對類似產物的需求。西元前二世紀，歷史學家波利比烏斯思索自己所身處的時代時，想到的就是這種關聯。他說，過去一度「可說是一連串互不關聯的事件」。但這種情況已經不再，全球化程度漸增，新的篇章就此展開。如今「歷史已經凝聚為一體：義大利與阿非利加的事情跟亞細亞和希臘的事情有關，所有事件彼此聯繫，終將匯聚於一個終點」。[100]無論在今日還是遙遠的古代，生產、環境開發與對待環境的方式都會受到全球化的影響。

⁝　⁝　⁝

這些聯繫不盡然都跟野生動植物、生態與信仰有關，但這三者提供的線索都足以讓人回溯兩千年以上的歷史。比方說，數世紀以來的學術研究所塑造出的傳統觀點，基本上是把早期猶太文獻擺放在地中海脈絡中，但來自東方的動植物，如大象、孔雀、猴子、石榴，以及布疋、象牙等材料，卻在其中占有重要的地位。希伯來聖經除了反覆提及亞洲的財富與亞洲的統治者，似乎還有來自印度的智識與民間傳說。[101]

天堂與地獄、天啟末世、最後審判、天使、普世神、肉體的復活等概念，顯然是從瑣羅亞斯德信仰中得來，而後者的靈感則是更古老的傳統。[102]有些著名的故事，例如所羅門王仲裁兩名女子爭孩子的事情，就跟佛教《巴利三藏》藏語譯本中出現的故事出奇相似。泰米爾語《愛詩》(*aham*)的研究，則透露出《聖經・雅歌》與其內容有多麼雷同——《雅歌》裡出現從南亞借用的詞彙，甚至一直沿用到希伯來語版本的故事裡。[103]對於猶太教、基督宗教與後來的伊斯蘭信仰來說，來自亞洲的影響力皆不可小覷；學界往往忽視這一點，總是把焦點放在地中海，而不是往更東方去探索。[104]

他們哪裡知道，幾千年前的人才不會用這種狹隘的眼光看事情。二世紀的文人保薩尼亞斯(Pausanias)如是說：「就我所知，最早提出『靈魂不滅』的是迦勒底人(Chaldaians)與印度的巫師，而他們認為柏拉圖是最重要的希臘人物。」[105]他們或許也為恩培多克勒等學者提供思想的沃土，恩培多克勒主張不應殺害活物，因為活物的靈魂會在死後轉生，也許轉生為獅子，也許轉生成「枝葉茂密的月桂樹」。[106]

這種交流是雙向的，保薩尼亞斯著書立說時，印度也接受希臘天文學家所建構的行星運行模型概念；以希帕庫斯(Hipparchus)等學者的研究為基礎的天文學文獻，不只影響深遠，在後來的幾世紀間更是成為通說。[107]

共通的信仰與習俗觀念也漸漸演化出來。比方說，紋身在人類史上有悠久的歷史，提洛阿爾卑斯山區(Tyrolean Alps)與南美洲的新克羅文化(Chinchorro culture)有案例以外，《尚書》等漢語文獻亦有提及，顯見各大洲的人都懂得紋身，其歷史甚至可以回溯數千年以上。[108]隨著時間過去，紋身開始有了不同的涵義。漢人社會認為紋身是蠻夷的行為，「文明」之人不會做這種事。[109]然而更往西走，紋身就變成奴役的表徵。埃及與美索不達米亞的戰俘、囚犯與奴隸，要烙上奴隸主所屬教派的名字。也許這就是《妥拉》禁止紋身的習俗，當成「為奴的記號」的緣故；《依撒意亞先知書》(*Book of Isaiah*)雖有一處提到准許在身體上做記號，但那是順服天主的記號。[110]西元前五世紀，波希戰爭中遭俘的希臘人，會被俘虜他們的人刺上記號；雅典人征服愛琴海，遠達西西里島，他們也會在被征服者身上紋身。[111]

貿易網讓各個區域產生緊密關係，此時若有一地的供需出現起落，則各地都會經歷動盪、短缺與價格波動。巴比倫出土的大量楔形文字泥版，提供大麥、小麥、毛料等商品的物價資料，此外還有奴隸贖身的價格。研究楔形文字史料之後，可以看出亞歷山大大帝橫掃中東、中亞大片地帶之後，引發劇烈的通貨膨脹，物價高點維持二十多年——原因可能是亞歷山大的財政政策使然、可能是他把銀子大方分給追隨者，但更有可能是西元前三二三年亞歷山大死後，後繼者為了爭權而大撒幣的緣故。[112]

密切交織的海洋世界也在成形——根據佛陀本生故事的描述，早在西元前三〇〇年，就有重達七十五噸的船隻載著商人與貨物，往來於孟加拉灣內。不過，海洋東南亞與大洋洲的南亞語族才真正達到「主宰季風」的成就。他們渡越太平洋，殖民範圍遠至復活節島，運用累積的經驗，最後打造出吃水量達四百至五百噸、長五十公尺的大船，足以克服艱難的海象。三世紀的漢語史料表示，由於船隻設計與船員的操船功夫使然，他們可以「行不避迅風激波，所以能疾」。[113]文獻的作者沒有提到這種功夫為何這麼重要：一旦不受風向、海流與天候所囿，就能突破季節的限制，前往新的世界。

太平洋就是這樣的新世界，西元前一千年左右，斐濟等島嶼的人口大幅增加，地貌與自然環境因此大幅改變。新的研究顯示，當時的人有意識地整地，來自海外的移民則在有意無意間引進新的植物。由於新的地貌與刺激因素使然，本地的蜂群因此蓬勃發展。[114]

若要說明航海工藝技術進步所帶來的強大衝擊，最好的例子就數婆羅洲與今天印尼所在地的居民，在兩千多年前移居四千多英里外的馬達加斯加。父系Y染色體系譜與母系粒線體DNA系譜留下的痕跡極為明顯，創造出的基因混合對於了解整體的人流、基因與人類學來說極有助益。[115]除了基因以外，語言也會透過這些往來而流動：馬達加斯加的主要語言，馬達加斯加語（Malagasy）借自非洲的班圖語，但其優勢祖源卻來自東南亞，九〇%的基本詞彙與馬安亞語（Maanyan，南婆羅洲與巴里托河〔Barito River〕周邊使用的語言）共通。[116]

人類遷徙、語言、生態系這三者之間的關聯不僅重要，而且影響深遠。近年來，學者針對語言學與古植物學加以比較研究，提出新的模型，說明將蔬菜栽種從薩赫勒帶到非洲南部的人，跟沿著莽原廊道傳播班圖語的是同一批人。[117]對胡桃木的研究也顯示，隨著地貌的改造、造林、聚落的建立，或是聚落因貿易、移民或征服而擴大的過程，人為的植物散播與生態系改造的路徑也在亞洲的脊梁縱橫交錯。追溯伊朗與外高加索的原生種往中亞、中國西部與東部、地中海開枝散葉的過程，普通核桃的種群結構與人類語言多樣性之間的關聯也就呼之欲出：胡桃基因的散布與語言演進之間的重疊，有助於顯示植物與人類的作用如何在數千年間改變生物多樣性與生態體系——同時在語言上留下痕跡。[118]

當然，除了人類之外，各式各樣的動物對於種子與植物的散布也有強大的推進作用，牠們的動態、生活方式及因應氣候條件的方式，同樣對全球自然史有深遠的影響。[119]差別在於這種重分配並無秩序：人類的活動與病原體、微生物、昆蟲及齧齒類的擴散基本上都是在無意識、不可見的情況下發生的。但無論是尋找更有耐受性的作物，還是更豐富的碳水化合物與蛋白質來源、更可口的食物、藥用材料，或是為了提供助力而尋找更多用途的馱獸，這些都會不斷影響生態系和植物的擴散——今日，數以百萬計的人靠著栽種原生地為東南亞、近大洋洲及南美洲的塊莖、穀物與果實維生。這些植物不只成為主食的一環，更因為能夠適應各種艱困的氣候與生態條件，又能在低勞力投入的情況下產出可靠的食物產量，就此稱霸全球的熱帶農業。[120]

易言之，會集中、簡化、鞏固的不只是政治制度與人類社會。植物、作物、蔬菜、水果、香料與花卉——還有駱駝、馬、水牛、驢等動物——既是聯繫亞洲、歐洲、非洲的貿易與交流網絡的一環，也是不斷重整的動植物群大環境的一部分。[121]人類的欲望與需求，就是這一切最主要的驅力。

09 羅馬溫暖期

（約西元前三〇〇年至西元五〇〇年）

你不難想見，我人一回到自己的葡萄園，那瞬間有多麼感動。——塞涅卡（Seneca，一世紀）

人類面臨的挑戰當中，「缺水」的難度想必是數一數二。用水壓力當然跟耗水量密不可分，而人口聚集的程度則會把壓力放大。社群一旦因為降雨量異常低下、河川改道、資源過度開發或浩劫而缺水的話，飢餓、疾病與死亡馬上就要臨頭。因應的方法之一是預測問題，對資源的所有與分配進行社會改革；另一種則是飲水與糧食儲備，以求降低災難的風險。

沒有前兆的氣候轉變，往往會造成社會動盪，此時損失最大的就是社會階級體系的頂端——也就是說，如果未雨綢繆，他們也會是收穫最多的人。埃及托勒密王朝的統治者可謂個中翹楚。托勒密家祖上原為亞歷山大的將領，在亞歷山大死後掌權。他們費心跟祭司階級達成共識，因此得以在危機時保有、恢復其控制權。[1]

托勒密王國到處都豎立明詔，知名的羅塞塔石碑（Rosetta stone）便是其中之一。這種處處是榜文的情況令人印象深刻，一方面證明王室與祭司圈的關係；另一方面則具有重要的統計意涵：立碑的情況與大型火山爆發有強關聯。熱帶地區的大型噴發，會影響尼羅河的年度洪氾。西元前三世紀初的莎草紙文獻上，作者哀嘆「農民泰半餓死，土地盡皆乾涸」，而此時也出現土地大量拋售的情況，暗示人們急著周轉，籌錢繳稅、盡其他義務，因應整體社會經濟壓力，這些都能作為佐證。[2]此時，埃及統治者無法像過去一樣說服社會賢達與自己站在同一陣線，只能放任叛亂蔓延，跑到祭司地位崇高的底比斯城（Thebes）避風頭。過了幾十年，治安才終於恢復。[3]

火山爆發固然會嚴重影響尼羅河，影響靠年度洪氾過活的人，但我們也不能忽視埃及曾多次經歷水位遠低於平均值，卻沒有發生災情的案例。也許是糧食儲備足以避免大規模饑荒，也許是緊急措施奏效，就像三十多年前托勒密三世（Ptolemy III）費盡「九牛二虎之力」，進口糧食以「拯救百姓」的作法。也就是說，重點在於當權者如何因應出乎意料的困難，以及如何做出財政、社會與政治以化解挑戰，而不是眼睜睜看著陷入混亂。

當然，不見得每一場氣候事件都能相提並論。光是火山爆發，爆發的位置、規模，以及是在一年裡的什麼時間點爆發（這一點未來會談到），都會有不同而巨大的差異，而發生在北半球夏季的異變通常影響更大。即便是相當局部的地理區，受到的衝擊也不會一致。研究地中海的學者已經充分說明，同樣是地中海，不只不同海域的生態條件大不相同，甚至連隔壁海灣都不一樣。[4]因此，把氣候變異的不同階段、變化過程與調整所造成的衝擊統統一概而論，會是大有問題的作法，更別說把現有情況預設為「正常」了。

即便如此，強烈爆發還是會造成強烈影響。西元前四十三年，阿拉斯加奧克莫克（Okmok）火山繼兩年前短暫的大爆發之後再度猛烈噴發，這一回估計持續數月至兩年。地中海周邊有人把受到的影響記錄下來，許多文人提到陽光微弱，有時天上看起來彷彿有三顆太陽（想必是空氣中火山粒子數量使然），果實非但無法成熟，反而因為寒冷的天氣而萎縮。[5]

從北極冰芯與中國東北碳沉積，以及斯堪地那維亞、奧地利和加州的年輪中解讀出的資料，顯示氣候突如其來的巨變。從電腦模擬來看，歐洲南部與非洲北部部分地區氣溫滑落或達七°C，而這或許能解釋地中海傳統穀倉——埃及的農產量為何會驟降，因為西元前四十三年與前四十二年，尼羅河因為降溫而未有洪氾。缺水、饑荒、瘟疫、通貨膨脹、遷徙、土地荒廢與人口減少，都重創埃及政府。[6]正因為如此，當時的埃及統治者克麗奧佩脫拉（Cleopatra）女王承受的社會與政治壓力愈來愈大；若要理解托勒密王朝的倒臺、羅馬併吞埃及，以及羅馬轉型成為帝國的那道分水嶺，這些因素都是關鍵。[7]

部分現代學者指出，對於異常氣候條件的描述多半大同小異，而且經常是天下文章一大抄，抄的時間點有時距離事發已經過了很久。更有甚者，把甲地的火山活動跟乙地的政局變化千里一線牽，顯然有歷史決定論的問題。[8]有些新聞用聳動的標題，說克麗奧佩脫拉的垮臺是因為火山爆發，但同樣的爆發卻沒有在世界上其他地方引發類似的動盪，可見兩者之間的關係不見得那麼直接，此外也不能不考慮脈絡。

奧克莫克火山的火山灰，想必讓克麗奧佩脫拉面臨的挑戰變得更艱鉅，但還有其他因素導致一連串事件，最後以西元前三〇年女王身死告終。就算風調雨順，統治埃及也不容易，因此造成亂倫與近親通婚：為了把權力留在族內，不讓其他菁英有掌權的管道，進而成為威脅，埃及統治集團往往會與自己的姊妹、母親、兄弟、父親或其他近親結婚。[9]托勒密家還多了一道難題，大家都當他們是外來勢力，這一點有時候是優勢，有時候卻是致命傷——埃及局勢因此特別不穩，危機四伏。[10]

奧克莫克火山爆發的時間點更是雪上加霜。不過幾個月前，尤利烏斯・凱薩（Julius Caesar）才在羅馬元老院臺階上遇刺。他這一死，羅馬城——以及羅馬共和——陷入慘烈的內戰，各派系爭奪控制權。過程中，他們也會到處尋求盟友與支援。選邊選得好，就能得到巨大的利益；選得不好，那就大難臨頭。國內局勢不利的克麗奧佩脫拉，把寶押在馬克・安東尼（Mark Antony）陣營。她認為安東尼的戰功與人氣能讓他在爭權的最後勝出，而這個決定看起來非常合情合理，至少一開始如此。誰知衝突並未隨著刺殺凱薩的人伏法而落幕，反而在羅馬巨頭之間引發更劇烈的鬥爭。年輕有為的屋大維（Octavian）針對、孤立安東尼，克麗奧佩脫拉與埃及也跟著遭殃。[11]

從各個角度來看，屋大維的崛起都是羅馬把握政治契機的經典教案：義大利這條腿上的脛骨位置一座這麼小的城市，居然能稱霸整片地中海，這件事一點都不尋常。能夠把這麼多迥然不同的區域、地理形勢、文化與民族糾集起來，堪稱非凡，尤其羅馬帝國能維繫這麼久，從過往的一千五百年來看更是獨一無二。許多人從社會、經濟、軍事或文化來解釋羅馬的成就，比方說指出羅馬人身分的寬鬆認定，讓許多不同的語言能夠言說，各式各樣的宗教信仰得到奉行，多元的風俗受人遵循。但最具說服力的說法，則是羅馬及其公民有一點冠絕群倫：比起對手，他們的組織更好，起跑更快，比別人更能從情勢中得利，也更能把開局優勢化為有形的收穫。簡言之，羅馬之所以能打造出帝國，是因為羅馬比競爭者與潛在競爭者更勝一籌。[12]

羅馬人的運氣也很好。第一，相較於其他主要海域與水體，地中海比較平靜，橫渡比較容易，因此完全控制地中海沿海地區的成本與風險都更低——此外，也提供機會讓交流網絡得以擴大，或是加入新的交流網，促進貿易，拓寬知識的視野，推廣共同文化價值。[13]第二，羅馬對鄰國、周邊與遠方用兵時，氣候條件恰好好得出奇。約西元前二〇〇年開始，地中海進入一段長期的溼潤期，時間正好是希臘與腓尼基殖民地擴大，也是羅馬及其頭號地中海競爭者迦太基崛起的時候。[14]

這段時期即所謂的羅馬溫暖期（Roman Warm Period，又名羅馬氣候最佳期），延續了三個半世紀以上，恰好是羅馬在地中海、歐洲、北非與近東成為超級霸權的時候。羅馬溫暖期不僅是過往四千年間最潮溼的

西元前 1000 年至西元 1000 年間，義大利三個地點的 $\delta^{18}O$ 同位素比率

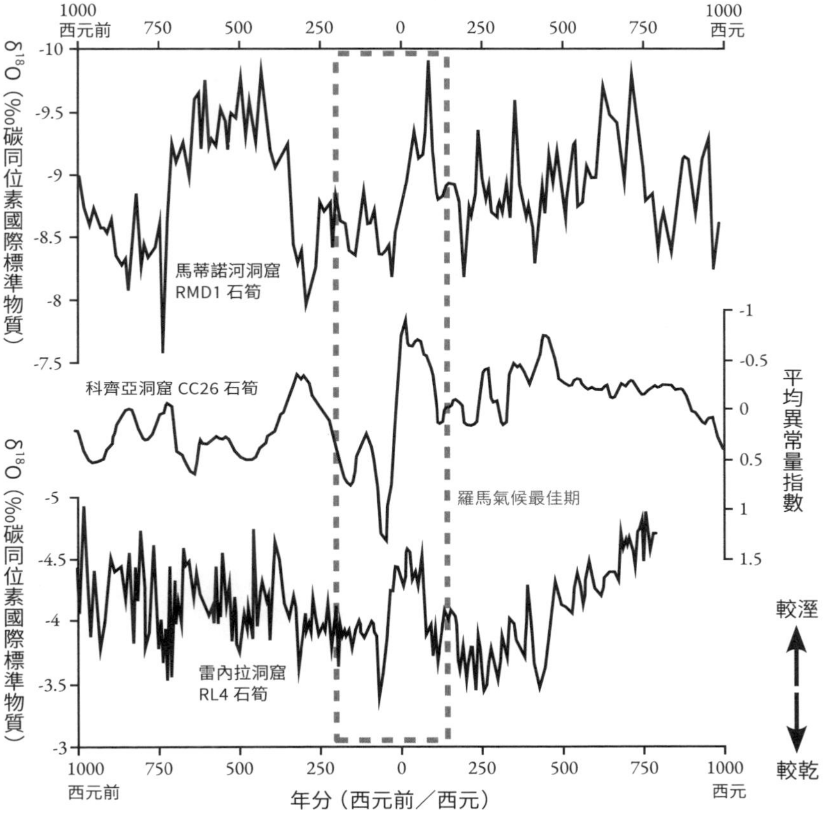

資料來源：Bini et al, 2020

時期，從花粉、海洋與湖泊沉積資料來看，也是過去四千年地中海歷史上最多產的時期。[15] 氣候讓南歐與北非的農產量一飛沖天，帶動人口成長，補足征服所需的人力，穩定的局面讓手握政權的人得以在過程中合理化、鞏固自己的權力。[16]

回到前述脈絡來看，奧克莫克火山的噴發有兩點不可思議：從僅僅十多年後，也就是羅馬征服埃及的時間點回顧，這次噴發的時間點實在恰到好處，也剛好是一段長達三百多年的火山活動異常低

落、極端天氣事件少之又少、氣候模式容易預測的時期中一次罕見的例外。除了法蘭西東北等區域降雨穩定之外，尼羅河洪氾的時間簡直跟時鐘一樣準時，平均每五年就會有一次大豐收，讓埃及成為地中海地區的重要糧倉，對於羅馬帝國在屋大維——心懷感激的羅馬人如今尊稱他為奧古斯都——統治下浮現有無比的重要性。[17]

雖然世界上其他地方的指標數據，沒有得到像古羅馬那麼詳細的評估與分析，但其他地方也有類似的發展，達到與羅馬一樣的高峰。漢代中國有相仿的發展軌跡，如人口成長、集權程度提高及農業的擴大。漢朝官員在紅河三角洲與今日越南北部清化省（Tranh Hóa）的交州著手，試圖教化當地人「制為冠履，初設媒聘，始知姻聚」，並將這塊此前並非漢地的地方「導之禮義」。但他們也引進開墾的技術與新農具，讓莊稼收成更快、更省力，產量也大增。[18]

兩千年多年前，密西西比河流域的農民開發出更集約的農法，像是水源控管、作物選種與糧食儲藏設施。產量的增加與糧食安全的提升，據信與密西西比諸部（Mississippian chiefdoms）的出現以及一系列社會變革有關，北美西南部就此進入一段漫長的轉型期。[19]

此時在中美洲，人為的河川改道不僅鞏固條提華坎谷地（Teotihuacan Valley）的農村，也讓一世紀起開始發展的條提華坎城有了驚人的發展，晉升為世界上數一數二的大城市，規模與羅馬城區相近。[20]條提華坎之所以發展得如此引人注目，顯然是因為人們為了更宜居、環境更為永續的地點，於是從墨西哥盆地（Basin of Mexico）與普埃布拉—特拉斯卡拉谷地（Puebla–Tlaxcala Valley）移入的結果。[21]學者分析人類遺骸中的鍶同位素，得知這座新聚落中的居民並非條提華坎本地人，他們為當地帶來思想、器物，以及西墨西哥瓦哈卡（Oaxaca）與中美洲瑪雅核心區的建築風格。[22]誰能料到觸發人口移動的原因，很有可能是西特雷（Xitle）火山的爆發——根據古地磁定年，這次噴發發生在羅馬併吞埃及前後。[23] 條提華坎蓬勃發展，雄偉的太陽金字塔（Sun Pyramid）等儀式用建築大量新建或擴建，有學者認為這座城市的發展有整體規劃，成為未來數十年乃至數百年間的準繩。[24]

⋮　⋮　⋮

易言之，這是屬於帝國的時代——世界上有好幾個地方，而且是彼此並未連通的地方，都出現帝國。這一點相當重要，畢竟帝國往往是幾個鄰近團塊相互競爭、模仿，在彼此的威脅下同步崛起而形成的。羅馬溫暖期這段整體氣候條件有利、局面長期穩定的期間，各地都出現類似的擴張過程，個中頗有深意。

雖然人們難免把這些個別帝國的發展歸功於氣候，但重點應該放在這些實體居然有能力，發展出維持社會、經濟及政治安定所必需的行政與後勤技術。各帝國自有其因應之道。漢代中國在保有一定程度的語言多樣性的情況下書同文，作為推動和諧、強化帝國中央的動力。羅馬疆域的情況則稍有不同，不僅有多套字母體系，有時候多種並用；此外，還有大量的語言在日常生活與文學創作中使用，像是阿拉美語（Aramaic）、克爾特語（Celtic）、迦太基語（Punic）及小亞細亞星羅棋布的語言。[25]

以羅馬來說，光是能凝聚不同族群就是了不起的成就，畢竟除了地中海沿岸以外，因各種地理形勢制宜就是一大挑戰。稱霸義大利半島是一回事，成功攻占伊比利與巴爾幹半島、小亞細亞與北非，以及歐洲北部平原（包括今日德國、法國與荷比盧一帶低地諸國的大部分地區），還要維持對各地的控制，這不只需要一劍封喉的戰略，還要有非凡的能耐，才能維繫氣候、生態、社會與文化大不相同的區域。羅馬帝國衰亡之後經歷了數十個世紀，但羅馬的大一統始終是無與倫比的功業。

羅馬的成就帶動為民服務的理念，也帶動個人的野心與浮誇的消費，社會上層尤其如此。西塞羅呼籲，但凡有公共事務才能者，「應當毫不猶豫，投入政務官選舉，參與政治」。[26]西塞羅還告訴兄長，就算他有能力「讓自己的名聲永垂不朽」，也不該只追求自己的榮譽，而是應該「與我」及家族後代共享榮耀。[27]西塞羅有一大堆讓世界更美好的建議，其中也不乏跟大自然有關者。他向那些對自己的著作有興趣的人寫道，務農是最了不起的事，絕對想不到有什麼能比務農「更有收穫、更有樂趣、更值得一個自由人投入」，然後詳細討論農事。不過，他沒有提到蒔花養卉當興趣，跟務農餬口是兩碼子事；能否從辛勤勞動中獲得樂趣，取決於這究竟是自己的選擇，還是非做不可。[28]

一方面，戰利品、附庸的進貢與繁榮的發展強化地方的交流；另一方面，奢侈品（包括食材在內）的長距離貿易加速發展，帶來消費力的激增。[29]按照老普林尼（Pliny the Elder）的說法，西元前一世紀羅馬最美的房子，到了一個世紀之後連前一百名都擠不進去。[30]鋪張設宴成為有錢人炫富、強化地位的尋常方法。此外，還有許多方法可以互別苗頭，撐起社會與政治地位——其他文化、區域與時代也是這樣，看看《巴比倫塔木德》（*Babylonian Talmud*）就可以找到例子。[31]事實上，羅馬一方面擴張，一方面也立法打擊奢侈的開銷與娛樂。[32]知識分子一再抨擊家庭藝術品與建築物的大筆開銷，他們經常表示大手大腳花錢顯示的是道德淪喪與判斷力不佳。[33]不過，大撒幣的好處也會往下流，只不過並不平均。詩人尤維納（Juvenal）一針見血，表示以前羅馬人能選擇自己的命運與領導人，「如今他們只能巴望兩件事：麵包與競技」。羅馬統治者現在只要確保糧食不斷流入，娛樂俯拾即是，就能天下太平。[34]

作為個案，羅馬很有研究價值——原因在於所有的帝國、國家與城市，其政治、軍事與經濟成就（以及都市化）的生態成本皆極其高昂。隨著人、物與思想匯聚至核心，遠方的自然資源也承受壓力，歷經千山萬水，才能供應給需要或想要這些資源的消費者與產業。人們別出心裁，設法探尋並開採「藏」在地下的金屬與礦物，斯多噶派哲學家塞涅卡對此讚嘆不已；但他也在其他場合提到，無盡地發展產業是要付出代價的。他寫信告訴朋友，離開羅馬和城裡「壓抑的氛圍」、「烹飪的氣味」、煙塵與「瘴氣」，自己的健康與心情一下子就好了起來。他說：「你不難想見，我人一回到自己的葡萄園，那瞬間有多麼感動。」[35]

從格陵蘭與俄羅斯北部的冰芯數據來看，鉛汙染在羅馬帝國的頭兩個世紀多了四倍，原因或許跟軍事成功之後，開採西班牙北部與日耳曼地區萊因河沿岸的礦脈所導致。部分歷史學家稱之為「和平的紅利」(peace dividend)，認為採礦讓經濟繁榮，產量提升(尤其是鑄幣)，但這兩者都會對環境的永續能力造成沉重的壓力。[36]

許多當時的人都觀察到伐林導致許多地區木材供應嚴重不足。史特拉波提到在兩千多年前提到，托斯卡尼(Tuscany)的森林遭到砍伐殆盡，原因則是為了造船，以及供應羅馬周邊「波斯派頭」的浮誇別墅建屋所需，奢靡過度，品味低劣。[37]不久後，老普林尼也不無惋惜地說，實在有太多人為了自己的財路而傷害大自然；無怪乎大地不時就要透過地震等天災來表現自己的不悅。人類非但不以這世界慷慨給予的食物與自然財富為滿足，反而滿心貪婪，汲汲營營，不停過度開發大自然的資源。[38]

對於大自然的關注，在地中海地區有其悠久歷史。幾世紀之前，柏拉圖提到過去數千年曾發生過「多起重大災難」，地貌也隨之改變。過度開發土地，加上這些災變，意味著「相較於過去，如今殘存下來的就好比骨瘦如柴的病人，肥沃、鬆軟的土壤都浪費光了，大地只剩乾巴巴的骨架」。[39]其他人更深入，明確把人為活動造成的環境變化，跟氣候的變遷連結起來。西元前四世紀，泰奧弗拉斯托斯表示色薩利城市拉里薩(Larissa)「以前大部分地方都有積水，平地的位置是一座湖，當時空氣充足，氣候溫暖，如今水都被排掉、擋在外面之後，這裡就變得更冷，不時天寒地凍。」以前不只城郊，連拉里薩城內也到處都是健康的橄欖樹，「現在往哪兒都找不到了」。更有甚者，以前葡萄藤都不會受凍，現在卻常常如此。[40]

另一位羅馬文人盧克雷修・卡盧斯（Lucretius Carus）也很重視永續的課題，他把大地比喻成生養人類的母親，如今卻「年華老去」，「生育之時」已走到盡頭；也就是說，大地資源有限，必須小心照顧才是。[41]盧克雷修如是說：「我們可憐的大地已經力竭，再也生育不出更偉大的時代。」田地長不出豐美的作物，只會反覆結出「吝嗇與小氣」。出門耕地的農民仰天長嘆，自己的付出經常沒有結果。「今昔對比，過去絕對比較好。」

這跟氣候變化無關，一切的元凶是人類的無能——至少羅馬文人科魯梅拉（Columella）這麼覺得。「我一而再，再而三聽到政府高層推卸責任，把收成問題先後怪罪於土地，怪罪於近年來的天氣。」他認為，「宇宙的創造者將無盡的肥力賜給土地」，把問題怪到自然環境頭上的人，統統愚不可及。之所以會歉收，不是因為「自然之怒火，而是我們自己的不足」。人們對土地的照料實在太糟糕了。羅馬人要怪也只能怪自己。前人盡最大的心力照料田土，今人卻把田土交到沒有能力、沒有資格適切照料土地，也沒有興趣這麼做的人——意即對未來不抱希望、被迫勞動的人。[42]

擔心過度開發的不只是希臘與羅馬文人。梵文吠陀經典《夜柔吠陀》的內容可以回溯到三千年前，其中就告誡人們「要與自然和諧相處」。[43]伊斯蘭先知穆罕默德（七世紀上半葉逝世）的言行錄《聖訓》說，「塵世是甘甜翠綠的，阿拉讓你們做大地上的代治者」。九世紀前後，猶太教拉比匯集對《妥拉》的注釋，寫成《傳道書大注釋書》，有一段提到神創造伊甸園，讓最早的人見識這一切，告訴他，「察看我的作為，是何等美麗、值得讚美！我創造一切，是為汝而創造！」神警告人，「汝千萬小心，莫要腐壞我的世界」，因為「若汝腐化世界，將無從為汝彌補」。[44]「切勿濫殺鳥獸蟲魚等一切眾生，」日本近代早期新儒學大家貝原益軒如是說，「草木亦應順時採伐，是皆天地生養慈愛。」保護、珍視動植物就是守護天與地的關係，「乃敬順天地之道」。他更說，愛鳥獸卻「無視於人」是錯的，是「不仁」的。[45]總而言之，對生態的保護、守護，對自然環境的關心，可謂淵遠流長。

⋮　⋮　⋮

羅馬文人對生態惡化指證歷歷，但我們能不能如此一概而論？很難說，畢竟有大量證據顯示地主普遍重視樹藝，尤其是植樹，這代表他們會考慮環境，對矮林修剪等手法相當熟悉，高度重視生態多樣性的價值，也會在柴薪的自給自足與市場供應之間取得平衡。把花粉研究跟來自帝國各地的文獻拼湊起來，確實可以看出羅馬帝國特定地點的森林資源在特定時段嚴重耗竭，但這些證據的質與量還不足以證明伐林已經達到無法控制且造成危害的地步。[46]

羅馬是個巨型城市，雖然常見的人口估計——高達八十萬至一百萬人之譜——似難成立，但數十萬人是可以肯定的。[47]城裡的人需要保暖、餬口與其他補給，雖然很難精密推算供應量，但對數量與物流來說想必是艱鉅挑戰。古今歷史學家總把注意力擺在皇帝的故事和工於心計，但探討長時間下來有多少張嘴得餵、多少戶人家要取暖，以及柴米油鹽的供應有多穩定，都是很重要的課題。[48]

部分學者指出，「但凡可以回溯到羅馬時代的磚頭、錢幣、屋瓦、玻璃器皿與鐵器」，都可以理解為木質燃料的產物。從格陵蘭冰層捕捉的汙染物來看，羅馬時代的鉛粒子是工業革命開始之前最高的，由此就能看出羅馬盛期的能源生產規模。[49]每一個帝國都會留下生態足跡，而羅馬的腳印特別大。[50]

人們生活在不同氣候區，除了需求各不相同外，他們的飲食、個人偏好、取得特定作物與食材的管道也不一致。地中海各地的肉品消耗呈現豐富多樣性，不只種類多元，攝取量、獲取量的升降不一樣，口味與整體社會風氣也會改變。[51]

不過，假設成人每日需要兩千至三千大卡以維持健康，以此為基準還是可大概算出攝取需求。此外，我們也可以推估每日人均木材消耗量——不是興建房子、神廟或造船（當時的評論家對此頗有怨言）——而是基本的取暖與煮食。動物的飼養，以及製陶、燒玻璃、煉瓦、冶金等產業也都有能源需求。加總起來，合理的數字是人均一．五公頃的農林牧用地。二世紀中葉的羅馬帝國人口達到七千萬，這些需求對於把補給送到所需地方的物流來說相當艱鉅，短期間要滿足需求也不容易。[52]

早在之前，地力流失就是羅馬時代地中海部分地區的問題。[53]據信糧食供給不足，跟臺伯河羅馬河段好發瘧疾有關；有人則認為瘧疾是過度捕魚，加上食子孓魚種大減的緣故。[54]學者研究帝國不同角落人類骨骸的齲齒與牙齒磨損，顯示飲食習慣的差異（也或許是可取得食材的差異），而城鎮居民與鄉間在飲食上的差異，則指出有些人吃得比別人更好、更健康。[55]

羅馬人對於珍禽異獸有龐大的需求，也許作為食物，也許在競技場中獵殺作為娛樂，也許純粹好玩。根據卡斯西烏斯・狄奧（Cassius Dio）的說法，皇帝圖拉真（Trajan）舉辦一連十天的競技活動，期間有一萬一千頭動物被殺。[56]不少動物經常被獵捕到瀕臨絕種，也確實有絕種的案例，為的就是娛樂羅馬市民與其他帝國城市居民。[57]無獨有偶，鯨魚與其他海洋動物同樣遭到獵捕，族群數量驟降。[58]

有幾種方法可以提高糧食與能源供應。改良工具會有一點差別，但提升的量通常微乎其微。改用其他燃料（例如羅馬時代的不列顛大量使用煤炭）影響不小，但這取決於礦脈的地點以及開採的難易度。[59]少數食材可以用鹽漬、煙燻與風乾的方式保久，所以地中海到處都有醃魚廠。[60]大多數食材必須在屠宰、收成或採集後盡速食用，以免變質，而這對供應、運輸與價格都會帶來挑戰。遭逢危機時（例如西元二八四年至三〇五年，戴克里先〔Diocletian〕治世期間），當局的確有出手干預、制定物價上限的例子；但是無論在哪個年代或地區，政府干預往往成效不彰，與其說是採取行動帶來實質意義（不見得正面）結果，不如說是透露出政治菁英的慌亂，而他們對市場運作通常並不了解。[61]

農產量不只受到土壤類型、農業程度與天氣等因素影響，土地所有權、面積，以及與市場和供應網絡相對位置等社會因素也是其中的一環。政治決策確實可以改善產量，當然產量也會反過來影響決策。[62]無論是透過征服還是開墾，開拓新土地顯然不缺動機。但開疆闢土也會有大問題。領土擴張其實是把資源從一批吃飯的嘴交給另一批吃飯的嘴，過程中有時候涉及迫遷，但未必如此。無論如何，人口都不會因此提高，而是等於重分配，讓新一批人受益。

提到開發新地區，紙上談兵的時候感覺很容易，真正實施卻複雜許多。無論在哪一種情境下，影響生產的決定性因素都不是土地本身，而是如何取得勞力。控制勞動力遠比控制土地重要。以尼羅河中游的蘇丹諸王國為例，由於沒有馱獸、犁具使用有限、土地多（但品質不一），而人口密度低，意味著農業集約合理程度受到一系列的限制。[63]

即便問題得以解決，也往往走向收益遞減的局面，一是因為最好的土地本來就會最早開發；二是因為整地、開墾需要時間與說服。更有甚者，這些土地通常位於既有領土的邊緣——若非難以開發，就是位於需要保護的邊境地帶。此外，新的區域無論在理論上還是實際上都跟大型都市聚落有一段距離，想要把商品送到有人想要且需要的地方，不僅不容易，而且不便宜。

中國三國時代，北方的魏國有官員推動計畫，「欲廣田蓄穀」，並仔細部署軍力以保護新闢的田土。同時，南方的統治者也把養豬、羊、馬的草場由牧轉農，並且將此前尚未「闢為農地」，但有生產潛力的沼澤地竭澤就農。豪族顯然會阻止這種發展，他們不太可能放棄自己控制的豐富漁獲資源。但局勢迫使他們不得不為，畢竟糧食分配不均會導致嚴重的問題，尤其「許多人四處尋找食物」。[64]

國家有能力，也確實採取過嚴刑峻罰。劉宋史料提到「擅占山澤，強盜律論，贓一丈以上皆棄市」。這顯然沒用，百姓直接無視於詔令，砍伐山區的林木，在河上建攔水壩，破壞環境。有司表示這種風氣必須停止，「斯實害治之深弊」。[65]

⁂

有些方法可以降低過度消費的風險，其中之一是投資基礎建設以擴大產能或提供緩衝，或者兩者皆採。對於供應城鎮居民甚至牧民之所需來說，水資源管理體系可謂舉足輕重，是基礎建設的好例子。古實王國（以今日蘇丹為核心）有數以百計的儲水建物、水井與水箱。一方面可以由此看出王權的範圍與強化，凸顯政府對於確保並提升稅收有多麼關注；另一方面，營造工程本身少不了大規模的勞力協調與調配，為了保障民眾生計與國家存續，行政機構與領導階層必須採取如此的干預手段，確保水資源不至於短缺。[66]

像君士坦丁堡這種大城市也有同樣的操作。西元三三〇年，皇帝君士坦丁（Constantine）在博斯普魯斯海峽歐陸側一處歷史悠久的地點，建立這座城市。當地本有四十七公里長的引水道為城市供水，但大興土木加上為數可觀的人口移入新城，代表既有水道必須大幅升級。四與五世紀時，引水道的規模三級跳，有超過九十座橋與隧道，為巨大的水箱與蓄水池補水。君士坦丁堡引水道網絡總長約五百公里，甚至更長，是古代城市供水系統中之最。[67]引水道網蓋好之後還要經常維護，以免碳酸鈣沉積或是泥水沉澱汙染。[68]

君士坦丁堡引水道說明為了養活大量人口，尋求克服資源短缺的生態挑戰，可以超前規劃與投資到什麼地步。瓜地馬拉北部的提卡爾（Tikal）則是另一個案例。提卡爾坐落的位置幾乎只能仰賴季節降雨，少了人為干預，居民將面臨龐大的環境資源短缺，難以維持。雖然城內規劃有大型建物，用來強調修築、維護這些建物的人握有多大的財富與權力（也讓今日遊客嘆為觀止），但提卡爾存續的基礎，其實是設計用來收集雨水的一系列精密水利網絡。城內的廣場與庭院與斜面集水系統相連，將降雨導流到大型儲水槽，槽內以石頭為鋪面，置有黏土，能留住將近一百萬立方公尺的水；水道設有水閘，可以在必要時將水導入堤道。[69]

事實證明，水利建設不只是提卡爾城生態穩定性的關鍵，也是社會、政治與經濟控制的工具。不過，最重要的或許還是水利設施鞏固提卡爾相對於其他都市與非都市重鎮的優勢地位：家用集水箱雖然夠撐過一個乾季，但要是區域性氣候變異或者整個氣候模式改變，結果整年都不下雨，那也沒有用。從投注於提卡爾精妙的水利規劃中的思維與資源來看，這座城市及其居民與社會賢達有能力化解短期危機，表現比其他人好得多。提卡爾當然會獲得額外、明顯的優勢——至少有更大的市場、更多的稅入與勞動力的擴大。[70]

從各個角度來看故事的主線，也就是土地使用集約化、開發程度與社會複雜程度提高，都是在環境壓力奇低的情況下推進的。困頓時當然有之，但這個大概兩千年前的世界卻是適應力極佳，至少還能避免因為糧食短缺所導致的大規模饑荒與高死亡率。當然，這不代表生態擴張沒有代價。部分學者試圖運用統計數據，主張人口密度達到最高時，生物性的生活水準則降到最低。羅馬提升政治力與軍事力，犧牲的不只是預期壽命，甚至連平均身高都下降了——當然，身高數據的時空間想必並不平均。[71]

相較於氣候模式的變遷，城市的環境確實更要命。有錢人抱怨都市生活的惡臭與紛擾忙碌，但更令人憂心的還是人們住得太近，環境經常不衛生，成為疾病發生與迅速傳播的理想條件。[72]西元一六五年爆發的安敦寧大瘟疫（Antonine plague），以及一個世紀後所謂的賽普勒斯大瘟疫（plague of Cyprian）可以權充二例：部分現代歷史學家認為，瘟疫的蹂躪導致人口崩潰，撼動物價與薪資，嚴重傷害農產量、土地價值與產業的生產過程——甚或幫助基督教的傳播。[73]不過，其他人對於這兩場大流行的影響存疑，畢竟連傳染的基本細節都很模糊。[74]

但我們可以確定，這兩場瘟疫爆發前不久，冰芯內氧同位素就有變化，硫更是大幅激增，而氧與硫的情況指出原因是數起火山大爆發，尤其賽普勒斯大瘟疫更是三世紀下半葉多次火山噴發後爆發的。[75]降雨嚴重失常（至少法國東北部與中歐如此）、北極海覆冰與歐陸冰河範圍擴大，以及太陽活動水準降低，似乎讓情況雪上加霜。[76]根據一位頂尖學者的看法，安敦寧大瘟疫前不久，正是一段「涵蓋三個世紀的氣候紊亂」時期開始的時候，氣候不穩定到羅馬帝國「在過程中非得用上九牛二虎之力，強力出手干預」。整體而論，約西元五〇〇年至六五〇年間，「是整個全新世氣候變遷最劇烈的時期」。[77]

氣候與病原體帶來考驗的時間點，大致符合社會劇烈變化的時間點——羅馬帝國在西元二三〇年代逐漸失控：接下來五十年，有二十六位皇帝登基，過程中想要角逐寶座的人甚至將近兩倍。羅馬帝國不是唯一的例子，來到東亞，漢獻帝在西元二二〇年退位，漢朝結束，隨後是一段動盪時期，人稱三國時期。漢天下接著進一步瓦解為更小的單位，也就是所謂的十六國。至於波斯，阿爾達希爾一世（Ardashir I）在西元二二四年盪平群雄，建立新王朝，開疆拓土，深入絲路沿線綠洲城鎮。不久後類似的政治、經濟與領土凝聚過程也在印度東北部發生，笈多帝國於焉誕生。笈多帝國是南亞大國與學術火車頭，迦梨陀娑（Kālidāsa）、阿耶波多（Āryabhaṭa）與伐羅訶密希羅（Varāhamihira）等偉大的文人、科學家與數學家人才輩出。

不過，癥結點其實不在於氣候變遷是否為前述劇烈動盪的因素之一，而是辨別出氣候變遷在這幾個案例裡扮演的究竟是什麼角色。「天氣模式引發動盪」的這種大圖像看似相符，很有說服力，但光是一個地中海，底下就包括各式各樣的地形、環境與氣候系統；人們難免會想從一組數據外推出放諸四海皆準的模型，但這太過簡化，也會造成誤會。[78]比方說，從埃及各地蒐集到的陶器來看，此時埃及的葡萄酒產量與消費都有增加，暗示當地的氣溫並不寒冷，農產也沒有受到嚴重威脅。[79]

社會與政治的紛擾變局，也不能脫離整體時序與因果脈絡。例如，阿爾達希爾在波斯篡位，這件事本身是個關鍵時刻，也是「變化」這個概念的分水嶺。波斯的情況與羅馬等地無異，帝位大風吹牽涉到的是那些在政權輸贏上押寶的人。至於前後朝的遞嬗在當時意味著什麼，乃至於重要性幾何，以及對誰有意義，則是另外的問題。當然，無論是誰坐上波斯寶座，他的家族紐帶都很重要，但恐怕沒有當年或後世評論者所說的那麼重要。

笈多帝國的成功也是這樣。根據憍賞彌（Kaushambi）出土的銘文來看，印度北部的古代雅利安原鄉（Āryāvarta）也是帝國的一部分。笈多帝國在四世紀統治者海護王（Samudra）治下控制的領土之大，連遠至斯里蘭卡、尼泊爾與犍陀羅等地都承認帝國為區域霸主，人稱「塵世神居」。[80]與其全盤接受氣候因素，去看我們想看出來的模式，我們更應該了解政治契機、敏銳的領導加上後勤改革，是多麼有效地刺激交流、促成新統治階級與統治家族的崛起。[81]

無獨有偶，一度在漢朝統治下凝聚的土地居然碎成一片片，大分裂成漢獻帝退位後兩百年間的主旋律，而現實是瓦解帝國的力量早已積蓄數十年。底下的問題都很類似，像是複雜度的提高、收益因發展停滯而減少，兼之以政府無法適應與調整；無能、效率不彰、貪腐成為官僚階級的標誌，他們已經不是問題的解方，而是問題的一環；收支無法平衡，不只造成財政壓力與幻滅感，更刺激挑戰者賭一把，或者為自己牟利，或者力挽狂瀾，或者兩者皆有之。

⋮ ⋮ ⋮

羅馬帝國的情況大抵如是。三世紀末以降，內戰簡直沒有中斷過，每況愈下。公共建築傾頹，地方菁英不再把心力放在市政上——之所以如此，也許是他們不再想要或需要把自己的社會與政治地位加以合法化，抑或是因為資源已經耗盡，他們無法再這麼做。無論何者為是，經濟與文化活動的大幅趨緩，都不能只從氣候的角度來詮釋：農業生產固然與可靠的天氣模式密不可分，但也不能沒有足夠的勞力，少不了對土地直接與繼承而來的控制權。此外，也需要非農業的手藝、技術與商品，以及都會市場的彈性與消費者的消費力。[82]

因此，大國才會出奇易碎，只要相對輕微的壓力與失衡就會瓦解，一瀉千里。比方說在羅馬帝國，帝國將補給從地中海運往萊茵河的作法，一方面反映軍事部署的情況；另一方面則是控制邊境的不得不然。也就是說，市場的地點跟軍事重鎮密切相關，消費模式也跟個別士兵與整個部隊的花費有關。重點在於一旦國家開始潰縮，運補與貿易網絡會整個瓦解：糧食送不到軍隊手上，區域經濟便直線下墜，都會中心收縮，削弱帝國的國防。[83]

在邊陲蓄積的壓力回過頭流向中央，加劇、加速崩潰的過程。這類問題靠小修小補是解決不了的，畢竟問題一開始會出現，就是政治中央指導、監督造成的結果。政府干預措施所組的結構，建立在官僚與後勤運作順暢的基礎上，一旦運作不順甚或失靈，就很難，甚至根本不可能抵擋潮水。也就是說，時間一到，瓦解的會是羅馬帝國的西半部，這絕非巧合，畢竟政府的手在此必須伸到最長，動作最頻繁。至於帝國的東半部，城市與市場是自然形成，遭遇困境時的應對能力比西部好很多。[84]

也就是說，氣候的惡化固然影響某些地方的農產量，甚至打亂糧食供應，但要解釋二世紀末與三世紀初時，同時在世界多個角落開展的動盪與重組，絕不能忽略其他更有分量的力量。不過，以西元三五〇年前後發生在中亞草原上的事件來說，氣候變遷確實更重要、更關鍵。

來自今天中國西北青海省的刺柏年輪紀錄，可以證明西元三五〇年至五五〇年間有過三段嚴重乾旱期，構成過去兩千年來最嚴峻的考驗。[85]一般認為乾旱期與游牧集團的大遷徙有關，各部落以匈人為首，西向跨越裏海與黑海北岸的草原，朝羅馬邊境前進，此外也有經由高加索南下波斯者。一波波的遷徙貫穿羅馬的西部省分，踏遍後來的德國、法國與西班牙，直至北非——甚至在西元四一〇年攻陷羅馬。[86]

大遷徙的影響包括都市衰落、長距離貿易與補給網全面瓦解、人口大規模離散及生活水準惡化，而且不只受游牧民族攻擊的地點如此，甚至遠如埃及與不列顛都能感受到影響。[87]波及的範圍恐怕不只羅馬世界本身——麥羅埃王國（Meroitic kingdom，位於今蘇丹）的消失或許就是最好的例子，說明連跟羅馬世界接壤的地方，其社會、經濟與政治的脈動也停止很長的一段時間。[88]當然，衰亡不見得很轟轟烈烈：透過喀爾巴阡地區墓地遺骸的多種同位素研究可以發現，五世紀匈人與其他民族入侵之後帶來的改變，不見得都是暴力為之，而是飲食、生活習慣與農耕技術的調適。[89]許多人改採匈人的生活方式，也有許多匈人採用當地習俗，因此有人開玩笑說這是「匈人耕種者」（Tiller the Hun）造成的效應。[90]

由於資源持續受到壓力，不用多麼猛烈的攻擊，城鎮便會脫節、失修、人口流失。與其說都會中心是遭受重擊而死，不如說是窒息而死。各大城市陷入過往學者所說的黑暗時代，但原因並非混亂與不分青紅皂白的殺戮，而是因為原本將西部各省黏合起來的國家與中央權威已經碎裂消失。

在一般人（及現代學者）的想像中，「蠻族入侵」的戲分向來無比恐怖。不過，部分史家如今主張，嚴峻的氣候條件不僅催生來自草原的移民潮，羅馬帝國的衰亡說不定也是受到氣候的影響——不只是黎凡特與小亞細亞（降雨量減少顯然影響當地的農產量），西部各省亦然。[91] 氣候條件已經變得惡劣，地方性、區域性與長距離貿易水準降低，中央對錢與人力的索求愈來愈高，調和起來就成了一杯毒藥。[92]

當然，乾旱與人群的移動、外族入侵、軍事征服之間的關係，很難直接衡量。得自東亞一部分的氣候數據組就算再怎麼詳盡，也不見得能套用到整個中亞，甚至是更廣的範圍，去支持推論性的假說，說人群決定移動到不同的地點，是因為降雨量低於平均。

說到底，游牧民族雖然會遷徙或是長距離移動，但他們也會試圖適應環境的變動；何況若是相同的氣候壓力放諸整個大區域皆準，遷徙也不見得是解決之道。其實，草原西南的冬季草場，條件遠優於東部的草場，因此能養活更多的牲畜，連帶地讓主人更好度日——說不定這個事實便足以解釋人群的移動。[93] 部落的動線之所以轉往羅馬與波斯邊境，不是因為草原民族試圖前去這兩大帝國，更別說有征服的意思；之所以如此發展，其實是為了在氣候嚴峻時生存而爭奪最好的土地與位置。

新墨西哥與紐西蘭的證據顯示，此時正是赤道太平洋聖嬰—南方震盪現象出現相當變異的時期，因此很可能對草原的溼度有所影響。不過，最重要的反而不是乾旱的時間，而是一段降雨量高於平均、打亂乾旱波浪的漫長「雨」（pluvial）期：雨期能夠為牧民創造更好的環境，草場的水準提高，馬匹的數量迅速增加，任由在先前危機時已經鞏固的領導結構加以部署。易言之，重點不是乾或溼，而是乾溼之間的關係。[94]

氣候也有可能左右農村居民面臨短期壓力時所做的決定。西元三八六年北魏立朝，統治中國北方達一個半世紀。北魏史《魏書》與其他同時期的史書，都記錄到乾旱與洪水等極端天氣事件造成欠收。當局對此尤為關注，主要是因為歉收會導致農民到城市尋求庇護，特別是魏的首都平城（今山西省大同），而平城人口在五世紀中的時候恐怕已高達一百萬人。平城位於海河流域，坐落在半乾燥牧草地與適合集約耕種的溼潤氣候區的過渡帶，利於跟草原進行交易，又能得益於大片農業腹地。

只要需求量一如預期，養活成長中的大量人口就不至於不可能，而且也不見得困難。比方說，在西元四六九年與四七五年，朝廷兩度下令將魏國各地的糧食運往平城。有人認為這暗示朝廷擔心在這個「華北特別寒冷的階段」會出現短缺，但更嚴重的問題其實是不確定性讓預先規劃變得很困難。在五世紀晚期，氣溫下降一°C就很令人頭痛，但困難點在於確保糧食能在適當的時間點，以可承受的價格供應給有需求的地方。從西元四八六年的缺糧，就能看出估計糧食需求的壓力有多大。根據部分估計，當時平城有半數居民倉皇逃離城市。[95]

西元四九三年，孝文帝決定將首都遷往洛陽。這麼做固然有政治動機（趁機從南方劉宋的垮臺得益），但遷都可以讓朝廷在生態永續性更好的地方重新開始，這一點也很重要：糧食供應的壓力讓南方變得更有經濟與熱量上的價值，往南遷都不只合情合理，也是因應情勢變化的明顯途徑。平城梵剎六千許，僧尼近八萬人，一思及此，孝文帝遷都堪稱壯舉。洛陽與龍門石窟得到重資挹注，凸顯出當地是皇室關注與護持的焦點。到了唐代（西元六一八年至九〇七年），龍門石窟的規模進一步擴大。但光就北魏一朝而論，龍門石窟（及改以洛陽為首都）的這種轉變規模，造成的結果也很明顯，明代（一三六八年至一六四四年）官員彭綱因此評論：「魏國分崩石佛多」（北魏後來之所以亡國，就是因為石佛鑿太多）。[96]

當然，這話是在提醒當時的統治者不要為了轉移民眾的注意力而斥資於虛榮工程，害財政困窘。保護菁英權力、治國、收稅、執法——在平衡這幾點的需求時，難免有不少妥協。一旦再來幾項考驗，像是民變、與鄰國作戰、天氣異變導致的欠收，乃至於深層氣候模式帶來更深遠的變化，都會提高平衡的難度。

因此，如何預估風險及如何及時因應威脅，就成了重中之重。無論是哪一種災難，亂世的重擔幾乎都落在窮人的肩上——現代研究顯示，沒有資產的人在人口中的占比，是決定社會經濟壓力與饑荒嚴重程度的關鍵因素。簡單來說，窮人人數愈多，糧食短缺、饑荒與政權瓦解的風險愈高。[97] 無怪乎太平盛世一下子就能顛覆。顛覆的影響不只劇烈，有時候甚至會撼動大地。

10 古代晚期的危機

（約西元五〇〇年至六〇〇年）

白玉千箱何能救冷？——宣化天皇（約西元五三〇年）

對人類有所影響的氣候條件變化，理所當然會吸引評論者的注意力。不過，動植物受到的短期與長期影響不僅重要，而且可能相當劇烈。蝗蟲的遷徙跟氣候模式關係緊密，學者研究將近兩千年前東亞飛蝗（*Locusta migratoria manilensis*）在中國的大爆發，發現蝗蟲數量會在乾冷時期達到高峰，獨立研究則顯示乾冷期發生洪患與乾旱的頻率高於平均時，與蝗災也有關聯，至少長江下游如此。[1]對於二十世紀黃河與淮河流域蝗災的研究，指出蝗害與聖嬰現象密切相關，往往在聖嬰年後一兩年爆發。[2]

蝗蟲體內的荷爾蒙會受族群密度所影響，引發體色、體壯與翅膀大小等變態。經歷變態之後，蝗蟲會開始群聚，從百萬、千萬聚集到多達二十億之譜，將作物、綠色植物與樹皮一掃而空，其體重甚至能在一天內變成兩倍。[3]無怪乎古代文獻對於蝗蟲與蝗災大書特書，從《奧義書》到美索不達米亞、埃及與中國，乃至於其他地方的古代文獻都是如此。[4]《聖經》多次提到蝗災，往往把蝗蟲造成的農損與天罰掛鉤——這其實也不奇怪，畢竟這種昆蟲都是從天上飛來的。羅馬人總為了週期性從非洲橫掃到義大利的蝗蟲而擔憂，一看到蝗蟲，大家只能「設法從《西碧拉書》（*Sibylline Books*，藏於羅馬首都的預言集）尋找補救方法」，看看怎麼樣最能撐過饑荒與蝗害造成的問題。[5]

氣候模式變、降雨量異常，往往導致蟲媒傳染病頻繁爆發。過去兩千年來最致命的疫情，如六世紀的查士丁尼大瘟疫（Justinianic plague）、一三四〇年代的黑死病，以及十七世紀的瘟疫，其實都跟氣候變異的影響大有關聯。這三者都有春暖夏溼的情況，導致致病的細菌激增，但光是這樣還不足以引發大量人死亡，還要加上瘟疫熱區對外的傳播途徑，沿線的宿主人數也必須多到足以傳染才行。[6]

包括瘧疾在內，許多疾病都是這樣傳播的；不過，由於地理情勢、水文、氣候與人類活動有相當大的差異，加上不同種類的蚊子也會為了產卵地點而競爭，許多種蚊子其實無法將瘧疾傳給人類，因此在考量瘧疾傳播時，必須在局部層次做微觀分析。[7]古人憂心疾病的風險，憂心於健康有損，在各文化的書信格式中都會有自報健康與詢問他人是否安好的環節，只不過寫信的人多半會說自己有恙，很少說自己精神很好。西元四〇〇年前後的一封漢文信件，難得提到好消息「阿母蒙恩，上下悉佳」（幸好母親健康，大家的身體也都好），但還是居安思危：「瘧如復斷要取，未斷愁人」（我們都很擔心瘧疾再度爆發）。[8]

對人類來說，提前為變化做準備並不容易。例如，秘魯南部安地斯山脈帕塔坎查山谷（Patacancha Valley），本來氣候條件宜人，有助於集約農業，但情況突變，導致牧草、藜麥（重要糧食作物）、豚草（ambrosia，多生於受擾動的土壤，可作為人類耕種活動與地景改造的指標）等的花粉水準大幅下降。農業的萎縮（從冰河跡象與瓦斯卡蘭山〔Huascarán〕冰芯可以得知，原因很可能是氣溫不斷下降），導致人們改往放牧生活發展，以因應艱困的處境。[9]

順應環境並非易事，尤其在生態平衡搖搖欲墜的地方更是難上加難。以美國西南部為例，水資源的取得是影響聚落發展、生存策略與人口趨勢（包括遷徙），以及農業發展的關鍵之一。[10]我們從年輪紀錄中得知，二世紀時有一段嚴重乾旱期，人稱「第二世紀乾旱」(Second-Century Drought)，動植物生命遭逢嚴重的壓力：氣候變遷影響植物生長，進一步對仰賴植物為生的動物，還有以動植物兩者為生的人類造成衝擊。[11]壓力有多沉重？人類為了生存，甚至得升火融化洞穴中的冰作為水源。[12]

乾旱的原因似乎與太陽輻照度異常高水準有關，而這也是羅馬氣候最佳期，以及北半球各地異常溫暖的原因。[13]其他地區的降雨量則高於平均，例如墨西哥盆地，此後約三個世紀間的降雨突然增加約六〇%，是過去兩千年來降雨量最高、最穩定的時期。[14]對當地來說，可用的水資源增加，有助於灌溉農業發展與人口成長，進一步支撐條提華坎與普埃布拉谷地的喬魯拉(Cholula)這兩地巨型建物的大興土木。但成長與繁榮不會一職持續，營建活動在約西元二五〇年中止，條提華坎的羽蛇神金字塔(Feathered Serpent Pyramid)也幾乎在同一時間點遭到破壞：雖然不確定動盪的起因，但很自然可以視為條提華坎城政治體系的重大重整，顯示菁英與他人之間的齟齬，雙方的期待出現危機，或許是因為面對資源的壓力。[15]

對墨西哥盆地來說，更高的降雨模式帶來額外的供水，催生出不少好處與契機；但對其他地方來說，卻是大問題。植物生長確實跟氣候模式密切相關，溫暖、潮溼的夏季能帶來更高的農產量，但成長太快亦有其問題。[16]尤其是熱帶地區，畢竟要維持聚落，就必須整地與維持。

無論是氣候的整體變化，還是特別看降雨層面的變化，這兩者都有可能造成問題。今日剛果雨林的情況就是個好例子。從西元前四〇〇年左右開始，當地的森林面積開始縮小，有助於班圖人一開始的遷入，這一點也得到多個考古遺址找到的陶器與數種獨特的製陶風格所證實。[17]然而四個世紀以後，西元元年前後偏潮溼的氣候模式卻導致樹木迅速生長，森林變得愈來愈潮溼，干擾糧食生產，生活條件惡化，拓墾者遭遇資源方面的困難。剛果地區的人口密度進入長期衰退，顯然環境惡化是其中一項原因，近年來亦有學者指出，人口在西元四〇〇年前後的崩潰跟傳染病也有關係。[18]易言之，雨量與溫度上升，可以讓某些地方的日子更舒服，卻也會讓某些地方的日子更難過。

先前談過，帝國興起之後，人口、都市化與消費隨之增加，需求模式出現變化，而地貌很可能因此為之一變。帝國的衰亡同樣會改變地貌，羅馬西部省分陷入長期衰退，當地的植物足跡也隨之轉變。田地以前為了供應帝國軍隊馬匹與牲口所需而種植苜蓿，如今則改種新作物，甚或任其荒廢。從植被的觀點看，羅馬的苜蓿少了，但黑麥卻多了——從四世紀到八世紀，歐洲黑麥種植面積大幅擴張。一系列「雜草」沿南北軸線自然蔓生——這一點很有趣，因為居然不是順著部落民的大遷徙而由東往西。不難理解，大部分的論者把重點擺在羅馬帝國衰亡對人的影響，例如貿易網絡的瓦解、流動性與識字率的降低，但生態的變化也是帝國衰亡帶來的重大結果。[19]

無怪乎文人墨客會出以理想自然樣貌為主題進行創作——作品中的自然無一不是寧靜宜人，受到人的掌控與影響——只不過玄機重重。有時候，文人會變點戲法，例如謝靈運（西元三八五年至四三三年）的〈山居賦〉，內容描寫在各種如詩如畫的景致中避靜，與動植物一同生活是多麼快活。但其實他是在大幅擴建、改修自家莊園（而且他也付得起），也就是說他描述的景象是對地景的人為干預，而不是他在某個既有的自然環境中覓得平靜。[20]無論是在拜占庭帝國首都君士坦丁堡，還是在阿拉伯人征服之後的敘利亞、約旦與伊拉克，還是蒙兀兒時期北印度的亞格拉（Agra），抑或是今日的格洛斯特郡（Gloucestershire），都有為了反映天堂樂園而打造的花園。一位頂尖學者說，大家都喜歡整齊有序的花園，相關需求也從未少過，而花園需要人照顧的事實則反映出主人有財富與地位，足以負擔此等奢侈。[21]

佛經當中也能看到自然世界的理想樣貌其實並不一致。許多佛經的內容對自然報有敵意，例如《毘輸安呾囉本生故事》（*Vessantara Jātaka*），傳達的訊息不是尊重自然，而是要規訓自然。更有甚者，後世對於自然的浪漫描寫，往往反映出自然因為人為活動與過度開發而不再的事實：以日本來說，對於植物的關注，其實跟寺院控制可以變現的自然資源（田產與森林）有密切關係。[22]

⋮　⋮　⋮

人們看待沙漠與不毛之地的態度也有兩面，神學思想尤其如此。遙遠、與世隔絕的地點，是與神聖溝通的理想所在——這一點可謂跨宗教的共識。對亞伯拉罕信仰（Abrahamic faiths，猶太教、基督教與伊斯蘭教）來說，在這樣的地方甚至可以聽見神的聲音；對印度教、佛教、耆那教來說，洞穴、距離城鎮甚遠的孤絕之處也很重要。許多信仰認為，若要與神性或更高的精神層面溝通，就必須遠離人群——作法往往不是尋找嫩綠清翠、結實纍纍之處，反而得是貧瘠、艱苦、折磨人的地方。只是事與願違，遁入洞穴與沙漠的人，反而出名到吸引許多追隨者與仿效者，隨之而來的隱修院落反而把這些地方從絕世孤立之處變成熙來攘往的社群，像西奈、敦煌或孟買海岸的象島（Elephanta）就是這種情況。雖然遁世的目標或者追求精神滿足的信念並未受到影響，但難度確實因此提高。

一千五百年前的印度文學，充滿各式各樣對季節的詩意表述，有文類專門談六季（sadritu）與四雨季（chaumasa），或是天氣條件與季節變化的十二月循環（barahmasa）。[23]例如《毗濕奴法上往世書》（*Visnudharmottarapurāna*，可能成文於六世紀前後，內容匯聚各自獨立的詩歌、音樂與天文學專論），把季節勾勒為往復循環的一環，人類可以加以預測，夏季就是難熬，春季就是花開——絲毫沒有考慮到短期與長期氣候會有相當大的變異。[24]

這個時代還有許多例子，可以清楚說明人們試圖影響並控制天氣，確保風調雨順、作物豐收。例如《隨求即得大自在陀羅尼神咒經》(*Mahāpratisarā-Mahāvidyārājñī*) 就建議寫此咒安置於幢頭，「能除一切惡風，非時寒凍卒起黑雲，雨下霜雹皆悉止息。一切蚊虻蝗蟲及諸餘類，食苗稼者自當退散。」[25] 好幾個世紀的梵文、漢文與藏文文獻，都可以找到像《隨求即得大自在陀羅尼神咒經》這種以祈雨儀式為核心的經典。[26]

這種認為人類可以理解、控制、影響自然的想法，掩蓋的其實是異常、嚴峻天氣條件或者天災等重大變化存在的事實。地中海經常發生海嘯，而且不乏嚴重破壞的例子。東地中海海港凱撒里亞 (Caesarea，位於今以色列) 本來有一座巨港，材料是維蘇威火山灰調成的速乾硬水泥，而一層層地基所用的鵝卵石與碎石，則是來自小亞細亞、賽普勒斯與希臘。這座港在西元一一五年、五五一年、七四九年與一二〇二年四度遭遇大海嘯，損失慘重。[27]

還有其他嚴重的地震與海嘯，像是西元三六五年的災情。一位羅馬文人記錄道：「天剛破曉，硬實的大地突然震動，海水退去，波浪回捲消失」，許多船隻因此擱淺在無水的地上，人們甚至可以下去用手抓魚。接下來，「彷彿感到受辱」的大海咆哮撲來，在島嶼間與大地上「暴降衝撞」，將建築物夷平，死者數以千計，地貌就此改變。[28] 有人質疑這段敘述，覺得作者加油添醋太多，把局部的災難描述得彷彿天崩地裂，但克里特島的海岸線的確抬升最多達九公尺，看起來就是多次地震事件的結果，而不是單一事件。[29]

火山爆發的破壞力同樣驚人，例如今薩爾瓦多伊洛潘戈新白土火山 (Ilopango Tierra Blanca Joven volcano) 當年的噴發。約西元四三一年，伊洛潘戈火山大爆發，沉積物模擬顯示有五十八立方公里的礫石噴發到將近三十公里的高空。[30] 火山灰想必改變了太平洋的化學成分，海洋生物大量增加，大氣中的二氧化碳與氧氣含量也在未來數年間發生改變。這次的噴發恐怕導致全球氣溫降低約〇．五°C，南極洲冰芯證據暗示降溫的效果在南半球更為顯著。噴發位置方圓八十公里內的一切都化為烏有，連植被也不例外，過了數十年之後才恢復。[31]

由於目前缺乏對中美洲的密集取樣，要確定中美洲氣候受影響程度並不容易，但這一點未來或許可以解決。中國華中的年輪資料指出當時是一段乾旱期，不禁讓人好奇乾旱的原因是火山爆發，還是跟太陽活動有關的降溫，抑或兩者皆是。氣候壓力對於同一時期牧民群體的鞏固與新一波遷徙，會不會有其影響？部分學者猜想，草原植被受到的壓力，推動牧民的西向遷徙。[32]其中最著名的集團就是匈人——火山爆發的十多年後，他們就在望風披靡的新領袖阿提拉（Attila）指揮下殺入歐洲。[33]

遭遇災難的時候，人們特別需要把眼光放長遠。希臘歷史學家波利比烏斯說：「洪水、瘟疫、歉收或類似的災難不時發生，深深打擊人類，各種知識與社會制度盡皆失落。」、「傳統告訴我們，災難經常降臨在人類身上，合理推斷在未來仍然會有災難發生」。不過，無論情況看起來有多糟，人類總會恢復精神，「彷彿種子萌芽」。[34]

他的觀點令人欽佩，而且大致上也是正確的。但就是有些災難特別嚴重，造成的破壞規模堪稱末日。六世紀上半葉，一系列跟氣候有關的現象，對世界各地帶來深遠的改變。其中最關鍵的是西元五三〇年代與五四〇年代的一連串火山爆發。從阿爾泰山、奧地利阿爾卑斯山的年輪資料與南北極冰芯，可以看出氣溫在這段時期陡降，而太陽活動減少與早已降溫中的海洋更是讓情況雪上加霜。[35]

冰芯數據中有跡象顯示，氣溫陡降的元凶並非單一大爆發，而是大約西元五三六年與五四〇年前後，北美洲、冰島或堪察加的火山至少兩度大爆發，甚至有可能是多起爆發。[36]隨後熱帶地區也發生火山爆發，為後續十年帶來深遠的影響，尤其是硫的沉積。[37]許多學者稱伊洛潘戈火山也有爆發，但實情恐怕不是如此。伊洛潘戈火山在五世紀時的噴發，可以排入過去七千年的前十大火山爆發，但其時間點的估計卻是仰賴不盡準確的放射性碳紀年解讀。[38]火山密集爆發如「機關槍」，或許是後續效應何以如此嚴重的部分原因——爆發的時間點與緯度影響特別重大。[39]部分學者主張，赤道地區爆發的火山中至少有一座是海底火山，或許可解釋當時的冰芯為何會出現溫水海洋微生物。[40]綜合而論，火山活動造成氣溫驟降，有學者表示：「西元五三〇年代與五四〇年代不只是嚴寒，甚至是整個全新世最冷的二、三十年。」[41]

爆發的威力把極其大量的碎片噴入大氣，大地籠罩在「塵幕」之下，當時有許多人記下這種情況。拜占庭史家普羅科庇烏斯（Procopius）寫西元五三六年至五三七年時，說這是一段不祥的時期，太陽光線微弱，幾無暖意，有如月亮。呂底亞的約翰（John of Lydus）則提到雲層遮蔽太陽，陽光微弱到將近一年都看不到的地步。無獨有偶，成書於唐代的《南史》也提到西元五三〇年代中期「雨黃塵如雪」，可能指的就是硫沉降與火山灰噴發到大氣後又落回地面的情形。[42]

其實，冷卻作用恐怕不是火山活動最大的影響。作物收成的確很容易受到氣溫改變影響，尤其是高緯度與高海拔地區。[43]不過，塵幕一開始造成的寒冷氣候還不是最嚴重的問題。陸地上的光合作用與農產活動跟太陽輻射關係緊密，一旦陽光與熱遭到阻擋，必然對植物帶來嚴峻挑戰，其中自然包括人類種植作為糧食來源的植物。[44]

有人估計，黃河以北部分地區的人口衰退達到七〇%以上，但這種說法的證據還不算很充分。[45]一些對這段時期饑荒與糧食短缺的記錄，更是令人印象深刻，像是《烏斯特年鑑》（*Annals of Ulster*）提到「沒有麵包」，或是《日本書紀》中提到宣化天皇在西元五三〇年代中期感嘆道，「食者，天下之本也。黃金萬貫不可療飢，白玉千箱何能救冷？」[46]總之，道理很清楚，物質財富沒有不好，但錢再多也入不了口。

利用來自亞利桑那州聖弗朗西斯科峰的狐尾松，以及新墨西哥降雨量的重建等資訊，可以看出西元五四〇年代對北美西南部來說，是個嚴寒的時代。近來有人認為，當時人口迅速離散的原因就是因為嚴寒，後來天氣在六世紀恢復暖溼，推動科羅拉多高原（Colorado plateau）社會經濟的大規模重組。一場長達一個世代的危機影響廣大的地區，帶出成熟而細緻的因應之道，像是農業知識與技術的跨社群傳播。各個社群採用類似的定居生活模式，例如火雞的大規模馴化。社會朝向複雜演化，村落出現，最終發展出階級體系，成為普埃布羅祖源文化（Ancestral Pueblo culture）的基礎。[47]

氣候的巨變也衝擊斯堪地那維亞，此時的瑞典聚落模式出現六千年來最大的改變，大量村落人去樓空。來到丹麥，六世紀中葉祭祀場所的寶物數量急遽增加，學界往往認為這表現絕望的心態，以及人們在這段嚴重的衰落期祈求上蒼的情況。[48]確實，冷冽的天氣，尤其是太陽能的減少，甚至讓觀念出現轉變，信仰受到影響，人們也開始未雨綢繆。部分頂尖學者主張塵幕是「芬布爾之冬」（fimbulvetr）的原型——北歐神話中的這場嚴冬，是「雪從四面八方飄來」，天地結凍，刺骨的寒風颳過每一個角落，「太陽無力回天」。[49]這就是「諸神黃昏」（Ragnarök），世界終結之戰的序幕。[50]影迷讓《雷神索爾：諸神黃昏》（*Thor: Ragnarok*）躋身歷史收益名列前茅的電影，票房收入逼近十億美元，但他們恐怕沒有意識到自己的觀影之樂，居然是一千五、六百年前一系列火山爆發的結果。

⋮　⋮　⋮

火山連續爆發之後的那一個世紀充滿改變，學界對此相當重視，認為火山噴發與相關的氣候衝擊引發一連串事件，例如「東羅馬帝國的轉型與薩珊帝國（Sasanian Empire）的瓦解，人群從亞洲草原與阿拉伯半島移出、斯拉夫語族的擴散，以及中國的政治動盪」。[51]之後我們會談到，火山事件也跟美洲、非洲與整個南亞的重大轉變有關，甚至為伊斯蘭教的興起，以及先知穆罕默德死後阿拉伯大帝國的出現預做準備。

六世紀中葉火山爆發後的一百年，是社會經濟、政治與文化大轉型的時期。不過，與其把火山活動及其影響當成一系列劃時代社會、政治與經濟變革的原因，不如去看既有問題如何惡化，暴露出斷裂點，進而引發激烈的改變，更能看出其影響力。比方說，糧食短缺是人口壓力與歉收的結果。要是宣化天皇的國土沒有那麼多百姓，養活他們就不會像他所說的那麼難。

我們已經知道城市在氣候面前有多麼不堪一擊，不過還有其他原因會讓一座城市迅速衰落，像是洪水、貿易路線改變、外部壓力，或者三者皆然——波吒釐子城（Pātaliputra）就是個例子。波吒釐子城曾是人們口中的印度最大城，其建築之美「並非此世之人所能造出」；而且波吒釐子城不只華美，還可以「聳立五千年」；然而，這座城市到了西元六〇〇年已經淪為廢墟，可能的原因是連續降雨導致恆河改道，引發洪災，但確切時間點並不清楚。[52]

到了七世紀初，印度西北部所有的貿易城市都走向必然的衰落。情況維持到兩百多年後，人們口中的這個地區不僅缺水，到處都是盜賊，連入侵的軍隊都會葬身於此，「死於餓餓」。雖然這類說法的目的與受眾是很重要的問題，但一度維繫笈多帝國的紐帶在六世紀晚期迅速瓦解的事實，本身就說明看似組織嚴密、上下有序、資源豐富的國家，其實相當脆弱。[53]

能夠在這個動盪年代得益的，清一色都是能夠適應或是見機行事的社會、民族與文化，例如盎格魯人（Angles）與薩克森人（Saxons）從羅馬不列顛的傭兵變成政治霸主。此外，巴爾幹的斯拉夫人、義大利的倫巴底人（Langobards）、北非的柏柏人（Berbers）、巴勒斯坦—敘利亞—伊拉克沙漠邊緣的阿拉伯人、黑海草原的阿瓦爾人（Avars）與南亞的匈人，都發現自己喊價的底氣愈來愈足，從邊緣群體一躍成為喊水會結凍的角色，甚至自己稱霸。[54]

不同區域自然有不同趨勢，但整體而言，階級、都市化的社會顯得相當脆弱。例如，歐洲部分地區（尤其是西北歐），氣候變得比先前數十年趨於穩定冷溼，減緩情勢低迷所帶來的衝擊。農業出現創新，採用適合耕種較重土壤的犁，並採取多元糧食生產模式，減少對農耕的依賴，偏向放牧。部分學者指出，蠻族反覆的入侵與攻擊，破壞原本無遠弗屆的供應網絡，促成社群朝在地化與自給自足發展。這顯然讓地方社群不至於像都市居民那樣大難臨頭，畢竟都市面對糧食供應壓力時處於不利的境地，難以發展出因應措施。[55]

但凡受到六世紀中葉的震波襲擊的地方，對於糧食短缺的因應之道都有特別著墨。例如，在笈多時代的印度，伐羅訶密希羅等學者就提到伴隨著天空中塵幕而來的危險，警告若是塵幕延續三、四天的話，「糧食、飲品〔與〕壺漿都會見底」；要是持續更久，「連國君的軍隊都要譁變了」。[56]同時期的耆那教經典，如《顯道經》（*Titthogālī*）勾勒的則是末世般的情境——洪水、乾旱、饑荒與迫害主宰世界，讀者因此能深入體會這個動盪時期。不過，部分學者指出，我們不見得能把這些說法當成完全符合史實的證言，也無法確定它們是否呼應、回應同時期流通的其他著作，例如《摩訶婆羅多》。[57]

對於糧食短缺、政治失序的焦慮，是中國史家關注的主題，而希望影響皇帝決策的人更是絕不放過。唐代史官吳兢在八世紀初所寫的《貞觀政要》中，對隋文帝（西元五八一年至六〇四年治世）處理大旱後饑荒時「竟不許賑給」的作法嗤之以鼻。吳兢提到隋文帝辭世時，「計天下儲積，得供五六十年」，令人難以置信。[58]隋文帝是隋朝開國皇帝，唐朝正是奪取隋朝的天下，也就是說我們不能把吳兢的說法照單全收。

但他的意思很清楚：遭遇天災時，統治者的角色就是做好規劃以免缺糧，然後在需要時迅速發賑。多積倉庫並無道理，但出現問題時仍該有足夠的存糧。假如上位者未能鑑納，則「危亡」也就在所難免。能夠幫助皇帝「保其天下」的人，自然會有很大的發言權。重要的教訓是：天下的亂與治，取決於朝廷面對氣候壓力時的彈性。饑荒不只會讓貧民餓死，引發對統治者的憤怒，甚至能讓政權瓦解。[59]

六世紀中葉，墨西哥盆地的條提華坎也經歷嚴重騷動，社會、政治與宗教皆出現大動盪，例如雨神偶像和相關器物遭褻瀆、砸毀，神廟與宮殿建築群也受到計畫性破壞。一般認為，這是因為民眾對菁英解決問題的方式普遍感到不滿，具體而言，則是跟降雨量減少造成的壓力有關，更進一步說則是與六世紀中葉火山噴發相關。[60]中美洲其他地方的營建活動也停止了，尤其是西元五四〇年由馬雅人所控制的範圍，這個事實意味著火山爆發引發的動盪不僅立即，而且規模驚人。[61]

到了約西元六〇〇年，條提華坎已江河日下，而阿爾班山（Monte Albán）與里奧別霍（Río Viejo）等地實力相當的政府組織也進入衰退期，居民從大城市移往小型都市聚落，地方菁英的目標變小，區域聯繫減少，資源也更有限。考古證據證明黑曜岩等物品的分配網絡大幅縮小——這種火成岩用途廣，數量稀少，在儀式中占有一席之地，因此備受重視。墨西哥盆地出現新的重鎮，像是蘭比迭科（Lambityeco）、哈列薩（Jalieza）與帕米利歐（El Palmillo），但這些新城市的規模卻遠遠比不上曾經主宰中美洲各文化的大城市。[62]

來談南美洲。六世紀時，聖嬰現象益發頻繁與嚴重，大洪水與漫長的乾旱交替出現，殘酷的環境與氣候變遷早已進行中，火山爆發則標誌著變遷進入新一階段，雪上加霜。有跡象顯示南美外海營養豐富的低溫海水，因為聖嬰現象而變為缺乏養分的高溫海水，造成乾旱與海產供應枯竭。從蚌殼的放射性碳定年來看（雖然用海洋資料來定年必須特別謹慎），這種情況早在火山爆發前便已出現。[63]

對於人稱莫切文化(Moche culture)的幾個地區來說，六世紀氣候變異的影響極其劇烈，灌溉設施不堪重負，土壤劣化，糧食生產直線下降。[64]對南美洲北海岸與白山(Cerro Blanco)地帶的某幾個地點來說，風吹砂是個難以對治的問題，城市被風沙掩蓋，而後又受到多次豪大雨事件影響。[65]社群間激烈爭搶水源與糧食，為了自保紛紛興建防禦工事，像是黑克特佩克河(Jequetepeque)與札尼亞河(Zaña)流域的情況。[66]至於條提華坎，對於菁英的反對，帶出藝術與宗教方面的回應，風格開始倒轉回到古樸的符號主題，而這可能是在動盪時訴諸先祖的一種轉向。[67]不過，也有一些文化適應得比較好，瓦里與蒂華納科在六世紀末時已經從安地斯中央高地往外擴張，建立版圖涵蓋秘魯、玻利維亞與智利北部沿海與內陸的帝國——至少是文化霸權。[68]

對世界上許多地方來說，這都是一段變動期。例如，一度稱霸非洲之角(Horn of Africa)與今日衣索比亞、厄利垂亞、蘇丹東部地區的基督教阿克蘇姆王國(Aksumite kingdom)，在六世紀初強化與紅海彼岸希木葉爾(Himyar)的交流，協助基督教會在阿拉伯半島傳教，並安插與阿克蘇姆立場接近，乃至於直接受其控制的統治者，干預整個區域的政治發展。[69]

然而到了西元五五〇年代，阿克蘇姆的前景卻一片黯淡：大型建物失修，即便還在使用，似乎也淪為一位學者稱之為「非法占屋者」遮風避雨的地方。[70]採石場突然人去樓空，意味著大型建設停擺；而錢幣成色愈來愈差(金屬本身與製作品質皆然)，則暗示本來活力充沛、版圖遼闊、目標遠大的國家，已經進入臨終階段。[71]

學界向來關注阿克蘇姆在六世紀中葉人口銳減的情況，認為跟過度開墾與有限資源(例如象牙、木材與水)耗竭的問題有關。[72]有人強調紅海兩岸的貿易因為波斯人與阿拉伯人先後攻占希木葉爾而急遽衰落，阿克蘇姆失去關鍵的海外市場，經濟跌入谷底。[73]阿克蘇姆陷入衰頹，非宗教性建築無論大小都缺乏維護，政治中心（假如還存在的話）若非遷往庫巴爾（Kubar，位置不詳），就是隨著統治者巡狩領土而移動。[74]

阿克蘇姆之所以深陷絕望處境，氣候條件恐怕有關鍵的影響。同一時期發生在非洲、歐洲與亞洲的重大轉變，或許也有許多可以用氣候來解釋。先前提到，火山爆發造成的塵幕為糧食生產帶來壓力，而且環境、原物料與社會壓力也在所難免。此外，塵幕還有另一個效應，對於六世紀的變革來說影響或許更為深遠：異常寒冷的天氣，為老鼠的生存與跳蚤的繁殖帶來不尋常的契機，進而導致瘟疫爆發。一旦歉收，就必須從地中海彼岸運來更多的糧食，交流激增的結果就是強化讓疾病迅速傳播的網絡。最後，陽光減弱恐怕也有重要影響，就是導致維生素D缺乏，而維生素D正是人體免疫系統的關鍵，尤其是對抗細菌感染的能力。這些因素此時加總起來，為大規模疫情創造完美的環境。[75]

⁝ ⁝ ⁝

最早提到瘟疫的文字紀錄，來自連接地中海、紅海與印度洋的關鍵樞紐——埃及港口佩魯西烏姆（Pelusium）。西元五四一年夏，疫情席捲加薩與整個北非，幾個月後蔓延到君士坦丁堡，然後如拜占庭史家普羅科庇烏斯所言，傳播到「全世界」。普羅科庇烏斯表示，這場瘟疫幾乎滅絕全人類，他宣稱在疫情高峰時，帝都每天都有一萬人病死。由於人手不足，未能下葬的死屍堆積如山。[76]後人稱為「查士丁尼大瘟疫」的這場疫情，據信讓數以百萬計的人喪生——事實上，以致死率五〇%套用在整個地中海的人口來看，死亡人數上看千萬。[77]

從晚近的經驗中得知，就算致死率只是稍微提高，都有可能造成嚴重的經濟蕭條，有時候甚至導致政府垮臺。也就是說，所謂的動盪不只是死亡人數，還包括貿易、交通與通訊網絡的錯位。[78] 即便如此，查士丁尼大瘟疫疫情嚴重程度的推估在近年來飽受質疑，有學者主張花粉數據、莎草紙文獻、銘文與鑄幣等各種證據中，都沒有重大社會、人口或經濟動盪的跡象。根據這一派學者的看法，疫情的衝擊「不值一提」。[79]

其他人則指出，就算致死率高，人口的減少也不是全面的現象，而是極為局部，結果也相當有限。[80] 這種令人存疑的估算確實相當引人注目。比較樂觀一點的評估，則是認為致死率的估計難免有大膽猜測的成分，不過瘟疫確實造成嚴重的災情。法國、西班牙、巴伐利亞，乃至於劍橋郡（Cambridgeshire）發現好幾種來自這個時代，彼此相關但本身有其獨特性的瘟疫苗株，顯示瘟疫在偏遠鄉間流行這個事實說明一個道理，如果瘟疫在人口稀少的邊緣地帶都有這種致死率，要是在人口密集的城鎮，只怕會屍橫遍野。[81] 更有甚者，君士坦丁堡當局在西元五四〇年代初期頒布法律，試圖限制薪資，因為有部分工人「索求比以往慣例高兩倍，甚至三倍的工資」。我們都曉得高致死率的疫情大流行對勞動市場會造成什麼影響：由於許多人染疫身亡，勞工人數急遽縮減，而工人索求高薪的現象與此也相當符合。帝都當局採取的其他緊急措施，也指出國家使出渾身解數，試圖讓財政不至於在極端壓力突如其來時崩潰。[82]

此外，還有好幾個指標顯示出恐慌情緒與秩序崩潰的情況，其中之一是公共服務停止，例如黎凡特地區的羅馬行省停止收垃圾的服務。[83] 而在內蓋夫高地（Negev Highlands），這個地區的聚落向來以葡萄栽培與奢華的「加薩葡萄酒」（Gaza wine）為經濟基礎，但釀酒業的衰落卻不是發生在伊斯蘭征服後，而是在氣候的嚴峻挑戰，以及人口因瘟疫而縮水，導致種植、採收葡萄與加工釀酒所需人力短缺下式微。[84]

類似的問題想必也是六世紀末馬里布壩（Marib dam，位於今葉門）潰決的原因。大壩潰決引發洪水，「淹沒土地、花園、別墅與房舍，最後居民都死了，城裡人一個也不剩」。根據時代稍晚的史料，馬里布壩的潰決是因為整體缺乏維護，以及縮減維持壩體所需的人工導致。[85]

從東地中海與近東人口基因研究來看，這兩個地方的人出現的基因變異讓他們更容易罹患自體免疫疾病，反而增加對耶爾辛氏桿菌（Yersinia pestis，也就是造成鼠疫的細菌）的抵抗力。這種遺傳重建的結果，確實符合查士丁尼大瘟疫、一三四〇年代的黑死病，以及後來反覆爆發的疫情——不只顯示六世紀的疫情留下遺傳痕跡，也是從疫情中倖存的人廣泛受到感染所造成的結果。[86]

或許就是因為疫情，當時歐洲黑鼠族群數量才會銳減；當然還有其他因素，像是氣溫下降，或是西歐與巴爾幹的交通和貿易網絡先後瓦解，影響黑鼠與其他鼠類的數量。當然，其中幾項或是全部因素加總起來，或許就能解釋八至十世紀時第二波鼠類進入溫帶歐洲，留下顯性基因的原因。[87]總而言之，瘟疫不只影響人類，也改變歐洲各地鼠群的分布與規模。

疫情造成的傷害，甚或連西非的剛果雨林都受到影響——當地人口銳減的時間點大致與查士丁尼大瘟疫相符。歷史達數個世紀以上的社群突然整個消失，只剩下零星幾個。[88]遺傳證據指出瘟疫病原體起源於中亞，但突破性的新研究卻顯示，早在疫情於西元五四〇年代大爆發以前數年甚或數十年，歐洲多個地點就有染疫死亡的例子。[89]瘟疫傳入非洲的時間，可能也比傳入地中海等地還要早，不過未來還需要更多研究才能證實這一點，以及證實剛果與非洲其他地方的人口驟降確實是因為瘟疫。[90]

相較於菌株的起源，更重要的其實是細菌傳播的途徑，以及從一小群受害者染疫擴大為大流行，造成大量傷亡的時間點。比方說，瘟疫的跡象先是出現在靠近尼羅河口的北非地區，以及阿克蘇姆王國有證據顯示其人口正好在此一時期大量減少，這兩件事或許都不是巧合。某些文獻說瘟疫是「從古實之地」以及從希木葉爾傳來，顯示細菌是從中亞或中國的源頭，經海陸貿易路線跨越紅海。疫情先是在較波斯偏西的地方爆發，然後才蔓延到波斯的事實，加上中國社會的疫情要到數十年之後才會發生，顯示疾病的傾向與地中海、紅海整體氣候條件，為疫情的醞釀創造理想的環境。[91]

近年來有論者指出，無論嚴峻的氣候變遷與瘟疫這「兩大災難」破壞力有多驚人，羅馬帝國也沒有因此崩潰。不僅查士丁尼政權沒有因此垮臺，甚至皇帝本人也沒有被病魔打倒——學者根據當時發行的硬幣進行深入解讀，可以看到皇帝頭像頸部刻畫出瘟疫標誌性的皮下膿腫。[92]

不少證據顯示地中海經濟體有許多區域仍一切如故，其中最引人注目的就是薩珊帝國，感覺整個六世紀向外擴張的步伐勢如破竹。這種延續性當然很重要，但從多數指標可以看出疫情造成重大轉變。[93]當然，對中央政府來說，人口嚴重減少的話就大事不妙了，生產力會下降，稅收會減少，為大型建設注資愈來愈難。[94]政府運作當然會受到影響；但從查士丁尼試圖遏止薪資膨脹來看，當經濟體縮水時，許多人反而可以替自己協商或爭取更優渥的回報與地位。[95]我們都曉得，「衰亡」對不同的人有不同的意思。

當代學者仍然對瘟疫的影響爭論不休，打上大大的問號，有時甚至爭到臉紅脖子粗，尤其是跟羅馬經濟有關的環節。[96]比較可以確定的是六世紀中葉的數十年間，世界上許多地方出現一系列重大社會與政治變局，而氣候與疾病等因素有時候會加劇或催化既有的社會經濟潮流。

比方說，深入研究六世紀斯堪地那維亞與波羅的海的再拓墾模式，會發現土地遭到棄置或是從糧食生產轉為畜牧用途的大量實例。這些變化是對一套複雜的情勢所做的回應，其中之一就是去適應因為西元五三〇年代火山爆發而寒冷化，在北半球延續超過一個世紀以上的氣候。前述地方的再拓墾模式變化，也是為了因應疫情造成的衝擊，以及隨著羅馬當局在北歐勢力消退，結果貿易網絡陷入停滯、崩壞的情形——它們徹底改變市場的動態，經濟與文化地平面易位，土地所有權與勞動關係改頭換面。[97]時間一久，大規模土地所有權與大莊園逐漸興起，新的「超級權貴」隨之誕生。這種情況就算不是維京世紀的基礎，也絕對稱得上是其先決條件。[98]

部分學者表示，六世紀中葉的這些創傷，或許跟歐洲等地在心理、情感與宗教方面的變化有關。比方說，童貞瑪利亞（Virgin Mary）成為君士坦丁堡守護者的這種觀念，就是從這個時期發展出來的。有人懷疑這跟瘟疫是否有直接或間接的關係。[99]也有人提到六世紀中葉的瘟疫、惡劣天氣、軍事失利與地震，導致人們擔憂世界末日即將降臨——即便這種恐懼顯然沒有成真，也沒有根據，卻仍然在未來數十年間持續蔓延。[100]

都爾的額我略（Gregory of Tours）提到嚴重的洪患害農人根本無法播種，也提到「天主引發了」地震（可能是隕石撞擊之故）、冰雹與大火。他警告，「未來各地都會有瘟疫、饑荒與地震，假基督、假先知將會崛起，在天空畫出符號並創造奇觀」，反映出的顯然不只是極端氣候事件，還有如何詮釋這些事件的方法。[101]對額我略來說很清楚：這些事件標誌著「痛苦的開端」，基督已經警告過，這將是時間終結之始。[102]

諭示時間盡頭的天啟預言，不只是猶太教與基督教傳統基礎的一環，而且不時浮上檯面。早在六世紀中葉的考驗來臨前，信徒似乎已經愈來愈擔心世界即將走向末日。憂愁順著貿易路徑傳播開來，尤其是在羅馬帝國東部。之後我們會談到，阿拉伯與中東對這種情緒來說堪稱沃土。連遠在斯堪地那維亞的異教社群，都開始拿金銀等貴金屬來祭獻，孤注一擲，盼望能避開看似即將降臨的、最終的大災禍，這恐怕並非巧合。[103]

這些例子乍看之下頗有說服力，但我們必須強調史料有其複雜性，必須以各種不同觀念架構下所形成的其他文獻為脈絡，何況我們現代人並不談論將臨的天啟末日。[104]然而，從許多時代與地區的證據來看，存在的焦慮與危機的發作，對於重新調整、評估或強化看待神聖的方式來說相當重要。[105]有人提到佛教突然大興於朝鮮與日本，當時正是火山爆發導致的塵幕最嚴重的時候。[106]當時的文獻把基督教傳入中亞及草原民族的改宗，明確跟瘟疫的時間點，以及業經證明有效的抗疫方法連結在一起：牧民「在前額用黑墨刺上十字符號」，君士坦丁堡派來想促成結盟的使者問他們為何這麼做，他們說先前發生瘟疫，「他們當中有基督徒建議刺上十字〔以帶來神的庇護〕，此後他們的國度就安全了」。[107]

近年來，學界研究古氣候指標與六世紀義大利中部的歷史文獻，不只得知六世紀後半葉是一段非常潮溼的時期（原因是北大西洋震盪進入低指數期），而且聖人生平故事裡也頻頻提到跟水有關的奇蹟。這不僅反映當時的文人如何看待與詮釋氣候事件，這些故事也成為一種進一步強化主教、僧侶與教會整體權威的手段。[108]

也就是說，悲劇性的單一天候事件，乃至於整段氣候震盪期，一方面能形塑信仰；另一方面也會提供契機，讓體制擴大（例如基督教會），讓能夠為將來的災難提供解釋與庇護的人鞏固其權威。這一點在七世紀初期非常重要，此時中亞草原氣溫再度陡降，成為另外一系列變革的背景，而這些變革的結果也同樣無遠弗屆。

11 帝國的黃金時代

（約西元六〇〇年至九〇〇年）

宗教信仰、良好的舉止、法律與秩序，乃一國大治之本。——伊斯塔赫里（al-Iṣṭakhrī），《王國輿地》（*Kitāb Masālik al-mamālik*，十世紀）

對於歐洲、非洲與亞洲半壁來說，七世紀的頭二十五年是一段政治動盪期，而且情況相當嚴峻。羅馬帝國與波斯帝國戰事頻仍，幾乎沒有消止，中東與北非有好幾座大城在此期間易手；兩大帝國展開的軍事行動不只是要讓對手臣服，更是為了要消滅對方。風水輪流轉的速度不只快，轉動的力量也很強：西元六二六年，波斯軍隊兵臨君士坦丁堡城下，許多城民在這座巨城中瑟瑟發抖，就怕萬劫不復；誰知才過幾個月，拜占庭皇帝赫拉克利烏斯（Heraclius）先是打出精彩的背水一戰，接著迅雷不及掩耳往東推進，在尼尼微（位於今伊拉克）擊潰波斯大部隊。[1]

不到幾星期，羅馬軍隊便抵達波斯沙王霍斯勞二世（Khusro II）宮殿所在的達斯塔蓋爾德（Dastagerd），奪走大量戰利品，像是布料、絲織品、糖、香料、銀及各種珍貴的裝備，並收復在過去的戰事中落入敵人手中的三百面軍旗。羅馬與波斯雙方都用有如烏雲罩頂、世界末日的口吻，把雙方之間的角力說成是光明與黑暗的戰鬥。[2]軍隊告捷與沙王霍斯勞遭朝內派系推翻的消息傳到君士坦丁堡，人們用聖經般的口吻傳述：「狂妄的霍斯勞，上主之敵」已經倒臺，「打入地底，對於他的記憶將抹滅於大地」。此君口出狂言，言不及義，還用不屑的態度侮辱「我主真神耶穌基督，以及真神之母、萬福童貞馬利亞」，因此落得如此下場。[3]

赫拉克利烏斯返回帝都之前，刻意繞道耶路撒冷，舉辦凱旋遊行，將沙王霍斯勞劫走的真十字架（True Cross）隆重安置回去。這一天普天同慶，「啜泣與大哭的聲音不絕於耳」；觀禮的人「滿心激動，流下喜悅的眼淚，無法自持，甚至唱不出自己的感激之情。」[4]

羅馬大獲全勝的關鍵，在於與突厥帝國的強大統治者結為同盟：六世紀中葉，突厥勢力已掌握草原半壁，西起黑海北岸，東至蒙古草原。西元六二六年，赫拉克利烏斯與西突厥可汗統葉護（Ton Yabghu）達成全面協議。為了鞏固這份協議，赫拉克利烏斯不得不做出許多讓步。皇帝與可汗之間千載難逢的會面可為證明：會面時，皇帝把自己頭上的皇冠摘下來，戴在突厥統治者的頭上，並且展示作為和親對象的皇女畫像；可汗則將精美的禮物送給皇帝及其隨員。[5]皇室成員與游牧蠻族統治者聯姻，可謂前所未有；這件事既顯示束手無策的皇帝已無立場可言，亦反映突厥人的支援對抗擊波斯來說有多麼重要。[6]

成功爭取突厥人為盟友，是羅馬勢長、波斯勢消的關鍵。六世紀中葉發生氣候危機，游牧團體的重要程度與勢力也在差不多的時間點大增。原因與方法還不是很清楚，但從其他游牧國家的擴張來看，高於平均的降雨量是因，草場承載力與牲畜數量的提升是果，兩者之間的關聯相當重要。[7]突厥的情況似乎也是如此，而且突厥人有能力從定居國家手中榨取入貢，控制貿易路線與網絡，還掌握動物（尤其是馬）的銷售，重要性更是不言可喻。[8]

西元五五〇年前後，突厥人已經稱霸草原，或者併吞游牧對手，或者把他們往東趕到朝鮮半島，往西趕到多瑙河以外，往南趕入印度。[9]其中包括魚貫進入巴爾幹地區的阿瓦爾人。後來到了西元六二〇年代，霍斯勞二世進攻君士坦丁堡時，就是找阿瓦爾人當夥伴，充分顯示游牧集團的軍力、組織力，以及他們對當時政局的影響力。[10]

正當戲劇性的事件在波斯等地上演時，同一時刻的東亞也發生類似的事件。西元六一八年，大貴族李淵利用百姓對隋朝的怨聲載道，起兵造反。當時，隋朝為基礎建設大興土木（例如後來銜接北京與杭州的大運河，就是由隋朝開鑿的運河擴建而成），對朝鮮的高句麗發動無謀的軍事行動，結果拖垮財政、過度役使民力，大失人心。對於東突厥可汗頡利來說，隨之而來的動盪不啻於大好機會。隋朝興建邊牆（也就是後來長城的一環），害牧民得不到最好的草場與農地，身為全突厥聯盟名義上最高領導人的他，自然大力反隋。

六二〇年代，突厥人肆意掠奪華北。西元六二六年，頡利可汗率部抵渭水，進逼唐高祖李淵新建的首都長安（今西安）。突厥人打算對當時世界上大的城市全面進攻，但這支入侵部隊的主要目的還是挾兵威索要財幣；東西到手後，入侵者就退兵了。[11]

這就是東突厥的頂點。四年後，突厥聯盟解體，唐軍推進草原，造成致命打擊，東突厥亡。[12]至於羅馬擊敗波斯過程中扮演關鍵角色的西突厥，也在西元六三〇年代迅速衰落並瓦解，黑海與裏海以北草原的族群有了重新組織的機會。東西突厥帝國轟然瓦解，實在很不可思議。前一刻還在接收一車車的貢物，下一刻就變成無名小卒。[13]

人們往往把東西突厥國運的突變，歸諸於突厥的內部分裂。一般認為草原霸主統葉護遭到暗殺，是西突厥局勢動盪、內部競爭，乃至衰亡的導火線。[14]至於東突厥，當時的人同樣認為領導層的齟齬是草原局勢翻轉的重要因素。西元六二九年，代州都督張公謹上書陳言，明確提到突厥內部的競爭是可乘之機。張公謹主張若此時唐軍反攻，游牧民將不堪一擊，呼籲皇帝利用這次絕好的機會。他提到幾點原因，像是頡利過度仰賴非突厥人、下屬各部心有不滿，某些地方的人反對突厥統治等等。張公謹還明言，突厥之勢弱還有另一項因素，也就是氣候條件突然惡化。[15]

新的研究指出，從亞洲、歐洲、美洲、塔斯馬尼亞的年輪，以及北極、南極冰芯證據來看，西元六二六年曾發生火山大爆發；從南極資料缺乏指標來看，火山的位置很可能在北半球。根據格陵蘭北部的資料來看，這次噴發的硫異常紀錄，是過去兩千年間最高的一次（僅次於十八世紀時拉基〔Laki〕火山的噴發，之後會談到），顯見這就是中亞阿爾泰山（以及世界上的其他地方）隔年溫度驟降的原因。根據重建，當時氣溫甚至減少了三．四℃。[16]

除了氣溫下降，塵幕對植物的生長也有衝擊。氣候的影響不會放諸四海皆準：有些區域與地點的生態平衡相當脆弱，有些則是逼近開發的極限，只要一點點變動就會一瀉千里。草原地帶就是絕佳的例子，尤其經歷一段氣候宜人的時期之後，牲口數量增加，體型增大，反而難以承受變動。更有甚者，太平洋熱帶海域與北大西洋等洋面溫度改變，影響中亞降雨模式，或讓情況雪上加霜。[17]

這有助於解釋漢文史料為何多次提到天氣條件異常嚴酷，像是大雪、乾旱，導致華中甚至華南大片地區糧食短缺與饑荒。雖然我們不可能把農業生產受到的影響加以量化，但重點是草原地區與生活其上的牲口受到的衝擊尤其嚴重：降雪量只要稍微增加，就更難找到足以養活牲口的食物來源，提高致死率。[18] 一旦大雪後又發生乾旱，問題就會更加嚴重，畢竟動物已經因為營養不良而虛弱。[19]《後漢書》就提到在一世紀，經歷為時短暫但穩定乾旱的時期之後，匈奴（突厥之前的草原霸主）「人畜飢疫，死耗太半」。[20]

也就是說，不光是定居國家，游牧政團也很難面對一系列導致壓力與風險有增無減的情勢。時至今日，異常的寒冷都會導致大量牲畜大量死亡，而且是數以百萬計。[21]災情往往引發社會性的後果，像是經濟蕭條、貧困加劇與大規模遷徙。[22]回來看突厥人的情況，我們不難了解張公謹看到的各種挑戰是如何累積起來，造成綜合性危機。牲口死亡、糧食短缺、嚴酷的氣候條件，導致維繫部族的紐帶瓦解，削弱領袖的權威，部落聯盟分崩離析。

易言之，部落體系的瓦解有可能是一眨眼的事。當時的人說，「突厥人是強是弱，完全取決於其羊馬」。牲口數量減少，尤其是突然、劇烈的減少，將會嚴重影響個別游牧群體在整個大聯盟當中的發言權，地位與財產最少的團體感受會特別深刻。[23]因此，看似有彈性且堅固的結構，有可能因為震盪（無論是氣候還是其他方面）而瞬間瓦解，為次級群體與具野心的個人提供削弱既有權力結構的機會，「結盟與階級體系中固有的不穩定性，讓集權的領導層相對薄弱」。[24]

西元六二九年跨六三〇年的冬天，唐朝大軍趁此良機出兵，突厥人退回草原，途中遭遇奇襲，傷亡慘重。突厥可汗與許多人一同受俘，後半輩子在軟禁下抑鬱而終。此事既是標誌著東亞突厥帝國的瓦解，也成就了唐朝的皇帝，此後統治今日中國版圖半壁達三個世紀。唐太宗在西元六二六年奪權後，獲得傳統的「天子」頭銜。草原上的劇變，大大強化他的正當性及對權力的掌握。他也放膽為自己新增頭銜。在長安皇宮前舉行的儀式上，他宣布：「我為大唐天子，又下行可汗事乎。」當局製作新的印璽，用於跟直接控制的西北地方統治者與族群的通信。也就是說，不久前擊敗游牧民族的他，如今直接自立為其君長。[25]

西方的情況亦然，西突厥人經歷動盪，起義、叛變、要人遭到暗殺——包括最高領袖統葉護。[26]吐魯番、龜茲與撒馬爾罕等地的領袖拒絕像過去一樣納貢，選擇找唐朝保護。這次起事的規模驚人，發展速度也很驚人：知名的漢地僧人兼旅行家玄奘在西元六三〇年造訪西突厥人，提到可汗身穿綠色絲袍，隨員身穿華美的繡花布，他想必認為自己見證一個帝國的頂點；其實，在他離開幾個月後，這個帝國就瓦解了。[27]

玄奘沒想到自己會得到如此招待，但令他訝異的不是招待方式有多奇特，而是他見識到的儀式元素按部就班、結構分明，與自己出發的那個世界相當類似。權力的象徵性展現，像是對統治者下跪、執其足、以頭觸地表示臣服等，都是相當常見的習俗。不光能在草原見到，連歐亞大陸彼端，從地中海到中東、東亞與中亞的朝廷也都有這種規矩。也就是說，這是個互即互入的世界，絕非時人（以及現代世界）筆下呈現的「定居國家」與「混亂的游牧世界」的粗糙建構。儀式與象徵當然不會一樣，但這兩種世界的界線是有彈性、有適應力、可以相互滲透的。[28]

草原地區的動盪為唐朝大開方便之門。唐朝不只往西擴張，也深入朝鮮。他們以精明的方式鞏固新局，重塑儀式，把異族納入其中，尊重對方的地位；不是把對方當下屬，而是接納、抬舉成為帝國的新成員。這種作法等於是模仿游牧民族吸納新民族的方式（與歐洲帝國時代在非洲、美洲及亞洲的作法大相逕庭）。[29]

來到歐亞大陸的另一端，草原上的動盪變化加上羅馬與波斯之間的史詩大對抗，也為新的時代揭開序幕。戰爭已經延續二十多年，消耗無盡的時間、人力與金錢。兩大帝國的對壘不僅衝擊地中海、黎凡特及波斯的大城市與市場，相連的經濟網絡與區域（例如南阿拉伯）也因此蕭條。[30]甚至更遠的地方也受到波及——來自南亞、在歐洲炙手可熱的石榴石一下子數量大減，有學者認為這種情況跟整體貿易的脫序有關，尤其是大受影響的紅海貿易。[31]

當時有不少人對這些大變動提出解釋，名叫穆罕默德的年輕商人就是其中之一。他的追隨者人數雖少，卻忠心耿耿。漢志（Hijāz）地區貿易路線的經濟情況益發嚴峻，北方兵凶戰險持續，羅馬與波斯又大打末日宣傳戰，此時穆罕默德的警告特別打動人心——不過，他宣揚的激進理念，像是唯有純潔、團結與忠誠才能打動神，加上要求人們背離在阿拉伯地區行之有年的其他宗教，都讓他遭遇極大的反彈。

對先知穆罕默德和他的同伴來說，西元六二八年是個轉捩點——他跟麥加的統治菁英在政治上達成和解，並訓令信徒應該要向著麥加朝拜（而非耶路撒冷），而原本作為異教神龕的天房（Ka'ba）則轉型為麥加城內朝覲（hajj）的核心。[32]阿拉伯境內不同派系於是走向和解，創造共同認同的基礎，在信仰的影響下把各地區的民族凝聚起來。後來的發展證明這紙《侯代比亞和約》（*Treaty of al-Hudaybiya*）不只是麥加與周邊區域，乃至於穆罕默德本人的轉捩點，更是世界歷史的轉捩點。

時間點實在好到不能再好。波斯不只軍情不利，又爆發嚴重的疫情，泰西封死者無數——這場捲土重來的瘟疫，或許跟西元六二六年的火山爆發，以及隨之而來的生態與病原體條件有關。[33]

世界因為戰禍與疾病、經濟蕭條、定居國家資源耗竭、游牧聯盟紐帶瓦解、全球秩序大崩壞而滿目瘡痍，此時穆罕默德、他的運動與追隨者出現在舞臺上。他警告世人日頭將熄、繁星殞落、海水沸騰、天空裂為兩半、墳墓將開裂吐出亡者，可見他的思想也是天啟末世屬性。穆罕默德警告：最終審判將至，義人要進樂園，惡人要下地獄。[34]

穆罕默德與追隨者成為最主要的受惠者，過程中建立遼闊的新帝國。但這一切並非必然。西元六三〇年前後，羅馬與波斯陷入拉鋸，經濟力與軍事力無以為繼，等於為游牧民族搭好舞臺，把霸權從草原擴大出來，創造史上數一數二的大帝國。突厥人把羅馬帝國的命運握在手裡，波斯在軍事慘敗與疫情肆虐下搖搖欲墜，東亞的唐也曾一度成為名義上的附庸。

突厥人本來能創造一個比蒙古人更大的帝國，卻倏地土崩瓦解，反而是蒙古人在十三世紀成就了突厥人所未能。假如西元六二〇年代晚期與六三〇年代初期有不同的氣候和生態發展，說不定迅速傳播到亞洲各地，甚至及於歐洲與北非的就會是草原的阿爾泰語系，以及統葉護所護持的佛教，如今反而是獎落穆罕默德及其追隨者，以及阿拉伯語和伊斯蘭教。

⋮ ⋮ ⋮

西元六三〇年代以降的數十年間，阿拉伯大軍爆炸性擴張，從漢志往外到中東各地，經北非進入南歐，並深入中亞。廣為流傳的不只是伊斯蘭信仰與教義，還有阿拉伯文化。阿拉伯語當然包括在內，此外還有音樂、詩歌、流行、藝術與建築的觀念。人在伊比利半島的阿拉伯菁英遙想故土，興建起宅邸與雄偉的建築，委人撰寫歷史紀錄與早期阿拉伯領袖的複雜家譜，西班牙因此變得「比阿拉伯更阿拉伯」。[35]詩人以自家花園內的棕櫚樹為題，怨嘆自己與樹都是「在西方的陌生人，遠離我們東方的家園」，這透露出對生態系與人來說，要適應新地點都不是易事。[36]

龐大的新世界就此誕生——阿拉伯人吸納了波斯帝國的核心領土，從高加索與小亞細亞往西延伸，東達喜馬拉雅山。此外，還包括羅馬帝國最富庶與最重要的幾個部分，像是埃及的糧倉、黎凡特的良港，影響力深入地中海。新世界的誕生，也讓環境與生態的變化成為定局，影響無遠弗屆。

這一部分是因為灌溉與農耕技術傳播到了阿拉伯人征服和控制的地方，但作物與栽培種的散播也不容小覷。也就是說，維繫阿拉伯世界的不只是文化，還有對特定食材、口味與食譜的品味。[37]這場「伊斯蘭綠色革命」(Islamic Green Revolution) 的範圍、性質與影響，可謂眾說紛紜。有人指出，一些讓人聯想到伊斯蘭信仰傳播的食材與作物，其實此前便已栽種於世界上的其他地方。[38]要評估這場綠色革命，顯然得看植物考古學證據怎麼說，而這仍然是學術研究的新領域。[39]

相較於獲得新作物，更重要的其實是阿拉伯人的新帝國為人們帶來先前數十年所短缺的和平與人力。阿拉伯領導核心內的繼承問題確實相當血腥殘酷，穆罕默德的頭四代繼承人中有三人遇刺，但這些新統治者對於其他地方則是小心翼翼，通常不會打擾社群與居民，只要他們乖乖繳稅就好。雖然有人抱怨財務負擔在新主子治下翻了三倍，但這種說法也不見得能照單全收。[40]大體而論，轉變的過程順暢而平和。

阿拉伯人成功的關鍵之一，是仰仗熟悉市場運作、農業生產及財務預期的官員與行政部門。在羅馬與波斯舊有領土，阿拉伯人沿用本來的行省官僚；當地人對此想必相當樂觀，只要不會動到自己的財產、權利與信仰，一切好談。[41]至於在中亞，阿拉伯人承接突厥人發展良好的體系，仰賴那些運用地位保障自身利益的地方都市菁英。[42]新的統治者對此基本上維持不變。[43]

儘管由穆罕默德及其傳人與繼承人（也就是持有哈里發〔caliph〕頭銜的人）所打造的世界經常發生內部摩擦，但數個世紀間來自外部的競爭與威脅卻是少之又少。論者經常斷言西元七五一年的怛羅斯之役，是穆斯林東向擴張與唐朝西向擴張的終點，但哈里發國之所以沒有受到任何來自東方的嚴重壓力，其實是帕米爾高原與喜馬拉雅山脈構成有效的絕緣體。哈里發國在西方也鮮少受到挑戰。從西班牙北進法蘭西的遠征軍，覺得彼地值得動手的東西有限；穆斯林軍隊唯一遭遇抵抗、僵持不下的地方只有小亞細亞，那裡的東羅馬，也就是拜占庭帝國在此苦苦支撐，有時候則努力虛張聲勢。然而，根據安那托利亞出土的考古證據，自七世紀中葉以降，一再發生的襲擊加上節節高升的邊防開支，不只造成長期的經濟衰落，也拉低了生活水準與預期壽命，這樣的惡性循環需要好幾個世紀才能打破。[44]

相較於前述幾個地方，阿拉伯人直接控制的土地則是一片欣欣向榮，城市擴大，來自鄉間的勞工擠滿街道。不只市民生活得到改善，連城市內部乃至於城際的經濟與人口都有大幅成長，新舊網絡都擠滿了人、物與思想。這些發展帶來新的聯繫與契機，引發其他地區的改變。

比方說，北陸橫跨數千公里的草原地帶也連帶發展起來，讓哈扎爾人獲益良多，這是因為動物與副產品的需求成長，加上貿易路線通過哈扎爾人直接控制，或透過附屬部族往間接控制的土地所使然。至於南方，一旦打通與中東、東亞穩定繁榮政權之間的管道，印度洋貿易網絡也開始風生水起。室利佛逝（Śrīvijaya）獲利最豐，這個國家以蘇門答臘島的巨港為根據地，控制東西貿易的大動脈——麻六甲海峽。

西元七世紀時，室利佛逝已經是佛教學術研究重鎮，據信有上千名僧侶住在當地。[45]該國政治與經濟目標不斷成長，這一點從舊馬來文碑文上提到征服其他沿海城鎮的內容來佐證，過程中免不了大量流血。[46]對於室利佛逝國家的性質，以及究竟應該將之視為帝國、王國或酋國，學界意見紛紜，而這多少是因為統治者（達圖〔datu〕）與羅越人（orang laut，受到攏絡、鼓勵，進而擴張國家範圍的沿海居民）之間複雜的關係使然。[47]

比較肯定的是，隨著局部性、區域性乃至於長距離海路的聯繫，把地中海、紅海、印度洋、南中國海及太平洋沿岸地區與人群銜接起來，天涯變得若比鄰，接觸增加了，貨物大量移動，印尼群島、南亞與東南亞之間交流水準開始提升。從西元八、九世紀開始，新國家在整個區域如雨後春筍般興起，像是蒲甘（Pagan，位於今緬甸）、吳哥（Angkor，柬埔寨）、大越與占婆（越南），以及注輦（Chola，印度）。這幾個國家有些類似的特色，像是官僚中央集權、文化整合、神命王權，以及併吞弱小政體——原因可能是伐林，可能是因為生態邊界的擴大，抑或兩者皆是。這麼多複雜的國家在同一時間，以「奇妙的平行」（strange parallels，借用一位現代歷史學家發明的用語）方式來發展，區域強國相互依賴，取得的成就又進一步推動彼此擴張與成功的步伐。[48]

阿拉伯人的征服，開拓新的地理、生態與文化疆界。希波克拉底（Hippocrates）與亞里斯多德等希臘學者，寫了不少關於環境影響性格的文字。隨著視野變得更加寬廣，阿拉伯文人也根據希臘哲人的看法，來看待如今自己交流的對象。馬蘇第（al-Masʿūdī）寫道，西歐的斯拉夫人與法蘭克人「身材壯碩，性情古怪，個性不同，智力有限，口音濃重」。這是因為他們生活在雨雪下個不停的溼冷區域，而這也說明他們的膚色何以如此之白，有時甚至透著藍色。生活環境缺乏溫暖，顯然是他們的宗教信仰無力與淡薄的原因。住在更北方的人比他們更笨、更奇怪、更野蠻——因為冷的關係，他們的臉肥到變成圓形，眼睛看起來很小。至於黑人，則是擁有「獅子的勇猛與狐狸的狡猾」，但因為生活的地方天氣太熱，因此難以長時間專注，不過他們也很熱衷於舞蹈與節奏。賈希茲（al-Jāḥiẓ）說，氣候會影響「民族特性、個人特質、言談舉止、內心的渴求、目標，以及外貌」。[49]

征服北非之後，也就打通與大穆斯林帝國的終極邊疆——撒哈拉沙漠彼端的聯繫。之所以交流大開，是因為跨撒哈拉黃金貿易的發展，加上尼日河與塞內加爾河發源地蘊藏有豐富的礦脈。雖然最早的黃金貿易成文史料是阿拉伯文，但這個地區與跨洲交流網絡的整合，早在哈里發國擴張之前就已經發生了；至遲在一個世紀以前，來自西非的黃金就是羅馬人在迦太基鑄幣的主要材料。[50]

西非之所以引人入勝，多少是因為傳說當地有大量的資源、人力與黃金，讓旅人、學者與文人想發掘更多，而他們得出的結果往往融合傳說與真實。比方說，許多阿拉伯文人相信世界上的人都是挪亞三個兒子的後代。挪亞的么子含（Ham），因為看到父親赤身裸體的樣子，結果遭到父親詛咒。伊本・古泰拜（Ibn Qutayba）寫道，神「改變了他與他後代的膚色」，當作懲罰。[51]含的子子孫孫變成黑皮膚，後來散布進入非洲，有些在東非安家，有些在西非落戶。[52]

其實，《創世記》當中「含受到詛咒」（Curse of Ham）的故事，完全沒有提到膚色的事情，也沒有說他的後代經遷徙或開枝散葉到了非洲。阿拉伯文人採用猶太教與基督教行之有年的、對於「黑」的論調，而這個廣為人探討、推論的主題，後來演變為有關生殖科學的假說。[53]黑皮膚跟神罰的關係就這麼根深蒂固下來。這種看法不僅有害，甚至成為學者所謂「奴役黑人最關鍵的論據」，對未來數個世紀造成深遠影響。[54]

即便如此，阿拉伯地理學家還是對生活在撒哈拉以南非洲的人，以及他們的風俗與行為大感興趣，只不過其中不少人關注的還是西非各國的財富與金礦，尤其是「國王權勢強大」的迦納。[55]金礦所在地戒備森嚴，不得擅入；開採出來之後就會製成金磚，銷往錫吉勒馬薩（Sijilmāsa，位於撒哈拉北緣）等城鎮。錫吉勒馬薩作為黃金市場，富甲一方，城裡不只有四座雄偉的清真寺，主幹道要從頭走到尾甚至得花半天的時間。[56]

論者對於他們的宗教與文化風俗既好奇又鄙夷——顯然是出於證明自己的優越，強調伊斯蘭的「教化」影響，也是因為貶抑的種族刻板印象總會隨著奴隸貿易發展而來。伊斯塔赫里表示，許多非洲民族根本不值得詳加描述：「宗教信仰、良好的舉止、法律與秩序，以及良好政策所指引的定居生活組織方式，乃一國大治之本。這些人統統沒有。」[57]難怪許多非洲人跟阿拉伯商人打交道時，都學會要謹慎以對：有人堅持在協商時與阿拉伯人保持距離，只用比手畫腳來達成協議；一位作者說這種「極端的警惕」，與「家畜面對掠食猛獸時的警惕」並無二致。[58]這種擔心受怕自有其道理，畢竟對方不以平等待己，何況還有淪為奴隸的風險。

到了九世紀，阿拉伯與柏柏穆斯林商人已活躍於尼日河畔的城市加奧（Gao）。他們從事的不只是黃金貿易，還有紡織品與象牙的買賣。[59]加奧坐落在關鍵的十字路口，也有學者主張我們應該把加奧視為往四面八方延伸的多個聚落，而非單一聚落。[60]加代（Gadei）、舊加伊（Old Gai）及加奧薩內（Gao Saney）等地點的人口與建築密度之所以增加，想必不只是因為跨撒哈拉貿易開創新的契機，也是因為降雨與洪水模式的變異，尤其是相應的沉積物與魚群變化使然。[61]

⁝　⁝　⁝

同時期的美洲，也開始有類似的交流日趨緊密的過程。對美國西南部來說，這是一段轉型期，普埃布拉文化人逐漸從半地穴屋發展出更大、更精緻、更為永久取向的結構體。[62]北美洲中西部、東部與東南部的密西西比文化（Mississippian cultures），也開始在單一的部落領導下集中政治權力，進一步帶來競爭，促成政權的鞏固與擴張。[63]

每一種變化都有其複雜的因素，但各個實體彼此推動，引發連鎖效應，想必是特別重要的主軸。人口的增加無疑是個要素，而人口之所以增加，則是跟栽種、儲存糧食，以及因應天氣震盪或長期氣候變化的能力有關。隨著政治中央的權力與索求漸增，難題也會愈來愈多，組織的成熟與否也就會影響到穩定度；組織如果不夠成熟，政治實體就無法適應與擴張。說比做容易，涉及人口成長、消費模式與永續性之間的關係時更是如此。

從一世紀到六世紀，人為活動與過度開發導致加勒比海地區陸蟹數量減少，體型縮小，而過度捕撈也導致包括珊瑚礁魚群在內的海洋生物急遽減少，這兩者都顯示一度能支持人口成長的食物資源一下子就會耗竭。[64]化解這種難題的方式，不外乎調適、新的生活方式、遷徙——不然就要挨餓。[65]

都市型聚落也有可能被自己的成就所拖垮，噴赤干（Panjikent）就是個好例子。瑰麗的噴赤干城（位於今塔吉克）是絲路沿線一處繁榮的都市中心，是粟特人（Sogdian）與其他商人的重要交易節點，部分商人從事奢侈品長途貿易。貿易的成長帶動城市的發展，噴赤干在五世紀迅速擴大，出現好幾座宏偉的宅邸，內部壁畫描繪的是出自印度史詩《摩訶婆羅多》、波斯經典《列王紀》（*Shāh-nāma*）與古希臘文學中的場景，如今看來仍叫人屏息。[66]但噴赤干的輝煌，是靠犧牲自然環境得來的。時間一久，周邊環境嚴重的去森林化。為了餵養人口所需的農業生產，以及為了製造營建工程所需的磚塊，都讓土地承受嚴重壓力，土壤嚴重流失。

無論在哪一種情況下，這些都是挑戰。一旦降雨量與水泉的出水量出現一點變化，原本的挑戰就會從難題變成無法克服。本來是絲路重要節點的噴赤干人去樓空，多少也跟阿拉伯人征服這一帶，以及貿易路線轉移有關，但這顯然也是絲路城市不能量入為出的後果。[67]

⁝　⁝　⁝

在哈里發國的世界中，壓力主要來自內部——這一點或許不足為奇。朝中敵對派系的競爭，有時候會升級成繼承的動盪，情況最糟的時候甚至會引發朝代的遞嬗。西元八世紀中葉，掌權已將近百年的伍麥亞朝（Umayyad dynasty），便遭到阿拔斯家（'Abbāsids）推翻——不過，伍麥亞家的成員仍設法保住在西班牙的權力，建立以哥多華（Córdoba）為首都的獨立國家。[68]

這種革命會引發改革與變化，菁英遭到整肅，新一批人與階級體系取而代之，社會經濟與政治體系也跟著重開機。新的領導人為了攏絡人心，往往會大手筆砸錢，除了花費在關係最緊密的核心附庸，也會花費在公共建設，並贊助能見度高的項目上。伊斯蘭的黃金時期不只一段，而是一系列的黃金時期，甚至堪稱黃金浪潮，主事的統治者運用不同的資源，達成不同的目標。

比方說，當局會大力搜羅梵文的科學文獻，將之譯為阿拉伯語，或是從印度延攬醫生前來傳授醫術，或是提升對世界其他地方的認識。此舉確實有一部分是純粹的求知慾使然，但近年來學者也主張前伊斯蘭的薩珊王朝統治者會提倡學術，而哈里發國多少有模仿波斯模式的意思。支持非穆斯林子民，提供他們特權，其實也有好處：畢竟在一個到處都是少數族群的世界裡，包容與接納不只是心胸開闊的表示，更是傑出的政治操作。[69]

天文學與占星術等學問也很重要，可以作為政治決策正當性與合理性的輔助工具，在王朝統治權遞嬗之後更是如此。[70]情報、知識與技術人才在印度、中國、中東、君士坦丁堡等地的流轉，是彼此相連、嚙合的帝國相互較勁的特徵。[71]

識字率從八世紀中葉開始大幅提升——有人認為跟造紙術由中國傳入中東有關——顯示日益繁榮。財富與閒暇有助於激發人們去製作書籍，挹注抄寫工作，為學者的研究、思考與寫作提供經費。有些文人閱讀如饑如渴，例如賈希茲，據說他租下一間書店，這樣就可以整晚捧卷；有文獻說，他的死因是年邁力衰時，被一堆書給壓死的。[72]也有像伊本·納迪姆（Ibn al-Nadim）的工作狂——這位十世紀的學者生活在巴格達，熱愛整編資料的他發願整理出「各民族的書籍清單，無論是阿拉伯人還是異族，處理各式各樣的學問」，記錄是誰「撰寫了這些書籍，把作者分門別類，還要記錄他們的人際關係、生卒年，以及所在的都市」，同時列出這些書籍的好壞與得失。[73]

大量的財富讓豐富的文化世界得以成真，人們自然而然會把這等於神的祝福。無論是財富還是文化，都跟宜人的氣候與糧食的供應密不可分。穆罕默德在麥加附近的山洞中得到許多來自阿拉的訊息，其中明確表示敬畏的人將能體驗「常住的樂園」（gardens of perpetual bliss），這應許後來經編纂成為《古蘭經》的經文。[74]「阿拉應許歸信的男女將進入下臨諸河的樂園，並永居其中。他們在常住的樂園裡，將享有華美的住宅」。[75]在樂園裡，每一個人的需要都得到照料，從果實到人所渴求的一切都能得到滿足。[76]

當然，這在同屬亞伯拉罕宗教的猶太教與基督教中，也是熟悉的訊息——無論是提供宜居的環境，還是提供足夠的食物，神都是其中的關鍵。神從天降下瑪納（manna），「稀薄得好像地上的霜」，必須在日光晒化前蒐集起來，直接吃的話味道就像蜂蜜，也可以烤成餅，「留到次日也沒有發臭，也沒有蟲咬」。[77]耶穌在加利利海（Sea of Galilee）出海捕魚時，魚多到漁網險些破裂了，而這事就發生在他的門徒毫無所獲之後。[78]神出手給予食物的事蹟當中，最知名的或許就數用五餅二魚餵飽五千人，這也是唯一一件同步收錄在四福音書的奇蹟。[79]對於猶太教、基督教與伊斯蘭教來說，神不只是自然世界的創造，也是資源的究極供應者，既能確保需求得到供應，又能帶來宜人的氣候條件。

伊斯蘭的阿拉全然掌控自然界，據信動物在星期五都會特別警惕，因為牠們意識到世界將在這一日終結。穆斯林時時警惕，不可掌摑動物的面或施虐，因為「無一物不讚頌他超絕萬物」。[80]《聖經》強調神讓一切造物完滿，《古蘭經》也說自然的秩序、優美與和諧，是神命令的結果。更有甚者，整個自然界自有其本自俱足的價值，而不僅僅是人類使用的對象。當代部分學者主張伊斯蘭的早期教義認為生物多樣性與豐富的生態，是出自神的創造，因此值得尊重與維護。[81]

人們自然而然認為，豐饒不只是神的善意使然，也是統治者善治的跡象。曾有當代詩人歌頌哈里發穆塔瓦基勒（al-Mutawakkil，西元八四七年至八六一年治世），提到除了神以外，穆塔瓦基勒也配得上人們的謝意。詩人用狂喜的口吻寫下：

幸虧有你，大片土地才能肥沃。

只要世界有你保護，就絕對不會貧瘠。[82]

灌溉體系和農業的擴大與這種歌頌攜手而來。例如在中亞，早在阿拉伯人征服之前，綠洲聚落的數量及聚落涵蓋的範圍便開始提升。這個趨勢延續到征服之後，但阿拉伯人移入這個地區時，顯然至少在幾個地點遭遇不小的抵抗與焦土作戰的局面。[83]西元六五〇年前後，中亞、西藏高原、蒙古草原與華東的氣候模式轉為溼冷，額外的降雨不僅利於栽種作物，也讓牧養牲口的植被更加茂密，而這種情況想必也促進作物種植的發展。西元六五〇年前後，中亞、西藏高原、蒙古草原與華東的氣候模式轉為溼冷，額外的降雨不僅利於栽種作物，也讓牧養牲口的植被更加茂密。[84]

進入這個熙來攘往、活力四射的世界，人口提升、財富增加之後眼界也隨之大開，「高級料理」於是成為展現文化認同的重要途徑，而都市中產階級（日子一久，也就不限於有錢有勢者）對此特別重視。[85]雖然有人感嘆巴格達「是富人的喜樂地」、「窮人的傷心地」，但當地對最好的食材、尋覓食材與料理的方式都有強勁的需求。[86]

有一本巴格達食譜，作者提醒讀者千萬不要以為有錢人跟普通人吃不一樣的東西。兩者的差異在於口味與體驗的方式。除此之外，富人還要求食材要乾乾淨淨，一絲不苟，連廚具都不能放過。廚房裡的良好衛生習慣相當重要，像是肉類與蔬菜各自有專用的刀子和砧板，洗手時也要用上好的清潔劑。[87]有些人的個人品味很狂，像是哈里發瓦西格（al-Wathiq），嗜吃茄子的他曾經一口氣吃了四十條。[88]有些貪吃鬼就是看不上素食，覺得長得像肉，但吃起來一點肉味都沒有的素食料理根本是詐欺。「我才看不上那些無聊的配菜，」一位詩人大聲抗議，「我的肉串呢？炸物呢？多汁嫩烤、香氣十足的肉呢？給我端上來！」[89]

在當時的每一個地區，大多數論者都是從都市的角度出發，特別關注權力核心，人口的成長、都市化、消費模式的增長、維持農業永續因此成為他們的焦點。這幾個焦點都受到多重因素所影響，不只區域之間差異甚鉅，有時候甚至連距離不遠處都大不相同。氣候當然是一項要素，不過市場的距離、土地耕作所需勞力的取得與否、農耕專業化、土地永續能力及最大產出等等亦然。

不過，最重要的還是水資源的管理，而不只是評估農產。前工業國家非常仰賴國內的農業經濟，其中最重要的就是土地稅。貿易當然很重要，現代學者關注貿易也無可厚非。然而，土地帶來的收益在過去是遠高於長距離或短距離貿易的所得。[90]無怪乎大家這麼重視評估土地的品質、所有權，以及土地能產出的收益。因此，穆斯林統治者就像過去的薩珊王朝統治者一樣，會定期進行土地調查。[91]此外，政府官員會詳細記錄水利、灌溉體系與水資源，致力於將王室收益最大化。[92]

他們的評估自然會著重在降雨量的穩定，對於土地與可用水資源的需求不至於上升。一旦天平朝錯誤的方向傾斜，問題就會接踵而來。比方說在九世紀初，紛至沓來的挑戰對社會經濟與政治造成重大影響。根據中亞阿爾泰山的年輪紀錄、裏海的鹽度，以及對於北大西洋震盪明顯偏向高指數等觀察來判斷，從約西元八〇〇年開始，歐亞大陸許多地方出現由溼冷轉往乾暖的長期趨勢。新的氣候帶來的挑戰，從綠洲聚落數量的減少可見一斑——九世紀初的數十年間，聚落數量減少將近七〇％。[93]

這種現象並非中亞獨有，城鎮、村落與農地遭到棄置的情況顯然也發生在伊朗西部與幼發拉底河沖積平原——中東地區乃至於全世界最有生產力的地區。[94]除了氣候變遷外，還有土壤迅速鹽化造成的生態壓力。美索不達米亞肥沃的沖積平原盛產小麥，但產量卻在約西元八二〇年至八五〇年間驟跌；由於大麥在惡土的生長表現遠優於小麥，大麥產量的提升等於是從側面應證鹽分失衡的情況。[95]當時的人從非洲引進強迫勞動力，以人力移除表土鹽層、讓田地維持耕作狀態的作法，則是又一項佐證。[96]

西元八〇〇年前後，問題進一步惡化——富裕的菁英逐步成功打造出自己的領地，運用地位、人脈與政治壓力去影響稅制和水資源分配。[97]這麼做等於是為了短期利益犧牲長期永續性，而且經濟與環境皆然：九世紀初，阿拔斯政府每年從伊拉克能收到大約一千兩百萬迪拉姆(dirham)的土地稅；過了一個世紀，數字下降將近八〇%。[98]

可用資金一落千丈，本身就是一大個問題，尤其領導者會承受壓力，必須解釋為何自己無法像前人一樣慷慨、一樣燦爛。宏偉的建設、領土擴張、花錢不手軟，感覺往往像是久遠的記憶。有人批評是因為揮霍、浮誇的生活方式與不負責任的開支。根據十世紀初阿里・本・爾撒(Alī ibn ʿĪsā)的說法，哈里發國年度預算近三分之一花在後宮、宦官與朝中重臣身上。[99]按照這種花錢方式，難怪一點衝擊就會讓不滿情緒水漲船高，引發抗議、動盪，甚至是更糟的情況。

例如西元九一九年至九二〇年間，巴格達因為糧食短缺而發生暴亂，當局將存糧折價釋出才得以平息。[100]二十年後的一場饑荒，嚴重到「人們為了換些肉與麵包，而把房子、葡萄園與花園賣掉。甚至有人會從馬與驢子的糞便中找出大麥粒來吃。」[101]幾年後，賈茲拉(Jazira)地區嚴重缺糧，「許多人發了狂，野蠻、無情攻擊別人，彼此相食」。[102]

很難說這些說法可不可靠，就算氣候資料顯示確實有異常天氣模式或事件發生，像是乾旱、洪水或冷熱異常，也不代表能盡信前述說法。[103]當然，糧食短缺不見得都是氣候的緣故，甚至不見得是生產力的問題，畢竟糧食的供需深受市場預期心理影響。有人嘗試購置糧食以降低風險，例如八世紀的埃及法蒂瑪（Fatimid）當局，但這種作法顯然無法長久，畢竟羅糧價格往往高於市價，又賣不出去。[104]此外，難免會有投機客利用高價，甚至試圖把價格推得更高——哈里發哈基姆（al-Hākim）便曾威脅要加以重懲，以遏止投機。一〇〇七年，尼羅河氾濫不如預期，導致糧食歉收，隨後哈里發表示：「不管是誰，膽敢囤積糧食，我就砍了他的腦袋、燒了他的家、充公他的財產。」[105]

哈里發的反應清楚表示糧食問題會引發民眾不滿，有異心、膽子大的人也會趁機賭一把，試圖提升自己的地位。歉收會演變為經濟問題，哈里發的對手會藉著天氣模式的震盪或軍情不穩生事，而他的朝臣與利益團體則是迫不及待要利用權力過度集中在少數人手上，而造就的深層結構問題。邊陲地區往往是不滿的溫床、叛亂的來源，以及新勢力上臺的跳板。

以哈里發國來說，社會、經濟與政治問題的關鍵，是本意在穩定、確保政府收入的改革，最後卻讓有錢有勢的人更加有力。十世紀中葉，當局創造伊克塔包稅制（iqṭā'），把收稅的權力外包出去，換取包稅者效力於己；除了顯然會遭到濫用之外，這種制度也意味著國家與菁英的目標並不一致，後者試圖犧牲前者的利益，追求自己的利益，為了收租而拚命壓榨佃農與自耕農。人心早已浮動，這麼做只會讓引發不滿的既有因素與不平等的情況惡化，使沒有效率、腐敗、犧牲弱者、偏袒大地主的體系更加難以撼動。[106]氣候的變化或許會讓發酵中的情勢進一步惡化，但追根究柢，未能控制貪婪的巨頭們才是危機一再發生的原因。

⁂

唐代中國的情況也很類似。近年來，不少學者試圖把氣候變遷跟皇室的失勢與帝國的內潰連結起來，認為是五十多年來的乾旱、洪水、蝗災與饑荒，加上嚴冬與夏季季風減弱，引發一波波的叛亂。[107] 這些當然無濟於事，但動盪、叛亂，乃至於唐朝末代皇帝在西元九〇七年被黜，根本的原因還是一位史家所謂「對舊世族與高官的恨意」，所體現出的「激烈的反權貴情緒」。[108]

之所以會有這種情緒，主因是有錢人損民利己，中飽私囊，而且不光守財，還要利上加利。在十二世紀的史家鄭樵看來，唐代中國已經變成封閉的圈子。任官看的不是賢能與否，而是家世背景。官員都出身於同樣狹窄的社會群體，以時時更新的祖譜與姻親關係紀錄為指導方針，去看誰屬於同一個圈子，以及誰可以躋身權貴階層。[109]

據司馬光說，到了西元八七〇年代，朝中「奢侈日甚」，官僚腐敗。水旱連年，但州縣卻「不以實聞，上下相蒙」，導致朝廷未能採取措施減緩災情。結果「百姓流殍」，沒有人伸出援手，不久後便「相聚為盜，所在蜂起」。偏偏承平日久，官軍缺乏作戰經驗，遇到盜賊往往吃下敗仗。[110]

西元八七〇年代與八八〇年代的叛亂，嚴重削弱唐的國力，傷害唐朝皇帝的威信，更強化藩鎮的力量，而藩鎮割據最終演變為唐哀帝被殺，領土四分五裂。有史家說，接下來這段「五代十國」時期，是數十年乃至一個世紀以來（端賴個人觀點而有不同）「強地方，弱中央」發展方式的合理結果。[111]

若想理解中美洲馬雅文化的命運，與其看氣候條件改變所引發的問題，不如看哪些既有的深層問題受到氣候影響而更形惡化。談到氣候壓力與環境惡化的危險，想要對眼下與未來的問題振聾發聵時，人們最常援引，也是最有名的例子，就是馬雅的「崩潰」。有人認為氣候因素造成的壓力，嚴重到馬雅人躲不過災難。「〔馬雅人〕不僅無計可施，甚至本來就沒有別的路可走，」學界泰斗如是說，「最後食物吃完了，水用完了，人也就死光了。」[112]

話說得有點聳動。馬雅人並未死絕——多數估計認為今日馬雅人人數將叩關九百萬，此外，他們的先祖也在瓜地馬拉、墨西哥部分地區，以及中美洲各地留下清晰且極為重要的文化足跡。[113]無可否認，馬雅政體的確經歷一段深刻的變動期，但部分政體仍存續、茁壯，直到一六九七年才終於敗給西班牙人——距離當年本以為是末日的危機將近有八百年。[114]

中美洲馬雅文化繁榮了好幾個世紀。西元七四七年在提卡爾興建的四號神廟（Temple IV）可謂馬雅文化的有形巔峰——直到歐洲人於十五世紀來到之前，四號神廟始終是美洲最高建築物之一。[115]提卡爾一直視重要的都會重鎮，與一系列的其他城市、政體與聚落，透過龐大的貿易網絡相連，促成黑曜岩等貴重物品的流轉。[116]上述貿易網絡也跟個人與家族維繫政治權力、保有部分自主權的作法有密切的關係。[117]長距離的禮尚往來一直存在，包括跟一千公里以外的條提華坎互惠交流；條提華坎是一個文化基準點，提卡爾甚至以之為靈感，在城內複製類似的大型建築。[118]

無論是城際間還是城市內，權力、地位與財富的分配都不平均：位置四通八達、接近主要貿易路線的城市，就是比邊陲更加優越；受到專制統治的城市，財富分配則會高度不平均。[119]官員與外交人員維繫著一張政治聯盟網絡，他們在各地穿梭，而建築雕刻、壁畫與多彩器皿上也經常出現他們的形象。

近年來，學界在猶加敦半島（Yucatán peninsula）東部的艾爾帕爾瑪（El Palmar）發掘一處小型廣場院落，就找到一位這種政界要人的精緻墓葬。墓主是外交官阿吉帕奇瓦（Ajpach'Waal），他擁有掌旗官（lakam）頭銜，曾參與艾爾帕爾瑪與科潘（Copán，以南三百五十公里處）的統治王朝之間的協商。[120]阿吉帕奇瓦的牙齒上，留有青春期或青年期間製作的翡翠與黃鐵礦鑲嵌，這是高位者之間相當常見（尤其是猶加敦低地區），是一種展現社會地位的方式。[121]學者對他的骨骸進行先驅性的骨骼生化學（osteobiography）研究，發現他的右犬齒鑲嵌脫落。脫落位置周圍的牙菌斑已經鈣化為牙結石，可見他無力負擔重新鑲嵌，這個事實令人不禁猜想他與艾爾帕爾瑪的地位，是否在他於八世紀中葉在世期間有所衰落。[122]

不同區域固然有起有落，但數個世紀下來長期的人口成長還是很驚人，足以撐起人口數以萬計的城市國家。[123]有人估計，馬雅地區總人口最高達到一千萬人，甚至更高。[124]提卡爾在亞掃・詹卡維爾（Jasaw Chan K'awiil）與其子易金・詹卡維爾（Yik'in Chan K'awiil）領導下，重要性與日俱增。從七世紀末起，易金・詹卡維爾帶來一系列軍事勝利與政治擴張。[125]這座城市的人口之所以在接下來一百多年增加三倍，甚或是四倍，政軍兩方面的成就是一個因素。[126]

都市化需要大量的投入——只要想維持聚落運作的話——也要能夠擴大。除了建構灌溉網絡外，也要發展出成熟的工程解決方法，例如興建攔水壩等方法，最大化留住水資源，或是用濾沙工法去除水中的沉積物與雜質。[127]另一項關鍵則是對治水土流失，成熟的森林管理與水土保持都是其中一環。[128]如此一來，以玉米、豆、南瓜、甘藷與其他根莖類為基礎的糧食生產就有提升的餘裕，滿足密集增長的人口所需。[129]

無論是貝里斯約克巴魯姆洞窟（Yok Balum Cave）的洞穴沉積物、北猶加敦的湖泊沉積芯，還是南加勒比海卡利阿科海盆（Cariaco Basin）的鈦含量，皆指出九世紀中葉有一段延續數十年的漫長乾旱期。[130]平均雨量下降約五〇％，偶爾甚至達七〇％，而這些變化可能是太陽活動改變、火山爆發的影響，抑或兩者皆有。[131]乾旱期讓原本快速伐林造成的問題更加惡化。人們為了擴張農地，取得木材作為燃料，進而用貝殼或石材烤製碳酸鈣，再製作氧化鈣——氧化鈣可以作為接著劑，或是粉刷、建築之用——所以引發了去森林化。[132]砍伐樹木會放大乾旱氣候，畢竟重整過的土所蒸發的水分更少，自然不利於雲層的形成與降雨。[133]

不過，馬雅人種植各種植物，其中許多是抗旱的作物，因此對情況是有幫助的。[134]缺乏降雨的事實，讓歷史學家把注意力都放在尋找氣候變遷與明確的文明崩潰之間的關聯，但從生態觀點來看，影響更大的倒不是缺乏降水，而是夏季氣溫上升，以及氣溫上升對玉米的衝擊：現代研究指出，只要氣溫高於三〇℃，就會導致玉米產量每日減少一％。[135]這對馬雅文化影響甚鉅，一來是食物供應；二來是政權正當性跟玉米之間的象徵性關聯。歉收會導致統治者的能力與特殊地位受到質疑，這顯然會刺激統治者設法維持權力，並透過軍事征服累積聲望。[136]

八、九世紀的兵凶戰危，造成局勢動盪，貿易網承受壓力。不過，不平靜的局面也讓軍人與官員有機會累積、挪用更多的財富與資源。對於陶瓷器等奢侈品的需求擴大，推動新風格的演進。[137]統治者也受到更多的要求——王權不能沒有精心建構的儀式，像是放血，有時候甚至要使用魟魚毒棘來放血，「打通自然與超自然世界之間的通道」。[138]這類儀式的發想，是為了讓菁英能標榜、維持與平民的距離——例如在瓦哈卡谷地（Valleys of Oaxaca，位於今墨西哥）中部的阿爾班山文化，會豎立石雕，彰顯自己的血緣傳承，維持自己跟平民之間的差距。阿爾班山文化遭遇的挑戰漸增，菁英的競爭也因此加劇，成為去都市化、人口減少政府機構失能的因素之一。[139]

馬雅人用於裝飾偏好的材料與手法，也有可能造成問題。近年來，學界注意到馬雅人將硃砂用於陶器、建築裝飾與儀式活動中的鮮紅染料和塗料。硃砂含大量的汞，暴雨沖刷後流入城市所仰賴的水庫中。時間一長，汙染物達到危險濃度，而乾季期間水中的藍菌數量更多，毒性也比平時更高。汙染動搖城市的永續性，削弱統治者與菁英的權威；更有甚者，長期暴露在汞環境中，會導致肥胖，並影響認知功能，或許也是社會結構受到壓力後進一步遭到削弱的原因。[140]

研究中美洲的學者經常強調，當地並非在一瞬之間，也不是全面地從人口稠密、高度連結的聚落拼圖變成現在的情況。例如在瓦哈卡，家庭生活許多環節在未受干擾的情況下延續好幾個世紀，直到西班牙人征服為止。[141]在馬雅人的土地上，不同的都市中心面臨不同的挑戰，有不同的經歷，而且有長期也有短期：有些城市遭遇嚴重的人口流失，官僚體系崩潰，但也有城市安然無恙。[142]

瓦解的不是馬雅世界的整體，而是維繫這個世界的骨架——把各個地點連結起來，促成物品與觀念的交流，為結盟、敵對與王權競爭提供背景的那種網狀結構瓦解了。面對乾旱、歉收與控制的手段失效，統治者根本無法滿足其他人的期待，也無法維持權威。[143]這正是為什麼各地不再興建雄偉的建築與宮殿、為什麼住在裡面的不再是統治者與官員，而是拿這些建築物遮風避雨、煮飯吃飯睡覺的占屋者。[144]

其實，無論是在中美洲還是世界上的其他地方，尤其對於活躍過數十年、數個世紀以上的文化來說，氣候變遷都不算罕見，再明顯、再艱困的變遷也不例外。關鍵還是在於平衡，一邊是環境壓力；一邊是社會與經濟的承載力——值得現代人深思。像全球化這種超連結性（Hyperconnectivity），固然對各種交流都有明顯的好處，但也會掩蓋問題與衝擊的程度；無論出於有意或無意，就算連結中只有一個環節脫鉤，都會加速情況的惡化。工廠關廠、港口超載、自然資源供應中斷等，不只會引發通膨，在最糟糕的情況下甚至會導致社會經濟壓力、革命與政府的瓦解。

考古學家與歷史學家費盡心思鑽研雄偉的建築，評估權力結構與王權模式。他們當然會對人口減少、城市凋敝或人去樓空，以及旅行、交通、交流強度的降低感到失望。對多數人來說，地理、社會政治與生態界線的退縮，不見得等於災難，甚至也不見得是走向下坡，結束了所謂「黃金時期」。人類社會的轉型，顯然也會衝擊動植物群，畢竟土地的利用會隨需求而改變：去都市化與城市運作失靈，意味著地方生態的運用方式或運用規模不再相同，動植物當中的贏家與輸家也會換新的一批。別忘了，氣候的鐘擺會在兩邊擺盪。降雨分布、乾溼或氣溫的長期轉變，不必然會導致連結的解體，有時候也會帶動新的契機，刺激新世界的誕生。

12 中世紀溫暖期

（約西元九〇〇年至一二五〇年）

他們以為審判日到了。——伊本・阿西爾（Ibn al-Athīr）談摩蘇爾（Mosul）居民，十三世紀

一九六五年，歷史學家胡伯・蘭姆（Hubert Lamb）表示：「眾多研究領域累積的證據指出，約一〇〇〇年至一二〇〇年間，世界上有許多地方的氣候明顯暖化，延續數個世紀之久」。他暫時把這段時期稱為「中世紀溫暖紀元」（Medieval Warm Epoch），經過一段時間的演變，學界目前多稱之為「中世紀氣候異常」（Medieval Climate Anomaly）或「中世紀溫暖期」（Medieval Warm Period）。[1]部分學者把時間斷限拉大，主張這段長期普遍溫暖的氣候，其實始於約西元八〇〇年，延續到一二〇〇年，甚至是一二五〇年。[2]

對歐洲來說，這段時間天氣模式宜人，確保北大西洋大氣環流能提供溫暖、乾燥的空氣，進而減少溼冷夏季與嚴寒冬季的發生次數，創造出農產豐收的理想條件，震盪次數微乎其微，而最重要的還是帶來可靠、穩定的氣候背景。[3]當然，這不代表氣溫與降雨量一直很穩定或風和日麗，也不代表全歐的氣候有相關性與一致性——由於學界的重點放在北歐與西歐，南歐與東歐受到的注意相對少很多，因此很難評估整體氣候情況。[4]

氣候條件對歐洲來說和煦，對世界上其他地方卻有不同影響，而我們也不能忘記區域內會有相當的變

異。比方說，伊朗、亞美尼亞與巴勒斯坦的降雨在這個時期遠低於平均，但我們缺乏證據，無法知道敘利亞北部或安那托利亞中西部是否也是如此。[5]不同地區受氣候影響各異，即便是相當小的區域也充滿差異——保加利亞、希臘中部與小亞細亞西部就是這樣，在中世紀早期並未出現一致的降水模式。[6]

將中亞的年輪資料與鹹海鹽度重建結合，可以看出這一帶的氣候偏向乾冷，西元九〇〇年之後尤其明顯。[7]這個結果與華北的證據可以相互呼應，但從河南省柑橘樹與亞熱帶作物栽種增加的程度高於南方來看，各地的情況不只不同，有時候甚至有明顯差異。[8]近年來，學者深入研究泥炭纖維、石筍、冰芯與年輪，得知今日中國有許多地方在這段長時期的氣候整體比平均暖溼。[9]大致上，在上一個千年期間，全球最溫暖的十個時段中就有六個集中在西元九五〇年至一二五〇年間。[10]

部分學者認為前述的氣候變化跟聖嬰—南方震盪、大西洋多年代際震盪（Atlantic Multidecadal Oscillation, AMO），以及北大西洋震盪等大範圍變動有關；[11]其他學者則主張變化的主因是太陽輻射照射率上升與熱帶火山作用降低。[12]後者的影響程度似乎較大：放射性的鈹十（^{10}Be）與碳十四（^{14}C）同位素重建，固然顯示中世紀氣候異常的主要階段與太陽磁場相對高度活動有呼應，但相較於其他時期，此時的活動並未特別異常。因此，火山活動降低與海洋—大氣系統的變化，感覺才是全球氣候大範圍重組的主要動力。[13]

印度洋與西太平洋熱帶洋面的暖化，引發北大西洋的大範圍氣壓變化，以及非洲與南亞季風降雨模式的改變，影響歐亞大陸的乾燥程度。[14]包括舊金山灣與秘魯沿岸等環太平洋地區，則是經歷比平常更乾燥的氣候，不過乾燥的情況在西元八〇〇年至一二五〇年間還是有不同的階段。[15]加州、巴塔哥尼亞與科羅拉多河上游經歷異常長期而穩定的缺水，不過美國東北的泥炭地似乎不受影響。[16]

非洲也有受到這段暖化期的影響，只是很難確定受衝擊的精確程度，畢竟資料蒐集與氣候重建都不夠充分——這反映出非洲歷史整體邊緣化的情況。[17] 即便如此，學界從四十多處遺址蒐集到的資料，還是可以看出氣候模式的不平均與高度變異，如主導非洲西南岸的本吉拉涼流湧升體系進一步降溫，南茅利塔尼亞、幾內亞灣與剛果河流域則是相對暖化。[18]

要判斷前述的長期天氣模式轉換對於不同區域的影響並不容易。雖然中世紀初開始的社會經濟變化，或許跟氣候脈絡相呼應，但社會經濟變化本身並不一致，也不是立即發生，因此很難釐清其間的因果關係。就算環境與社會變化之間的關聯言之成理，但還是要小心明辨。

比方說，地中海南部的變化比較溫和。羅馬帝國東部撐過阿拉伯人的攻擊，經歷重組。帝國東部的特色是君士坦丁堡中央集權，行政官僚、軍事、宗教機構與共同的羅馬認同維繫著帝國的整合。如今帝國東部經歷收縮期，城市規模縮小，網絡也不再活絡。中東、黎凡特、北非與西班牙之間的交流是以類似的政治結構為基礎，財產權得到保證，司法得到落實，稅收運作良好。東羅馬帝國（也就是拜占庭世界）與阿拉伯帝國城市的差異主要在於規模，大馬士革、哥多華、福斯塔特（Fustat）等城市比愛琴海、巴爾幹、希臘地區的城市更大，數量也更多。[19]

這兩大地區跟西北歐形成鮮明對比。羅馬帝國的衰亡導致西北歐的破碎化、孤立化。西北歐曾有幾段短暫的凝聚期，其中最明顯的就是查理大帝統治期間，成功將今日法國、荷比盧一帶的低地諸國、德國與義大利北部的大部分地區統一為單一領域。查理大帝治世的巔峰，是西元八〇〇年聖誕節當天，教宗良三世（Leo III）加冕查理為羅馬人的皇帝。除去這短暫而絢爛的時刻，西北歐在數百年間幾乎沒有長距離貿易，人們的視野也相當短小。

熱衷於為歐洲統一的理念尋找基準點的人，查理大帝或可作為足以引發思古幽情的象徵。但是，區域性的商業中心如義大利的科馬奇歐（Comacchio）與托爾切洛（Torcello）、法國的凡爾登（Verdun）和斯堪地那維亞的比爾卡（Birka），更能反映現實。這幾個地點的選址都很妙，皆位於生態系的邊緣與地理邊陲；但重點在於它們都是有內部市場的貿易區，交易發生在地方生產者與地方消費者之間，而非區域與區域之間。[20]

這種地區內的交流，反而成為一種大不相同的社會、經濟發展模式的背景。在缺乏成熟官僚機構的情況下，西歐出現新的爵位貴族階級（baronial class），在勞動力與生產性土地（productive land）這兩者之上建立其權威。當然，這些大人物不僅得面對彼此的競爭，還得面對不同範疇的競爭者——也就是教會。教會握有龐大地產，試圖保護自身的社會、經濟、政治地位，並且加以放大。貴族與教會加起來，就成為由掌權的個人、家族與地主組成的超級階級，他們或者試圖把權力集中於自己手中，保留在透過婚姻緊密組成的王權群體內部；或者透過體制性的所有權，讓國王無法染指其資產。[21]

數十年前蔚為一時的「封建革命」（feudal revolution）概念，如今已受到更成熟的詮釋所取代，其中有許多詮釋凸顯出中世紀早期西歐社會各式各樣的參與者及其重要性，例如行會、城市團體、牧區、區域議會與大學。[22]亦有論者強調財產權的觀念一開始雖然脆弱，但假以時日卻能隨著貴族資產與地位的累積，帶來權力的正式化與鞏固，最終帶來轉變性的結果。[23]教會的角色不斷演進，既是接受贈與的對象，又是施捨救濟、贊助與影響力的分配者，同樣是社會、制度與生態改變中的重要因素。[24]

人類社會與自然環境後續在中世紀早期發生的轉變，深刻到部分學者甚至表示這段時期是「自新石器時代以來，農業擴張最重要的時代」。[25]研究中世紀的史家不斷強調新技術對於提升產量與產能的影響，他們特別著重馬軛與重犁的發展，認為這兩者能比以往更有效地翻動歐洲北部的沉重黏土。一旦翻土成效提升，就更能抑制雜草、強化排水，還能在提高產出的同時減少農民的勞動，解放時間與資源，進而分配到其他活動。[26]大莊園解體為較小的單位，帶來重大的社會變化，改變農民與新興貴族階級對土地和地貌的看法。[27]

對於農業生產效率提升來說，最重要的就是產量與都市化的關係：西歐與北歐農業經濟的變化，提高了人均所得，刺激運輸與商業網絡的發展，城鎮的規模與數量在連鎖效應下成長。城鎮的發展反過來鼓勵專業化與文化實驗，進一步吸引人們從鄉間遷徙到都市聚落——帶動動態成長的循環。[28]

城鎮的興起，加上新移民與陌生人的頻繁到訪，不僅深刻影響城市文化，影響生活在鄉下的人，也讓歐洲在嶄新的風俗、觀念、流行與品味之下改頭換面。[29]長距離貿易網發展，知識、文化與地理見識日廣，典型的概念莫過於前往耶路撒冷朝聖——這段旅途雖然漫長、所費不貲，經常伴隨著風險，但能夠親自走訪耶穌基督生、死與從死而復活的地點，也是不小的榮譽。

演進的還有關於自然的觀念，不同的地區對於資源的爭奪也有不同的憂心；這些觀念顯然受到生活方式的改變，以及與動植物的互動所影響。[30]人們對於自然世界的概念是有分歧的：一位史學泰斗曾經指出，在中世紀早期的義大利，自己種東西吃「既是不得不然，也是一種奢侈」。[31]

但對部分學者來說，氣候的轉變是理解中世紀早期的寶貴鑰匙。比方說，有人認為保加爾人（Bulgars）之所以會在西元八〇〇年前後進入伏爾加河（Volga）中游地區，建立伏爾加保加利亞（Volga Bulgarian）與四通八達的貿易路線，及於斯堪地那維亞、拜占庭、中東與中亞，其中一定有氣候暖化的因素。[32]這些網絡傳播的除了商品外，還有觀念與宗教：不過一個世紀後，造訪伏爾加保加爾人的阿拉伯使節伊本・法德蘭，記錄到該國朝廷不僅有精緻的儀式，還展示來自君士坦丁堡與巴格達的昂貴原物料和商品——只不過該國統治者對伊斯蘭教義缺乏認識，令他十分不以為然。[33]

有往東的旅途，也有人朝南邊與西邊發展。根據哺乳類排遺、花粉樣本與碳分析的新證據，斯堪地那維亞人已拓殖到亞速群島（Azores）——與北半球風向異常與氣溫升高脫不了關係。[34]九世紀時，斯堪地那維亞各民族渡過北大西洋，移入法羅群島、冰島與格陵蘭。之所以如此，很有可能是因為北極冰帽消退，讓人們可以在無冰的海面上航行，魚群往北遷徙，陸地的也形成更適宜的生長條件。[35]這種殖民並不容易，不只要縱身跳入未知，還得遠離家人與朋友。約西元九〇〇年，冰島哈爾蒙達豪恩（Hallmundarhraun）火山猛烈噴發，想必讓至少一部分拓荒者或者感到不安，或者深受啟發，於是在內陸一處深達一千六百公尺的熔岩洞中，打造龐大的船型結構物，並燔祭綿羊、牛、馬與豬，顯然是為了安撫異教諸神。[36]約西元八五〇年至約一二五〇年間，還有數十起火山爆發，其中幾次對動植物群都造成嚴重傷害，例如西元九三四年的埃爾德戛（Eldgjá）火山噴發。[37]

無怪乎前幾波殖民行動的主體還是男性。雖然Y染色體與粒線體DNA證據顯示，北歐女性也有參與謝德蘭群島（Shetlands）、奧克尼群島（Orkneys）與蘇格蘭北部的拓墾，但遺傳資料卻透露出冰島多數的拓荒者是單身男子，把出身不列顛群島的女奴帶來，藉由強暴與強制性交來滿足自己的性慾。[38]部分殖民行動遠至北美洲，像是紐芬蘭的蘭塞奧茲牧草地（L'Anse aux Meadows）遺址，只是這次拓墾最後沒有成功。[39]多虧定年技術的進步，我們曉得到了一〇二一年為止，斯堪地那維亞社群已經在此站穩腳步——因為在這一年遭到砍伐的樹木，是被維京人使用的金屬鋒刃，而非原住民所用的鋒刃所砍倒。[40]

北美洲新殖民地與斯堪地那維亞之間的貿易，主體是量少價高、可以在原鄉換取高價報酬的奢侈品，尤其是海象皮與海象牙。[41]貿易本身也造成問題，冰島正逐漸演變由圈起最好、最大土地的先占者所主導的社會。到了十世紀中葉，冰島「各據山頭」的情況已過於飽和——這是全民議會「全事庭」（Althing）成立的因素之一。全事庭通過最早的法律，保障地產不至於受到新來的人所影響，也防止地主彼此侵奪。人們用饒富創意的手法來彌補人力短缺，像《冰島人之書》（*Íslendingabók*）等文獻就記錄紅髮埃里克（Erik the Red）如何以精明的推銷術勸誘別人前往格陵蘭，大談「綠地」（格陵蘭的字面意思）的土地之翠綠與豐饒，以及這個島名暗示的無數機會。[42]

從斯堪地那維亞往北大西洋擴張的行動，不僅代表整體區域貿易與知識網絡日趨密集，也是長距離貿易的現象。尤其是對東方與對南方的貿易，讓大量銀幣先後流入北海與波羅的海一帶，然後更是將其他地方納入流通範圍。[43]這些活動加上人類對於地貌的改造，像是打造新聚落、農耕、畜牧等，也都跟打獵獲取食材與進行貿易一樣，改變了生態體系。[44]其中一個結果是造就豐饒的世界，而且也是平等的世界：羅馬遺址中的跡象顯示男性攝取的蛋白質比女性多五〇%，但在此時的斯堪地那維亞社會，女性無論成年與否，攝取的食物來源都跟男性相同，因此也更健康。部分學者甚至主張營養攝取的平等，或許是當時斯堪地那維亞女性高度自主、性別平等的原因之一。[45]

人類在地形受限、資源有限的地方從事活動，恐怕會造成嚴重的衝擊：第一批移民抵達冰島不過數十年，就有土壤流失與去森林化的跡象，延續數百年之後才開始推行長期保育措施。[46]結合遺傳分析、放射性碳定年，同時運用文獻，可以推敲出北歐人定居冰島後不久，島上的海象便消失殆盡。縱使有氣候暖化、火山活動等額外的壓力推波助瀾，但過度獵捕顯然才是海象滅絕的主因。[47]

資源管理的壓力，造成消費模式轉變：以冰島為例，人們有意從養豬、牛轉往綿羊，綿羊數量增加或許是因為要生產更多毛料，供家內使用與出口所需。[48]同位素數據顯示，來到格陵蘭的人為了適應環境，逐漸以海洋蛋白質來源取代陸地肉類為主的飲食。[49]

易言之，不是只有在氣候變遷時才會需要應對措施，控管影響時也需要。斯堪地那維亞與北大西洋之間的路，因為良好的氣候環境與物質的激勵而開通，卻也帶來不同的難題，而這正是人類的施為與自然環境之間不斷互動的一環：任何動植物的到來都會引發重大的生態結果。例如，人類改造地貌引發的連鎖反應：人類需要聚落、食物、水與其他資源，意味著生態系會受到深刻的衝擊。人類有意無意間帶來的動植物，也是人為原因所造就的「自然」變化的一環——比方說豬胃裡的草、種子與寄生蟲，或是作為糧食、滿足耕作需求、隔熱或包裝而帶來的植物，就這麼在新的生態環境中扎根。[50]一旦人類進占過往無人居住的地方，將之改造成人類聚落時，這類結果（有時稱為「人因生態影響」〔human ecodynamics〕）就特別明顯。[51]

從這個角度來看，島嶼提供獨一無二的深入觀點，讓我們得以了解地貌、動植物群如何受到影響，也了解受影響的速度有多麼快。冰島、格陵蘭與法羅群島的例子，跟南太平洋島嶼的殖民經驗顯然有相類之處，不僅發生的時間相仿，原因也都跟全球氣候模式的變化密切相關。

⁝　⁝　⁝

西元八〇〇年左右開始，西太平洋暖池（West Pacific Warm Pool）海面溫度突然陡降，降雨帶因此往北推。萬那杜、薩摩亞、東加、斐濟等群島的溼度水準開始下降，帶來過去兩千年以來最乾燥的時期。將近一千五百年以前便殖民到這些島嶼的居民，過去沒有試著往更北邊的島嶼拓殖——就算有，也不是永久性的，留下的聚落痕跡少之又少，甚至完全沒有。如今天氣模式徹底轉變，帶來的風有助於前往玻里尼西亞的邊緣探索。[52]人們乘坐雙體輕舟，進行往返島嶼之間的長距離航行。電腦模擬顯示，新地點的發現與開墾並非碰運氣，而是有意且按部就班為之。[53]

放射性碳分析顯示，殖民浪潮先及於庫克群島，再進入東玻里尼西亞，也就是夏威夷、拉帕努伊（Rapa Nui）與紐西蘭之間的遼闊海域。人們殖民一個接著一個的島群。此外，還有他們帶在身邊的牲畜，像是豬，以及他們無意間帶去的，像是老鼠。[54]情況和北大西洋的殖民一樣，拓墾活動會讓植被改頭換面，人們為了種植作物、尋找燃料而整地，不難想像接下來就是土壤流失。葉表蠟質生物標記氫同位素證實，新殖民島嶼降雨量增強已經有一段長時間，比起愈來愈難過生活的舊島嶼來說，顯然更有吸引力。[55]

雨量也可以解釋同一時期其他太平洋島群社會發生的變化：天氣愈來愈乾，留住降雨顯然就成為重中之重。因此，投資建設運河、引水道、梯田不只是理所當然的回應，也是重要的回應。[56]類似的建設不能沒有高度合作，興建與維護需要能量，而帶來的好處與收益也要公平分配。在這種情境下，小而分散的社群逐漸轉變成大型團體，日子一久，社會也開始分層，出現階級。[57]

中世紀氣候異常期間，南半球開始暖化的地方雖然比北半球來得遲，但許多地方的生活方式也出現明顯轉變。[58]從古氣溫重建與考古證據來看，澳洲大陸的人口水準在一〇〇〇年左右大幅提升。人口增加的模式所反映的也許是遷徙的模式，但從對其他時期的研究可以看出，澳洲採集漁獵人口規模的大幅變化，是環境急遽變遷所引發的。[59]

雖然面對可用資源的風險，但漁獵採集維生的澳洲原住民卻運用機動性與技術來加以因應。[60]不過，以澳洲的例子來說，水與糧食供應水準的提高，也鼓勵原住民往定居生活方式轉變。[61]良好的氣候條件意味著可以讓更多人安心生活在一起，不需要四散尋找資源——這段時期澳洲低緯度環境中的考古遺跡急遽減少，生活型態的轉變也是原因之一。[62]試舉一例來說明轉變的規模——約一〇五〇年至一一〇〇年之間，澳洲中南部發生一場大水災，卡利亞波納湖（Lake Callabonna）水量增加到已知歷史紀錄最高點的十到十二倍。也就是說，當地的居民獲得選擇如何生活、合作與繁榮的新機會。[63]

從約西元九〇〇年開始，加勒比海地區的遺址也明顯出現社會與環境的轉變，長達數世紀的乾燥退去，溼度明顯提升。此時也是海平面上升期，島民被迫往遷往島上的內陸，像是土克凱可群島（Turks and Caicos Islands）大土客島（Grand Turk Island）的科拉里（Coralie）。[64]豐沛的降雨帶來農產剩餘，不過也有其他影響，尤其是各島群彼此之間，以及海島與南美洲之間交流愈來愈頻繁。安地列斯群島（Antilles）陶器風格的大幅轉變可為佐證，學界往往把這種轉變詮釋為島嶼間交流急遽增加的跡象，同時也是對傳統諸神失去信心的一種反應——諸神過去讓氣候維持乾燥，如今人們認為祂們的作法不僅殘忍，甚至懷有敵意。[65]最重要的交流，莫過於新的動植物引入並傳遍加勒比海地區，成為變動的催化劑。一方面，新的物種降低當地人對於魚、蝦蟹與鳥類等食物來源的高度依賴，其數量因此開始回升；另一方面，為了替首度引入島上的新物種騰出空間，島上的森林遭到砍伐。[66]也就是說，氣候的變遷造成交流、信仰體系，甚至是飲食的變動。

同一時間，類似的情形也發生在其他地方。美國底部（American Bottom）就是一個例子。所謂的美國底部，指的是從密西西比河、密蘇里河匯流處延伸到卡斯卡斯基亞河（Kaskaskia）的地區。這一帶散布著獨立的農場與小型聚落，其中最重要的是卡霍基亞（Cahokia）。約西元九〇〇年起，卡霍基亞的規模與重要性大幅提升，吸引來自整個區域的移民，帶來陶器與其他藝術的百花齊放，學者往往稱為「大霹靂」（Big Bang）瞬間。[67]卡霍基亞以一座高六．五公尺的遼闊平臺為中心，這個聚落坐落在廣大的沖積平原上，是種植穀物的理想環境；長年有水的湖泊與沼澤地有豐富的魚群，是卡霍基亞人飲食的核心；河流不僅能提供

西元前 200 年至西元 2000 年北大西洋六地的氣溫變化

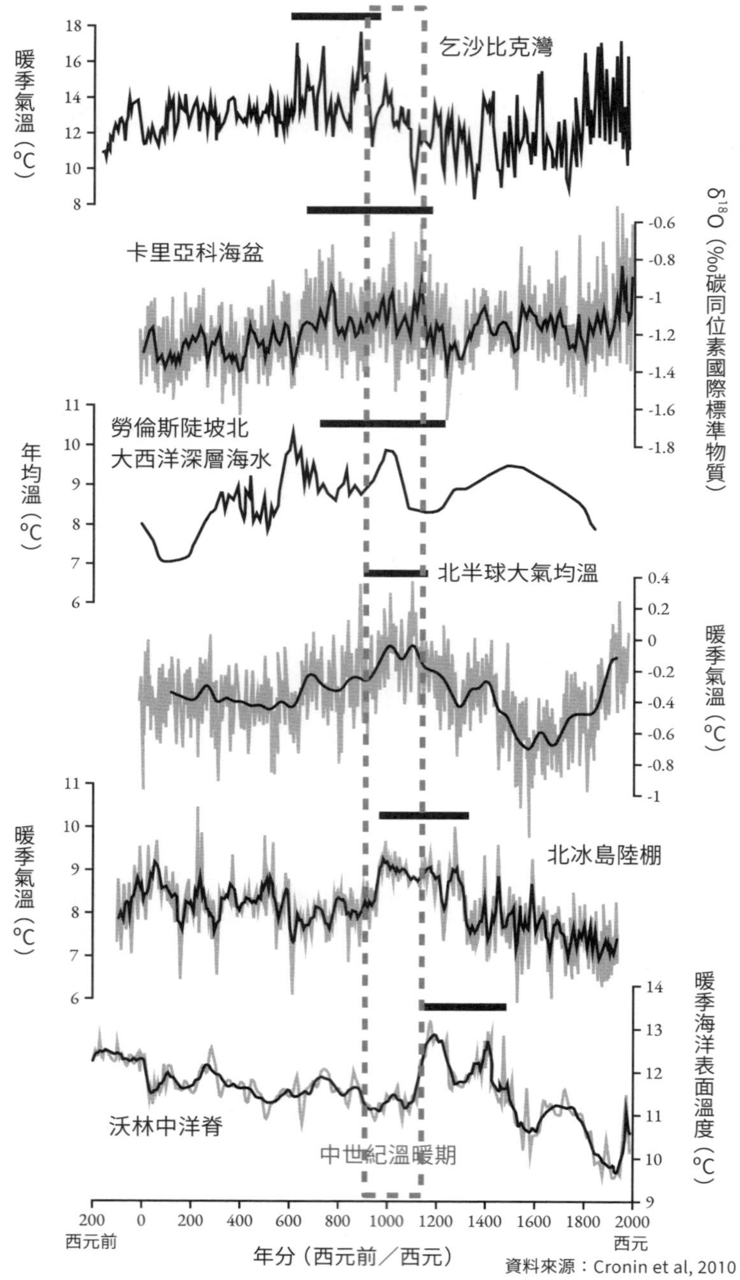

資料來源：Cronin et al, 2010

水源，也是貿易與交通的動脈。[68]易言之，在人口成長時能呈現指數擴張，可以比地理形勢受限的地方帶來更多可能性。

中世紀氣候異常的情況絕非均等，不只有大大小小的區域差異，時段也有所不同。其間也有暫時性、一次性的事件，造成情況大亂。最明顯的莫過於大型火山噴發事件，像是中國與北韓邊境的長白山，曾經在約西元九四〇年至九五〇年間發生過猛烈的「千年」大爆發。另外，還有一場此前不為人所知、最近才辨識出來的熱帶地區火山爆發，與十二世紀初一連串火山爆發同屬一個「遺忘群集」(forgotten cluster)。學界向來認為，這些密集的噴發跟歐洲的歉收與惡劣天氣有關；根據當時的史家所說，連月光也因此黯淡，入夜後「完全消失無影蹤，沒有光線，也沒有球體外型，什麼都看不到」——這說的顯然是火山噴發物質構成的塵幕。[69]

接下來的好幾場天災，規模及影響皆可用破天荒來形容。一〇四八年七月十九日，黃河河水漫過北岸，造成慘烈洪災，甚至沖出一條長達七百公里的新河道，直通渤海灣。當時詩人說百姓被水沖走，「我其為魚哉」，隨之而來的饑荒嚴重到「骨肉相食」。由於至少有一百萬人流離失所，部分學者認為後續引發的社會、經濟、政治、環境與人道動盪，得經過八十年才逐漸平穩。[70]

一〇四八年的災難，清楚展現對於新農業技術的確立，以及隨之而來的人口成長與社會轉變來說，「穩定」的局面非常重要。比方說，降雨量的大幅提升，有助於解釋美國西南「四角落」(Four Corners)地區普埃布羅祖源文化的轉型。該文化散布於今日猶他州、科羅拉多州、亞利桑納州與新墨西哥州交會的地方，大約在一千年前開始以雨養農業支撐起玉米的栽種——玉米非常重要，畢竟普埃布羅飲食中至少有六〇%為玉米。[71]

糧食產量提升當然是一大利多，但更多的糧食也跟菁英對於資源與儀式的控制、區域貿易網絡的創造與擴大，以及政治、社會與經濟集中化脫不了關係——當然，還有人口的成長。[72]典型的例子如新墨西哥州西北聖胡安盆地（San Juan Basin）查科峽谷（Chaco Canyon）所興起的「大屋體系」（Great House system），這些結構是大人物的居所、行政中心、儀式進行的地方，或者三者皆是。[73]

約西元九〇〇年左右，這些聚落愈來愈複雜，帶動資源取得的網絡往外擴大。人們的眼界見廣，菁英的消費需求提升，查科峽谷也出現像是來自加利福尼亞灣（Gulf of California）的貝殼、西墨西哥的銅與中美洲的可可。[74]緋紅金剛鸚鵡與軍艦金剛鸚鵡色彩繽紛的長羽毛，是威望、財富與精神地位的象，人們因此從中美洲大量進口，其重要性不言可喻。這些羽毛也妝點著普埃布羅祖源文化中的儀式，反覆舉行的儀式有凝聚、團結群體的作用，同時也強化階級體系，讓地位最高、權力最大的社群維持不墜。[75]

集中化與擴大的過程，會對本地及其他地方的資源造成壓力。有一些生態干預的作法可以緩解壓力。以安地斯山區庫斯科（Cuzco）一帶為例，當地廣泛種植生長快速、頗能適應貧瘠土壤的安地斯赤楊（Alnus acuminata），是成熟的農林混作，旨在減緩水土流失，或確保木材供應無虞。同一時期，安卡什（Ancash）高地的居民則是建立一套複雜的水利系統，這顯然是鄉間社群齊心協力的成果。[76]他們這麼做的目標也很明確，就是要改造地貌以降低風險，確保自然資源能長久永續。

關鍵不僅在於對生態環境的敏感，也在於新科技的發展與提升。有時候刺激科技發展的是新勢力、殖民勢力的到來。以安地斯諸社會為例，瓦里人從西元六〇〇年前後開疆闢土，控制新的人群，同時把各種新觀念向外推廣，其中最重要的就是在高海拔地區引進梯田，搭配先進的水利設施，每秒甚至能排放四百公升的水。對於需水量大的地方來說，供水設施非常重要。我用瓦里的盟邦提瓦納庫（Tiwanaku）位於陳陳

（Chen Chen）的經濟重鎮來說明水利設施的規模。根據估計，住在陳陳及周邊的居民，每年需要兩億五千萬公升的水，才能維持其人口與農產。上游農田也要用水，其他群體如圖米拉卡（Tumilaca）也需要用水，因此不能沒有巧妙的平衡。[77]

在如此脆弱的環境下，人口的擴張、水源的競爭、過度開發與天氣模式的細微轉變，都有可能造成問題，進而威脅生存。從十世紀時陳陳的陷落與提瓦納庫的崩潰，就能看出問題的嚴重性。[78]部分學者認為陳陳的衰落與萎縮，跟捲土重來的乾旱有關，但居民突然紛紛從文化中心分散出去的現象，也充分說明居民入不敷出、寅吃卯糧，無法適應情勢的變化。[79]

也就是說，奇穆（Chimú，瓦里的繼承政權）投注大量時間與精力在重大基礎建設的作法絕非巧合——例如沿著乾燥異常的秘魯海岸西緣興建運河，銜接奇卡馬（Chicama）與莫切河流域（Moche valleys）。這麼做的目的是確保陳陳及周邊的供水，這一帶也再度興盛。人們從前車之鑑學到教訓，配合城內人口與需水的成長，將運河進一步擴大。[80]這類措施放在任何時代都很重要，但在聖嬰現象引發的長期乾旱時就不只是重要，更是不可或缺。[81]

南美洲的其他地點，則是從約西元八〇〇年開始經歷不同的氣候變遷。秘魯北部安地斯山脈中海拔林地陡坡，在此時出現異常高水準的降雨。當地甚至潮溼到居民放棄玉米，改種馬鈴薯、南瓜與豆類。[82]查查波亞文化（Chachapoya culture）大約在此時出現，瓦里也是在這個時期把影響力擴大到這個地區。瓦里成功擴大影響力的關鍵，在於啤酒——人們廣泛飲用含有致幻物質的啤酒，更多的人因此能體驗狂喜與感官銳化。[83]

類似模式也出現在東亞馬遜地區——南美洲季風系統的改變，讓當地由溼潤轉而為乾燥。徹底翻轉的除了飲食之外，還有生活方式，愈來愈多四散的聚落出現，人稱瓜里塔（Guarita）階段。[84]在巴西南部高地，沿海社群不只貿易網絡與陶器分布擴大，人口也在約西元八〇〇年至一一〇〇年間爆炸式成長。[85]

這一類的擴大讓考古學家與歷史學家大感振奮，至於是否有帶來令人稱羨、所有人都能參與其中的成果則很難說。以日本為例，明顯的暖期從十二世紀末開始，人口數量與密度皆大增。但代價也隨之而來：預期壽命驟降。之所以如此，一部分是經常性的衝突與戰爭，而這本身就反映對資源的爭奪。以日本來說，資源的爭奪跟武家崛起密不可分。[86]不過，還有另一個更重要的解釋：人們密集居住在一起，疾病因此傳播，家畜、老鼠與寄生蟲讓情況雪上加霜。惡劣的排水與不衛生的環境成了危險、致命疾病的溫床。對於遺骸的新研究，顯示城鎮的數量與規模一擴大，預期壽命就跟著下降。[87]

奇異的是，疫情大流行長期下來也會有人得益。隨著貿易日益密集，宿主間距離縮短與數量的增加，天花傳播的速度也愈來愈快。部分學者主張天花頻繁爆發，形成「兒童流行病」，時間一久，反而建立免疫力。[88]也就是說，倖存下來的孩子有了抵抗力，對未來的人生大有助益。以天花為主軸的親源分析、古DNA（aDNA）與古病理學研究雖然還無法讓我們對這種疾病有更深入的了解，但卻能讓我們知道中世紀早期的印度洋世界飽受天花肆虐：博學家比魯尼（al-Bīrūnī）表示天花是從斯里蘭卡被風吹來的，而同一時間對於印度教喜塔拉（Shitala）女神的崇拜也在孟加拉興起，顯見人們愈來愈注意、擔心傳染病的流行。[89]

七世紀到十一世紀間，絲路沿線的商業、政治與文化交流日趨頻繁。此時「大量文獻」談到絲路沿線爆發的天花，雖然沒有提到傳染性與致死率，但也是用另一個角度清楚說明頻繁的交流是如何導致疾病傳播。[90]治療方法、療癒手法與醫學知識等觀念的傳播，是經由海陸路銜接的亞洲區域的關鍵特色。[91]貿易帶來的相互連結，不只帶動人、物與思想觀念的流動，也會帶來疾病與死亡，這一點古今皆然。

剛好印度次大陸、東南亞，乃至於中國之間向來有大量的交流——來自印度笈多王朝的證據，證明在五、六世紀間存在地方性、區域性與長距離的交流，交流的性質有外交、商業及其他。[92]也有海路聯繫的證據，比方說文獻記錄在六世紀時的中國口岸就有南印度人社群；塔考巴（Takaupa，位於今泰國）出土同業公會的泰米爾語銘文，點出了九世紀時孟加拉灣兩側的貿易關係；此外，一套九世紀的銅質銘牌上使用了古馬來亞拉姆語（old Malayalam）及阿拉伯語、中波斯語與猶太—波斯語，顯示此時的印度洋是多麼海納百川。不過，交流固然存在，但規模相對較小。[93]

從約西元九〇〇年起，情況大幅轉變，而且是聯繫、紐帶與交流都迅速且大幅成長。氣候變遷顯然是形成連結的重要因素。洞穴沉積物與其他指標顯示，規律的季風與穩定的降雨維持三百年，其中空窗期只有約一〇三〇年至一〇七〇年間，一般認為原因是奧特太陽極小期（Oort Solar Minimum），太陽活動大幅減少之故。[94]就像其他區域的情況，重要的除了氣溫與降雨的轉變外，還有氣候模式的穩定：更高的降雨量確實大幅提升亞洲許多地區的稻米產量，有助於提升熱量攝取、解放勞動力，並促進人口成長。[95]不過，對於亞洲歷史的「跳接」（jump start）新紀元，也就是中央集權的大國在同一時間紛紛崛起的現象來說，突如其來或者長期震盪的低發生率，也提供重要的起跑點。[96]

中世紀早期，一系列的帝國開始在南亞、東南亞與東亞發展，中國的宋朝就是個好例子。宋在十世紀中葉立國，不僅將世紀初唐亡之後分崩離析的疆域大致加以整合，過程中還能與位於現今中國雲南省的大理國建立關係。[97]宋的成就多半得歸功於世俗性的官僚改革。比方說，宋代經濟榮景的關鍵之一，是擴大商人對政治決策的參與。此外，對於識字率與教育的投入與提升也帶來回報，出版業的蒸蒸日上也讓知識更加傳播。在一段變革的時代中，這一切都影響著宋帝國的外貿政策。[98]溫和穩定的氣候條件固然重要，但貨幣政策、都市化、生氣勃勃的商業市鎮，以及把這一切結合起來的國內與國際網絡，皆有助於宋轉變為大帝國。[99]

宋的成就得到其他地方各王朝興起的襯托，它們彼此模仿、影響與競爭。最不可思議之處在於它們是一整群興起，以直接或間接的方式成為彼此的動力。印度朱羅（Chola）王朝、緬甸蒲甘王國、柬埔寨吳哥王國、印尼群島的室利佛逝，以及越南大越國等國家的成功，都發生在前後接近的時間點，印度洋與亞洲大部分地區的地理、商業及文化視野就此大開。

到了十世紀時，這些政體間的交流已經頻繁到我們無須辛苦尋找長距離交流的證據，就能曉得中國的開封曾接待來自阿拉伯、印度朱羅王朝、蘇門答臘的室利佛逝，以及越南中南部占婆等地的使節。[100]當時的人提到，中東的餐桌上有中國的瓷器做裝飾，精緻到「明明是瓷器，也能看透過去，看到瓶內粼粼的水光」。[101]

交流背後主要的動機是貿易、好奇心及情報蒐集——有時候下令的人甚至是在數千公里之外：阿拉伯地理學家馬蘇第寫道，室利佛逝的摩訶羅闍（Mahārāja，意為「大君」）「支配了無邊無際的大帝國……再怎麼快的船，也得花兩年以上才能繞航他所統治的各島。這位王者的土地出產各種香料與香氛，世上再也沒有哪個統治者的國家，能產出和他的國家一樣多的財富。」[102]

這些交流後來發展成全球貿易網，連接亞洲各地、北非與歐洲，而位於發展中心點的則是南印度的朱羅王朝。我們不確定朱羅王朝的起源。他們可能是取代拔羅婆（Pallavas）王朝，九世紀以前南印度大部分地區都掌握在拔羅婆人手中；也有可能朱羅人得益於絕佳的時機，降雨模式轉好，帶動穩定的農業經濟。[103]朱羅王朝統治手段了得，但他們也很強運。[104]

十世紀晚期開始，朱羅王朝控制的領土經歷了一系列實體的轉變。最讓人印象深刻的，就是從小型的聖壇、聖地轉變為華麗的宗教機構。統治者為了彰顯權力、財富與華麗的形象，以及他們所享有的神祐，不僅僱用數以百計的樂師、舞者、演員、金匠、朗讀者等，更投注大量的資源在恆空達朱羅城（Gangaikondacholapuram，位於今塔米爾納杜〔Tamil Nadu〕）等地興建大型神廟。[105]

朱羅統治者非常重視海上貿易收益，一名統治者敦促商人要大方對待外賓，殷勤招待並致贈禮物給他們，確保得到最惠待遇。[106]十一世紀二〇與三〇年代的碑文指出，朱羅統治者將勢力深入東南亞，想必是為了掌控區域與長途貿易。假如經麻六甲海峽的物流遭到室利佛逝封鎖，供應短缺，物價恐將難以承受，因此這也是不得不為。[107]

為了因應世界上其他地區的開放，朱羅王朝也迅速演變。統治者採取一系列措施，強化官僚對於農業經濟的控制，貨幣化就是關鍵之一。並行的還有文化方面的措施，像是把濕婆（Śiva）崇拜推廣到朱羅王朝各地，作為發展共有認同的方式。[108]朱羅王朝的領導人就跟帕拉瑪拉（Paramāras）、卡路嘉（Cālukyas）與羅濕陀羅拘陀（Rāṣṭrakūṭas）等其他南亞後笈多時代的王朝一樣，會把自己的世系回溯到上古，從往世書等聖典中找源頭，以強調自己的權威——最有名的就數一九〇五年於韋達蘭耶逝筏羅神廟（Vātaraṇyeśvara temple，位於今塔米爾納杜北部）出土的知名銅質銘牌。[109]

歷代統治者與官員的未雨綢繆亦是關鍵：由於極為仰賴季風雨，政府投入巨資興建儲水池以收集、儲存水資源。[110]調適與創新也很重要。比方說，朱羅王朝的首都從烏萊育（Uraiyur）遷往坦賈武爾（Thanjavur），再遷往恆空達朱羅城；另一個例子則是徹底改革土地稅，根據作物供水的方式來分級，想必是為了將中央的稅收最大化，增加王室的收益。[111]

吳哥王國的故事也很類似：據估計，吳哥極盛期居民高達七十五萬人，為了供應所需，當地興建龐大的儲存設施，構成「前工業世界最大的低密度都市建築群」。[112] 吳哥城中與周邊地區涵蓋面積超過一千平方公里，雄偉的神廟、儀式舞池與宮殿群，風格深受南印度、印度教與佛教，以及這兩者的融合所影響。[113] 大規模水利設施是吳哥的特色，有助於為居民供水，並預防降雨量驟降。[114] 這不只是社會與政治穩定的必要條件，也是確保糧食供應所不可或缺，畢竟光從人口數來看，顯然只要一點點氣候震盪，像是乾旱或洪水，就會造成極大的危機。[115]

至於對蒲甘與大越來說，因為當地有豐富的水系，因此水供應比較不成問題。不過也有人指出，幾個世紀以來高於平均的降雨量，確實有助於減少高地因乾旱而導致的死亡率。死亡率一降，人口一增加，形成遷徙的推力，進而帶來更多的人力，更刺激城鎮與各地區提升生產力的能力。[116]

這幾個國家都很幸運，或者沒有大的競爭對手，或者不費吹灰之力就能併吞對手。但假以時日，各國最後會遭遇彼此，爭奪資源與地位。市場壓力可能會拉低價格，而為了控制商品、物產與轉運節點而引發的對立，則會造成敵對情緒，甚至是軍事衝突。十一世紀時，緬甸王室對於印度洋與中國間轉運口岸的興趣，導致當地的緊張情勢升高，不久後更有吳哥與占婆為控制口岸而引發的多起衝突。[117]

印度洋世界的這種環環相扣並非新的現象，即便在古代，亞洲各地海岸、內陸與非洲、地中海和歐洲之間的關係就很緊密。中世紀不同於古代之處在於活動的規模：版圖與野心達到大帝國等級的國家接連興起，帶動商業與文化交流，規模與數量皆很驚人。早在九世紀與十世紀，顯然已經有船隻載著數以萬計的中國瓷器、印度青銅器、爪哇拋光鏡、埃及玻璃器皿往返於海上——偶爾也有船隻最後葬身大海。[118] 交流激發人們對世界其他地方的興趣。宋太宗就很好奇大象跟犀牛要如何捕捉。外使答道：「象用象媒，誘至漸近，以大繩羈縻之耳。犀則使人升大樹，操弓矢，伺其至，射而殺之。其小者不用弓矢，亦可捕獲。」[119]

我們知道占婆等周邊國家的商人，會把犀牛角、象牙、藤席以及絲綢、紡織品和雨傘運往宋，而這些國家也扮演中轉地，將來自遠方的商品如爪哇織品與中東香料轉往中國。人們難免把焦點放在具有異國情調及交易中的奇特商品，但值得注意的是密切的交流也會推動標準化——例如大越、吳哥與爪哇的陶瓷業，久而久之便反映出中式陶瓷器的設計。[120]

接著來談林波波—沙希盆地（Limpopo–Shashi basin，位於今波札那）的圖茨韋摩嘎拉（Toutswemogala）與馬蓬古布韋（Mapungubwe）兩王國的文化。這兩個王國發展興盛的時間是八至十二世紀。[121]它們的北方有大辛巴威（Great Zimbabwe），同樣是非洲南部相當繁榮的國家。大辛巴威從十一世紀崛起，聚落周圍有用將近一百萬塊石頭堆砌而成的巨牆，界柱上放置著人唇鳥形皂石像。[122]這些圍牆的主要功能不是防禦牆，而是展現權威的方式，是這個數千人的社群中最有權力的人蓋來圈地用的。其中最古老的圈地結構山丘結構群（Hill Complex）是宗教中心，也是王室舉行儀式安撫祖先、向諸神祈求風調雨順進行祭獻的地點。當地有來自波斯、敘利亞與中國的物品與奢侈器物，可見非洲南部也參與當時興起的長距離貿易網。[123]

非洲的其他社會、文化、族群與地點也是這個貿易網的一部分。基爾瓦島（Kilwa）是銜接印度洋的關鍵，不只經海路聯繫史瓦希里海岸與東非，也跟非洲南部有所交流。基爾瓦島的重要性部分跟其地理位置有關，這裡是北方的船隻經季風航線所能到達最南端的地方，基爾瓦島也因此成為象牙、木材乃至於莫三比克黃金的集散地；基爾瓦島進口貿易暢旺，從當地出土最早可以回溯到十一世紀的瓷器來看，甚至有遠自中國的進口商品抵達。[124]伊本·巴杜達說基爾瓦是「全世界最美麗的城鎮」，但他也不免提到島上與大陸上的穆斯林蘇丹及居民處於持續的衝突狀態。[125]

除了基爾瓦以外，東非沿岸還有許多城鎮，從索馬利亞、莫三比克，一直到馬達加斯加北部；這些城鎮有清真寺，有用咕咾石砌成的墳墓，也是密切、直接參和對內陸與對印度洋貿易的上流人士所住的地方。[126] 玻璃珠飾品凸顯出當地與波斯灣和南亞的交流。此外，東非與馬達加斯加有大量來自十、十一世紀法蒂瑪埃及的錢幣，這不僅證明南北貿易軸線確實存在，也說明此時北非生產的精美大口壺所用上的純淨白水晶，很有可能源於馬達加斯加與葛摩群島（Comoros Islands）。[127]

個別城鎮的大小與社會結構差異雖然大，但它們都屬於一個相互依賴的網絡，共同促進區域貿易。凝聚這個網絡的要素，除了類似的語言外，還有十二世紀時傳遍當地的伊斯蘭信仰，以及能在不同統治者與人群之間建立並深化關係的儀式——其中最重要的就是飲宴。[128]

這些持續發展的長距離貿易網，既會帶來契機，也會引來挑戰。有些地方就是被自己的成就拖垮的，像是桑吉巴島（Zanzibar）的昂烏亞屋庫（Unguja Ukuu）。農業雖然支撐起成長的人口，但造成的廢棄物加上廚餘與一般垃圾卻愈積愈厚，導致這個東非貿易重鎮走向衰落，甚至人去樓空。[129]

至於其他地方，交流的擴大導致政府為了保護既有利益，鞏固政治中心的權威，於是試圖維持對貿易的獨占——正因為如此，宋朝當局才會一再干預對外貿易、採取禁令、推動改革、嚴密監控商品與商人的流動。隨著人們愈來愈富有，甚至愈來愈敢冒險，這種分歧也蔓延到其他領域——國際交流增加帶來的其中一項結果是社會的擴大，而社會的擴大連帶又會促成士人階級的興起，他們批評朝政與官場，以史為鑑，創造自己的知識網絡。[130]

從約西元八〇〇年至一二〇〇年，全世界都經歷一段深刻的改變——氣候重組的效應，因為缺乏大規模火山活動而逐漸增強。不同的區域遭遇不同的問題，人們為了適應與因應這些新挑戰，採取像是遷徙到新地區、發展新水利科技，乃至於擴大農業生產等策略。

有時候，生態交流會帶來深遠的影響。例如，江淮流域在十一世紀初遭遇旱災後，漢人農民開始改種抗旱、早熟的占城稻，一來提高未來承受天氣震盪的能力；二來新的稻種也能確保熱量攝取、餵養更多人口，還可以創造政治穩定的條件。[131] 無怪乎同時期東亞各地都開始干預自然地貌，包括打造大型灌溉設施、興建攔水壩，並伐林為農業開墾開闢新土地。[132]

除了亞洲、非洲與美洲各地外，經濟擴張、農業生產與人口成長也是歐洲的主旋律：約西元八〇〇年至一二〇〇年間，歐洲人口一飛沖天，據估計成長了三或四倍，甚至更多。[133] 部分歷史學家提到，人類因此跟生態環境展開競賽，試圖跟上人口不斷增加而推升的需求，而最後都難免以危機告終。[134]

不過，真正的關鍵並非人口總數，而是人口的分布與密度。一般都說杭州、開封等大城坐擁百萬人口，這樣的估計值雖然只是大略，但無論如何不可否認的是有大量居民住在城裡。[135] 就像其他地區與其他歷史時期的大城，杭州與開封的實際需求——糧食、水、燃料，甚至是奢侈品——非常龐大，不僅對生態資源造成壓力，供應鏈也必須有效率且活絡。這對蒲甘（後得名阿利摩達那城〔Arimaddana-pura〕，意為「破敵城」）的位置來說挑戰尤甚，除了要承受海水倒灌之苦，還有河流的規律淤積。[136]

包括吳哥窟大型神廟群在內，吳哥城有三千座神廟。城內有著精心設計的儲水池與運河，用於淡水的收集與分配，既能提供城內居民，也能灌溉當地的農田。這類建設不只需要大量人力才能興建，落成後也需要不斷維護，以防運河因砂土而阻塞。[137]也就是說，除了沉重的勞力成本之外，監督、合作與技術水準皆不可少。水利設施是為了降低一種風險而設計，但一旦建成卻又會引進另一種風險：中央政府一旦有任何疏失或是受到挑戰，都會迅速升級成問題，導致城市居民與城市本身的存續堪憂。

從十二世紀中葉的黎凡特地區，就能看出連一點點天氣波動都能輕鬆威脅到都市聚落。一旦雨季推遲，就會導致民心焦慮，等到雨降下來，人們都會用歡喜慶祝來迎接。努爾丁（Nūr al-Dīn）是當時名滿天下的重要領袖，他抵達巴亞貝克（Baalbek）時，「出於聖神的預定與憐憫，天空傾瀉了雨露，大雨從周二開始整整下了一星期。水道漫了出來，浩蘭（Hawran）的水池滿水，水車開始轉動，本來奄奄一息的作物與植物都恢復生機，冒出綠芽。」恰到好處的時機為努爾丁帶來政治資本，百姓宣稱是「他的祝福、他的公義、他的正直舉止」帶來這場雨。[138]

一一七〇年代末的摩蘇爾人就沒那麼幸運了，乾旱與饑荒嚴重到居民要求禁止賣酒，認為缺雨是上天要懲罰那些膽敢喝酒的人。強風颳起沙塵暴，天空「陷入黑暗，連身邊的人都看不清」，讓情況雪上加霜，民眾鎮日祈求神的原諒。「他們以為審判日到了。」[139]

十三世紀初，醫生巴格達的阿布杜・拉提夫（'Abd al-Laṭīf al-Baghdādī）寫了一篇長文，記錄當下埃及的生活，也記錄時運的流轉。文章一開頭記錄的盡是豐饒——裡面還有一份讓人印象深刻的巨大派食譜，用了三頭烤羔羊與九十多隻雞及其他禽類，是一大群家人朋友出外野餐的理想選擇——但接下來卻是突如其來的糧食短缺與疫情蔓延，駭人細節鉅細靡遺。他寫道，死者數眾，骷髏「堆疊了好幾層……乍看之下就像把剛採收的西瓜堆成一堆的樣子」。阿布杜・拉提夫在幾天後看到人頭堆時，「太陽把上面的肉都燙掉了，頭顱變成白色」；現在看起來「像是堆起來的鴕鳥蛋」。[140]像這種人口稠密的城市，供應突然短缺卻又無法迅速補足的話，不用多少時間就會風雲變色。

有論者回顧當地的歷史，對現在這種乾燥的情況更是大惑不解。提爾的威廉（William of Tyre）是十字軍時代著名的大主教與編年史家，他讀到幾百年前蓋烏斯・索利努斯（Gaius Solinus）對於羅馬世界各地的描述時，心中滿是疑問。威廉說，「索利努斯說猶太有名的就是河水，這讓我很訝異」，畢竟在他提筆為文的十二世紀中葉，猶太的天氣很乾燥，家家戶戶都得仰賴雨水，想盡辦法才能生存。他說：「這一點我無從解釋，只能說要麼他沒說實話，要麼從他的時代之後，大地已經改頭換面。」[141]

剛好湖泥沉積、洞穴沉積、花粉資料與年輪樣本等證據，也顯示安那托利亞、敘利亞與巴爾幹地區的氣候在十二世紀下半葉轉為乾冷。[142]愈來愈乾燥的天氣，似乎是同時期中亞各地的特色，證據顯示聚落在一二〇〇年之前的數十年前急遽縮小，此時也正是蒙古草原深受長期乾旱所苦的時期。[143]這個時期游牧群體內部也相當動盪不穩，為了逐漸減少的資源而激烈競爭，顯示情勢有多麼嚴重。[144]

約一二〇〇年，尼日河與巴尼河（Bani river）沖積平原的大城市傑尼賈諾（Jenne-Jeno）城內與周邊居民人數驟降，暗示氣候因素的潛在影響。先前數十年，這座城市的藝術與建築出現迸發一片榮景，卻在此時戛然而止。尼日河平原的其他都市社群，例如迪亞（Dia）與阿庫姆布（Akumbu）兩個社群（皆位於今馬利）也嚴重縮水。[145]由於缺乏環境數據，對於氣候因素的假說都有高度猜測成分——而且不盡然可信，畢竟傑尼賈諾的姊妹市，也就是不過幾公里外、城內有大清真寺的傑尼（Jenne），無論是同一時間還是後來，都沒有遭遇與傑尼賈諾一樣的厄運。[146]其實，人口的崩潰一樣有可能是疾病爆發，或是內鬥與政局不穩。

比方說，部分學者主張北美洲卡霍基亞的衰亡，是自然資源耗竭（尤其是木材）所導致的生態滅絕；

其他學者則以糞便標本作為人口減少的根據，認為跟一二〇〇年前後夏季降雨量變化影響玉米產量，導致生活困難有關。也有學者表示，平凡無奇的解釋說不定最能說得通：卡霍基亞社會內的領導者想掌握的權力太多，結果引發地方叛亂與聚落間的激烈競爭，進而演變成嚴重衝突。群體間本來互相合作，如今卻需要自保，這解釋為何城鎮開始建設防禦牆、柵欄與壕溝等防禦工事——降雨量的變化不會直接造成這種現象。[147]季節降雨的變化導致自然資源稀缺，或許有可能讓情況雪上加霜，但氣候變化比較偏向間接而非直接導致衰亡的因素。

直接與間接的差別很重要，尤其現代人特別重視從那些顯然生態、環境無法永續，自種禍根的社會中汲取教訓。以吳哥為例，最多人相信的主張是：從考古證據與年輪等其他資料來看，吳哥人難以應付的其實不是為期達數十年的長期乾旱與季風的加強本身，而是乾溼兩者之間的變異程度。多年乾旱後若接著長時期的豪大雨，會讓規劃變得窒礙難行，削弱管理都市及市民需求所必需的複雜社會經濟體系。[148]

史家也認為，海上交流強化到了新高度，尤其是湄公河三角洲，有可能讓菁英決定遷往更接近貿易利益與回饋的地點。他們拋下一度讓吳哥成為亞洲頭等大城的水利網，缺乏專業、勞力、投資、領導與監督之後，水利網也就不勝負荷。神廟修築、維護與公共服務的沉重開銷也是壓力：高棉統治者展開一場「建築狂歡」，闍耶跋摩七世（Jayavarman VII，一一八一年至一二一八年治世）主持的建設計畫是「任何國家、任何君主皆無法出其右」，其中包括一百多所療養院構成的網絡，每一所都有圍牆院落、石鋪面水池與一間「藏書樓」，此外還有廟宇、儀式平臺，以及草藥、香料與珍貴物品的儲藏庫，每年會得到國王庫房的三次補貨。這一切都是在闍耶跋摩七世登基的四年內完成，想必所費不貲。[149]

這麼不理性的狂撒也不用多，便足以讓國運由盛轉衰。轉捩點在十四世紀初到來。這是高棉歷史上相當困難的時期。闍耶跋摩七世的神廟紛紛遭褻瀆，法器被毀。人們把佛教器物仔細擺在沙地上，在儀式中將之埋藏，以保護佛像。[150]生活成本上漲太快，連帶讓人對於用老方法做事失去信心。並非氣候變間造成災難性的崩潰，而是維持門面的困難現實造成衰退。[151]

南亞蒲甘王國的衰亡同樣有多重解釋彼此交織，但從蒲甘的國運發展與吳哥的國運如此相似來看，最有說服力的理由就是盛極必衰。十一與十二世紀的歷任統治者有能耐把理念融為一爐，將不同民族與文化結合起來，同時找到透過雄偉華麗的建築、藝術、文學與語言，或是度量衡標準化與經濟貨幣化等手法來展現前述的理念。[152]蒲甘統治者投入大量的資源，護持佛教寺院與組織，換取對當局的支持與肯定。十至十三世紀間，蒲甘興建兩千所佛教建築，知名者如阿南達（Ananda）、瑞山多（Shwesandaw）與達比努（Thatbyinnyu）等佛塔，不只是為了展示權威，也跟佛教輪迴有關。除了王室捐獻之外，還有菁英的護持：他們這麼做，一方面是為了提升地位；另一方面則是為了累積善業，希望來生能夠更上一層樓。[153]

時間一久，天平難免從世俗權威倒向寺院蘭若。愈來愈多的土地、農產與稅收落入宗教界手中，王室對於名義上控制的土地也就愈來愈無實權，自然無法投資未來，不只貿易、軍事力無法，連保有要人的忠誠也無法。[154]

蒲甘從有利農業開發的宜人氣候中得益，能穩定供應足夠的糧食，進一步促成都市化，帶動專業化，文化大放光彩，活躍在局部、區域，甚至洲際貿易網絡之中。發展過後，卻出現難以回復的傷害。說蒲甘與吳哥因為過度發展而衰落，就太簡化也太誇張了。即便如此，財政資源的浩劫與王室財富落入宗教機構手中的這種轉移，其衝擊仍不可小覷。不過綜合而論，理解這些南亞與東南亞大城市的最佳切入點就是福禍相倚。[155]

至於格陵蘭諾斯（Norse）社群的衰敗，則可以從消費模式的轉變，以及無法或沒有適應的意願來解釋。十四世紀初，氣溫下降，北極海冰範圍擴大，降雨大幅減少，生長季變短，氣候條件對家畜來說愈來愈不利。上述每一點都是難題，全部加起來更不用說。但最大的可能恐怕還是因為諾斯裔格陵蘭人沒有採用因紐特人（Inuit）順應北極環境的技術，例如套索魚叉與海豹皮艇——也許是因為拉不下臉，也許是因為「強烈的文化保守態度」，導致他們看不起因紐特人，與之保持距離。骨骼學與DNA證據顯示殖民者與因紐特人之間幾無混合。[156]

但說實話，不願意採用效用已獲得證實的工具或許還是小事，發生在其他地方與氣候或適應毫無關係，但跟市場力量大有關係的發展才是大事：格陵蘭主要的價值，在於作為毛皮、海象皮與海象牙的出口來源。然而從一三〇〇年代初起，新的貿易網絡出現，讓諾夫哥羅德（Novgorod）、俄羅斯城市與白海有了往來，開闢動物毛皮的新來源，與北大西洋貨物產生競爭；此外，相較於用又厚又硬的海象皮做的繩索，麻繩不只更便宜，而且數量更多，成為另一種選擇。與此同時，一方面非洲象牙供應提高；另一方面則是品味與文化轉變（例如宗教藝術品製作逐漸減少象牙的使用），海象牙市場也在萎縮。[157]總而言之，氣候條件益發挑戰，經濟現實益發艱難，諾斯社群的生活也更顫顫巍巍，甚至連因紐特人（諾斯殖民者稱他們為斯克雷林人〔Skrælings〕）都出於想趁機占便宜與競爭資源和地點，變得更常襲擊他們；這些攻擊不僅造成破壞，而且打擊士氣。[158]

全球氣候在西元八〇〇年前後開始重組，過了四個世紀後，模式又有新的變化，不過速度並不突然，變化也不連貫。至遲在十二世紀晚期，東地中海與中亞就開始感受到影響，而大約同一時期，發生在環太平洋地區的變化也不容小覷。氣候轉溼的時間點，與從波里尼西亞出發到夏威夷、奧特羅亞（Aotearoa，即紐西蘭）、拉帕努伊（即復活節島）的新一波遷徙與拓墾相符。[159] 此時也是波里尼西亞與南美人群單次接觸的時間點：可能是波里尼西亞單一或複數群體渡過寬闊的太平洋，然後成功歸來，不然就是南美群體在約一二〇〇年出發，抵達波里尼西亞島嶼。[160]

人群之所以離散到太平洋各地，成因是很複雜的。氣候轉變可能是重要因素，而長子繼承制（為單一家庭成員鞏固其力量）或許也鼓勵人們外出尋找新的機會。[161] 無論何者為是，一旦新的聚落在無人島上建立，島嶼生態都會因此改變，像是去森林化，以及鳥類、哺乳類物種因為獵捕或整地等人為干預而滅絕。最嚴重的傷害還是新移民有意帶去當地的家畜，以及隨著旅人遷徙的太平洋鼠（Pacific rat）——也許是無意的，但也可能是有意為之。[162]

到了十三世紀末，許多太平洋島嶼上的生活都面臨危亡之秋。證據顯示颱風的數量增加，強度提升，海平面下降，沿海地區食物來源迅速減少，許多島嶼社群因此徹底轉變。本來會在南太平洋各地採集、買賣真珠蛤的庫克群島居民不再這麼做，而復活節島的漁業似乎也迅速衰落。所羅門群島的海灣本來是舒適生活的空間，此時卻變成鹹水湖或沼澤。至於紐西蘭，第一批人類移民在約一二五〇年抵達時帶來番薯，但氣溫下降意味著當地無法繼續種植，變成得仰賴羊齒植物的根為食。[163]

說到中世紀時，我們往往把焦點擺在西歐，把這段時間想成是屬於國王與封爵、農民與神職人員，以及教會或行會等組織興起的時代。從全球的角度來看這段時期，會帶出自然資源的開發、科技變革對提升農產量的影響，或是改種新作物或新品種，如占城稻等重要問題。此外，全球觀點也帶出像是氣候變遷的影響力，或是「氣候條件改變」與「氣候條件的變異所帶來的挑戰」兩者有別等討論。

然而整體來看，約西元八〇〇年至一二五〇年，是一段交流趨於密集、深化的一段時期——亞洲、非洲與歐洲世界彼此齧合、相互依賴，而美洲本來鮮少互動，甚至沒有互動的幾個獨立社群，也展開大量交流。這樣的長時間框架卻沒有帶來和平與和諧的環境，讓經濟與人口無止境的成長。實情正好相反，帝國與王朝起起落落，國家或者彼此開戰，或者屈服於對手，或者遭到征服，抑或是在新的競爭者挾其迅速與平價的補給而來時逐漸被時代淘汰。

儘管如此，中世紀溫暖期也跟其他時期符合一樣的基本原則，也就是各王國、國家或區域的文化史、政治史、社會經濟史、外交史與軍事史，都是以生態平衡與環境永續性為基礎。可靠的糧食與水供應對每一個時代都很重要，但對人口擴張期特別重要。各國必須面對自然資源有限的問題。一旦資源耗竭或是因為過度開發、降雨模式轉變、衝突、疾病或基礎建設瓦解（如潰堤）等因素而承受壓力時，災難也就不遠了。這是我們思索現在與未來，以及思索過去時的材料。

13 疾病，以及新世界的形成
（約一二五〇年至一四五〇年）

逝者如斯夫，溜過吾指尖。——佩脫拉克（Petrarch），《論熟悉》（*De rebus familiaribus*，一三四八年）

十二世紀時，中國天下內部反覆發生好幾場斷裂。宋朝在唐天下瓦解兩百年後建立，東亞、南亞及東南亞各地也出現大小與實力各不相同的好幾個國家。貿易水準的提升，以及文化、政治，甚至時而是軍事方面的競爭，讓位於今越南北部的大越國，位於今雲南省的大理國，以及位於朝鮮半島的高麗國等諸國崛起並立，從中獲益。[1]

各國關係複雜不穩，而且通常並不平等。一一二七年，游牧政團女真攻陷開封城，在史冊上留下濃重一撇。當時的開封是全世界數一數二大都市，以人口來說很可能是第一大城，燦爛輝煌更是不在話下。孟元老在《東京夢華錄》以懷舊的口吻記錄城陷以前開封居民之和樂，以及多采多姿的都市生活。孟元老說：「太平日久，人物繁阜。垂髫之童但習鼓舞，班白之老不識干戈。時節相次，各有觀賞燈宵月夕雪際花時。」[2]

厄運轉瞬而至。宋徽宗與皇族遭到俘虜，押解到女真在滿洲的大本營。「昔居天上兮，珠宮玉闕」，朱妃在冰雪中北上，途中被押送的千戶強暴，「今居草莽兮，青衫淚濕。屈身辱志兮恨難雪，歸泉下兮愁絕。」[3] 詩人李清照對靖康之難無比感嘆：

夏商有鑑當深戒，
簡策汗青今俱在。
君不見……[4]

動盪波及到草原，像是乃蠻、克烈與弘吉剌等部族皆被迫納貢、臣服於女真人。蒙古人受害甚深，用一位學界大家的話來說，他們「幾乎滅族」。[5]

情況在十二世紀末改觀，這是因為蒙古出現一位能屈能伸的成功領導人。鐵木真的崛起有許多原因，他的魅力、決心與領導手法，就和他的戰略決策一樣關鍵。不過，他的成就不能沒有與孛兒帖的婚姻。孛兒帖是弘吉剌部的一位酋長的女兒，而這樁婚姻不只讓蒙古人有了地位，也讓鐵木真個人有了發言權。蔑兒乞部為了鎮住鐵木真，保有優勢，於是擄走孛兒帖，而且很可能導致她遭到強暴；不久後，她生下長子朮赤。鐵木真的反應非常精明，他將朮赤視為己出拉拔，後來任命朮赤掌管蔑兒乞人全部的領土。[6]

鐵木真在一一八〇年代與一一九〇年代鞏固勢力——在極端乾燥期，草原生活變得格外艱難，較強大團體的權威與資源遭到削弱，也讓人有了可乘之機。[7] 到了一二〇三年，鐵木真已稱霸鄂爾渾河谷——這裡有數以百計的巴爾巴爾（balbal）石像，還有一批著名的碑銘，聲稱控制這個區域的人就能主宰所有的草原游牧部落。對游牧民族來說，這裡就是世界中心；鐵木真掌控此處後，不僅威望大增，更是獲得速勒德（sülde）——團結與力量的生命力泉源，讓他有向外擴張的天命。[8]

這一點尤其重要，畢竟草原帝國的存續繫於擴張：壯大不只是好處，更是供應獎賞以保持社會與政治結構於不墜的關鍵。各部族與部落聯盟的流動性，意味著領導人必須不停取得物質回報——可以是貢賦，也可以是戰利品——才能讓利益團體、支持者、競爭者與潛在競爭者滿意。[9]

到了一二〇六年，鐵木真稱霸草原，憑藉軍事實力、血統傳承、不停消滅對手、無止境地擴張來提升自己的權威。同年，他召集蒙古菁英及其他各族群代表，例如被他所擊敗或歸順他的部族，並且在會上成為最高領袖，封「成吉思汗」。[10]不承認成吉思汗的最高地位，下場已經很清楚了：他會追殺違抗的人，以「車輪的高度」為標準，高過車輪的人都殺死；沒有被殺的人則淪為奴隸，配給蒙古人的追隨者作為獎賞。[11]

在草原上，馬上得天下是一回事；運用這個基礎打造出人類史上最大的陸地帝國，則是完全不同等級的成就。接下來數十年間，中國本部的各個國家與王朝被一個接一個消滅——西夏、金、大理、宋依序滅亡，直到一二五八年朝鮮崔氏政權垮臺為止。此後，整個東亞就只剩日本沒有低頭。至於西邊，蒙古人也像燎原野火，成吉思汗於一二二七年辭世之前，中亞便以被迫歸順。蒙古人更是在十多年後便兵臨中歐。

蒙古人何以成就非凡？有許多解釋，像是選擇性以極端暴力作為控制與威嚇的手段、用高機動性的斥候找尋新目標的組織能力、蒐集情報的後勤智慧、新技術與戰術的採用（例如使用火炮），以及戰場上的絕佳創新。[12]

但成功背後的原動力，或許是源於一二一一年至一二二五年間的豐沛降雨期——這是蒙古在一千一百一十年間最潮溼的一段期間。氣候條件大幅提升環境承載力，草長得更茂盛，可資使用的草場面積大幅擴大。牲口群以此為基礎大幅成長，其中最重要的就是馬。成吉思汗與他的追隨者、繼承者固然有傑出的戰術能力，但他們也很幸運，蒙古人不光有能力支配大量資源來擊敗敵人，擴張帝國，而且資源可供運用的時機也恰到好處。[13]

這個時間點有多巧呢？一二二〇年代後期的氣候轉惡足以襯托出來。造成氣候惡化的是又一次多起火山爆發引發的「機關槍效應」：一二二六年至一二三一年間，冰島雷克雅內斯山（Reykanes）、日本本州藏王連峰與九州阿蘇山相繼爆發，在北半球冰芯留下酸性峰值。根據斯堪地那維亞與青藏高原的年輪資料來看，這幾次火山爆發很可能是氣溫降低的原因，而太平洋聖嬰現象模式的改變則讓情況雪上加霜。[14]

這段時期朝鮮經歷嚴重的缺糧，日本的情況更是慘痛——日本在一二三〇年代初期，經歷日本史最嚴重的饑荒，接著所謂的「異病」疫情大爆發，然後則是洪水，京都河岸旁都是死屍。整個日本都有相同的遭遇，貴族勘解由小路徑光在日記中說當時「盡皆哀嘆」。當然，日本各地的死亡率不會一致，但從人口調查、稅收與地籍紀錄來看，經歷四年的苦難後，日本人口減少大約二〇％。[15]

正當此時，諾夫哥羅德（位於今俄羅斯）一位史家記錄當地莊稼毀於霜害，餓死的人數多到無法下葬的情況。「神怒如此，人們不只吃死人肉，甚至活人相殺相食，吃馬肉、狗肉、貓肉和其他動物。找到什麼就吃什麼——像是苔蘚，以及松、榆、酸橙樹的樹皮樹葉。」我們不清楚蒙古人受到多大的衝擊，但這正是他們大肆擴張的時候，征服西夏，毀滅金的殘部，我們不妨把疫情看成是本已搖搖晃晃、步履蹣跚的弱國所受到的致命一擊。蒙古人得到的戰利品，往往是唾手可得、黯淡無光的果實，而非閃閃發光的非凡榮耀。[16]

即便如此，隨著蒙古人把愈來愈多的土地、人群與城市納入勢力範圍，他們實施的行政與官僚結構規模和效率仍令人刮目相看。通常的情況是蒙古人把自己接觸過的制度加以擴大或調整，在帝國各地實施——例如將郵件與情報以可靠且迅速的方式，在中央與各地之間傳遞，也就是所謂的「站赤」。這是中國驛站體系的一種變化，位居蒙古朝廷高位的回紇與契丹策士推動這項制度。[17]

蒙古人成功的另一項關鍵，則是吸納地方菁英——與今人印象中蒙古征服者野蠻、嗜血、極端暴力的形象正好相反。[18]有些科學家出於這種印象，甚至宣稱蒙古入侵殺害的人數之多，甚至衝擊全球碳循環，導致大氣中二氧化碳濃度下降——這種論調吸引全球媒體目光，產生出像是「為何成吉思汗對地球有益」為標題的報導。[19]

蒙古人的行動確實受益於對他們來說相當理想的氣候條件，但愈來愈多證據卻顯示他們所踏入的世界——至少中亞如此——是個城市與人口萎縮的世界，原因至少有一部分跟生態與水文壓力有關，長時期的乾燥迫使人們改變生活方式，有時甚至是拋棄整個聚落。[20]

蒙古人征服過程中無疑有著極其暴力的一面，但更重要的是還蒙古人所造就的「蒙古和平」（Pax Mongolica）——也就是爆炸性擴張之後，蒙古統治下的穩定局面。時至今日，還是有人以為成吉思汗及其繼承人嗜血野蠻，但蒙古人非但沒有毀天滅地生靈塗炭，歐亞各地的貿易反而在蒙古帝國統治期間日趨密集。[21]有人建議可汗，應該在蒙古人的土地上廣搭「公義之橋梁，只要公義得顯，世界自然繁榮」。[22]蒙古征服創造相互依賴的世界，促進商業交流，這正是統治者積極想促成的局面。[23]蒙古人四處建城，犖犖大者如哈剌和林（Karakorum）——一二二〇年建城後，蒙古人在接下來數十年大幅挹注，興建富麗堂皇的宮殿。[24]許多新城鎮也出現在中亞大河、黑海與亞速海沿岸。[25]

近來的疫情提醒了你我，大量的貿易、頻繁的旅行，加上生活在不同區域的人們密切交流，都會加速疾病的傳播。無怪乎宋代中國人口成長，中央掌控的土地擴大，疫情爆發的次數與嚴重程度也會增加。[26]麻瘋病在歐洲並不新鮮，但麻瘋病院突然在十一世紀大量流行，想必跟歐洲同一時期社會經濟互動的提升有關。[27]

蒙古帝國的興起，似乎也跟病原體與疾病的傳播關係密切。多份文獻提到十三世紀期間，蒙古人的圍城戰帶來大量死傷，像是一二三二年的開封與一二五八年的巴格達，而這兩次圍城分別是蒙古人在東西兩方確立其控制的關鍵時刻。巴格達圍城戰中有許多人死於「鼠疫」，多到沒有人手能埋葬死者，只能把屍體扔進底格里斯河。一二五七年，蒙古統治者旭烈兀在準備進攻巴格達期間至少五度移動大本營，這或許反映出蒙古方為了遏止或預防疫情爆發而多次轉移陣地。[28]根據文學作品，以及對十三世紀時在大馬士革求學的作者身分進行網絡分析，就能看出當時中東地區其他地方如何受疫情影響。[29]

有些材料跟東非的人口萎縮與政治動盪有關，尤其是衣索比亞，但這些證據的重要性往往為人忽略。[30]近年來已有幾位學界先驅懷疑這些發展是否有部分，甚至全部都跟瘟疫有關。例如，迦納的阿克羅克羅瓦（Akrokrowa）遺址在十四世紀中葉遭棄，還有好幾個有關的遺址採用新的聚落模式，顯見有突如其來的打擊，程度甚至嚴重到足以改變人們的生活方式。這些變化發生的時間點，正好是黑死病肆虐非洲、中東與歐洲各地的時候。[31]

突破性的研究已經指名研究的新途徑，讓我們得知蒙古人如何在不經意間為瘟疫創造出完美的環境，把病原體帶出原本局部性的自然病灶（像是中亞天山山脈），沿著貿易與旅行的途徑傳播。這種情況之所以會發生，多少跟蒙古人的飲食口味及對皮毛的需求擴大有關。

傳染病史家莫妮卡・格林（Monica Green）認為，傳播疾病的宿主當中，土撥鼠是頭號嫌疑犯：營養專家執筆的教科書當中，大讚土撥鼠肉為優質蛋白質來源，同時也提到土撥鼠皮不僅能保暖，而且能防水、防雨。蒙古人及其飲食、時尚偏好的傳播，想必幫助病原體從天然棲地向外散播，讓病原體經由吃肉，甚至光是透過呼吸，就進入人體。[32]瘟疫盛行可能跟土撥鼠棲地的開發擴大有關；又或者是環境條件的改變，推動土撥鼠與其他宿主遷徙，遷移到跟人群互動更密切的地方。[33]

學者對耶爾辛氏桿菌古DNA與耶爾辛氏桿菌親緣關係進行完整基因定序，同樣帶來極大的突破。根據定序，耶爾辛氏桿菌曾經在黑死病疫情爆發前不久突然分為四個分支，遺傳學家稱之為「大爆炸」。[34]雖然分支的原因、脈絡與時間點還不清楚，但部分學者推論病原溢出事件的時間是在十三世紀的頭二十年間，也就是蒙古人與吐魯番回鶻或西遼有接觸的時候。[35]

另一個線索則是龍目島（Lombok，今屬印尼）薩馬拉斯（Samalas）火山大爆發，時間點是一二五七年晚春或初夏。[36]這是過去二千年來數一數二，甚至是最大的一次火山爆發。[37]厚厚的火山噴發碎屑覆蓋龍目島，深達五十公尺的碎屑流掩埋將近半座島。[38]這次爆發顯然對氣候有不小衝擊，例如在十年間耗盡了平流層中的鈹十儲備，並且可能在噴發後不久立刻引發聖嬰現象，或是強化既有的天氣模式。[39]

其中影響最鉅的是一段異常高太陽輻射的時期，輻射量在一二四〇年代末達到頂峰，輻射量為近八百年來所僅見。薩馬拉斯火山爆發影響全球，在亞洲造成強烈季風，在美洲西部引發嚴重乾旱，英格蘭的氣候則異常且難以預測，幾年出現強度超乎尋常的暴風雨，幾年轉為「讓人難耐的高熱」，嚴重影響收成與小麥價格。一二五八年，英格蘭發生嚴重的糧食危機，成因除了惡劣天氣之外，還有糧價上漲引發的恐慌。各種不確定性煽動貴族反對王室的情緒，英王亨利三世（Henry III）面對不小的政治壓力。百姓為了尋找糧食，於是從鄉間湧向城鎮。難民擠爆倫敦，不久後屍體躺得「到處都是，因為飢餓而浮腫，皮膚發青，三三兩兩倒在豬圈、糞堆與泥濘街道上，死狀悽慘」。歉收對供應造成壓力，但人們的反應卻讓情況更形惡化。[40]

十三世紀中葉是一段火山活動劇烈的時期。日本藏王火山在一二二七年爆發，冰島雷克雅內斯山則是在同一年與一二三一年兩度爆發；年輪證據中留下比薩馬拉斯火山更明顯的痕跡，原因可能跟薩馬拉斯火山噴發的時間點有關。[41]學界近年來發現還有兩場火山爆發，位置還不確定，但時代則可確定是一二四一年與一二六九年。前述的火山爆發，將大量氣膠噴入大氣中。[42]一二五八年與一二五九年夏天，是北半球在過去一千年間最冷的兩個夏天，而西歐、西伯利亞與日本的天氣尤其冷冽。[43]

火山爆發只是故事的一環。太陽的活動又是另一回事。太陽輻射增強期轉為一段太陽極小期，太陽磁場活動驟降——一九八〇年時學界將之命名為沃夫極小期（Wolf Minimum）。[44]幾項研究顯示，大氣中放射性碳出現劇烈改變，全球氣溫從一二六〇年前後開始寒化，延續八十多年，直到十四世紀中葉為止。[45]天文學家表示，太陽極小期對氣溫影響有限，差異通常不會超過〇．三℃。[46]因此，重點在於這段太陽活動減少的時期，不只剛好跟一二六九年、一二七六年與一二八六年的新一輪大型火山爆發重疊，也跟聖嬰—南方震盪、亞洲季風與北大西洋震盪弱化的時間重疊。結果非常驚人，南美洲與北美洲太平洋沿岸水氣量提升，結束兩地的長期乾旱，同時造成南亞與東南亞自一二八〇年代起季風降雨驟減，是歉收與饑荒的重要因素。[47]

西北歐洲的天氣愈來愈不穩定，不僅讓糧食供應出現更高的風險，也提高疾病傳播的可能——人畜疾病皆然。人口強勁成長是中世紀初期的特色，而人口的增加則帶來發展以及對脆弱生態系的開發。環境承受的壓力愈來愈大。這一點可以從帶狀的沙地出現，起於英格蘭的布雷克蘭（Breckland）開始，經北海沿海地區到歐陸，遠達俄羅斯的情況中看出來。[48]如果對頂層的鬆散石英層管理不當或過度使用的話，就會加劇洪水與沙地漂移造成的傷害，讓密集農耕地毀於一旦。[49]一位學界泰斗說得好，糧食供應短缺的危機，恰恰發生在社會難以因應的時候。[50]

從蘇格蘭、英格蘭與愛爾蘭等地的文獻來看，當時的天氣不僅惡劣，而且無從預料，文獻中反覆提到十三世紀下半葉的歉收與饑荒。一份報告說：「土地嚴重缺乏生產力，海中也缺乏漁獲，空氣中的亂流更導致許多人生病，許多動物死亡」，這在文獻中是很典型的描述，不難看出因應異常的風暴模式、蟲害、豪大雨或不尋常的寒流有多麼困難。[51]

以溫徹斯特（Winchester）的聖艾智德（St Giles）與聖艾夫斯（St Ives）舉行的跨國市集為例，市集的收入在一二八五年至一三四〇年代之間少了至少七五％，可以看出當時是個混亂、衰頹的時代。外國人經手的英格蘭海外貿易價值驟跌，倫敦齊普賽（Cheapside）租金價格在十四世紀初以來的三十年間減半，說明這段時間經濟蕭條的規模。[52]此外，一二七九年的羊疥癬（對癢蟎的嚴重反應）疫情讓英格蘭羊毛出口減半，連帶讓法蘭德斯（Flanders）等仰賴高品質原物料以展開生產活動的地方得不到所需供應，暴動於是發生。[53]

有人認為，一二九〇年代蘇格蘭羊疥癬爆發次數增加，加上嚴冬、酷暑與歉收，讓當地對英王愛德華一世（Edward I）的不滿情緒逐漸發酵，尤其是他的財政大臣克雷辛納姆的休（Hugh de Cressingham）試圖在一二九六年至一二九七年增稅，等於為反英情緒提供突破口，激起民變，在威廉・華勒斯（William Wallace）率領下延續將近十年。[54]

⁂

來談東亞。東亞的平均溫度在一二六〇年以降的一個世紀中穩定下降，而朝鮮、日本及中國的多份史料與氣候資料也能證明一二七〇年代、一三一〇年代與一三五〇年代的情況尤其嚴峻。[55]對中國的許多地方來說，一三〇〇年至一三六〇間幾乎天災不斷，強颱肆虐沿海，長江與黃河三角洲經常遭遇洪災，十四世紀中葉更是發生一連串疫情，病死者數以萬計。根據《元史》，光是一三〇八年一年，蒙古草原的暴風雪便凍死大量牲口，迫使近百萬人南遷，靠朝廷賑濟才能活下去。同年，長江三角洲越地也有近半數人口死於饑荒與瘟疫，江浙災情之嚴重，甚至「死者相枕藉。父賣其子，夫鬻其妻，哭聲震野，有不忍聞。」[56]

災情對朝廷來說是嚴峻的挑戰，對皇帝本人而且更是如此，畢竟皇帝的權威跟天命有關，而一再發生的嚴重災情會削弱他的權威。元朝皇帝甚至在一二九七年改元「大德」，希望能扭轉國運。[57]皇帝的威信不光受到這種抽象的影響——只要歉收，稅收就會短少，進一步增加分配糧食與賑災的難度。這也有損皇帝支配貴族的能力，畢竟貴族仰賴中央的定期撥款。一三〇七年，元武宗連應該賜下的半數金額都拿不出來，因為「兩都所儲已虛」。四年後，付出的金額只剩前者的三分之一，一三一七年又再減半。[58]也就是說，領錢的人拿到的數字連十年前的十分之一都不到。

短缺、受苦及恐懼會引發社會與政治動盪，應該不足為奇。一二六〇年之後的數十年間，中東多地經歷次數多到不尋常的詭異天氣事件，像是致災的強烈風暴——一三一九年底至一三二〇年初的風暴，導致大馬士革許多房舍倒塌，居民甚至因為樹木倒下而困在屋內。同一起風暴也橫掃阿勒坡，隨之而來的還有沙塵、冰雹、閃電打雷，以及連根拔起的橡樹、橄欖樹與葡萄藤。在所有極端天氣事件中，受害最深的都是窮苦人家，先是無家可歸、失去生計，後是讓他們從無到有的資源不僅有限，甚至根本不存在；必然上揚的物價則是天災造成的另一個結果，日用品、商品與食品的價格高漲到難以消受。[59]

情勢使然，無怪乎這段時期社會始終不平靜。氣候的影響在十四世紀初感受尤其明顯；後人以當時的詩人、作家兼哲學家，但丁・阿利吉耶里（Dante Alighieri）之名，把這段氣候迅速變化的階段，稱為但丁異常期（Dantean Anomaly）。從一三〇二年至一三〇七年的氣候重建，可以看出有好幾年夏季乾旱，歐洲各地都有城市發生大火，當局因此採取措施以降低將來成災的風險。比方說，錫耶納（Siena）為了確保糧食無虞而買下塔拉莫內（Talamone）的港口。還有好幾座城市投資建設氣候耐受力更高的基礎建設，例如新鑿比以往深度更深的水井。[60]

即便採取因應措施，接下來十年仍然深受前面的問題所困擾，時人所經歷的「堪稱是過去兩千年當中，歐洲北部與中部最嚴重的單一農糧危機」。一如既往，問題的起因並非單一次的歉收，而是連續的短缺。一三一五年、一三一六年與一三一七年，滂沱大雨導致糧產僅有通常水準的四〇%、六〇%與一〇%。[61] 氣溫也冷得出奇，北義大利有史家提到酒桶裡的葡萄酒、水井與泉水都結凍了，許多樹死於寒害。氣溫加上木料消耗提升，導致木材價格一飛沖天。[62] 學界認為歐洲有一〇%至一五%的人口在這些年間死於飢餓或相關疾病，「稱得上是歐洲歷史紀錄中最嚴重的、死亡率最高的單一生存危機」。[63]

一波波衝擊在歐洲北部多地引發民變，男女老幼聚集起來，在法國各地橫衝直撞，攻擊城堡、王室官員、教士與麻瘋病患，最後變成在一三二〇年專門針對隆格多克（Languedoc）的猶太人。反閃情緒（Anti-semitism）在歐洲歷史悠久，像是一〇九〇年代中期第一批十字軍往東出發，前往君士坦丁堡與耶路撒冷途中，就在科隆、紐倫堡等地對猶太人犯下暴行。[64] 這一回也是，猶太人之所以遭受攻擊，是因為別人認為猶太人造成他人的苦難，或者以為他們有錢，是好下手的目標。我在〈序言〉中提到一三二〇年代初期的集體迫害，一旦前五年的生長季氣溫下降，發生迫害的機率就會增加一%到一·五%。也就是說，天氣愈惡劣，少數群體就更可能遭受攻擊。[65]

其他地方也有相同的情形：一三二一年，埃及的教堂與隱修院遭到劫掠與破壞，人們指控基督徒打算放火燒毀清真寺，有些教徒被捕，屈打成招，「坦承」自己沒犯下的罪行。[66]先前提到元代中國，氣候衝擊會造成政治挑戰。穆斯林治下的埃及也一樣，尼羅河氾濫不如預期，少數族群（包括基督徒在內）就有可能遭到打壓，當局也會對賣淫、飲用啤酒、穿著不端莊或過於奢侈嚴加執法。[67]此外，常見的配套措施還有像是蘇丹下令新建清真寺、修復既有建物、支持宗教權威等，以換取宗教界的認可。[68]

其他人則或許是故意用模糊的方式來處理這種情況。一三二〇年，教宗若望二十二世（John XXII）通諭「毒害天主羊群的妖術士，速速離開天主的殿」，但凡「祭獻或崇拜魔鬼」或「與之締約」之人，要揪出來處以應有的懲罰。當然，這種聲明是教會階級體系強化控制的一環，利用對異端或「作惡」的指控，來鞏固、集中權力。話雖如此，我們很難忽略在不同的時代，在匱乏、糧食供應壓力、天候惡劣時，都會發生類似的事情——例如之後會談到十七世紀晚期的系統性迫害，尤其是對女性的迫害。[69]

十四世紀二〇年代與三〇年代固然很不好過，但這二十年間最了不起的地方，就是都市居民因應災難的生存之道。一三一四年至一三二二年間，以及一三四〇年代之前的一段時間，佛羅倫斯、比薩與盧卡（Lucca）等城市反覆遭受糧食短缺、鄉村人口湧入、小麥價格騰貴等打擊，類似情況在一三四〇年代前又數次發生。[70]此時，開羅居民則是額手稱慶——一三二四年，西非馬利帝國（Malian empire）統治者曼薩・穆薩（Mansa Musa）在前往麥加途中大手筆花了許多金子，時人表示甚至導致金價下跌。[71]關於故事是真是假，關於通縮壓力是否反映經濟在震盪後復原，我們不得而知；但從生活回歸常態的事實來看，即便經歷的是最艱困的時局，還是有機會可以走出困境。[72]

造化弄人，至少就歐洲來說，十四世紀頭幾十年間最重大的環境、生態與流行病發展並非歉收帶來的衝擊，而是橫掃整個歐陸的牛瘟；這場疫情的源頭可能是遠東，而且仍然跟蒙古人在歐亞大陸半壁建立帝國，帶來密切交流有關。牛瘟在一三一五年肆虐中歐，並且在接下來五年間橫掃今日德國、法國、荷比盧一帶的低地國與丹麥範圍的大部分地方，然後在一三一九年波及不列顛群島。英格蘭與威爾斯有將近三分之二的牛隻死於牛瘟，但也有地方病例不多，甚至完全沒有病例，因此兩相平衡後情況還算和緩。儘管如此，牛主仍想方設法面對問題，許多人出於驚慌，在牲口還沒得病之前不顧價格盡可能先賣出——這種作法對於平均牛隻價格與整體農村經濟來說，都有明顯的影響。[73]

前些年的歉收早已令鄉間社群困頓，損失牛隻顯然進一步重創農村。長期下來的影響也很嚴重。閹牛在農業生產扮演重要角色，尤其是犁田，因此牛隻數量減少就代表未來要麼農產量減少，要麼得增加人力（消耗的熱量也更多）才能獲得相同的收穫。無論疫情是某種炭疽病、口蹄疫，還是牛瘟病毒所導致，一三一〇年代的低溫想必降低牛隻對病原體的抵抗力：天氣變冷，糧秣變少，動物得耗費更多能量才能維持體溫，理論上就會導致牠們更容易患病。尤其是牛，牛隻一年有九個月的妊娠或泌乳期，期間免疫系統多半偏弱。[74]

這種屋漏偏逢連夜雨的情況，造成相當戲劇性的影響。許多史家指出，德勒斯登、漢堡與英格蘭許多地方顯然迎來強勁復甦，並且在一三二〇年代中晚期恢復正常。但也有學者猜想，由於超過十年以上的時間，飲食中蛋白質減少或缺乏蛋白質來源，會不會導致青少年營養不良，結果傷害了免疫系統，導致他們後來更容易染病，也更容易重病。按照這種另闢蹊徑的看法，一三四〇年代的黑死病之所以如此慘烈，是因為病根早在三十年前的天氣條件與疾病環境就已經埋下。[75]這種說法當然很難直接呈現，想實際驗證致死率的輪廓也需要更詳盡的資料組，還有能支持營養不良論點的骨骼證據。不過，天候惡劣、糧食歉收與疾病打擊發生在一三四〇年代的時候，顯然並不留情。

⋮ ⋮ ⋮

蒙古人在歐亞大陸擴張，導致草原內外生態大面積重組。主要的推動力是牲口所需草場面積增加——政治力的控制則加強當權者實施放牧權的能力。有些文獻對個別官員大為推崇，因為他們說服蒙古領導人不要把新征服的土地變成牧場；有些文獻則表示，本來是繁榮的城市，種桑養蠶、瓜藤果結的地方以及結實纍纍的田地，如今卻成為豐美的牧場、牛馬的家園，草秣多得是，穀物沒一點。溼潤溫和的天氣有助於草的生長，但如此理想的條件卻也讓喜愛草原環境的土撥鼠、黃鼠、沙鼠等齧齒動物族群數量大增。[76]

一三三六年至一三三九年的極端乾旱事件，引發我們所知的毀滅性連鎖反應。從年輪紀錄來看，當時缺乏降雨，而缺少雨水會導致植被覆蓋大幅減少，齧齒類族群死亡率因為食物與水而增加，跳蚤攜帶病原體的機率也大增。吉爾吉斯伊塞克湖（Issyk-Kul）地區楚河谷（Chu Valley）兩處東敘利亞儀（East Syriac）基督徒墓地的墳墓遽增，一三三八年至一三三九年間更是有許多墓誌銘提到「染疫而死」，提供頗具說服力的證據，證明發生鼠傳人的疾病，跳蚤找到新宿主，把細菌向外傳播。[77]

一位學界泰斗曾經指出瘟疫要傳播出去並不容易，一來出於地形、物理與地質等因素，瘟疫的發源地絕不會是人口密度高的地方，加上這種疾病必須跨越好幾個動物物種，甚至是長距離，而且是跨越多種氣候區，才能有效傳播。因此，雖然學界向來把焦點放在老鼠的影響上，但也不能遺漏有好幾種媒介生物聚合起來，才會促成瘟疫從一三三〇年代晚期傳播出去。其中最主要的是共生動物——跟我們「同一張桌子吃飯」，生活在人類聚落內部與周遭，吃殘羹冷炙的動物——以及更廣泛的生態群系，包括老鼠、兔子等野生齧齒動物，以及牛、駱駝、山羊與綿羊等反芻動物。[78]

還有其他的瘟疫傳播者，像是吃齧齒動物的猛禽（有大型猛禽，也有候鳥），以及肉食與食腐動物，如狼、狐、豺與鬣狗——這些動物常見於歐亞大陸各地，吃了受感染的腐肉之後，把疾病向外傳播。跳蚤糞便中的耶爾辛氏桿菌業經證實能存活於土壤，乃至於植物之中，可見瘟疫有多條路徑可以傳播；加上這種疾病有能耐能在沒有新感染者的情況下，在鼠群中存在百年，更是凸顯出一旦落下病根會有多麼難以根治。有些受黑死病肆虐的城市如君士坦丁堡，在一三四〇年代過後的五百年間，居然經歷超過兩百三十次的疫情爆發，平均每兩年就來一遭。[79]

不過，最厲害的瘟疫傳播者還是人類。蒙古擴張創造出高度連接的世界，經濟與文化交流頻繁，資訊沿貿易路線迅速傳播。這些路徑很適合物料的運輸，像是毛毯、衣物等傳播跳蚤、蜱、蝨的理想媒介，接下來就是商人與他們的馱獸染病。各種食材的長距離移動——尤其是小米——對「不請自來的鼠輩」、牠們身上的寄生蟲，以及細菌本身也是完美的條件。[80]

連結既促進物品、思想與資訊的傳播，是蒙古勢力遍布歐亞半壁的神經命脈，卻也同時散播疾病與死亡——我們對此不該感到意外，畢竟近年來人們已經學到教訓，懂得若只從社會經濟與地緣政治角度來思考全球化力量的話，就很容易忘記海空與鐵公路交通也是疫情傳播的途徑，而且傳播速度飛快。

以一三四〇年代席捲歐洲、北非與中東的黑死病來說，糧食運輸似乎跟後續的災難關係匪淺。其中的關鍵是義大利農耕環境的惡化——十三世紀末以來，義大利對蒙古金帳汗國出口的穀物需求愈來愈大；金帳汗國位置得天獨厚，有黑海運輸之便。糧食出口讓蒙古人經濟繁榮，同時讓南歐人口逐漸仰賴來自遠方的定期糧食進口作為熱量來源。流向歐洲的穀物，甚至重要到義大利各個海權共和國競相控制航道，為了沿海路移動的貨物而對立。威尼斯與熱那亞競爭激烈，引發一場延續大半個一二九〇年代的戰爭，最後由熱那亞取得勝利。[81]

歐洲在十三世紀下半葉與十四世紀初的人口成長也造成難題。突如其來的嚴重危機每每打擊都市居民，像是一三二九年至一三三〇年的義大利，歉收與物價高漲引發大規模動亂。以佛羅倫斯為例，當局迅速行動，輸入糧食，以補貼價把麵包賣給市民，才堪堪躲過全面的無政府狀態。生活在鄉下的人處境沒有比較好，情況正好相反。反覆分割與轉租土地，等於阻礙規模經濟，同時難以激勵創新。因此，一旦時節不好，農家的安全網不足，農民往往逃往城市尋求賑濟，希望能得溫飽，結果更多吃飯的嘴集中於一地，物價愈推愈高，情況雪上加霜。[82]

從一三三〇年代開始，動盪變成常態，引發各方的焦慮。例如編年史家記錄在一三三八年，蝗蟲如暴風雪般降臨中歐，密集的程度甚至阻擋了陽光，刺耳之聲讓人聽不見彼此講話。蝗蟲毀了一切：「牠們降到哪，哪兒就沒有收成，沒有果實、沒有草秣，地上什麼穀糧都不剩，全都進了牠們肚子裡」，許多「豬、狗等動物」因蝗害而死亡。「全體教士與布拉格市民打著聖髑和橫幅列隊巡遊，祈求天主施恩，消滅如此的不公義。」[83]隔年，「大如蝙蝠」的蝗蟲卵落在義大利多個地方，不只破壞田地，更造成週期性的缺糧與疫情。[84]

正是在這個脈絡下，蒙古人與義大利海權國家之間的關係在一三四〇年代之初瓦解。時間點糟得可以，此時正是「歐亞大陸各地正承受極大的環境壓力」的當口。[85]不同地方、不同時代，面臨的挑戰也不相同：根據年輪資料重建，斯堪地那維亞北部與瑞典中部的情況，便比約略同一時間的諾夫哥羅德與芬蘭南部更加嚴峻。[86]

同一時間，掌控著通往黑海路線的金帳汗國，也在一三四二年迎來新統治者札尼別汗（Jānibek Khan）。

新王登基引發熱那亞與威尼斯之間新一輪的競爭，雙方都迫切希望新統治者延續自己本有的貿易特許權。這兩個國家宿怨已深，除了想保有自身優勢外，兩國也試圖削弱對手，訴請可汗收回對方的商業特權。結果雙方都未能如意。後來札尼別的要員遭到西方商人殺害，金帳汗國的統治者因此決定對兩國關上大門，他不只下令把國內的「拉丁人」逮捕下獄，還徹底禁止貿易——糧食運輸也不能免。[87]

此舉有雙重影響：其一，一三四〇年代中期，高於平時的降雨量嚴重影響收成，歐洲的糧食資源愈來愈少，尤其是義大利，加上當時天氣也比正常值還要寒冷，禁運因此讓糧食供應壓力遽增；[88]其二，疫情本來會隨著船貨，甚至是操船的人而傳入義大利，但糧食禁運在無意間阻斷疫情。所以，等到金帳汗國在一三四七年同意與威尼斯、熱那亞恢復和平，不只是貿易解鎖，死神也被釋放出來了。[89]

⋮　⋮　⋮

學界向來認為黑死病在中國影響不大，甚至沒有影響。如今詳細檢視以往重要性長期遭到學者忽略的複雜史料之後，這一點開始受到挑戰。[90]至於歐洲、中東、北非與部分的撒哈拉以南非洲地區，災情可謂大範圍：據估計，有四〇％至六〇％人口死於黑死病，「除去近代早期歐洲人首度與美洲原住民接觸時，天花與麻疹造成的衝擊」，黑死病疫情仍然是「人類所知的大範圍災難中死亡率最高的」。[91]人口與經濟衰退的程度，嚴重到冰芯分析可以看出冶金與大氣中鉛含量落到幾乎找不到的程度，這是兩千年來所僅見。[92]

「一三四八年讓世人孤獨無助」，佛羅倫斯詩人佩脫拉克如是說。幾年後爆發新的疫情，佩脫拉克的兒子也染疫身亡。「我們親愛的友人如今安在？愛人的臉孔安在？深情的字句、自在舒坦的對話安在？」這年的疫情「為數世紀所未有」，破壞力「踩碎了整個世界」。從最近疫情中倖存下來的人，想必對佩脫拉克「逝者如斯夫，溜過吾指尖」的惆悵深有感觸。[93]

黑死病疫情並未平均發生在歐洲各地與各國，根據時空間繪製地圖後，可以看出法國疫情最嚴重的是溫暖、乾燥的南方，很可能是從馬賽港開始蔓延的，而今日比利時與尼德蘭等地則是躲過疫情的高峰，至少前幾波。[94]波蘭編年史當中提到瘟疫的篇幅有限，加上整個一三四〇年代到一三五〇年代間仍持續向教廷繳納什一稅，有人因此認為疫情在當地的致死率不高，甚或可以忽略——進而懷疑其他地區受衝擊的程度。[95]有些地方是因為當局強制市民採取自我隔離等措施而逃過一劫，例如米蘭城立即採取預防措施，因此只有三戶人家遭到感染，其餘市民皆倖免於難。[96]文化、生態、經濟與氣候因素，說明黑死病何以嚴重打擊歐洲多地，卻放過其他地方。[97]

最早提及黑死病殃及北非的文獻，提到一種「伊斯蘭世界至今所僅見」的疾病。黑死病在一三四七年降臨亞歷山大港：一艘滿是死屍的船漂流進港，少數一息尚存的船員操船，不久後也全數病死。疫情有如野火燒過整座城市，每天都有數百人病死，接著又蔓延到埃及其他城鎮——例如開羅，根據紀錄，在疫情高峰時，每天有七千人喪命。[98]

有一部分問題在於城裡人彼此住得近，衛生水準堪憂，傳播瘟疫細菌的齧齒動物群密度又高，讓城市成為疫情蔓延的理想培養皿。以二十世紀美國的情況來說，光是基本的街道拓寬、建築整修，加上減少以木材作為建材，就對鼠群規模有立即性影響，在兩年內減少將近八〇%的數量；也就是說，城市的布局自古以來都跟疾病環境有直接關係，疫情期間也可以從城市布局去推敲疫情的發展——這個角度發人深省。一般人想像中，當時的房子很髒，衛生水準很糟，有時候連中世紀史家也不假思索地這麼想，但其實有許多城市認真面對人口增加、基礎建設需求所帶來的挑戰，投注大量心力打造預防性的衛生建設，並設法處理家庭廢棄物的丟棄、掩埋與手工業汙染，至於有益個別和整體市民的水井、運河、橋梁與道路的維護更是不在話下。[99]

遏制或圍堵傳染病的措施當中，有許多根本攔不住黑死病，可見病原體有多麼強勁，以及尋找新宿主的能力有多厲害。一三四〇年代以來的數十年間，亞歷山大港手工作坊與織工數量下降的程度，顯示當疫情橫掃全城時，有大約半數人口死亡。[100] 開羅則是受到深遠的影響，提醒我們人口數量的災難，對於營造環境，以及建築物的使用、維護和興建方式有其影響。[101]

社會經濟背景是影響開羅在疫情期間致死率的因素之一，窮人家缺乏醫療照顧、營養水準低、空間狹窄、家內衛生不良，死亡率就是比較高。黑死病時窮人受創最深，尤其是那些逃往城內避禍，或是因為高物價而轉往城市找食物的人，死亡率更是奇高。由鄉間湧向開羅的人大量死亡，初到法國第戎（Dijon）的人也是，比本來就是城裡人或者在疫情爆發前就移入第戎的人更容易殞命。[102]

人在面對逆境時採取的行動，肯定大大加速瘟疫的傳播，就像後來往來聖地的朝聖者，也是傳播疫情的關鍵。[103] 土地使用方式改變，想來也是疫情蔓延於歐洲多地的重要原因：前幾個世紀的快速都市化與人口增長，都造成生態壓力，除了農業資源的開發外，還有土地使用的習慣，尤其是敞田制（open-field system）的實施。就連最稀鬆平常的改變，也會有重大的影響。比方說，現代土地管理多半習慣移除樹籬，提高作物種植的效率。這麼做一方面會讓鳥類的數量與多樣性減少；另一方面則會增加有害動物。對於十四世紀人們如何維護樹籬，甚至有沒有這種習慣，我們所知不多。但這類議題或許對於黑死病維持致死速率有相當的影響，畢竟有沒有樹籬，也就影響疫病能否找到更多的動物與人類感染致死。[104]

禍不單行，一三四〇年代是全球軍事史數一數二動盪的時期，不只歐洲，中東與北非亦然，疫情更是雪上加霜。這段時期戰事正酣的不只英格蘭與法國，還有蘇格蘭與英格蘭。佛羅倫斯與比薩，以及熱那亞與威尼斯之間的關係，也已經超越齟齬，達到水火不容的高度，軍事對壘反覆發生。拜占庭帝國深陷一場慘烈而漫長的內戰，加上鄂圖曼人威脅日增，發動的劫掠與攻擊在當時已是家常便飯；至於東方，則有成吉思汗後代之間的競爭，黑海與裏海北岸的金帳汗國，跟領有波斯與黎凡特的伊兒汗國彼此對立，而後者跟埃及馬木留克（Mamluk）政權更是長期衝突。前面提到的幾個衝突，軍隊的人力需求、資源與糧食消耗原本就會造成壓力。黑死病疫情期間，有多重指標顯示當時的天氣更不穩定、變化更多也更難預測，收成因此很不穩定，與前述情況構成致命的環境，讓凶猛的病原體到處肆虐，導致商業中斷、經濟蕭條與政治動盪。每一項因素都會放大其他因素引發的問題，造成惡性循環，而大幅致死率只是其中一環。[105]

其他特徵則包括文化因為對衛生與預期壽命的關注而有重大改變，人們失去所愛之人，用錢的態度從存錢轉為花錢，一波波反覆爆發的疫情則有如煞車般影響各方面復甦的進度，得以倖存與經歷過傷痛的人幾乎無法停止焦慮感。[106] 一三五〇年代晚期，正當生活看來就要恢復正常，一波波疫情又帶著一波波恐懼而來。[107]

蘇格蘭人得知「英格蘭人慘死」的情形，「高調說是天主的報復之手對他們施災」。一三四九年，正當蘇格蘭人集結兵力，「打算全面入侵英格蘭」，這時瘟疫找上門。[108] 無數人死於前四波疫情高峰——躲過第一波疫情的人有三分之一死於一三六二年至一三六三年，倖存者中又有三分之一在一三八〇年與一四〇一年喪命。黑死病當然吸引最多人的關注，但這場瘟疫不過只是眾多疾病之一。例如在一四〇二年，蘇格蘭東部各地頻發痢疾，許多人「下痢而死」。[109]

瘟疫爆發的循環，在埃及留下一道道傷疤，一四〇三年、一四〇七年、一四一二年、一四三〇年與一四六〇年的疫情都造成上千人死亡，有時甚至是上萬人。馬奇里治（al-Maqrizi）提到一四一二年的情況，

「上埃及大部分城市就此消失」，「開羅及周邊有一半的人沒了。全埃及有三分之二的人死於饑荒與瘟疫。」[110] 未來五百年間，鄂圖曼帝國城市薩洛尼卡（Salonica）、阿勒坡、大馬士革與特拉布宗（Trebizond）一再爆發疫情——這也造成對於鄂圖曼世界「病國病民」或「歐洲病夫」印象的形成。[111]

⁝　⁝　⁝

整體中世紀歷史有嚴重的歐洲中心傾向，加上關於黑死病的文獻，都讓人一下子就忽略歐洲城市與社會以外的地方同樣受到疫情衝擊。曾有史學泰斗強調，當今對於東亞、南亞、中亞、中東與北非疫情的認識「用破碎與不連貫來形容都還算好聽」。[112] 這種情況並不理想，畢竟遺傳證據已經揭露在今日撒哈拉以南非洲發現的疫情，是由造成黑死病的菌株演化而來，顯示當地確為疫區，而且很可能是西非聚落人去樓空、整個地區人口減少多達五〇%的原因。此外，疫情也能解釋文化為何出現轉變，像是衣索比亞當地為何突然興起對聖巴斯弟盎（St Sebastian）與聖羅格（St Roch）的崇拜——在歐洲，這兩位聖人與除疫關係很深。[113]

關於黑死病為歐洲以外的地方帶來哪些影響，學界研究有限，也就是說對某個地點的研究不夠充分的話，就很難評估當地受到的傷害，更何況是在中世紀。即便是文獻、考古與研究材料豐富的區域，人們也很容易因為時間是發生在蒙古征服之後，而忽略疫情在連結性崩潰中造成的傷害。例如金帳汗國勢力範圍下的城市就深受疫情打擊，像是一三四〇年代的卡法（很有可能是瘟疫傳入歐洲的破口），以及一三六四年的薩萊（Saray）。[114]

疾病造成的勞動力銳減，必然影響整個草原的農產，對收成與牲口的飼養造成衝擊。壓力所影響的範圍顯然不只貿易，還有那些以游牧族群為作物、肉類、乳製品及紡織品來源的城市，其供需也受到牽連。

之所以會有新的鑄幣廠、新的貨幣類型，以及後來採用新的輕質銀幣，很有可能是為了因應歐亞草原各地大疫所引發嚴重的經濟壓力。[115] 另一項壓力指標，則是蒙古人虜獲後賣給義大利買家的奴隸，賣價一飛沖天，因為買家面臨一三五〇年代人口崩潰的局面，急於覓得勞動力。從許多奴隸是被家族成員所賣出的事實，就能看出當時黑海周邊的情況有多嚴峻。[116]

有學者說一三五九年之前的金帳汗國似乎是個「井然有序、運作良好的政治體系」，此後「只有一個詞彙能用來形容之……那就是『無法無天』」。[117] 對於權力與控制權的競爭變得愈來愈激烈，反映出能夠獲得的報償與利益比過去更少，以及資源快速減少的情況。除了激烈的內鬥外，其他勢力迅速擴張到蒙古版圖內，都可以說明危機日益嚴重：十四世紀下半葉，立陶宛軍隊往南深入，攫取大片土地與城鎮，到了一四〇〇年時更是把勢力範圍擴大到黑海海岸。[118]

這種趁虛而入的案例算是罕見，通常的情況是長距離旅行與貿易的崩潰，社會向內發展，視野漸窄。甚至早在疫情之前，中亞各地就有改變的跡象。一三三〇年代出現一波改宗伊斯蘭的浪潮，顯示中亞開始偏離四海一家與自由放任包容政策——這不見得是蒙古社會唯一的特性，但絕對是其中重要一環。[119] 黑死病爆發之後，改變的步調加速，草原世界經歷一段社會與經濟萎縮期。敘利亞語、伏爾加保加利亞語（與現代的楚瓦什語〔Chuvash〕有關）與標準突厥語（與今日喀山突厥語〔Kasan Turkic〕有關）在十四世紀下半葉消失，最符合邏輯的解釋是在一段壓力與威脅的時期裡，社會躲入單一的共同認同中。[120]

黑死病對埃及的勞動力造成毀滅性衝擊。問題關鍵在於灌溉：水道網需要大量人力以維持。根據中世紀晚期的文獻，上埃及與下埃及的地區性大規模灌溉體系需要十萬人以上的人力；此外，還要加上地方社群的支援——從十五歲到五十歲的男性人口，恐怕有半數要視季節投入水道清淤、補強堤防等活動。疫情造成人口驟降，顯然會嚴重影響鄉里，更別說龐大的水利網了。某些地方的灌溉渠不只是失修，而是根本無法使用。[121]

無怪乎在每一個受到瘟疫打擊的地區與區域，地主與過往受益於豐富剩餘的人，都努力守住自己的地位，榨取農產收益。在英格蘭，新興的鄉間菁英開始在遠離道路的地方興建更大的房舍，在逐漸分層化的鄉間生活環境裡以此作為地位上升的表徵，進一步促成更有錢的居民利用機會圈地，擁有開闊的土地與田野。[122]

在歐洲，黑死病過後發生一場社會變革，農民與工人成功利用更好的協商地位，創造更好的生活條件；埃及的菁英則是相當成功守住自己的利益。長期而言，這會導致經濟衰退，社會流動的機會遭到扼殺，創新無法實現，還會導致長期的停滯。之所以有不同的走向，主因居然是北非的馬木留克政權比歐洲大部分地區破碎的社會更集權、行政管理更好。換作是不同的情境，這會是個優點；但就埃及來說，卻是阻擋改革、拖慢前進的致命傷。[123]

經歷瘟疫會帶來一系列重大的改變，包括生物上的改變。從疫情中倖存的人當中，有不少人是因為身上碰巧有一種基因突變，成為保護免疫系統的一層屏障。造化弄人，這種稱為ERAP2的突變，如今可以確定與幾種自體免疫失調，例如克隆氏症（Crohn's disease）、狼瘡與類風溼性關節炎有關：也就是說，當年讓人挺過黑死病的對偶基因，如今卻提高人們患病的風險。[124]從倫敦墓葬區發掘出的證據顯示，青少女初潮發生的年紀更輕了——這一點可以視為疫情後生活條件更好的跡象。[125]

此外，還有文化上的轉變。比方說發生部分學者稱為「婚姻狂潮」（nuptial frenzy），也就是瘟疫倖存者急著結婚的現象，而這導致一段生育率爆炸期。[126]人們用了很大的工夫去羅列瘟疫的經歷，像是解釋疾病症狀與影響的醫學專論，以及塞法迪猶太人（Sephardic Jews）為了記錄隨黑死病而來的苦難（及暴力）而寫的禮拜詩。[127]日子一久，人們逐漸把猶太人所寫及為猶太人而寫的著作，視為猶太人抗疫有成的證據——通常是歸諸於更好的衛生習慣與高度的謹慎。[128]

瘟疫過後，也出現新的時尚、飲食，對奢侈品的態度也不同了。原因部分是競爭性消費出現，部分是人口較少意味著商品成本更低，部分則是因為躲過死神召喚而起的慶幸之情。[129]可供消費的蛋白質在歐洲與其他地方皆大幅增加，除了因為吃東西的人少了，也是因為農民與牧民被迫為自己的牲畜尋找新市場，進而替史家所謂的「國際肉品貿易」揭開序幕。[130]有人認為黑死病期間有太多抄寫員病死，結果導致造成紙價下跌——紙價的下跌帶動識字率的上升，甚或帶動約翰尼斯・古騰堡（Johannes Gutenberg）等人的印刷革命。[131]

人們也設想、發展能察覺瘟疫的體系，各有成敗。鄂圖曼帝國努力應付經常性的爆發，米蘭的公衛當局則是在一三六〇年代北義大利一次嚴重的疫情之後，開始嚴密追蹤染疫個案——佩脫拉克的愛子日奧瓦尼（Giovanni）死於一三四〇年代的瘟疫，而根據這位詩人的說法，一三六〇年代的情況甚至更嚴重。當局建立早期預警站點回報新個案，並特別注意主要旅行路線、隘口與倫巴底（Lombardy）外圍。這套監控制度在十六世紀上半葉失效，主因是城市之間長期的戰爭與動盪，限縮防疫支出，也轉移當局的注意力。結果相當慘痛。擔心瘟疫絕不是沒有道理，畢竟一五二四年米蘭有半數人口染疫死亡；多年後，這座城市才恢復過來。對瘟疫的擔憂滋長懷疑的情緒，有人拒不相信新病例，或者懷疑一切都是騙局，是護理師、挖墳人等因為想繼續領「高風險津貼」水準的薪資，為了自己的荷包而誇大其辭。[132]

花費很長的時間，北義大利才從十四世紀中葉的人口萎縮中恢復。到了一五五〇年，北義大利人口約五百五十萬人，比一個世紀前多了四〇%，但這距離黑死病前夕原本的數字還有一大段距離。[133]從兩百年後人口仍未回復的事實，就能看出中世紀盛期發生的那場致命風暴帶來多大的打擊。

對倖存者來說，黑死病亦有意料之外的好處：死者不計其數，意味著人均擁有更多「二輪與四輪推車、馬、牛、驢、舟、船、農舍與穀倉」，堪稱是「瘟疫之福」。[134] 誰能料到氣候變異、歉收、對於長距離貿易的依賴、激烈的戰事，以及轉變中的疾病環境，在創造出導致歐亞非三大洲許多社群消滅的條件時，卻又成為長期成長的催化劑。對歐洲而言更是如此，尤其是歐洲北部。對部分人來說，這場瘟疫不只是一線生機，甚至改變了世界。[135]

黑死病疫情是各種因素極為偶然匯集下才創造出來的，正因為如此，其他時期看來雖類似，卻沒有造成一樣的結果。比方說十五世紀中葉，太陽進入另一段活動減少階段，稱為史波勒極小期（Spörer Minimum），導致西北歐與中歐異常寒冷，一四三〇年代更是酷寒。[136] 天寒地凍不只讓酒瓶裡的酒都結冰，更導致英格蘭、日耳曼、法國、低地國等地在一四三二年、一四三三年、一四三四年、一四三六年、一四三七年與一四三八年接連歉收，巴黎、科隆與奧格斯堡（Augsburg）等地不只糧價大漲，連木材也跟著漲價。南英格蘭莊園的紀錄顯示母羊生育率陡降，一四三八年的綿羊致死率則是常年的好幾倍。[137]

一四五〇年代發生兩起火山爆發，其一地點還不確定；其二則是南太平洋的庫瓦（Kuwae）海底火山口，規模比一八一五年的坦博拉火山（Tambora）噴發還大，這造成阿爾卑斯山湖泊凍結，甚至可以騎馬通過湖面。我們知道當時愛爾蘭的樹木直到五月才長新葉，以及歐洲各地編年史家紛紛提到的天象，像是陽光失去溫度，帶著藍色調的微弱光芒，以及霧霾懸空——就像六世紀的塵幕。[138] 這些火山活動事件，在大洋洲口述傳統中留下無法磨滅的痕跡，幾個世紀後都還有人傳述故事，說庫瓦火山的爆發是一位強大的術士所為——他受騙與自己的母親亂倫，於是召喚出這場災難作為報復。[139]

其他地方的極端天氣事件也有能力，且確實帶來嚴重的挑戰。比方說，一三六二年一月，歐洲西北經歷強烈暴風雨，風勢強勁到一位隱修士被風颳出窗外、倒下的屋梁壓死在教堂中躲雨的人，許多知名建築受損。有學者提醒我們，雖然人們往往忽視前現代的大型颶風造成的衝擊，但別忘了一九八七年十月的強烈颶風，估計造成不列顛有一千五百萬棵樹倒下。[140] 一九九九年十二月，中歐的暴風雨導致四十萬戶電話停話、電線斷掉，還有一億三千八百萬立方公尺的樹木倒塌。[141] 災情程度固然跟樹種、風向與風速、樹木錨定力（涉及根系、土壤及排水）、樹間密度與樹高，以及林業技術有關，但這種天氣事件確實可以造成規模慘重的災情，影響自然環境的每一個環節——下至動植物棲地，上至整體地貌改變——而隨之而來的反應，無論是調適，還是大規模動盪，也都會引發社會經濟轉變。[142]

說來也很奇妙：經歷蒙古帝國建立、歐亞非之間商業與文化紐帶強化，以及毀滅性的大規模疫情，接下來的數個世紀反而成為一段漫長的鞏固期。有些國家與人群原本與歷史悠久的政治中心，以及銜接這些重鎮的網絡相去甚遠，如今卻突然發現自己能利用新的契機，不只是擴大版圖，甚至是探索新世界。結果我們所居住的這個世界，其本質有了天翻地覆的轉變。

14 生態視野的拓展（約一四〇〇年至一五〇〇年）

饑荒嚴重到連老墨西哥人都得賣身為奴。——《奇馬帕因紀年》（*Annals of Chimalpahin*，十七世紀初）

一套新國家、新世界與新互動，在黑死病的餘波中誕生。接下來一個世紀裡，歐洲國家彼此戰爭不休，軍事與官僚革新的兩股潮流應運而生。疫情快要結束前，英格蘭與法蘭西兩國的國王打響百年戰爭（Hundred Years' War），新的技術與兵法自然跟著出現，而加稅與徵兵的需求則帶動中央集權，也讓統治王國、控制預算與決定如何運用開支的人走向專業化。[1]

對於能運用新契機的人，當時也是一個改變的時代。例如十四世紀晚期起，勃艮第（Burgundy）在歷任公爵主政下展開迅速的政治與領土擴張，與英格蘭國王結成精明的同盟關係，同時與低地國的各大巨頭與城市（例如布魯日〔Bruges〕與根特〔Ghent〕等）達成和解，勃艮第公國於是成為歐洲西半部的商業與文化強權。[2]歐洲東邊與之互為雙璧的則是立陶宛大公國（Grand Duchy of Lithuania）——早在大疫之前，立陶宛就取得不少軍事成就，像是一三八〇年的庫利科伏（Kulikovo）大捷，征服的領土南至黑海，甚至在一三九八年入侵克里米亞。[3]

東南歐的情勢變化也很快：一三四〇年代，塞爾維亞帝國在斯迭潘・杜山（Stjepan Dušan）帶領下崛起。杜山的妹夫，強大的穆拉登・蘇比奇（Mladen Šubić）死於瘟疫，讓杜山有了征服波士尼亞與達爾馬提亞（Dalmatia）的途徑，接著換拜占庭帝國陷入長達二十年的內戰，難以抵擋杜山併吞其北方城市與領土。對鄂圖曼人來說，這也是新的機會。一三五〇年代初，鄂圖曼人在歐洲大陸建立橋頭堡，未來更是以此為跳板，在一三七一年的馬里乍戰役（battle of Maritsa）與一三八九年的科索沃戰役（battle of Kosovo）之後橫掃巴爾幹。科索沃戰役後來也成為塞爾維亞國史編纂中的標誌性事件。[4]

這些勝仗最後讓鄂圖曼人在一四五三年成功攻陷君士坦丁堡，蘇丹的軍隊就此深入歐洲的核心。鄂圖曼人一贏再贏，推進東歐與中歐深處。到了一五二九年，鄂圖曼軍已擺好進攻維也納的架式。一場雨救了維也納：滂沱大雨導致鄂圖曼人的重炮陷在泥濘裡。要是蘇丹早兩個月出兵，或者天氣繼續好下去，維也納恐怕已經拱手，歐洲歷史也將大不相同。[5]

不過，鄂圖曼帝國擴張到歐洲，卻產生另一種效果，讓歐陸基督教國家在面臨生存威脅的情況下團結起來：鄂圖曼人的遠征不只讓歐洲各國之間的激戰減少，從十六世紀初到至少約一六〇〇年之間，衝突的數量甚至減少五〇%以上。衝突的減少可謂不同凡響，畢竟鄂圖曼人湧入歐洲的時間點正值宗教改革（Reformation），新教與天主教社群正處於分裂。鄂圖曼人的軍事長才，以及伊斯蘭信仰與土耳其人擴張背後的勢頭，都挑戰著教會的角色與領導人的道德完滿。遭人進一步征服的威脅感，也讓身陷危機的第一線國家有了合作的基礎。世事難料，鄂圖曼人居然是催生出凝聚力的關鍵，讓新教能以過往改革運動所不能的方式站穩腳跟，過程中對歐洲的宗教、政治與經濟造成深遠影響。[6]

鄂圖曼人也往其他方向擴張，像是把矛頭對準波斯的薩法維（Safavids）王朝。薩法維統治者沙王伊斯邁爾（Shah Ismail）是出名的大鬍子，「和鬥雞一樣勇敢」，更是頂尖的弓箭手。伊斯邁爾是那種花大把時間「打獵，不然就是與面頰紅潤的少年郎同進同出、拿高腳杯痛飲紫紅色葡萄酒、聽人奏樂唱歌」的人。[7] 一五一四年，鄂圖曼人閃擊薩法維人，薩法維人慘敗，還丟掉素以壯觀的圖書館、細密畫畫師與製毯師傳聞名的城市大布里士（Tabriz）。這一步棋不只除掉了鄂圖曼人東側的威脅，更是讓他們能騰出資源進攻埃及；一五一七年，埃及悶哼一聲，就此倒下。如今，鄂圖曼人掌控橫跨歐亞非三大洲的全球性帝國。[8]

鄂圖曼人與歐洲的相遇，是地理大發現時代（Age of Discovery）的一環。歷史學家以往總把這個時代與十五世紀末、十六世紀初歐洲人橫渡大西洋與航行至亞洲加以掛鉤。這種情況充分展現歷史研究有多麼傾向歐洲人的經驗，而不是提供更廣、更持平與更有意義的脈絡。其實，鄂圖曼人的視野在同一個時期迅速往東方及歐洲拓展。征服北非讓海路大開，不只進入紅海，甚至延伸到印度洋世界——活絡的交流讓東南亞與南亞、波斯灣與東非相互嚙合已經有數世紀之久，甚至遠至中國、日本與大洋洲。[9]

隨著上述嚙合而來的，則是沿印度洋西北海岸迅速且近乎連續不斷的擴張行動，像是占領亞丁、摩卡（Mocha）與巴斯拉（Basra）——前往東方的新路就此開通——以及征服蘇丹與厄利垂亞沿岸。[10] 對於這幾個新地區的控制往往並不穩固，端視當地統治者是否合作，但隨著擴張的腳步往前邁進，鄂圖曼人對遙遠的人群與地方，如南印度、斯里蘭卡與麻六甲，也愈來愈有興趣，累積更多的知識。[11]

讓我們焦點轉往其他地方，例如信奉基督教的衣索比亞所羅門王朝（Solomonic dynasty）。所羅門王朝不斷擴大、鞏固自己在當地的權威與勢力。十五世紀初，衣索比亞國王（nägäst）統治當時非洲之角最大的政治實體，並開始向威尼斯、羅馬、瓦倫西亞、里斯本與其他城市派遣外交使團。西方學界長期認為所羅門王朝之所以派出使節，是為了尋求歐洲的技術、潛在的軍事支援或表示歸順，但實情並非如此，而是因為他們自認有資格與當時其他社會平起平坐，出使是這個國家以自信的態度展現其豪情與成就。[12]

最能展現這股信心的例子，莫過於一四四〇年代，教宗安日納四世（Eugene IV）邀請「衣索比亞大皇帝約翰祭司（Prester John）」參加佛羅倫斯大公會議（Council of Florence）時的事。基督教會正經歷裂教，個中有部分原因不僅能回溯數個世紀，甚至是整整一千年，而佛羅倫斯大公會議就是為了化解危機的標誌性事件。衣索比亞方一開始的回應是以衣索比亞教會使用的古語吉茲語（Gə́əz）所寫就，以凸顯其獨立與自主，但內容卻顯得不屑一顧。他們還是派遣某位名叫「伯多祿」（Petros）的人率代表團到一四四一年的大公會議與教宗會面，伯多祿很可能是用阿姆哈拉語（Amharic）說話之後，先後轉譯為阿拉伯語與拉丁語，但內容毫無模糊之處：面對威嚇、異端或糟糕的領導時，衣索比亞教會也沒有像其他教會一樣「碎裂」。伯多祿接著表示，這絕非教宗的功勞，甚至挑明「尊駕的前任羅馬教皇們的忽視」，早期使徒曾來到衣索比亞，但羅馬教宗們卻毫不關心「基督的羊群」，甚至過去八百年來都不願屈尊一訪。這番話擲地有聲，反映出自信的衣索比亞能汲取悠久的歷史作為展現其力量的方法。[13]

對其他人來說，十五世紀至十六世紀也是一段發現的時代。早在歐洲人想方設法橫渡大西洋的時代來臨之前，大洋洲的討海人便操著有帆雙體舟定期往返於一位學界泰斗所謂的「諸島之海」（sea of islands），以跳島的方式將各式各樣的族群、生態與資源連成一氣，有時候航程甚至長達數千公里。印度洋世界（包含東非沿岸在內）交流水準的提升，是貫穿十四世紀中葉密切接觸期的特色。[14]

東亞的環境從一三二〇年代以來持續受到壓力，引發嚴重饑荒、瘟疫與乾旱，嚴重到中國安徽省的土地「都龜裂了」。[15]反元勢力逐漸抬頭，貧農出身的朱元璋說「元綱不振」。「里人缺食，草木為糧」，到了一三五〇年代，朱元璋得到窮苦百姓的支持，成為一股反元的強大勢力。一三六八年，他推翻元朝，自立為皇帝，成為明太祖，年號洪武。[16]對於尋找環境變化與中國朝代更迭關係的史家來說，朱元璋崛起的過程可謂又一個引人注目的例子。[17]

元朝與更前面的宋朝皆提倡長距離海上貿易，以此為首要之務，但新的明朝統治者卻採取非常不同的作法。一三七一年，也就是登基的三年後，明太祖便實施海禁，沿海地區片板不得入海。唯有內廷與朝廷命官才能從事對外貿易及交流。[18]

這不代表明代中國跟外界完全斷絕聯絡。事實上，在十五世紀上半葉，朝廷耗費巨資成立艦隊，由鄭和率領，意在展現國威。馬歡曾數度隨下西洋，他詳細記錄印度馬拉巴爾（Malabar）與科羅曼德（Coromandel）海岸，以及今斯里蘭卡等地的風俗禮儀、物產，以及各個在政治上與商業上密不可分的重鎮。每當下起大雨，斯里蘭卡人就會湧向沙岸尋找寶石，「常言寶石乃是佛祖眼淚結成」。[19]

幾次下西洋的資深指揮官都是穆斯林，為首的鄭和也不例外——很可能是因為考慮到艦隊出航的區域正經歷伊斯蘭化浪潮，所以才有這樣的任命產生。十四世紀間，東南亞各地的伊斯蘭式墓碑數量日增，他們很可能是動盪時離鄉背井的難民，從占婆出發，前往爪哇的泗水（Surabaya）、錦石（Gresik）與井里汶（Cirebon）等地，學者稱這每一個地方都成為「伊斯蘭早期的宣教中心」。[20]

派鄭和下西洋的人是明成祖。一四〇七年，明成祖下詔保護大明疆域內穆斯林的人身安全，諭令「官員軍民，一應人等，毋得慢侮欺淩。敢有故違朕命，慢侮欺淩者，以罪罪之」。這段敕諭一方面說明在十四世紀與十五世紀初，伊斯蘭信仰傳播範圍之大與速度之快，但也可以理解成新的人群、新的思想來到，同樣會帶來挑戰。[21]

雖然寶船艦隊確有抵達東非，但東南亞才是幾次下西洋的重點。馬歡用了不少篇幅撰寫滿者伯夷王國（Majapahit kingdom）——滿者伯夷以爪哇島為中心，將東南亞大部分地區聯繫在一起。十四世紀時，滿者伯夷在信奉印度教的君主哈奄・武祿（Hayam Wuruk）統治下，文化臻至巔峰。人稱《爪哇史頌》（*Nagarakrtāgama*）的文獻中對哈奄・武祿有豐富的描述；《爪哇史頌》提到神廟與宮殿建築，提到祖先崇拜儀式、月相變化，對於能工巧匠為顧客製作的藝術品、手工藝品等也有多采多姿的描繪。滿者伯夷除了跟明代中國有外交往來，也跟數十座城市與國家有所聯絡，它們遍布泰國南部到馬來半島，及於蘇門答臘、蘇祿群島，甚至深入太平洋。《爪哇史頌》把這數十個政體的統治者稱為附庸，但事實不見得如此，畢竟把納貢當成歸順的指標恐怕不盡可靠。不過，此時確實是個令人眼界大開的時代，這一點問題不大。[22]

數十年後的南亞也有類似的故事：建立蒙兀兒王朝的巴布爾在一五〇五年首度進軍印度，試圖擴張勢力範圍，攫取新的財富，甚至是開拓自己的視野。他寫道：「我以前從未見識過炎熱天氣，也不曉得印度的風土，新世界就這麼映入眼簾——不同的植物、不同的樹木、不同的鳥獸、不同的部族與人群、不同的風俗習慣。嘆為觀止，真的是嘆為觀止。」[23]

但這話不代表他對自己所見有多陶醉：巴布爾寫道，印度「是個無甚吸引力的地方。其人沒有美可言，其社交沒有優雅可言，他們也沒有創作或理解的才能，沒有禮貌、優雅，甚至沒有男子氣概。印度的藝術與工藝沒有和諧也沒有對稱。印度沒有好馬，也沒有美味的肉、葡萄、甜瓜或其他水果。印度的市場裡沒有冰、冷水、美食或麵食。沒有浴場、沒有學校。沒有蠟燭、火把或燭臺。」[24]這個時代做如是想的也不只他，與新世界的相遇往往讓人感到不自在，忍不住拿來跟自己離開的、熟悉的地方做一番不甚愉快的比較。

不難想像，十四世紀下半葉與十五世紀最初幾十年間的全球氣候紀錄異常寧靜：感覺這是一段長期的穩定，僅有幾起突如其來的事件或嚴重的震盪。對亞洲、歐洲與非洲來說，這是一段能有所延續的時期。黑死病造成的人口銳減，以及隨之而來的土地使用率降低，或許能提供部分解釋。不過，其他未受黑死病大流行肆虐的地方也存在類似的發展模式，可見數十年穩定的氣候條件有多麼重要。[25]

比方說在波里尼西亞，東加群島（Tongan island）東加帕圖島（Tongapatu）的頭目居然從十五世紀初開始集權，引發的社會變革導致平民地位下降為佃客，而一小群精英領導層則在最高領袖圖依東加（Tu'i Tonga）統治下形成。同一時期，新的大型建築形式也開始發展，像是土墩、祭壇與龐大的石墓群；鄰近海域的其他島嶼則是在物質文化上出現轉型，進口量提升，以石材為大宗。口述傳統中也記錄著當時有新的頭目世系出現，並採用新的儀式。[26]這些發展應如何理解呢？這一點尚有可以討論之處，不過最合乎邏輯的解釋，就是東加文化的擴張甚至達到直接作為政治宗主的地步。[27]

早在一二〇〇年左右，夏威夷就開始有人活動。前面提到的變化跟夏威夷的發展之間的關係尚不明朗，不過本來人們頻繁航行於這些島嶼與中波里尼西亞，卻在東加擴張的時代停止了。這也許純屬巧合，但無論如何夏威夷群島漸漸遺世獨立，保持到十八世紀晚期，詹姆斯・庫克（James Cook）率領的探險隊伍將這座群島再次納入全球交流網絡為止。[28]

夏威夷的例子並不尋常，畢竟其他地方的模式都是整合與鞏固。例如到了十五世紀初，墨西加人（Mexica，也就是我們常聽到的阿茲提克人〔Aztecs〕）打造出新帝國，憑藉軍事成就與嫻熟的政治外交手段稱霸中墨西哥。[29]阿茲提克世界深深仰賴對水資源的控制，不光是首都特諾奇提特蘭（Tenochtitlán，坐落在大湖特斯科科湖〔Texcoco〕中的一座島上），而是整個中墨西哥都有綿密的水道網絡。這些水道對人流與物流的長距離移動來說十分便利。[30]對這個新興帝國的人來說，「水」是認同的核心，在圖像紀錄、歌曲與信仰體系中留下痕跡。[31]

水資源管理也是整體阿茲提克世界，以及特諾奇提特蘭本身長長久久的命脈。極盛時期的特諾奇提特蘭，人口或許達到二十萬人。要支持這麼多的人與這麼高的人口密度，就必須挹注重資修築梯田與灌溉設施。[32]此外，由於墨西哥盆地深受早霜與遲雨這兩種風險所威脅，水利設施也是為了因應這種生態條件而生。[33]

阿茲提克統治者設法維持王家存糧，以防天氣驟變與糧食短缺，但不時仍有不足。十五世紀中葉，蒙特祖馬一世（Moctezuma I，約一四四〇年至約一四六九年治世）統治期間發生所謂的「一兔年饑荒」（Famine of One Rabbit），成因是將近十年的氣候擾動，像是嚴霜、乾旱、蝗災與歉收等災情耗盡存糧所導致。饑荒造成許多人餓死，爆發疫情，大批居民從特諾奇提特蘭、特斯科科、查爾科（Chalco）與霍奇米爾科（Xochimilco）等城市遷出。[34]

據《奇馬帕因紀年》的記載，一四五四年：

渴死者有之。狐狸、猛獸、蜥蜴等從查爾科而來，吃人下肚。饑荒嚴重到連老墨西哥人都得賣身為奴；他們躲進林中，過著朝不保夕的日子。四年沒東西可吃，老墨西哥人把自己賣掉，分為兩等，也就是委身為奴……。只要有洞可鑽，他們就會躲進去等死；因為沒有人埋葬他們，所以蜥蜴吃了他們的屍首。[35]

部分學者主張，這場饑荒是促成阿茲提克人進一步擴張的關鍵，或許這就是他們積極併吞托托納卡潘

（Totonacapan）的主因——托托納卡潘在一四五〇年代的災難中災情還算輕微。[36]無論阿茲提克人的對外征服與創傷經驗（很可能有鬻子為奴的情況）之間有無關係，饑荒過後水堤、水路與飲水道都有明顯升級。這也難怪阿茲提克人會投注如此多的心力去增加可耕地的量，這樣才能替未來爭取更多緩衝。農業生產集約化則是因應一連串災難時理所當然的作法。[37]

至於這些困難如何影響中美洲的其他地方，則比較難評估。大約一四四一年至一四六一年間，猶加敦半島的馬雅潘（Mayapan）城內發生衝突，政局也隨之崩潰。自四個世紀前奇琴伊察（Chichen Itza）衰亡後，馬雅潘就是猶加敦第一大城，也是最重要的城市。猶加敦的旱象顯然是這種情況的部分原因。除了缺少降雨本身造成的問題以外，貿易網絡的收縮、流動性的衰頹與暴力程度的上升也引發變局。但即便如此，若干小國後來還是構成具有適應力的網絡，顯示一些人的失敗為其他人創造契機。[38]

來到南美，奇穆在十三世紀初開始擴大勢力範圍，而大發現時代的奇穆則是將更多的土地與人民收入囊中。奇穆的中心是莫切河谷的陳陳城，周邊區域用農產支持城內三至四萬的人口。陳陳不僅有宮殿，還有一種稱為「謁所」（audiencias）的三面建築體，作為奇穆貴族的起居與辦公地點，也有廣場與神廟。這座城市靠近太平洋，旁邊也有溼地、農田、沙漠與高山。[39]

一三二〇年前後，奇穆遷往北邊的黑給特佩給河谷（Jequetepeque Valley），以武力占領戰略要地法爾范（Farfán），接著鞏固對南方卡斯馬河谷（Casma Valley）的掌握，在通往南北東三方的要道路口建立新的地方首府曼禪（Manchan）。[40]奇穆世界就跟歷史上的許多社會一樣，人類與動物祭獻都是常有的事，作為給各路神明的祭品。一四五〇年前後，秘魯西海岸的萬查基托－拉斯利亞馬（Huanchaquito–Las Llamas，就在陳陳北邊）舉行一場大型祭獻，祭品是超過一百四十名兒童與兩百頭駱駝（大羊駝〔llamas〕與小羊駝

（alpacas））。從遺址的地層證據來看，這場祭獻發生在多起豪大雨，甚至是一場洪災之後；近年來，學界建立上述天氣事件跟聖嬰—南方震盪的可能關聯，不只秘魯北部與中部的海洋食物鏈受到擾動，連沿海也遭到洪水侵襲。之所以獻祭童男童女，感覺很可能是試圖平息惡劣的天氣，喚回風調雨順。[41]

同時期的南美其他地方，也有舉行這種旨在回應氣候與自然災害的獻祭。考古學家發掘米斯蒂（Misti）火山山頂，結果有驚人發現：好幾名兒童經儀式手法殺害後，屍體隨數十件以金、銅、銀與海菊蛤殼製成的小雕像，以及陶製與木製器皿一同下葬。前哥倫布時代安地斯人的信仰體系中，清楚表現出對於自然地景、祖先與族群認同的觀念，其中還有稱為卡帕庫恰（capacocha）的獻祭儀式，把重要的器物與人牲獻給諸神。在一些重要時刻，例如惡劣天候導致歉收，人們會把這類重大災情當成神怒的跡象，唯有大手筆的祭獻才能平息。這場祭獻儀式的前因後果與舉行的時間點雖然無法確定，但部分學者認為跟米斯蒂火山的猛烈噴發，以及隨之而來的氣候動盪有關。[42]

一四〇〇年前後，印加人（Inca）也以卓有所成的帝國建造者之姿站上舞臺，創造美洲史上在歐洲人殖民以前的最大帝國。他們的成就建立在一套建立盟約的手法上，包括豪飲奇恰酒（chicha，一種以玉米為基底的酒精飲料）、威嚇，以及選擇性動武——最後在一四七〇年前後征服奇穆。[43]印加人的崛起深受溫暖的天氣條件——不僅是首都庫斯科周邊，而是解放整體高海拔地區的農業潛力——以及氣候模式長期穩定之賜。梯田對於高地社會來說非常重要，不過投資修築梯田不只標誌著印加人的成就，也強化他們的適應力；同樣重要的還有農林間作技術的發展，以及種植能提供品質絕佳的種子蛋白質與油料的作物組合。[44]

印加人也發展出區域交流網，獨占長距離貿易商品、金屬、陶器與奢侈品的取得管道和重分配權，這對意識型態、文化、經濟與政治控制有無比的重要性。有時候印加人是以招安的方式收編地方菁英，也不會打攪他們的聖所（例如雲博文化〔Yumbo〕的帕爾米托帕姆巴遺址〔Palmitopamba〕就未受破壞），菁英則從印加宗主處獲得好處；不過，印加人有時候也會採取直接控制的方式。[45]

印加人的統治方式及其帝國最重要也最長久的特色，或許就是龐大的道路修築建設——據估計，這些運用繇役所建造的王道（qhapaq ñan）達到三萬公里長，銜接海岸與官道，沿線更設有路棧（tampukuna）與驛站（wasi）。[46]修築王道的目的，在於提升首都與地方之間貨物、人流與資訊傳遞的速度，降低成本，進而提升控制的程度，並刺激貿易。[47]交流網絡愈來愈活絡，整體帝國的活動也在增加，這一點可以從蟎蟲的大量增生看出來：十五世紀中葉開始，蟎蟲數量激增，可能是因為大型草食動物（尤其是大羊駝）聚集密度增加的關係；帕塔坎查山谷等地會以大羊駝作為旅行隊伍的一環。[48]

印加路網的重要性並不限於印加帝國時代：印加路網對於西班牙人征服南美洲大部分地區之後的經濟發展厥功甚偉，後來甚至發揮提升生活水準，像是平均時薪、營養與教育水準的功用——女性受到的影響尤為顯著。靠近路網的土地因為易達性高，往來與貿易的成本低，土地價值因此提高。這種趨勢不只長期影響印加世界與殖民統治時期，甚至及於現代：今天更貼近印加「王道」的地方，擁有比其他地方更高度的財產權與保障、更多的學校、更高的識字率、孩童攝取的營養也更充足。[49]

印加的王道，跟亞洲的脊梁縱橫交錯的絲路路網很像。再次強調，靠近主幹道的地方，經濟活動發展程度會遠高於距離較遠的地方，而且數個世紀以來都能觀察到更高的跨族群通婚率，至今猶然。[50]辨別這種長期的影響，不僅卓有助益，甚至是我們理解整體不平等模式的關鍵——之後會談到，不平等的本質是全球性的，而過去的世界對現在的世界也是影響深遠。

⋮ ⋮ ⋮

整體而論，十四與十五世紀是一段轉型期，是由一連串擴張與發現的新時代連接而成的——至少對於有能力將自己的意志加諸他人之上的人來說如此。當然，對於風俗與生活方式遭到摧毀的文化和社會來說——無論是遭到征服，還是遭到收編——情況可就完全不是這樣。卡霍基亞本來擁有蓬勃的文化，對美國底部地區肥沃的土壤進行農業開發，作為其根柢。然而，到了一四〇〇年前後，卡霍基亞開始衰敗。卡霍基亞位置靠近今日的聖路易（St Louis），其中心有一百多座墓塚土墩。對於居民為何離散、放棄這個地方，人們提出許多的解釋。這些假說包括氣候變遷影響降雨量與洪氾頻率、過度開發導致的水土流失與去森林化，以及水道清淤不善導致汙染累積到無法承受的地步。[51]這些運用考古與環境資料（包括排遺、花粉紀錄及年輪證據）所建構的圖像，都是一片生態浩劫——資源消耗到了無法避免崩潰的程度。

就卡霍基亞的例子來說，關鍵或許在於政治中心的使用，是在數十年乃至於數個世紀的漫長歲月中逐漸式微，代表並不存在某個萬劫不復的時間點，也不是幾種因素聚合後造成的劇變。[52]也就是說，無論一四〇〇年前後有什麼彷彿決定性、無法回頭的瞬間，其實都是社會經濟與文化變革的漫長過程所走向的終點。在這些變化當中，最重要者如權力的去中心化；卡霍基亞內部出現局部的菁英，有其獨立的居住區與墓葬土墩廣場；以及團體間隨之而來的認同形成、競爭關係與累世宿怨。生態浩劫與氣候轉變固然無益於情勢，但拋棄政治中心的長期過程，關鍵恐怕還是在於不同群體之間的緊張與衝突，形成前往其他地方尋找新契機的推力。[53]

巴西南部也很類似，原本活絡的貿易網絡漸失張力。同樣的情況也發生在非洲南部：十三世紀晚期開始，當地反覆遭遇乾旱，這似乎是希瑪人（Hima）與圖栖人（Tutsi）往維多利亞湖（Lake Victoria），以及與盧歐人（Luo）往尼羅河遷徙的眾多原因之一。一個世紀後還有幾次大遷徙，此時尼羅河開羅段水位甚至低到能涉水而過。[54]

至於其他地方，改變是隨著新的宗主而降臨，帖木兒（Timur）就是個好例子。突厥化蒙古人（Turco-Mongols）稱霸亞洲半壁，而帖木兒就是他們最成功的接班人，在十四世紀末與十五世紀初將大量土地、城市及人民納入其勢力範圍。帖木兒帝國就跟其他大帝國一樣，將資源集中管理，運用四面八方的勞力、資金及專業人士來維持政治核心的運作與門面，眾多建築界的瑰寶就此誕生——例如宏偉的比比哈奴清真寺（Bibi-Xonim）、兀魯別（Ulugh Beg）伊斯蘭學校與帖木兒本人的陵墓，盡數坐落在撒馬爾罕（位於今烏茲別克）。隨著統治者贊助而來的藝術、文學與科學研究等更是不在話下。[55]

朝代的征服、擴張和遞嬗，創造的不見得是向心力，有時反而是震波傳出，造成分裂。帖木兒在一三九八年血洗德里就是這樣，本來還控制著大半個印度次大陸的德里蘇丹國，在帖木兒的攻擊下瓦解。蘇丹國的崩潰讓城市國家一個個開花結果，區域交流強度也隨之提升，因為以前流向北方的稅收，現在可以在本地重新分配了。德里的失是古吉拉特（Gujarat）與奧里薩（Orissa）的得，馬拉巴爾與科羅曼德海岸也同樣獲益。[56]

無獨有偶，蒙古人在元朝滅亡後的退卻，也為其他人開創新的機會。一三九〇年代，朝鮮的李成桂將軍在奪權後實施重大的土地改革，試圖讓土地的分配能比以往更合理。朝鮮的情況跟蒲甘類似，蒲甘的問題之一就是土地所有權過度集中在豪族手中，佛寺與少數人則得到太多的捐獻。「古者，」新統治者手下一位重臣說，「田在於官而授之民……。天下之民，無不受田者，無不耕者。」李成桂（掌權後號朝鮮太祖）雷厲風行，把地籍冊全數焚毀，著手進行土地與利益關係的整體重分配。[57]

朝鮮太祖會這麼做，一部分的動機自然是想要削弱對手與潛在的競爭者，但也是為了促進糧食生產，讓土地使用更加集約。朝鮮太祖之孫，世宗大王個人尤其重視這個方向的改革，他下令編纂勸農手冊《農事直說》，強調在合適的時節播種、正確使用肥料與經常除草的重要性，並說明在秋季要如何犁田。《農事直說》開宗明義，「農者，天下國家之大本也」，更說「誠以粢盛之奉，生養之資，捨是無以爲也」。[58]

一四二八年立國的大越黎朝也採取類似的觀點——黎朝在〈平吳大誥〉中對擊退明軍大書特書，宣布「惟我大越之國，實為文獻之邦」，自有其風土人情。[59] 大越與朝鮮一樣，頒布新法典，保護農民持有的土地以及公有地，違者將處以「杖八十」。這些措施不單純是賢君仁政——甚至有可能正好相反，是為了確保所有賦稅直接流入王室，讓人無法隱匿資產，或者拒不滿足財政要求。特別一提：但凡「種公田者未能按時納糧」的人，都可處以重杖八十的懲罰。[60]

⁝ ⁝ ⁝

一位研究歐洲文藝復興時期的學界泰斗清楚表示，到了十五世紀末，人們的視野倏地大開。布魯日畫家繪製的畫作中出現鄂圖曼帝國的厚地毯、伊斯蘭西班牙的金屬製品，以及中國的瓷器與絲綢。像是范艾克（van Eyck）繪製的《阿爾諾非尼夫婦肖像》（*Arnolfini portrait*），這類畫作不僅呈現出貿易網絡銜接各大洲的規模，更展現出競相攫取的衝動——這股衝動本身就是發展與地位展現的先決條件。這幅名畫固然是這對新人的紀錄，但也代表一種「對所有權的標榜」——不只是擁有畫作本身，更是擁有畫中描繪的眾多奢華、昂貴物品。[61]

從生態與環境觀點來看，這一點影響甚鉅。以前除非是處於征服與擴張的階段，否則連接亞非歐的聯繫都不是在王國政策或統治者命令之下發展出來的。征服與擴張時期確實會帶來區域內和區域間貿易的增加，但主要的結果通常是政治中心對各地撒網，把資源拉向自己，而不是為了促進出口。有規則必有例外，例如中國宋代，甚至是蒙古帝國的頭數十年。不過，交流強度提升的動力往往來自商人、中間人、船東，或者是綠洲聚落及城鎮——其居民需要腹地的支撐，位置也要夠好，才能從珍稀原物料與製成品的銷售和轉售中獲益。[62]

這些種子萌芽之後，長出部分史家所說的資本主義世界經濟從十八世紀開始蓄力發展。[63]一五〇〇年至一八〇〇年間，全球貿易以前所未有的速率成長，年均成長率達一%：到了一八〇〇年，由船隻載運的商品已經比三百年前多了二十三倍——這個數字當然反映交流的升級，但也很中肯地反映出想要取得、展現與強調地位的驅力，更是反映著部署商業資本以回應、餵養這種渴望的情況。[64]

連古人都曉得，這樣的需求會造成生態系的壓力。到了一五〇〇年，已經經常有人為此大聲疾呼。不久之前，日耳曼地區森林消失的情況嚴重到當局下令護林，整林則需要特別允許始得為之。一二三〇年代，薩爾茲堡大主教埃博哈特（Archbishop Eberhard of Salzburg）明確禁止把教會擁有的林地轉為農地，讓森林可以再度茂密。[65]數十年後，德意志王亨利七世（King Henry VII of Germany）表明「王國的森林遭到破壞」，變成耕地，結果「對他」及他的領地造成傷害，他認為堪稱災難。[66]

到了十五世紀初，威尼斯體認到過度消耗可再生資源的話，國家將不堪一擊，於是開始採取措施，試圖確保來自義大利本土的木材供應。由於這座海權城市國家自己沒有森林，承受不起木料短缺及價格上漲。後者吃不消，前者補不了。例如，一五三〇年代曾經有一段異常嚴寒的時期，當局便大嘆政府機構與整體產業都停擺：「鑄幣廠無法運作，玻璃師傅、染工與金工都無法做事。」事態嚴重，而且大事不妙。

英王亨利八世（Henry VIII）在其治世中期就曾抱怨過一樣的問題，他通過法案，認知到「森林嚴重縮小」，導致「木料明顯缺乏」。一個世紀後，有論者表示很多人砍樹，但「種樹或護林的人少，甚至沒有」。他說，相較於自己執筆的當下，以前英格蘭的森林有十倍之多。他坦言這很危險：「不難想見，沒有森林，就沒有王國可言」。[67]

世界上許多地方的人有同樣的擔憂，這也難怪。錢與權跟農業生產有密切關聯，統治者因此有強烈的動機去支持整地，將林地化為能供給聚落所需的農田，推展農耕，生產經濟作物，每收成一次就抽一次稅。[68]有些統治者例外，例如圖盧瓦（Tuluva）王朝的克里希那德瓦拉雅王（King Krishnadevaraya，一五〇九年至一五二九年治世），他以治國術為題所寫的史詩《奉己之花環者》（*Āmuktamālyada*），就建議國王要守護森林。不應鼓勵為了擴大農耕地而伐林整地，尤其這種作法會影響「生活在山林中的部落民」。[69]相較於其他發展，他更重視原住民權利，這一點若與同時間世界上其他地方發生的事情一比，實在很罕見。

十五世紀時，許多人戮力開拓地理與文化視野，葡萄牙人就是其中之一。普羅歷史往往把葡萄牙人航向西非海岸，以及馬德拉（Madeira）、加那利與亞速等大西洋島嶼、島群，歸功給葡萄牙亨利王子（Prince Henry）。從亨利綽號「航海家」（the Navigator），就能看出葡萄牙人與各個新世界的接觸益發頻繁時，他確實發揮關鍵影響力。

其實，亨利比較像是牽線者，替金主、商人、領航者與製圖師居中協調，而他們才是推動馬德拉島糖廠發展，以及先後以穆斯林和非裔為奴工的推手。到了一四四四年，蘭薩羅特・帕薩尼亞（Lançarote Passanha）成立拉各斯公司（Lagos Company），意在將奴役自己的同類變成一種正規的生意；不久後在利益驅使下，一艘艘船隻往南航行，從進口馬拉蓋塔椒（malagueta，又名「天堂椒」〔grains of paradise〕）以取代印度胡椒，以及發現埃爾米納（Elmina，位於今迦納）黃金市場而獲利。[70]

一次次的航行——或許更關鍵的是出海帶來的利潤吧——讓航程距離愈來愈長。到了一四七五年，葡萄牙船隻已經跨越赤道往南，二十年後抵達非洲最南端。船貨奇貨可居——有些是人，有些是食材或黃金——而王室可以抽價值五分之一的稅，因此從遠航中獲利甚豐。根據一些編年史家的說法，例如數十年後費爾南・羅佩斯・德・卡斯達聶達（Fernão Lopes de Castanheda）就表示，一四八〇年代與一四九〇年代的葡萄牙統治者非常支持船隻出海，想把紅海的香料、藥品及珠寶貿易從埃及與威尼斯手中搶過來。[71]

⋮　　　⋮　　　⋮

參與航海冒險者眾，克里斯多福・哥倫布（Christopher Columbus）就是其中之一。哥倫布信仰虔誠，渴望從亞洲貿易提供資金，從穆斯林手中光復聖地。他因此有了大膽的計畫，不是往南航行，而是往西橫渡大西洋，期盼能抵達中國、日本、印度與東南亞等富庶的市場。由於得不到葡萄牙人對自己計畫的支持，哥倫布轉而找上卡斯提爾（Castile）與阿拉貢（Aragon）聯合王國的斐迪南（Ferdinand）與伊莎貝拉（Isabella），終於在一四九二年八月從風德拉瀉湖（Palos de la Frontera，位於今西班牙南部）揚帆啟航。[72]

哥倫布成功抵達加勒比海島嶼之後，針對自己發現的人與地方提交一份誘人的報告。他宣稱除了有找到「黃金與金屬」外，還強調自己見識到的自然環境多麼適合開發。他把一座島命名為西班牙島（Hispaniola），說這裡有「良田、樹叢與原野，無論是耕作還是放牧，都是最肥沃的地方」。至於另一座他名為胡安娜（Juana，即古巴）的島嶼，同樣「無比肥沃」，有眾多天然良港。[73] 他對於當地人種植的作物大書特書，像是棉花，以及與腰豆、玉米等食材；玉米「煮熟後味甚可口，火烤或磨粉煮粥皆上佳」。[74]「陛下一定要相信我，」他寫道，「這些島嶼是全世界最肥沃、氣候最宜人、最美好的地方。」[75]

哥倫布橫渡大西洋之後，其他人紛紛跟上腳步；他們發現的地方生態豐饒，留下來的紀錄也不遑多讓。哥倫布首航的五年後，威尼斯人祖安・卡伯托（Zuan Caboto，英語世界多稱他為約翰・卡伯特〔John Cabot〕）從布里斯托（Bristol）揚帆，想找到東南亞的香料群島，結果卻登陸今日加拿大的西北海岸。人們知道北大西洋漁獲之豐富已經有好幾個世紀了，但加拿大西北海域漁獲之多簡直讓人招架不住。米蘭公爵（Duke of Milan）派駐倫敦的使節回報時，說那兒的海「塞滿了魚」。據說鱈魚不只數量眾多，而且很好捕撈，只要從漁船的邊上把夠重的籃子放進水裡，再拉起來就行了，連網都不用撒。最早將鱈魚漁獲載回歐洲的紀錄，是一五〇二年的休・義律（Hugh Elyot），而這一船魚價值相當於一座物產豐富的莊園一年的收入。現在歐洲人可以輕鬆、定期前往世界上的那些角落，靠大自然的財富致富。[76]

除了興奮外，失望與困惑也會隨之而來。十六世紀末，耶穌會士兼博物學家荷西・德・阿科斯塔（José de Acosta）提到，自己博覽各大哲學家與詩人的著作，「深信如果到了赤道，我絕對受不了那駭人的高熱。」誰知道「感覺卻很冷，有幾次我還得出門晒太陽才能暖暖身子。」一切都讓他懷疑自己受過的教育，「亞里斯多德的氣象學和他的哲學讓我笑掉門牙。」顯然那位希臘學者根本不知道自己在講什麼。[77]疑惑的還不只有他，貝爾納維・科博（Bernabé Cobo）說，「古人」顯然「全靠想像」，完全搞錯情況；如今住在美洲的人憑藉自身的經驗，曉得實情跟古代大儒對於世界、氣溫與氣候的假想「完全相反」。[78]

美洲的無情環境則引發許多猜想。有人推論南美洲充滿孔洞與水穴，太陽的熱力則會讓有降溫效果的水氣逸散；有人主張豪雨會反過來阻擋高熱，帶來寒冷的天氣。其他人則是兩手一攤。美洲熱帶地區跟非洲熱帶地區緯度相同，但卻冷得多。有論者言：「至於是什麼原因造成這些差異，我就不知道了」。[79]

人們本以為新的氣候環境會傷害初來乍到的人，甚至害死他們，但實際情況根本不是這樣。早期從「新世界」來的報導都強調生態大不相容，包括「瘴氣與極端高熱」——這是英格蘭自然哲學家理查・伊登（Richard Eden）的話；他還說由於自然環境太過陌生，「將會讓歐洲的事物」，像是小麥與牛，「在型態與性質上發生轉變」。[80]有人擔心前往美洲的人無法承受「空氣、飲食與飲水的不同」，引發「劇烈的不適與嚴重的疾病」。[81]

這類觀點所種下的生態等級種子，後來在種族觀念中發芽。《本草：植物大全》（*Great Herball, or Generall Historie of Plantes*）的作者，植物學家約翰・傑拉德（John Gerard）表示，英格蘭種出來的菸草比美洲土地上長出來的菸草「更適合我們的身體構造」。[82]至少有部分歐洲人覺得美洲長出來的東西就是比國內來得小、來得危險，也來得差。十八世紀哲學家布豐伯爵（Comte de Buffon）說，美洲的動物「性格比較被動，種類比較少，還病懨懨的」；不只物種少，動物通常「體型遜於老歐陸」。[83]

同一類的觀點變得根深蒂固，影響未來數百年間人們的想法。荷蘭哲學家科內利烏斯・德堡（Cornelius di Pauw）宣稱「歐洲人去了美洲都會退化，動物也是，證明當地氣候無益於人與動物的提升」，他寫這段話的時間與布豐差不多。北美洲的氣候與自然環境甚至會妨礙思維能力。與德堡同時代的紀堯姆・雷納（Guillaume Raynal）則說：「美國至今還沒出過大詩人，也沒出過大數學家，甚至連專精某種藝術或科學的人才都沒有」。[84]布豐本人也一樣小看生活在北美洲的人——他說，原住民與一波波前往北美安家落戶的移民確實構成一個獨特的「新族群」，但這族群並不叫人豔羨，他們的特色就是「他們的無知，連其中最有教養的人物，在藝術上也沒有什麼進步可言」。[85]

但也不是所有人都作如是想。亞歷山大・漢彌爾頓（Alexander Hamilton）對那些「見識卓越的哲學家」嗤之以鼻，覺得他們居然蠢到「用一本正經的口吻，主張包括人類在內的每一種動物，只要到了美洲就會退化，還振振有辭地說就算是狗，吸了我們這邊的空氣之後連吠都不吠了。」他們的那種說法暴露出說話者本人，乃至於整體歐洲人的「妄尊自大」。更有甚者，只要對科學資料作一番研究就能推翻，而那些人卻連蒐集資料都懶，更別說是動腦了。[86]湯瑪斯・傑佛遜大表贊同：希臘人要出「一位荷馬，羅馬人出個維吉爾（Virgil），法國人出個萊辛（Racine）與伏爾泰，英格蘭人出個莎士比亞與彌爾頓（Milton）」，可是用了好幾個世紀。美國人是一個年輕的民族，多給一點時間的話，也會出現像他們的優秀詩人。[87]

當然，歐洲人把美洲想成「新世界」的時候，根本沒想過早在自己橫渡大西洋的數千、數萬年前就已定居於斯的原住民。在早期歐洲旅人與一波波隨之而來的移民觀念中，美洲是等著人開發的處女地。反正當地人運用土地的方式，甚至是當地人本身，都無足輕重。

從歐洲打頭陣橫渡大西洋、人稱征服者（conquistadors）的那一批人，的確是為了快速取得動產而心癢動產——從中美洲墨西加（即阿茲提克）與南美洲印加掠奪而來的黃金、銀與珠寶，堆在塞維利亞（Seville）的碼頭，多到堪比小麥收成。但度過一開始的掠奪高峰之後，美洲大地就變成可以改造、開發的生態系。

改造開發過程中投入的心力——以及殘忍的程度——本身就是一段重要的歷史，其主軸是對人的束縛、奴役，以及荒唐的種族觀念。我們之後會談到。美洲原住民遭受的殘酷對待是前述歷史的關鍵，但來自非洲的人同樣遭到非人待遇——他們硬生生與家人分開，在違反意願的情況下渡過大西洋，忍受途中惡劣的處境，還被迫為「所有者」和「主人」勞動，替這些人賺大錢。

許多造訪或遷居美洲的人，都對自己所見的環境條件大感失望，而他們的失望之情則引發人們容易忽略的問題：也就是歐洲人一開始為什麼不是待在離故鄉比較近的地方，而要選擇跨越大西洋展開擴張？畢竟葡萄牙人與西班牙人已經成功在十五世紀下半葉和十六世紀初時，於馬德拉群島、亞速群島與聖多美

(São Tomé) 等地開闢種植園，他們何不把眼光投向西非本土，然後依樣畫葫蘆呢？西非氣候條件與大西洋彼岸類似，說不定更好，加勒比海與美洲種植那些可以賺大錢的作物，如糖、米與棉花，都很適合西非。西非也是勞動力的大宗來源，從奴隸貿易就能看出勞力有多豐沛。更有甚者，西非比美洲更靠近歐洲市場，也就是說運送時間更短，而且比橫渡大西洋更安全，運輸花費少則意味著成本更低。

後來一位英格蘭官員說得好，「能在西印度群島長得好」，在西非同樣能長得好。其他人也說，「距離短，加上英格蘭與非洲海岸之間的航行比橫渡大西洋更安全」，以長距離交流來說，西非占有絕對優勢，而且製成的糖很可能達到三倍之多。[88]

確實有人針對土壤肥力、溼度及降雨模式等著眼，懷疑西非是否真的那麼適合種植經濟作物，但從前述作物在十九世紀中葉起的成功種植來看，歐洲人海洋擴張期間之所以不對西非下手，是有其他的因素。聖多美等地點本來是能作為「墊腳石」，沿非洲海岸帶來類似的發展，誰知非洲卻成為勞力來源，而非投資集約農業的標的。[89]

專門研究熱帶非洲疾病環境的史家，都會提到當地人經過千年萬年之後，已經建立對瘧疾與黃熱病的免疫力，而缺乏相關免疫力的歐洲人在流行病學上有極大的不利之處。打從一開始，來到西非的歐洲人就得面對「天使揮舞著帶有致命熱病的利劍」，結果是旅人與移民「往往在呢喃囈語中死去」。[90]但在非洲處於生物學劣勢的歐洲人，到了新世界之後卻成為優勢的一方——造化弄人，初來乍到的歐洲人與一同前來的動物也帶來疾病，受苦的是美洲原住民。[91]

疾病因素確實不假，但影響更大的點是西非各國政治制度發展相當成熟，到了歐洲人幾乎根本別想殖民的程度——至少數百年間無法。事實上，等到十九世紀，歐洲人才堪堪能滲透到「從岸邊打大炮的射程之外」。剛果、貝南、奧約（Oyo）與其他幾個王國絕對能抵禦入侵，也不太會受到那一小群離本國相當遙遠的人在軍事上施壓所威脅，畢竟他們的聚落頂多就是沿岸的幾座碉堡，他們的商業活動靠得也不是強迫，而是協商。[92]

有學者說得好，歐洲人對非洲的潛力深信不疑。問題在於他們「完全無法」接觸非洲的金礦，更別說是控制了，而他們也無法隨心所欲地開闢種植園。因此，「非洲人的抵抗導致歐洲人退而求其次，用船把奴隸載走，而不是讓奴隸在非洲的種植園或礦場裡勞動」。雖然情況在接下來數百年間有巨大的轉變，但就歐洲人接觸美洲的時間點來說，實情已不言可喻：「奴隸貿易呈現的是非洲的強，而不是弱」。[93]

美洲受到殖民有許多因素，像是假消息、消息不流通、期望過高、拓殖者彼此間的競爭，還有對歐洲人來說，那裡至少是個令人躍躍欲試、充滿契機的新世界，自然會帶來近一步的發現，只不過發現帶來的往往是失望。不過，首要之因平凡到一不小心就會遺漏。十五世紀時，世界各地都經歷不同的大發現時代，而發現的背後有許多複雜的動機。其中最沒有說服力的，就是「純粹是為了學習新知而去搜羅跟新的民族、新的世界有關的資訊」。推動世界史下一個循環的是對利潤的追求。對利潤的追求重塑了政治權力，改造了生態環境，最終更改變了氣候本身。

15 新舊世界融合

（約一五〇〇年至一七〇〇年）

又一場大疫打擊這片土地，為當地人帶來死亡與毀滅。——迭戈・穆尼歐茲・卡馬爾戈（Diego Muñoz Camargo，十六世紀晚期）

一面寬廣的交流網絡，把世界上大部分的大洲網羅起來，而跨大西洋航線的確立就是其中一環。哥倫布西行後不過五年，瓦斯科・達伽瑪（Vasco da Gama）便繞航非洲最南端，繼續北航至馬林迪（Malindi），接著橫渡印度洋，抵達南印度，在相當於今日喀拉拉（Kerala）的地方登陸。其他人望風而來，不只沿非洲海岸、紅海、波斯灣與南亞海岸航行，甚至遠至斯里蘭卡、東南亞與東亞。不過數十年光景，太平洋已有船隻縱橫交錯，創造出堪稱全球化的商業體系。

劇烈的生態轉變隨之而來，而且就其性質、規模與影響來說都是全球性的。局部性、區域間及洲際層面出現嶄新的、深入的交流與整合。隨之而來的社會與經濟影響，以及殖民主義的力量，都重整了政治疆界。不過，雖然人們往往把注意力放在政治方面，但自然環境的重塑所造成的衝擊卻是怎麼說都不為過。動植物群在被動的情況下移入新的環境，有時出於人為，有時則是無意間造成。生態界線本是由氣候條件所劃定，如今卻是由人類的交流所劃定。大眾對於自然世界的想像與概念的構築受到劇烈的影響，影響甚至及於我們思索歷史的方式——舊世界奪走新世界的面貌，並以自己的形象重塑之。

例如在今日世界中，我們一想到番茄，就跟希臘、義大利，甚至是西班牙料理劃上等號——每年，瓦倫西亞近郊都會舉辦丟番茄的節慶「番茄大戰」（La Tomatina）。我們一聽到紅椒（paprika），就連想到匈牙利國菜格辣燉肉（goulash）；鳳梨讓人想到熱帶非洲或東南亞；辣椒讓人想到印度；花生讓人想到泰國與馬來西亞的沙嗲；馬鈴薯讓人想到英倫家庭的週末共同記憶，也就是週日烤肉（Sunday roasts）。但是這些食材既不是歐洲，也不是非洲或亞洲原生種；它們統統來自美洲。[1]

問題不在於作物的選擇性變得更高，或者作物傳播到更多地方，而是在於這是一場全球性的全面生態變革。糧食、礦物、原物料和製造品的播種、收割、提煉與運輸，都必須投入勞力，才有辦法把東西交到有能力且有意願為此付錢的人手上。這段控制、開發、消費資源的過程，則改變地貌，改造生態系，影響人類聚落模式，然後進一步推動經濟成長與社會變化。權力中樞在這當中戲分極為吃重，要能累積關鍵資源並維持控制，動用武力確保貿易路線，並抵擋國內外的競爭者與對手。

全球性的帝國就此誕生，而且母國皆是歐洲國家——帝國為了利用與開發更多自然資源而擴大地理疆界，商品的邊疆也愈縮愈小。無論原物料的形貌是礦物還是農產，一旦為了求取愈來愈多的原物料而開採貴金屬礦層，或者把森林與平原轉變為農田和種植園，都會讓地貌徹底改變。這麼做除了會有生態代價之外，經濟也會受到明顯影響——貴金屬或經濟作物的生產大爆發，產生最大利潤之後，往往便會供過於求，產出難以吸收，進而讓價格走貶。

成本下降，高度可用性應運而生，而這本身也有好處——通路愈來愈廣，推動社會變遷，為歐洲普羅大眾創造出適合「勤勉革命」（industrious revolution）的條件；人們用愈來愈低的價格取得愈來愈大量的商品，開啟可支配財富節節上升的循環，也讓更多人著力於標榜所有權，就像前一章提到的《阿爾諾非尼夫婦肖像》的畫中場面。[2]舊世界深受影響，而新世界則承受沉重的代價——無論在社會或生態方面，利益的分配不僅並未雨露均霑，而且也不合理。

糖，一度是社會上層專屬的奢侈品，最能完美說明上述過程。甘蔗種植園起初是在大西洋的馬德拉島、加那利群島與聖多美等地成立，後來法蘭德斯人與荷蘭人才將之引入巴西，以及加勒比海一座接著一座的島嶼；甘蔗的種植愈來愈廣，後來連路易斯安那與古巴的糖產也扶搖直上，尤其古巴到了十九世紀時已經是全球最大產糖島嶼。此時，爪哇島（今屬印尼）及臺灣島已經成為產糖重鎮，而印度洋的模里西斯島與留尼旺島（Réunion），以及太平洋的斐濟也是重要糖產地；接下來，占地廣大的巴西甘蔗種植園為了大量生產乙醇，作為「永續」燃料而生產糖。[3]

糖跟棉花、咖啡、可可、橡膠、木材、毛皮等商品，都循著類似的大規模開發擴張模式，而又有四大相關因素深化其發展。一是強占土地（往往是訴諸暴力的方式），占領、確保最有生產力的土地之後，使用於生產經濟作物；二是有勞力能從事開墾、種植、收成或資源的開採；三是物流基礎建設與制度框架，前者讓商品得以運輸，後者則確保商品從源頭經轉運抵達目的地的整體過程中，財產權皆受到保障；最後則是市場的存在，而且是欲求與酌情購買力愈來愈強大的市場。

有學者主張從大西洋彼岸回流的商品與製成品，對工業革命與歐洲的崛起有格外的推動作用。[4]經濟學界向來對哥倫布橫渡大西洋，以及不久後通往亞洲的海上貿易行路之開通印象深刻。一七七六年，亞當・斯密（Adam Smith）寫道：「美洲的發現」，以及僅僅六年後達伽瑪打通了「經由好望角（Cape of Good Hope）通往東印度群島的航路」，堪稱「人類史上重要性數一數二的兩起事件」。這些新航線將「世界上最遙遠的角落」聯繫在一起，「補足彼此所匱乏，增進彼此之享受，促進彼此的產業」。斯密可不是那種一廂情願的全球派，他並不認為財富帶來的益處會均分給所有人，而是「歐洲人正好在這些地理發現發生的特定時間點占優勢而已。」他們以扞格不入的方式利用這份優勢，對遠方「行各種不公義卻免於懲罰」。[5]

新的貿易路線開通，終將世界各大路連接起來。斯密關心的主要是後續的政治與經濟轉型。他在一七七〇年代提筆為文時，歐洲人已經利用這三個世紀中大部分的時間，把觸角伸向四面八方，尤其是為了尋找可以用武力取得，或者可以在甲地買低乙地賣高的資源、商品與物產。殖民過程後來與價值觀和理念的宣揚緊緊包裹在一起，例如宗教、種族、對歷史的詮釋，乃至於科學的探索。不過從一四九〇年代以來，推動擴張的動力還是商業資本與利益的調度。

無怪乎，也可以說不意外，亞當・斯密提到為許多人帶來苦難與不公義的殖民擴張，也會為得益於全球新貿易體系甚多的國家帶來不同的結果。經商致富的人決心守住自己的資產，一方面設法把王室方面要求的稅收降到最低；另一方面限制君主干預整體貿易，或是鎖定貿易得益者，如實業家、冒險家與投資人的能力。歐洲人奴役世界上許多地方的人，殺害他們，迫使他們離鄉背井，而殖民母國人的權利卻得到深化與加強——不受國王左右的國會、法庭與機構成立，專門用來限制君主的權力，同時保障菁英的利益，而菁英則堅定守護自己的獨立，運用自己的財富去要求、形塑進一步的政治、社會與經濟改革。[6]兩相對照之下，實在非常諷刺。

改革的目標自然是讓經濟成長的命脈，並大幅改善制度。但歐洲各地的情況並不一致，歐洲北部如英格蘭、尼德蘭等地的利益團體顯然比歐洲南部西班牙、葡萄牙的同行更有效的發揮影響力，特別是一六五〇年之後。相較之下，英格蘭的議會派（parliamentarian）技高一籌，不僅擋下額外的加稅，減少與鄰國的戰爭，舉債也審慎，因此讓利率得以大幅降低，一方面為英格蘭在全球貿易中提供競爭優勢；另一方面則確保風險水準降低，有助於長期投資。[7]

從歐洲視角來看，這帶來經濟學家所謂的「小分流」(Little Divergence)，歐洲北部在社會經濟與政治表現上和南部拉開差距，掀起民主化浪潮——雖然速度不快，但長期來說是穩定的。[8]不過，這條提高政治參與、背離專制君主制度的道路，確實可以回溯到「武力之優越」的啟動，讓歐洲人能夠以生活在世界其他地方的人為壑，壯大自己。

⁝　⁝　⁝

第一波橫渡大西洋的人，把焦點放在動產，尤其是貴金屬、珠寶與精緻的器物。後來人們的注意力迅速轉向政治體系的征服，如此才能帶來最大、最有利潤的戰利品。一小群從西班牙出發、求名求財的人，以中美洲的阿茲提克人及安地斯山區的印加王國為頭號目標。他們雖然為數不多，卻將這兩個政治體高效瓦解。侵略者之所以成功，也算是拜數個世紀歐洲戰事頻仍而精進的軍事技術所賜，尤其是火器的運用；但這些技術究竟是在何地，又是在什麼狀況下發揮決定性的作用，則尚待進一步證實。馬匹也讓新來的西班牙人在通訊、運輸與對陣時占有先機。不過，個別歐洲人在當地建立同盟，以及利用統治菁英內部或外部的競爭並加以分化的能耐，卻也是一小批外部勢力得以摧毀這些看似強大、有適應力、成熟的政府架構的關鍵。[9]

貴金屬從美洲湧出，一些船隻甚至滿到拿黃金當壓艙物。[10]黃金與白銀如潮水般流向塞維利亞，像小麥一樣堆積，經常多到海關大廈（即「貿易廳」〔Casa de Contratación〕）「無法全部容納，甚至滿到陽臺上」。[11]這種戰利品屬於一次性、超量的財富轉移，反映出美洲政體領導結構原本多麼成功的集權，從國內的各個角落，甚至是從域外以貢賦的形式搜刮多少財富。然而，一開始的掠奪浪潮之後，就需要一套不同的模式才能榨出收入，而且不是透過農作物，就是採礦——例如波托西（Potosí）生產的銀，在超過一世紀的時間裡，居然占了全球一半以上的產銀量，而這不能沒有大量勞力作為基礎。[12]

哥倫布本人不只提到仰賴加勒比海與美洲當地人為勞力的可能性，甚至暗示可以強迫他們做事。哥倫布寫道：「他們天生適合聽命勞動，去種植、完成交辦的事情」。[13]當時的歷史學家就算有提到美洲原住民遭到奴役，也只是在不經意之間提到。然而，還是有人討論到當地人被迫勞動的方式，由此可以得知有數十萬，甚或上百萬人被迫替橫渡大西洋而來的歐洲人勞動。[14]而且這種情形還是發生在伊莎貝拉女王對原住民遭到奴役的處境大為震驚，下令釋放他們回故鄉，甚至還在一五〇一年宣布他們為擁有自由身的子民，應予以善待，向王室效忠的前提下。[15]

對原住民抱持同情態度的，不只巴托洛梅・德拉斯卡薩斯（Bartolomé de las Casas）等教士，主張在本質上神所造的所有人類，和他們體認全能者的能力都是平等的，法律也一再標榜同樣的態度，像是一五一二年的《布爾戈斯法》（*Laws of Burgos*）、教宗保祿三世（Paul III）在一五三七年頒布的宗座詔書，以及西班牙國王在一五四〇年代的進一步立法。[16]但各殖民帝國建立期間，理論與現實間往往有嚴重的斷裂，法律實施是一回事，嚴酷的現實又是另一回事。

第一波抵達的歐洲人、他們下達的要求，乃至於他們的期待，都遭到原住民的強烈抵抗。新世界最早的歐洲人聚落，也就是在西班牙島上用西班牙船隻聖母瑪利亞號（Santa María）殘骸所打造的耶誕要塞（La Navidad），被當地的泰諾人（Taíno）踏平了。有時候，原住民以消極的不作為來抗議土地遭到竊占的情況，像是拒不種植一年生的作物——據時人冨薩洛·費爾南德斯·德歐比耶多（Gonzalo Fernández de Oviedo）的看法，原住民的這種策略是「邪惡的陰謀」，要讓西班牙拓殖者與本地人同歸於盡。為了活下去，西班牙人孤注一擲，把能找到的家禽家畜統統吃了——包括他們帶過海的那些——然後吃起蜥蜴、蠑螈與蛇，「這裡蛇的種類很多，但都沒有毒」。他們碰上的每一種生物，「最後都進了火裡、滾水裡或烤架上」。[17]

經歷這些情況後，他們想出各種措施以提升糧食供應穩定度。其一是引進歐洲人熟悉的、可靠的蛋白質來源，其中以豬最為重要，畢竟豬的繁殖率很高，妊娠期短，一生就是一大窩，而且幾乎什麼都吃。引進豬隻掀起一場重大的生態巨變，而綿羊、山羊與牛的引入則加速變化的步伐——一位十七世紀初的目擊者把握到巨變的過程，提到「無邊無際的牲口，像是馬、驢、閹牛、牛、綿羊與山羊，導致每個季節都得有新鮮的牧草」，牧場往四面八方展開，「目光所及皆是」。[18]

各種原生動物自然受到嚴重影響，而表土與植被受到的衝擊也不容小覷。比方說，過度畜牧導致部分地區水土流失，土壤品質嚴重下降，反過來降低秣料品質，牲畜平均體重減少，影響動物繁殖率，也衝擊牲畜的體型與族群規模，進而減少可食用蛋白質與紡織原料。去森林化也帶來一大堆的後果，像有些地方水情惡化，土地變得不適合長期居住，也促成旱地物種的傳播。人為造成的改變，無論是無心插柳還是有意為之，都對美洲造成劇烈衝擊。[19]

生物變革衝擊無遠弗屆，部分史家甚至稱之為「生態帝國主義」（ecological imperialism）。當地生物群失勢，因為新人群挾新的習慣、生活風格與需求而來，還帶來自己的家畜，「飲食習慣、踩踏的蹄印與排遺，以及挾帶的野草種子……」而遭到改造，這個地區的「土壤與植物」將永遠改變。[20]

歐洲人隨身帶來一套「生物群旅行組合」，一部分是有意為之，一部分則是忙中有錯。除了帶來馴化作物與動物，在本土動植物群當中傳播、雜交並影響原生種以外，隨之而來的野草、種子、害蟲無論接觸到哪些人、哪些地方與生物體，都造成全方位的深遠影響。[21]他們還帶來病原體。當地人完全沒有接觸、感染過歐洲人帶來的各種疾病，免疫系統毫無設防。

對中美洲居民來說，天花與麻疹非常要命。一五二〇年代的幾波疫情造成大批人死亡，文獻甚至提到到處都是腐屍，根本無力掩埋。[22]一五四〇年代的「科科利茲特利」(cocoliztli) 疫情大流行同樣災情慘重，不只文獻清楚記載情況有多嚴重，從墨西哥南部墓地的化學分析也能看出滅絕般的打擊。[23]對於遺骸的後續研究，顯示他們的死因是感染沙門氏菌亞種，稱為C型副傷寒 (S. paratyphi C)，這種細菌會引發腸熱病，恐怕是歐裔帶原者渡海帶來的——或許是無症狀帶原者，或許病人沒有在渡海期間喪命。根據當時的記載，疫情爆發時，無論原住民還是歐洲人都會染疫死亡，可見這種細菌致病力之強。[24]

一五七六年，副傷寒疫情再度爆發，生靈塗炭。「又一場大疫打擊這片土地」，迭戈・穆尼歐茲・卡馬爾戈寫道，「為當地人帶來死亡與毀滅。」他補充說，死者人數之眾，「當地人幾乎滅絕」。不祥的天象隨著大流行而出現——「日有三輪，顏色彷彿太陽淌血或炸裂」。[25]

其他人也提到此次疫情有如世界末日，例如方濟會士托爾克馬達的胡安 (Juan de Torquemada)，他說「一場死亡瘟疫」橫掃西班牙人控制的中美洲地區，「猛烈到幾乎毀了整片土地。人們口中的新西班牙一片空蕩。」他更說死者甚眾，「沒有人有那種健康或精力去幫助病人或埋葬死人。城鎮中挖起大壕溝，從清晨到日落，教士們只做一件事，就是把屍體拉去丟進溝裡，不像平常還會為死者舉行聖禮，畢竟沒時間這麼做。到了晚上，他們就用土把壕溝填起來。」據托爾克馬達的說法，有兩百多萬人喪命。[26]現代研究顯示這個估計值雖不中亦不遠矣。有研究認為，原住民有八〇%的人口死於一五四〇年代的大流行，而三十年後的疫情致死率也高達四五％。[27]

部分歐洲人深信原住民是遭受天罰，因為他們的信仰體系已經超越異教，簡直是陰毒邪惡。[28]因此，因應之道就是對當地人實施強硬的宗教措施。這剛好讓個別傳教士有機會要求更多的資源，來協助牧養工作——堪稱別讓一場好危機就這麼浪費的經典教案。[29]

然而，要命的不是疾病這一項，而是數種因素緊密交織成團，沛然莫之能禦，像是強迫勞動、奴役、迫遷、營養不良，加總起來才降低原住民對疾病與苦難的抵抗力和防禦力。「我見識到……那殘酷的程度是所有生靈所未見，也未曾料到的」，西班牙修士巴托洛梅．德拉斯卡薩斯寫下自己在歐人殖民初期的親身經歷，寫成一份字字血淚的報告，希望讓國人得知新世界正在發生什麼事。[30]後來，十六世紀的黑羅尼莫．門迭塔（Jerónimo Mendieta）也跟他遙相呼應。原住民「每天都在倒下，被殘忍與無情吞噬」。他說，西班牙人之貪婪，不光拓殖者「眼看他們死去卻無動於衷，當他們是蒼蠅」，甚至「連他們還未死透的極短時間也要剝削，因為不久後就會連個人也不剩了」。大片地區遭到貪婪所蹂躪，本來無數的居民，卻沒有留下一丁點紀錄。[31]惡劣的氣候條件不只讓新來的歐洲人生活更加艱難，原住民想必也難以招架。[32]

一五四〇年代，西班牙人聽聞誇大聳動的謠言，說有富庶的城市等著他們去征服，深入如今新墨西哥的範圍，暴力對待古普埃布羅人，強暴與拷打之駭人，王室甚至為此成立委員會調查施虐的情勢。當時的文獻提到，新來的人跟當地人間的敵意因為爭奪遮風避雨之處而加劇，不只是因為當地人遭到迫遷，更是因為他們的家園遭人縱火，燃料也被搶走，「以抵禦極端的寒冷」。[33]

現代部分史家認為，關鍵在於入侵的勢力對於天氣的準備太過不足，缺乏保暖衣物，加上糧食短缺，又搶奪居民的毛毯與火雞——火雞羽毛可以製作披風——帶來摩擦和對立。最駭人聽聞的事件發生在一五九九年，西班牙軍隊與當地幫手屠殺阿科馬部落（Acoma Pueblo）的男、女、小孩將近千人，至少有一部分導火線是「為了取暖而起的對立；比起缺糧，保暖才是最要緊的問題」。[34]

北美洲東南與西南異常寒冷的天氣是一部分的原因，加州部分地區在一五四〇年代遭遇嚴冬與暴雪，而十六世紀末數十年的維吉尼亞，則是乾旱與暴風雨交替出現，讓移民的日子更加難過，甚至有經歷這一切的人說當地是「不毛與死亡」之地。[35]至於南卡羅萊納，殖民者則是在糧食短缺、瓜勒印第安人（Guale Indians）與惡劣天氣等多重壓力下放棄前哨站；當時的人說穀子正要成熟時，「雨卻不停地下」。「大家失魂落魄，又老又累又病。」[36]

⋮　⋮　⋮

對於美洲來說（其他地方也是，之後我們會談到），生活在十六世紀末變得愈來愈艱難——火山接連爆發，像是墨西哥科利馬（Colima）火山在一五八六年爆發，接著安地斯山脈的內瓦多德魯伊茲（Nevado del Ruiz）火山與瓦伊納普蒂納（Huaynaputina）火山分別在一五九五年和一六〇〇年噴發，另外在一五九二年前後還有另一次地點不明的大型火山活動。這幾次爆發的規模雖然不算特別大，但帶來的連鎖反應就像六世紀的一連串火山活動，導致迅速寒化，歐亞大陸與北美洲氣溫驟降。一六〇一年，北半球氣溫比長期平均值低了大概一．八°C，如果年輪資料可信的話，那一年的夏季是過去兩千年間最冷，前後十年也是同時期最冷。[37]

十七世紀晚期，北美洲接連受災，情況嚴重到許多西班牙人質疑是不是還要緊抓著占領地不放。有論者警告，西屬佛羅里達就是一塊「荒地」，「辛勤耕種卻鮮有收穫」。托雷多的阿隆索・蘇亞雷斯（Alonso

Suárez de Toledo）告訴西班牙國王費利佩二世（Philip II），支持北美殖民地的整個計畫是走了歪路，「維持佛羅里達的作法只會花錢，一來那裡根本無利可圖，二來連當地人口都支撐不起。一切都得靠外部支應。」[38] 感覺彷彿在強調挑戰的難度有多高，英格蘭人最早的殖民地（位於今北卡羅萊納州羅阿諾克〔Roanoke〕）也失敗了，據稱居民若非遭屠殺殆盡，就是餓死、流離失所或逃跑。[39] 無怪乎托雷多的蘇亞雷斯指出西班牙人在北美必須面對的問題時，對英格蘭人隻字未提。[40]

天冷對於各區域的影響並不相同，各族群也採用不同的回應方式與應對策略。美東地區的中立易洛魁人（Neutral Iroquois）改變飲食，從富含蛋白質但容易受低溫影響的豆類，轉為獵捕更多的鹿——既是為了蛋白質，也是為了毛皮——但這麼做也導致獵場的爭奪愈演愈烈。[41] 其他的易洛魁族群則是遷徙他方，藉由去中心化的氏族與親屬體系，確保在匱乏時節資源能平均分配。另外，還有乞沙比克（Chesapeake）與波托馬克（Potomac）等地的阿岡昆人（Algonquin）社會，他們的因應之道相當不同，一改過去的組織模式，建立分階級的社會、經濟與政治體系，將權力與威信集中於世襲菁英手上。[42] 西南與東部林地的聚落模式出現變化，某些遺址的人口密度大增；此外，村落也開始設防，這些現象反映出的不只是階級的出現，還有暴力的出現，以及對資源的高度競爭。[43] 不同族群用各式各樣的口述歷史，把上述這些變局的過程一代傳給一代，傳遍北美各地，讓後人記得紛至沓來的氣候與環境危機，作為提倡適應力、戰勝厄運的寶貴教訓。[44]

原住民的歷史並不限於他們與歐洲人、新移民的互動，當地族群之間，乃至於族群內部也有複雜的關係。[45] 然而，雖然各區域的模式差異甚鉅，但受歐洲來人的征服或宰制的地方，人口崩潰的程度都相當驚人：精確數字不容易求出來，不過有研究估計墨西哥谷在一五〇〇年前後本來有一百五十萬人，七十年後卻只剩三十二萬五千人；到了十七世紀中葉，人數再度下降到只有七萬人。也就是說，一六五〇年前後的人口數，只有歐洲人到來之前大約五%。[46]

傷亡之慘重，促使費爾南多・德・阿爾瓦拉多・特索索莫克（Hernando de Alvarado Tezozomoc）與多明哥・奇馬爾帕因（Don Domingo Chimalpahin）閣下等具原住民血統的史家執筆記錄祖先的行跡和歷史事件，以免後代子孫遺忘跨大西洋發展之前的一切。[47]近年來，學者把焦點擺在人口大幅衰退所造成的其他影響，尤其是這麼多人消失引發的劇烈環境與氣候變遷：有研究指出，人口衰退導致土地使用大幅縮小，數千萬公頃的耕地因此恢復原始狀態，衝擊十六與十七世紀的二氧化碳濃度和地表氣溫。[48]

這種「大滅絕」（Great Dying）假說，也就是美洲原住民因暴力、營養不良與疾病而大量死亡，進而引發氣候變遷的設想，可謂別出心裁，但充滿推測與問題。比方說，這個假說必須推估一四九二年以前，以及一個世紀後，甚至是更晚的人口規模，而這非常難以準確評估——某些模擬的誤差範圍甚至得放到將近一〇〇%。[49]再者，我們很難確定美洲林地確實有復育的情況，就算有，也不知道確切的範圍與影響；更有甚者，就算森林真的生長回來，甚至植物生物量有所提升，但十六與十七世紀的亞洲正經歷一段迅速去森林化時期，想必會跟美洲的部分變化互相抵銷。[50]

最明顯的問題，或許就數來自冰芯資料中的氣候證據——資料指出，全球大氣二氧化碳濃度驟降是發生在一五九〇年代，而非一五四〇年代或一五七〇年代，這兩個年代才是疫情大流行，導致中美洲許多地區致死率嚴重飆升的時期。前述指標是突然出現的，意味著轉變產生的原因與人口衰退和土地使用率降低較無關，而是關係到其他的非人因素——像是我們所知恰好發生在這時的火山爆發。

人口減少對美洲、歐洲與非洲命運的整體影響，則比較沒有爭議。新世界的生態紅利是早期跨大西洋貿易的關鍵之一，首先大放異彩的是糖，而據信有神奇醫療功效的菸草則緊跟在後。拓墾與殖民並非意外，而是必然，這兩者都跟新土地的開發及開發所能創造的財富密不可分。[51]

但勞動力的取得才是重中之重，有勞動力才能播種、耕作、收成，並加工土地所生出的果實；對於耕種過程勞力密集、以年為單位的經濟作物來說，人力尤其不可或缺。打從一開始，剛從歐洲來到美洲的人就把強迫勞動與奴役視為產糖所需人力的明確解決之道：必須在二十四小時內挖出壕溝、種下插條、去葉、切碎、榨汁，在甘蔗汁開始發酵前加工完成，還要經過堪比地獄烈火的煮沸、精煉步驟。[52]

巴西有數以萬計的奴隸在甘蔗種植園中工作，有些奴隸是來自巴伊亞（Bahia）內陸，歐洲人為了取得奴隸而遠征巴伊亞，把他們送到數千公里以外的地方為陌生人勞動。過程中也讓歐洲人為了誰能獲得較多的俘虜而彼此衝突。因此，美洲人口大量減少就造成嚴重的問題。一五五〇年代爆發瘧疾，十年後爆發鼠疫，不久後又反覆爆發天花，許多在巴伊亞為種植園主做工的人病死；由於人口數量下降，種不出足夠的糧食作物，饑饉讓情況雪上加霜。[53]「巴伊亞當地二十年來的死亡人數令人難以置信，」耶穌會傳教士如是說，「誰都沒料到會死這麼多人，更沒料到是在這麼短的時間裡。」[54]

美洲整體人口流失的情況並不平均，甚至個別區域內也不一致。生活在河流出海口、河川邊或鄰近水源地的人，承受更高的水媒疾病風險；生活在內陸的人，反而得益於茂密的森林，不僅能養活較多的獵物，也有更肥沃的土壤能生產剩餘。這說明為何在西班牙人最初建立聚落後過了一個世紀以上，北美洲大西洋沿岸原住民還是經常與他們敵對，甚至是始終保持敵意，顯然人口崩潰是非常局部化的現象。正如一位著名學者所說，對沿岸社群而言，「沒有大規模人口減少發生」。[55]

早在人口遭受疾病與其他因素的前幾波打擊之前，歐洲拓殖者便致力於提升勞動力。對此而言，發展「種植園區」（plantation complex）是重要的一步，大量的甘蔗與其他經濟作物得以在此栽種與生產，義大利人與葡萄牙人也在加那利群島等大西洋沿岸島嶼上累積農業生產經驗。[56]能夠就近通往西非奴隸市場，對於這幾個地點的經濟與生態開發來說非常重要；事實證明，園區的經驗是前往大海彼端追求利益的關鍵。[57]

⋮　⋮　⋮

到了十六世紀初，大量非洲人被迫從大西洋此岸前往彼岸。有西班牙文人說，有這麼多非洲人在西班牙島的甘蔗種植園勞動，「整個地方彷彿衣索比亞的複製品」。[58]然而，新殖民者對於把大量受奴役、不自由的人或契約工運來，感到些許不安。至少在理論上，有人怕伊斯蘭信仰就此來到新世界。一五四三年，一份詔令表示：「在這樣一片信仰剛剛開始播種的新土地上，有必要禁止穆罕默德的教派或任何其他教派在那裡傳播。」[59]這種作法其實也呼應以往的恐懼——在哥倫布橫渡大西洋之前，就有人把非洲人或不同宗教的人帶到西班牙與葡萄牙，強迫他們受洗，接受宗教規矩，目的在於就算無法把「異教徒」扭轉為好基督徒，至少也要降低他們造成的威脅。[60]

相較於伊斯蘭的傳播，美洲的早期歐洲殖民者更擔心人數上的劣勢，這一點很快就成為嚴重的焦慮來源。早在一五〇三年，就有人跟西班牙島總督尼可拉斯・德・歐班多（Nicolás de Ovando）持相同立場，主張徹底禁止將非洲人賣來大西洋此岸，因為非洲人會逃跑，加入原住民，教他們「不良風俗」。[61]焦慮情緒的源頭在於害怕叛亂，有人誣陷非洲穆斯林確實在煽動叛亂，還鼓動原住民一起反叛。這種恐懼也不是無的放矢，幾場重大叛亂在一五二〇年代爆發，西班牙王室因此反覆下令，禁止持有特許者販賣來自非洲的穆斯林奴隸。[62]

另一種作法是試圖吸引人們自願移民，或者是某種形式的誘因移民。在英格蘭，這類想法早在都鐸

（Tudor）時期之初便開始醞釀，主要是移民愛爾蘭——英格蘭人想像中的愛爾蘭，是一片等著人去開墾的野性之地，移民將讓「愛爾蘭社會的雜草」服服貼貼，將愛爾蘭改造為「我們的新世界」。[63]

關於大西洋彼岸自然環境的報告，就利用這種原始土地正待改造的樂觀意象。湯瑪斯．哈利厄特（Thomas Harriot）等學者密切注意生長在北美洲原野與森林中，或者可以在當地種植的農產品。他們提出的看法在歐洲各地都有人認真以對，尤其是英格蘭——女王伊莉莎白一世（Elizabeth I）個人對於這些新土地能帶來的契機很有興趣，一方面希望當地能自給自足；一方面希望有潛在的利益，能有助於國家對抗不遠處的天主教對手與敵人。[64]

一開始，從歐洲北部志願前往新世界的人數普普通通。一五八〇年代，開始有英格蘭人試圖到美洲拓殖。接下來五十年，殖民者在維吉尼亞、新英格蘭、百慕達、巴貝多（Barbados）與背風群島（Leeward Islands）安家落戶。然而社群分布稀稀落落，甚至有人認為從不列顛群島出發的人當中，中途被摩爾人（Moors）抓去在北非當奴隸的人（通常是在海上被俘），搞不好比抵達新世界的總人數還要多。[65]

不過，殖民者的人數在整個十七世紀穩定上升。有很多例子說明殖民者並非靠恐懼與暴力所控制的強制勞動力來獲得農產的報償，而是透過合作與貿易。然而，部分早期殖民者其實有意識到機會之門之所以敞開，是因為當地人大量病死的關係。英王詹姆斯一世（James I）頒布憲章，宣布領有人們口中的新英格蘭，內文就提到「近年來，神降下一場奇妙的瘟疫」，導致「全境徹底毀滅、荒蕪、杳無人煙」。[66]大量的人染疫身亡，而這場瘟疫的起因可能是歐洲人帶來的老鼠汙染土壤與淡水，所造成的鉤端螺旋體病（leptospirosis）併發威爾氏症候群（Weil syndrome），殖民之路因此更加平坦。[67]不過，這也反過來讓當地人更能彼此合作，畢竟對於優質資源的競爭沒有那麼激烈，活下來的人也更有動機進行貿易，並且在被迫重組恢復的時候尋求和解。[68]

歐洲人想必把這段經歷看得彷彿是天意，但就算是神蹟好了，那也是在提醒他們必須建立勞動力，才能真正從敞開的機會之門裡獲得利益。對於新世界及其氣候、自然環境，固然有不少異想天開、道聽塗說、全盤皆錯的說法，但也有一批人努力解釋潛在的回報。比方說在一六三〇年代，約翰・溫斯羅普（John Winthrop）就在寄回倫敦的信裡，回報波士頓的冬天固然「冷冽而漫長」，但「原住民幾乎都死於天花，也就是說上主已經為我們所擁有的一切釐清了所有權」。假如這還不夠吸引人，那還有像牧師法蘭西斯・希金森（Francis Higginson）這樣的人細細囑咐，要讓大家曉得「在這個世界上，很難找到〔比麻薩諸塞〕對我們英格蘭人身體健康更好的地方了」。他還說：「很多在老英格蘭的時候體弱多病的人，來了這裡就徹底康復，身強體壯。」[69]

對於生長在英格蘭的人來說，新英格蘭的氣候「再合適不過了」，其土地「最適合我們英格蘭民族世居於此」——湯瑪斯・莫頓（Thomas Morton）把自己在北美洲的經歷寫成書，於一六三七年出版，旋即成為名人。差不多同一時間，菲利浦・文森（Philip Vincent）則寫到「英格蘭人與蘇格蘭人」有另一項優於其他人的優勢，也就是「神所賜給不列顛島民的能力，生養出比全世界其他民族更多的孩子」。[70]

把焦點擺在做個文森所謂的「好生養者」確實很重要，畢竟他的話指出勞力短缺的問題，以及克服問題的努力。多生小孩是理所當然的解決方法，但這種人口成長需要時間，也要面對嬰兒夭折率讓人口保持低檔的問題。權宜之計則是契約工（indenture），這是一種做牛做馬的契約，個人同意為指定的主人勞動一段時間，換取前往大西洋彼岸的合意地點。[71]業主對浩瀚的資源與無邊的回報大書特書，藉此招引海外勞工。冷眼旁觀者則寫道，許諾加勒比海島嶼「黃金比冰多，白銀比雪多，珍珠比雹粒多」，「捧都捧上天了」。[72]

對英格蘭來說（法國多少也是如此），勞動力的取得及勞動力由大西洋東岸向西岸遷徙，是十六世紀整體社會經濟變遷的一環——農業改良加上農產量提升，導致農民無事可忙。商業資本迅速把多餘的勞動力與新世界激增的勞工需求連結起來，利用勞工的契約提供機會、交通與工作，為期通常四到五年，約滿時給付現金。[73]有些人對於同意（也有被迫同意的例子）前往新世界，到種植園中工作的人力素質感到不敢恭維，像法蘭西斯・培根（Francis Bacon）就在十七世紀初期寫道，種植園裡補上的人力「都是人渣和邪惡該死的人」。維吉尼亞與巴貝多等地的早期殖民者則覺得來人是一些「放肆的流浪漢」，一門心思都在「賣淫、偷竊或其他放蕩之行為」。[74]

不過，大家看事情的角度難免不同。把一大幫非技術勞工送去殖民地，不只能發展彼處的勞動市場，也能讓英格蘭、蘇格蘭與愛爾蘭擺脫潛在的麻煩，同時強化殖民地對母國的依賴。理查・哈克盧伊特（Richard Hakluyt）在一六〇〇年代初期提到，不列顛群島有「成千上萬遊手好閒的人」，「沒辦法替他們安排工作」。他們「要不是難以管教，想顛覆國家，就是對整個國家來說是負擔，經常犯下偷盜與其他淫行」。不把他們送出國，他們最後一定也是上絞架。[75]

對窮人來說（無論他們是否服從管教），勞務契約提供可靠的機制，讓前往海外的人能憑自己的氣力，把未來的回報在此刻變現。上議院議員在一六四〇年表示，契約工的抵達讓世界另一端「缺廉價勞工的種植園主額手稱慶」。[76]對勞工與業主來說，都不失為解決之道。

種植園主往往不覺得來自歐洲的契約工跟從非洲運來的奴隸有多大的不同，常常說前者是「白奴隸」。[77]有時候歐洲契約工人數遠超過非裔奴隸：一六四五年，約有兩萬四千人定居巴貝多。此時的巴貝多正成為種植園經濟成長的關鍵引擎，其中約有四分之三的人口為白人，有許多人是曾經或現任的契約工。[78]種植園主更喜歡非洲人——這一點可以從價格看出，他們的身價幾乎是白人契約工的兩倍。不過，這個差距也反映出殖民者寧可投資那些可以永久買斷其自由的對象，而非過了指定期間就要把自由還回去的契約工。畢竟只要業主還活著，前者的勞力就「屬於」其「所有者」。[79]

學者指出許多非洲人在新世界的重要性與身價都很高，因為他們擁有特定領域的知識與專業。西非的沃洛夫（Wolof）、富拉（Fula）與曼丁戈（Mandinga）等地區，有悠久的馬術與牛隻飼養傳統。牲畜管理仰賴來自這些地方的人，而這獨門功夫直到十七世紀仍然價值不斐。非裔奴工中若有採礦經驗與採珠天賦的人也很受歡迎，這就好比談到中美洲的金工，西班牙殖民者高度評價原住民的鎔鑄技術，並且加以利用；另一個類似的例子則是南美洲的阿拉瓦克人（Arawak peoples），他們的農業知識與才智實在太有價值，殖民者因此許諾他們以後能以「自由人」身分離開，卻又很快就食言。[80]

歐洲人是跌跌撞撞地闖進美洲，他們與新世界互動的特色之一，就是極為仰賴遭奴役、簽下契約委身於人，或者因其他情況失去自由的勞動力。從珍珠到貴金屬、從甘蔗到菸草等作物，各種資源的提取都需要人力。英格蘭的政治危機刺激這些需求加劇。一六四〇年代拖沓而慘烈的內戰，結果不只是讓新領導人奧立佛・克倫威爾（Oliver Cromwell）崛起，英格蘭外交事務的方向與目標也出現重大轉變。克倫威爾決心掃除保王派與競爭對手，進而干預愛爾蘭，沒收天主教地主超過三百萬公頃的土地後轉交給自己的支持者，同時在一六五一年派艦隊前往巴貝多，為不久後征服牙買加做準備——整體的大計畫是奪走西班牙在西印度群島的寶貴屬地，以削弱西班牙。[81]

英格蘭的帝國大業，影響該國處理加勒比海島嶼與其他地方的態度。早在十六世紀，加勒比海原住民泰諾人與中美洲各地的族群，就因為過勞、營養不良與傳染病而銳減。[82]為了解決勞力短缺，殖民者很快就把腦筋動到非洲。勞力供應不只是數量問題：新西班牙與其他殖民地的西班牙人，往往認為非洲人做工的效率可以抵上四個原住民——從買奴隸的金額就能看出極大的差異。人們對於身體素質的看法，當然不見得符合實際情況。重點在於一六五〇年代論者提到的，非洲苦力「凌晨三點開始幹活，一直做到晚上十一點」，原住民工人則是「從早上八九點做到晚上六點」。[83]

英國決定以直接、主動的方式投入全球事務，征服加勒比海島嶼，跨大西洋奴隸貿易發展因此大為加速。一部分的動機跟巴貝多開始爆發嚴重的黃熱病疫情有關，疫情始於一六四七年，蔓延到加勒比海乃至於中美洲各地；人們因此迫切想找到方法來開發可以獲利的實地，盼能產出寶貴的資源及稅收。

前往牙買加等地的歐洲人預期餘命數字相當難看，尤其生活在都市地區的話更是悽慘。更有甚者，從一六五五年英格蘭人占領牙買加以來的一個半世紀，數字非但沒有增加，反而還下降了。[84] 相較於從非洲運來的奴隸，黃熱病對白人殖民者顯然特別致命；不過，雖然許多史家主張前者對這種疾病有免疫力，但實情恐怕不是如此。[85] 除了黃熱病以外，斑疹傷寒、天花、流感與瘧疾也來勢洶洶。這些疾病統統加起來，就成為龐大的威脅。岌岌可危的不只原住民，連來自遠方的人，例如來自非洲的奴隸、契約工，以及形形色色的歐洲殖民者也無法倖免。每一種疾病需要的環境都不一樣，有些必須在特定條件下才會爆發：瘧疾與黃熱病是最危險、致命的兩種疾病，兩種都是透過蚊子傳播，而蚊子需要溼熱的環境才能繁殖，把寄生蟲與病毒傳進人群中。[86]

北中南美洲大西洋沿岸及加勒比海島嶼，為蚊子和這兩種致命疾病提供完美的溫床。這種生態環境——對特定昆蟲物種完美無比，也因此讓多數人大難臨頭——所形塑的政治、經濟與軍事運途，不只影響這個區域，也影響歐洲。黃熱病與瘧疾等透過四斑瘧蚊（Anopheles quadrimaculatus）雌蟲在美洲傳播的疾病，是所謂「哥倫布大交換」(Columbian Exchange),也就是哥倫布在一四九二年橫渡大西洋之後,隨之而來的人流、食物、思想與病原體轉移所連帶造成的代價。這兩種傳染病造成數以百萬計的人喪命,更在接下來數世紀間,成為塑造環境史學者所謂「蚊子帝國」疆界的主要因素:只有魯莽的人、勇敢的人或身不由己的人,才會跟著蚊子的腳步,前往蚊子去的地方。[87]換句話說,歐洲人並非唯一重塑世界的殖民者,昆蟲也是。

十七世紀中葉以前,以非洲為起點的跨大西洋奴隸貿易規模相對較小,平均每年約兩千七百人——用數字很容易就能掩蓋失去尊嚴與自由有多恐怖,也掩蓋在惡劣的條件下非自願離家數千公里遠的創傷經驗。[88]此後被迫飄洋過海的人數急遽上升,甚至有人說這個影響深遠的瞬間,其實就等於「加勒比非洲化」(Africanisation of the Caribbean)。[89]把適合種植經濟作物的土地所帶來的生態契機,跟有效部署資本以追求利益、三角貿易的建立、供應鏈的發展,以及給人命定價的作法擺在一起,就能為部分的人創造機會,同時為其他無數人帶來苦難。

16 剝削自然，剝削人群（約一六五〇年至一七五〇年）

奉主之名〔占領之〕，切勿延誤。——威廉・貝克福（William Beckford，一七五八年）

英格蘭人打進加勒比海的方式，確立了以征服與殖民原則的國策。不久後，人們便成立新的機構，讓海外投資步上正軌。首要者莫過於一六六〇年成立的皇家非洲公司（Royal African Company, RAC）。RAC顯然跟數十年前成立的東印度公司（East India Company, EIC）與黎凡特公司（Levant Company）是同一類組織，但RAC沒過多久就從金屬、農作物領域跨足至奴隸貿易。早在一六六三年，英王查爾斯二世（Charles II）其實就授予RAC特許狀，「但凡在西非可以交易或取得的黑奴、原料、製造品與各種商品，有權以金錢買賣、以物易物與互換等方式經手之」。[1]

這些發展對加勒比海、美洲與非洲的生態帶來劇烈衝擊。奴隸運送量陡升，在十七世紀間增加將近十倍，並且在十八世紀中葉達到每年八萬人之譜。到了一六八〇年，奴隸交易構成歐洲對非洲貿易近半數；過了一個世紀之後的一七八〇年代，則是跨大西洋奴隸貿易的高峰期，超過九十萬人從非洲海岸押解出海，此時更是占貿易額九〇%以上。[2]

菸草、棉花、靛藍與糖能創造龐大的利潤，但這些都需要大量勞力才能生產，因此催生出對奴隸的需求。投資的報酬又多又快，在十八個月內就能把花在取得奴隸上的錢賺回來——一位造訪加勒比海的人大嘆，「真是有如神助」。[3]賺錢的激勵也催生技術與政治方面的變化。武裝船隻發展出來，專門嚇阻那些被帶往大西洋彼岸的人不要作亂。[4]

英格蘭的船東把握機會，打造更大、更結實、更快速的船隻，而且多多益善。一五七〇年以降僅一百多年，英格蘭船舶噸位便提升七倍。[5]大西洋貿易的頭一百年雖然是由西班牙人與葡萄牙人稱霸，但英格蘭人與後來的不列顛人則後來居上，成為當時最大的奴隸載運國，十八世紀期間運送約兩百五十萬人，占整體約四〇%。[6]荷蘭人的手腳也很快，船舶噸位在一五〇〇年至一七〇〇年間提升為四倍，涉入奴隸貿易的程度也很深，當時甚至有人認為荷蘭人在西太西洋各殖民地「掌握整體貿易」，在巴貝多等島嶼上大發利市，「黑人、黃銅、蒸餾器，以及其他推動製糖的一切事務悉皆屬之」。[7]

這類新的進展對商船運輸的發展及軍隊的演進非常關鍵，事實證明控制大海，乃是王權與全球帝國的基礎——皇家海軍就是其中的佼佼者。對於海員人數的需求，一方面遠超過英格蘭乃至於後來整體不列顛的人口成長速度；另一方面也帶動觀點的轉換。不列顛群島本來是歐洲北方一隅，如今卻轉型為全球輻輳，人民大量接觸世界各地的族群、語言、商品與氣候。[8]

長距離貿易是所謂「三角貿易體系」的一環，先將紡織品與製造品從歐洲運往非洲交換奴隸，再從非洲把奴隸載過大西洋，然後載著糖、菸草與棉花返回本國。這種貿易對於保險市場的誕生非常重要，而保險本身則不能沒有對風險的準確估價。風險的評估跟數學模型有關；此外，還要仔細衡量各種因素，像是船長的能耐及對於航路的經驗，或是船貨的價值，無論載運的是不是人。三角貿易還有其他長遠的影響，像是金融市場的形成，以及商業重鎮的出現——倫敦與阿姆斯特丹等城市成為經濟火車頭。[9]

這種效率帶來恐怖的後果，尤其是把奴隸的價格拉得更低。一六六四年之後的十多年間，奴隸在西印度群島的平均市價減少二五％至三〇％；同時間的供應量提升了兩倍以上。也就是說，強迫勞動變得愈來愈便宜，便宜的價格反過來刺激需求進一步成長。[10]價格降低也讓人們改變態度，奴隸主變得鐵石心腸，把人類同胞當成垃圾對待。十八世紀中葉，一位種植園業主說：「奴隸愈奴役就愈便宜，一點點飯菜，用力逼迫，在他們失去用處、幹不了活之前用到底，之後再買新的奴隸取代他們就好。」歷史總讓人意想不到：二十世紀民權運動期間，人們密集傳唱〈奇異恩典〉（Amazing Grace），為了公義奮鬥的人唱著其中「枷鎖已去／我已得救／上帝救主已贖我」等喜洋洋的歌詞，但這首頌歌的作者居然是惡名昭彰的商人約翰・紐頓（John Newton）——他買賣西非男女與小孩，從未公開反對奴隸制度。[11]

學界泰斗嘗言，奴隸「按照規劃工作到死」，而加勒比海簡直就是「屠宰場」。[12]用來橫渡大西洋的船隻，其設計旨在用最少的空間塞進最多的人，因此條件非常惡劣，空氣極不流通，衛生極差，是疾病傳播的完美溫床。有一次渡海居然有兩百名奴隸死於天花——理論上，登船之前都要仔細檢查身體狀況，確認健康才能上船，顯然檢查的人遺漏病徵了。[13]

從奴隸商人的角度來看，資金就等於打水漂。據估計，十七世紀時搭乘西班牙船隻離開非洲的人，有三〇％未能抵達大西洋彼岸，至於搭乘英國船隻者也有二〇％死於半路。不久後，販奴現場檢查變得更嚴格，渡海過程的照顧也較好，讓這些數字很快就有了改善——但這種處境除了用「不人道」來形容外，很難有別的形容詞。英國在這方面一馬當先，在十八世紀下半葉時已經把死亡率降到一〇％。[14]奴隸通常每天都會被帶上甲板呼吸新鮮空氣，規定他們活動筋骨，不配合的人就用九尾鞭來嚇唬。[15]人既然上了甲板，就有餘裕能傾倒排泄物，燃燒焦油、菸草、硫磺來燻船艙，然後用醋沖洗——時人認為這些步驟有用，但對防治疾病其實幫助不大。[16]不過，這些也算是要減少人命損失，或者說得精確些是要提升獲利的努力。

不懈的改進也帶來其他重要的連鎖反應。科技的進展讓效率大幅提升，也讓投資有了更多回報，但除此之外，海洋世界也帶回許多其他的進展，像是愈來愈成熟的後勤——船隻、港口與聚落每每相距數千公里，要補給就不能沒有後勤物流，這必須具備一流的行政人才與官僚，從自己與彼此的錯誤中吸取經驗才能成真。後勤的成熟則有助於經濟專業化，進而帶動政府機構專業化。我們很難衡量這些發展究竟帶來多少提升，卻可以合理判斷它們極其重要。[17]

但在一些人治、難以究責、缺乏監督而難以抵擋誘惑的地方，就很難吸收這些前車之鑑：近年研究顯示，從一五七〇年至一八一五年間，西班牙人在馬尼拉與阿卡普高（Acapulco）之間進行的跨太平洋貿易——運的有白銀、胭脂紅、番薯、菸草與巧克力——便深受船隻超載、官場腐敗，以及船長賄賂所導致的糟糕決策所苦。這幾種情況導致船班遲發，得靠運氣看能不能搭上季風與洋流，因此大幅提升船難機率。由於所有加雷翁大帆船（galleon）皆為王室所擁有，像一六九四年沉沒的聖荷西號（San José），船上載運的貨物相當於整個西班牙帝國GDP的二%，這類船難對西班牙經濟堪稱災難。[18]

在歐洲北部，政府與商人利益之間的關係雖然不太一致，但也不是涇渭分明，畢竟英國女王伊莉莎白一世本人很早就在約翰・霍金斯（John Hawkins）爵士的勸說下投資奴隸貿易。霍金斯認為，「在西班牙島，黑人是很好的商品，幾內亞沿海很容易就能取得黑人貨」，來充盈國庫。[19]奴隸船紛紛超載，為的不只是追求利潤，也是因為不把船上載的奴隸當人看。近年來，關於種族、種族歧視、奴役，以及人們如何把對待不同膚色、宗教信仰或性傾向者的方式合理化等議題受到相當關注，有助於顛覆我們思考這些議題的方式。[20]

同時，此時的歐洲人主張自己是古典世界真正的傳人，而古典世界的觀念與影響也構成他們心態的基礎。例如，希羅多德就認為「軟土通常養出心腸軟的人」，不過這句話不是在講政治領導，而是地理優勢：「美好的農作跟優秀的戰士，不可能產自同一片土地。」[21]總之，歐洲人認為「強悍」代表來自需要辛勤勞動的地方；日子順遂的地方則出懶人。

孟德斯鳩（Montesquieu）深受自己的讀物所影響，他把普林尼、史特拉波與維特魯威（Vitruvius）等文人流傳甚廣的字句稍作調整，甚至幾乎不假思索地加以重述。他在一七四八年的《論法的精神》（*L'Esprit des lois*）裡表示，相較於生活在溫暖氣候中的人，「生活在寒冷氣候中的人較有活力」，展現「更多的自信」與「更大的勇氣」，對於「自己的優秀」也深有體悟。他還說「住在熱帶的人就像老人」——膽怯。生活在亞洲的人「心智懶散，沒有專心致志的能力」。[22]

這種籠統的說法，反映出人們如何尋找合理化的解釋，以說明為何歐洲北部的寒冷氣候促成了歐洲人全球帝國的崛起。其中深深蘊含的觀念不只跟種族有關，還有歐洲人有權主宰遙遠的國度與大洲上的其他民族與文化的想法。孟德斯鳩說，生活在氣候炎熱地方的人非常需要睿智的立法者，不像生活在歐洲的人，當然是適合為其他人提供此等智慧。他寫道，冷天氣讓身體的肌理緊實，人們會活得像「年輕、勇敢的人」。比起世界其他地方生活在奢靡誘惑中的人，來自寒冷國度的人「對樂趣沒有什麼感覺」。像莫斯科人那麼強悍，甚至得毒打他們，他們才會感覺自己活著。[23]

生活在北方氣候的人顯然稟性更好，是更優秀的種族，有資格統治其他人？孟德斯鳩很清楚，他的理論需要一連串的複雜詭辯，才能解釋這一點。畢竟要是北方人這麼優秀，為什麼羅馬帝國時期的歐洲北方卻是蠻族部落的故鄉，而文化、學術與哲學方面的產出也比不上地中海地區？反正孟德斯鳩就是有答案：日耳曼部落「起身離開森林，推翻了那個偉大的帝國」。也就是說，寒冷、寧靜的北方終究勝出了。[24]

孟德斯鳩等人很清楚，其他人也曾在炎熱的氣候下建立帝國，因此他得再次出招，去區別像歐洲人這種「身心有某種力量」、能夠採取「漫長、艱鉅、非凡而無畏的行動」的人，跟生活在赤道周邊的人所達到的成就。居住在「炎熱氣候」中的人苦於怯懦，「幾乎老是害他們遭到奴役」。他主張，在哥倫布抵達之前，墨西哥與秘魯等地興起的帝國在本質上就不如人。他說，那都是「暴虐」的帝國，自然無法跟歐洲人的帝國相提並論。[25]

但若跟來自非洲的人所受的描寫、對待與反應一比，都是小巫見大巫——非洲人的遭遇簡直讓人不忍卒睹。非洲人被人一船船載運到大西洋彼岸之前，買主會先檢查一番，彷彿他們不是人，是畜牲，甚至有人把買奴隸比喻成買「黑牛」。[26]十八世紀中葉，英國一位大法官（Lord Chancellor）用最高法院的判決替自己的看法背書，「黑奴……與其他財產並無二致」。[27]

看顧號（Zong）慘案發生後，也有人表達類似的觀點。看顧號船長在超載的情況下出海，航行時又出錯，導致水情吃緊。由於缺水與疾病問題無法解決，船員竟然將超過一百三十名非洲人丟進海裡淹死，其中許多人還上了鐐銬。船東是以利物浦為營運中心的大公司，打官司要求保險公司理賠，案件由首席法官（Chief Justice），也是海洋法巨擘曼斯菲爾德勳爵（Lord Mansfield）審理。曼斯菲爾德的判決是，溺死者的命運「無異於被丟下海的馬匹」。也就是說，這起案件不涉及謀殺，只是在處理多餘的家畜。[28]

從奴隸貿易中直接、間接獲利的人，對這些財富的來源不做多想，拿來興建宏偉的鄉間別墅，挹注在大量的藝術收藏上，把住處周邊打理得舒舒服服，提升生活品質。[29]曾有與曼斯菲爾德勳爵同時代的人寫道，英國這個國家「以商業為基礎建立其輝煌」——而不是加勒比海與維吉尼亞甘蔗、菸草種植園中做牛做馬的黑人男女和小孩，不是他們的血汗與眼淚，不是他們的性命。[30]

其他人不只視若無睹，甚至以假亂真。法國殖民議會（French Colonial Assembly）的一位代表說，「請聽明有學養的人來比較看看」，淪為奴隸的人「在非洲所身處的慘況，和他們現在在殖民地享有的輕鬆快樂生活」。他們應該要感恩，畢竟他們「所有的生活必需品皆得到支應，周圍的享受是許多歐洲國家所沒有的」，不僅健康受良好照顧，還能與愛人同在，「與孩子享受寧靜」。想要勾勒出更騙人的畫面還真不容易。奴工自己的看法貼切多了，他們咒罵著歐洲人碰到什麼就剝削什麼的作法：「惡魔就在英格蘭人身上，」巴貝多的非奴說，「他強迫黑人勞動、他強迫馬勞動、他強迫驢勞動、強迫樹木勞動、強迫水勞動，也強迫風勞動。」[31]

有人表示，那些被迫用自己的性命替他人賺錢的人，他們的苦痛與絕望令人十分感傷。一艘奴隸船上的醫官吐露心聲，「我的內心正因為那些痛苦的可憐人而淌血。」[32]也有人提到自己看見「父子、夫妻、兄弟」的分離時有多麼難過，說心裡怎麼可能不因此觸動：「看到這群人的處境，要多麼鐵石般的心腸才不會被同情的感受刺穿？」[33]眼看「悽慘的黑人每天肉體上得承受的野蠻對待；刺耳的哭聲與悲嘆日日傳到城裡和鄉下人的耳裡」，著實令人難受。[34]

這種感受很少發展成深刻的反思，而是僅止於短暫的同情，倏忽即逝。不需要多久，就可以讓人變得「殘忍與無情」，甚至有人鼓勵自己的孩子從小就當個鐵石心腸的人。「第一個交到孩子手裡的玩具通常是鞭子，讓他們甩打在柱子上，模仿他們每天看到那些悲慘生靈赤裸裸的身體所承受的折磨，等到孩子長大就有力氣自己揮鞭。」[35]

非洲人很野蠻的刻板印象也形成了——無視於西非的歷史及當時成熟的程度。比方說，曾有十七世紀的荷蘭文人以讚嘆的口吻描寫貝南城，提到城內「街道極為寬闊，各有約一百二十英尺寬」，王城區「就跟哈倫（Haarlem）城一樣大，有雄偉的城牆」，而統治者烏巴（Oba）的宮殿更是占地遼闊，「大到彷彿沒有盡頭」，從頭走到尾的話都要腳軟了。[36]

但這類記載卻被「非洲很危險、野蠻、殘酷」的描寫所取代。先前那位說自己對於奴隸遭受「虐待與死亡」而心有不忍的船醫，也說要是非洲人沒被賣掉，其他非洲人「一定也會把他們餓死」。[37]理查・邁爾斯（Richard Miles）也曾對國會的委員會表達類似觀點——邁爾斯是奴隸販子，「買過數以百計，甚至數以千計的奴隸」，他宣稱自己若不這麼做，許多人也會「在大人物死時一同陪葬」。其他的奴隸販子也附和，表示把這些淪為奴隸的人買下來是在救他們的命，「以免他們遭到祭獻，或是其他方式所殺害」。根據這種扭曲的邏輯，奴隸貿易就不再是苦難與犧牲，而是救贖。[38]

來自非洲的奴工讓商人、投資人與地主賺飽賺滿——例如巴貝多，隨著十七世紀中葉甘蔗種植園開闢後，土地價格在幾年內幾乎翻漲二十倍，從一座人煙稀少、尋常無奇的島嶼變成「天底下數一數二富裕的地方」。[39]但種植園的白人業主之所以能賺錢，靠的不只是奴工，而是因為被人拉上船渡過大西洋的非洲人，事實上就是比控制、買賣著自己性命的人更有生產力，尤其是在熱帶氣候中。這一點在西非最明顯，甚至有學者稱西非是大多數白人「要麼敬而遠之，要麼命喪於斯」的地方。[40]十八世紀初，皇家非洲公司曾在一年之內失去半數從歐洲派往非洲的人。十九世紀中葉以前，前往西非地區工作的英格蘭人中，每十人裡只有一人能活著返國。[41]賭局要麼致富，要麼致命。

⁝ ⁝ ⁝

死亡率這麼高的主因是疾病環境使然。經過數千、數萬年之後，非洲人已經對瘧疾，也就是經由蚊子傳染給人類的一種單細胞寄生蟲，發展出先天免疫，而歐洲人顯然缺乏這樣的免疫力。盛行的瘧疾有兩種：一種是病程比較平緩、鮮少致命的間日瘧（vivax malaria）；一種是更猛烈也更致命的惡性瘧（falciparum malaria）；相較於前者，後者要在更高的氣溫下才會傳染。瘧疾的典型症狀有發燒、畏寒、噁心，情況嚴重的話會意識不清、昏迷，甚至死亡。反覆感染的話會傷害健康，包括降低對其他疾病的抵抗力。撒哈拉以南非洲的人對瘧疾已經發展出各種免疫，像是鐮刀型貧血特質，受到惡性瘧原蟲感染後，有這種血球細胞疾病的人發展成腦型瘧（cerebral malaria）的可能性居然能降低九〇%。就連非鐮刀型貧血好發族群，也會有其他種類的先天抵抗力，像是HbC變異血紅素或高濃度瘧疾抗體。[42]

惡性瘧經由與奴隸貿易相關的多起獨立傳入，在加勒比海與南美洲落地生根——這一點得到遺傳學和考古學證據的證實，粒線體DNA顯示非洲與南美洲惡性瘧單倍型有明顯關聯。[43]來自葡萄牙與西班牙的移民可能也帶來這種疾病，畢竟在征服美洲時，瘧疾也在這兩國流行。[44]瘧疾的基因型也有可能是從亞洲與西太平洋進入新世界，時間有可能早於哥倫布橫渡大西洋，也有可能是繼跨大西洋之後誕生的跨太平洋貿易所造成的結果——這也有助於解釋間日瘧在美洲的高度遺傳多樣性。[45]

不過，瘧疾似乎未能在北美洲的殖民地立足，直到一六八〇年代才猛然襲來。北美南部的多數殖民地經歷一連串疫情，維吉尼亞與南卡羅萊納的死亡率很高，查爾斯頓（Charleston）深受影響。此後當地成為惡性瘧疫區，對白人人口造成長期的衝擊，例如在南卡羅萊納的基督牧區（Christ Parish），紀錄顯示有八六%的人在二十歲之前死亡，五〇%的人在五歲前死亡。[46]

瘧疾的流行取決於三項變因，也就是寄生蟲本身、蚊子（有好幾種蚊子偏好叮咬人，而不是植物）與氣候，而氣候又跟蚊子的棲地有密切關係，畢竟蚊子需要有足夠的水、夠高的氣溫，才能繁殖、生存與傳播。

一六八〇年代初期天氣擾動劇烈，氣候條件異常，一六八一年、一六八三年至一六八四年，以及一六八六年至一六八八年都發生嚴重的聖嬰現象。[47]由於氣候與疫情間的相關性，部分學者懷疑這些異常天氣是否發揮關鍵影響，讓惡性瘧跨過門檻，成功在北美洲生根。[48]

瘧疾的出現，造成長達數個世紀的深遠影響——瘧疾在後來的美國南方一直肆虐到二十世紀，拉低預期壽命，衝擊生產力，同時成為美國南方貧困的指標與動因。[49]事實上，到了十七世紀下半葉，維吉尼亞等殖民地的種植園業主就大幅調整方針。他們本來偏好找英格蘭契約工，工人跟業主講同一種語言，風俗習慣類似，對英格蘭的農法也熟悉。瘧疾肆虐之前，勞力需求就很難補足了——可以選擇工作地點的契約工，都會設法避免去未來美國南方的範圍內工作。一六五〇年之後的數十年間，地主在所謂的攫地（landgrab）歷程裡獲取數百萬公頃的良田，對勞力的需求一下子拉高，刺激他們去找最便宜、最有效率的工人，缺工問題因此更形嚴重。根深蒂固的種族偏見發揮影響力，像是哥德溫・摩根（Godwyn Morgan）牧師就在一六八〇年表示，「黑人」與「奴隸」兩個詞彙，「根據使用習慣，兩者是同義且可互換的」。彷彿在進一步強調他與許多同時代人的觀點，他還補充一句，「黑人與基督徒、英格蘭人與異教徒，都是這種腐敗的風俗與偏見底下，才會變成反義詞」。[50]

因此對殖民地拓殖者來說，他們只在乎用非洲人力來解決多重的問題。瘧疾席捲而來，導致既有人口大減，讓他們對奴工如飢似渴。買主並不是哪裡來的奴隸都好，而是強烈偏好購買來自非洲瘧疾疫區的奴隸，因為當地人對這種疾病有高度的抵抗力。這就創造學者所謂的「瘧疾溢價」（malaria premium）：用更高的價格，購買最有機會在感染後倖存的人——這樣才叫做好「投資」。他們認為黃金海岸（Gold Coast）出身的人比較強健、比較不會生病，來自尼日河三角洲的人就沒那麼能吃苦。[51]

這些對於黑人的一般情況及公然載運奴隸的描繪，居然昧於事實，把他們的遺傳優勢跟「劣等」掛鉤。這已經不只是言不由衷，而是到了為人所不齒的地步。那些被迫在非人的條件下渡過大西洋，過起悲慘生活的人，不只是撐起「所有者」的財富與地位，還做著「所有者」自己做不來的事。那些上了枷鎖的人絕不「低等」，不只比剝削他們的人更強壯，在基因上也更能適應美洲。

還有更荒唐的：國家著手制定法律，剝奪人類同胞的權利——既是為了作為奴隸制度與種族歧視的根據，更是用法律來維護這種思想。一個接著一個國家開始通過奴隸法，把奴隸正式定為一種一輩子的狀態，以種族為基礎，而且代代相傳，將奴工定義成「所有者」的財產：「買下」一個人，意味著控制他們的勞動成果，甚至是他們後代的勞動成果，並從中獲利。[52]

一六六二年，維吉尼亞首先將之入法，規定「域內所有新生兒（的法律地位）是否為自由身，完全依其母身分而定」。這就是所謂的「子女隨母」（partus sequitur ventrem）。「子女隨母」有許多含意，包括意味著若女子遭到奴隸主或其他白人強暴而生子，其子亦將終生為奴，進而掩蓋她們之所以受孕是因為性暴力行為使然的事實。[53]

生育管控變成女性奴隸生活的重要環節，進而在開發草本藥方控制生育間隔、避孕措施與追蹤孕期方面有一日之長。[54]之所以會往這個方向發展，多少是為了因應奴隸婦女的妊娠據估計有五四％以死產、嬰幼兒夭折告終的情況。[55]十九世紀上半葉，非裔女性所經歷的駭人實驗（幾乎都沒有獲得她們同意），後來成為現代婦產科與婦女照護的基礎——她們的苦勞不僅鮮為人知，甚至未獲承認。[56]但這不代表所有人平等地受惠：今日，美國白人與黑人母親產下的嬰兒，其夭折率的差距比十九世紀上半葉更大，而黑人婦女的孕產死亡率更是白人婦女的三至四倍。[57]

接著還有梅森—狄克森線（Mason–Dixon line）——一般人往往把這條線視為南方蓄奴州與北方自由州的分界線。梅森—狄克森線不只是政治與商業的邊界，也是流行病的分界線——惡性瘧在南方更為猖獗，而南方不僅盛行奴隸制度，堅守其原則，蓄奴問題甚至成為一八六〇年代美國內戰的遠因之一。[58]先前我在書裡已經談到，氣候因素不僅是創造美國南方沃土的重要因素，甚至也影響美國總統的選情。不過，推論還可以繼續下去，近年來的研究顯示一八六〇年代廢奴時有大量奴隸人口的郡，如今不只較偏好投票給共和黨，也偏向反對平權行動，對黑人更可能表現出種族憎恨與情緒。[59]

人類勞力剝削情況的大爆炸，加深新世界大片土地的生態轉變。新世界的產出流向舊世界，而催生出這些利益的則是過去被人從非洲帶來的人，是他們的人力與性命。輸入舊世界的東西有咖啡、茶、巧克力，有從地裡和山麓開採出來的白銀與原物料，還有從紐芬蘭捕撈、一船船送到歐洲人餐桌上的鱈魚。[60]而且這些利益可是利上加利，比方說靛藍產量在一七四〇年代一飛沖天，從一七四六年的兩千兩百多公斤，一下子在十二個月後飆升到六萬兩千公斤。產量的躍升固然有圈地讓規模效率提高的功勞，但主要還是因為種植園奴工大量增加的關係。例如在牙買加，奴隸人數在一七四〇年至一七七四年間幾乎翻倍——這還不包括數以萬計雖然到了島上，但未能生存下來的人。天文數字的奴隸被迫渡過大西洋，加上良好的氣候與經濟條件，便意味著價格大跌——結果強迫勞動的需求大增，產量又再隨之上升，就此推動永動循環。[61]

殖民地貿易的無窮價值，甚至成為稱霸歐洲，乃至於全球性帝國的誕生，以及這些新生帝國相爭時的關鍵。英國海軍在西非與加勒比海打贏法國人，不只大大削弱法國的財政，也讓法國更難為國內外的行動提供資源，對抗英國人。一七五六年至一七六三年的七年戰爭（Seven Years' War）期間，征服西印度群島的可能性浮上檯面。其中一個計畫是，英國人以先前從法國人那裡搶來的瓜德羅普（Guadeloupe）的控制權，交換法國在加拿大的領土，畢竟咸認加拿大的戰略價值極大。對於國會中的這些討論，瓜德羅普大臣威廉・伯克（William Burke）為文痛斥荒謬。他向下議院表示，加拿大「生產的商品只有毛皮」，帶給「英格蘭商人的回報並不多」。[62]反而產糖、棉花、菸草及相關物產的瓜德羅普，價值是每年加拿大貿易帶來財富的約四十倍。[63]儘管伯克大聲疾呼，但法國人還是設法拿回瓜德羅普，以及馬提尼克（Martinique）與聖露西亞（St Lucia）——代價是除去密西西比河以西的法屬路易斯安那以外，所有的北美洲領地。

人們全神貫注，想要控制資源。一七五八年，威廉・貝克福告訴首相老威廉・皮特（William Pitt the Elder）說，法國掌控馬提尼克，島上的「黑人與貨物價值超過四百萬先令」。「奉主之名」，趕快占領之，「切勿延誤」。[64]貝克福本身是蓄奴大戶，有自己想推動的利益，而對首相有影響力的事實讓他較容易達成目的——首相開始表示，貝克福「對政府提供的支持，比英格蘭的每一位大臣都多」，所以其他國會議員把貝克福當成「不受控制、語無倫次、膚淺的小丑」，讓他百思不得其解。[65]說到底，貝克福的動機跟許多涉足糖產業的人一樣，都是擔心在這個「低糖價、高運費、高保費，桶箍與板材」大有可能侵蝕其利潤的時候，英國政府會為了挹注戰備而開徵新稅。皮特悉聽尊便，駁回財相的提議，放棄對糖開徵特別稅，此舉不只贏得貝克福的好感與支持，也贏得殖民地許多人的心。有朋居高位，不亦樂乎。[66]

輸回歐洲的糖數量之大，自然會迅速拉低價格，社會上消費得起的人也愈來愈多；如此一來，也激勵人們賺更多的錢，花費在以前無法取得、負擔不起或者兩者皆是的奢侈品上。這就是「勤勉革命」的核心環節，不僅帶動生產力，也提升收入水準。[67]部分學者認為這引發社會的進一步反應，像是對新觀念的興趣與投資意願大增，多少是因為薪資增加，以及從創新與技術中能獲得收益之故。[68]

因此，從美洲帶回到歐洲的商品、原物料與食材愈來愈多，這件事在整體上之所以重要，不只是因為生態紅利從世界的這一頭向另一頭再循環，更是因為拉大了今天人們常說的全球北方（global north）與全球南方（global south）之間的落差。歐洲人之所以能進步，不只是因為他們能宰制世界上的其他地方，甚至也不只是因為他們能根據自己的利益而調整生態系並收割成果；他們所收割的成果，能帶來進一步的收益，事實證明這一點才是關鍵。真正的重點不在帶回歐洲的物品數量，而是在大發現時代能夠取得各式各樣的新鮮事物。雖然跨大西洋貿易的利潤不見得都很龐大，但菁英確保自己能獲得大部分的利潤。造成差別的是多元所帶來的效益，生活變得更美好、更有衝勁——更有甚者，無論你是貧是富都能享有其效益。[69]

糖的例子依舊頗有啟發。一七〇〇年，英格蘭進口大約七千公噸的糖；一個世紀後，數字已經增加到十五萬公噸。一六六三年至一七七五年間，英格蘭人均消費的糖增加二十倍。[70]糖本來是一種奢侈的製品，現在卻能大量取得。除了這個顯而易見的現象之外，糖的食用也讓歐洲人數愈來愈多的勞動階級吸收的熱量大幅提升。有人認為，一六〇〇年至一八五〇年間糖輸入量的提升，也讓英格蘭人的健康與生活水準提高八％，幅度驚人。[71]

糖的供應對其他環節也很重要。比方說，有了在咖啡與茶等熱飲中添加甜味的新喝法，對中國茶葉的需求因此激增。茶的消費量在十八世紀期間提高四百倍，說是高峰已不足以形容，根本就是大海嘯。更多的需求反過來激勵東印度公司等其他業者，投資對東亞的直接貿易，後來更開始在印度產茶。把天然商品移植到新生態環境中的例子除了茶以外，還有原產於衣索比亞與葉門的咖啡。一七〇〇年之後，荷蘭人迅速把咖啡引進到東南亞爪哇島與南美洲蘇利南的種植園，法國人把咖啡引進加勒比海的馬提尼克與聖多明戈（Saint-Domingue），英格蘭人則引進至牙買加——到了一八〇〇年，牙買加更是生產全世界三分一的咖啡。[72]

有時候移植作物的作法會帶來意想不到的連帶效應，更開闢新的市場。由於進口到不列顛的茶葉與菸草會課以高額關稅，走私因此猖狂，有些估計甚至指出帶進英國的菸草當中，有五〇％至九〇％都是偷運的。[73]雖然難以準確估計，但我們可以合理推論水手的航行技術因為悄悄駛入無人監視的海灣而提升，新的產業也應運而生——他們的工作就是要搶先於政府的稅務部門。巧的是，英國在這個領域上始終引領全球：甚至到了二〇二一年，開曼群島、百慕達與英屬維京群島等避稅天堂，仍然是全球企業逃稅淵藪前三名。[74]與新世界的接觸帶來的新契機和新品味——因此做事也要有新方式，影響深遠。

與此同時，人們對茶葉的需求在十九世紀期間一飛沖天，幾乎不饜足，孟加拉的鴉片生產因而大盛；生產的鴉片通常會在加爾各答（Calcutta）拍賣，交換在廣州販賣的茶葉，藉此規避清朝皇帝頒布的禁令。[75]貿易對英國國庫的重要性，甚至讓政府為此出兵以取得更好的貿易條件，控制中國海關體系、與上海等口岸通商，甚至取得對香港的直接主權——這既是後來中國所謂「百年國恥」的一部分，也構成北京方面對當時全球事務概念的重要認知。[76]新的全球交流、新的商品供需模式、新金融世界的吸引力——使商業資本不只能改造生態環境，甚至讓全球政局改頭換面——這些情況造成的影響，怎麼強調都不為過。

就像糖的情況，一旦商品更容易取得，價格就會下降，買得起的人就更多。社交方式受到深遠的影響。有巴黎人在十八世紀寫道：「進入中產之家，一定喝得到咖啡。掌櫃、廚師、女傭早餐都要搭配加了牛奶的咖啡。進了首都，市場裡和某幾條街道會有婦女擺攤，賣起她們所說的『咖啡歐蕾』（café au lait）給過路客。」[77]

這些互動不只提升生活品質，對於思想交流、創新與合作也都很重要。無怪乎在啟蒙時代——這個名詞指的是歐洲的一段絢爛時期，故事中不可或缺的種植園工人、採集工與礦工等卻沒有得到表彰——茶館與咖啡館在股票交易、保險業、政治論辯的發展，以及平面媒體的傳播中扮演關鍵角色。[78]

糖、咖啡與茶對於這段全球交流日益緊密、深化的時代來說，是極具代表性的商品；除此之外，其他商品如菸草、木材或毛皮等，在前工業資本體系（以地理、生態及環境的不平等與剝削為核心特徵）的加速發展過程中，也以個別或集體的方式發揮重要影響。[79]有些商品的產量出現爆炸性成長，像是棉花，從美國出口英國的量在一七九一年至一八〇〇年間增加為九十三倍，而新的數字又在一八二〇年之前翻漲七倍。[80]這種成長泰半要歸功於魏特尼軋棉機（Whitney gin，能分離棉種與纖維）的發明，以及英國國內消費與供應出口的龐大需求，更別提美國版圖在路易斯安那購地（Louisiana Purchase）後變成將近兩倍，接著又在一八四五年併吞德克薩斯。併吞的新領土除了轉種棉花外，本身也是對政治盟友的投桃報李，一位學界先驅所謂的「軍事─棉花複合體」（military–cotton complex）於焉形成。[81]無論在跨大西洋擴張的哪一個階段，商業利益與地主的動機，以及有目標性的、無止境地追求資本報酬的作法，都是背後的驅動力，不會只是重要因素而已。[82]

擴張與發展往往有高昂的環境代價。土地過度使用會傷害土壤，導致肥力衰退與土壤流失。早在十八世紀初，就有人表示田野已經變成「貧瘠、溝壑多石、消耗殆盡的土地、廢地……地力耗竭，肥沃度不如以往。」一七三〇年代，巴貝多有教士表示「地面彷彿乾殼般龜裂」，同時代的人也提到這座島嶼在一個世紀前本來是無邊財富的泉源，如今卻「過度乾旱，人口流失，情況悽慘，貧困無著」，饑荒與災難恐怕在所難免。[83]不過，根據加勒比海影響力首屈一指的歷史學家艾瑞克・威廉斯（Eric Williams）的看法，生態的破壞其實是塞翁失馬，焉知非福，畢竟獲利減少，廢奴倡議的阻礙也降低了。今昔之所以有所不同，不是因為同情心，而是商業現實使然。[84]

加勒比海的種植園農業也引發其他的環境浩劫，像是致災的土石流，不僅威脅工人的生命安全，也傷害了生態系。毫無節制的伐林不只意味著土壤流失，更讓颶風的威脅增大，畢竟移除的那些樹木本來是動植物的天然屏障。[85]根據部分研究，殖民時代生態干預的影響，至今仍是導致生態與生物系脆弱的重要因素。[86]

歐洲，尤其是歐洲北方崛起的祕訣，其實在於能夠取得、開發、控制數千甚至數萬公里以外百千萬的「虛畝」(ghost acres) 土地，而那些遙遠的土地若非擁有天然資源，就是能改變用途來生產必要與珍貴的作物和商品。虛畝有雙重的作用：一是把熱量、能源與原物料導向歐洲，支撐起以往所不能的經濟與人口成長；二是釋放土地供作其他用途。[87]

以前的人對這種情況不僅了解不深，還認為理所當然，買賣雙方對於原料、製品、組件或資源來自何方所知不多，也不甚感興趣。十七世紀下半葉歐洲吹起的戴帽風潮是很好的例子，有人說英王詹姆斯一世是第一個引發這種狂熱的人——一六〇三年，他成為英格蘭王時訂購二十頂海狸皮帽。瑞典在三十年戰爭 (Thirty Years' War) 勝利，掀起「騎士帽」(cavalier's hats) 的風潮，而這種風格的高帽則是受到法國時尚所影響。由於海狸毛皮能透過氈合 (felting) 維持形狀，需求一下子激增；也有人使用來自安地斯山的小羊駝毛皮作為替代品。這導致歐洲多數地區的海狸族群在短時間內因獵捕而滅絕，接下來原料產區擴大到其他地方，尤其是今日加拿大與秘魯境內。數千萬張海狸皮從北美洲輸往歐洲，光是英格蘭在一七〇〇年至一七七〇年間對歐洲的轉口量就超過兩千萬張。[88]

這種帽子的其他料件，例如帽體硬化劑乳香膠和裝飾用的鴕鳥羽毛，則是讓西非、蘇丹與黎凡特的動植物生態壓力陡升，當地的這些材料顯然已供不應求。前面這些都是「隱性全球化」(Invisible

Globalization）過程的一環——所謂的隱性全球化，指的是資源集中化、供應鏈擴大，同時引發過度消費與資源耗竭的情況。消費者對這一切渾然不覺。[89]

眾多其他原物料、商品與製品也是一樣的狀況。動物遭獵捕瀕臨絕種，甚至就此滅絕。十九世紀，歐洲與北美洲中產階級家裡客廳鋼琴琴鍵和撞球以象牙製成，其需求導致非洲象數量銳減。海狸遭大量捕獲，原因不只是皮毛，還有海狸香（castoreum）——萃取自其肛門臭腺分泌物，是坊間用來治療發燒、頭痛、痙攣、癲癇與精神障礙的愛用藥。捕鯨業製品則有鯨魚骨，以及從鯨脂中煮出來的油——除了街燈與礦燈使用外，也會作為槍枝、手錶、縫紉機與打字機的潤滑劑。對這些製品的需求導致大西洋鯨魚族群瓦解，人們為了尋找新的供應來源，甚至在遠至福克蘭群島與太平洋等地新建捕鯨站。[90]

⋮　⋮　⋮

橡膠熱潮帶出另一波種植園農業經濟的激增與單一作物種植的強化。刺激橡膠需求的因素有二：一是這種材料的用量愈來愈大；二是硫化技術的發展，讓橡膠品質穩定，作業溫度範圍大增。橡膠熱潮原本集中在巴西亞馬遜叢林，從當地橡膠樹採收乳膠，直到亨利・威坎（Henry Wickham）爵士將上萬枚種子偷渡回倫敦邱園（Kew Gardens）。人們隨後把橡膠樹移植到南亞與東南亞，所成立的橡膠種植園不只對當地、區域與全球經濟很重要，更帶動大規模移民——透過世人早已熟知的契約工模式。[91]

類似的發展推動「大分流」——轉變的過程中，西方世界不僅追上世界各地，乃至於領先並稱霸。對當時大多數歐洲人來說，這既是一段啟蒙，也是揚眉吐氣的故事；生活在世界其他地方的人不像自己有內建的老成與進步，自然達不到這種展現種族優越的結果。然而，撐起這種想法的卻是資源的剝削、供應鏈的創造與提升，對虐待視而不見，得利的時候就閉口不言——是這些冷冰冰的現實。

這些也不是新問題了，許多社會畢竟都經歷過過度消費、自然資源耗盡，或是生態系過度承受壓力、難以維繫等問題。中央集權的國家原則上本就會把各種資源，無論是礦物或金屬、動物或食材、稅收或人力從邊緣抽調到核心。然而，哥倫布橫渡大西洋後幾個世紀間的情況與以往的差異，就在於循環是以全球尺度在運行。土地的開發不再只是把地理疆界推到既有領土之外，而是越洋、跨洲去擴張。

之所以能用這種規模擴張，是因為有了大家容易覺得無聊，甚至完全忽略的進步。例如船運物流方面，要有幫助船隻迅速掉頭、向外高效分配貨物；還有像是向上游採購商品時要有估價的能力，而這種能力不能沒有情報蒐集與分析，還要把收成量、原物料價值或天氣等因素考慮在內。

估價牽涉層面廣，速度要快，而且不是只有歐洲人在進行各項貿易。比方說，安哥拉的商人會故意限制市場內在一個時間點的奴隸數量，以拉高價格。另外還有傳染病、疾病與營養不良等因素，導致嚴重的生命損失：據估計，有六百萬因為跨大西洋奴隸貿易而遭奴役的男女與兒童，甚至還沒上船就死了，根本談不上跨海。[92]

把奴隸從非洲往新世界販賣的貿易季節，還直接受到降雨量的影響：商人很難在傾盆大雨時移動沉重的貨物，因此直接影響從內陸前往沿海口岸的能力。碰到熱帶雨季時，在非洲、幾內亞與巴西西北角航行的難度會大幅提升，西非河口的沙洲與美洲外海的礁岩則帶來額外的風險，風險的高低則隨季節的不同及季節本身的變異而定。

這還不是奴隸貿易與氣候條件間關係的全貌。事實上，來自大西洋的降雨不僅深深影響非洲的收成，也形塑著作物的分布，決定生長期，主導農時。這一點對非洲本地農業生產當然很重要，但對於整體貿易，例如將經濟作物銷往歐洲，以及為遭到奴役的非洲人購買糧食來說也影響重大。因此，賣家追求利潤會有最有利的時間點，出口的高峰會落在九月至十月間，也就是山藥收成後不久，而低谷則是五月至六月間山藥剛種下去的時候。這個節奏對商人來說也很合適，畢竟他們同樣受到非洲大西洋岸的供給所限制，而這個時間點也讓他們可以在越洋之前先補給。皇家非洲公司代表曾表示：「黑人最好是在十二月與六月間抵達，一來時節好，二來這個時候能提供足夠補給，其他的時間都很差」。這樣的現實是大西洋奴隸貿易的基礎。[93]

氣候與天氣條件也以其他方式產生作用。比方說，氣溫愈高，雨量水準與農業活動受的衝擊就愈強烈。光是增加一°C，就會導致強迫勞力的出口大幅縮水——最可能的成因是奴役所需成本提高，畢竟遭到奴隸的人跟奴役他們的人都必須獲得補給。這種現象在偏乾地區尤其明顯，一來些微的氣溫、雨量變化都會造成影響；二來當地農業生產力會隨著這兩者而有很大的落差。更有甚者，偏暖還會導致死亡率提高，既是因為疾病的壓力增加，也是因為糧食稀缺，而生態調節能力差、病原體猖獗的地方更是雪上加霜。[94]

各種商品讓歐洲的生活變得有趣、刺激、豐富許多，但消費者往往對商品的來由不甚了解。奴隸的事情也是，奴隸貿易的時程也不容易辨明，甚至很難看見其脈動。這其實也不意外，畢竟按照歷史撰寫的方式，本來就會充滿「隱形」。比方說，數百年來人們在講述美國的起源時，每每把一六二〇年「五月花號」（Mayflower）船上的朝聖先輩（pilgrims）抵達普利茅斯灣（Plymouth Bay）一事看成轉捩點，至於比五月花號早一年抵達維吉尼亞漢普頓（Hampton）老平安點（Old Point Comfort）的「白獅號」（White Lion），雖然載來已知最早的契約奴工，但這件事卻被塞在注腳，不然就是提都不提。美國最知名的學府如普林斯頓、耶魯、喬治城與哈佛等大學，其成立泰半得自於奴役他人所得的利潤，而維吉尼亞大學更是靠強迫勞動來建校。[95]

美國政壇也享受過不少奴隸制度的果實，一七八九年至一九二〇年代超過一千七百位眾議員「擁有」或「曾經擁有」其他人作為財產。[96]

對於長途貿易所開闢的新世界，倒也不是所有人都視而不見。「我以後喝茶再也不加糖了」，擔任船務長的亞倫・湯瑪斯（Aaron Thomas）親眼見識製糖的方法多麼累人，環境多麼糟糕；「糖根本就是黑人的血」。[97]其他人也很清楚對於人與自然的剝削非同小可，十八世紀的一位商人表示：「假如沒有黑奴貿易，殖民地就要泡湯了。」[98]也就是說，這其實是選擇問題：你是要坐擁名利，還是要滿心同情，但回報沒幾分。

丹尼爾・狄福（Daniel Defoe，未來將寫出名著《魯賓遜漂流記》〔*Robinson Crusoe*〕）也列出類似的等式。他說，「沒有非洲貿易，就沒有黑人」；「沒有黑人就沒有糖、薑、靛藍等；沒有糖這些東西就沒有島嶼，而沒有島嶼也就沒有大陸，沒有大陸就沒有貿易。」[99]他真該多加一句「沒有海外帝國領土，就沒有西方的崛起」。狄福不是在批評奴隸貿易，反而是為之喉舌；上述這番話不是批判，而是積極擁護英國商業活動的重要性：奴隸貿易是整體貿易的生命線，而在狄福看來，這便能將非裔男女所受的暴力合理化。[100]部分人士如貴格派（Quakers），則是立場益發堅定：約瑟夫・伍茲（Joseph Woods）在一七八四年質疑，究竟是「糟蹋、傷害一千名手無寸鐵的可憐人比較好，〔或是〕歐洲人應該多花點錢買自己的蘭姆酒、米跟糖？」一位同時代的人則說，買了那些貨品的人「就成了共犯」。[101]

⋮　⋮　⋮

抱持這種凜然態度的人不多，一般人寧可裝作沒看到——或者直接大賺特賺。美洲的「發現」當然根本稱不上發現；除去哥倫布在歷史敘事中的定位，他甚至不是最早橫渡大西洋的歐洲人。新來到美洲的這些人將自己踏入的這個世界加以改造，重新命名，認為自己有權擁有這個世界。新的地名覆蓋在原住民的地名上，反映出歐洲的勝利。大洲、國家及州冠上征服者與新主人的名字，從亞美利加到哥倫比亞（以亞美利哥・維斯普奇〔Amerigo Vespucci〕與哥倫布的名字為由來），從賓夕法尼亞（Pennsylvania，紀念威廉・佩恩〔William Penn〕）到委內瑞拉——Venezuela 本意為「小威尼斯」，因為當地人生活在高腳屋中，周圍都是水，此情此景讓西班牙人想到義大利的威尼斯城。

但是歐洲人開啟「大發現時代」，開啟一段跟好奇心與探索、冒險、知識的追求密不可分的黃金時代……這種意象卻模糊了事實，讓人看不到拓展視野背後的驅力，其實是商業資本以及對於金錢報償的渴望。當然有學者因為新的可能性而深受鼓舞、大開眼界，但無論身在哪一個時代，總是要有資源、資金跟時間才會有科學研究，也才能讓知識的羽翼在栽種與收割作物的地方振翅而飛。

這種模式形塑今日的美洲與非洲世界。比方說，美洲一些適合種植經濟作物的區域，需要採取集約農法，透過大量勞動力而獲利，後來演變成高度不平等、人民權利分布不均的地方。另一方面，較適合集約程度沒那麼高的農業生產——比方說適合種植小麥的地方——則較為平等，權利的分配也比較平均。簡短的解釋是，如果作物不需要大量勞力去生產，且創造的利益較少，就代表不那麼需要為了利益而競爭，也更有合作的理由。這正是一國的社會經濟發展程度，跟該國與赤道的距離有可能呈現密切相關的原因之一。[102]

當然，重點在於氣溫、雨量與土壤品質等因素的組合，是這樣的組合決定特定作物能否栽種。熱帶地點的疾病環境也有關鍵影響力。暫且架空歷史想想，如果是非洲水手先橫渡大西洋，像歐洲人那樣占得先機的話，過去五百年間的世界史想必會大不相同。

不同歸不同，跨大西洋奴隸貿易是否就不會發生？這就是另一回事了。首先，歐洲人之所以能把數以百萬計的人運過海洋，主要也是因為非洲本來就存在成熟的奴隸貿易市場，讓歐洲人輕鬆打入，迅速進入狀況——只不過他們毫不饜足的胃口幾乎瞬間就吃垮市場。到了一五一六年，已經有部分非洲領導人提出要求，甚至是乞求莫再以當地人為奴，畢竟這顯然會對當地帶來負面影響與傷害。非洲人遭奴役的狀況，不只是跨大西洋的議題。據估計，鄂圖曼人所奴役或販售的七百萬人當中，約有兩百萬人來自撒哈拉以南非洲。事實證明，有些商隊曾販運數以千計的俘虜，更有其他紀錄顯示每年銷往紅海口岸的奴隸恐怕多達一萬人。[103]

長期下來，奴隸貿易對非洲的衝擊堪稱災難。到了一八〇〇年，假如奴隸貿易不存在的話，非洲的人口應該會多一倍。[104]當然，這代表非洲本來應該且能夠投入生態轉型或其他生產性活動的人力，變成投入到其他地方，為其他人創造利益。[105]即便奴隸貿易中止，也沒有立刻創造更正面的影響——例如非洲部分地區本來有把戰俘賣掉的作法，一旦這個選項沒了，許多戰俘反而會遭到處死。[106]

奴隸貿易對於非洲大陸許多地方的社會與政治發展，還帶來其他深刻的影響。為了向海岸邊的商人提供奴隸，就必須不斷掠奪，才能取得幾無止盡的俘虜數量，一個俘虜與被俘虜不斷循環的惡世就此誕生。這個循環造成眾多影響，像是對武器的需求，尤其是槍枝——正當與非洲交流日趨密切的這個時候，歐洲人在槍炮領域是有一日之長的。之所以如此，多少是因為歐洲內部及歐洲人與歐洲人之間的衝突次數極多，刺激他們改善火器的可靠程度。[107]槍枝本身就是抵禦襲擊及用於襲擊所需要的武器，對於槍枝的需求則成為奴隸貿易興盛的一種驅力，也促成奧約、達荷美（Dahomey）與阿散蒂（Asante）等由軍事菁英所主宰、高度集權國家的出現——其國運跟歐洲人的擴張有密切關係。[108]

這類國家當中，有的站穩腳跟，有的分裂，像沃洛夫（Jolof）聯盟就在奴隸商人的壓力與需求之下碎裂成一系列的小王國；這種壓力甚至大到西非有些統治者大吐苦水，說現在被賣出海的已經不只戰俘、少數族群成員與法律地位低下的人，就連身居高位的人物，甚至是王族成員都被賣掉了。[109]暴力程度提高，時局愈來愈不穩定，無怪乎村落之間的聯繫弱化，社群的關注朝內，信任程度一落千丈。[110]社會分裂瓦解，沿著族群與其他差異分化碎裂。研究指出，這些分裂發展成至今仍困擾著西非許多地方的長期問題，也是合作程度低、信任水準低與經濟表現差的原因之一。曾經供應大量俘虜載往海外的地區，如今也因為奴隸貿易的歷史影響而表現較差。也就是說，付出沉重代價的不只是數個世紀之前的西非與西非人，時至今日他們還在承受苦果。[111]

擄人為奴的作法嚴重衝擊年齡與性別的平衡，買方的需求大幅偏向取得工作年齡的男性奴隸，畢竟跨越大西洋之後，他們的勞力最有價值。利物浦某商人集團對奴隸船船長塞薩爾・羅森（Cesar Lawson）下的指令就很典型。羅森指揮的船「獲准載運四百名黑人，如果可以的話，我們要求全數為男性，總之，盡你所能，女性愈少愈好」。他們特別提醒羅森，「要專門挑那些身強體壯之人；還有絕對不要買二十四歲以上的人」。船長的主管還特別指示他要讓船「非常乾淨」，並管理好船上的秩序。羅森還奉命要確保船副或船員「不得對他們有任何虐待或侮辱之情事」。對於奴隸的世界來說，這已經算是極為罕見的善意了。[112]

由於被迫渡過大西洋的奴隸女性與兒童的比例，會因出發地、目的地及時代而有很大的變化，因此要研究性別對兩地的影響也就變得複雜許多。男性與女性的價格差異在美洲通常小於非洲，部分原因可能是種植園主很快就意識到非裔女性的工作效率更高。[113]其實部分莊園中下田的人大多數是女性。性別也會影響農事以外的工作內容，男性擔任技工、鐵匠、木匠、桶工、泥水匠等，女性則負責下廚、護理與接生——她們的工作較不受看重，物質報酬也比男性少，而這也影響奴隸群體內外的刻板印象與期待。[114]

奴隸主與白人移民當中的強暴和性幻想尤其過分，部分學者認為隨著時間過去，虐待與動用暴力的思維反而變得更猖獗。[115]選擇逆來順受的女性無論是期待有物質回報，還是說服自己擁有其實並不存在的選擇權，都很難看到自己的孩子獲得自由；不過不同地方還是有不同的模式，例如在西屬西印度群島，性伴侶及其子嗣得到解放的情況就比其他地方普遍。[116]

當然，奴隸受到的對待也大不相同，不只取決於「所有者」的性格，也跟種植園的規模、地點以及被迫要負責的工作有關：住在奴隸主家中的奴隸，無論飲食、衣服與住居通常都會比被迫下田的人更好，暴露在疾病、高熱、過勞、受凍、蛇咬等的頻率也較少。也就是說，奴隸的社會群體間所出現的階級之分，是由他們與剝削其勞力的人之間的距離所決定的。[117]

奴隸貿易在非洲的影響也很嚴重。比方說，學者注意到今天特別盛行一夫多妻制的地區，過去是大量男性奴隸的來源，例如幾內亞、多哥與貝南——多妻者的人數比東非國家高了三倍。這也跟加勒比海與巴西——也就是奴隸的主要目的地——對男性奴工的大量需求所導致的性別比例失衡有關；相反的情況則出現在東非，東非的女奴會被賣到中東與印度，成為家奴與妾室。[118]

證據顯示，這種情形在殖民時代後期經歷密集基督教傳教活動的地方有所減少。[119]這一點很重要，畢竟模擬結果顯示禁止一夫多妻制能降低生育率，增加儲蓄，大幅提升人均ＧＤＰ，並減少性別不平等——帶出對於奴隸制的衝擊，以及與十九世紀初廢奴後的影響有關的個別問題。[120]另一方面，維持一夫多妻制的地方，人類免疫缺乏病毒（ＨＩＶ）感染率、暴力程度與兒童死亡率都較高。[121]不過，奴隸貿易也帶來一些比較進步的結果，像是女性勞動參與水準較高，女性投票率可能較高，對於女性出任政治領導人也有更開明的看法。[122]

以上提到的這些情形，是一四九二年哥倫布橫渡大西洋後，「發現」美洲所帶來的眾多深遠影響。全球生態系因為地貌的改造及新品味的出現而交織起來，而新品味則是受到消費模式與購買力，尤其是歐洲西部與北部沿海地區擴大的需求推波助瀾而出現。這一切都建立在美洲原住民與數百萬從非洲被運走的人的犧牲之上——造化弄人，他們明明比主宰、控制及「擁有」他們的歐洲人更適合也更適應目的地的氣候與疾病環境。

財產權觀念涵蓋愈來愈廣。例如，哲學家約翰・洛克（John Locke）在十七世紀末主張，只要自然資源是由「大自然主動伸出的手」所提供的，每個人都有同等的權利使用之。然而，如果土地經人開發，則成為開發者的財產。洛克認為，人為的干預改變土地的狀態，從「自然的共有狀態」變為某種「排除他人共有權」的狀態。易言之，「勞動」是私有財產的基礎。[123]

這種觀念當然是跟歐洲拓殖者在世界上開枝散葉的情況相呼應，尤其呼應他們移入的是未經耕作的土地，或者居住的是游牧民與部落民時。波士頓的清教徒牧師山謬・斯托達（Samuel Stoddard）牧師在一七二二年說，由於原住民「除了打獵之外，並未使用土地」，因此把土地拿過來完全合理。以這個例子來說，當地人至少還拿到象徵性的部分土地價金；斯托達表示，他們很幸運，畢竟土地在他們手中一點價值都沒有。不過對移民來說，只要「我們的改造」投注到土地上，土地就會變得有價值。[124]

類似的故事也發生在世界上其他地方，荷蘭、英國與其他國家的法學家、哲學家以人文主義的觀念為基礎，認為只有經所有者耕作、改造的土地才能以私有財產論之，其餘土地都是無主地（terra nullius）——可以主張占有的原始地。[125]印度阿薩姆的情況是個好例子，英國當局宣布但凡沒有種植經濟作物的土地皆視為「荒地」。也就是說，這些土地無人所有，可以主張占有或者授田給人開墾，而且通常不用一毛錢。[126]其他例子可以往美國的立法去找，例如一八六二年的《公地放領法》（*Homestead Act*），給予任何成年公民或有意成為公民者，可以配得一百六十英畝經測繪的公地，條件是他們必須改善土質並「耕種」之，此外也允許從原住民處取走適合農耕或放牧的土地——新移民認定的適合。[127]

故事還不只是人類對自然的剝削，甚至不只是人類對彼此的剝削。在社會、經濟與政治變化的過程中，昆蟲、病原體、降雨模式與土壤條件也都有其角色，而且舞臺的範圍還不只新世界，其他地方也是。然而有一點非常明確：交流的強化帶來劇烈的影響。新科技的出現與發展，恐怕難免會造成類似的、各式各樣的剝削模式，以及不平等與非永續性。問題在於得利的是誰，而付出代價的又是誰。

17 小冰河期（約一五五〇年至一八〇〇年）

印度的城市與村莊資源奇缺……人皆相食。——阿布．法茲爾（Abū al-Faẓl），《阿克巴之書》（*Ain-I Akbari*，十六世紀末）

一九三九年四月，美國地球物理聯盟（American Geophysical Union）以冰河為題提交報告，表示冰河在前一個世紀期間「面積與量體擴大的程度」遠甚於以往，指陳「我們正生活在溫和的冰河化捲土重來的紀元——也就是『小冰河期』。」[1]雖然委員會認為這個紀元為時甚長，認為會有一段「大約四千年」的全球降溫期，但「小冰河期」的構想還是吸引到歷史學家的注意力，而史家往往是把這個標籤貼在從十六到十九世紀的期間。[2]

全球性、區域性與局部性的變化顯然差異很大，就算要替小冰河期畫出一個模糊的起點與終點，都不是容易的事。即便如此，許多學者仍然主張可以透過年輪資料、地層結構與冰河證據，替一段時間跨度達數個世紀的氣候條件變遷勾勒出大致的圖像。[3]學界經常提到三段太陽活動減少期，也就是史波勒極小期（一四二〇年至一五五〇年）、蒙德極小期（一六四五年至一七一五年），以及道爾吞極小期（Dalton Minimum，一七九〇年至一八三〇年），認為是這段小冰河期間影響氣候變遷關鍵因素。[4]一般認為，歐洲在小冰河期平均氣溫大幅降低，導致如低地國運河結凍、波羅的海海冰冰封塔林與斯德哥爾摩等港口的時間點也有所改變。[5]有些重建指出，瑞典與瑞士的氣溫分別比平常時低了二°C與五°C。[6]

有人評估，從十六世紀晚期到十七世紀晚期這一百來年間特別之處，在於這是我們所知歷史上唯一一段南北半球皆顯著降溫的時期。[7]也有人指出小冰河期整體上與亞洲、東亞季風減弱，以及中亞溼度、印太地區降雨量皆大增的時段相符。[8]「小冰河期是全球現象」的看法，此後深植於史家與一般讀者的腦海中，成為顯學。[9]

這一點實在不用大驚小怪，畢竟小冰河期與一段影響深刻的社會、經濟、政治及生態變遷期彼此重疊。尤其是十七世紀，成為人們口中的「全面危機期」（General Crisis），歐洲、亞洲、非洲與美洲大半皆有騷動，而一六四〇年代世界各地發生的戰亂，遠比一九四〇年代以前的任何時期都多。[10]近年來有一部權威之作提到，極端氣候加上歉收、糧食短缺、饑荒、疾病與衝突，對約一六〇〇年至約一七〇〇年間世界各地的人類社會造成劇烈衝擊。[11]

人們往往認為，其中許多轉變與嚴苛的氣候所帶來的挑戰有關。比方說，通說認為面對小冰河期帶來的考驗，人們在調適過程中不僅改變生活方式，甚至也改變蓋房子、住居與彼此互動的方式。瑞典人轉向使用覆瓦高爐（tiled stoves，木柴用量少，而且比開放式火堆更能儲熱），據信與歐洲北部降溫，必須將室內溫度與舒適度最大化的實際考量有關。屋內的規劃逐漸從多功能大房間轉為走廊與小房間，隱私與個人關係親密度和個人程度的觀念應運而生，沒有獲邀旁聽、參與或主導對話的人也會被排除在小房間外。[12]

冰河期的效應顯然衝擊了歐洲藝術，一五五〇年至一八四九年間的畫作中雲層與暗部的比例，比此前與此後的畫作來得高。[13]在這個藝術史階段中的畫作，一般認為有清晰可辨的冷色調，像布勒格爾

（Bruegel）的《雪中獵人》（*Hunters in the Snow*，一五六五年繪）就是標誌性代表。[14]近代早期的社交行為與品味，從時尚流行到啤酒的人氣漸長，也都跟小冰河期有關——據信氣溫降低影響葡萄生產，迫使種植範圍往南發展，且產量減少，帶動漲價。[15]

婦女遭到施行巫術的指控並遭到處死的這類迫害，也跟氣候變遷、惡劣天候與冰雹等有關，不成比例的女性被人當作歉收、糧食短缺與糧價高昂的替罪羊。[16]十八世紀時有論者危言聳聽，宣稱在過去兩百年間有九百萬女巫遭到處死。雖然這種說法不值一哂，但在十六世紀下半葉與十七世紀上半葉，無論是感受上還是實質上，女性受到傷害的情況極多都是不爭的事實。[17]迫害的規模令人咋舌。有些案例中甚至有數以百計的婦女遭審判處死。[18]在日耳曼，天主教與新教地區對於「巫術」迫害的情況本來相當類似，直到一六〇〇年前後，天主教地區遭指控、審判的女性人數急遽上升，頻率是新教地區的兩倍。[19]姑且不論比率，我們在審視這種現象時，應該要從女性因社會問題而動輒得咎的大方向來看；甚至到了現代，女性還是會背負生態壓力、經濟震盪與HIV和愛滋病（AIDS）等疾病的黑鍋。[20]

部分史家主張，冷天氣或許是十六世紀重度憂鬱程度這麼高的原因，英格蘭、法國、西班牙王室與知識圈都呈現一片鬱鬱寡歡的「流行病」（在英格蘭，大家稱這種病為伊莉莎白時代病〔Elizabethan malady〕）。「冬日憂鬱」的情況「跟這個冬天長、夏天多雨」的時代頗為符合，催生出一大堆以絕望為主題的文學創作——蒙田（Montaigne）的散文〈談悲傷〉（Of Sorrow）就是明顯的例子。難熬的天氣顯然導致自殺案例急遽增加——不過至少在以前民間的想像中卻有一種鏡像效應，彷彿暗示自殺是壞天氣的原因。[21]

一邊是生態災難，一邊是歐洲阿爾卑斯山冰河擴大，兩者之間的相互關聯，讓部分人注意到當時的人對於氣候變化的擔憂，以及尋找解釋與替罪羊的作法。[22]像是瑞士科學家兼政界人士倫沃特・西薩特(Renward Cysat)在推斷挑戰與改變的原因時，就很直截了當。他在一六〇〇年前後寫道，近來的天氣出現「如此罕見而令人震驚的走向，變幻難測」。對於原因，他毫不懷疑。「這些年之所以比往年嚴峻難熬」，他宣稱，「是因為我們的罪孽」。他說，「將來的世代應該警惕在心」。[23]

長期的冷天氣對農業生產有明顯的影響：只要下降一°C，為期幾年，就能導致每平方公分所接收到的太陽輻射能減少約一〇%。以溫帶來說，無論是因為太陽輻射水準降低，還是因為火山灰的阻擋而導致日照減少，作物、牧草與森林的生長期都會大幅縮短。更有甚者，低氣溫往往會有連帶效應，像是降雨量改變，以及土壤微生物活動負面轉變，影響有機物的分解，進而影響土壤肥力。[24]

氣候也會導致疾病更難抵禦——歷史學家經常強調這個因素，指出偏冷的氣溫會大幅提高疾病傳播的風險，而這多半是因為營養不良削弱免疫系統所導致的結果。以中國為例，一三七〇年以降的六個世紀間就發生將近六千起疫情，寒冷的氣候讓疫情爆發的風險提高三五%至四〇%。[25]

不難理解，人們會從異常寒冷的天氣條件與整體氣候變遷的角度，來解釋發生在小冰河期期間的特定事件。例如十六世紀下半葉風暴強度加劇，強烈暴風發生率提升四〇〇%，經常有人引此為一五八八年西班牙無敵艦隊潰敗的決定性因素，指出當時的風速已逼近颶風。一位作者表示，強風摧毀的西班牙船艦數量比英格蘭戰艦擊沉的更多。[26]有人則認為，一六九〇年代與一七〇〇年代間接連幾次的寒冬，先削弱後粉碎瑞典作為歐洲強國的地位，瑞典軍隊「不敵寒冷與疾病」，導致瑞典失去在波羅的海的領土，而後芬蘭遭俄軍占領。[27]

⋮ ⋮ ⋮

小冰河期的構想確實很有吸引力，也是解釋文化與行為變化的方式，同時也可以作為流行病學轉變、影響兩軍交戰結果的背景脈絡，但這種看法並非萬無一失。畢竟世界各地的氣溫並非同步長期走低，自然更不會維持低溫一連好幾個世紀。政府間氣候變化專門委員會（Intergovernmental Panel on Climate Change, IPCC）便表示，證據並不支持全球同步進入小冰河期的假說。[28]

就連在十七世紀時，北半球也有氣候條件完全如常的幾個長時段，甚至包括大規模戰爭與疫情猛烈爆發等多重危機發生的時候。[29]即便氣溫掉到平均之下，例如一五九〇年代的歐洲北部，歐陸其他地方如義大利南部或地中海東部，氣溫也沒有類似的驟降，年輪資料完全沒有異常。[30]

這段時期的海床岩芯資料、海冰影響範圍與冰芯同位素紀錄等，並不是因為有出現持續數世紀的信號而引人注意，而是缺乏這種信號。[31]雖然冰河面積從約一四〇〇年擴大到約一八〇〇年——據信是氣候進入新寒化階段的重點跡象——但擴大的情況既非異常，程度也沒有明顯比一或兩個世紀前的情況嚴重。[32]有兩位著名學者話說得很圓融——即便對歐洲北方與北大西洋來說，能夠證明小冰河期氣候與眾不同，明顯比前後的時期更冷的證據，「仍然不容易把握」。[33]

同理，雖然人們很容易認為太陽極小期、太陽輻射及太陽黑子數量的減少，會對全球、區域或局部氣候條件造成影響，但經過仔細評估之後，卻會發現影響輕微，甚至可以完全忽略。類似蒙德極小期的這種「太陽極小期」，只對氣溫帶來約〇．三℃的差異。[34]事實上，對於未來的太陽極小期可能影響的研究也指出，〇．三℃已經是氣溫變化的上限了，比較可能的範圍是〇．〇九至〇．二六℃——對於任何關於小冰河期的假說而言，其含義不言可喻。[35]

更有甚者，即便是看似受小冰河期影響而改變的例子，一旦放在整體脈絡下，帶給人的感受就會不同。比方說，大家很容易把焦點放在布勒格爾的《雪中獵人》，卻忽略同樣由他在同一年所繪的《收穫》（*The Harvesters*）——溫暖的夏季、豐富的收穫與金黃的光線。出身歐洲北方的一些風景畫家的確繪製大量的冬季景致，像是亨德里克・阿維坎普（Hendrick Avercamp），但也有許多畫家沒這麼做。描繪雪景的畫作不見得能作為氣候偏冷的指標，反而是代表當時的買主與藝術家的品味。[36]品味會改變：冰天雪地在十六世紀晚期大受歡迎，但在一百年後蒙德極小期最冷的數十年間，「荷蘭的委託人偏好明亮、出太陽的畫面。」[37]

巫術審判與寒冷氣溫之間的連帶關係，乍看之下也言之有理。畢竟在一四八〇年代，就有一份教宗訓諭明確指出為惡者「引發、激起冰雹與暴風雨，讓閃電落在人與獸身上」，提到羅馬接獲多起報告，說術士毀了水果、小麥與其他作物等「大地的物產」。[38]然而，有學者主張十六世紀晚期與十七世紀初期的這些迫害，應該要從梅毒猖獗及病情所導致的精神疾病為脈絡去解讀，而非反映氣候條件的惡化；此外，這也很有可能是男性為了獨占醫藥與健康照顧，或是因為歉收而導致經濟惡化所引發的結果。還有其他的解釋能說明因緊張情緒上升而加劇敵意與暴力，像是貿易趨緩、國家的要求增加，或是敵對政治派系間撕破臉等。[39]近年來對於集體歇斯底里的研究，也讓人不禁猜想這個時期的「獵巫狂熱」，說不定是愈來愈多的人陷入指控與反訴的自證漩渦之中。[40]

還有一七〇九年，瑞典國王卡爾十二世（Charles XII）在波塔瓦戰役（battle of Poltava）中戰敗，後續的失利對瑞典國力打擊甚鉅的例子。天氣冷當然沒有幫助，但也是瑞典人因為投入長距離貿易與所費不貲的戰事，導致資源使用過度，還過於深入俄羅斯領土，把補給線拉得太長，容易受到侵擾與破壞。加上在戰場上，瑞典犯下一連串戰略上的幼稚錯誤，讓國王、為首將領與部隊暴露在沒有必要的風險中，難怪情況會在接下來幾年急轉直下。或許最讓人驚訝的是後果居然沒有更嚴重。[41]

⋮　⋮　⋮

較冷的氣溫對於趨勢、流行，甚至是個別事件所帶來的影響，很難明確指出，需要謹慎判斷。衡量長時段氣候變遷也不容易，畢竟氣候在地理與時間上都有相當的變異和波動。有數十年的時間，尤其是一五九〇年代、一六八〇年代與一八一〇年代，平常的氣候模式出現大幅度擾動，多地氣溫變冷，原因可能是火山活動、強烈聖嬰現象，或是兩者的效應彼此強化。關鍵還是在於，我們不能以為這段超過五百年的時期在時空間上有什麼一貫的現象。

十五世紀初的氣溫似乎有驟降。不過，驟降的原因卻不是氣候與太陽模式的弱化，反而是強化：大西洋經向翻轉環流（AMOC）平時會把赤道海水推往高緯度，與寒冷的北極海水接觸後熱量散失，密度增加，下沉洋底，成為全球環流模式的一部分。然而在十四世紀晚期，AMOC大幅增強，結果溫暖的海水往北異常強勁輸送，引發一段極端的海冰輸出期，大量冷水注入北大西洋，影響鹽度，導致AMOC衰落。[42] AMOC衰落後，帶出一段強烈寒冷化時期，加上一連串大型火山爆發，讓太陽輻射大幅減少，從約一四〇〇年一直持續到十七世紀初。[43]

人們經常把長時段當中的不同階段、原因與結果等都當成單一現象，但AMOC提醒我們把它們區分清楚有多麼重要。其實，工業革命展開之前的幾百年間，確實有一些一貫的重要潮流。隨著橫渡大西洋與太平洋的海路開通，讓世界各大洲彼此相連，帶來商品、食品與觀念的新交換，以及大規模的人流——有出於自願者，也有遭奴役者。先前我們已經從美洲與加勒比海的情況，看到這些交流所造成的生態變化有多麼驚人，疾病流行的途徑大開，瘧疾與黃熱病從舊世界轉移到新世界，或是往其他方向蔓延而去。

促成這些疾病傳播的因素，還有對於資源與權力的激烈競爭——尤其是歐洲本身，各國不只為了自己在歐陸的地位而推搡，更試圖挫敗對手在其他大陸的優勢。其中一項結果就是軍事衝突大增，一五〇〇年至一七〇〇年間，九五%的年分都有歐洲大國彼此打仗。之所以爭戰不停，多少也是新軍事技術的發展與不斷提升的結果，尤其是火藥領域。大炮的普及讓防守戰術與防禦工事出現重大轉變，畢竟城牆面對炮火顯然不堪一擊。創新當中包括巨大的土堡，外層覆蓋磚塊，能抵擋炮火。這種新的防禦工事能蓋在許多地點，與城鎮聚落保持距離（只是所費不貲），使戰爭徹底轉型，作戰需求隨之改變，尤其是需要更多的人手與更好的訓練，這些意味著高度的專業化、更多的軍備——當然也要更多的錢。[44]這一切都是軍事變革所不可或缺的——當時有一位詩人說得好，一六〇〇年至一七〇〇年是「軍人的世紀」，同時也是西方崛起的必要條件。[45]

回過頭來說，軍事革新跟整體社會、經濟與制度轉型也密不可分。哥倫布橫渡大西洋之後的數十年乃至數百年間，世界上出現一波接一波的集權浪潮，其中又以歐洲尤甚。歐洲的集權化確實有各種因素，但連年不斷的戰爭恐怕還是重中之重。想把更多人派上戰場就需要更多稅收，國家因此收稅毫不手軟。一五〇〇年至一七八〇年間，歐洲大國的稅收加起來成長二十倍。平均來說，政府有八〇%的支出用於軍費，戰爭期間花的錢往往比收到的稅還要多，政府因此在舉債方面出現財政上的變革。[46]

裝備、訓練與表現提升的還不只是軍人。把更多資源抽調到政治中心的其中一個效應，就是負責估稅、收稅、分配資金的官僚在數量與素質的提升。有投入時間與精神在建構制度、訓練行政人才、適才任官、採取措施從源頭革除貪腐的國家，會比沒有的國家表現更好。事實上，有些改革失利的國家，不只是表現不佳，甚至會像波蘭那樣「遭瓜分到消失的地步」。能力的建構跟機構的建立有密切關係。主持這些機構的是根據其表現與能力（理論上如此）派任的受薪官員。機構的發展，發揮了限制統治者的自主性與專制權力的關鍵作用，進而成為提升政治問責和參與程度的必經之途。[47]事實上，有人主張王室的相對弱勢，說不定是「英格蘭的海外事業」，乃至於其帝國「最後得以成功的先決條件」。[48]

打造高效的政府機構，不是一蹴可幾的過程，而是需要數十年乃至於數世紀的演進。不過，演進的加速度會愈來愈快，造成的連鎖反應不只影響政府的角色，也帶動都市化，以及疾病、衛生和自然環境的改變。以法國為例，光是在一六〇〇年至一六四〇年這四十年間因應中央的需求，政府歲入就增加為三倍。這一點從純從經濟角度來看已經夠驚人了，對於民心的影響更是有過之而無不及。被首都吸走的不只是貨幣（及其他）資源，還有人力。有人渴望從首都出現的契機中得到好處，有人則是因為地方上的機會消失而不得不前往。十七世紀上半葉，巴黎就貢獻了全法國六〇%的人口成長。對巴黎的商人階級來說，都市化的速度與規模簡直就是一劑興奮劑，讓他們一下子多了一大堆顧客，而對其他地方眼睜睜看著市場在眼前消失的人來說，巴黎的榮景則有如海市蜃樓。[49]

政府集權、匯集資源運用的現象，在歐洲北部與西部跟大西洋貿易關係匪淺的地方尤其明顯，可見一五〇〇年後的迅速成長對非洲、美洲與亞洲海上貿易路線有多麼重要。[50]然而，都市化卻以出人意料的副作用——最明顯的就是疾病——帶動進一步的發展。歐洲城市就是不衛生的「特大號死亡陷阱」，是疾病流行的溫床。十七世紀期間，倫敦有好幾年的死亡紀錄比出生紀錄多了兩倍。

說起來好像不太對勁，但都市人口增加會帶動薪資上漲，大量人口擠在一起會推升需求，刺激城市內部與鄉間的供應。都市化的速率嚇到一些人，像是英王詹姆斯一世，他在一六一六年時甚至表示整個國家的人都擠在首都。他說，不久之後「倫敦就是英格蘭，鄉間全都荒廢，每個人都悽慘地住在房子裡，全都住在城裡。」他還補充一句，說倫敦的情況並非例外，都市化只會讓倫敦更像義大利，尤其像那不勒斯。[51]約翰・伊夫林 (John Evelyn) 在一六六〇年代寫道，倫敦是「地獄的郊區」，飽受「灼熱且骯髒的蒸汽」的折磨，吸了不僅傷害肺，更是讓「這座城市下痢、痰、咳嗽與肺癆的情況遠甚於世上其他地方」。[52]

巴黎沒有比較好，當時的人抱怨這座城市「老是很髒」，造訪巴黎的人身上都會積一層「黑色的油汙，怎麼洗都洗不掉」。此人還說巴黎歪七扭八，因此才會渾名「vagina populorum」。[53]雖然有這些怨言，但大規模都市化其實是生產與消費模式加速的先決條件，是跟世界上其他地方互動的催化劑，時機成熟後更成為勤勉革命本身的推動力。[54]

之後我們會談到，對於商品與食物的需求刺激全球貿易，而原產地卻因此付出生態與環境的代價，而生活在距離產地數百、數千公里外的人不僅看不到當地的情況，也鮮少承受這種代價。事態的關鍵在於城市與腹地的關係，以及城市吸納大量人口成長的能力。城市帶動需求，促成革新，吸納人力，同時與腹地和農業生產活動相互依賴。大型都市聚落特別容易受到天氣震盪的傷害，但如果是濱海或有水系之利、長距離交流穩定的城市，則風險能稍微緩解。[55]

莊稼、草秣與木料都很占空間，而且很重，運費並不便宜，假如其生產與取得因為天氣震盪或長期氣候變化而有所改變，則城市與鄉村居民都會受到立即且直接的衝擊。糧食供應減少，會讓死亡率與傳染病增加，生育水準下降，居民也會離開城市，進而導致人口衰退。例如在十七世紀，巴爾幹與安那托利亞就失去半數人口，某些地區人口衰退達到八成，大量農村人去樓空。[56]

糧食短缺還造成其他影響，不只改變城鄉關係，也改變都市生活的性質——這樣的改變不見得會讓饑荒更容易發生。農業生產力下降，意味著農村經濟中的農工能賣的東西變少，賺得錢也因此變少。城鎮製造的商品或販售的服務需求不再，價格受此影響而下跌。城內的就業前景蒙上陰影之後，都市生活也就漸漸無利可圖。因此，評估氣溫—產量比率與小麥歷史價格的關聯，將有助於呈現推動成長的根本動能在於氣候，氣候是說明經濟成長的關鍵，解釋近代早期歐洲各地的經濟成長為何如此不平均。[57]

這種不平均的情況，再度顯示小冰河期期間沒有所謂的「放諸四海皆準」。比方說一五三九年入冬後，西歐與中歐長期處於高壓，而同一時間的大西洋與俄羅斯西部則籠罩在低壓系統下。俄羅斯有編年史提到「春天很冷，整個夏天都在作大水；黑麥不長，整個春天都結了霜，河畔湖畔的草地都被水蓋過」，而「秋天不停下雨」，十一月時「一連兩週都看不到太陽」。高、低壓分布在歐陸帶來各種問題，康士坦茲湖（Lake Constance）水位大降，甚至能看到湖底，水運非常困難，有時甚至根本無法行進。葡萄牙與日耳曼野火延燒，一五四〇年日耳曼城鎮火災次數是自一〇〇〇年以來最為頻繁。動物受到熱傷害，缺水則導致樹木萎靡、葡萄與穀類歉收、水車無法提供動能——這一切都導致物價一飛沖天。[58]

高昂的物價跟各種因素密切相關，例如不講道德的商人打算趁需求與恐慌情緒大賺一筆而囤積；此外，紓緩物價的措施有些效果不彰，像是沒有把稀缺的資源妥善分配，或是未能從其他地方引進糧食等。局面可能會演變到相當悽慘的地步。一五五六年，就在阿克巴（Akbar）登上蒙兀兒帝國寶座後不久，「印度的城市與村莊資源奇缺……人皆相食；部分人聯手帶走落單的人，把他當食物」。[59]

有學者認為ＡＭＯＣ在一五六〇年代處於劇變期，引發格林德瓦波動期（Grindelwald Fluctuation）——

此時，阿爾卑斯山的冰河開始明顯擴大。與此期間，地中海降雨量大減，歐洲西北則雨量大增，尤其是春夏兩季，導致生長季縮短了六週。[60]更遠的地方也感受到這些效應，紹那人（Shona）的口述傳統與其他來自撒哈拉以南非洲的證據，指出在一五六〇年代的北辛巴威與莫三比克沿海發生嚴重乾旱、蝗災、饑荒及流行病。[61]中國的平均氣溫也進入漫長的寒冷循環，一五六九年至一六四四年年間，只有三年的氣溫高於正常值。[62]

情勢的變化並非無法應對，甚至不見得很難調適。比方在歐洲北部，由於小麥較不耐寒，許多農民因此改種大麥、燕麥與黑麥。[63]話雖如此，其他的狀況還是讓各地有大不相同的經歷。比方說，一五六九年到一五七三年間，連續的寒冬為歐洲大部分地區帶來豪雨與洪災。從丹麥到芬蘭，湖泊、河流與波羅的海海面結冰，但原因並非異常的低溫，而是尋常程度的低溫維持好幾週的時間。收成遭受嚴重影響，一連幾年歉收，導致中歐糧價達到一八七七年以前的最高點。內陸地區受災情比沿海嚴重，濱海城市受到的影響比內陸城市輕微。[64]東南歐與中東在這段時間也相當動盪，一位史家在記錄一五七四年至一五七五年的糧食短缺與饑荒時，表示這是數百年來最嚴重的災情。[65]

蝗災席捲義大利，每況愈下，直到教宗庇護五世（Pius V）在聖伯多祿廣場（St Peter's Square）舉行審判，出席受審的蝗蟲「數量多到令日頭希微」，接著對蝗蟲施以絕罰。遭到驅逐出教之後，「蝗蟲迅速消失，再不復見」。[66]難怪會有人擔心饑荒與高物價會引發動盪——像日耳曼南部的情勢特別不樂觀。[67]人們之所以如此焦慮，或許是因為氣候已經穩定數十年，防患未然的態度逐漸鬆懈。寒冷與歉收也因此有如「經濟長期陽光普照之後的一記驚雷」。[68]

對氣候效應感受最為激烈的，恐怕就是低地國了。當時的低地國局勢已經因為對西班牙當局的憎恨而翻騰，新教徒與天主教徒之間的宗教敵意則讓局面更加惡化。糧食供應已經因為歉收而問題重重，異常惡劣的天氣讓情況雪上加霜。丹麥與瑞典的戰爭讓供應更加困難——一五六五年，法蘭德斯部分地區的小麥價格光是在六個月內就漲成原本的三倍。對於不穩的局面，低地國官員已經接獲警告：宗教暴徒彼此傾軋，局面變得愈來愈暴力，教堂遭到縱火，內部遭新教暴徒破壞——這股「聖像破壞」(Beeldenstorm) 浪潮為低地國的惡劣狀態定調，而一五七〇年代初期數以千計的人因為連番來襲的颶風與海上風暴而喪命的情況，對局勢更是一點幫助也沒有。一五七六年，因天候不佳而圍攻萊登 (Leiden) 失敗，甚至未獲軍餉的西班牙軍隊血洗安特衛普 (Antwerp)，導致情勢沸騰。安特衛普圍城戰的慘狀是凝聚北尼德蘭各省的關鍵，烏特勒支同盟 (Union of Utrecht) 因此成立，荷蘭共和國實質建國。[69]

以低地國的例子來看，各式各樣的因素彼此強化，帶來化合作用，加深既有的危機，帶來影響深遠的結果。類似的連鎖反應也隨著一五八〇年至一六〇〇年間，低緯度地區一系列大型火山爆發而啟動：美拉尼西亞的比利・米切爾火山 (Billy Mitchell) 在一五八〇年爆發，爪哇島的克盧德 (Kelut) 火山與魯仰 (Ruang) 火山分別在一五八六年和一五九三年爆發，內瓦多德魯伊茲火山在一五九五年爆發，以及秘魯的瓦伊納普蒂納火山在一五九六年爆發——瓦伊納普蒂納火山的這次噴發，更是南美洲有史以來最猛烈的火山爆發。[70]連鎖效應之大，讓部分學者猜想同一時期是否還有一場火山爆發，所以北半球冰芯與年輪中的訊號才會這麼明顯。[71]無論有或沒有，總之，結果就是過去六百年，甚至是更長的時間以來最嚴重的短期寒冷化。[72]

氣候動盪不只劇烈，規模更是擴及全球。斯堪地那維亞從一五八七年開始，遭遇一連串漫長寒冬，有一年甚至沒有夏季，簡直就是諾斯神話中的芬布爾之冬。[73]又如一五八九年秋，義大利大部分地區受豪雨侵襲，導致坎帕尼亞（Campania）、托斯卡尼與羅馬等地發生洪水，影響作物收成。惡劣的情況在一五九〇年代化為危機，收成量減少三分之二，存糧告竭。那不勒斯、波隆那、曼托瓦（Mantua）等城市的因應方式，是把他們認為的負擔趕出去——外國人、學生與窮人——不擇手段維持糧食供應，避免民眾過度群聚，並減輕盜竊與潛在的動亂風險。[74]各大城不只經歷死亡率飆升（波隆那及周邊人口甚至少了將近五分之一），生育率也減少四四%。[75]

有些城鎮與地區，像是波河河谷（Po Valley），經歷最嚴重的饑荒與黑死病以來最嚴重的人口衰退。這次的災難引發長期的變化，尤其是促使農民加速發展更集約的農法，以及為了獲得更多的熱量而犧牲食物多樣性，大範圍改種玉米。[76]

另外，歐洲各地間的關係也因此趨於緊密，城市國家與地方統治者面對危機時迫切尋找應急的補給，進而讓波羅的海地區與歐洲南部的貿易網絡相連。熱那亞、威尼斯、利沃諾（Livorno）等城市與波羅的海建立密切關係，進口穀物與豆類、醃肉、鹹魚等食材，以及金屬、紡織品與毛皮。這些貿易大部分是由荷蘭人撮合、中轉的，荷蘭在一五九〇年代的投資於此時開始回收，等到數十年後與西班牙關係趨穩之後更是大發利市。投資報酬率達到一〇〇%，成為歐洲北部整體在近代早期加速發展的關鍵，也是荷蘭資本體系的先決條件。[77]災難與因應措施，居然創造出如此耐人尋味的連帶效應。

⁝　⁝　⁝

由於長期過度涉足歐陸戰事，加上海外帝國領土資源榨取趨緩，西班牙已經處於經濟失控當中。先是將近十年的龐大降雨量與各種惡劣天候，然後緊接著為期十年的大旱，讓西班牙再度受到重創。據部分估計，高達六十萬人死於這十數年的災情——帶來的人口震盪需要一個世紀以上才能恢復平穩——牲口受到的影響尤其嚴重，該國失去三分之一的綿羊，連帶影響羊毛產業。債務導致施政困難，容易做出低級的政治與戰略決策，政府因此大幅增稅，希望能幫助君主國因應債務，結果卻讓情況雪上加霜。先前我們已經談到，這個時間點正好人們開始討論帝國大業究竟是否有推動的價值，還是成本太高，乾脆放棄。一位文人在一六二一年提到，西班牙就像生了重病，有時候「你得壯士斷腕」才能求生。[78]

一五九〇年代的蘇格蘭、瑞典與奧地利也都歉收，奧地利更是在情況嚴峻時爆發幾場大型叛亂。據說在愛爾蘭，饑荒下的民眾走不動路，看起來彷彿鬼魂。英格蘭也不容樂觀，有饑荒、洪水，一五九〇年代與一六〇〇年代還發生寒害，泰晤士河甚至河面結冰，冰面結實到足以舉辦「冰上市集」。這段時間的暴風雨特別強烈，造成漂沙，對西歐大西洋沿岸生態帶來嚴重的長期衝擊。[79] 部分學者指出，莎士比亞在一五九〇年代與一六〇〇年代的作品對天象和氣候現象有特別著墨，進而認為氣候對他在這段時間寫的悲劇與喜劇而言是重要的框架。[80]

來到十六世紀末的非洲東南部，氣候引發的壓力不只是貫穿時代的特色，甚至是政局更迭的因素。葡萄牙傳教士說，這個地區從一五八〇年代晚期開始遭遇「嚴懲」，像是蝗災「吞沒了所有莊稼、花園與棕櫚樹葉」，導致接下來兩年大地光禿、饑荒，還有嚴重的天花爆發。尚比西（Zambezi）河流域東加各部受到削弱，社會動盪，地方競爭加劇，讓葡萄牙人有機會干預這個地區。原本只能在沿海地區活動的葡萄牙商人以提供軍事援助的形式切入，接下來很快開始得到土地的特許權，取得礦藏，在地方政務與王朝繼承中發揮影響力，而這就是殖民擴張的先聲——辛巴威文化各國的經濟也由此陷入貧困。[81]

非洲其他地方也在此時經歷環境與生態變化，最明顯的就是撒哈拉沙漠南緣，往南延伸約三百公里。

采采蠅棲地擴大，疾病環境隨之轉變，引發人口移動與農業生產的改變。沙漠擴大的確切時間與原因相當重要，畢竟如果要把這種轉變跟桑海帝國（Songhai empire）瓦解，以及一五九一年摩洛哥軍隊征服廷布克圖（Timbuktu）等事件連結在一起的話，就必須有明確的時間點。[82]畢竟在數十年之前，摩洛哥就開始對南方用兵以控制綠洲和貿易網絡——一方面是可望取得黃金與鹽；另一方面則是野心與實力成長使然。[83]無論如何，廷布克圖未能重返榮耀，財富與規模一去不返，這樣的情形多少可以用沙漠化的開始來解釋——正是因為沙漠化之故，十六世紀末受天氣模式變化影響最大的地區才會不斷流失人口。[84]

在中國，一五八〇年代的洪災、異常寒冷的氣溫與糧食短缺，引發百年來最嚴重的饑荒。情況每況愈下，人口稠密的都市爆發瘟疫——其中很可能包括腦積水性的腦膜炎。據時人觀察，大城市「住宅既逼窄無餘地，市上又多糞穢」。也就是說，這種完美的環境讓「瘧痢瘟疫，相仍不絕」。[85]耶穌會傳教士利瑪竇（Matteo Ricci）在一五九〇年代末提到，「中國北方所有河川」盡皆冰封——當時的年均溫明顯低於正常值。[86]

東南亞與南亞則是降雨量銳減，遠低於正常值。從菲律賓的西班牙語稅單來看，一五九一年至一六〇八年間，當地人口減少二五%。[87]《阿克巴之書》的作者阿布・法茲爾表示，一五九〇年代初期，「善解星象者表示將有死亡與稀缺」，蒙兀兒皇帝阿克巴據此採取緊急措施，確保所有人都能得到供應。[88]此舉奏效了——但只有一開始。少雨的情況好幾年，終究造成慘痛的災情，有突厥語史料提到傳染病讓「恐怖的饑荒」與「遍地的苦難」更形惡化。死者眾多，城鎮與村落人去樓空，只剩下「因為屍體而寸步難行的街道」，甚至有人絕望到相食的地步。[89]

鄂圖曼帝國的情況也很類似——一五九〇年代初期推行的賑濟措施頗具成效，只不過城市的供需往往受到生態限制，必須看腹地能供應什麼，而巴爾幹、安那托利亞與中東部分內陸地區的人口分布令後勤非常困難，而且所費不貲。隨著長期旱象難解，前景也益發黯淡，演變為地中海東部六百年來最長的乾旱，也是當時鄂圖曼帝國經歷最嚴重的一次乾旱。

嚴重的通膨重創經濟，推升物價，政府則以增稅與降低錢幣成色因應，試圖提振歲入，結果引發混亂。民眾頭也不回離開鄉間，前往城市，不滿的情緒蔓延，隨之而來的還有疾病，尤其是瘟疫。盜匪橫行，豪強把權力掌握在自己手中，法治蕩然無存，甚至有人直接挑戰中央權威，例如人稱「卡拉亞斯吉」(Karayazıcı，意為「黑書記」)的人物，便設法將今日土耳其東南範圍的地區與城鎮納入麾下。即便卡拉亞斯吉與其他的起事最終都遭到鎮壓，但學者仍主張一五九〇年代與一六一〇年代的事件，徹底改變了鄂圖曼帝國。其中最主要的就是蘇丹威信大減，蘇丹親兵(Janissary Corps)的政治與經濟運途徹底轉向，成為此後帝國內部運作過程的重要權力掮客。[90]

對俄羅斯歷史來說，一五九〇年代晚期與一六〇〇年代是一段創傷期，人稱「動亂時代」(Time of Troubles)。政局的動盪以及連年歉收造成的週期性短缺，也是這個時代的特徵。時人對眼前所見大感震驚。孔拉特・布索夫(Conrad Bussow)寫道：「我向神起誓自己所言不假，我親眼看見街道上的死人；人就跟牛一樣，夏天吃青草，冬天吃乾草。」他說，死人嘴裡可以看到有草稈和糞肥，顯然是為了活下去而飢不擇食，甚至有人吃人的糞便。「父母吃小孩，小孩吃父母，主人吃客人，客人吃主人，把肉剁碎煮來吃。」鄉間百姓為了尋找食物與賑濟而湧向都市。布索夫拍胸脯保證，說光是莫斯科就死了五十萬人。這個數字是太誇張了，但死亡率確實很高，恐怕有三分之一的人口喪生。[91]

全球氣候重整的規模固然無遠弗屆，但我們必須強調在許多災難的例子當中，不穩定、異常的天氣條件其實不是首要原因，而是讓既有的破口惡化。十六世紀末與十七世紀初有不少糧食短缺的例子，問題是源於城市規模已經擴大到暴露在風險當中的程度，而生活在鄉間的人又為了追求安全，以及可以吃的東西而前來都市，讓情況更加惡化所導致。其實，假如靠土地吃飯的社群已經處於承載能力的極限，那也不需要什麼劇烈、極端或災難性的天氣事件，便足以讓他們墜落深淵；世界各地有許多文獻皆表明問題並非寒冷、大雨或乾旱本身，而是持續低溫、潮溼或乾燥的時間長度超出人們的習慣——如此一來，就很難適應，尤其是狀況來得又快又急的時候。

不難理解，大家會敵視那些靠短缺與漲價獲利的人——或者至少大家這麼以為的人。鄂圖曼土耳其對於囤積穀物，從他人的苦難中得益的投機商人嚴厲譴責。[92]在俄羅斯，「神讓貪婪的魔鬼來懲罰整個國度」，按住穀物不發或是低買高賣，導致群情激憤。[93]在英格蘭，有人會把問題怪到外國人頭上。一五九三年，倫敦荷蘭人墓園牆上的一首詩，掌握到這種排外情緒。詩上先是說外國商人是物價高昂的罪魁禍首，然後警告：「你們這些跟猶太人一樣把我們當麵包吞吃的人」，要照顧好「你們的商品、你們的孩子和你們最深愛的妻子」。[94]

不過，囤積與坐地喊價其實不是危機的原因，而是症狀。十六世紀末與十七世紀初的許多案例，都有潛伏以久的病根，才讓挑戰變成災難。例如在俄羅斯，通膨、政府增稅、沉重的戰費，加上沙皇領導無方——或者多頭馬車，或者優柔寡斷，或者以上皆是——引發菁英內部的激烈競爭；而俄羅斯人口在十六世紀間增長將近一倍，把這些因素的傷害放得更大。[95]修道院有累積資產、獲得減稅的方法，結果造成人為物價與市場扭曲，情況直到十八世紀初彼得大帝（Peter the Great）設法限制對自有土地的權利，明定修士的固定收入，並減少整體教士人數，才得以緩解。[96]

如此說來，氣候壓力的作用是把存在的議題推向沸騰。鄂圖曼人在十六世紀末與十七世紀初的經歷，主因還是國家同時對奧地利與波斯採取軍事行動。偏偏在這個時代，戰爭的成本愈來愈高，不只錢花得凶，前線與後勤需要的人力也更多。資源消耗到這種程度就沒有容錯的空間——尤其收成是沒有模糊空間的。[97]

在這段期間，也有帝國因為領導不力加上窮兵黷武而垮臺——不是因為氣候。東吁帝國（Tungoo empire）的瓦解——一五九九年，東吁帝國好幾座大城陷落——就是例子。東吁帝國是東南亞歷史上數一數二的大帝國，誕生於一系列軍事大捷、精明的外交折衝與結盟，勢力範圍涵蓋今日的緬甸、泰國、柬埔寨與越南的大部分地區。該國的經濟或許因為區域與全球白銀市場的衰落而蒙受壓力，不過目前還沒有充分證據能加以證明。另外，也有可能是因為季風減弱導致食物短缺、物價高漲，甚或是一五九六年席捲帝都的那場鼠疫之故。但是答案其實很普通，這個帝國就像一位學者所說的「過熱了」，過猶不及——等於用委婉的方式說這個帝國根柢不穩，難以為繼，從中央控制邊陲的能力弱到幾乎不存在。[98]

後來，東吁王朝的聯軍攻陷勃固國首都勃固。一年後，一位造訪勃固的人提到勃固的每一條街道，「尤其是通往神廟的路，都散落著可憐勃固人的頭顱與屍首」。但之所以會如此，多少跟饑荒有關。許多人是在無政府狀態中於街頭巷戰喪生，還有許多人「被國王下令殺死，扔進河裡。因為屍體過多，連小船都無法在河面航行」。於是，正如另一位歐洲人所說，「帝國崩潰後，原本屬於強大貴族的居城，如今成了老虎與其他野獸的棲息地」，詭異的寂靜籠罩著這座曾經輝煌的大城市，「是人類心中所能想像的最極致寂靜」。[99]

這個時代的許多危機是可以化為轉機的，而且也確實化為轉機。以英格蘭為例，一五九〇年代末的嚴峻情勢帶來法律的制定，像是一五九八年的《濟貧法》（*Act for the Relief of the Poor*），以及一六〇一年的類似法案。法案規定個別教區必須負責照顧窮人，並承擔相關花費——這種作法堪稱創舉，而且也維持很久。不過，《濟貧法》的概念其實可以回溯到更久以前，家家戶戶必須納稅以支持貧窮鄰人的這項原則，深深影響人們對於福利、社群、金錢與打造「結實安全網」的態度——一旦其他方法都失敗了，就能派上用場。[100]

其他人用不同的方式把握機會。基督教神職人員與傳教士在北美洲利用異常天氣來勸原住民改信，利用降雨短缺來削弱既有信仰。十七世紀初，在佛羅里達的蒂穆夸人（Timucua）之間傳教的方濟會士接獲指示，要問原住民「你們有求雨嗎？」或者「你們是否用迷信召喚風雨？」他們要當地人不再舉行傳統的祈雨儀式，告訴他們「要曉得除非侍奉吾主上帝，否則就無法降下甘霖」。[101]

⁝　⁝　⁝

比賽誰能先讓雨降下來，是歐洲人在美洲與原住民互動的重要環節，也是贏得對方好感、認同與可信度的重要方法。基督徒最常被問到的問題當中，就有向神祈求的話，能否改變天氣的問題。「假如我們相信你們的神，就會下雪嗎？」十七世紀初，魁北克的山區印第安人（Montagnais Indians）這麼問法籍耶穌會士。「會下雪的」，耶穌會士的回答迎來了「那雪深不深……我們要不要去找駝鹿……殺個幾頭？」等一連串問題。耶穌會士答道：「雪會很深；神無所不知、無所不能、無所不善，只要你們求助於祂，只要你們接受信仰，只要你們順服於祂，祂一定會幫助你們。」聽眾似乎印象深刻。「我們會考慮你們跟我們說的話」，印第安人如是說，然後朝樹林走去，馬上把剛剛聽到的話拋在腦後。[102]

宗教信仰以及與大自然互動方式的變化，不只是跟歐洲人與當地人的互動有關。一六二〇年代末，新一波異常天氣來襲，全球受聖嬰現象加上亞速反氣旋（Azores anticyclone）減弱影響長達數年。從一六二八年到一六三一年，印度洋季風一連四年減弱，接著在一六三二年異常豪雨。印度與緬甸大難臨頭，甚至有人認為光是古吉拉特就有多達三百萬人喪命。人口數的重創也讓財政寸步難行，一些省分的歲收短少，也就意味著行政花費有數十年時間都得挖東牆補西牆。[103] 此時正值東南亞的轉捩點，荷蘭東印度公司以政治與經濟勢力之姿插旗此地，接手最賺錢的香料貿易，連帶嚴重削弱通商口岸國家如淡目（Demak）、加巴拉（Japara）與泗水的經濟。不久後，這些地方盡入馬打蘭（Mataram，以今日爪哇島日惹附近為中心）統治者至尊蘇丹（Sultan Agung）囊中。在他治下，馬打蘭融合伊斯蘭、印度教與佛教元素，形成獨特的宮廷文化。[104]

然而進入一六三〇年代之後，宮廷開始高舉伊斯蘭特色，至尊蘇丹棄爪哇曆法與塞迦紀年（Śaka year）為中心的陰陽合曆，改採伊斯蘭的陰曆，護持《古蘭經》教育，提倡朝覲的重要性。當然，這種轉變也許源自於蘇丹自己信仰的演變，不過轉變正好發生在以中爪哇村落群為中心，尤其是聖地騰巴耶（Tembayat）的一連串暴動之後。[105] 一六三〇年代初期的苦難，不禁令人聯想到與用安撫手段贏得飢餓不安的人心的必要性；畢竟各種的動盪都可以作為強大的動力，驅使人尋求解釋與解決方法。[106]

這些天氣模式影響全球。據估計，直到比較正常的天氣在一六三〇年代中期恢復之前，全球有三千萬人死於飢餓與相關的原因。南美洲波托西遭遇洪水，採礦因而停擺，一六二九年至一六三四年間墨西哥發生的洪災，導致田地泡水，養分流失，同時也讓交通陷入停頓，自然談不上商品與食物的運輸。[107] 一六二八年的歐洲則經歷又一個「無夏之年」，瑞士伯恩高地（Bernese Oberland）降下二十三場雪，莊稼歉收，阿爾卑斯山與萊茵河流域的獵巫和巫術指控數量明顯增加。[108]

然而，傷害更大的還是戰爭與疾病，讓人口銳減，社會樣貌轉變，造成的影響更是延續數個世紀。新教徒與天主教徒之間的宗教戰爭，席捲了大半個歐洲，這就是所謂的三十年戰爭（一六一八年至一六四八年），期間狂亂、衝突與苦難不停歇。一六三〇年代，西班牙與法國展開激烈的戰爭，延續二十多年，而英格蘭則是在一六四〇年代陷入近十年的內戰。

一六四〇年代是一段慘烈的時代，各國內部及國與國之間的動盪、苦難與騷亂未曾停歇。瑞典外交官約翰・阿德勒・薩爾維烏斯（Johan Adler Salvius）對於暴力事件的增加感到錯亂，提到「世界各地」都發生叛亂與起義，「例如法國、英格蘭、日耳曼、波蘭、莫斯科與鄂圖曼帝國」。說不定「這可以用星辰的某種整體相位配置加以解釋」——他開起同時代的人都會開的玩笑。[109]

屋漏偏逢連夜雨，瘟疫肆虐，在一六二三年從法國北部傳入英格蘭、低地國與日耳曼，然後在一六二九年至一六三〇年間傳到義大利。義大利北部大城的死亡率特別高，北義有三〇%至三五%人口（大概兩百萬人）死於瘟疫。[110]戰爭與疾病的影響，在神聖羅馬帝國領土範圍更是嚴重，人口衰退達三五%至四〇%。[111]衝突與瘟疫的加乘效應之大，讓不平等的情況持續整個十八世紀，甚至延續到十九世紀。假如日耳曼地區沒有經歷這一切，想必就會和其他地方經歷一樣的潮流，變得更不平等。經歷戰亂與疾病的日耳曼地區更為平等，但也意味著這個地方屬於歐洲經濟分流後落後的一方，因此不得不在十九世紀中葉後設法迎頭趕上。[112]

義大利的結果相當慘烈，尤其是一六五〇年代又有新的疫情，導致那不勒斯王國約一百萬人死亡——相當於三〇%至四三%的人口。這種死亡率遠比歐洲西北部更高，以疫情的嚴重程度來說，英格蘭約有八%至一〇%的人病死，法國的數字則比英格蘭稍高。瘟疫之所以對義大利打擊甚鉅，一來是疫情來得快；二來是都市勞動力銳減導致生產力大幅震盪——此外，威尼斯與熱那亞等城市的菁英死傷慘重，而長距離貿易都得靠他們組織、投資，因此長短期經濟前景都受到實質衝擊。

不過，影響最大的或許跟時機點有關：疫情來襲的這一刻，恐怕是最糟的時候了，因為生產商正面臨歐洲北部各國愈來愈激烈的競爭。也就是說，歐洲南北死亡率的差距變得很關鍵，北部不僅受害程度輕，還能運用新出現的優勢。[113] 這是「小分流」的重要分水嶺——歐洲北部在這個時間點迎頭趕上，追過南方，甚至拉開差距。到了一六五〇年，英格蘭的薪資水準已經比義大利高一〇%；到了一八〇〇年，數字已經達到驚人的一五〇%。[114]

薪資的變化不盡然是戰爭與疾病造成的。十七世紀初以來，西班牙的跨大西洋貿易嚴重萎縮，引發的財政危機蔓延到熱那亞，熱那亞銀行業無力支撐。貿易萎縮有一部分是因為新世界經濟體系成熟，內部商業發達，地方官員、地主與商人也更能為自己創造資源。一六一〇年代有大約三萬噸貨物運往西班牙，三十年後運過大西洋的貨運量卻已不到這個數字的一半。其他地方的經濟也在轉型，有時候是因為戰爭對供需造成巨大影響而加速轉型。威尼斯的產業在十七世紀頭幾十年間縮水一半，英格蘭人在歐陸的羊毛布料銷售量也有差不多的下跌幅度。[115]

動盪與危機的幅度令許多人感到異常嚴重。史家詹姆斯・豪威（James Howell）在十七世紀中葉寫道：「全能的神最近向全人類尋釁，鬆開韁繩，任由惡靈包圍大地」。十多年來「不光在歐洲，而是整個世界都發生了——我敢打包票——自亞當墮落以來最詭異的革命與最恐怖的事情，而且發生之迅速」。豪威說，顯然「全世界都脫軌了」。[116]

⋮　⋮　⋮

異常惡劣的天氣，是故事線動盪的一環。聖嬰—南方震盪並未以每五年左右的頻率，而是每兩年一次，頻繁發生在一六三八年、一六三九年、一六四一年、一六四二年，接下來二十年間又發生了八次。美西與加拿大洛磯山脈等地經歷漫長旱象，墨西哥盆地亦然，當地人因此舉辦遊街活動，期盼童貞瑪利亞的代禱能帶來雨水。艱難的氣候條件對世界上許多地方已成常態——斯堪地那維亞經歷有史以來最冷的冬天、東南亞稻米歉收、印度與中亞糧食週期性短缺，而東亞多地則因為當時季風極端微弱而陷入混亂。[117]一六四〇年駒岳火山爆發，以及一年後菲律賓帕克峰（Parker Peak）的噴發，讓異常的情況更形惡化，乾旱至少因此延長三年。[118]

這對中國來說，堪稱屋漏偏逢連夜雨——一般認為明朝的滅亡與整體天候惡劣，以及氣候變遷有關。[119]這一點不難理解。一六四〇年，歉收、蝗災、缺糧、騰貴的物價、疫情接踵而來。接下來三年（一六四一年至一六四四年）更發生五百年來最嚴重的旱災。[120]親身經歷這一切的曾羽王，把大旱後的災情記錄下來，鉅細靡遺。起先是蝗災，蝗蟲數量之多，連民宅牆頭上都堆了一尺高的蟲子，曾羽王出門得用扇子遮臉，才能呼吸。「每歸，以扇蔽面，而蝗之集於扇上及衣帽間，重不可舉。」

他寫道，一六四二年饑荒，人死無數，「一路所見，屍骸遍野。兒童之棄於道路者，不可勝記……。余船過青浦，見榆樹旁有六七人取其皮以為食。……衣冠整齊，而橫屍於路者，接踵而是。此真有生以來未有之變也。」[121]

蘇州是明代經濟發展的火車頭。在十七世紀初的蘇州，什麼都買得到，店街櫛比鱗次，商人的大宅裡有美麗的花園，這些在在都顯示出蘇州這座城市及其居民有多麼的富裕。但到了一六四〇年代，連蘇州都前途多舛。文學家葉紹袁對天啟、崇禎年間的災難多有著墨，「民房多空廢坍頹，良田美產，欲求售而不可得。向來吳城繁庶，侈靡已甚，泰極而否，理勢固然。不意余適當其厄。」[122]

叛軍揭竿起義的消息震動天下——經過多年的起事與動亂，在心懷不滿的明朝官員——像李自成與張獻忠便以土地改革與全面檢討稅制的承諾，吸引農民的注意力與支持——以及有辦法獎賞跟班的盜匪頭子主導下，匯集成一股大勢。[123]

一六三〇年代末，叛軍的人數已經來到數萬人之譜——說不定更多——而且不只攻城掠地，不久後甚至攻進北京。在中國，人們把會把「亂」當成失去天命的跡象，出現惡兆就意味著麻煩大了。無論是一六四四年初的地震、樹上結出顏色怪異的梨子、年度祭孔儀式開始前不久的怪風，還是首都北京城裡居然沒有任何新生兒——這些都是大難臨頭的先兆。[124]

一六四四年春，叛軍逼近首都，攻破城門，崇禎皇帝向不幸生在帝王家的親人道歉，命皇后自殺，要年幼子弟喬裝逃走，然後自縊於樹。據說他留下遺書，說自己「涼德藐躬，上干天咎」，自己受諸臣之誤，「朕死無面目見祖宗於地下，自去冠冕。」統治中國將近三百年的明朝就此滅亡。[125]

饑荒、疫病，皇帝本人威望盡失，一六四〇年代的氣候災難更是落井下石，不過明朝的滅亡其實是冰凍三尺，非一日之寒。比方說，人口從一四〇〇年的約七千萬人增加到一六四四年的兩億多，增加將近三倍；比方說，十六世紀晚期增加的軍費，等於政府有七六%的支出都花在軍隊的給養跟裝備，還有用兵打昂貴的仗，尤其是在北疆；再比如在「縱樂的混亂」(confusions of pleasure)上眼花撩亂的揮金如土。[126]

一邊是內廷中宮花錢如流水——包括三千宮女與兩萬宦官的花銷——另一邊則是俸祿太低、誘惑太多所導致的嚴重貪腐與猖獗賄賂。宦官替內廷收貢、管稅、監官倉、掌管祕密警察。這一切所費不貲，加上宦官經常收取回扣，導致行政效率低下、成本膨脹，而宦官權力漸漲，皇帝也難以獲知實情。一六三〇年代，民間傳唱一首諷刺皇帝的小曲：

你年紀大，耳又聾來眼又花
看不見人來，聽不見話……
你不會做天，你塌了罷。[127]

明代中國的問題，在孤注一擲的作法、糟糕的決策與厄運構成的循環中愈來愈嚴重。一六二九年，朝廷為了省錢，裁撤約三〇％的驛站，結果下情難以上報，上令下達緩慢，反而更難處理流寇。本來已經有窮人、餓肚子的人與心有不滿的人，現在又多了一大堆在類似撙節措施下失業的官員。流寇勢頭日盛，讓人感覺天下大亂，政府高層無能。全球貿易模式的重大轉變——明朝對此難以置喙，甚至一無所知——也是其中一項因素：中國本來是世界吸走最多白銀的地方，來自美洲的銀塊經由馬尼拉流入中國。但從十七世紀初以降，來自南亞與東南亞其他地方的貿易競爭加劇；日本斷絕對澳門貿易，也斷了重要的市場；荷蘭人占領麻六甲之舉，也嚴重影響中國的白銀輸入。[128]

一六三〇年波托西銀礦坍塌、中國貿易船隻數量減少，以及用於橫渡太平洋的加雷翁大帆船因為差勁的操船與強勁的颱風而沉沒，種種因素都造成打擊。其中之一就是當時世上打造的最大、最先進船艦「無玷聖母號」(Nuestra Señora de la Concepción) 在一六三八年遇難。[129] 由於西班牙王室壟斷跨太平洋貿易，這些大帆船的損失等於是對王室的重大打擊。一六四〇年是個轉捩點，一來從一五八〇年代以降的迅速成長與高報酬時期結束了；二來從美洲出發的船隻主要由阿卡普高啟航，前往亞洲的入口——馬尼拉，但阿卡普高出航的船隻數量在這一年大減。為了遏阻因為有人賄賂，導致船隻超載、延遲，或者既超載又延遲的情況，當局決定減少每年橫渡太平洋的船隻數量——減到一艘。[130]對中國來說，這就像是病人斷了氧氣供應。

各省的動盪——導致中央稅收崩潰的重要原因——讓情況更加惡化，而農業產能下降也帶來壓力：據估計，十七世紀初中國耕地面積將近兩億英畝，到了明亡時已經剩下不到三分之一。[131]中國等於是走進死胡同，或者調適不及，或者未能處理不斷加劇的問題，結果愈陷愈深。不過，這也代表明朝的滅亡有更深層的原因，遠遠不只是最終導致一六四四年的氣候危機，回溯的時間甚至要到明末之前。

一個朝代會滅亡，是各式各樣的因素加總起來所造成的。在這種脈絡下，一六三〇年代末與一六四〇年代初跌宕起伏的氣候雖然沒有正面作用，但畢竟只是其中一個因素。世界上有許多地方也有類似的故事，政治挑戰、經濟蕭條與戰爭、疾病、饑荒所導致的人口減少在差不多的時間發生，結果就很致命。容錯範圍這麼窄，要打破搖搖欲墜的平衡，簡直輕而易舉。

然而，並不是全世界都在上演一樣的戲碼。例如，日本德川幕府及低地國也面臨非常類似中國的致災氣候條件，而沒有遭遇疫情、饑荒、統治菁英遭到推翻等災難。成功的訣竅非常平凡：官員與行政人員有能力意識到問題，提前預測問題所帶來的挑戰，並且未雨綢繆。[132]說穿了，只有在問題已經存在的地方，氣候才會是造成惡化的因素。

歷史學家老是忍不住想找出分道揚鑣的時間點，想指出所謂的轉捩點，但我們應當避免這樣的誘惑。無論是在明朝滅亡的當下，還是從後世的角度來看，明亡顯然有其影響，也有高度的象徵意義。但在實際上，對當年的大多數人來說，這種轉變的意義並不明顯。比起朝廷與區域中心索要的稅款，寶座上坐著何人其實沒什麼差別。如此說來，明清鼎革讓人感到最明顯的變化，主要還是新的髮式、新的風俗，以及引介到朝中之後、向外開枝散葉的新休閒活動：毛皮等來自邊疆的物產，成為中國菁英的時尚標誌；蒙古的野菇、滿洲的淡水珍珠，以及東南亞和大洋洲的奇珍異寶大量流入，因為帝國中心的市場而承受開發壓力。[133]

即便如此，十七世紀的「全面危機」所帶來的挑戰，仍然催生出重要的回應。重中之重在於實施實施計畫以降低風險，減少同時面對各種難題、焦頭爛額的可能性。有很多方法可以達到這一點：改善傳遞並提升效率；投入時間、精力與資源發展農業科學；開闢或奪取新的土地以解決人類史上最古老的問題之一：如何讓城市擴大，超越腹地範圍的限制。先前已經提到，西歐的部分國家已經在新世界達到這個目標，現在其他人也想要依樣畫葫蘆。

18 大分流與小分流

（約一六〇〇年至一八〇〇年）

我居然能那麼節制。——羅伯．克里夫（Robert Clive），一七二二年

自從連通歐洲、非洲、美洲與亞洲的貿易路線開通之後，一連串的商業、社會、政治、生物與生態變革跟著輪番上陣。愈來愈多的人因為對資源與商品的需求、對利潤的追求，以及交流的加速而與彼此更密切的互動，過程中連通層層疊疊的區域網絡，整個世界交織起來，化為全球性經濟體。

想利用機會，就必須投資發展技術、情報蒐集，將知識系統化。比方說，荷蘭人將航線標準化，制定航海章程，並規定船隻每年要出港兩次（一六三〇年代之後則是三次），以維護集體安全——同時他們也試圖尋找最好的風場條件：在世上，時間就是金錢，在惡劣條件下揚帆不只危險，而且浪費錢。平均來說，在東風下航行的船隻日行兩百一十八公里，在西風中航行者則只有一百六十七公里，少了將近二五％。風向是天氣模式當中難以預測的一環，比方說一七三〇年代常吹西風，但一七四〇年代及一七五五年之後西風減弱很多。[1]

具有商業與戰略價值的知識是不傳之祕。頭一波從歐洲航向美洲與亞洲的船長皆有命在身，不僅要製作地圖，而且不能讓祕密落入潛在競爭者手中。威尼斯人非常想得到關於一五〇〇年，葡萄牙人佩德羅．

卡布拉爾（Pedro Cabral）繞航好望角前往印度的航海紀錄，但這不容易，「畢竟把東西交出去的話，會被國王處死」。精明的情報人員不到三個月就解決問題，一位威尼斯要人回報本國，表示自己能取得地圖，內容不只是前往印度的航路，甚至更遠的地方也不在話下。[2]

還有其他機密資料，例如植物學家格奧爾格・魯姆菲烏斯（Georg Rumphius）在十七世紀編纂的文集。荷蘭東印度公司派他去東南亞蒐集職務相關知識。他的這部目錄起名為《安汶本草》（*Het Amboinsche kruidboek*），高達七千頁，描述上千種來自印尼群島各地的植物。但這並不像現代學術研究的那種利他貢獻，當局認為這部目錄是機敏資料，商業價值無可限量，因此數十年皆不放行出版，直到一七四一年，魯姆菲烏斯過世都快四十年了才准予付梓。[3]

一四九〇年代，歐洲航海家為了通往印度洋，甚至更遠的世界而抵達美洲、繞航非洲最南端，迅速、仔細、按部就班地探索各大洋、海岸線與族群，接著旋即發展出新的交流，範圍廣闊。前述的地圖製作與植物資料彙編，就是其中的一個環節。西班牙、葡萄牙探險家與航海家在短短數十年間便抵達美洲、印度及菲律賓，繞過好望角，跟安地斯山、中美洲、亞洲與大洋洲族群接觸，環航全世界。學者與科學家按時記錄接觸到的族群、地理環境和自然歷史，編纂時空間範圍宏大的百科著作，例如弗蘭西斯科・埃爾南德斯（Francisco Hernández）製作的三十巨冊——他可是帶著畫家與製版師傅前往新世界，幫助自己捕捉所見與發現的影像。[4]

伊比利半島的統治者為這種風險項目提供支援與金援，他們不打算與人分享學者的發現，而是把這當成理解、形塑新帝國的機會。構成新帝國的不是已經控制在自己手中的鄰近領土——那是政治擴張的老路——而是要控制遠在天邊的地方。西班牙與葡萄牙採取的模式在各方面都有不同。葡萄牙偏好以軍事力控制特定飛地，西班牙則是戮力在新的地點建立學術重鎮。西班牙海外帝國幾乎所有大城市都有醫院與印刷廠，甚至大學——一五三八年，當局在聖多明各（Santo Domingo，位於今多明尼加共和國）成立海外第一所大學，隔年在墨西哥的米卻肯（Michoacán），十年後在利馬也都成立大學。[5]

道明會修士托馬索・康帕內拉（Tommaso Campanella）在一六〇〇年前後強調，支持海外發展學術的作法有其深意。「擁有這種學問的人，將主宰大海、陸地與萬民，比人們所能想像的其他方式更能彰顯帝國，增添國王的威望。」他寫道，「因為神要祂的工彰顯，所以祂將之託付給懂得的人。」換句話說，海外領土是神恩的示現，理解並控制這些領土不只是出於利益，更是責任。[6]

對於學術價值的這番褒美，絕不能脫離其脈絡——當時的歐洲有異端審判、有宗教改革，偏狹與偏見貫穿十五世紀末和接下來的時代。天主教徒與新教徒之間爆發激烈衝突，猶太人成為慘烈迫害的目標，歐洲各地更是有無數無辜的受害者遭受行巫術、異端信仰，甚至同時是兩者的指控。科學與教育也成為戰場。統治者頒布命令，要人交出路德派的著作，不從者處以罰鍰與監禁；教宗頒布禁書名單，其中有些文本之所以被禁，是因為出版地點的關係，或者出版商以前曾出版其他的異端著作。[7]

有一點很重要：歐洲人跟新的地點、新的族群與新的文化展開互動，日益熟悉，但彼此的關係並不是建立在相互尊重之上——差得可遠了。我們已經談過，對於來自非洲的男女、小孩，歐洲人的態度演變成優越感、殘忍與壓迫，造成的傷口在今日世界仍隱隱作痛；無獨有偶，美洲原住民遭受的對待是建立在歐洲人自認為有權操弄他們而造成的不平等，其影響至今仍然存在。

他們這種心態需要時間醞釀、發展，然後僵化——對於種族與世界其他地方的看法，變得跟石頭一樣硬。一旦談到氣候，談到因為疾病環境或溫度太高而自己難以適應的情況，歐洲人則是得拐好幾個彎才能維持自己的優越感。有人對於哪種人能夠及何以能蓬勃發展，有自己的理論。據約翰・弗萊爾（John Fryer）博士推測，「欲望與活力高漲的人」，很難適應在印度的生活。另一方面，「但老年男女就比他們適合得多」。其他人的看法則悲慘得多，十七世紀晚期某英格蘭醫生哀嘆說，「我們到了這裡，就跟外來的植物一樣……水土不服」。[8]

至於亞洲，雖然歐洲人是「外來者」，但這並不妨礙他們深信自己在世界上的所有族群當中居於獨一無二的高點。伏爾泰說，明眼人一看便知。歐洲人已經證明自己「才智與勇氣遠高於東方各民族」。先入為主與偏見已成常態，對別人是，對歐洲人自己也是。十八世紀末，一位日耳曼學者如是說：「歐洲也許是世界上最小的地方，但卻是最棒的地方。」難怪另一個同時代的人會宣稱歐洲已經「臻至完美」。[9]

住在其他地方的人活該遭到輕視——這種心態得到旅遊文學之洪流的推波助瀾，這些作品的作者是一批新仕紳階級，他們前往世界各地追尋科學知識與學術，用妄尊自大的態度抱怨調查各族群與各地是多麼「辛苦而危險的工作」，而研究對象卻經常與自己的期待有落差。比方說，某歐洲訪客對廷布克圖非常失望，覺得根本不是沙漠中財富與智慧無邊的榮耀之城——「只有一大堆用土砌的難看房子。四面八方什麼沒有，只有整片的淡黃色流沙，一望無際。」[10]

種族優越的論調，演變成對其他人的文化嗤之以鼻的態度與刻板印象。十九世紀初，某旅人說波斯人幾乎不懂怎麼用刀叉、盤子或餐巾。差不多同一時間，在柏林開設講座的哲學家格奧爾格・黑格爾（Georg Hegel）在課堂上表示，蒙古人與西藏人個性好，開朗又信任人，「絲毫沒有印度人那種欺瞞、懦弱與卑劣」。[11]

歐洲人想像中的鄂圖曼帝國，變成瘟疫與體弱的代名詞，甚至到了經常稱之為「歐洲病夫」的地步（之後會談到）——所謂的「病」，既是指他們僵化的政治制度，也是在說這片病態的土地無法用合理的方法治療自己惡化的健康。[12]病、懶、故步自封，都是歐洲人對土耳其人的看法。一九一九年，英國首相大衛・勞合・喬治（David Lloyd George）說鄂圖曼的首都君士坦丁堡「不只是東方每一種惡習的溫床」，更是「腐敗與陰謀的源頭，流毒深廣」。[13]這種看法俯拾皆是。

這些偏見也成為改寫歷史的重要一環，標榜「西方文明」，拿其餘所有人開刀。著名歷史學家湯瑪斯・麥考萊（Thomas Macaulay）在一八三六年寫道：「光是歐洲一所好圖書館書架上的一層，就能抵過印度與阿拉伯本土所有文學作品。」至於在印度辦教育，他認為英國人必須「盡可能創造一批人——這群人流著印度人的血，有著印度人的膚色，但在品味、觀點、道德與才智方面必須是英格蘭人——在我們與我們所統治的百萬生民之間做通譯」。印度需要非印度人的統治；唯一的辦法就是創造、訓練一個新「階層」，他們必須跟自己的印度特質脫鉤，像歐洲人一樣思考。麥考萊表示，懂英語「比梵語或阿拉伯語更有價值」，何況英語比希臘語容易學習。聰慧的英格蘭年輕人都能輕鬆希羅多德與索福克里斯（Sophocles），「印度人讀休謨與米爾頓」又有什麼困難？[14]

一邊是擺布其他人，另一邊則是擺布大自然。先前談到歐洲人為了榨取高利潤的作物，尤其是蔗糖、咖啡、棉花與其他經濟作物，於是大力剝削加勒比海島及從非洲運來的奴隸。種植這些作物而折損的人力簡直是一場災難，生態環境受到的影響也不遑多讓——有學者形容「就好像把修士的地中海髮型反過來剪，變成山頂上留一小撮樹林，其他統統剃光」。除了地力耗竭，伐林也讓土地更為惡化，雨水與高熱使養分進一步流失。這麼做既不能永續，也不是做生意的聰明之道：不久之後，加勒比海島嶼就得進口木柴給煮糖間來燒，後來甚至遠從英格蘭進口。[15]

起先這種生態惡化僅限於少數幾個地點——巴西東北部與加勒比海情況特別嚴重。整體來說，歐洲人對美洲領土的開發出奇受限。建立殖民地的目的畢竟不是增產，而是控制貿易。為了讓王室獲得的收益最大化，當局甚至實施嚴格規定以限制出口。例如，巴西蘇木（brazilwood）就是一門獨占生意：歐洲紡織業者對這種植物性染料有大量需求，價值高到「巴西」這個國家名，便是源於每三年一次的蘇木拍賣地點。巴西蘇木出口量有嚴格限制，葡萄牙國王甚至在一六〇五年下令，凡走私者被抓皆處以死刑。鑽石貿易也受到控制，與採礦活動無關的人完全不准靠近——尤其是神職人員，大家都知道他們會從事違禁品買賣。[16]

整體來看，新世界最引人注意的一點，其實是歐洲殖民者對當地的開發有多麼不夠力。為了維持國內商品價格，西班牙的橄欖油與葡萄酒商以及葡萄牙鹽商成功遊說，阻擋美洲的生產活動。一七七〇年代以前，西班牙輸入的美洲獸皮大約是十五萬張；一七七八年，貿易政策與稅制改變，毛皮貿易的趨勢也大幅轉變，隔年運過大西洋的毛皮竟達到八十萬張，一七八三年甚至達到一百四十萬張。一七七八年至一七九六年，殖民地貿易成長十倍，毛皮只是其中一部分。其實，從哥倫布打頭陣橫渡大西洋以來的近三百年間，美洲殖民地貿易並沒有使出全力，根本稱不上開發「荒地」。[17]

其中一點是，北、中、南美洲環境在一四九二年後的幾個世紀間出現大幅改變，但原因不是人類的活動——正好相反。對許多地方來說，這是一段重要的再森林化與野生動物數量增加期。美洲人口因為疾病、飢餓、戰爭與迫遷而驟減，本來的耕地因此雜草叢生，這對野生植物有利，不利於水果、堅果等食材。同理，因為成為食物或地位象徵而遭到大量獵捕的動物，像是因為羽毛被人視為地位象徵與作為貨幣使用而變得珍貴的鳥類，其族群數量也開始恢復；美洲豹等頂級獵食者先前遭人類獵捕，因開墾活動而被迫遷徙，如今人類數量減少，牠們的棲地也擴大了。某些動物的命運和數量與人類的成就息息相關，例如火雞、狗與大羊駝，但牠們的主人、餵食者與照顧者死絕之後，牠們的數量也隨之衰退。不過，在歐洲人拓殖美洲（不包括用來種植少數幾種高價作物的地方）造成的結果當中，最奇特的一點就是讓大範圍內的野生動植物數量大增。整體來說，一八〇〇年的美洲，森林遠比三百年前茂密。[18]

生態之所以出現劇烈變化，原因也不只是歐洲人的干預。原住民世界——包括今日的加利福尼亞、內華達、猶他、亞利桑納、新墨西哥、索諾拉（Sonora）、下加利福尼亞（Baja California）、科羅拉多三角洲，然後一路延伸到東岸——是由河流、山脈、沙漠等天然疆界所劃定的範圍，其經濟因為工具、商品與牲口等而相互連結或彼此有別，其糧食體系建立在類似的動植物資源與水資源上，同時也構成運輸與通訊網絡。時間一久，這些關係與平衡開始改變，部分固然是發生在美東海岸的事情所引發的連鎖反應，但主要還是因為馬匹的引進，讓北美大片土地出現強力的變化。突襲策略演進，由長屋人（Haudenosaunees）、切羅基人（Cherokees）、卡曼契人（Comanches）、納瓦荷人（Navajo）、阿帕契人（Apaches）與其他族群所主導的新聯盟也隨之成形，以因應歐洲拓殖者帶來的壓力，滿足防守或攻擊其他原住民領地的需求，並且在部分學者稱之為「暴力政權」（regimes of violence）的內部維持菁英的權力。[19]

開疆闢土不只發生在美洲。以十六世紀末的印度為例，蒙兀兒帝國擴大疆土的同時，也吸收跟包容更多少數族群，以及跟寬容的好處有關的自由思想。皇帝阿克巴是關鍵人物，不只延攬耆那教徒加入他的朝廷，自己也深受其哲學與風俗影響——包括茹素，阿克巴對此熱情擁抱。「人怎麼可以讓自己的胃成了動物的墳墓」，阿克巴如是說，甚至表示要不是難以實行，他甚至想禁止吃肉。總之，他說「從小每當我點了肉食，人家煮給我吃，我都吃得索然無味，不想去碰。我認為這種感受說明保護動物的必要，所以我避免吃肉。」[20]

千萬別把這跟環境保護或永續的作法混為一談。蒙兀兒統治者的動機，其實是追求軍事勝利、維持公共秩序、增加土地收益，以及併吞新領土。蒙兀兒帝國在十六世紀末擴張進入孟加拉，是說明這幾種目標交織在一起的絕佳例子——當地的野心統治者經歷一連串的軍事行動之後，被迫向帝國臣服。新的拓殖者獲得授田後，便砍伐叢林，整地以種植稻米，當地的居民——許多是森林女神的信徒——被迫搬家。森林住民蒙受沉重的損失——他們不是住在邊陲的野蠻人，而是收集與栽種香料、樹脂與其他非木材類物產時非常重要的角色，而這類生產活動所需的知識與技巧卻難以習得。[21]

大多數的「先驅」是穆斯林，他們除去了野生溼地、沼澤與森林的野性，在鄉間建立小清真寺，支持新聚落與社群。這麼做的效果就是開闢出新的地區，產出大量的食物、商品與稅收，在十七世紀為蒙兀兒帝國的維持提供動力。[22]

清朝採取相同的原則。十七世紀中葉，清朝掌握今日中國範圍的大部分。新統治者迅速、有效在前明滅亡後的亂世中恢復秩序，可見一六四〇年代破壞力十足的災禍多半是結構性的問題。行政改革展開之後，農業生產力一飛沖天，國庫隨之充盈。接下來兩個世紀，耕地面積從大約一億英畝增加到兩億英畝——等於每年有五十多萬英畝的地變成耕地。[23]

嚴重的生態代價伴隨而來。密集伐林加上推行耕種，導致土壤大量流失與劣化，嚴重影響黃河與大運河，不只導致環境破壞，更是經濟災難：維護運河系統的成本，在一七三〇年代後增加五倍，到了一八二〇年代更是耗費政府多達二〇%的開銷。[24]不管怎麼說，這都是浪擲資本與人力；如此的無效率讓清帝國在十九世紀面對新興的全球競爭時處於劣勢。

清代是一個往西、往北、往南擴張的時代。到了十七世紀末，清朝已經鞏固對蒙古、新疆大部分地區，以及對臺灣的控制，同時把影響力伸入西藏。[25] 一七五九年，乾隆皇帝（一七三五年至一七九六年治世）宣諭中外，表示所有敵對政權與王國已悉入版圖，傾心向化，「邊陲寧謐……永慶安全」。[26]

清朝深入的許多地方，並沒有帶來盡現眼前的暴富。往內陸擴張雖然帶來武功，但占領草原、山脈與沙漠——新征服的地區多半都是如此——不會帶來明顯的利益。就算有，不管是什麼時候有、哪裡有，也都會有代價：商品總得送到消費者與顧客手中；假如開發當地人口密度低，距離城鎮又遠的話，就代表運送大體積的項目（例如作物）將所費不貲，財務上並不可行。結果，人們的注意力幾乎無一不是放在毛皮、淡水珍珠這類質輕、高價、報酬一流的奇珍異寶上。[27]

⁝ ⁝ ⁝

在世界上其他地方，則是有城市沿著新的貿易路線而崛起。比方說，利馬、巴拿馬、哈瓦那、布宜諾斯艾利斯、里約熱內盧、馬尼拉等城市，都是南美洲與中美洲銀礦開採，乃至於運輸所帶動的。[28] 十七與十八世紀的擴張，意味著世界上有許多地方相互滋養、活化，刺激彼此。但中國沒有發生這種情況：沒有新的城市建立，自願或非自願的遷徙相當有限，而擴張所得主要都跟安全有關，而不是物質。總之，怎麼算都不划算。成本高、產量少、薪資低都會拖慢成長，也會影響開支。清代中國因此走上一條與歐洲大相逕庭的路——在歐洲，強烈的焦慮導致人們投注大量心力提高產量，提升適應力，降低氣候震盪造成的風險。

十七世紀中葉的創傷，讓人們用心思考怎麼樣從土地中得到更多收穫。比方說，華爾特・布萊斯（Walter Blith）積極提倡土地管理，呼籲農民更仔細研究這個課題，提出建議並保證（就像現代行銷權威）能讓產量保底，翻漲兩到三倍，有機會五倍，甚至喊出十倍的報酬率。這個個案說明當時的人對農學愈來愈有興趣，以及他們為了預防未來的短缺所做的努力。[29]

三十年戰爭造成的破壞，尤其是戰爭、疾病與饑荒所導致的慘痛損失，恐怕是促使人們戮力研究農業的關鍵原因。例如十七世紀時，路德維希・馮・澤肯多夫（Ludwig von Seckendorff）等年輕學人不只花時間探討土壤條件、肥沃程度及土地的管轄權，更認為所有想成功治國的統治者，都必須知道這些基本要素——這類研究想必不是巧合。他們不只是想減輕潛在的威脅，更是對於勞動力規模，以及高水準生產力的潛在效益感到興趣。十八世紀的重要學者約翰・馮・尤斯第（Johann von Justi）表示：「凡生存無虞、商業暢旺的國家，居民人數一定不能太多」。他主張，當務之急是找到方法支撐更高的人口密度，才能為統治者創造更高的收入。[30]

但凡是了解科學、政治與經濟彼此關係緊密的人，都不會忘記這些教訓。「農業，」十八世紀中葉的東歐巨人腓特烈大帝（Frederick the Great）說，「農為學問之本，沒有農業，就不會有商人、國王、詩人、哲學家。」他把自己的想法告訴筆友，法國作家兼萬事通伏爾泰，「對我來說，化疆土為農地比殺人更有好處」。[31]

這些看法掩飾了對於生產及供應能否跟上需求的普遍焦慮。威廉・佩悌（William Petty）提到，自從伊莉莎白一世女王治世（一五五八年至一六〇三年）之後的一百年，光是倫敦就大了七倍。他很好奇，假如倫敦又大了七倍會怎麼樣？「麵包與釀酒用的穀物……水果、蔬菜、秣料、木材、煤炭」還夠不夠？[32]解決問題的方法之一，是生出一大堆新殖民地，從中榨取資源——情況的發展彷彿一條學習曲線：比方說，英格蘭的愛爾蘭經驗，成為經營北美與加拿大的樣板，尤其是怎麼強迫原本的居民搬走，在種族與宗教框架中運用武力，以及發展優越地位與生殺大權的觀念。[33]

提振產量的另一條路，則是提升勞力水準或是採用創新的農法來集約使用土地。例如，清代中國便進口大量以油菜籽、棉籽和豆粕為主成分的肥料，截至一七五〇年甚至達到每年三十億公斤之譜。這既是土地管理的革新，也是消費、社會福利與衛生變革的一環。預期壽命與生活水準不僅足以匹敵，甚至超越歐洲絕大部分地方，達到與英格蘭東南部大致持平的程度。考慮到清代中國人口在十八世紀時多了一倍以上，這樣的成績尤其讓人印象深刻。[34]

人口增加是怎麼發生的？有一種解釋是所謂的哥倫布大交換，過程中讓美洲與世界各大洲聯繫起來。史家固然經常用這個詞彙來指稱一四九二年之後數十年乃至數世紀間創造的新連結，但這種解釋差強人意——尤其是「交換」暗示美洲與世界其他地方之間的關係是對稱的雙向交流。但人流幾乎只有單向：先前我們談過，數以百萬計的人被迫從非洲前往美洲，也有數以百萬計的拓殖者在不同的時間從歐洲出發，橫渡大西洋；至於反方向移動的，無論是名流顯貴，還是強迫奴工，人數都極低。[35]

當然，來自美洲的白銀流是真的引發重大的轉變；但把視野看得更廣，新世界得自於舊世界的遠比舊世界得自於新世界的多出許多。除了自願與非自願的人流外，還有無數的馬匹、綿羊、豬、牛、雞、鵝、貓、老鼠等隨船橫渡大西洋，反方向的只有松鼠、火雞、土撥鼠。可可、玉米、菸草、鳳梨、四季豆與辣椒是從美洲輸出，但有許多植物與作物卻是從歐洲、非洲、亞洲輸入美洲的，像是柑橘、稻米與香蕉——這三種植物都變成飲食中的固定班底。[36]

舊世界的飲食對於生活在新世界的人影響更大，至少一開始如此：一五八〇年代，歐洲人調查一百九十個高死亡率與高疾病水準的原住民社群，想知道問題的成因，而原住民表示在一個世紀前，也就是西班牙人到來之前，人們吃得沒那麼多，用的鹽少，酒也喝得少——衛生水準據說也較高。調查中也提到，當地治病者透過試錯找到的療法比新移民帶來的醫學觀念還有療效，而禁止一夫多妻也導致原主民生育率受限，但無論如何歐洲人的到來確實結束了節制的時代，取而代之的則是「過度」。[37]

不過，雖然種類相當少，但還是有些食材從美洲輸出之後造成重大的影響。木薯（樹薯）與玉米起先是十六世紀時，由葡萄牙商人帶著東渡大西洋，西非當地農民非常重視這兩種作物，特別是因為它們耐旱。木薯既耐旱又高產，更好的是它們不只不怕蝗蟲，而且很好儲存。木薯要存放前得經過勞力密集的加工，需要泡水、磨碎、榨汁，等放乾之後再磨成粉；由於木薯含有一種化合物，會在水解時因酵素而產生氰化氫，前面提到的加工工序是去除這種化合物的關鍵。如果沒有妥善完成，就可能導致麻痺與中毒。[38]

玉米也很適合非洲的土壤，通常高粱收成一次的時間，玉米能收成兩次，而且可久放，不易腐敗。玉米在貝南、迦納、尼日、多哥、喀麥隆與安哥拉成為飲食的關鍵來源，今人往往把玉米當成當地的傳統作物，而非相對晚近的輸入。[39]對於大量奴隸來源的區域來說，這兩種作物大大提升熱量供應。造化弄人，因為木薯跟玉米讓更多人挺過饑荒，提升農業生產過程中對女性的依賴，建立的糧食儲備讓當地對勞動力的需求降低，結果對奴隸貿易產生影響。這兩種作物創造出的勞動力「剩餘」，反而變成可以把男性賣給奴隸商人。

不過，有另一種作物比玉米和木薯還重要許多，這種作物影響全球史的程度怎麼說都不過分——尤其是因為它也可以降低天氣震盪與氣候轉變造成的風險。就算主張它改變人類命運的程度，堪比史上最重要的一些醫學發現，或者主張它影響經濟走向的程度不亞於工業革命，也都很合理。它除了提供多一層的保障，助人對抗饑荒與疾病外，更是改變衛生風貌，推動都市化，減少衝突。改變世界的是其貌不揚的馬鈴薯。

⋮⋮ ⋮⋮ ⋮⋮

若以每英畝土地採收量為基準，馬鈴薯提供的熱量、維生素與營養室多於其他主食作物的。中等大小的馬鈴薯，薯皮就含有每日建議攝取維生素C的四五％——小麥、燕麥、大麥、稻米與玉米的話卻完全沒有；中等大小的馬鈴薯還能提供不少每日建議攝取的維生素B6，以及硫胺素、核黃素、菸鹼酸、鎂、鐵和鋅。此外，相較於小麥等作物，馬鈴薯需要的土地更少，提供的熱量更是十倍以上。一英畝的馬鈴薯通常能比同樣面積的燕麥、小麥或大麥提供三倍多的熱量。[40]

馬鈴薯可以在不適合種小麥或稻米的土地上生長，更有甚者，它還可以在其他作物的生長季之間種植，以及在穀類栽種期之間的休耕地上栽種。一方面，馬鈴薯在天候不佳時還是長得很好，可以提供多樣性，減緩饑荒的威脅。因為容易儲存，多的馬鈴薯也能累積起來以備不時之需，在冬季時提供工人跟動物食用。能餵養牲口也是非常重要的一點，馬鈴薯就像飼料，能餵飽大量豬隻與牛隻，增加肉品攝取的機會，同時提高糞肥量，進一步推高作物產量。[41]

安地斯山區栽種馬鈴薯已有上千年的歷史，但歐洲人在十六世紀把馬鈴薯帶回去時，並沒有立刻掀起風潮，一來馬鈴薯是帶毒性的茄科植物；二來則是這種作物結塊的外型與黯淡的顏色讓人想到痲瘋病。一開始的發展雖然緩慢，但到了一六〇〇年前後，西班牙、義大利、英格蘭與日耳曼都開始栽種馬鈴薯，船員也在同一時間把馬鈴薯帶入非洲、亞洲與大洋洲的港口——不過歐洲、印度與中國開始大面積栽種，要等到十七世紀末與十八世紀初。[42]

此時，大家覺得馬鈴薯簡直能帶來奇蹟。彼得大帝在一六九〇年代末期周遊歐洲時，把一袋馬鈴薯寄回俄羅斯，指示將之分送到不同行政區的農民手中。數十年後，國會發出訓令，種植「英格蘭當地稱為馬鈴薯的地果」，這麼做不只是為了鼓勵農耕，也是為了對治一七六〇年代芬蘭與西伯利亞因歉收而引發的饑荒和疫情。推廣需要一點時間，一來有人認為馬鈴薯是「禁果」，也就是亞當與夏娃在伊甸園吃下的那一種（大概是因為「土裡的蘋果」〔pomme de terre〕這個名字）。俄羅斯有些守舊派說：「誰吃下去，誰就違抗了神，違反神聖的誡命，進不了天國」。[43]

也有人採取現實態度。亞當・斯密在《國富論》（*The Wealth of Nations*）寫道：「一片馬鈴薯田生出來的食物，比一片麥田生出來的優質多了。」他深信，「其他食物的營養成分不可能比它更好，也不可能比它更有利於人體的健康。」他說，倫敦最強壯的男子及全國最美麗的女子，就是那些「出身於愛爾蘭底層的人，他們都是吃這種根莖類長大的」。[44]

馬鈴薯的接受與推廣，對眾多不同層面造成明顯的影響。從一六五八年至一七七〇年間，超過一萬三千名法國士兵的紀錄來看，成年人平均身高因為小時候得到更多營養而高了一公分以上，這是因為整體吸收更多熱量，具體來說則是因為馬鈴薯。[45]

歐洲開始栽種馬鈴薯後，農產量隨之大增，對於土地的需求則趨緩，因此也降低各方競相控制土地的熱度。照道理講，有低廉的食物可吃是可以降低維持大部隊的成本，進而讓戰爭成為更具吸引力的手段，但土地的價值變低通常會降低激烈衝突的機率，畢竟刺激人們動武的情況少了，打贏戰爭的可能性也跟著降低。統計模擬顯示，馬鈴薯的引進不只讓歐洲的衝突減少，其他穩定栽種馬鈴薯的大洲與區域也是。[46]番薯引入中國，先後在華南與華北種植之後，也有降低農民叛亂的效果，這主要是因為其他作物由於降雨的波動而歉收時，還有番薯提供多一層的保障。[47]

無論惡劣天候是一時的，還是長期大範圍氣候轉變的一環，馬鈴薯都有降低風險的作用，減少食物短缺，提升熱量攝取，強化健康並增進預期壽命，為人口增加帶來新的契機。更有甚者，馬鈴薯可以支撐更高的人口密度，十七與十八世紀的城市數量和規模也因此成長。根據估計，這段期間中的人口成長有二五%可以歸功於馬鈴薯——至於都市化的程度，馬鈴薯的功勞就更大了。[48]這一點非常關鍵，因為城市不只以前如此，現在也還是促進商業交流，帶動需求成長，激發創新的主角。

整體來說，糧食在推動世界各地城市發展的過程中發揮重要影響，但高薪的影響力也不遜於此。先前提到歷史學家所謂的「大分流」，也就是歐洲追上並超越了歷史悠久、規模更大的亞洲經濟體，尤其是印度與中國，薪資正是解釋大分流現象的關鍵。

大分流發生的原因很多。有些學者深入爬梳歐洲城市的成長，重視歐洲作為羅馬帝國一環，得以在一千多年後使用羅馬的道路基礎建設。[49]有人著眼於新教的影響，強調歐洲興起帶動歐洲教育後所引發的深刻改變，北方與西方國家和南方與東方拉開差距。馬丁・路德（Martin Luther）積極提倡讓男生女生都上學，堅持要求所有人都應該要能讀《聖經》。一五三〇年，他在〈談讓小孩上學的講道詞〉（A Sermon on Keeping Children in School）主張，部分家長不管孩子無知或者讓他們輟學，這種自私、愚蠢、稱不上基督徒的作法很丟臉。他說，這種人等於為惡魔做馬前卒。這番譴責影響深遠，新教城市與鄉間因此採取讓全體孩童受教育，並要求成立新學校的政策。到了一九〇〇年，新教徒占多數的所有國家竟然識字率逼近一〇〇%，但天主教國家卻一個都沒有，其中不少還有很大的差距。[50]類似的模式也出現在一九一〇年至一九三八年間的美國，人口中有高比例新教徒的區域，教育成績也比較好。[51]

除了成立各種機構團體之外，印刷術的引進與書籍製作規模擴大也很重要，愈來愈多人能接觸新觀念與新知識。成立大學也很重要，尤其是因為大學能讓受法律訓練的人數增加，讓買賣之間的不確定性降低，對於經濟業務有正面影響——這樣的發展提升信任水準，也提升交易的數量與速度。[52]

交易風險一旦降低，動用資本的成本也隨之下降，進一步刺激競爭。歐洲各地的利率（尤其大不列顛島與尼德蘭）遠低於中國：亞當・斯密在一七七〇年代提到，三%到四・五%利率在倫敦算是一般水準，但據說中國的現行利率高達一二%。[53]他的說法其實有誤。其實在中國，放款的月利率是二%，也就是年利率二四%；有時候利率甚至達到每年五〇%。[54]南亞、東南亞與東亞的利率雖然有區域差異，不同時期也有起有落，但跟歐洲相比，在亞洲借款經商的成本高得嚇人——這不僅延緩經濟成長，也扼殺創新。[55]

競爭能帶動經濟成長與創新，由於歐洲政治版圖破碎，創造出驗證、精進構想，以及提升反應速度、推動改革的機會，因此競爭一直都存在。這一點也表現在近乎於無止息的戰爭——先前說過不停歇的戰爭不僅提升軍事科技，也是造就十九世紀非洲、亞洲與大洋洲殖民時代的關鍵。不過，競爭也是科學發現與進展的動力，只不過科學的進步應該回到人們經常忽略的性別分流脈絡下討論：在歐洲北方（尤其是英國），男性學者與企業家推動創新，建立分享、推崇創新的人際網絡，更為可以商用的創新提供資本；[56]女性卻在有意與無意間被擋在這些網絡之外，必須以匿名方式發表自己的研究或者根本不發表。[57]

男性、科學、金錢與機遇構成的圈子，在英國運作效率奇佳；高水準的薪資與勞動力的高產能，正是推動發展並最終引發工業革命的關鍵要素。英國的勞動力比歐洲其他地方的產能更高，他們的薪資也比別人好，意味著新發明採用得更早、更快，推行的規模也是全球第一。影響最大的不是學校教育或識字率，而是機械長才——機械相關人力供給在英國特別高，能工巧匠不斷對機械構造做出小幅改進。[58]例如，從珍妮紡紗機（spinning jenny，一種簡單、便宜的手搖紡紗機）到早期紡織機以金屬作為零件，再到引擎尺寸的標準化——標準化之後，零件才有備用可言，進而在機器故障或整臺壞掉時能節省維修的時間與金錢。[59]

結果，英格蘭的農工在省時、快速方面輕鬆超越其他地方的農工。十八世紀末，採收一英畝小麥在英格蘭需時約七天，但同樣的步驟在法國卻需要十六天以上。如此的效率不僅讓英格蘭工人可以領更高的薪水，還有一大堆好處，像是比法國工人攝取更多的熱量。甚至有人認為英格蘭工人薪酬佳，肉類蛋白質取得容易許多，而這對於因幼兒大腦發展有莫大的影響。似乎英格蘭勞工不只比其他國家的勞工錢更多，生產力更高，腦子也更好。[60]

丹尼爾・狄福（Daniel Defoe）在一七二六年寫道：「比起其餘國家，英格蘭製造業勞工能吃肥肉，能喝加糖的飲料，生活愜意，日子過得好，工資更好，花在享受上的錢也更多。」狄福其實還可以補充，高薪不只能帶來休閒生活，也能支持進修，像是讀寫、算術，乃至於精進職業能力，正在迅速上升的經濟體對這些有很大的需求。[61]

明顯缺乏創新與競爭壓力的中國，情況則大不相同。鄉村人口中從事僱傭勞動的比例少之又少，晚明時恐怕只有一%到二%。[62]更有甚者，雖然清朝在十七世紀末與十八世紀時打下這麼多領土，但敲鑼打鼓以「滿洲和平」（Pax Manchurica）作為天下大治的象徵，反而成為暴露在外的弱點。清朝把疆界推向山脈與沙漠等天然屏障，把有威脅的鄰邦或競爭者趕走，迫使其他帝國從視野內消失。軍隊只需對付朝鮮、東南亞、內亞及哥薩克冒險家等可控的威脅。這些對手沒有一個能刺激軍事科技或戰術的變革，而且根本帶不出行政、社會或經濟改革，也帶不出對創新、生產力或產業的投資，而這些都是西方崛起的關鍵。自從羅馬帝國以來，歐洲的分裂與破碎的政治史引發激烈競爭。以往戰爭與動盪是歐洲內耗的源頭；如今卻成為一股力量。易言之，歐洲往前飛奔時，中國卻卡在過去。[63]

⁝　⁝　⁝

以前氣候是造成糧食短缺與動盪的因素之一，氣候韌性愈佳就愈能幫助社會面對難以預測的天氣條件。當然也有造成劇烈影響的單一天氣事件。比方說，一七〇三年十二月，英格蘭南部遭遇強烈風暴，丹尼爾・狄福說是「自太初以來，史冊所載最大、為時最長、範圍最廣的暴風雨」，導致皇家海軍有十三艘船沉沒大海，八千人喪命。當時正值控制歐陸心臟地帶的大戰——西班牙王位繼承戰爭（War of Spanish Succession）期間，英國的海上優勢偏偏在這個節骨眼遭受打擊。[64]

與此同時，一七六〇年代與一七七〇年代，大西洋頻繁出現強烈風暴，一連串的颶風不僅重塑貿易網絡，也讓政治同盟關係發生轉變。一七六六年颶風季災情慘重，六個強烈颶風重創加勒比海海域，造成嚴重糧食短缺，西屬島嶼孤注一擲，向北美殖民地各大城市求助，見諸報端。殖民地的支援引起英國政府警告，母國認定他們銷售麵粉和其他物資等於與敵人做生意，官方下令要求此後一律禁止貿易。[65]

一七七二年颶風季同樣猛烈，再度造成加勒比海地區嚴重破壞，哈瓦那房屋、店面、醫院與民間基礎建設受損，緊接著又是歉收；有學者表示，這對費城商人來說簡直是「一筆橫財」。當時的費城是東岸首屈一指的金融中心，城內最有錢的六個人當中有五個人早就在跟西班牙進行貿易，他們開始質疑英國在歐洲的敵對關係，到底跟北美洲的殖民地有何瓜葛——人們對於稅收以及違憲權力的使用備感疑慮，也讓這個問題變得愈演愈烈。[66]結果在一七七四年十月，十三個殖民地中有十二個派代表齊聚一堂，會後發表《殖民地權利聲明》（*Declaration of Colonial Rights*），提議抵制英國商品，並且向倫敦提交申訴，連帶向英王喬治三世（George III）遞交請願書。[67]

北美殖民地人民開始把視線投向距離當地不遠處所提供的契機——除了加勒比海外，還有西屬路易斯安那（Spanish Louisiana），因為紐奧良（New Orleans）也遭遇嚴重的糧食短缺。新成立的大陸議會

(Continental Congress)在法屬加勒比海港口設立代表處，同時與西屬島嶼開闢溝通管道，討論用北美的菸草交換火藥的可能性。一七七五年十月，大陸議會通過決議，准許對外國港口出口以交換武器、彈藥、火藥與現金——有鑑於殖民地與英國緊張情勢上升，加上幾個月前實施商品抵制，這些東西都是必需品。北美領導人如約翰・亞當斯(John Adams，美國開國元勛之一，《獨立宣言》〔*Declaration of Independence*〕簽署人)便深信，「跟法國與西班牙做貿易不會有什麼困難，跟葡萄牙做生意會很難，跟荷蘭的話則是有一點難」。[68]

北美南部與加勒比海在環境和經濟的弱點，對殖民地人民代表的是商業與政治契機，對英國人則是要害。雖然提出的人不多，但意識到這一點可說是一七七六年七月四日《獨立宣言》簽署前中後局勢發展的關鍵。對英國船隻實施禁運，等於切斷了牙買加及其他英國殖民地，不僅造成物資短缺，同年六月一次提早來襲的強烈颶風則讓災情更為慘重。相形之下，加勒比海的法屬島嶼則籠罩在「彷彿過節的氛圍」，商人談成生意，替未來擬定合約，預先把倉庫裝滿貨物，一路堆到天花板。[69]一七七〇年代後半，法國與西班牙在美國獨立戰爭中先後加入獨立陣營，自然有其充分的理由；但有一點可以肯定，就是所有的理由背後都有西大西洋與加勒比海間商業關係深入整合的推波助瀾，而這多半得歸功於人們為了降低惡劣天氣衝擊的風險所做的努力。

替問題尋找解方的路上，不見得每個人都能那麼幸運。十八世紀下半葉，印度面臨的氣候條件尤其艱難，農業生產力低於平時，糧價則高於平均。南亞君主之間戰事頻仍，加上地租上漲，使農業投入成本更高，而中央權威旁落則讓情況更加惡化。如此一來，會造成拉抬名目薪資，但生活成本也水漲船高的負面效應，偏偏此時英國與歐洲其他地方的大勢正朝向另一個方向，印度的競爭力於是下降。一七五〇年，印度占全世界約四分之一的工業生產；到了一九〇〇年卻只占二％。[70]

這種陡降至少有一部分可以用殖民政策來解釋，像是投資不利、有利外國製品的關稅保護，以及東印度公司——十八世紀中葉時，已經稱霸印度次大陸半壁江山——對於資源與勞力的榨取。[71]各種因素加起來，在一七六〇年代醞釀成災——一七六八年，季風減弱導致孟加拉與比哈爾歉收，一年後的降雨量甚至更低，連比申普爾（Bishunpur）的地方官都表示「稻田簡直成了乾草田」。[72]這個區域的東印度公司行政官員對即將降臨的災難沒什麼興趣。他們只關心怎麼樣收租，滿足財務標的，讓股東賺錢——因此，公司把注意力都放在收到稅賦，據說在一七七〇年初業務已經步上正軌，達到期待。雖然在一月時有人提到可能需要稍微減免土地稅，但官員在二月初表示他們沒有「發現稅收或應付帳款有任何短少」。[73]

此時的米價早已是平常的十倍，也有報告表示饑饉的情況嚴重到鬻子換錢的地步。營養不良和疾病已成常態，後來死亡的規模更是無從想像。光是一七七〇年七月至九月間，加爾各答便有超過七萬六千人死亡；同年，孟加拉每五人就有一人死亡——人數超過一百萬。時人寫到：「唯有上主垂憐才能得救。」[74]

東印度公司部分官員試圖採取緊急措施，成立賑災所，為災民提供糧食，只是這顯然是一場打不贏的仗。其他人居然趁機發財，購入存米，強行拉高米價，再大幅加價出售。結果就是一些人「發大財」，一名收入普通的職員，居然賺到相當於今日數百萬英鎊之譜的財富，然後馬上送回國。固然有人對來自印度的消息感到駭然，像是賀瑞斯・渥波爾（Horace Walpole），但投資人卻額手稱慶：東印度公司股價一飛沖天，讓董事敢於發放一二・五％的股利，是這家公司的最高紀錄。[75]

後果遲早會浮現，尤其這次饑荒導致土地價格崩盤，來自孟加拉的回匯驟減，導致市場拋售股票，加上堆積如山的茶葉與高額債務，公司的財富直接跳水，跌幅之快與劇烈的程度堪比二〇〇八年金融危機中的幾大投資銀行。因為需要政府護盤，東印度公司要員非得前往國會解釋緣由，並提供正當理由。從十多年前便主宰孟加拉財政，為自己賺得鉅富的羅伯・克里夫說，其實他本來還可以幫自己賺更多錢。「我居然能那麼節制」，他對著不敢置信的國會議員如是說。[76]

貪婪的動機把艱難化為災難。二十世紀的孟加拉顯然也遭遇類似的情況，數以百萬計的人再度陷入惡劣天氣、收成不佳、行政無能與掠奪性投機的致命組合之中。人為決策是導致災難發生的重要原因，甚至是導致雪上加霜的決定性因素。結果就是史無前例的大規模死亡。

不過，有時候問題之所以惡化，是因為自然現象正好在同一時間發生。一七八三年冰島拉基火山裂口噴發就是一個例子。該年六月八日至十月二十五日，拉基火山十度噴發至平流層，爆發一直延續到隔年二月。當地受災嚴重，冰島有八〇%的綿羊、將近相同比例的馬，以及半數的牛隻死亡，主因是牧草遭到汙染。由於饑荒與「霧靄之無情」（Móðuharðindin）籠罩冰島數年之久，後續大約每五人就有一人喪命。[77]影響範圍不只冰島，歐洲許多地方呼吸道疾病發病率異常頻繁，一七八三年英格蘭夏季有許多嚴重頭痛、氣喘發作的紀錄，致死率也變高。[78]班傑明・富蘭克林（Benjamin Franklin）提到，夏季「全歐洲都籠罩在霧裡，另外北美洲也有一大片地區如此」，他還補充說「陽光似乎沒有什麼驅散霧的效果」，並認為這可能是冰島火山大爆發的結果。[79]

人們目擊雲霧往東飄去，在六月中旬抵達柏林、帕多瓦（Padua）與羅馬，六月底抵達聖彼得堡、莫斯科與黎巴嫩的黎波里（Tripoli），七月初時抵達中亞阿爾泰山與東亞。[80]這年夏天，歐洲有許多地方炎熱異常：電腦模擬顯示異常高溫是因為歐洲北部的高壓，導致極地冷空氣繞過西歐、中歐及中東。異常氣候亦導致薩赫勒、北非，以及中國與南亞多地降雨量低於平常。假如沒有火山爆發，北半球面臨的氣候條件恐怕會更艱難。[81]

接下來一段時期，北半球氣溫驟降，一七八四年至一七八六年是十八世紀下半葉最冷的幾年。新布藍茲維（New Brunswick）測得的數據顯示一七八三年底的這個冬天，是兩百五十年來最冷，乞沙比克灣（Chesapeake Bay）的港口與運河也因為浮冰堆積，冰封時間為有史以來最長。一七八四年二月，密西西比河紐奧良段滿是流冰，達一週之久。阿拉斯加西北出現第二千年期當中最冷的幾次情形，巴黎到布拉格、黎巴嫩到日本也都出現異常低溫紀錄；一七八四年至一七八五年間，發生在墨西哥的乾旱與霜害也是同時期天氣模式受到擾動的一環。[82]

學界歷來主張，導致這些情形發生的是一七八二年至一七八四年的長聖嬰現象，加上北大西洋震盪進入負相期。[83]然而，近年來研究顯示高緯度的大型火山噴發，能讓太平洋達到觸發氣候震盪的狀態，一旦聖嬰—南方震盪與反聖嬰現象正在發展的話，就會加大震盪幅度，效果會更加劇烈。[84]因此，拉基火山爆發的時間點與規模，也放大其他醞釀中的氣候趨勢。

面對這段天氣異變期帶來的挑戰，世界上大部分地方的人表現不錯，但也有人不如預期。這一點充分說明在氣候衝擊的脈絡下，其他的潛在因素有多麼重要，也凸顯出我們應該把氣候擾動視為改變的催化劑，而非主要動因。比方說，在一七八〇年代初期，印度有好幾個地方發生饑荒，死亡人數以百萬計，有些地區甚至人去樓空。[85]許多報告提到缺少降雨，以及少雨對糧食生產的衝擊，但非氣候因素影響也很大，尤其是印度南部與西部的敵對和戰爭，還有人力吃緊導致土地耕種面積減少等。此外，有時候為了堅壁清野，參戰方會故意燒毀莊稼。這一切都讓容錯空間大為縮水，民眾幾乎免不了受到天氣與糧食供應震盪所衝擊。[86]

類似的情形也發生在其他地方。例如日本，先是一七八二年的歉收，接著淺間山噴發，火山灰覆蓋德川幕府首都江戶周邊的主要糧產地關東平原，導致連續四年歉收，讓情況更加嚴峻。有些地方甚至顆粒無收。[87]村民本來就得負責勞力密集的清淤工作，火山灰落入水道讓清淤更加困難，帶來致命後果。[88]百姓只能吃起馬匹、貓與草，饑荒與疾病已成定局，光是四年多的時間就有上百萬人因此喪命。這場「天明大饑饉」導致勞力長期短缺，從二十年後薪資上漲五〇〇%，但米價卻基本保持穩定就能清楚看出。[89]由於農業開發的程度已達生態承受力的邊緣，火山爆發與惡劣的天氣一下子便破壞脆弱的平衡。收成量是否達到預期，以及水道是否暢通，這兩點影響太大，只要稍有變化，大量百姓就要面臨飢餓、疾病的威脅，甚至是死亡。

⋮　⋮　⋮

談到埃及，十八世紀晚期的氣候震盪，觸發了已經醞釀數年，甚至是數十年的社會經濟與政治變化。一七六〇年代起，鄂圖曼帝國埃及省地方菁英在面對中央權威時態度益發強硬，成功建立自己的地盤，還控制稅收。他們的動機是盡可能對百姓收稅，轉交國家的則愈少愈好。到了一七七〇年代，他們已經穩定實質上的權力基礎——與其說是獨立於鄂圖曼帝國，不如說是與帝國相爭，甚至派私兵深入鄂圖曼敘利亞，試圖擴大自己的影響力與財富。[90]

既有問題因一七八三年的異常高壓天氣，以及拉基火山爆發的影響而加劇。尼羅河洪氾失常，灌溉水源減少將近二〇%，揭開一段嚴重乾旱、饑荒與歉收的時期。史家寫道：「穀物稀缺……小麥價格失控……窮人飽受飢餓之苦」。有人提到執法不彰、暴力和強盜殺人越貨的情況，隨著糧食短缺與疾病爆發而益發嚴重。有錢人趁機進一步擴大權勢，背後的動機無疑有部分是出於焦慮，想在這個不確定的時節保住自己減少中的收入。災情反而讓君士坦丁堡方面下定決心，要挫挫貪婪地方巨頭的銳氣，恢復對帝國最富裕省分的控制。[91]

中央制定軍事占領埃及的計畫，打算削弱地方菁英勢力，罷黜馬木留克的埃米爾（emirs），並嚴加監督外省行政。一七八六年，鄂圖曼中央派出大軍，由久經戰陣、令人放心的老將加齊・哈桑（Gazi Hasan）帥夏指揮，並旗開得勝。但在徹底達到目標之前，凱薩琳大帝（Catherine the Great）命俄軍開始進攻黑海、併吞克里米亞，哈桑的部隊只好奉命還師。鄂圖曼人未能擊退俄羅斯人，在埃及也是計畫趕不上變化，一位深耕此領域的學者說：「桀驁不馴的地方領導人迅速重返，收復自己留下的一切」——「影響埃及至少接下來一百五十年的裙帶政體」從此根深蒂固。[92]

有些地方反而因為氣候動盪受益。尼日河河曲（Niger Bend）與布吉納法索和迦納的伏塔河（Voltas）流域多處之間找到的證據，顯示當時是一段溼潤期，查德湖（Lake Chad）與恩加米湖（Lake Ngami，位於今波札那）水位在一七八〇年代達到非常高的水位。當然，豪雨本身還是會造成問題，致使田地水澇與沿海大浪，就像一七八〇年代初期幾內亞海岸的情況，南非的年輪資料暗示當時是兩百年來最潮溼的幾年。[93]

緊跟著前述動盪發生的，則是一七八九年至一七九三年間所謂「超級聖嬰現象」（mega-Niño），這麼強烈的聖嬰現象，在過去兩千年間只出現過幾次。[94]近年來，學界利用西太平洋的氣候資料，推論出這次氣候事件其實是一七八八年至一七九〇年間一段非常強烈的反聖嬰現象，突然翻轉為強烈的聖嬰現象，從一七九一年延續到一七九四年。[95]這是天氣系統的一次全球性重組，帶來全球性影響——有些影響相當久遠、有些相當劇烈，也有些兩者兼具。

溼冷的天氣讓英國人在澳洲東南部建立的聚落變得朝不保夕。奉命在雪梨建立新行政中心的官員，提到這段寒風刺骨的天氣讓生活變得相當艱難。因為狂風暴雨的關係，幾乎沒有辦法製作磚塊，新開的路也完全無法通行。有人提到「傾盆大雨注滿聚落周邊挖的每一條溝渠和每一個洞」，「簡陋的泥土房子遭到嚴重破壞」，而蓋起這些房子的則是被船送到這裡的囚犯，要幫忙打造一個新世界，如今卻看來前途多舛。[96]一艘重要的補給船在海上沉沒，不僅本已不振的士氣遭到嚴重打擊，當局也因此實施嚴格的配給制與戒嚴。情況在一七九〇年九月終於有所轉圜——結果雨是停了，取而代之的卻是熱浪，堪比「燒爐子的熱風」。由於缺乏降雨，這一年還是無法種植糧食。一七九一年十一月，限水令實施，僅有的天然水源是一條注入雪梨灣的淡水小溪。殖民澳洲的計畫如今就像愚蠢之舉——直到一七九四年中終於迎來和煦穩定的天氣為止。但在此之前，人們確實對於是否值得熬到事成抱持懷疑。[97]

無巧不成書，一七八〇年代大洋洲與太平洋的多雨條件，也為歷史留下平地一聲雷的一瞬間。皇家海軍邦蒂號（HMS Bounty）奉派前往南太平洋進行植物學調查，結果發生譁變，叛變的船員把艦長威廉・布萊（William Bligh）與一些水手趕到一艘小艇上。接下來的漫長漂流期間，布萊持續寫日誌，內容不只提到天氣冷，而且經常下雨，讓飲水不虞匱乏。這是布萊最後能得救的關鍵，也因為他得救了，這起譁變才能成為著名史篇的原因。有學者表示，換作是降雨量平常的年分，布萊恐怕無法存活，故事也會變成「消失的布萊艦長與邦蒂號」，或者乾脆是又一場默默無名的船難。[98]

比起幾名逃出生天的英國水手，世界上其他角落受氣候動盪影響的人多太多了。在印度，由於死於一七九一年饑荒的人數之眾，比賈布爾（Bijapur）的民間故事將之稱為「骷髏饑荒」（Doji bara），因為路邊實在有具太多無人收屍的餓死骨；馬德拉斯管轄區（Madras Presidency）、安得拉邦（Andhra Pradesh）、海德拉巴（Hyderabad）、德干（Deccan）等地的人口數字，足以讓人感受到死亡率的恐怖——又是數以百萬計。[99]

一七八九年開始，納塔爾（Natal）與祖魯蘭（Zululand）經歷漫長的乾旱，旱象引發馬赫拉圖勒饑荒（Mahlatule famine，字面意思是「被迫吃草之時」），是十九世紀中葉以前已知最嚴重的饑荒；這場饑荒成為政治重組與政權鞏固的契機，加速並鞏固祖魯王國的興起。[100] 北美洲有一段時間的冬天比較暖乾，刺激克里人（Cree）、黑腳人（Blackfeet）與格羅斯文特人（Gros Ventre）等原住民的遷徙，或許是因為氣溫高於平常，讓草場擴大，可以供應馬匹：牧群規模因此擴大，導致人們為了最豐美的草場而競爭。但仍有其他的挑戰，像是天花爆發，以及野牛族群的變化——由於氣候因素，野牛分布四散，又因為牛瘟而減少。[101]

此時在北美東岸，明顯的暖化讓熱帶地區埃及斑蚊的活動範圍變大，北至費城都有黃熱病疫情爆發。甫獨立的美國因此陷入嚴重的政黨紛爭，新成立的聯邦黨（Federalists）與共和黨（Republicans）都把疫情爆發怪罪到對方頭上。前者主張糟糕的移民政策讓這種疾病從海地移入，而後者則責怪費城衛生不佳，治理不善，社會風氣敗壞。這次爭議尤其對民選官員造成壓力，讓他們為了展現自己稱職而迅速行動，帶來新一波對市政基礎建設、緊急紓困與改善醫療照顧的投入。[102]

至於歐洲，改變則是現在進行式。一七八七年底的寒冬難捱，隔年春天不僅來得遲，而且潮溼，導致糧價上漲五〇%——這種暴漲不僅農民難以承受，對整體經濟也帶來骨牌效應——食物花費騰貴，葡萄酒銷量大跌，畢竟有錢都用來買麵包了。到了一七八八年夏天，全國民怨沸騰，普羅旺斯（Provence）、皮卡第（Picardy）、不列塔尼（Brittany）、法蘭琪－康堤（Franche-Comté）、隆格多克（Languedoc）和波瓦圖（Poitou）等重災區爆發小規模叛亂與抗議。嚴重的風暴颳來大到足以打死野兔、把樹上的鷓鴣打下來的冰雹，葡萄園與麥田受災進一步惡化。情況慘到據估計光是在巴黎，每五人就有一人得靠賑濟才能過活。[103]

法王路易十六（Louis XVI）採取措施，試圖平撫民情，請王國子民寫下申訴狀，把不滿與怨言呈上巴黎。光是一七八九年的頭三個月，就有超過兩萬五千份申訴狀——凸顯出醞釀中的問題規模有多大。一七八八年冬天，為了解決糧食短缺，當局對美國麵粉進口提供貿易特權，像是免徵貨物稅及約定溢價收購——特權一直展延到一七八九年四月。一位史家說得好，「都市商人發的橫財，是邊境居民的絕望」：從大西洋彼岸運糧，種糧的人、貿易商與船運商自然喜出望外，但對於面對短缺與高價的本國民眾來說，卻是兩頭皆空。[104]

一七八〇年代晚期，紐約州、佛蒙特州與賓州出現朝邊疆社群遷徙的高峰，進一步提高糧食供應壓力，寒冬與歉收的警告更是雪上加霜。佛蒙特一家報紙在一七八九年六月的頭版上寫道：「對於麵包這項必需品的龐大需求……下一季會比這一季給人的感受更加深刻。」[105]此時，抵制與抗命已經在法國遍地開花。小起盜獵，大至一七八九年四月的通宵騷亂（Réveillon riots）等暴力示威，山雨欲來風滿樓。四處流傳的傳單像是〈還沒有人說出口〉（What No One Has Yet Said），聲稱當局未能履行首要責任，也就是確保人人都有足夠的食物可吃；至於〈愛國者四大問〉（Four Cries of a Patriot of the Nation），更是毫不保留。公民必須武裝起來，而且是立刻，至於貴族則該統統流放。「向快要餓死的人大談和平與自由」有什麼用？「百姓都化為白骨了，憲法制訂得再漂亮又有什麼用？」[106]

法國大革命在歐洲燃起熊熊烈焰，而後燒向世界各地。一七八九年七月十四日巴士底監獄遭攻陷，此後幾年間再度浮上檯面的法國不是人人平等的王國，而是公認的帝國，對埃及與印度懷抱野心，至於一連串讓拿破崙・波拿巴（Napoleon Bonaparte）稱霸歐洲半壁的輝煌軍事勝利更是不在話下。遠方也有回音蕩漾——例如一七九一年的聖多明戈（海地）革命與後續的獨立。

法國之所以無法奪回這座島嶼——為法國帶來最多利益的殖民地——主要是因為杜桑・盧維杜爾

（Toussaint Louverture）的組織能力與魅力領導，也是因為海地居民決心為自己追求「自由、平等與博愛」。不過，一部分也是因為法國派來重新樹立權威的部隊被黃熱病打垮了。這個殖民地是當時世界上最有價值的土地，生產全球一大部分的糖與咖啡，更占法國對外貿易的四〇%。無法奪回殖民地的打擊實在太大，導致法國將路易斯安那恐慌拋售給美國，以籌集迫切需要的資金，支付正在歐洲不斷進行的軍事行動。[107]此舉改變全球地緣政治版圖，讓剛剛獨立的美國把目光投向南方與西方，打開征服北美大陸半壁的大門。

造化弄人，法國的動盪對英國來說可謂正中下懷。革命的暴力及不久後（甚至早在拿破崙崛起前）開始吞沒歐洲的動盪，讓整個英國吸引各地的才俊，尤其是前往倫敦。低地國、日耳曼，當然還有法國本身的技術、資本與人脈匯集於倫敦。史家嘗言，這些新來的人彷彿蜜蜂帶來花粉，催出怒放，也讓英國的工業起飛萌芽。[108]沒有人能料到重大的政治、思想與氣候變遷居然會造成這些影響。

19 工業、開採，以及自然世界

（約一八〇〇年至一八七〇年）

四處都是霧。上游處，河流過翠綠的空氣與河畔草間，那兒有霧；下游處，受到汙染的河水滾滾流過重重船隻，以及一座大（而且骯髒的）城市河畔的汙染間，那兒也有霧。——查爾斯・狄更斯（Charles Dickens），《荒涼山莊》（*Bleak House*，一八五三年）

與世界上新的地方之間的互動，讓一些人對於可以從地理、歷史與科學中學到什麼，有了更深的興趣。十八世紀中葉，哲學家大衛・休謨（David Hume）寫到自己在想賀拉斯（Horace）、尤維納勒（Juvenal）與西西里的狄奧多魯斯（Diodorus Siculus）等古代作者所說的天氣與氣候，像是在羅馬或是海外帝國的情形。他說，「要是古人懂得用溫度計」，那就好了。姑且不論溫度計，就今人的紀錄來看，可以合理推斷「如今羅馬的冬天，要比古代來得和煦多了」。[1]

休謨說，在自己的這個時代，臺伯河結凍的頻率就跟尼羅河一樣——意思就是「不會」。同理，奧維德（Ovid）提到黑海年年冰封的說法，不是代表氣候大不相同，就是奧維德說謊露出馬腳。休謨斷定，真相只有一個。「一清二楚」，他說，人類的活動造成地球暖化。休謨認為主因恐怕是去森林化，「以前有樹蔭能遮擋土地，讓太陽光不至於穿透林地」，但現在樹都砍掉了。[2]

北美洲殖民地有許多拓墾者很重視人為氣候變遷的問題，其中幾位更是開國元勛。一七六〇年代，班傑明・富蘭克林去信以斯拉・斯戴爾斯（Ezra Stiles，後來的耶魯大學校長），表示氣溫因為伐林而漸趨溫和。他說，「一旦鄉間的樹木被清除，太陽對於地表的作用就會更強烈」。太陽的熱「讓大量的雪迅速融化，以前有樹遮蔭時就不會這樣」。雖然需要在好幾年間進行「定期、穩定的觀察」，在國內多個地點進行測量，才能證實這種效應，但富蘭克林相信改變確實在發生——引發改變的原因則是人類的活動。[3]

富蘭克林在同一封信中提到，自己剛去過英格蘭，造訪劍橋，與化學教授約翰・哈德利（John Hadley）對筆記。歐洲人開始把發現之旅轉型為廣泛的商業交流，乃至於區域霸權和殖民體系。全球貿易網迅速擴張，在世界各地蒐集情報的新時代就此來臨，而類似富蘭克林與哈德利之間的交流則是其連帶效應。領銜的固然是貿易、政治與軍事要務，但隨著愈來愈多的財富挹注於學術研究、學術機構，個人的好奇心得到鼓勵，科學與科學家有時也能攜手並進，亦步亦趨。

例如一七六八年，詹姆斯・庫克船長奉海軍部（Admiralty）委任，航向太平洋，追蹤隔年的金星凌日軌跡。二十多年前，山謬・約翰遜（Samuel Johnson）便對這類使命大為稱許，畢竟這不像為了「像商人的意圖」而前往遠方做生意，也不像懷著軍事野望而遠征，其動機完全是為知識而知識的快樂。[4]這種態度聽起來振振有詞，甚至可謂高潔，但也掩飾了領銜遠航的人（例如庫克）往往有其他動機。以觀測金星凌日任務來說，庫克還奉密令到南太平洋尋找某塊南方大陸，過去一直有人認為其存在，一旦發現的話，對於英國及其全球利益來說，將是無比顯著的戰略優勢。[5]

有些人腦海裡不斷想著天氣、氣候與四時變化的問題。湯瑪斯・傑佛遜有件事怎麼都不肯放下——從一七七六年七月一日的日記開始，當時還在起草《獨立宣言》的他每天都要記錄兩次溫度，而且五十年不輟。其實在七月四日，也就是美國宣布從英國獨立的那天早上，傑佛遜還跑去費城的斯巴霍克氏文具店（Sparhawk's stationery store），給自己買了新的溫度計。[6]根據傑佛遜的日記，我們曉得《獨立宣言》呈交給大陸議會的當下，他正忙著記錄當時的氣溫，七二．五°F。[7]美國誕生的那一瞬，重要催生者之一想的是溼度與氣壓。他的心情顯然沒有全被喜悅占據，至少他對手邊的器材並不滿意，因此獨立隔天又跑去斯巴霍克氏買了氣壓計，這樣自己的判斷就可以更準確了。[8]

傑佛遜最喜歡的理論，跟十八世紀晚期北美洲的氣候變化有關。他寫了一本書，總結自己「用於估計維吉尼亞氣候的資料」，觀察氣溫的突然變化、冰霜及動植物受到的影響。他因此推斷「我們的氣候……正發生有感變化。以中年人的記憶範圍來看，熱與冷都變得溫和許多。雪下得少，也積不深」，「老人家告訴我，以前每年大概有三個月的時間，大地會被雪覆蓋」，但此景已不復見——以前河流經常結凍，現在也不會了。[9]

傑佛遜與北美洲學界英雄所見略同——氣候正迅速轉變。將近二十年前，哈佛大學的休．威廉森（Hugh Williamson）便寫道：「我們的冬天已經不再那麼冷，夏天也不再熱到讓人難受」。原因在於土地使用的改變，從森林變成敞田之後，大地變得堅硬光滑，就像「鏡子或是拋光的金屬表面，能反射更多光線與熱」，土地與氣溫因此暖化。他說，這對未來來說是好事：「整平鄉間土地，就能減緩冬天的寒冷，同時增加夏天的熱」。只要把樹木伐倒，「霜雪就難以拜訪我們」。[10]山謬．威廉斯（Samuel Williams）也在一七九四年表示同意，認為氣候變遷「又快又穩定」，這是「大家共同的觀察與經驗」。他還補充說不僅如此，「美國各地」都能觀察到一樣的現象。事實如此，這一點「不容置疑」。[11]

以其著名字典聞名的諾亞．韋伯斯特（Noah Webster），則表示這些都是鬼話連篇。韋伯斯特對於這些人的看法和根據皆表懷疑。「傑佛遜先生的意見感覺毫無權威，」他說，「頂多就是中老年人的觀察。」並補充說有許多證據顯示氣候並未改變。至於威廉斯等人聲稱氣溫在過去一個半世紀以上升一〇到一二°F的說法更是悖於情理，但凡理性的論者，應該都會認為這類看法建立在「無法克服的困難」之上，相當不可靠。[12]

韋伯斯特這番話，與其說是在否定氣候變遷，不如說是要求用縝密的研究來穩定支撐這些主張。其實，早就有人提出完全相反的主張，也就是地球冷卻說。地球冷卻說的大將布豐伯爵曾探討海洋與大陸位置、海平面變化與山脈形成等問題。布豐伯爵有廣大的讀者群，他假設地球自創世以來溫度不斷下降，未來也仍將如此。抽乾沼澤、砍伐森林與都市化當然會提高氣溫，但終究無法阻擋必然降臨的冰凍。[13]

相較於暖化與冷卻，有人更擔心人口增加與糧食短缺的壓力。一七七〇年代以來，這些問題便引發諸多討論——孟加拉饑荒、麥癭蠅（Hessian fly）引發的小麥蟲害、加勒比海颶風、美國獨立戰爭、英國與愛爾蘭接連遭遇歉收，都讓人擔心窮人所受的衝擊、殖民地的可行性，以及未來發生災難的可能。

一七九八年，湯瑪斯・馬爾薩斯（Thomas Malthus）發表悲觀的專論《人口論》（*On the Principle of Population*）。他寫道，人口增加的力量「遠高於土地為人生產所需的力量，因此人類必將遭遇早夭，只是形式或此或彼罷了」。活著的人愈多，就愈難為所有人生產足夠的食物。他接著說，幸好對於這類「人類的罪孽」，人類往往就是控制人口最好的手段，尤其是戰爭的慘烈傷亡，讓消耗資源的人數得以封頂。然而，這恐怕不是每一回都能奏效——因為「人無法活在富裕當中。」結果，「無法避免的嚴重饑荒」的陰影森然籠罩，消弭「世界的食物」的總量與生活在世界上的人口之間較勁。[14]

英國皇家學會（Royal Society）主席約瑟夫・班克斯（Joseph Banks）爵士對此感到憂心忡忡，於是研究起讓溫帶植物與作物能抗霜害的辦法。由於科學家深信世界正進入氣候顯著變化期——只不過學界對於問題是冷卻還是暖化仍莫衷一是——這項任務因此多了幾分急迫。蘇格蘭化學家約翰・萊斯禮（John Leslie）在一八〇四年寫道，「無庸置疑，整個歐洲的氣候變得更加溫和」。他主張，「我們的世界會變得愈來愈暖」，而原因很顯然是陽光。他補充道，中歐與北歐的氣候出於自然的因素「正逐漸變得和煦」，應當沒有什麼疑問才是。這種情況跟人類的活動並無瓜葛。就算有，影響也很輕微，並不重要：人類活動「對於平均氣溫的變化並無影響」。[15]

對於這一點，哈佛大學教授山謬・威廉斯等學者就沒那麼有把握了：威廉斯認為「大地正逐漸增溫」，原因是新英格蘭的殖民活動與人為的生態改變。其他人，像是頗有影響力的布豐伯爵則認為，若果真如此，這種異常也會過去：趨勢明顯是朝寒化發展，這顆行星終將凍結。[16]

⁝　⁝　⁝

像這樣各種假說與不同的意見，多少反映出人們意識到世界確實正快速變化。十九世紀的頭幾十年，發生一系列影響深遠的科技、政治、社會經濟與生態變局，不僅重塑地理、加快人與物的交換，更以劇烈而迅速的方式改造地貌。這是科學發現與資訊傳播的時代，是運輸網、貿易網與通訊網創生、擴大、加強的時代，是通訊與運輸改善並開展的時代，也是一系列工業與科學革命開花結果、生產力一飛沖天的時代。

這些變化對歐洲造成最大的影響——十八世紀晚期的歐洲，是一個由「喪親之痛」所構成，「住著孤兒與寡婦」，半數的兒童活不過十歲，只有十分之一的人活到六十歲的世界。歉收、饑荒與傳染病頻繁發生，城鎮骯髒的衛生更是讓致死率高到當局不斷要求百姓從鄉間遷往都市。[17]

引發變革的原因，部分來自軍事革命，部分則來自國家的人力需求。前者讓戰場上的戰術改頭換面，而後者則讓政府集權程度愈來愈高。在十八世紀初的歐洲，即使是主要的戰役，傷亡人數也就數百人，鮮少高於這個人數。由於士兵攜帶的彈藥只夠打十五到二十分鐘，加上裝填速度慢，軍隊規模都不大，訓練水準也平平。然而到了世紀末，雙方交火的時間可以長達數小時——死傷通常都是數以萬計。[18] 一七九八年至一八一五年間為法軍效力的男性（以及極少數的女性）約有一百七十萬人死亡，大部分都不是當場陣亡，而是死於傷重、感染或疾病。[19]

英國有能力量產武器與彈藥——這是因為控制當時世界上最大的孟加拉與比哈爾的硝石礦，生產大量的硝酸鹽，也就是火藥的關鍵成分。一八〇八年至一八一一年間，也就是拿破崙戰爭正熾的期間，英國人有辦法供應三十三萬六千把滑膛槍、十萬把手槍與六千萬枚子彈，幫助西班牙游擊隊抵抗拿破崙，英國部隊自己行動所需的武器、大炮與軍械更是不在話下。[20]

拿破崙戰爭帶來另一種奇妙的影響：由於英國部隊需要人力來對抗法軍，招募人丁入伍之後反而造成勞力短缺，據估計，在衝突最盛時有三十五萬人服役。對於節省勞力的科技（脫粒機）採用最多、投資最大、改良最力的，正是入伍人數最多的城鎮與地區。這帶來長期的社會經濟益處，甚至延續到一八一五年歐洲恢復和平之後。[21]

政府影響力提升，人們也要求更多的政治參與。這種情緒在一八一九年八月的曼徹斯特聖彼得廣場（St Peter's Field）達到引發危機的高點，或有多達六萬群眾聚集在廣場上，抗議沒有代議士為己喉舌的現況；當時投票是社會上層獨有的權利，只有一〇%出頭的成年男子（沒有女性）獲准在選舉時投票，有時候甚至沒有定期選舉。治安官調兵支援，讓騎兵衝散示威人潮，導致嚴重死傷。這起用軍隊對付無武裝示威者的事件，落得「彼得盧大屠殺」（Peterloo Massacre）的惡名。[22]

幾項因素帶動人們對改革的要求，像是經濟停滯及失業——原因在於四年前，拿破崙在滑鐵盧戰役中戰敗，為將近二十年無休止的戰爭劃下終點。但惡劣的氣候條件也加劇歉收的情況，導致糧價震盪，穀類成本翻倍，當時歐洲各地都變得更加貧困。一八一六年底的冬天，曼徹斯特當地一家重要報紙表示，在不久之後製造業重鎮的工人就會失業，而且極度缺糧。牧區盡可能提供一切，但跟缺糧的情況一比，就只是滄海一粟。當時一家大報說英國是「乞求麵包的民族——是一群在糧食的匱乏之中沉沒的人」。[23]

部分原因是政府在拿破崙戰爭結束後，採取有利於地主與有錢人的措施：其一是廢止戰時所得稅；其二則是實施《穀物法》（*Corn Laws*），禁止穀類進口，而這必然推升糧價，讓民眾深陷於貧困。[24]

不過，問題的另一個原因則發生在世界的另一端——坦博拉火山（位於今印尼）。一八一五年四月五日晚，坦博拉火山爆發，是過去一萬年以來最大的噴發。當地受災嚴重，火山噴出數十立方公里的熔岩，甚至噴入大氣層四十三公里高之處，兩千公里外都能聽見爆炸聲響。海嘯向外擴散，有報告指稱高達四公尺高的浪，對包括爪哇島在內的多座島嶼帶來嚴重災情。在東南亞，多達十二萬人死於後續的饑荒與疫情中。[25]

坦博拉火山爆發之前的三年間，全球氣溫早已明顯寒化，這多少是因為加勒比海的蘇弗里耶爾火山（Mount Soufrière）及馬榮火山（Mount Mayon，位於今菲律賓），分別在一八一二年與一八一四年噴發之故。坦博拉火山爆發的影響因此加劇，而一八一六年又碰巧發生異常的太陽極小期，對海面溫度造成影響。全世界遭受嚴重衝擊，世人甚至將一八一六年稱為「無夏之年」。[26]

極小期影響劇烈。一八一六年七月，《泰晤士報》（*The Times*）對即將到來的危險提出警告：報上說，「要是目前的潮溼天氣延續下去」，就很有可能歉收，「而災禍發生在這個時間點，農民肯定會因此遭殃，接著就是全體民眾。」歐洲各地都有類似的情況，「悲觀的報告從大陸各地傳來，提到這一季異常的潮溼；

財產因此被洪水沖走，葡萄園與穀物收成遭受無法回復的傷害。在荷蘭，好幾省的肥美草地如今都在水底下，自然會讓人擔憂害怕缺糧與高糧價。法國內陸深受洪水與暴雨所苦。」歐洲部分地方死亡率大增，尤其是瑞士與托斯卡尼。[27]

無怪乎有一群英格蘭作家，包括珀西・雪萊（Percy Shelley）與瑪莉・雪萊（Mary Shelley）夫婦和拜倫勳爵（Lord Byron）——一八一六年夏天，他們一行人在日內瓦度假——反覆在自己的創作中提及黑壓壓的暴風雨、異常的天象、猛烈的風勢。他們甚至在六月的某個晚上，想到來比賽說鬼故事，好在漫長、冷冽的夏季打發時間；正因為如此，瑪莉・雪萊才會想到《科學怪人》（*Frankenstein*）的點子——不僅是歷史上最著名的小說之一，異常的天象、閃電打雷、暴風雨在其中也頻頻出現。[28]

新英格蘭穀類作物歉收，不僅導致嚴重糧食短缺與穀價飆漲，更導致大量牲口因缺少飼料而死亡。「從未遇過這麼難的時節」，湯瑪斯・傑佛遜寫道，民眾處於「無比困苦」的處境。他說，地方上不只可能，甚至無法避免會發生叛變、起義、法治崩潰。報紙把當時的情況比做《聖經》上說的「埃及饑荒」，只不過這種類比沒有把金融危機、群情動盪與拋棄城鎮的規模考慮在內。甚至有史家主張坦博拉火山是「美國第一次經濟大蕭條的主因」。[29]

這次噴發也為其他區域帶來破壞，像是印度次大陸就因為南亞季風雨出現改變、貿易風微弱與一段為期三年的熱循環弱化而糧食嚴重減產，海路貿易大減，連孟加拉灣的微生物生態都出現改變。一八一七年，異常早到的豪大雨讓霍亂案例激增，死者無數。有目擊者表示，死者與奄奄一息的人都被聚集在一起，火葬堆不停把富人與貧人燒成灰燼，其餘屍體則進了禿鷲與豺狼的肚子。「這種苦難的場景，完全不是言語所能形容。」[30]

一份一八二〇年的報告指出，自從一八一五年的天氣「失調」以來，據估計已有超過百萬人因此死亡。感覺氣候因素確實發揮關鍵影響力：水溫與鹽度的改變，滋養霍亂主要的水生宿主——浮游生物，而與季節不符的異常洪水則為微生物帶來營養，同時把病原體帶進沿岸地區的水系。由於孟加拉地處三角洲低窪地，情況因此特別凶險。[31]

要估算有多少人死於這場災情，恐怕會有很大的誤差範圍。另一種災情指標則是觀察受到影響的社群內部普遍的恐慌情緒，大量城鎮居民出逃，人口流失。有人訴諸傳統的解脫方法，祈求迦梨（Kali）與烏拉比比（Ola Bibi）等神明庇佑，對這兩位神祇的崇拜在這個時代蓬勃發展。雖然霍亂盛行確實有其氣候因素，但飲食、排水與衛生的影響更大，畢竟霍亂是窮人的疾病。[32]到了一八二〇年代初期，霍亂疫情已經走海陸雙線，經由東南亞蔓延到中國與日本，並往西傳到波斯與俄羅斯，而後傳入歐洲，在一八三〇年代初期常駐。[33]

疾病、貧窮與就業前景受限，推動一波波離開歐洲的移民潮。拿破崙戰爭結束，意味著勞動市場一下子湧入二十萬復員軍人，偏偏從制服、滑膛槍彈丸到船索與帆布，為軍方提供一切所需的政府大型合約統統在這個時候減少規模或者乾脆廢止。[34]人們迫切想追求更好的將來：英國政府制定開發南非的計畫，希望吸引四千人自願遷往東開普的奧巴尼區（Albany district），結果超過八萬人提交申請。[35]

這不代表人人都會欣喜迎接新人的到來。對於踏上北美海岸、尋求美好生活的人，美國第一任總統喬治·華盛頓（George Washington）頗為鄙夷，看不起他們的素質，說他們不過是「藐視各種權威的賊」、「一批沒有用的人」，和一群「野蠻人」。[36]但在歐洲經歷多年蕭條的人，卻覺得遷往他處展開新生活的前景變得愈來愈有吸引力，尤其是新的機會不斷產生、基礎建設持續改善的地方。比如美國，愈來愈多的汽船往返於大河，創造新的交通網絡、更便宜的運輸，以及美好的願景——不只致富，還有自由。[37]

離開不列顛群島的人數猛然上升。一七九〇年至一八一五年間，約有十八萬人遷出英格蘭、蘇格蘭與威爾斯。[38]接下來三十年人數急遽膨脹，十九世紀下半葉又連續出現幾次激增。一八五〇年後的七十年間，大約有四千五百萬人從舊世界移民到新世界。[39]大量移民成為美洲整體發展的關鍵，新移民不僅等於一批新鮮的勞動力，同時也帶來觀念、知識、文化、基因、制度與語言，推動社會經濟與政治的迅速發展。[40]移民也在歐洲引發變化，大規模移出讓勞動力減少，薪資因此提升，而創新、機械化與工業化也得到進一步的回報。[41]

把情況回報給故鄉時，人們提到的不只是新土地的機會，還有自由。一八二〇年代抵達北美洲的約瑟夫・哈林沃斯（Joseph Hollingworth），在寫信給哈德斯菲爾德（Huddersfield）的親人時提到：「這個國家沒有閣下、沒有公爵、沒有邊境伯、沒有侯爵、沒有伯爵、沒有王室要養，也沒有國王」。不止於此，這裡還沒有貧窮的跡象。「以前在英格蘭，我每天都會看到乞丐，但在這個國家，我一個都沒看過」，而且這裡說不定還更好，不會有收稅的人「從窮人口袋裡挖出最後一分錢」。還有美國總統演說時，不是用「各位閣下與紳士」，而是「公民同胞們」來開場，讓人嘖嘖稱奇。哈林沃斯表示，這裡是夢想之地，接著提起他所謂的「老英語詩」，把自己的新家園描述為：「一塊再也沒有暴政的土地／我們都能自由。」[42]

⁝ ⁝ ⁝

支撐起這種「自由」概念的，是各式各樣的擴張的念頭，對象則是自然、生態的轉變、荒野的「改善」——以及趕走早已生活在這裡的人。一般人把原住民統統混在一起，統稱為「印第安人」，而且經常把他們貶為「次等公民」——就像猶太人、吉普賽人、奴隸與「獲解放的黑人」。有人認為原住民是「文明社會的渣滓」，「任由害蟲的貪婪肆虐」就好；他們的「徹底滅絕」只是時間問題。總之，許多人顯然認為應該把原住民用來打獵、耕作與自給的土地奪過來交給拓殖者。如此一來，就得逼走既有的社群——有論者言，「假如說有什麼是肯定的」，那就是「野蠻人與文明人無法共同生活」。[43]

這種觀點帶動關於大規模驅逐原住民的討論，後來更是帶出政府政策與立法，強行把奇克索人（Chickasaw）、喬克托人（Choctaw）、穆斯科基—克里人（Muscogee-Creek）、切羅基人與其他族群往西推，推向倖存者口中的「死亡之地」（Land of Death）。美國總統安德魯・傑克森（Andrew Jackson）在一八二九年國情咨文時表示，「政府一貫的政策」，就是把「文明的精髓」介紹給原住民。他說，這種作法已完全失敗，畢竟事實很清楚，原住民「仍保有其野蠻習性」。因此，最好的作法就如一八三〇年《印第安人移居法》（*Indian Removal Act*）所制定的內容，鼓勵他們往西遷徙——實際上就是迫遷。[44]美國前總統湯瑪斯・傑佛遜寫道，「我們就這麼讓印第安族群消失，甚至沒有為他們的歷史留下一丁點痕跡，這是天大的不幸，甚至可說是醜聞」，但他卻也主張迫遷能為白人工人騰出土地。[45]

其他地方的故事也很類似。加拿大的第一民族（First Nations）被迫移入與最豐美的土地相去甚遠的保留區，而那些上好的土地則被新的拓殖者奪走。在澳洲，歐洲人在一八三〇年代與一八四〇年代往內陸移動，進入某些人以輕浮態度形容為「跟伊甸園一樣翠綠」的領地，把數世紀以來設法在草原上生活的烏倫傑理人（Wurundjeri）、布恩武隆人（Boonwurrung）與瓦紹隆人（Wathaurong）逼走，截斷他們前往水窪的途徑，甚至以非法侵入罪名起訴他們。[46]紐西蘭往往被人刻畫成一片荒野，等著人馴服，透過辛勤勞動與堅持不懈，化為田園風光的土地，卻鮮少說起早就生活在那裡的人，甚至隻字不提。新世界等人去改造。萬事俱備，只欠來人——說得更準確一點，欠的是對的人。易言之，就是歐洲人。

大規模移民不只讓人口組成與分布發生鉅變，也重塑自然世界的樣貌。一七九〇年至一八一〇年間，澳洲的移民人數從一千人增加到一萬兩千人，然後攀升到五十年後的一百二十五萬人——增加超過一百倍。安大略人口在大致相同的時段裡多了二十二倍，從約六萬人成長到一百四十萬人；俄亥俄州、印第安納州、伊利諾州、密西根州與威斯康辛州的情況也差不多，總數從二十五萬出頭增加到七百萬。阿拉巴馬州、密西西比州、堪薩斯州、密蘇里州、佛羅里達州、路易斯安那州與德州也有類似的轉變，這幾州的總人口從十五萬人增加到超過四百六十萬人。至於原本的北美十三州，加上佛蒙特州與緬因州，人口數則是在一七九一年至一八六一年間，從三百八十萬人增加到一千五百九十萬人。[47]一八三〇年，芝加哥只有「五、六間房子」；六十年後，芝加哥已坐擁一百一十萬人口。[48]

這種擴張的模式並不侷限於美洲，擴張的方向也不只是往西。一模一樣的事情也發生在歐俄的草原區，人口在一七〇〇年至一八〇〇年間成長十八倍，接著在一八五〇年之前再度成長到近三倍，然後又在一九一四年前翻漲三倍——從大約三十八萬人增加到超過兩千五百萬人。更有甚者，這些數字還不包括年年到農場裡工作的季節性移工。不過，人口數激增不只是人口移入的關係，也是因為新移民的高生育率。[49]農奴制在一八六〇年代廢止，大大有助於農民與土地的脫鉤，把一波又一波尋求新契機的人，送往從半游牧經濟之用的草場轉變為定居農耕之用的土地。[50]

殖民擴張模式沒有在清代中國重複發生，百姓對於長距離遷居新疆、內蒙古與滿洲興趣缺缺——改造這幾個地區的農業體系，感覺起來吸引力不足，也沒有什麼回報的前景。清朝在十七世紀晚期與十八世紀時征服的這些土地不僅遙遠難抵，也沒有海路與河道之便，體積大的物品很難雙向移動，運費也不便宜。

然而，影響最大的還是這些地方沒有什麼原物料邊疆（commodity frontiers）可以開拓，其開發一開始就不吸引人，也沒有把惡地改造成大面積可耕地，讓新地主致富，支撐起大型地方聚落的明確可能性。清朝的政策倒行逆施，尤其是不准獲得授田者買賣土地，以及把勞動力與土地綁在一起的作法，都製造障礙，提供的激勵少，機會更少。[51]

這等於是在世界上其他地方紛紛往前衝，形成大帝國的十九世紀期間，中國的社會、經濟甚至政治發展卻在踩煞車。過去的氣候與地質上的偶然，創造出煤礦藏，這在化石燃料時代之初非常重要，甚至今日世界仍有部分延續著當時的影響。煤礦的開採加上科技的進步，為工業革命鋪好路，幫助歐洲生產力大轉型。英國尤其幸運，不僅有煤田，還有科學界去發展、改良、精進使用能源資源的方法，像是改善煤礦的開採方法，讓成本進一步降低。影響不可謂不驚人，到了一八五〇年，英國約有一千八百萬人，使用的能源卻跟有三億人的中國一樣多。[52]這種現象是多重因素造成的，部分史家認為，其中影響最大的就是需求的成長，而需求成長則反映使用能源的新方法與變革。[53]

需求的規模讓人嘆為觀止。英國的煤礦產量在一八一五年至一八三〇年間成長為兩倍。[54]就此而論，煤礦的分布與位置對英國來說實在恰到好處。煤田的位置極為關鍵。中國的生活水準、成熟且商品化的農業、活絡的科學社群與先進的印刷文化皆不亞於歐洲，但中國的煤田通常距離人口中心有很長的距離，尤其跟人口稠密的長江三角洲相距甚遠，而那裡才是製造業與生產的重鎮。[55]

英國的煤田，特別是諾森伯蘭（Northumberland）與達蘭（Durham）的煤田，跟城鎮的距離就近多了，而城鎮有高度的能源需求。事實上，煤礦的易得性刺激城市的發展，吸引便宜的勞動力，而這些新興城市若非有新運河往的銜接，就是坐落在海濱。曼徹斯特跟伯明罕兩地明顯得利，格拉斯哥（Glasgow）與利物浦亦然，利物浦的人口更是在十八世紀期間成長為十九倍。[56]

地方大都市之所以能成功，多少是因為運送體積與數量龐大的煤運費太高：以紐卡斯爾（Newcastle）為例，煤的花費只有倫敦的八分之一。不過，煤的重要性不只在於提供廉價的能源，也是因為能立即刺激生產力大增——這得特別歸功於蒸汽引擎與鐵路，兩者的結合不僅銜接不同的地點，還能在降低運輸與交流成本的情況下提升其速度。[57]此外，煤也讓人們對於研究與新科技研發的興趣和力道大增，效率自然愈來愈高——多虧來自海外貿易的收益，帶來大量的資本，尋求利潤的產生。[58]

別人的不自由也是產生利潤的關鍵：重點不是奴隸的買賣，而是化為糖、菸草、咖啡與棉花的奴隸勞動成果。新研究顯示，假如沒有奴隸財，英國會變得貧窮許多，經濟也更偏向農業；除此之外，將奴隸投入其他生意與科技中所得到的收益，也讓英國大發利市。易言之，辛辛苦苦幹著奴隸活的人，提升了英國工業革命的進程。[59]

資本庫、新的觀念與科技綜合起來，為都市化的過程推了一把——尤其是倫敦的發展——煤礦產業隨之成長，有助於在靠近礦場、需要人力與資本的地方帶動城鎮的出現，為投資人帶來財務回報，同時也促進新地點的消費活動。大量新建住房應運而生，生活習慣與建築風格跟著改變——一旦以燒煤取代燃燒木材供暖，就需要「全新的房屋風格」。[60]

中國的情況反而是缺少資源、土壤貧瘠的區域人口成長最快——如此一來，資源壓力非但沒有減輕或解決，而是更加窘迫。[61]這也透露出與歐洲不同的發展路線——歐洲建立海外殖民地，創造開發的網絡，讓資源從甲大陸注入乙大陸。先前談到糖、棉花與菸草等經濟作物倍受重視，不過不起眼的尋常原物料也有其剛性需求，其中一些體積大，運費昂貴。比方說，到了一六五〇年，歐洲可能有多達二十萬公頃的林地遭到砍伐，大約是全歐洲四〇%的林地。一七五〇年至一八五〇年間，又有幾乎一樣面積的林地遭砍伐。這個過程一方面反映土地用途改變；另一方面也呈現出非永續的消費模式。怎麼辦呢？答案是去海外找資源。

波羅的海地區是關鍵，歷來滿足西歐的木材需求。船隻與大型建築所需的成材樹，需要一百二十年成長；不只需時長，需求量又大，光是一艘大帆船就需要兩千棵橡樹，相當於約二十公頃林地。這些需求一直是與波羅的海進行貿易的關鍵，更促進漢薩同盟（Hanseatic league）城鎮（散布於北海與波羅的海沿岸）的成功。[62]工業化開展後，木材需求驟增：一八五〇年的木材進口量為兩百五十萬立方公尺，七十年後增加到一千五百五十萬立方公尺，同期間木漿進口量上升率甚至更高。[63]

資源的開採少不了對於自然與土地的激進觀念，也少不了認為自己有權以喜歡的方式與最適合的方式改造環境的態度。大自然變成要加以馴服、擊敗的事物——火上澆油的是，人們相信如今憑藉人的才智、勤勉與新工具，就能用比以往更好、更快的方式形塑、改造生態。許多學者把這種態度與歐洲，乃至於歐洲的宗教、文化與哲學情感直接掛鉤。黑格爾對東亞人與自然互動的方式嗤之以鼻，認為他們的宇宙觀框架害他們無法以抽象方式自由思考。他認為非洲人示範了「在完全未開化、無調教的狀態下人類的自然樣貌」，而這種觀念也反映出白人至上的態度，認為世界應由歐洲人掌握，其他種族不僅次等，而且沒資格也沒能力加以繼承。對黑格爾來說，「傷害」自然的衝動是一種強力的聲明，而他的這種態度也反映形成中的主流思想，把白種人特質、力量與權力編織成有害的框架，將歐洲人置於全人類，乃至於所有動植物生靈的頂點。[64]

人不只要利用大自然，更應該擊敗阻擋人類進步的大自然。曾有美國工程師提議在黑海與裏海間興建運河（裏海理應能擴大兩倍），提升草原地區的土壤肥力。他的話很含蓄，說這種規劃將代表「國家大勝自然」，「成為人類物質發展史上最了不起的征服」。[65]他的計畫能把沙漠恢復為「原始的狀態，成為無數人與野獸的家園」。當時有論者嘗言這一點很重要，畢竟「對目前的人口來說，世界已經不算大了」。必須阻擋自然的進逼，能夠出一臂之力的人，都是「利益自己的族人」。[66]

不是所有人都認為人類活動積極正面，有人更是擔心永續問題，擔心會對環境造成長期傷害。亞歷山大・馮・洪堡（Alexander von Humboldt）對於伐林及灌溉農業擴大的加乘效果尤其擔心，怕平地就此變成沙漠。他說：「把覆蓋在山頂與山坡上的樹木砍了，無論是哪一種氣候帶的人，未來都會有兩大災難臨頭；缺乏燃料與水。」[67]

洪堡關注或者說他意識到伐林與乾旱之間的關聯，但他絕不孤單——一位傑出史家說得好，十九世紀時「但凡是識字的人」都知道這一點。[68]曾有造訪澳洲的英國人表示，新的地區讓一些人致富，讓另一些人失望。儘管「盎格魯－薩克遜人的力量終究能戰勝每一個障礙」，但勝利亦有其代價：「一旦遭到冒犯，大自然就會把自己的美從土地上收回來；草場漸漸失去其青翠，有些河流與湖泊水位降低，有些更是完全乾涸。」野生動物則是「再也找不到了」。[69]

⁝　⁝　⁝

學界主流乃至於政策逐漸表現出對於伐林影響的憂心。俄羅斯早在一八〇二年便採取措施，推動森林保育，國產部（Ministry of State Domains）建立森林部隊，監督保育的情形。[70]對於既有領土及十九世紀中葉以降漸次納入帝國版圖的西伯利亞與中亞大片土地，政府也致力於蒐集相關情資。俄羅斯科學家與地主對於乾燥的天氣，以及嚴重且成為常態的旱象愈來愈擔心。許多人讀過美國與歐洲的研究，特別重視伐林的主題，認為是氣候改變的元凶。一八四〇年代初期的一次調查提到，砍樹讓俄羅斯南部的土地直接受到東風吹拂，指出這「想必是近年來旱災愈來愈嚴重的主因」。[71]一八七三年，瓦盧耶夫委員會（Valuev Commission）發表其發現，表示氣候因為整地的關係而變得「更嚴峻也更乾燥」，但不是所有人都認為情況如此，甚至根本不認為人類活動能影響氣候。有些負責調查帝國各省的高階軍官，認為氣候變遷的看法往往是根據傳聞及當地人的說法，而這不見得可靠。[72]不過，草原氣候正在改變確實是各界共識，而且是變差；為了了解變化的機制與原因，當局在帝國各地建立氣象觀測網，試圖以數據而非意見，來建構連貫的圖像。[73]

類似的擔憂也在其他地方浮現。一八六〇年代，法國遠征並占領墨西哥之後，到了墨西哥的博學之士米歇爾・舍瓦利耶（Michel Chevalier）思考起如何發展墨西哥經濟。他斷言，主要問題之一在於原本堪比伊甸園的地方，已經被西班牙人過度開發而變成「貧瘠、荒涼的廢地」。舍瓦利耶表示，去森林化之所以釀災，不只是因為造成長時間的乾旱與降雨模式的變化，更是因為造成土地養分匱乏，生產力耗竭。這當然會影響當地人的飲食，造成貧窮，進而導致生產力與競爭力下降，經濟蕭條，政局不穩。舍瓦利耶認為，解決之道在於看「這個地方的森林能復育到什麼程度」。[74]

護林與造林成為英國殖民政策的重點——當局從印度著手，頒布《印度林業章程》（*Charter of Indian Forestry*），將所有非私人擁有的林地收歸國有。澳洲、加拿大與非洲也迅速跟進，採取類似措施，據說這些地方就是因為太多樹木遭到砍伐，才會有「大片的土地」愈來愈乾燥。雖然部分學者如此主張，但殖民當局控制森林的動機跟保育沒有什麼關係：事實上，殖民當局仍堅持開採木材，這是擴大政治與經濟控制的關鍵。對於生活在森林裡，而且是世世代代生活在森林裡的人來說，結果就是災難。[75]

儘管有人表示疑慮，但現實卻是自十九世紀以降去森林化持續以驚人的速率進行。一八五〇年至一九二〇年，全球約有一億五千兩百萬公頃的熱帶森林變成草原，其中將近三分之二（約九千四百萬公頃）位於撒哈拉以南非洲、南亞與東南亞，也就是殖民擴張的熱點。[76]可一旦要把改變土地用途的作法合理化，殖民者的標準辭令卻又反過來變成說當地人沒有能力守護自然，農法太過原始，新地貌的發展對他們有好處，但超越他們的能力云云。當然，這種主張都是假的。[77]

全世界最肥沃的可耕地當中，大約有六十萬到八十萬公頃是在一七五〇年至一九〇〇年間開闢的。美洲、澳洲、紐西蘭與南非新開墾的地區，不僅成為重要的羊毛、肉品與穀類產地，而且是全球生產量最大的區域。造成這種情況的不只是攫取土地、追尋發展前景的人，還有以掠奪性的方式利用合法占有、土地所有權的人，以及堅持「提高」土地與自然之重要性、讓來人「有權」控制土地的人。[78]很多地方的情況就跟印度一樣，殖民當局就用一紙命令，宣布所有未耕種的土地皆屬於政府，然後將這種主張入法。許多人抱持偏見，認為原住民無知粗野，接著便採取破壞森林的政策。英國人自詡為環境的監護人，必須保護自然世界，以避免生活在當地已經數百年乃至數千年的人剝削大自然的慣習。[79]

時間一久，這種觀念更是進一步發展——不只是控制土地，還要把人統統趕出去。一八七〇年代與一八八〇年代在美國黃石（Yellowstone）、加拿大班夫（Banff）與紐西蘭湯加里羅（Tongariro）等地設立的國家公園，根據的理念就是為了保護自然，必須把人類完全趕出去，就算迫遷也在所不惜。[80]有些情況甚至引發激烈抗爭，像是在德屬東非，森林保護令居然包含逐出新成立保護區內居民的授權。[81]

殖民擴張鞏固全球北方的力量，方法是讓北方取得世界各地最好的土地，掌控其用途，獨占其生產的成果；那些無法使用土地資源、無法獲得土地「所有權」的人，他們的貧困與自由受限隨之成為無法改變的現實。[82]直至今日，野生保育——無論對象是動物還是植物——參與者往往是口袋很深的捐助人，或是財力與資源雄厚的慈善組織，試圖用不讓人類進入保護區的方式來「保育」大自然。已開發世界的富人用一種微妙、拐彎抹角的新殖民心態，把大自然圍起來（經常是物理上的圍起來），保護自然，不讓原住民糟蹋：世界野生生物基金會（World Wildlife Fund）在剛果共和國成立美蘇克賈（Messok Dja）保護區，卻未先取得當地巴卡人社群的同意；為了成立野生動物保護區，七萬馬賽人（Maasai）被迫離開自己在坦尚尼亞北部的土地。[83]其實，成立國家公園與保護區不見得對野生生物有好處，造成的負面影響也各不相同，難以預測。[84]

明明所有人都擔心人為改變對森林的影響，以及對水土流失的衝擊（進而衝擊產能），但人們對於原物料與製造品的需求不只是狼吞虎嚥，甚至到了引發生態災難的地步。先前提及動物因為毛皮而遭到獵捕，瀕臨滅絕，而且不只北美洲如此；來到非洲南部，象牙也是驅使人們擴大資源邊界的動力。一八七〇年代晚期，英國人與波耳人（Boer）獵人為了尋找象群，往北推進到今日辛巴威、波札那北部與尚比亞東部。從象牙出口數字就能看出捕殺的規模有多驚人，十九世紀下半葉的每一年都有數以千計的大象被殺。[85]

維多利亞時代的英國與美國就和其他地方一樣對象牙趨之若鶩，人們用象牙製作流行配件，從袖扣、梳子與梳妝組合，到縫紉用具盒、牙籤與餐巾束環，一應俱全。[86]需求的大宗來自鋼琴製造業者，鋼琴在勞工階級酒吧、音樂廳是很受歡迎的樂器，對於迅速成長的中產階級來說也是地位象徵。無論是英國人的家裡，還是北美大平原剛開闢的農業社群，都看得到鋼琴。撞球興起成為社交休閒，也讓需求量提升；用來製作撞球的象牙，必須取自幼象的光滑牙齒，而且只有其中一部分能當作材料。[87]

有人試圖阻止象牙買賣，就算無法完全停止，也要減緩其速度。茨瓦納人（Tswana）的國王卡瑪（Khama）嘗試控制獵象的情況，大幅提高在其領土內獵象的稅金。這種作法對生活在遠方的消費者收效甚微，他們對於自然的看法、對於野生動物的氣派想像，以及對非洲大陸的成見，化為醉人的雞尾酒，讓人對打獵與獵人心嚮往之；著名獵人如R．G．康明（R. G. Cumming）可謂家喻戶曉，他們撰寫的回憶錄——裡面都是蠻勇的故事，講述所謂勇敢的（白人）男人如何靠著自己高超的步槍槍法，把大型動物推向絕種的邊緣——銷售量甚至超越狄更斯的著作。[88]

⁝　⁝　⁝

這一切都是「虛歆」的開發，也就是殖民國家利用世界上其他地方的土地、資源與商品，所帶來的新發展。此時的英國人在其他大陸，像是在南非、北美洲與澳洲，複製的能耐堪稱一流，而且方法最有組織，態度也最為堅定。這些地方的政治、司法與宗教體系都在模仿母國，由講同一種語言、跟母國親屬關係緊密的人來控制。英語圈爆炸性成長：一七九〇年至一九三〇年間，講英語的人數翻漲十六倍，從一千兩百萬增加到兩億人。這不是說西班牙人、俄羅斯人、中國人或其他人就沒有向新領土擴張，或是未能成功在同一時期發展出以榨取資源、中央集權為要務的政策；但一位史學泰斗說得好，「講英文的人跟兔子一樣會生」。英國人在打造基礎建設網絡，把資源、製造品與原物料往甲地送，把人往乙地送的時候成就斐然。與一般人以為的不同，英國是到了十九世紀才變成大不列顛的。[89]

當然，成功是以犧牲他人為代價，美洲、非洲、亞洲與澳洲當地人遭到歐洲人或是其後裔的迫遷或脅迫。北美殖民地走向獨立的主因也很諷刺，並非排斥英國，亦非討厭英國的統治，更不是厭惡英國人的身分，而是因為北美殖民地要人認為母國沒有把自己當成正港英國人來對待，而是等而下之，尤其是倫敦的政治程序中沒有他們的代表。[90]

表面上，美國的性格、氣質與自我認同都是超級共和派；然而，美國的實際行動卻證明這是個擴張、窮兵黷武、榨取的強權：一八〇三年的路易斯安那購地事件後，緊接著是一八一〇年的占領佛羅里達，接下來數十年把疆界往西擴張，一八四〇年代更是併吞將近半個墨西哥。過程中得到利益分給菁英與商人，犧牲的則是那些遭到征服、迫遷或擊敗的人。

開疆拓土與開拓新的原物料邊疆，推動一連串的其他變化，像是對交通聯繫的投資，以及一段迅速都市化的時期。一七七〇年代晚期，肯塔基的三個主要聚落加起來住了兩百八十人。截至一七八二年為止，約有八千名歐洲拓殖者加入他們；到了一七九〇年，人數已經增加到七萬三千人。[91]隨著汽船發展得更大、更快，運輸成本與運費也跟著降低——不過降幅並不一致。例如一八二〇年代，從費城發貨走水路到紐奧良，運費只有走陸路的三分之一；數十年後，跨大西洋船運的效率之高、價格之便宜，甚至從北美洲運送麵粉到利物浦，費用都比從都柏林渡過愛爾蘭海去利物浦還便宜。[92]

燃煤動力汽船的興起，加上其船體、速度及行駛惡劣海象的可靠性提升，催生全球燃煤補充站點構成的網絡，進而刺激新港口與沿海城市的發展，商品在此裝卸，而這些港市也成為重要地點。[93]一八六〇年代末，蘇伊士運河開通，船運時間大幅減少，顯然會反映在價格上；十九世紀期間，鐵路網在英國、歐洲、美國、加拿大與其他大洲大幅擴張，也帶來類似的效果。

更便宜、更快、更可靠的轉運，不僅帶動經濟交易，也帶來劇烈的社會與文化變革：以前藝術、音樂與文學是有錢人家所獨有，但隨著地方城市整合成網絡，蓬勃發展之後，現在地方上的人也能接觸到這些目標。一八三〇年代，法國的識字率提升二〇%，一八四〇年代與一八五〇年代各自又提升二〇%；十九世紀下半葉，新成立的博物館在歐洲各大城市遍地開花，讓更多社會階層開始討論古今之間。並非所有人都表示贊同：旅遊業者湯瑪斯・庫克（Thomas Cook）大賺觀光財，一些人則抱怨遊客人數影響其他人的旅遊體驗。有人嫌英格蘭遊客「感覺無所不在；每一棵檸檬樹都有英格蘭女士在聞香、每一間畫廊都有至少六十名英格蘭人，個個捧著旅遊指南，確認東西還在書上說的位置」。前述的所有變革徹底改變連通性，縮短區域之間的距離，擴大文化視野。[94]

還有科技上的突破：尤斯圖斯・馮・李比希（Justus von Liebig）發明濃縮湯塊，不只大發利市（許多模仿者紛紛冒出來），對於大都會飲食的「肉化」（meatification）更是厥功至偉。機械式製冷也是——一八七〇年代以來，肉品運輸變成高利潤生意，而且也更有效率。[95]十九世紀下半葉與二十世紀初，肉類與蛋白質逐漸成為倫敦工人階級飲食的一環，不僅讓成年人口營養更充足，對小孩的腦部發展也有幫助。[96]亞洲部分地區的肉類攝取也在成長，例如日本——一八六八年展開的明治維新，讓民眾對於食用牛肉有所改觀——以及中國。牛肉大亨威廉・維斯蒂（William Vestey）的家族企業將數以百萬計的屠體運往全世界。維斯蒂對中國有一番研究，認為中國長期潛力無窮——只不過對亞洲出口的想法，被一九一二年的一次研究潑了冷水，因為亞洲人「如果不是吃素，就是窮到買不起進口肉」。[97]

全球化的加速與深化是十九世紀的特色，贏家與輸家都很明顯。英國人獲益最豐，尤其是生活水準提升與商品、原物料的輕鬆取得。比方說，到了一八九〇年代，英國掌握全球貿易中六〇%的肉與高達四〇%的小麥。[98]低收入家庭也有好消息，隨著《穀物法》廢止，來自美國的進口增加，吐司的價格從一八四〇年至一八八〇年間降低一半。[99]

機械結構不斷改進，讓產量提升，效能改善，成本壓低。美國的小麥出口在一八四〇年為五百萬公石，三十年後增加到一億公石。採用機械收割讓產量翻倍，蒸汽動力的穀倉塔則意味著十小時可以加工五十萬蒲式耳的穀物，而且每蒲式耳成本只要五美分。[100]機械化將生產一公畝小麥所需的勞力，從一百五十小時降到九小時。一八六〇年至一八九〇年間，育種技術讓美國的每頭母牛的奶油產量翻倍，輓馬體型也大了五〇%（因此也更強壯）。[101]

這些收穫與成果流向有資本能投資的人，流向能夠從量產中獲益的人，亦即美國的大農場主、澳洲與南非的牧場主，或者能夠從鐵路公司領到漂亮分紅的股東。然而，這也讓遭到排擠的人感到絕望，像英國的糧農無力抵擋進口穀物的洪流，至於被迫離鄉背井到城鎮找工作的勞工，則是得承受惡劣的衛生，暴露在貧窮與疾病的高風險當中——這種生活具體而微展現在狄更斯的《荒涼山莊》等著作中。

世界上有些地方被其他人拋在腦後，或者得不到道路、學校、醫院與鐵路等硬體基礎建設，以及制度、教育與地方能力建構（local capacity building）等軟體基礎設施，因此同樣未能從進步中獲得益處。有些國家名義上已經從殖民統治中解放出來，例如南美洲國家，但實質上卻像典型受壓榨的衛星國，出口原物料，國內消費則仰賴進口。全球經濟變化對印度與南亞來說喜憂參半，一八一〇年至一八六〇年間，由於價格下降使然，印度國內紡織市場大半被英國搶走，讓糧價形同上漲，後果嚴重。[102]

歐洲人盡情享受豐富而廉價的食物，其他人就沒那麼幸運了：從一八七五年到第一次世界大戰開打這數十年間，印度有多達一千六百萬人餓死——殖民當局把這場漫長的災難當成生活的現實，還覺得有正面效應，像是把欠債的小農從土地上逼走，更能對印度人口規模的成長帶來求之不得的遏制。[103]饑荒死者無算，期間往往持續有大量小麥從印度出口，尤其是出口到英國。十九世紀下半葉一位毫不遮掩的官員致函印度副王（Viceroy），表示這並不嚴重，「他們還是生得很快，開放他們任職的每一個職缺都擠滿了。」[104]

投機賺取利潤的作法也引發問題。比方說，一八五〇年代末，美國是全世界最大棉花生產國，每年出口約三百五十萬包（bales）——大部分都是南方腹地（Deep South）棉花園的奴工種出來的。美國內戰期間，聯邦軍封鎖邦聯港口，掐得棉花貿易喘不過氣來，一八六一年至一八六二年間僅有一萬包出口，幾乎下跌九九%。[105]雖然在英國，奴隸制度業經一八三三年的《廢奴法案》（*Abolition Act*）所禁止，但英國經濟重度仰賴紡織業，而紡織業不僅從棉花的進口獲益，也必須有這些進口，工廠才能運作。供應不足導致人們擔心原物料短缺，以及公共秩序遭受威脅。英格蘭幾個紡織業城鎮發生暴動，歐洲其他地方亦然。一八六〇年代初期，《泰晤士報》談到美國內戰時，表示「眼下還沒有哪一場危機如此引人擔憂，也沒有哪一場發生在歐洲的戰爭或革命，能對英格蘭的利益造成如此嚴重的威脅。」[106]

激進思想的興起，更加深焦慮之情，而激進思想本來就跟長期社會經濟問題關係密切。迅速而大規模的都市化，讓歐洲的地景與政局徹底轉變——一八四八年的一連串革命，已經重創歐洲政壇。卡爾・馬克思（Karl Marx）與弗里德里希・恩格斯（Friedrich Engels）把這些動亂視為階級鬥爭的表現，是受壓迫者在反抗控制生產手段的人；其實這些動盪多半還是嚴重的糧食短缺引發饑荒所導致的搶糧，尤其是一八四〇年代中葉的愛爾蘭、法蘭德斯與西利西亞（Silesia）。暴力席捲歐洲多地，導致各國政府取消投資建設，從一八四七年春天開始就對採礦與金屬產業造成負面衝擊。抗議情緒高漲，民眾要求改革、自由與更多的權利，情況在隔年達到高峰。[107]

因此，各方的注意力很快就轉向印度，把印度當成替代的棉花產地——無怪乎人們一再試圖提升印度棉產量，但大部分都未能如願，因為印度棉花品質不佳，加上交通網不夠密集，成本居高不下。魏特尼軋棉機發明並廣為人所使用之後，在美國也帶動一場革命：一八〇一年，採棉人一天通常平均能採二十八磅的棉花；到了一八二〇年代，數字已增加到四倍有餘，來到每日一百三十二磅多，十多年後又變成三倍，來到三百四十一磅。奴工在這種驚人的生產效率下勞動，獲益的是大西洋彼岸如曼徹斯特的工廠主人與工人（不過後者獲益的程度遠低於前者），紡織廠的效率從一八二〇年到一八六〇年間提高六倍。造化弄人，這些收益讓奴隸制產生更多利潤，確保美國南方的奴隸主愈來愈有錢，堅定他們的決心，對金雞母——奴工——緊緊不放。[108]

一八六〇年代初，由於供應緊張，印度棉價上漲將近五倍。生產者打算利用這波高價帶動一波整地潮。原本種植自給所需，後來改種棉花的土地，超過百萬公頃。位於印度次大陸中央的省分比哈爾邦（Bihar），興建密密麻麻的鐵道線，貝臘城鎮坎伽翁（Khangaon）迅速成為時人口中「大英帝國最大的棉花前哨站」。[109]

其他人也試圖把握機會，像是在中亞，當時就有俄羅斯人希望當地人能成為「我們的黑人」——這句話的意思無庸置疑。美國內戰期間，中亞棉產量大爆發，一八六一年至一八六四年間提高四倍以上。[110]另外，還有下埃及，四〇%的沃地改為種植棉花，鄂圖曼埃及總督薩伊德（Sa'id）帕夏龐大的私人土地也有大半改種棉花。[111]

這些投機之舉立刻就有回收，然而代價也很高。一方面，美國內戰塵埃落定之後，就有大量棉花供應市場，供應一改善，價格就受到沉重的下修壓力；另一方面，棉花種植擴大，其他地方因此採用農奴，尤其是尼羅河三角洲，大量來自東非的奴隸在此落腳：甲大陸終結奴隸制的努力，反而在乙大陸造成相反的結果。[112]

高報酬的吸引力讓一些人頂著財務壓力，借錢買種子、工具、糧食與勞力，超出承受範圍。等到價格轉壞，許多人才發現背上難以償還的債務，這在埃及引發一波波的土地廢耕與破產潮，無地勞工愈來愈多，鄉間社會關係也隨著愈來愈嚴重的不平等而走向極端。印度的情況也差不多，有人認為債務、迫遷、孤注一擲——加上殖民者的索求愈來愈難承受——正是德干暴動（Deccan riots）與一八七〇年代數百萬人餓死的背景因素。

當局因為貝臘黑土的肥沃而錯估情勢，對灌溉建設只有最低程度的投入，不過一部分也是因為殖民地官員無能，重視棉花甚於糧食。薪資無法跟上物價，導致營養不良，更容易染病，也更容易餓肚子。一八九〇年代，饑荒一而再，再而三爆發，無數人家破人亡，囤積糧食的人卻致富了——甚至在饑荒最嚴重的幾年間，印度還持續出口糧食。[113]貝臘的饑饉比例尤高，顯見為了短期機會爭取獲利是什麼樣的情況。[114]追求利潤、對眼前所見開發無度，加上超出限度後大自然的反撲，就是這樣的結果。

20 動盪年代
（約一八七〇年至一九二〇年）

一群英勇的英格蘭人試圖把西非納入文明的最外緣，卻成為受害者。——《每日電訊報》（*Daily Telegraph*，一八九七年一月十八日）

災難對人類帶來驚人而嚴重的後果，為了不擇手段快速致富而迅速改造地貌、影響生態——比方說，為了開闢棉花種植園而砍伐森林——也會有同樣的後果。明顯的連帶效應發生在動植物身上，而懸賞虎、豹、狼、熊與獵狗的作法也會讓災情加劇，這些頂級掠食者一消失，就會為環境帶來重大轉變。整地之後的土地，往往並不合用或者遭到過度利用，結果農產枯竭，河流、湖泊與水源也因為水土流失，或者是整地導致區域降雨模式改變而乾涸。[1]

跟棉花一樣的故事一再上演，尤其是十九世紀下半葉開始，全球市場整合程度提升，運輸網絡改善，資訊分享更加快速之後，重蹈覆轍的情況就更多了。比方說在一八三〇年代，查爾斯・固特異（Charles Goodyear）對硫化（vulcanisation）進行開創性研究，發現這個化學過程能提升橡膠的彈性、硬度與韌性，對於橡膠的需求跟著一飛沖天。後來，充氣輪胎的開發——一八八八年，約翰・登祿普（John Dunlop）讓充氣輪胎達到實用化——又催生出一波需求高峰。[2]

橡膠產量激增，在一八五一年大約兩千五百公噸，三十年後已經超過兩萬噸。這還只是起頭。一九〇〇年大約有五萬噸橡膠生產，等到第一次世界大戰前夕時，數字已逼近十二萬噸。期間，橡膠成為「世界上最重要、最能反映市場動向，也最熱門的新原料」，除了腳踏車與汽車的橡膠需求量大，還有簡直無止盡的商品與產品，從鞋底到絕緣體都少不了橡膠。[3]

橡膠用途之廣，刺激人們急著變更土地用途，想利用眼下的需求大賺一筆。變更的速度用狂已不足以形容，根本達到可以載入史冊的地步。東南亞雨林大面積遭到砍伐，改種來自亞馬遜的橡膠樹種子。一八九〇年代晚期，馬來半島的麻六甲與雪蘭莪（Selangor）大約種植一百四十五公頃的橡膠樹。到了一九一〇年，數字已經增加到約二十二萬公頃，種植園也已經開到其他州如霹靂州（Perak）。四年後，又有四十四萬五千公頃的土地整作為橡膠種植之用。截至一九一四年，馬來半島出口的橡膠已經比整個南美洲加起來還多。荷屬東印度群島也是依樣畫葫蘆，在同時期大規模種植橡膠樹，至一九一四年已達二十四萬五千公頃，五年後數字幾乎變成兩倍。到了一九三〇年代，全世界最豐饒的雨林已有數百萬公頃被橡膠樹取代，實業家意識到自己能夠以這些便宜的土地為基礎，打造出龐大的財富，尤其汽車開始量產，橡膠製作輪胎的需求更是扶搖直上。一馬當先與報酬無邊的興奮感非常清晰：有位新種植園主說，他感受到自己有「征服者的豪情」，這種措辭具體而微展現出普遍的心態與榨取的過程。美洲已經童山濯濯，如今該換去到世界其他地方。[4]

作物、動植物移植之後，一定會導致生態重組。運輸愈來愈有效率，也愈來愈便宜，讓全球市場高度整合，進而讓生態以人類史上所未見的速度與深度進行重組。探索未知之地——動機通常是為了尋找新資源——也會有一樣的結果。支撐這類行動的是一種思維框架，堅信世界上未經探勘的地方不只是野性的、住著野蠻人的地方，更蘊藏無數的財富。[5]探險家大衛・李文斯頓（David Livingstone）嘗言，歐洲人的擴張帶來三樣普天同慶的事物：「基督教、商業與文明」。[6]種族至上、虔誠美德與資本主義等狂熱思想彼此榫接，構成歐洲人——尤其是英國人——看待自己，乃至於看待世上其餘人等的核心觀念。[7]

橡膠只是眾多原物料之一。人們把如可可、咖啡與菸草等植物性原料盡數引入世界各地的新地區。在許多地方，引進新作物的過程因為有了奎寧而更加順利。奎寧是第一種能有效治療瘧疾的藥物，材料來自原生安地斯山的金雞納樹（cinchona）樹皮。一八二〇年代開始，金雞納樹的栽種範圍迅速擴大。[8]

資源的開發在十九世紀加速，開發的範圍也不限於糧食作物與植物。由於新科技的研發與升級迅速，製造的速度也提升，因此礦物與金屬的需求也很大。錫是一個好例子，它對許多產業都很重要，像是紡織生產、機械工程與軍備產業。錫主要的用途是製作錫罐保存食物——這對鄉間食物剩餘的保存來說至關重要，食物經保存後運往都市，是都市化、工業化與全球化的關鍵。[9]歐洲的錫產迅速耗竭，因此必須到其他地方尋找供應，尤其是東南亞。錫產量跟橡膠一樣迅速成長。因為生產自動化，每名工人日生產錫罐數從一八四七年的六十罐，在不到三十年的時間裡增加到一千罐；一八七四年至一九一四年間，產量幾乎乘以四倍。接下來數十年，錫的需求簡直像是無底洞：例如一九六二年，光是美國就生產將近五百億個錫罐，等於每人每年使用超過兩百五十個錫罐。[10]

另一項價值不斐的原物料是鯨油，取自鯨脂組織，是燈油的主要材料。一五〇〇年至一八〇〇年間，格陵蘭海域約有十六萬兩千頭鯨魚遭到捕殺。雖然捕鯨長期以來都是北極海與北大西洋經濟的一環，但工業革命帶來一波需求的激增，因為鯨油黏性低，是很有價值的機械潤滑劑：不會變乾、凝固或侵蝕金屬。[11]

美國成為全球捕鯨業重鎮，到了一八四〇年代，全球有四分之三以上的捕鯨船隊都在美國，主要是因為大西洋弓頭鯨與露脊鯨族群在十九世紀初遭到過度獵捕，迫使船員到其他地方捕鯨。[12]太平洋海域中心因此大開，與南美洲太平洋岸一同整合進入全球商業網絡。[13]

新原物料的全球大追尋，也延伸到這個地區的其他豐富資源，尤其是鳥糞（guano，源自克丘亞語的「屎」）——這泛指野鳥與蝙蝠的排遺，早在歐洲人抵達美洲的數個世紀前，當地人就深知鳥糞作為肥料的無邊價值。鳥類在今天秘魯沿岸的範圍聚集繁殖，規模龐大，「第一次看到的人」都會瞠目結舌。由於每年都需要施糞肥幫助作物成長，鳥糞非常寶貴，因此印加統治者禁止在鳥類繁殖季干擾鳥群，違者處死。[14]

科學進步之後，植物學研究日深，加上人們希望提升糧食生產，以養活成長中的人口，開始注意提升作物產量，鳥糞作為肥料的價值因此大幅提升。十九世紀初，洪堡前往南美洲太平洋岸，帶回鳥糞樣本。他對樣本進行實驗，發現鳥糞裡含有超高濃度的尿酸，富含氮。他的發現震驚科學界，引發全球尋找鳥糞資源的熱潮，希望將之出口運回歐洲與美國。[15]

不列顛群島、加勒比海、加拿大與西南非的鳥糞資源一下子被搜刮一空。但鳥糞最大宗的來源——也是最賺錢的——則是一八二〇年代成為獨立國家的秘魯沿海地區。一八四〇年至一八七九年間，從秘魯島嶼與海岸出口的鳥糞將近一千三百萬公噸，價值據估計達一億至一億五千萬英鎊之譜。其中大多數運往英國，部分則賣給低地國、德國與美國的農民、地主及種植園——也有銷往加勒比海、印度洋的模里西斯與留尼旺島，甚至還有中國。[16]

鳥糞的能耐如此驚人，甚至連流行文化中都有其一席之地。約瑟夫・康拉德（Joseph Conrad）的《吉姆爺》（*Lord Jim*）裡有一個人物，熱情講述自己有了賺大錢的計畫，要買一艘便宜的汽船，航向自己發現的「一座鳥糞島」——雖然島嶼四周缺少安全下錨地，又位於颶風頻繁通過的地方，但致富的前景依然看好。[17]一八五〇年代，舊金山有報社刊登一則故事，宣稱假如運鳥糞的船沒有把艙們關好，船艙用的木材會冒芽，船桅會長高，櫻桃木桌會結出櫻桃；鳥糞的肥力強大到連蟑螂都會長成巨體，大到「能起錨揚帆」。根據那位講述故事的水手所言：「沒有施了鳥糞還長不出來的東西」。[18]

還有其他大獎在等著。阿他加馬（Atacama）沙漠龐大的硝石沉積一下子便吸引採礦商的注意。硝酸鉀和鳥糞同屬重要肥料，而且兩者皆具有另一項特性，也就是能以爆炸的速率燃燒。也就是說，礦場老闆跟軍隊對此都很感興趣——十九世紀過程中，火炮部隊的發言權愈來愈大，尤其阿爾弗雷德・諾貝爾（Alfred Nobel）率先發現以「矽藻土」形態運輸硝化甘油，以及加以引爆的方法後就更是如此。這項技術突破使各方開始比賽尋找理想中大量、便宜的資源，加以控制。不久後，視線就聚焦在阿他加馬沙漠——全世界數一數二乾燥的地方，豐富的硝酸鈉（$NaNO_3$）在此沉積了數百萬乃至於數千萬年。[19]

無論對哪裡的資源有開採的欲望都免不了後果，南美洲自然也不例外。首先，本來就從天然財中獲利的人會為了確保獲利不致中斷而展現武力。一八四〇年代，英國與法國戰艦封鎖布宜諾斯艾利斯，北邊則有美國相互呼應，以墨西哥為魚肉，奪走對方上百萬平方公里的領土——「席捲蒙特祖馬的宮殿」（storming of the Halls of Montezuma），也就是進攻墨西哥城查普爾特佩克城堡（Chapultepec castle）一事，甚至重要到「蒙特祖馬的宮殿」一詞出現在美國海軍陸戰隊軍歌裡。[20]

美國的野心還在擴大。國會在一八五六年通過《鳥糞島法》（*Guano Act*）之後，美國公民甚至獲得授權代表政府占領島嶼或領土。[21]由此途徑得來的土地如今還有幾個在美國手中，例如中途島（Midway Atoll）——它之所以聞名於世，首先是作為美國與亞洲之間的電報通訊和飛行的中繼站，後來則是第二次世界大戰期間扭轉太平洋戰局的戰役地點。[22]

其次，取得自然資源的競賽，帶動秘魯政府與民間的大撒幣——因為有販賣鳥糞與硝酸鹽帶來的橫財，也因為以為這筆錢取之不盡。新的鐵路、公路、醫院、城市下水道，以及上好的葡萄酒、雪茄與流行從世界各地湧入，都見證了這筆突如其來的財富。一八五〇年代，秘魯突然陷入慘烈的內戰，接著在一八六〇年代與西班牙發生齟齬，一八七〇年代末又打了太平洋海岸爭奪戰（War of the Pacific，一八七九年至一八八四年），這場人稱「美洲歷來規模最大的武裝衝突」，數十年前的過度樂觀、過度消費與過度借貸終於被事實逮個正著。[23]

採用新科技，加上找到新的成分或原料之後大增的需求，往往引發不尋常的外溢效應。英國海軍軍官詹姆斯・林德（James Lind）發現攝取柑橘類水果能預防壞血病，皇家海軍因此購買大量檸檬——光是一七九五年至一八一四年間的收購量，就足以供應一百六十萬加侖的檸檬汁。[24]需求導致產量一飛沖天，尤其是截至一八八〇年代中期，西西里島一年就出口兩百五十萬箱檸檬到紐約，島上的柑橘栽培帶來的利潤，每公頃是其他作物的六十倍。利潤加上法治不彰、低度人際信任、地方上的高度貧窮，以及十九世紀上半葉實施的一連串土地改革，創造出讓若干團體得以利用高利潤、得益於不穩定的情勢，進而崛起的完美條件。林德解決壞血病的方法，等於替西西里黑手黨的崛起播下種子。[25]

人們對於橡膠、鳥糞與硝酸鹽的狂熱，深化各地與南美洲的貿易交流，也帶來無遠弗屆的影響。一八四二年，費城、紐約及歐洲許多地方的馬鈴薯出現異常的疫病。愛爾蘭深受打擊，一來當地人非常仰賴馬鈴薯作為食物、營養來源，也是一種支付形式；二來因為既有的貧困問題跟土地壓力與糟糕的農法有密切關係，而地主的不在籍與不恰當的政府政策則讓情況雪上加霜。結果非常嚴重，多達一百萬男女與小孩在惡劣的環境中病死或餓死。對許多人來說，選擇並不困難：要麼移民，要麼死亡。一位著名學者說得好，

「不是大西洋彼岸，就是人生的彼岸」。[26]

近年來，學者對疫病菌株進行基因定序，認為這種病菌可能源自安地斯山，隨著秘魯出口的各種新品種馬鈴薯而傳遍世界——一方面因為秘魯愈來愈容易抵達；另一方面則是該國在全球商業網絡有了一席之地。[27]一八四〇年代中期到一八五〇年代初期，愛爾蘭人口減少將近四〇%：除了餓死與病死的人外，還有超過一百萬人移居他方，大部分是渡過大西洋前往北美。[28]

無怪乎這段苦難留下好幾代都無法痊癒的傷痕，影響對於英國人的統治、派系及反抗的態度。[29]與此同時，大型愛爾蘭社群在美國迅速出現，成為十九世紀中葉美國主流政治論爭的一環，許多人質疑大量移民湧入不僅會衝擊經濟榮景，甚至傷害國家體制。[30]

一八四〇年代晚期抵達美國的新一代愛爾蘭移民當中，許多人的教育水準遠低於老一輩的愛爾蘭移民，不僅識字率奇低，小孩的教育與職業發展也很差。[31]即便如此，愛爾蘭裔人口成長並未影響他們對原鄉的自豪之情——從今日將近四千萬美國人自認為愛爾蘭後裔，就能清楚看出這一點——影響聖派翠克節（St Patrick's Day）等文化盛事，也影響接下來一個半世紀以上的美國總統與國會選舉結果。[32]一種南美洲的作物疫病乘著全球密集貿易網絡的便車，推動劇烈的人口潮流，重塑愛爾蘭與美國。把植物從世界的這一頭移植到另一頭，就會有這種讓病原體搭便車的風險。

⁝　⁝　⁝

食材、礦藏及自然資源的開發，跟人口遷徙有密切的關聯，愛爾蘭馬鈴薯饑荒後的人口大出逃，其實是其中的一部分。從美洲的奴隸制可以看出，像甘蔗、菸草、咖啡、可可與棉花等作物，要是沒有栽種、培植、收成、加工的勞力，就沒有什麼價值。十九世紀取得的這些成就，屬於一系列互有關聯且複雜的科技發展、貿易紐帶深化、目標上修與知識分享，但這一切都少不了大量勞力，而絕大多數的勞力都不在有需求的地方。因此，伐林、改造土地、建立新種植園等活動，意味著要把工人從或遠或近的地方帶到現場。我們當然可以從改造自然的角度來看待十九世紀，但也不能忘記這些改造是建立在人類環境的巨變之上。作物可以移植到世界各地，人也可以；後者的移動竟然多半是非自願的。

人們往往把十九世紀下半葉與二十世紀初期，刻畫成赤貧的歐洲人收拾細軟，渡過大西洋，那兒有新的生活與新的契機——尤其是美國內戰結束、奴隸制終結之後——只待肯吃苦的人到來。十九世紀下半葉往北美移民的人數固然可觀，但一八五〇年以降的數十年間，在亞洲內部與周邊移動的人數更是龐大。將近三千萬印度人落腳於印度洋周邊與南太平洋，他們往往是受到殖民當局鼓勵，有許多甚至涉及債務擔保（debt obligations），也就是提供借款換取勞力。將近四百萬人從印度遷往馬來西亞，兩倍於此的人數前往錫蘭（今斯里蘭卡），超過一千五百萬人遷往緬甸，還有大約一百萬人前往東南亞各地、印度洋與太平洋島嶼，甚至是非洲。[33]

規模不亞於斯的人流，還有約五千萬中國人遷往東南亞、荷屬東印度群島、泰國、法屬印度支那、澳洲與紐西蘭，以及太平洋和印度洋島嶼。全球人口分布因此大洗牌。一八五〇年至一九五〇年間，美洲、東南亞與北亞人口大量成長，增加四倍以上。發展趨勢固然類似，但還是有些根本的差異，尤其是東南亞的聚落密度增加率遠高於美國，畢竟移民人數大致相同，但遷入的空間大小卻不到一半。[34]到了一九〇〇年，模里西斯島上的印度人比非洲人還多，納塔爾的印度人比歐洲人還多；夏威夷人口有四〇%為日裔，將近兩成為華裔。[35]

推動這些龐大人流的因素有很多，最主要的就是種植園與礦場裡，或是原物料、礦石與金屬的加工過程需要工人。他們的移動泰半也是非自願的。波里尼西亞各地人口遭劫，原因是要奴役成年男性，違反其意願把他們拉去秘魯，強迫他們從事鳥糞採集與加工以供出口。[36]印度與中國「苦力」(coolie) 則是以假目的掩護，或者在被迫情況下，以契約工身分協助修築鐵公路與港口設施，或者到醫院工作，或是擔任家僕，抑或從事採摘作物等沉重的勞動。[37]

女性遭強迫性剝削與強暴的情形相當普遍，西方人則用亞洲人懶惰、追求享樂、濫交成性等老調掩護。這種說法不只強化女性應該「服侍」主人，甚至她們這麼做的代價不該太貴的看法。中國海關總稅務司赫德 (Robert Hart) 嘗言：「有些中國婦女相當貌美，你花五十到一百美元就能讓一人完全成為你的財產，每個月只需要兩、三美元養」。[38]種族與財產權利的觀點加總之，強化「世界上的動植物任由人擺布，而歐洲人則擺布其餘人等」的信念，赫德的發言只是無數例子裡的一個。

就此而論，英國、歐洲與北美雖然廢奴，帶來重大的指標與商業影響，但態度與行為上的改變卻不多。殖民地官員不難自我催眠，相信自己情操高尚。「這並不容易，」一位駐印度官員寫道，「但畢竟人命關天，我想這麼做是值得的。」然而，身體上的虐待卻是家常便飯，而施虐者若是歐洲人，要麼無人注意，要麼不受懲罰，要麼輕易開脫。在印度，工人若是工作效率低，對指標表示不滿或者未能達標，不僅會遭到毒打，有時甚至被殺。[39]從一八八〇年代到一九二〇年代初將近四十年時間，橡膠需求量大增，期間剛果人被迫採收橡膠，忍受虐待、刑求、飢餓與疾病。死傷有多慘重？在這段時間每出口十公斤橡膠，就有一條人命因此消失。草菅人命的程度，導致剛果在這數十年間減少七〇%的人口。[40]

歐洲人及其子孫乘著一系列愈來愈高的人口浪頭，到世界各大洲開枝散葉，是土地與人力的成果主要的受益者，但不是所有人雨露均霑：其實，收益不見得會流向在歐洲或是跟歐洲有關係的人，而是流向擁有資本的人——包括來自亞洲、非洲、美洲與大洋洲，以及在這些地方居住的人。套用馬克思的措辭，刺激經濟成長的是資本主義的「恐怖無情」，但成長也帶來沉重的代價。[41]

人們砍伐森林，栽種新作物，或是挖開山腳尋找礦藏，改造生態。當然，對原物料的無盡所求一定會對生態造成壓力，為了支撐與餵養大量勞力，為他們提供住居，生態一定也會受到嚴重的干擾，而他們也會傷害當地環境。例如柬埔寨南方的一處農場，每天都得為在隔壁的橡膠種植園做苦工的三千名工人供應三至五噸的食物，同時還要養五百頭牛、八百頭豬與成群的綿羊和山羊。[42]這些活動必定會為當地經濟帶來涓滴效應，但現實殘酷，大部分的成果都以直接、間接的方式讓富者愈富。

但投資也有朝不保夕的可能，畢竟這場創造供應的比賽，有時候反而會跑過頭，超過需求——價格因此拉低，而閃閃發亮的「黃金國」（El Dorados）則變成荒蕪的廢地。橡膠熱正盛時，秘魯伊基多斯（Iquitos）的亞馬遜雨林瞬間成為全球地王所在地，有些產業的價格甚至超越紐約等城市，但是新的橡膠來源從世界上其他地方汩汩流出之後，伊基多斯的地價也就不再。還有像是西伯利亞的伊爾庫次克（Irkutsk），在十九世紀末時居然有一座歌劇院、幾座大教堂，以及至少三十四所學校。迅速的工業化、重大投資、鐵路交通與生活水準的提升，讓伊爾庫次克充滿對未來的希望與樂觀。當年有一位訪客表示，「西伯利亞就是下一個美國」，而這個預言至今尚未實現。[43]

開採也會造成副作用，害當地社群與野生動植物得代代承受，甚至是大範圍的生態滅絕。例如金屬產業的尾礦為當地水系帶來更多沉積物，像塔斯馬尼亞的河川與馬來亞的霹靂河皆因此淤積。[44]世界各地的水文都有因為開採銅、鋅、鉛、錫的作業，而遭重金屬汙染的情形。[45]氰化鈉提煉黃金的作法在十九世紀晚期發展出來之後，幾乎立刻應用在南非維瓦特斯蘭（Witwatersrand）的金礦，這種化合物的高毒性也汙染了土地。[46]直到今天，北美洲每年仍使用約一億公斤的氰化物，超過四分之三是用在金礦；有科學家估計，光是金礦的開採作業，每年就會製造十億公噸的廢石與尾礦。[47]

事實證明，認定「改造自然環境定能帶來正面的長期改變」實在是錯得離譜，反而凸顯出文化與種族優越的態度。印度感覺經常發生饑荒，像是一八三七年至一八三八年間，由於季風降雨不足，西北省（North-Western Provinces）、旁遮普與拉賈斯坦（Rajasthan）有大約八十萬人死於饑荒。英國在印度擴大政治勢力之後，興起一波遠大的設想，打算改造看起來初階而缺乏效率的運河、小攔水壩與梯田加以改造。殖民當局要用更為優越的科技大幅擴大水利網，深信這麼做能讓未來不至於發生嚴重的饑荒。[48]問題這麼明顯，解決方法當然也很明顯——超過五百萬人死於飢餓與疾病之後，殖民政府在十九世紀下半葉成立印度救荒委員會（Indian Famine Commission），委員會提交的一份報告中表示：「印度所有饑荒都是旱災造成的，解決問題的第一步無疑是灌溉工程。」。[49]

一位英國工程師表示，問題在於「這一年是河川氾濫毀了部分的莊稼，那一年則是缺雨毀了農作」。解決之道就是在印度全境起造新的灌溉系統，「工程規模之大……想必是全世界所僅見」。[50]參與和評論後續建設的人對此興奮不已，屏氣凝神，志得意滿：一八五二年為整治哥達瓦里河（Godavari River）經多沃萊斯瓦拉姆（Dowleswaram）河段而興建的水壩，獲譽為「英屬印度迄今以工程技術所取得最非凡的成就」。[51]

兩年後，長達七百英里的恆河運河開通，時人也表達類似的情緒。一位催生出這項工程的資深官員，提到自己的自豪之情，「區區數百位基督徒在異國的中心」，在異教徒的圍繞之下，居然能打造出「造福這些未開化群眾的文明功業」。「邪教、暴政與戰爭」之黑夜和「災難的苦果」，已經被「基督教、善治與和平」的白晝所取代。[52]

接下來三十多年，總長超過六萬五千公里的新運河開通，灌溉五百四十多萬公頃面積——成本則多半轉嫁到印度人身上。[53]鐵路的興建為民間投資人帶來政府所保證的利潤。事實證明，對如此龐大的鐵道鋪設工程來說，官民合作模式堪稱成功祕訣——印度得到亞洲第一大與全球第四大鐵道網絡。鐵道建設需要大量的鋼鐵以製作鐵軌、引擎、客貨車廂，還需要木材、焦炭及煤來製作枕木與燃料。一位英國工程師表示印度次大陸縮水到「以前的二十分之一的大小」，還說「蒸汽的力量」削弱了「全世界最僵化、排外的種姓制度」，把各地區銜接起來，讓勞動力得以流動，讓次大陸現代化，可說對社會的進步厥功至偉。[54]

水文變化的幅度令人震驚。緬甸的稻米栽種面積成長為十二倍，伊洛瓦底江三角洲因此成為全球數一數二的稻米產區；一八五二年至一九〇〇年間，當地人口從一百五十萬人躍升至四百萬人。荷蘭人在東印度群島，以及法國人對湄公河也有類似的改善——湄公河經河川整治，挖除大量的汙泥，是人類史上規模最大的土方工程之一。[55]

人們難免以為發展基礎建設的初衷是要幫助當地人，以為這是出於大度、責任與博愛。當然，發展的主要目的是為了支撐帝國的名與實。比方說，投資灌溉系統能達成雙重目標，一是提升農產量（連帶提升稅收）；二是減緩饑荒的影響，因為賑災所費不貲：例如一八七〇年代為了救荒，當局就花費將近一千萬英鎊，相當於今天的兩億英鎊。[56]

鐵道網擴大雖然會為印度與印度人帶來機會，但交易速率的提高除了帶動歲入上升讓殖民當局獲益之外，大量的原物料出口也有利於英國各產業。興建鐵路的動機之一，是為了銜接口岸與內陸，強化進出口的數量與速度；此外，還有一項更重要的原因。一八五三年，印度總督達豪西勛爵（Lord Dalhousie）告訴國會，四通八達的鐵道網「將能讓政府調動大部隊投入特定地點，以往需要幾個月，現在只需要幾天」。[57]鐵路促成貿易，連通區域，刺激都市化，影響地價，幫助識字率提升，但這一切的重點都是在鞏固英國對印度次大陸的政治、軍事與經濟勒索——實則無異於俄羅斯在西伯利亞、美國在中西部及以西，以及中國在滿洲的所作所為。[58]

殖民者自顧自地拿走最好的獎賞，但當地當然也有人受益。地方上的農場主對於土地改良態度積極，支持、鼓勵，甚至為農改提供勞力。[59]一些地區因為新的交通路線而開放，並且在大規模灌溉建設之下改頭換面。但凡有能力且有意願前往的人，都有大量的機會在那裡等著他們。西旁遮普是個很好的例子，生態改造和規模與步調都很驚人。一百萬人遷往九處於一八八五年至一九四〇年間興建的「運河殖民地」，成為一股照料一千三百萬公頃土地的勞動力。以前這裡只有灌木與沙漠，如今則在新灌溉設施的幫助下化為青翠的田野。旁遮普經此改造，變成一位重要學者所謂的「印度農業成長引擎」；英屬印度得運河灌溉的土地有將近半數位於旁遮普，旁遮普也成為大量稅收與人力的來源，而這兩者皆有助於強化殖民者對整個次大陸的統治。[60]在這種新開闢的田地裡耕作的農民等人顯然能從過程中得益，但控制自然也為英國人提供資源，強化他們對印度的掌握。[61]

殖民當局自己並不做如是想——至少沒有白紙黑字寫下來。一九一八年一份重要報告中表示，投資印度發展農業非常重要也非常成功，「以前不時就會發生導致廣大地區人口減少的恐怖災難，如今已不足為懼」。出手干預自然環境，消除氣候壓力的風險：以前如果缺雨，不只代表「匱乏與艱辛」，更是「全面的餒餓與生命的消逝」。這種事情再也不會發生了，畢竟問題已經「經過科學研究，得到對治的方法」。人已勝天。[62]

一方面是如此的自信心，另一方面則是一股確信，認為從遠方帶來的知識與啟蒙，比當地既有或發展出來的任何事物更加優越。一位駐東非的英國官員寫了一本書，書名取得很謙虛，叫《文明之書》（*The Book of Civilisation*），作者聲稱：「非洲民眾之所以吃不飽，是因為非洲人多半不善農耕，而之所以不善農耕，則是因為他們不懂得如何讓土壤保持肥沃。」他說，這種情況實在很氣人，甚至幾乎到了絕望的地步：「只要非洲的牛用在適當的用途，也就是為孩童提供牛奶、為成人提供肉品、為田地提供糞肥，還有拉車犁田的話，不久後非洲人就能欣欣向榮。」[63]

認為當地習俗低人一等的看法固然典型而普遍，但也不是所有人都這樣認為。一位英國農業專家受印度事務大臣（Secretary of State for India）邀請來評估印度農耕狀況，他堅定表示自己「不像其他人那樣認為印度農業整體來說原始而落後的看法」，反而深信「有許多環節不僅不怎麼需要改善，甚至完全不需要改變」。他甚至認為情況普遍如此，事實上問題並不在於「耕種的方式有固有的壞處」，而是因為次大陸的某些行政區缺乏基礎建設之故。更有甚者，他認為與其採用來自英國、歐洲或其他地方的新農法，「把更好的當地農法從〔印度〕採行該農法的地方，移到沒有採用的地方」，達到的成果會更好。[64]

也不是所有人都鄙視非洲的農法，乃至於鄙視全體非洲人。一位法國植物學家寫道，當代許多評論者「往往把本地耕種者勾勒成遊手好閒的人……但並非如此」，當地的農法不僅最能發揮土地的潛力，歐洲人的作法顯然達不到一樣的效果，而且往往有很大的財務與生態代價。[65]國會東非殖民地調查委員會（Parliamentary Commission of Enquiry into the East African colonies）成員阿奇伯・邱吉（Archibald Church）寫道，英國官員「傲慢主張歐洲人的方法遠比非洲人的方法優秀之前，應該先仔細研究當地的農法才對」。[66]

這些案例反映的是少有的開放心態，輿論很難因此改變，也很難影響農耕與開採的相關政策與作法，情況往往沒有更好，而是更糟，是用問題取代問題。比方說，人們為了整地供單一栽培之用而破壞動植物棲地，傷害生物多樣性。[67]瘧疾在印度是「嚴重的威脅」，疫情沿著運河網絡蔓延，甚至有人質疑運河建設到底是否帶來正面的結果。[68]開挖新運河往往引發產權問題，排水不良有時候不僅意味著灌溉沒有效率，環境衛生也會惡化，讓疾病能感染人與向外傳播。[69]

大規模灌溉也是問題，原因是儘管一開始的成果看起來都很美好，但滲水與土壤鹽化的威脅始終揮之不去——數千年前的美索不達米亞與其他地方如此，現代世界亦如此。旁遮普也不能倖免，冰冷的現實很快就浮上檯面，運河化並非本以為的萬靈丹。到了一九四〇年代，旁遮普有許多地方的產量已經減少七五%以上；在原本的可耕地當中，至少一百萬英畝因為非永續性的灌溉方式而荒蕪。[70]這本身就夠糟糕了，更慘的是考慮到會有大量人口移入這些地區，因此興建住房、學校、衛生照護、道路等基礎設施，而人們原本期待的是美好而長遠的未來，並非朝不保夕的將來。[71]

此外，過度仰賴單一或是重點作物也有風險，可能會導致經濟衰退，甚至是嚴重動盪。南美洲、中美洲及加勒比海已有可可種植，但從二十世紀初開始，西非大量發展種植園，成為全球主要的可可產地，產量在一八八五年已降的五十年間，從每年大約四萬噸成長將近二十倍，變成大約七十萬噸。過度供應導致價格崩盤，這對能夠以愈來愈便宜的價格取得這種額外熱量補充品的消費者來說顯然是好事，但對生產者與投資者而言就沒有那麼美好了。問題因為生物脆弱性（biological vulnerability）而惡化，人們對於對可可的信心大打折扣：一九四〇年代，「腫枝」病原體肆虐西非種植園，摧毀農民的生計，連帶也破壞穩定的局面，阿克拉

（Accra）發生暴動；為了阻止疾病蔓延，最後人們只能採用非常手段，砍掉超過一億棵可可樹。[72]

在非洲許多其他地方，人為改造環境——一邊成立種植園，一邊成立保護區——帶來一系列深遠的影響，像是迫遷，以及水源、土地與人力的爭奪。聚落模式隨著鐵路深入內陸而改變，地方城鎮與市集擴大，對周圍地區帶來生態壓力。[73]相應的衝擊還有牲口因為被迫移入新地區，結果啃光該地的植被，以及部落內與部落間的競爭，背後往往有殖民當局支持特定社會群體（並提供武裝）的煽風點火。[74]

然而，殖民者就是會占有、使用殖民地的資源。棕櫚油、橡膠、棉花、木材、咖啡、可可與金屬等原物料，都是工業生產所必需。從肥皂到衣服、從輪胎到工廠用的引擎皮帶，這些無止境的製造品都少不了上述原料。哈利・強森（Harry Johnson）獲命為烏干達專委（Special Commissioner to Uganda），不久後他問的頭幾個問題之一就是：「這個國家擁有哪些資源能發展有利可圖的貿易？」當然，他是想知道哪些東西有價值可以送出國，送到本國的消費者手上。[75]

世界是一座豐饒的樂園，繼承伊甸園鑰匙的人可以享用園中的果實。人定勝天跟當地人可以「教化」是同樣的道理；科學知識可以用來實施、維持控制。這一切都讓人更加確信，世界提供無盡的財富讓人開發，取之即用，直到永遠。

例如溫斯頓・邱吉爾（Winston Churchill）在一九〇七年遊東非之後居然沒有提到當地人，而是大談其肥沃與自然美景、空氣之涼爽、土地之豐饒，以及流水潤淙。他說，非洲「未來必將成為熱帶的生產重鎮，在全世界經濟發展中發揮關鍵作用」。也就是說，非洲將會經過改造，以配合其他地方的人，而非當地人的需要。[76]西奧多・羅斯福卸任美國總統之後，也走了一趟跟邱吉爾類似的路線，而他把話說得更白。羅斯福表示，東非是「白人的地方，這個地方應該都是白人拓殖者才對」。[77]

他這番言論所表現的想法與定見，是從歐洲人首度橫渡大西洋便發展至今，在歐洲北部尤其強烈，更是沁入從歐洲北方遷徙到世界其他角落的移民之心脾。人們對於上古盎格魯—薩克遜部落的看法，演變為著魔的歷史神話，說日耳曼民族之所以能成功推翻羅馬，是因為他們服膺於自由，決心掙脫威權體制的枷鎖。十八世紀時，孟德斯鳩把這種觀念講得橫豎渾圓，後來不只在英國與德國吸引到許多人，美國更是對此醉心不已。比方說，《紐約先驅報》(*New York Herald*) 便把英國在第一次鴉片戰爭（一八三九年至一八四二年）中打贏清帝國一事，歌頌成「不只是大英帝國體制的勝利，更是整體盎格魯—薩克遜人的凱旋」。[78] 這種言論居然出現在美國有許多人批判大英帝國主義的時代。

有人說得更遠。比方在一八五〇年代，一位美國眾議員便表示將來有一天，「盎格魯—薩克遜人的兩大分支，其一從孟加拉灣推進，其一從加州黃金海岸出發，在太平洋上某座豔陽高照的島群相會，在全球各地緊緊握起他們愛與和平的手」。[79] 美國有些人忙不迭地對大西洋沿岸「盎格魯—薩克遜人的殖民地所占據而額手稱慶，其他人則是清楚說明這意味著什麼：「歷史讓我們深信人類與低等動物當中有種族的分別」，說這話的人是愛德華・艾弗瑞特 (Edward Everett)，他的履歷亮眼，曾擔任麻薩諸塞州州長、美國參議員、美國駐英國大使與哈佛大學校長。艾弗瑞特接著說：「盎格魯—薩克遜種族，也就是我們美國人的祖先，在歷史上存在過的種族當中堪稱至高無上。」[80] 當然，他說的不是全部的美國人，而是白皮膚的美國人。

英國人也難免如此自視甚高。甚至有人認為英國本身就是演化的結果。「英格蘭已經不再需要歐洲大陸」，班傑明・迪斯雷利 (Benjamin Disraeli) 在一八六六年如是說，英格蘭她「再也不只是區區的歐洲國家；她是海上大帝國的母國，帝國的邊界延伸到最遙遠的海洋……與其說是歐洲國家，她更像是亞洲國家」。這一切都源自於和其他大陸、民族與生態系的接觸，反映出他注意到，甚至是確信英國的財源來自海外。[81]

第一次世界大戰結束後的一個月，《泰晤士報》表示英國的統治「穩健進步，是人類史上設計與實行最佳」。許多人有一樣的看法，像是葛楚德・貝爾（Gertrude Bell）不久後便在寫給父親的信上讚嘆：「我們民族真是了不起。我們拯救受壓迫民族的殘餘，使他們免於毀滅；我們出錢出力，給他們衛生的住居，教育他們的孩子，尊重他們的信仰」——即便大部分的人都不知感恩。[82]

麥可・歐德懷（Michael O'Dwyer）爵士的話更是斬釘截鐵——一九一九年，阿姆利札（Amritsar）發生札連瓦拉園（Jallianwala Bagh）大屠殺，英國軍隊朝抗議獨立派領袖遭到逮捕的和平示威者開槍，時任旁遮普副總督的歐德懷因此名譽掃地。他寫道：「英屬印度帝國建立在祖先的鮮血、才智與精力之上，是我們民族最偉大的成就。」他堅稱：「**印度從來沒有過統一**、安全、和平、司法、通訊、公共衛生——直到英國人到來才改觀。」[83]

這種自鳴得意掩蓋當局為了保持當地人安分於現地——以及分而治之——採用多麼無情的機制。有史家表示，印度軍團是「組織起來讓他們在英國人希望的時候自殺殘殺用的」，十九世紀下半葉的印度大臣查爾斯・伍德（Charles Wood）爵士的說法也能佐證這種計謀。一八四〇年代年代中期，愛爾蘭發生大饑荒，當時伍德便已經展現本色，反對救荒，聲稱這是「一場天意如此的災難」，長期下來將能推動更好的農法；末日等級的饑荒與路有餓殍是必須的代價。[84]他對印度與印度人的看法並沒有比較開明，寫道之所以要清楚分隔族群，道理很簡單：「假如有軍團譁變，我希望另一個軍團跟他們夠陌生，才能毫不猶豫對他們扣下扳機，錫克教徒能對印度教徒開火，廓爾喀人（Gurkha）能對雙方開火，在情勢需要時沒有任何顧忌。」[85]

殖民者壓倒性的力量，帶來幾乎無止盡也無法可擋的誘惑。[86]比利時國王利奧波德二世（Leopold II）乾脆宣稱剛果河流域屬於自己，引發一連串外交危機，但不是在西非，而是在歐洲——有人因為利奧波德的行動害自己無法豪奪，因此反對。最後，歐洲政治人物在一八八四年至一八八五年於柏林舉行的會議上，追認利奧波德「擁有」五倍於法國的土地，主要是為了確保殖民列強之間的爭議能和平解決，避免在自家開戰。這反映出他們對於拓殖者世界以外的資源、環境與人命所抱持的心態：一切都是等著他們採摘的成果。[87]

非洲是最後幾個遭採摘的果實，這是因為長久以來殖民者對於非洲大陸與其眾多不同族群、文化有著深刻的偏見與歧視。不過，就跟十六世紀跨大西洋奴隸貿易建立時一樣，歐洲人就是很難把勢力拓展到沿海以外，很難打進內陸。這一點很重要，顯示當地政治領導層的韌性與適應力，也顯示面對非當地貿易商帶來的威脅與提供的機會時，他們鞏固權威是合乎邏輯的回應方式。

⁝　⁝　⁝

到了十九世紀晚期，工業革命帶來的加速，讓天平徹底導向外來的歐洲人，很顯然是因為武器的進步，讓他們可以用更少的人，以更快的速度達到目標。例如在一八九七年，尼日海岸保護領副總監既領事詹姆斯・菲利浦斯（James Phillips）發兵要推翻貝南烏巴（王），隨軍的還有五、六名官員、兩名商人與挑夫隊。遠征軍遭到伏擊——菲利浦斯身亡——成為倫敦方面論戰的主題。發生「一場令人憤慨的災難」，《每日電訊報》大為惋惜，「一群英勇的英國人試圖把西非納入文明的最外緣，卻成為受害者」。這家報紙沒有探討為什麼這群勇士的目標與動機，可能不受歡迎。[88]

輿論紛紛要求報復，既是為了扳回受到重創的顏面，也是為了給烏巴「好好上一課，不光是英國人的信仰值得信任，英國人的友誼值得追求，還有在英國人憤怒時，要懂得畏懼英國人的正義」。[89]為菲利浦斯

「復仇」的遠征軍，寫下最可恥的破壞、殺戮篇章，也是對非洲文化與政治遺產最嚴重的盜竊——尤其是「貝南青銅器」(Benin bronzes)，除了至今仍擺放在世界上的一流博物館外，各界在呼籲將劫掠來的藝術作品，歸還給遭掠奪的地方與人民時，貝南青銅器也是重點目標。[90]

但在當年，「好好教訓烏巴和貝南人，讓他們曉得自己在這世界上的位置」，感覺很理所當然。被執之後，烏巴得知自己不再是自己土地的統治者；人家告訴他，「白人是這個國度唯一的王」。當地人要曉得「黑人的國家應該如何治理」，將會有英國的法官奉派來主持對烏巴的「審判」，審視他在菲利浦斯之死一事的角色。法官表示，假如找到證據能證明這位領袖跟謀殺有關，「我馬上把你吊死」。[91]

西方的崛起看似無法阻擋，讓許多人開始反思，甚至感到苦痛。像是在越南，部分人呼籲「新學」，脫離傳統模式，在語言、經濟與政治上展開創新。一九〇四年，一位越南作者寫道：「古時候，亞洲是文明之源。」越南擁有「肥沃的土地，溫和的氣候，豐富的米、蠶、林產，以及比大多數國家更長的海岸線」，可如今「我們再也沒有林產與其他資源。我們再也無法掌控國內數以百計的商品與利益，像是布料、綢緞、絨布、絲綢、鞋子、檀木、手帕、眼鏡、雨傘」，還有其他數十項產品，統統都以沉痛的口吻列了出來。[92]

被殖民群體當中的其他人，看法雖然類似，但他們呼籲要行動。「亞洲已經在黑暗與死亡的陰影中獨坐太久」，流亡的印度激進革命派團體在一九〇九年大聲疾呼，呼籲建立亞洲議會，由「受過教育的印度人、鄂圖曼人、埃及人、日本人、中國人、阿拉伯人、亞美尼亞人、帕西人(Parsis)、波斯人、暹羅人與其他民族」所組成，協助人們起身對抗歐洲帝國勢力的宰制。[93]激情的反殖民改革呼聲，有時候帶來轉瞬即逝的成功——一九一七年沙皇遜位後的俄羅斯帝國有許多地方就是這樣，廣泛的自決權在一開始的樂觀情緒與創造力的迸發中授予少數族群，接著慘烈的鎮壓再度上演。詩歌、文學創作與視覺藝術大爆發，點亮了俄羅斯中亞，而後隨著蘇聯開始集權而窒息，任何可能會威脅共產夢想的人都無法呼吸到空氣。在這種情境之下，猜疑一下子就重重落在那些顯然屬於不同族群，或者生活在邊陲、邊疆地帶，或者兩者皆是的人頭頂上。[94]

反殖民的態度變得更加強硬，強烈的生態目標往往能強化其態勢，指出土地是怎麼樣因為住在數千公里以外的人的利益，遭到剝奪、過度使用而惡化。「印度的救贖，」聖雄甘地在一九〇九年寫道，「得靠她把過去五十年來學到的一切遺忘才行。」現代性帶來的是不幸與壓迫。「鐵路、電報、醫院、律師、醫生，這些通通都不能留，」他接著說。「機械是現代文明的主要象徵，代表一種天大的罪孽。」[95]後來甘地預測都市化必然導致「〔印度〕村莊與村民緩慢但必然的死亡」。[96]

唯有過著「最簡單的農家生活」，排拒科技、消費與殖民主義的洗劫，真正的幸福才會來到。第一次世界大戰結束後不久，甘地苦澀寫道：「如今的大英帝國，代表的是撒旦信仰……是壓迫與恐怖。」他還補道，帝國為了自己的成長，「什麼樣的暴行都會幹」，帝國就是罪惡的淵藪與「暴政的頂點」。[97]

現代生活的步調與不良影響，也讓其他人啞口無言。俄羅斯學者弗謝沃洛德・提莫諾夫（Vsevolod Timonov）尖銳批評，為了追求「急功近利」而破壞「自然和諧」的作法。人類的活動與生活方式，意味著工廠「把惡臭的氣體排放進大氣，深深傷害了自然之樂」。他斷定，結果是「氣候遭到破壞」。[98]另一位俄羅斯作家列奧・托爾斯泰（Leo Tolstoy）則是禁酒茹素，不再經手金錢，作為他追尋簡約、自足與所謂傳統生活方式的一部分——甘地從托爾斯泰的作法得到啟發，根據同樣的原則與理念，在南非建立烏托邦式的社區。其實，托爾斯泰的影響力更是大到甘地寫信把這一切的發展告訴他，感謝他的指引，還透露說為了向他致敬，而把靜修處命名為「托爾斯泰農場」（Tolstoy Farm）。[99]對甘地來說，讓數以千計在工廠與礦坑裡工作的男人處於「比野獸的處境還要糟糕」的環境下，讓女人「為了微薄的工資」而勞動，實在太過可恥；他說，這根本稱不上「文明」。[100]

人類對自己及對自然界都很危險——這種看法在十九世紀開始流傳，拉爾夫・沃爾多・愛默生（Ralph Waldo Emerson）呼籲要限制對待荒野的方式，而喬治・柏金斯・馬胥（George Perkins Marsh）則警告人類會對「自己身邊幾乎每一種型態的動植物」發動「不分青紅皂白的戰爭」。人為干預不僅造成傷害，而且無情，畢竟「人……在文明進展的過程中，占領了哪一塊土地，就會漸漸消滅或改造那地上的自然產物」。[101]

這種想法發展到邏輯上的最高點，就是史家林恩・懷特（Lynn White）寫於一九六〇年代的著名論文。懷特在文中主張，猶太教—基督教社會所帶來的世界觀，會讓人較不在乎環境，畢竟這種世界觀把人類提升到高於且有別於自然的位置——人類也因此成為生態危機的罪魁禍首。[102] 這種觀點透露出啟蒙時代以降的歐洲中心論，把「東方的」信仰體系刻畫成對環境更友善，認為生活在亞洲的人尤其對於生命、靈魂與自然充滿高潔、甚至近乎神祕的態度；這本身就是一種東方主義。事實上，宗教傳統既非問題，亦非問題的來源；貪婪與私利才是。

如果以為在西方人來到之前，大地都保持原貌，森林分寸未變，生態未受擾動，是西方人的到來擾亂了黃金時代，那肯定是錯的。但殖民時期的榨取確實是以前所未有的規模在發生，在科技、勞動力的推波助瀾之下，整地的速度比以前更快，面積也更大。[103] 更有甚者，近年來的研究強調農業政策（尤其是跟林地相關的政策）與人口的再安置、權力的鞏固和社會工程有密切關係，也因此與政治控制密不可分，尤其是對生態上與地理上的邊陲地區。有學者說得好，環境控制與殖民統治會攜手而來。[104]

這種情況在北美再清楚不過了，原住民有時受武力脅迫，有時則是受到欺騙而被迫離開自己的土地。

美國戰爭部長詹姆斯・巴伯（James Barbour）表示，把「印第安人」移往「密西西比以西合適的地方」，將會為「印第安族群創造最美滿的結果」——對於把他們逼走之後，原先的土地將為新占領者帶來的好處隻字未提。官員還說像是塞尼卡人（Senecas）等部分部落是自找的，誰叫他們沒有選擇更合適的替代地點搬遷，所以後來那些強行拍賣財產與迫遷所帶來的苦難「得怪自己」。[105]

其他政客為求能領有最好的耕地與牧草地，力薦採取殘酷的措施。一八三〇年代的黑鷹戰爭（Black Hawk War）爆發時，有社論敦促伊利諾州長約翰・雷諾茲（John Reynolds）「發動滅絕戰爭，打到伊利諾州北部一個印第安人都不剩為止（頭皮就留給他們）」。[106]這種奪人土地的模式延續數十年。試舉一例：一八八九年四月二十二日中午的一聲槍響，標誌著拓殖者「有權」宣告先前作為安置與迫遷過程的一環，分配給克里人與塞米諾爾人（Seminole）的奧克拉荷馬州土地為己有，而每人可以領有一百六十英畝的地。這天結束時，已經有兩百萬英畝的土地遭到占有。日落時分，當地就成立幾座人口總計達一萬人的新城市，棋盤式街道已經規劃好，打下界標，人們的心思已經飄去想市政府的架構了。[107]

飛快的改變，帶來誘人的致富前景與社會流動性。「改變」也成為安東・契訶夫（Anton Chekhov）等文人感興趣的題材，他的劇本《櫻桃園》（*The Cherry Orchard*）完美掌握新舊交替的模稜兩可，以及適應的挑戰——貴族出身的地主拉涅夫斯卡婭夫人（Madame Ranevskaya）在面對世局變化時表現掙扎，而新的世道則具體而微表現在白手起家的商人羅巴金（Lopakhin）身上。羅巴金的父親是農民，祖父是農奴。這齣戲劇結束在羅巴金買下自己長大時待過的莊園，伴隨著櫻桃樹被砍倒的聲音——大自然要改變用途，符合現代的需求與品味，向時代的改變與現代的「進步」象徵性地致意。[108]

這種「進步」亦有其代價。馬克思擔心利益驅使下以自然為魚肉、毫不留情的心態，「地面要開發，地底下要開發，空氣要開發」。[109] 開發土地的熱潮，讓人們為了回本而狼吞虎嚥地索求，導致生態的耗竭。阿拉巴馬州的開發，是用從華爾街到歐洲各大城市等遠方募集而來的資本來支付的。黑土草原帶的肥沃黑土，富含從過去若干氣候變遷時期留下來的鈣沉積物，尤其吸引來人。大部分的人都不關心改為單一作物與大力開發，帶來的結果恐怕會跟像是克里人的農法大不相同——克里人透過成熟的生態多樣性模式來管理土地，結合多種作物與仔細的輪作，確保長期永續。[110]

殖民主義確實不見得都會帶來環境的惡化。日本帝國當局投注大量資源在朝鮮大規模造林，二十世紀頭幾十年便種植超過一百萬棵樹，並立法護林——只不過也有跟歐洲人的政策與作法遙相呼應之處，像是巨資興建水壩、港口與其他具象徵意義的建物等。日本人這麼做的動機主要並非保育或對森林的態度，而是木材在前工業時期的日本歷史中位居中心，他們對於這個國家的概念就是「翠綠蒼鬱」。保護森林不是為了保護自然，而是在「名」的層面要提升民族認同、治國之術與統治權；在「實」的層面則是要確保能取得無限的木材作為燃料與建築之用。這一切加起來，就變成天皇與朝廷先見之明的展現。[111]

⋮ ⋮ ⋮

整體而論，十九世紀的故事——尤其是下半葉的故事——是世界愈變愈小，鐵路的發展、更快更可靠的船運與新的科技，像是可讓資訊得以迅速分享的電報系統，讓人群與地方聚攏得更近。在這個時代，不只有新的基礎建設讓全球化變得更快，城市的興起亦有如雨後春筍，吞沒流入的居民。許多最大的城市都坐落在沿海，這也難怪，畢竟有良港之利，船隻上下貨會更便宜也更高效。從殖民地內陸開採的原物料、天然資源與礦物流入港口，製造品則流往反方向，從工業化的歐洲流入新市場。[112]

人們逐漸意識到密集的交流與消費有其代價——但說了也是白說，因為在北美洲、俄羅斯與非洲出資興建鐵路的投資人，幾乎不會考慮伐林或是畜養牲口、種植作物與採礦所帶來的生態代價，這對他們來說不算什麼。赤道非洲所興建的鐵道線，成為歷史上傷亡最慘痛的工程，導致數以萬計的人死於過勞、疾病、營養不良與身體虐待——但卻能為興建鐵路的法國公司帶來獲利的保證。[113]

比較有良心、心胸開放或兩者兼有的人，更加重視環境與氣候變遷如何帶來重大影響。異常現象如一八五九年的卡靈頓事件（Carrington Event），或是一八八三年的喀拉喀托火山（Krakatoa）大爆發，都讓人們更重視天氣模式，研究這些模式如何變化，以及人類活動與人為干預地貌對此影響到什麼程度——前者是一次巨大的太陽風暴與日冕巨量噴發，癱瘓世界各地的電報站，後者據估計比歷來曾引爆威力最強的熱核裝置還要強四倍，相當於第二次世界大戰期間使用的傳統爆裂物加總起來的四十倍強度。[114]

科學家嘗試深入了解氣候變遷已有一段時間。例如一八〇一年，著名天文學家威廉・赫謝爾（William Herschel）爵士撰寫論文，主張太陽黑子是影響天氣條件，以及農產量、小麥價格與經濟循環的關鍵因素。其他學者在接下來數十年跟進，像是亞瑟・舒斯特爾（Arthur Schuster），他觀察到葡萄酒出佳釀的年分似乎與為時十一年的太陽循環相互呼應。[115]一八七〇年代，威廉・傑文斯（William Jevons）更進一步，把十八與十九世紀的太陽活動和物價、市場危機及經濟上「無庸置疑的崩潰」的模式連結起來。[116]

其他人則詳盡研究大氣條件。法國科學家兼數學家約瑟夫・傅立葉（Joseph Fourier）是以系統性方式研究這個問題的先驅，他認為大氣中有某些氣體發揮障壁的作用，捕捉熱能，保持地球溫暖——他還問，全球各地「人類社會的進步」，是不是造成「明顯的變化」，像是「平均溫度的變異」。[117]尤妮絲・富特（Eunice Foote）則是另一位先驅，她在一八五〇年代就意識到自己的發現對於科學，乃至於對地球的未來有多麼重要。富特的實驗是加熱玻璃圓筒中的混合氣體，她觀察到二氧化碳與水蒸氣不只比其他種組合升溫更快，而且把圓筒從熱源移開之後，「冷卻時間也長了好幾倍」。「這種氣體構成大氣層的話，會讓我們的地球溫度更高。」[118]

十九、二十世紀之交，約翰・廷得耳（John Tyndall）、山謬・皮爾朋・蘭利（Samuel Pierpont Langley）、T・C・錢伯林（T.C. Chamberlin），以及最著名的斯萬特・阿瑞尼斯（Svante Arrhenius）等人近一步研究，確立溫室效應的原則——只不過這個方向的研究，動機並不是擔心二氧化碳濃度上升，而是因為想探究世界的地質與地球物理史而展開的。阿瑞尼斯不僅不怕全球暖化，甚至想反向操作：他在想，提高地球溫度是否有益，帶來「更溫和」的環境、更豐富的植物生態與更高的糧食生產量。[119]儘管成就斐然，但氣候科學在數十年間都被人當成邊緣學科，好像從事的都是業餘愛好者、瘋子和學界怪咖，不值得嚴謹地深入探討。[120]

假如這類事件讓民眾開始注意到太陽週期、火山活動與天氣模式的問題，科普寫作與早期科幻小說的激增也能記上一筆——有不少都是以人為改變為主軸，探討人類的行為是讓氣候變好還是變壞。早在一八二〇年代，像薩迭・保加林（Faddei Bulgarin）等作家就在想像假如俄羅斯科學家成功提升俄國北極圈海岸線的溫度，將之轉變為美好的濱海勝地，會是什麼樣的世界。數十年後，拜倫・布魯克斯（Byron Brooks）與呂山德・理查德茲（Lysander Richards）則是不約而同想到一樣的點子，構思透過操縱氣候，把撒哈拉沙漠化為良田。英國作家則是想像若墨西哥灣暖流因為巴拿馬運河的興建而逆轉，會是多麼恐怖——由於氣候徹底改變，大英帝國也將化為烏有。[121]

或者像喬治・格里菲斯（George Griffith），他的著作《大天氣組織》（*The Great Weather Syndicate*）的主角亞瑟・阿克萊特（Arthur Arkwright）發明一種能改變氣候的機器，使他成為「主宰世界命途之主」，讓他和他的「組織」將訂製的天氣條件賣給願意且能夠付錢給他們的人。[122]另一位寫過類似題材的作家是儒勒・凡爾納(Jules Verne),他的作品《地軸變更計畫》(*Sans dessus dessous*)是一部尖銳諷刺之作——投資人腦洞大開,計畫讓地軸傾倒,把全球氣候一口氣抹平,消除四季與日夜長度差異,同時讓北極融冰,以取得大量的儲煤。[123]

凡爾納等人哪裡曉得,十九世紀晚期與二十世紀初的全球海平面早就在上升,而且上升的速度愈來愈快。[124]近年來的研究將海平面上升的起始點定在一八六三年,這似乎跟格陵蘭冰層大幅消失或人為因素無關,反而跟大西洋經向翻轉環流導致的海洋環流改變、佛羅里達洋流的強度與墨西哥灣暖流強度和位置,以及風向、浮力通量(buoyancy flux)與氣壓等大氣模式的改變關係比較密切。[125]

從這類以氣候變遷為大框架,設想反烏托邦(與烏托邦)未來的創作,可以看出世人對於人類活動影響自然界與環境的方式愈來愈有興趣。這不怎麼讓人意外,尤其是那些工業化起步早、強度高的地方:十九世紀下半葉,英國城市空氣汙染嚴重到嬰兒死亡率提升高達八%,而工業用煤也對都市居民預期壽命產生可以衡量且非常惡劣的影響。[126]此時燃煤工業化造成的大氣汙染比今日嚴重五十倍,對成年人的健康與身高也有嚴重負面影響。[127]

都市生活總是嘈雜、繁忙而混亂。不過,十九世紀都市生活特別的地方,在於都市發展的規模與速度。一八〇一年至一八五一年間,隨著工作前景看好,曼徹斯特人口因此成長四倍。[128]造訪這座城市的人對於如此迅速擴大的城區,糟糕的衛生與嚴重的汙染——主要是焚燒化石燃料的排放物——大感震驚。曼徹斯特的「惡臭空氣」害人「咳血、呼吸困難有異音、胸腔疼痛、咳嗽〔與〕無法入睡」,婦女與女孩居然得在「幾乎呼吸不到新鮮空氣」的情況下縫製衣服,而且光線陰暗到許多人的視力出現問題,甚至有人瞎掉。

前面的這一切，加上那些噴出濃煙的工廠背後的資本主義原理，還有「單調而卑微」的勞動，根本就是「對勞工的野蠻剝削」。[129]整個英格蘭西北都差不多，一位與恩格斯同時代的人說，那裡都是「小曼徹斯特」。[130]

⋮　⋮　⋮

財富與地位總是能充當對疾病的一道屏障，但不見得總能提供足夠的保護。一八四一年，甫宣示就任美國第九任總統的威廉・哈里遜（William Harrison），在宣誓後一個月便過世了。雖然人們一直以來都認為他是死於肺炎，死於他在就職當天的酷寒天氣裡不戴帽子、不穿大衣也不戴手套的決定，但他真正的死因似乎是腸熱病，主因可能是華盛頓特區的衛生環境太差，尤其是白宮的水源靠近沼澤公有地，偏偏這座城市沒有下水道，汙水四溢。他的兩位後輩——第十一任與第十二任總統詹姆斯・波爾克（James Polk）和扎卡利・泰勒（Zachary Taylor）——在任職總統期間也曾患病，說不定也是因為一樣的元凶。[131]

對於城市、汙染、疾病的發展，以及環境的惡化，相關文學的激增便是其中一種反應。尤其是浪漫派詩作把鄉間與家庭生活歌頌成亙古不變的桃源鄉，是人為干預所不能傷損。這跟工業化的現實形成對尖銳的對比，用詩人華茲華斯（Wordsworth）的話來說，工業化就是母親「沒有穿針引線的／針線活好做」，而小男孩「短促的童年假期」則是因為被迫到工廠當工人，當「囚犯」而縮短。[132]

易言之，現代性有其代價——這不難理解——而且不是全球平均分攤這些代價。比方說，空氣汙染多半侷限在工業化開始得早、發展得快的地方，尤其是歐洲北部與北美洲的城市；至於水源與河川汙染，則是在嚴重去森林化與整地的地區造成嚴重災情。都市化與勞力分配——自願或被迫都有——引發大規模的人口流動，有些是回應需求，有些則反映人們在追尋機會，結果就成為人類史上最劇烈、最快速的群聚與分散。今天你我面對的挑戰，泰半遺留自前人聚散之時所引發的影響最明顯、最陰魂不散的，恐怕就數流行傳染病的衝擊。

都市化讓愈來愈多的人密切接觸，這不只加快商業與文化交流的節奏，也促成傳染病的蔓延。受影響的不只人類：例如一八七二年秋，馬流感橫掃北美，先是在多倫多附近現蹤，接著在年底傳到墨西哥灣，來年春天傳到西海岸。雖然這種疾病鮮少致命（致死率約二%），但會讓馬極度疲勞，而這就會嚴重影響經濟，畢竟馬是城市裡拉「煤炭、捆包與箱子」的主力，不容小覷。商品與服務的成本激增，有人認為甚至引發投機式的漫天喊價。另一個結果就是都市火災災情更加慘重，波士頓有一場大火就是因為缺馬把救火設備拉到火場而蔓延。[133]

其他地方的動物流行病造成意料之外的結果，像一八九〇年代非洲東部與南部爆發的牛瘟，就導致數以百萬計的牛、綿羊、山羊與其他牲口病死，一下子引發饑荒，導致三分之二的馬賽人餓死，地方社會與政治結構弱化，暴力頻仍，最後等於開門揖盜，讓殖民當局踩著地方菁英擴張勢力。[134]

其他地方也是，一些人的不幸是另一些人的機遇。一八七五年，斐濟爆發麻疹，對印度移工的需求因此愈來愈高，尤其南亞人在嬰幼兒時期就有高度免疫力。[135]在昆士蘭與澳洲各地種植園工作的太平洋島民感染麻疹的致死率超乎尋常地高，尤其是染疫後第一年——足見為了種植勞力密集作物而改造重塑地景，引入移工（自願或非自願）的作法，是如何改變流行病理的疆界。[136]

曾有史學泰斗表示，十九世紀跨洲聯繫加強，帶來「疾病造成的全球整合」；貿易路線、移民通道與部隊移防造就世界各地縱橫交錯的「桿菌共同市場」，互通有無。[137]人類的互動與活動把病原體從甲大陸帶到乙大陸，而地區性與全球性的疾病大流行就是其代價的一環。孟買、開普敦、新加坡、香港與加爾各答等口岸不只是上下貨的樞紐，也是全球疾病網絡相連的關鍵節點。[138]

其他樞紐的影響也很大，吉達（Jeddah）可謂名列前茅。從先知穆罕默德的時代開始，「朝覲」也就是到麥加巡禮，就是每一位穆斯林的盼望。結果巡禮成為霍亂爆發的同義詞，疫情隨著汽船的興起與蘇伊士運河開通，變得愈來愈嚴重。十九世紀時，麥加平均每三年爆發一次霍亂，一八三一年、一八六五年與一八九三年的疫情分別導致數萬人喪生。[139]

類似事件頻傳。一八六六年一場衛生保健會議上，有人提到朝聖是「所有會導致霍亂疫情發展與蔓延的因素中最強大的」。[140] 除了麥加外，「但凡印度教朝聖者齊聚一堂之處」，都是疫情升溫的熱點，而這也很符合殖民者把朝聖者打成「骯髒、迷信、天生不理性、拒不接受政府衛生措施」的人。[141]

印度教節慶會在印度北方四大聖河的幾個地點交替舉行，也就是恆河河畔的哈里德瓦（Hardwar），哥達瓦里河（Godavari）河畔的納希克（Nashik），西普拉河（Shipra）河畔的鄔闍衍那（Ujjain），以及恆河、雅木納河（Yamuna）與傳說之河娑羅室伐底河匯流處的普拉亞（Prayag），這些地點都成為重點防疫對象。其中約十二年舉辦一次的大壺節（Kumbh Mela）最能吸引無數的朝聖者：據估計，二〇一九年的大壺節有五千萬人參加。[142] 這些節慶成為感染與傳播的要命破口，例如在一八六七年，豪雨導致地面含水飽和，引發重大疫情。儘管殖民當局試圖對朝聖者做檢查，隔離出現症狀者，但疫情仍然蔓延開來。當局興建石窯來焚燒糞便，並挖溝形廁所，用乾土掩埋之，而這些措施一開始頗有成效——有論者表示「盎格魯—薩克遜人對於臭味遠比當地人來得敏感，居然沒有任何人聞到〔任何氣味〕」——但還是抵擋不住疫情。一八七九年、一八九一年與一九〇一年的節慶也造成嚴重的大爆發。[143]

即便是這麼嚴重的災難，還是有一點慰藉。大規模的疫病促使科學研究發展，也刺激約翰・斯諾

(John Snow)、菲利波·帕奇尼(Filippo Pacini)及羅貝亞特·科赫(Robert Koch)等學者與醫生深入探討,找出霍亂的成因,想出治療方法,最後更是找出霍亂桿菌。[144] 另外,苦難也讓民間開始義不容辭,有些社群如印度的帕西人對於設立醫院照料病人引以為豪。一八五一年至一九〇〇年間,國際間有十場大型會議,來自世界各地的學者與會,分享自己的發現與假說,展現高度的合作。[145]

其他案例進一步證明 益加整合的交通連結與高人口密度的缺點。一八八九年夏,中亞的布哈拉(Bukhara)出現某種高毒性流感病毒株最早的案例。不久後,病例出現在俄羅斯帝國上上下下,導致聖彼得堡的工廠與學校關門,將近二〇%的市民染病。這種疾病迅速蔓延到德國,並且在年底時肆虐北美洲東岸大城,然後影響從紐奧良到舊金山的居民——也傳到君士坦丁堡,有半數人染疫。不到四個月,病毒就傳遍全球,約有一百萬人病死。[146] 有人提出新的假說,認為這場全球大流行的元凶不是流感,而是冠狀病毒;無論是哪一種,人口居住與旅行的方式都為病原體傳遍世界提供理想的途徑。[147]

各界擔心疾病傳播、政局不穩與經濟蕭條,於是呼籲國際合作。像是一九一一年萬國鼠疫研究會上,清朝東三省總督錫良,便力促各國代表求出防治疫情的新理論,「將來以研究之心得,為實地之措施,固不僅中國中國人民之福,亦寰球各國人民之福也。」制定策略找出傳染病並遏止其傳播,成為世界上其他地方政策制定者與非營利組織,乃至於國際合作的目標:一九二四年,前途多舛的國際聯盟(League of Nations)成立部會,致力於衛生組織,而洛克斐勒基金會(Rockefeller Foundation)也在中國提供更多資金,探討疾病防治,投入的金額僅次於在美國本土。[148]

人們如此關注,多少是跟二十世紀最慘痛的全球性疫情,也就是一九一八年至一九二〇年的西班牙流感有關。這起疫情很有可能是趁著有利於病毒傳播的特定條件組合出現時搭便車,對於受感染的人來說就更致命了。關於西班牙流感染疫死亡人數的估計差異很大，有人推測數字落在一千七百萬左右，也有人認為恐高達一億人。[149]第一次世界大戰結束後大量軍人復員，加上歐洲、亞洲、非洲連續四年衝突導致人口攝取熱量不足，影響自然抵抗力，讓流感更容易傳遍世界。[150]

收治染疫病患的醫院衛生水準不佳，則會讓情況更加嚴重。有人認為，染疫死亡的人當中有不少人，甚至是大多數人，是死於常見的上呼吸道細菌引發的繼發性細菌性肺炎。[151]所在地點也有影響：都市內的致死率高，多少是因為人口密集，疾病傳播的媒介自然就多。不過，燃煤多的城市，致死率顯然也更高；大量燃煤的城市死亡人數數以萬計，不燃煤的地方則沒有那麼嚴重。[152]也就是說，都市化、工業化城市顯然比交流較少的地方更脆弱。

根據近年對西班牙流感的研究，這次疫情除了短期影響之外，也有長期影響。比方說，流感嚴重影響巴西的嬰兒夭折率，還大幅改變性別比例。[153]以美國數據追蹤數十年之後，可以看出相較於疫情之前與之後出生的孩子，一九一八年至一九二〇年的胎兒出現身體缺陷的情況更多，而他們長大後的收入更低，受到的教育也更少。[154]德國民間對於西班牙流感的反應，居然跟投票模式與政治極端主義關係緊密：受到疫情影響最深，以及地方政府在後續數十年間人均支出最少的區域，到了一九三〇年代初期投票給希特勒與國家社會黨（National Socialists）的票數也明顯更高。[155]

西班牙流感造成史上單一全球性疫情最高的已知死亡人數。歷來不乏有猜測認為這次流感疫情如此嚴重，或許是因為法蘭德斯與法國北部的戰場上投入氯氣，導致或加速源自亞洲的病毒出現變種，後來被協約國部隊帶到歐洲各地。[156]不過，一連串豪大雨與低溫等氣候異常（尤其是一九一七年與一九一八年春季）似乎也有重大影響。史家指出，惡劣天氣對一戰中戰役的結果有嚴重影響，像是戰壕淹水、軍事行動因為積水而中止等，皆大幅增加傷亡人數。北大西洋異常寒冷、潮溼的海洋空氣，導致豪雨和嚴寒天氣，而且是一個世紀以來最密集。這也為病毒在歐洲的生存與複製提供理想條件，除了水窪中的感染率提升，候鳥與雁鴨的遷徙也被打亂，而受到感染的鳥類排遺汙染水源，加劇疫情蔓延。[157]

⋮ ⋮ ⋮

西班牙流感是第一次世界大戰的產物（光是戰爭本身就造成多達兩千萬人死亡），也是歐亞非三洲軍事衝突以及長期糧食供應危機的結果——尤其是德意志、鄂圖曼與俄羅斯帝國。一九一四年前，俄羅斯是全球將近三分之一小麥供應的產地，因此博斯普魯斯海峽封鎖必然讓全世界經濟繃緊神經，而嚴峻的氣候條件則讓情況惡化：戰爭伊始，天氣不佳就導致加拿大與澳洲等主要糧產地歉收，兩地都受到乾旱打擊，後者的農產量好不容易才達到平常產能的四分之一；南美洲的收成也出乎意料地差，美國冬季提早冰封也導致五大湖區以西的地方交通延遲。這導致倫敦方面陷入緊張，傳送電報到印度敦促副王鼓勵出口以維持供應——也要穩住價格不致上漲，畢竟美國的農民與投機客早已打算利用機會大賺一筆。[158]

軍隊的人力需求讓情況變得更糟，俄羅斯糧產減少跟軍隊徵兵有密切相關。勞力愈來愈少，導致糧產區陷入衰退，產量隨之減少。更有甚者，為了因應徵兵與戰時帶來的不確定性，農場拒絕售糧，糧食危機雪上加霜，最後導致麵包短缺與排隊人龍。這些都為革命奠定基礎，尤其是凸顯沙俄政府應對之無能。[159]

有時候——尤其是在中亞，也就是與俄羅斯帝國整合不利的區域——失能跟主管徵兵的地方官員濫用權力有密切關係，濫權引發民怨，跟著就是一連串的公然反抗。[160]現代學者每每把這些抗命事件當成俄羅斯革命的種子，但如果把這些起事視為同一時期南亞、北非、西非、愛爾蘭，乃至於其他地方抵抗運動的一環，旨在推翻殖民統治，會是更有用處也更具說服力的理解角度。[161]

此時之所以會出現反殖民的抵抗，原因之一是控制殖民地社會的人，對殖民地毫不饜足的索求，採用動不動就干預的方式詐取更大量的資源，對於當地人的糟蹋甚至比戰前還要過分。[162] 一戰期間，為了提供修築戰壕、搭建營地、燃料與其他用途所需的木材，法國有三十五萬公頃以上的森林遭到砍伐，而這對法國的生態系來說意味顯而易見，而法國殖民地也承受壓力，才能補上相當於六十年的林產。[163]

非洲的銅為歐洲帶來電汽化，供應數百萬公里的纜線，從優雅的晚會到大量生產產品的工廠，都有它們提供的電力。如今它們則是幫忙以史無前例的規模，送來死亡、破壞與生態浩劫：從中非與其他地方的礦場開採的銅，就這麼被吸走，做成炮彈外殼——光是在西歐，就打了十四億五千萬枚炮彈——這還沒算進一輪輪打出去的步槍與小型武器的子彈。使用這些金屬汙染了歐洲北部殺戮戰場的土壤，時至今日都還能檢測到。[164]

歐洲各國因為統治菁英階級小團體之間的激烈競爭而開打，殖民地官員覺得自己有權開發、開採戰爭所需，而前面提到的資源都是他們弄來的。印度、非洲與印度支那有數以百萬計的人受徵召入伍，何況還有志願加入澳洲、紐西蘭與加拿大武裝部隊的人。殖民地為母國效力的這種壓力，變成革命與反殖民運動的催化劑。這些運動早就開始互通聲息與合作，透過的正是過去促成全球化、鞏固工業化世界經濟勢力的城市與港口網絡。[165]

一九一七年，美國總統伍德羅・威爾遜（Woodrow Wilson）試圖彰顯不參戰的作法有其正當性。他表示美國是「今日仍免於戰禍的唯一一個白種人大國」，如果改變這種現況，就是「反文明的罪過」。總之，他告訴一位重要幕僚，美國絕不能蹚渾水，這樣等到和平終於降臨時，美國才能協助重建「遭戰亂蹂躪的各國」；他說，這是「白人文明及其對世界的宰制」繼續不受挑戰的關鍵。[166]

威爾遜絕非唯一這麼想的人。馬克斯・韋伯（Max Weber）認為，低度開發國家的農業生產力之所以低，是因為它們的農民「不理性」，而一九五〇年代與一九六〇年代的經濟學家和政策制定者深受這番看法所影響。韋伯寫道，一九一七年全副武裝在西線作戰的是「非洲與亞洲的野蠻渣籽，還有全世界的小偷與流氓組成的烏合之眾」——卻沒有提到其中許多即將喪命的人，是為了一批對「歐洲權力平衡」觀念著魔的皇帝和領導人，為了他們的心血來潮和成見而死。[167] 甚至到了一九三〇年代，荷屬東印度總督還不客氣地說：「我們已經用鞭子加棒子統治這裡三百年了，接下來還會這樣統治下一個三百年。」[168]

以自然、環境與氣候脈絡的話，這類觀點等於清楚表明一種分類與排序，把歐裔白種人置於人類的頂點，也代表一種對自然界的觀念——那些認為自己最適合、最有資格的人，把自然當成任憑處置的對象，隨意運用與控制土地、農業和礦業的果實，同時自視為最強大的資源守護者。人們往往認為第一次世界大戰標誌著帝國的終點，以及殖民主義終結的開端。這一點見仁見智，畢竟談到自然、環境與人為氣候變化，接下來的這個世紀將見證資源開採、消耗與使用方法的大幅加速和強化。二十世紀產生的影響，形塑二十一世紀的命運——乃至於形塑更往後的將來。

21 設計新烏托邦

（約一九二〇年至一九五〇年）

維護德意志的地景乃第一要務，因為她始終是德意志民族權力與實力的基礎，過去如此，今亦如此。——阿道夫．希特勒（一九三六年）

整體而言，第一次世界大戰開打之後的這一個世紀，是由一連串災難所組成的，其嚴重程度無論在人類史還是自然界史上都是前所未有。數以百萬計的人，死於宮廷、國政辦公處、總統府或革命大本營所擘劃——或者錯誤擘劃的戰爭中；數以百萬計的人，因為關於人種、宗教或族群的荒唐偏見，而死於迫害與仇恨中；數以百萬計的人，因為饑荒、人為的飢餓，或是無法得到基本衛生保健而死。過去一百多年人們所受的苦，無論在規模上還是恐怖的程度來說都是歷史上最嚴重的。

大自然承受的傷害，就跟人命的傷亡一樣沉重。過去這一世紀，生態經歷的深遠的轉變，像是大規模都市化；由於城市的規模前所未有，為了替居民提供所需、服務與能源，資源也受到大規模的開發。我們對於自己的生活方式理解不夠充分或是沒有考慮太多，後果便出現在這段時期——影響現在與未來的環境和氣候變遷的，不只是今天所做的決定，還有過去已經發生的事情。

帶動變化的主要動力，是不同區域、大洲的內部與地域間的高度交流，以及全球化的加強，而全球化的根源遠遠早於近現代。十八世紀以降，新的科技為全球化的加速提供基礎，機械化、工業化，以及鐵路運輸和海運速度的提升與成本的下降，帶來的獲益都有助於讓世界更加緊密。一切的基礎是煤、鐵、銅等礦物與鋼，人們也因此關注那些擁有礦藏、可供開採的地點。

這類礦藏往往位於難以抵達之地，不然就是不在最想取得這些資源的人的控制之下，石油是一個明顯的例子。石油的價值在十九世紀下半葉變得愈來愈顯著，作為能源的來源，石油比煤礦更容易開採、運送與儲藏，能量密度也更高。進入二十世紀之後，石油——以及天然氣——並未取代煤，而是作為補充，直到一九七〇年代汽油內燃機取代燃煤蒸汽引擎，石油與天然氣加熱取代煤爐，以及碳氫化合物成為發電主要來源，煤的地位才被取代。[1]

賓州與裏海海濱先後發現石油，引發石油熱，人們爭相在當地及世界上的其他地點開鑿於商業上足以回本的油井。一九〇七年以來，緬甸、東印度群島與波斯接連發現大量油藏，引來各界的注目。這些發現成為個人致富與石油巨頭崛起的開端，像是標準石油（Standard Oil）、伯馬（Burmah）、殼牌（Shell）與BP，以及諾貝爾兄弟（Nobel Brothers）等營運商——這就是後來阿爾弗雷德・諾貝爾（Alfred Nobel）個人財產與諾貝爾獎金的來源。[2]

石油需求因汽車等新發明的刺激而一飛沖天，石油產量也大幅提升。一九〇〇年，只有四千多輛車在美國的路上跑。過了二十年，數字已經增加到將近兩百萬。[3]福特T型車（Model T Fords）稱霸市場，其成功的基礎是精簡、標準化的設計與靈活的生產線，降低成本，提升負擔能力。[4]

此時，確保可靠的供應已經成為歐洲各國關注的焦點——歐洲由於地質與氣候歷史之故缺乏原油，只有幾個地方例外，而且量都不多。英國政界高層與官員體認到，自己的國家尤其吃虧。「唯一足量的潛在供應，」莫里斯・漢基（Maurice Hankey）爵士在一戰正酣時寫道，「來自波斯與美索不達米亞。」這位戰時內閣大臣因此表示，「控制這幾個石油來源」，應該當成「戰爭的頭號目標」。[5]

石油形塑中東的歷史，乃至於中東以外許多地方的歷史。當然，石油蘊藏量龐大的地方不只中東，還有委內瑞拉，該國沿海仍然坐擁今日全球最大石油儲量。[6] 但綜合各種因素之後，就不難理解一九四〇年代美國外交官為何會把伊朗、伊拉克、沙烏地阿拉伯與波斯灣其他地方的石油，稱為「歷史上的頭等大獎」。[7]「缺乏取得石油的管道」是影響二戰戰局戰略開展的關鍵，既是德國試圖往南推進高加索地區以奪取油田卻不果，也是日本在一九四一年襲擊珍珠港的背景——日軍之所以攻擊珍珠港，至少部分是因為東京方面深切感受到日本受到能源的限制，希望能空出手來確保東南亞各地豐富的石油與其他礦藏。[8]

接下來超過八十年，石油與天然氣都是全球地緣政治的關鍵，影響石油國家的崛起，成為高知名度足球隊、世界盃決賽圈、一級方程式賽車，以及利益驚人的高爾夫巡迴賽的經費來源之一，也是寡頭財富之源，俄羅斯更是在二〇二二年入侵烏克蘭後，以此為武器來控制與歐洲和西方的關係。

能源價格焦慮對美國國內政局，乃至於外交、國防與經濟事務而言都是關鍵因素，無論是北美洲的油管興建，還是開挖新油井的許可與否，抑或是開發釋出頁岩油的方法——開發頁岩油，讓本是石油進口國的美國變成出口國，輸出各種石油製品，如原油與精煉石油製品——都與此有關。[9] 印度與中國皆高度仰賴石油和天然氣進口，能源需求不只是這兩個全球最多人口國長期未來的重要一環，更是一大弱點，決定兩國對產油與天然氣國家的方針，乃至於對跨國石油企業的態度。[10]

石油只是自然資源爭奪的一個例子。另一個例子是黃金，地球上之所以存在這種金屬，是因為數十億年來天體撞擊的結果，而具商業開採量的金礦之分布，則端視隕石、彗星與小行星撞擊點的位置，完全是隨機的。[11]黃金從古代就極具價值，是財富與地位的表徵，而現代世界還看中其高導電率——這一點讓黃金成為電路板與導線的優秀材料，用於汽車與微波爐、冰箱和爐子等家電用品中。

黃金開採往往效率低、汙染高：要提煉出足以打一枚戒指的黃金，通常需要二十噸的土石——由於提煉黃金需要用到氰化物與汞，因此大部分的廢礦石已遭到汙染。[12]印尼巴布亞（Papua）格拉斯伯格（Grasberg）礦區是全球已知最大金礦藏與第二大銅礦藏。截至二〇〇六年，採礦活動已經將十億噸以上的含金屬尾礦排放到當地的水系當中——有鑑於此後產量大幅提升，尾礦的量想必也是如此。[13]

爭奪黃金是近年來原住民土地遭蠶食（例如亞馬遜地區）的主因，不過以往的淘金熱也造成人口流動的可觀改變，例如加州、科羅拉多州、西伯利亞與澳洲的情況。這些流動也導致地貌的轉變，畢竟土地需要整地（常常是用火燒的方式），城鎮與交通基礎設施也要興建才能滿足礦工需求，棄置在河中的礦石造成長期汙染問題，還有引進牲畜作為蛋白質來源等——通常是在原生動物都被宰殺吃光之後。[14]

還有一個例子是銅，銅的用途在二十世紀初大開，價值也水漲船高，此後便不斷走揚；當世界正朝著低碳排科技轉型——或者說試圖轉型時，銅甚至有可能取代碳氫化合物，成為需求量最大的材料。根據高盛（Goldman Sachs）的說法，銅是「二十一世紀的石油」，但這個標籤也曾經貼在鋰與整體稀土元素、氫，以及像是「數據」等非自然資源上。[15]美國打造的汽車平均每輛含有二十公斤以上的銅，而典型的電動車需要的礦物資源更是傳統車輛的六倍，從這些事實就能看出銅的重要性。[16]

對銅的需求，讓人們對擁有豐富銅蘊藏的區域與地點進行大規模投資，尤其是中非的產銅帶（copper belts），二十世紀初有報告稱當地「礦藏量簡直就是取之不盡」，而且品質絕佳。銅與其他金屬的開採，為非洲鐵路興建提供推動力，與濱海港口城市相連。銅的開採也改變社會，人力需求意味著大量年輕男性受到吸引，前往產銅的區域，帶來明顯的影響——像是社會中的性別角色，因為男性大量往外遷徙，而農業生產則需要女性高度參與。生態系也受到嚴重影響：採礦與加工過程產生大量廢熱、液體懸浮尾礦，懸浮微粒被排放到水體中；另外，還有大量的二氧化硫排放。這些對土地與動植物造成重大傷害，也創造出致命的疾病環境。[17]

為了鍋爐、礦坑支柱與鐵道枕木所需的木材而伐林，同樣會帶來負面影響——光是中非與非洲南部最大的四個礦場，每年就需要將近五萬七千立方公尺的木材。更有甚者，為了餵飽工人，對蛋白質的需求也破壞水生生態系，過度捕撈讓魚群大為耗竭，而從歐洲引進的漁法與技術更是帶來嚴重的傷害。[18]

銅的需求與全球經濟緊密聯動，這自然意味著發生在遠方，發生在視線之外的議題、潮流與事件會影響到工作機會和生計。經濟大蕭條（Great Depression）就是一個例子，對中非的就業情況與聚落帶來影響——世界上另一個角落需求的瓦解，導致中非人失去工作。另一個例子則是一九七〇年代的震盪，石油危機導致經濟驟然緊縮，這不只讓銅需求隨之大減，薩伊與尚比亞也因此陷入債務危機，因為兩國皆極為仰賴銅的收益，結果演變成為了試圖在價格大跌時償還外債而增產。毫不意外，這也釀成災難性的環境後果。[19]

⋮　　⋮　　⋮

有多少礦物、金屬與原物料，被拉到富裕的歐洲及其開枝散葉的殖民地分支，尤其是美洲，無論今昔，這份清單都是落落長。富裕的已開發經濟體仰賴大量自然資源，而且價格要盡可能低。要不是能從非洲取得大量的銅與其他礦物，遭二戰重創的歐洲哪能這麼快、這麼便宜重建起來。低廉的石油與天然氣是經濟成長、生活水準提高及大眾消費主義的血液，享受最多的則是那些工業化開始得早，並且有建立制度保障投資的社會與國家。

南剛果喀坦加（Katanga）新克羅布威（Shinkolobwe）開採的鈾，遠比世界上其他礦源更豐富，開採出來的氧化鈾經過試金，含量竟高達七五％（美國與加拿大的礦石只有〇．〇二％）。新克羅布威對美國核武計畫極為重要，因此在冷戰時期有著獨步的重要性，是美國國防安全的關鍵。參與「曼哈頓計畫」（Manhattan Project）的官員與工程師表示，整個剛果「提供的自然資源對我國國內經濟至關重要」；他們大費周章地隱瞞第一次成功試爆時使用的鈾的來源，聲稱是從加拿大取得。一九五一年的報告表示，來自剛果的鈾「對自由世界來說是第一等的重要」。[20]

姑且就說和平、自由與繁榮仰仗的是能否取得各種資源，這些資源在當地居然難以取得，尤其是歐洲當地。開採的好處顯然流向已開發世界，而擁有豐富自然資源的國家往往一無所獲。這有部分是所謂「資源陷阱」（resource trap）使然：擁有石油、天然氣與礦物資源的國家，若不是變成威權國家，就原本即是威權國家，權利分布有限，人民也不平等。商品價格通常年年起落，這種趨勢意味著收入無法預測，經濟被迫坐雲霄飛車，而這種景氣循環恐將造成債務危機，進一步影響制度的發展。資源豐富的政府通常在衛生、教育與社會服務上支出不足，也通常對公務員薪水、燃油、糧食補貼、大型紀念建物上支出太多。[21]

問題之一是投資都集中在開採重點區域與設施，而不是用於社會發展。比方說剛果，剛果坐擁豐富的銅與鈾儲備，還有鈷、錫與黃金。截至一九六〇年，剛果已經有八座國際機場、三十座主要機場，還有一百座中小機場，這都多虧了礦業——但卻沒有同步興建醫院、學校及有益於地方百姓的基礎建設。想要以最小的阻力、最快的速度與最低的價格取得儲備，就一定要賄賂地方官員。[22]

還有一點也很重要，許多富含資源的地方（無論是非洲還是其他地方）都得應付殖民主義的影響——殖民者留下的是東拼西湊，有時候效能不佳的政府組織。這些組織本身是殖民地社會與政治結構的遺緒，不僅減少人力資本、限制政府效能，甚至讓治理更加困難，尤其國家與省分是根據殖民者的興之所至而設立的。[23]對許多地方，例如西非來說，前殖民時期的歷史對於獨立後的時期也有重要影響力。[24]

但還是有其他重要的因素。雖然各國在二十世紀漸次獨立，殖民時期名義上已成明日黃花，但人們顯然抵擋不了誘惑，就是想採摘大地的果實。過去這一百年左右，干預獨立國家內政的作法已成常態，像是美國插手伊朗與中東，以及情報行動暗地裡支持，甚至在剛果、智利、中美洲與東南亞等地執行政治暗殺等，都是明顯的例子。

這類行動不見得都跟自然資源有關，畢竟其背景往往是冷戰，或是需要友善可靠的領導人、除掉敵對領導人的地緣政治假設，但確實常蘊含控制礦物、燃油資源，甚至是植被、植物與糧食的強烈意圖。比方說，香蕉在十九世紀下半葉引進美國，人們對於這種營養且容易運輸的熱帶水果需求一下子大增，而且香蕉還有額外優勢，就是在包裝後還能繼續熟成。香蕉貿易的人氣與高收益，讓美國水果公司開始在中美洲與加勒比海等地取得數十萬公頃的土地，改造成香蕉園。如此一來，這些公司取得無邊的經濟與政治權力，大家甚至直接用「香蕉共和國」（banana republic）一詞，來稱呼那些高度仰賴單一作物，政府與官職受主要生產者掌握的國家。

像聯合水果公司（United Fruit Company, UFC）就是這樣運用權力槓桿——二十世紀初開始就有這種耳熟能詳的故事，企業成功推翻政府，安插態度友善的政治領袖，信賴他們會保障甚至提高投資人的利益。宏都拉斯便曾發生這種事——一九一一年，受僱於UFC的美國傭兵李・克里斯馬斯（Lee Christmas，名字很好記）發動政變，推翻宏國總統達彼拉（Dávila）。豐厚的報酬隨之而來，像是提供土地特許權；興建港口、鐵路與建築的權利；以及一筆現金「嘉獎」他操縱此次革命。[25]

冷戰期間，干預與政變得到來自美國中央情報局（CIA）的支持，有時甚至是合作，就像瓜地馬拉的情況。二戰時，UFC已經擁有瓜地馬拉數百萬公頃土地，既是最大地主，也是該國最大雇主，創造的年收入是瓜地馬拉政府歲入的兩倍。[26] UFC給薪低（而且往往是季給），又有嚴重的體制性種族歧視——只要是非白人工人都需讓路給白人，還要在他們走過時脫帽致敬。UFC總裁山謬・澤穆瑞（Sam Zemurray）說原住民工人「太過無知」，沒有能耐把不滿化為任何有用的抵抗形式。他對UFC自信滿滿，結果錯估形勢，瓜地馬拉實施重大土地改革，幫助無法使用UFC龐大儲備用地——八五%沒有用在耕種——的當地農民。[27]

利益方擔心這對UFC商業模式、價值及其投資人的影響，於是遊說美國政府提出嚴正警告，表示若不採取行動，瓜地馬拉將成為蘇聯附庸。CIA因此在一九五四年發動「PBSUCCESS行動」（Operation PBSUCCESS），罷黜瓜地馬拉總統阿爾本斯・古斯曼（Árbenz Guzmán），安插獨裁者取而代之。這次行動引發一場延續將近四十年的內戰，期間有一連串軍事領導人得到華盛頓的支持、武器及金援。[28]

這些個案（及許多同性質的例子）本身影響重大，而它們也在引發二十世紀各種變革的快速現代化、工業化、標準化當中扮演重要角色。假如沒有原物料，都市化的模式就不會出現得那麼快，也不會有長距離交通，更不會有大規模毀滅武器的發明。但這一切也會對氣候造成影響，工業的成長與擴張在過去這一百年間推升製造、生產、交易及消費的水準——連帶提升的還有二氧化碳、溫室氣體與氣膠的排放，構成人為氣候變遷的關鍵。

一八九〇年代至一九四〇年代，是最引人注意的加速暖化期。雖然世界上許多關鍵地區的數據有限，甚至根本沒有資料，但我們仍足以看出有一個明確的模式浮現，也就是學界常說的「二十世紀早期暖化」（Early Twentieth-Century Warming）。在這段期間，有印度洋季風體系在世紀初年的異常與減弱，有一九二〇年代與一九三〇年代北極明顯暖化和冰層後退，北美洲在差不多時間爆發熱浪，澳洲則是在一九三〇年代晚期與一九四〇年代出現旱象，一九四〇年至一九四二年的歐洲更是異常寒冷。儘管數據明顯受限，但地表平均氣溫顯然有上升，尤其是歐洲、大西洋、北太平洋與加拿大等高緯度地區。[29]

全球氣溫升高，指出地球大氣能量收支中的重大改變，造成改變的因素不只一項，而是數個因素之間的複雜交互作用。比方說，二十世紀上半葉沒有大型火山爆發，大氣中沒有火山噴發的石塊、火山灰與粒子去誘發降溫。太陽輻射量在這段時期有微幅增加，或許也有影響，只是很難準確判定。氣候體系的年代紀變化（Decadal variability），像是大西洋經向翻轉環流，或者太平洋十年震盪（Pacific Decadal Oscillation, PDO），抑或兩者兼有，可能也是影響暖化模式發展的原因。[30]

北半球氣候條件的模擬重建，指出這段明顯暖化期的另一個因素：溫室氣體增加。相關模擬顯示，全球氣候出現大幅度變化，一直到二十世紀中葉，而這些變化則肇因於人為活動，有著明顯的人為痕跡，畢竟暖化的幅度是陸地高於海洋，且北極的暖化尤其嚴重——也就是說，這就是工業製造與溫室氣體排放增加、燃燒化石燃料預料中的結果。[31]

這幾點則是人們生活、勞動與交通方式改變所造成的。當然，世界各地改變的幅度各不相同，但改變確實劇烈。例如美國，交通網與創新提升旅行的速度，降低運輸成本，讓生產活動可以在距離消費者更遠的地方進行，城市的規模與數量因此迅速擴大、增加。國有鐵道網的總里程數成長將近六倍，一八六〇年是三萬英里，三十年後已經超過十六萬英里；期間火車頭的尺寸也大了兩倍以上，能拉動更重的承載，速度也從大約每小時十二英里大幅提升到將近六十英里。不讓專美於前的還有通訊網的超快速發展，讓貿易流得以協調，價格趨於一致，刺激經濟成長：一八六〇年，美國有五萬英里長的電報線；到了一八九〇年，長度已經增加到將近兩千萬英里。[32]

交通與通訊改變人口分布的本質，不只是把各區域結合得更緊密，更改變城鎮的性質，把它們從農產的分配節點變成工業中心。一八八〇年至一九二〇年間，美國都市數量增加到兩倍以上。這一點本身就很重要，但影響更大的則是同一時期發生大規模都市化，城市規模與人口分布也隨之變化：城市不只愈來愈多，而且變得更大、人口更多，一九二〇年居民超過十萬的城市有六十八座，四十年前還只有二十座。一八八〇年，美國大約四分之一的人住在城裡，四十年後已經超過一半。[33]

隨著勞動力從農業轉向製造業，前述的動態變化也帶動可觀的社會變化。新科技與基礎設施的創新、效率和投資，把美國變成經濟火車頭——截至一九〇〇年，美國的勞動生產力已經是英國的兩倍。[34]其中一項原因是機械化與工廠的發展，取代從紡織業到五金業的手工業者與工匠的作坊。都市成長的原因很複雜，有各式各樣的因素，像是蒸汽引擎的發展、境外人口移入與國內遷徙，尤其這類成長在地理空間與時間上都不是齊頭進行的。[35]

英格蘭、歐陸及日本也經歷過與美國的轉變類似的過程，鐵路、工業化、都市化、物價與薪資的趨同，同樣構成這幾個地方在十九世紀下半葉與二十世紀初的幾條主軸。[36]雖然經歷的進程相當劇烈，但跟一九一七年革命與列寧及布爾什維克奪權後，發生在俄羅斯與隨後蘇聯的情況相比，就相形見絀。古典馬克思主義信條不只強調城市無產階級在階級鬥爭中，以及對於創造新政治體系的重要性，也要求發展生產手段。

因此，除了是一個威權國家，蘇聯更是以由上而下的規劃及大規模計畫開發為重心，而這些都伴隨著慘痛的人命與生態代價。

早在俄國革命之前，列寧就主張將俄羅斯轉為共產典範國家的關鍵，在於機械化與提供全面電氣化。一八九〇年代晚期，他在西伯利亞流放期間針對這個主題筆耕不輟。[37]他警告，如果不雷厲風行，新生的蘇聯將依舊是個以小自耕農為基礎的貧窮農業國家，因此關鍵是國家的現代化，而且要快。革命本身要成功，就要靠電氣化：也許需要幾年，但電氣化能確保不會「有重返資本主義的一天」。他在一九二〇年十二月的一份報告中單刀直入，共產主義「就是蘇維埃的權力，加上全國的電氣化」。

電氣化是整體現代化的一環，而現代化能讓蘇聯擺脫「現有的文盲」，畢竟「我們需要勞工群眾有文化、得啟蒙、受教育」。因此，他主張把「我們最優秀的人才，我們的經濟專家」聚集起來制定計畫，「找出需要數百萬包的水泥與幾百萬塊的磚塊」，以實現俄羅斯電氣化國家委員會（State Commission for Electrification of Russia，以縮寫GOLERO為人所知）遠大的規劃。[38]

這番態度的宣示，揭開一系列為了實現意識型態之夢，滿足政治信條而擘畫的大型工程。有不少建設對生態造成嚴重傷害。大片森林遭伐，經常沒有實效，而且幾無必要，畢竟木材供過於求；農業活動施用大量農藥，每公頃施用量往往是歐洲和美國的三到五倍；一九二〇年代之後，一條條河流蓋起水壩，為的是興建更多、更大的水力發電廠以供應所需電力，並且為國家走向完全工業化所不可或缺的金屬與資源生產提供用水。[39]蘇聯建立的頭幾十年，農學家特羅菲姆・李森科（Trofim Lysenko）逐漸打入高層，宣揚爭議性與影響力一樣大的觀點。李森科總愛引用據說是植物育種學家伊萬・米丘林（Ivan Michurin）所說的「我們等不了自然大發慈悲，我們的任務是把慈悲從她那裡搶來」，作為座右銘。[40]

托洛斯基（Trotsky）所見略同。這位革命理論家如是說，「人類已經在自然的地圖上做出不少也不小的更動」，但若跟接下來能夠做或應該做的一比，就小巫見大巫了。如今該是時候剷平並搬走高山，讓河流改道，「堅決並反覆對自然進行提升。最後，就算無法按照自己的面貌，至少也要根據自己的品味來重建大地。我們完全不擔心這種品味不好。」[41]

電氣化與資源配給是改造城市的關鍵，莫斯科是最明顯的例子。一九三一年六月，共產黨中央委員會（Central Committee of the Communist Party）宣布要對莫斯科的市容進行大翻修，包括興建地鐵系統、現代汙水下水道、路燈、公園與新建築，以彰顯工人階級與蘇聯的凱旋。拉扎爾・卡加諾維奇（Lazar Kaganovich）對地鐵大為稱許，「象徵了這個建設中的新社會」，因為「手扶梯的每一個踏階都灌注新人、我們社會主義勞工的靈魂，裡頭有我們的血，我們的愛，有我們為了新人與社會主義社會所做的奮鬥」。卡加諾維奇沒有說錯，地鐵就跟莫斯科與其他地方進行的工程一樣，都是由政治犯、階級敵人、知識分子、猶太人與其他觸犯這座自利、自我滿足的新烏托邦的人所建造的。[42]

在蘇維埃國家的進步面前，所有事物，乃至於所有人都是次要的。批鬥、恐懼與報復，讓勞改人口膨脹驚人。為了在北極圈尋找並開採黃金與其他金屬，當局部署勞改人口去興建運河銜接白海與波羅的海，數以萬計的工人死於工程期間。根據紀錄，有超過一百萬囚犯遭流放到俄羅斯遠東地區鄂霍次克海邊、氣溫低到負三七℃的馬加丹（Magadan）；到達之後，再把人犯分配到科力馬（Kolyma）與楚科特卡（Chukotka）的流放地去採摘土地的果實，就像以前東正教主教區派出傳教士，去收割未經基督信仰啟蒙的靈魂。[43]

史達林主政下的強迫集體農場種植更多的作物，採用最新的農業技術，據信讓產量提升二〇％。農民對於新農法與強迫的作法採取抵制態度，不願合作，加上徵收與鎮壓，結果導致烏克蘭與俄羅斯南部遍地饑荒，餓死者人數驚人——一九三二年至一九三三年間，恐怕有高達八百萬人餓死；一九三二年生於烏克蘭的男性預期壽命為三十歲，一九三三年至一九三五年出生者卻只有五歲。[44]受害者當中有不成比例的烏克蘭裔，反映出蘇聯政策制定的偏見——二〇二二年俄羅斯入侵烏克蘭也凸顯這種情況。[45]

蘇聯的打壓是多線進行，其中一種反覆發生的打壓，就是把自然界當成需要馴服的對象，認為大自然的轉變代表無產階級的才智與勤奮。自然提供手段，而這些手段不僅能夠且應該為建設革命社會之用。為了城市無產階級的好處而改造城市所需的花崗岩、大理石、鋼鐵，就這麼在又鑿又劈的情況下開採出來，而原產地往往地處偏遠，當地的價值觀也跟使用其物產的地方相去不可以道里計，後者對於開採資源的環境成本更是滿不在乎。「等到我們讓蘇聯坐上汽車，讓農民坐上曳引機，」史達林在一九二九年表示，「就看那些高高在上的資本主義者……要怎麼追上我們。咱們就來看看哪個國家『評比』屬於落後，哪個國家算先進。」[46]

中央的控制及在極短的時間裡要求不合理大量物資的作法，會導致對生產力水準的虛報（暗示不切實際的結果有可能達到，造成惡性循環），並且便宜行事，引發汙染、棄置有害廢棄物，以及傷害礦工與建築工人健康的情況（無論他們是否被迫勞動）。比方說在一九二八年，蘇聯當局聲稱農作收成超過七千三百萬噸——這個數字可能虛報數百萬噸。總之，每年都有數千萬立方公尺的土方以人力或機械移動，還有數百萬公頃的土地變更用途。[47]

這不是說沒有人擔心環境受到傷害，或者沒有採取保育、保護大自然的措施。早在一九一八年五月，也就是布爾什維克掌權、曾經的沙俄帝國在內戰中瓦解後不過幾個月，新的領導層便通過《森林基本法》（*Basic Law of Forests*）。雖然實施的方向是由上而下，而非由下而上——當時一份林業學報說得很直白（態度是支持的），立法的目的是「讓國家林業經濟權歸中央，上令下達，要求地方在經濟上絕對服從」——但部分地區與部分族群對保育確實嚴肅以對。[48]

部分農學家則擔心蘇聯的護林措施太食古不化，當時蘇聯林業第一流期刊上有篇文章聲稱「沙皇時代的殘餘舊慣阻擋了前進的路」。德國人對於地貌的態度正因為新的方法而開始轉變，但一九二〇年代的蘇聯卻是「觀念陳腐，技術落後，一灘死水，刻板僵硬，跟不上德式新林業理念」。[49]

對於哪個單位有權設定伐林目標與整體政策，人民農業部（People's Commissariat of Agriculture）跟最高國民經濟會議（Supreme Soviet of the National Economy）之間的齟齬幾乎沒有停過，而這對農林發展並無好處。[50]爭議也包括永續與否：一九二六年，有報告反對「財政目標壓倒了我國的森林管理」，對於「五十到八十年」才會出現成果的事情，給予的關注實在太少。[51]那又如何？共黨大老兼最高國民經濟會議委員費多勒・席洛莫洛托夫（Fedor Syromolotov）反駁；像斯摩倫斯克（Smolensk）、特維爾（Tver）、諾夫哥羅德與其他區域，「只要把森林統統砍光，這些地方就能轉變成更適合發展糧食作物的區域」。他還說，結果對大家非但沒有壞處，反而是一種能帶來解放的轉變。[52]話雖如此，在一九三〇年代初期，還是有將近三百萬公頃林地劃為保護區。[53]

此時出於對水資源的關注，歐俄地區成立一座龐大的森林保護區，面積是當時世所僅見。但凡聶伯河（Dniepr）、頓河（Don）、伏爾加河、烏拉爾河（Ural）、德維納河（Dvina）與多個支流沿線二十公里帶狀範圍內街禁止伐樹，其他好幾個水系也有類似但較小的帶狀保護區。[54]

儘管有這些環保努力，但蘇聯領導人與思想家從一開始就很清楚，科技將確保蘇聯能透過「征服」自然的方式取得部分成就。比方說，馬克西姆・高爾基（Maxim Gorkii）便歌頌白海運河是蘇聯人民的勝利，不只戰勝資本主義或國外的敵人，更「征服北地嚴酷的自然條件」。這場勝利的代價，是數以萬計的工人在「我們指點自然——我們得到自由」口號下被迫工作而死，高爾基對此則是選擇避而不談。

對於科技的信心，作出決策的黨政高層口惠而實不至的支持，加上異議者會遭遇明白不過的下場，這些都意味著不會有多少人，甚至完全沒有人去阻止汙染、土壤鹽化、表土流失，或是為了讓環境符合需求，扮演政論、教科書、技術官僚規定的角色，於是動鍬、動鏟、動用機器去改變環境而引發災難。[55]

⁝ ⁝ ⁝

這類問題絕不會只出現在由高高在上、不受節制的專制統治者所帶領的威權國家當中，第一次世界大戰對歐洲也造成劇烈衝擊。一九一四年以前，英國人飲食中的能量值（energy value）大約有六〇％攝取自進口食物。儘管戰時英國很少食物短缺，即便缺糧，為時也相當短，但消費者吃的與買得起內容還是有大幅轉變，香腸、培根、植物奶油與煉乳的攝取大增，糖、奶油、蔬果攝取則減少。戰爭導致政府必須以政策干預農業生產與糧食徵用，尤其一九一六年秋天的德軍U型潛艇活動，害英國損失大約兩百萬立方公噸的商船貨運量。英國的土地使用、可取得的食物，以及對於營養的態度因此出現重大改變，而且一直延續到戰後。[56]

其中一項影響是一九一八年之後政府試圖對帝國各地增稅，以協助挹注因戰爭而嚴重空虛的國庫；另一項措施則是開闢愈來愈多的農地，以提升農產輛。[57]此外，當局也嘗試創造循環經濟，鼓勵英國人向當地或至少帝國範圍內的製造商與農民進行：一九二〇年代，帝國行銷委員會（Empire Marketing Board）成立，鼓勵消費者思考自己的食物來自何方。一九六二年，一篇刊在報紙上的宣傳文以〈請消費大眾以英國優先！〉（Message to the Shopping Public–British First!）為題，宣揚「購買帝國的商品，也就是購買本國與海外地國領土的物產，而不是購買外國物產」。消費者要曉得，「你們每一回購買加拿大鮭魚、澳洲水果、紐西蘭羊肉、南非葡萄酒與印度茶葉，都是在跟在自己國家生產商品上花錢的人打交道，進而創造就業，給付薪資，為本國創造榮景。」購買之前，消費者都應該「問問這是不是英國產品？」王室也加入支持購買國貨的行列，喬治五世（George V）與瑪麗（Mary）王后表現他們對國貨的偏愛，並且讓各界知道王室在一九二七年的聖誕布丁使用的都是帝國內部生產的材料。[58]

英國因此大力發展海外殖民地的農業——結果不難預料。殖民地官員非常重視犁，把犁當成一種能教育非洲與非洲人如何「改善」其土地，推動現代化的工具，甚至希望藉此讓非洲人遵循歐洲家父長核心家庭制的常態。[59]這種大規模犁耕的作法當然沒能開闢出結實纍纍的新田地，也未能帶領當地人踏入烏托邦的狂喜，反而事與願違：一九二三年，烏干達某行政區有三百多把犁，這個數字在一九三七年以增加到超過一萬五千把。原本在慢工出細活的鋤頭淺耕下煥然一新的土地，因為犁耕而水土嚴重流失，生態系逐漸惡化。在西非改變農法的實驗變成災難，英國農學家才終於得出結論，相信傳統播種與收割的方式遠比歐洲的農法來得有效。[60]

竭澤而漁的作法，絕不會只限於用在殖民地。十九世紀下半葉與二十世紀初，在鐵路的鋪設、農業機械的供應，以及一戰爆發後商品價格騰高的推波助瀾下，美國大平原已有大片土地已經改為經濟作物種植與大農場。然而利多終有出盡時，而農業的蓬勃發展亦有其風險——歐洲農民已經在一八七〇年代學到慘痛的教訓：當時，產量的提升、肥料與土壤化學的創新，加上易得的進口，導致農產供給過剩，價格修正，高峰的二十年後便已腰斬；後果就是土地價格下跌的循環與停滯，英國的情況尤其慘重。[61]

一戰終於結束，不久後美國農業黃金時代也跟著結束，而美國的情況甚至比英國更慘。農民在信貸容易取得、市場榮景與專家建議的鼓勵下，一口氣擴大小麥、玉米、牛肉與豬肉的生產，賭需求量還會提升，價格還會推高。一九二九年的華爾街崩盤是一記毀滅性的重拳：價格一落千丈，收成變得一文不值，許多人根本償還不了沉重的債務。一九三二年，中西部五十萬農民罷工抗議，用電線桿阻擋交通，故意讓牛奶和穀物放到腐敗，威脅不賣任何東西給生活在城市裡的人。紐約州長富蘭克林・D・羅斯福（Franklin D. Roosevelt）早已觀察到他所謂的「都市與農村生活應有的平衡開始失衡」，促成他在美國政界提倡新的篇章。他宣布競選總統時，聲明該是時候「為未來帶來更深刻也更重要的事物，也就是國土規劃」。[62]

此時，美國農業危機每況愈下。中西部經歷十年的極端熱浪，乾旱與沙塵暴破壞農地，民眾陷入貧困無望的境地，抵押品被銀行拿走，農民地位一落千丈，一片愁雲慘霧——一如約翰・史坦貝克（John Steinbeck）在《憤怒的葡萄》（*The Grapes of Wrath*）中所描繪。沙塵暴颳走本來就已經相當乾燥、缺乏雨水滋潤，又因為過去耕種無度而耗竭的表土。一九三〇年代是一段氣溫異常溫暖期，屬於二十世紀早期暖化現象的一環，偏離典型的反聖嬰現象，但這次的災情確實有植被減少與過度開發的影響。[63]

結果就是一連串的沙塵暴，有學者表示：「無論是從物質角度切入，還是從對人類與經濟的角度來看，這都是美國有史以來最嚴重的人為環境問題」。[64] 這番話不難理解。有些沙塵暴相當猛烈，例如光是一九三五年四月的一個下午，據估計就有三十萬公噸的表土被颳走——比過去七年間開鑿巴拿馬運河所挖去的土方還多兩倍——東岸城市一片灰頭土臉。[65]

延續將近十年的嚴峻情勢終於消散了，但後果依然劇烈。到了一九四〇年代，大平原許多地區失去超過四分之三的表土。民眾為了追求更好的機會，或者只是為了活下去而搬離，人口也因此嚴重衰退。各地受到的影響程度不一。不過，受害的不只是農地與農民：水土流失嚴重的郡，也是債務壓力大、銀行財力有限的郡，導致本地信貸水位降低，影響社會經濟復甦。塵暴乾旱（dust bowl）導致土地價值減損，不只短期，而是長期且嚴重減損，尤其是受到沙塵暴影響最嚴重的郡。[66]

早在塵暴災情尚未結束的一九三六年，就有報告對釀災的主因做出批判——不只是氣候異常與變遷，還有短視且非永續的人為決策。數百萬畝的天然表土被毀，「部分是因為放牧，部分則是過度犁耕」。潮溼環境的農業體系、農法與期待長久套用在半乾燥區域，加上第一次世界大戰小麥價格走揚與追求利潤的刺激，曳引機與卡車等創新也讓消耗變得更嚴重。[67]更有甚者，一九三〇年代出現異常天氣模式，像是異常南向暖平流與範圍涵蓋整個北美的反氣旋，導致春季異常乾燥與極端熱浪來襲，帶來破紀錄高溫。但塵暴乾旱是躲不過的造化。[68]

沙塵暴占據民眾的心思與媒體的版面。專欄作家與科普作者擔心大平原最後會不會變成「美國大沙漠」，這個問題也跟十九世紀初測繪員的結論相互呼應——當年的人認為平原區高地（High Plains）「幾乎完全不適合農耕」，恐將阻礙北美洲歐裔人口的西向擴張。[69]一家報紙上出現題目為「世界性的水土流失問題」（Erosion a World Problem）的專欄文章，提到從加拿大到烏干達，從錫蘭（斯里蘭卡）到澳洲，世界上許多地方因為「缺乏專業的農民濫用土地」而遭到破壞。世界上其他地方也有類似的文章，例如在英國，人口成長、小麥與糧食生產、土壤劣化的關聯讓各界憂心忡忡。農學家丹尼爾・霍爾（Daniel Hall）爵士曾在《皇家非洲學會學報》（*Journal of the Royal African Society*）表示土壤流失並非局部或區域性的問題，而是全球問題。這項難題「影響全世界，尤其影響大英帝國」。從中國、日本與其他地方的觀察來看，水土保持問題確實無所不在，而且情勢相當嚴峻。[70]

這些以悲觀、憂慮口吻記錄自然環境受到傷害的文字，只是一小部分，還有更多在警告人類為了獵取資源、追求利潤而造成的威脅。當時最具影響力也最重要的著作出現在一九三九年，書名叫《強暴地球：土壤流失問題的全球考察》（*The Rape of the Earth: A World Survey of Soil Erosion*），作者把土地退化比喻為一種疾病，並且把這種疾病的流行完全歸咎到歐洲人頭上，怪罪於試圖把一地的農法擴大適用到全球的這種「歐洲模式」。作者說：「大自然的國土有其秩序，突然遭受異文明入侵，她要盡全力抵抗。」作者還表示，土地的開發「已經超出安全限度」，地球的土壤遭到破壞，「速度與規模皆前所未有。」肥沃的地區正變成不能住人的沙漠。[71]

作者的看法（就像同時代類似專論的其他作者們）並不是為反殖民主義發聲，也不是呼籲歐洲拓殖者撤離占領的土地，而是完全相反：水土流失引發諸多問題，必然導致白人更難控制土地，假如當局意欲維持控制有潛在生產力的土地，就必須化解土壤侵蝕的挑戰。另一位作者在《強暴地球土壤流失問題的全球考察》出版前後寫道，「隨著白人影響力擴大」，西非的土壤狀況「明顯變得」差很多。歐洲人殖民之前，「人類與動物」都會因為「部落間的戰事和疾病的肆虐」而死，從而緩解土地受到的壓力。如今白人殖民者帶來的和平意味著人口成長，土地過度使用、伐林、過度放牧與其他問題。[72]

到了一九三〇年代晚期，部分科學家開始思索人類的活動是否會對環境造成其他面衝擊。蒸汽動力工程師蓋・卡倫德（Guy Callendar）撰寫論文，文中提到：「大約有十五萬噸的二氧化碳在過去半個世紀間注入大氣中」。他認為這些氣體排放會導致地面升溫，只不過整體來說幅度不大。即便如此，他仍然深信升溫顯然有利，尤其是曾經在過去讓世界進入冰期的「嚴寒冰河復歸，將會無限期推遲」。[73]

卡倫德認為二氧化碳排放跟化石燃料有關，他的這種看法未獲當時科學界廣泛接受，原因多少跟他所使用的研究方法，以及仰賴的量測數據準確度有關。[74] 關於二十世紀上半葉氣候暖化的成因，尤其是對所謂人為因素的性質、影響與規模，當時各界有熱烈的討論（至今亦然）。[75] 即便意見不一，但一九三〇年代還是有許多人研究暖化模式，尤其是涉及北極，以及格陵蘭與挪威斯瓦爾巴群島斯匹茲卑爾根島（Spitsbergen，島上一九一二年設立氣象站），可測得劇烈變化相關的模式。[76]

⋮　　⋮　　⋮

除了對氣候變遷的關注外，當時也有人思索自然環境的保留與保護。例如，在北美洲就有人熱情談論著「疲憊、緊繃、過度有禮的人們」是如何漸漸發現「進入山裡就像回家，荒野是多麼不可或缺，以及山區的公園與保護區不只是木材和灌溉用河水的源頭，更是生命的泉源」。[77] 美國國家公園管理局（US Park Service）首任局長史蒂芬・馬瑟（Stephen Mather）寫道：國家公園「不僅是觀景與度假的所在，更是一間開闊的大教室」，讓民眾學習「更愛護自己生活的土地」。[78]

德國有些人積極把民族認同、幸福與自然連結起來。早在十九世紀，保護野生動物、森林與「野性之道」的理念便已在德意志扎根。這些理念不只成為自然觀的養分，甚至滋養德國認同：「愛自然是愛祖國的根」，孔拉德・君特（Konrad Guenther）在一九一〇年如是說；他後來甚至表示「德意志魂發出的和弦與大自然同調」。[79] 更有甚者，大自然能促進社會平等：「唯有在自然中，不存在貧富差距；唯有在自然中，有不用花錢的知識與幸福之富」。[80]

這種理想的願景，隨著與種族「純淨」相關的有毒思想一起變得愈來愈尖銳。希特勒在《我的奮鬥》（*Mein Kampf*）中寫道：「大自然無所謂政治疆界。她把生靈置於這顆地球上，看力量自由發揮作用。然後她把主宰之權交給她最鍾愛的孩子，也就是最有勇氣與毅力的孩子。」[81] 這種論調取悅了保育人士，他們則把自己對於環境的觀點與納粹政治意識型態調和起來。君特表示，保護自然將有助於團結德國人——他大力鼓吹說金髮碧眼的人與自然的關係比其他人更緊密，他還相信讓德國鄉間的生態更加純淨，就能幫助德國的種族清洗。[82]希特勒政府通過一部國土保育法的不久後，威廉・李能肯普（Wilhelm Lienenkämper）便表示這部法律非常重要，為「從納粹觀點出發的自然保護」奠定方法基礎。[83]

「我們不只要建立強大的德意志，還要建立美麗的德意志」，希特勒如是說。[84]正因為如此，著名生物學家瓦爾特・舍尼申（Walther Schoenichen，後來成為保育部〔Department of Conservation〕部長）才會提到抹除以「商人精神」為靈感的「外來建築方法」有多麼重要——完全藏不住他話裡所指就是猶太資本。「昔日每當德意志魂必須克服外來影響力，幫助德意志特質再度突破時，就會從德意志的大自然與景致中汲取力量。」[85]這番話感覺是在呼應希特勒本人的觀點，這位元首表示：「維護德意志的地景乃第一要務，因為她始終是德意志民族權力與實力的基礎，過去如此，今亦如此。」[86]

但實情不會那麼順利。雖然有這麼多正向的話，但農業專家彼此往往爭執不休，對於事情的落實也沒有自己希望的那種影響力。[87]納粹甚至沒有出什麼力去保護自然，林地擴大面積少之又少，還經常適得其反。希特勒喜歡把美景與自然掛在嘴上，但他對於監造柏林等城市的大型建案及擴大德國高速公路路網更有興趣。有人問到建設對地貌的衝擊時，他就聳聳肩。雖然在興建高速公路時應盡可能保護山毛櫸森林，但林地終究「得遷就於這種大規模的建設」。其實，保護地貌的花費僅占總工程開支的〇・一%——根本配不上納粹領導層高度重視環境的表現。[88]希特勒提倡鍛鍊身體，但自己卻光說不練。他會從阿爾卑斯旖旎風光中信步下山，然後坐車回山上，這也體現他對自然的整體態度是模稜兩可，甚至是漠不關心。[89]

不過，談到跟外國人、少數族群或是植栽有關的環境時，態度就幾無疑義了。納粹德國中央植被分布調查辦公室（Central Office for Vegetation Mapping）主任萊茵霍特・特于克森（Reinhold Tüxen）力陳，必須「把不和諧的外來元素從德國風土上清除」，要跟一種小小的森林植物打一場「滅絕戰爭」。他說：「就像跟布爾什維克的對抗一樣，我們整個西方文化正危在旦夕。」[90]這種態度也延伸到德國在二戰期間占領的新領土。一九四二年，德意志民族性強化國家委員本部（Reich Commissioner for the Consolidation of German Nationality）部長海因里希・希姆萊（Heinrich Himmler）正式頒布〈地景規劃條例〉（Rules for the Design of the Landscape）。對於占領的波蘭領土，希姆萊的命令是「光是把人們遷移到那些區域，把外族消滅還不夠，更是要為當地賦予一種與我族存在方式相應的結構。」[91]

部分德國人已經在心裡想著這種「存在方式」一段時間了。早在希特勒與納粹崛起前，就有人認為擊敗德國鄰國，就能為生態改造創造重要契機。一戰期間在東歐取得的勝利，讓人有機會用「鄉村與小鎮風情畫」取代「泥糊的房子和稻草、瓦片屋頂」。如此一來，就能「消弭過去數十年都市發展的罪孽」。[92]

類似的論點隨著一九三九年入侵波蘭而出現。植物學家海因里希・維普金—于爾根斯曼（Heinrich Wiepking-Jürgensmann）寫道，東方提供契機，去成就「德式地景與花園設計的黃金時代，超越我們當中最熱情的人所曾經夢想的一切」。[93]隔年，同一位作者又拿同一個主題發揮：「從奉獲更高的感召而言，德國農夫比波蘭貴族活得更真，而每一位德國工人擁有的創造力都超過波蘭知識菁英。德意志民族四千年的演進，指點出無可批駁的證據鏈。」[94]

另一位大人物阿爾溫・翟費爾特（Alwin Seifert，後來對德國二十世紀下半葉的綠化運動有相當大的影響）直接道出個中真意：「光是掃除過去波蘭不當管理之下的城鎮，興建乾淨舒服的村莊，還不足以讓東邊變成來自德國各地的德國人的家園，也不足以讓東邊變得跟德意志帝國其他地方一樣蓬勃美麗。整個景觀都得德意志化才行。」[95]希姆萊下令，過程得由波蘭工人執行，而他們不能接觸德國人，想來是擔心德國工人遭到其「汙染」。

一旦講到所謂管理環境的能耐，字裡行間經常會流露出自以為是的種族優越。「唯有人類能在地貌上留下印記」，《下等人》(*Der Untermensch*)的匿名作者在一九四二年如此聲稱：

因此，我們在德國境內看到的是恰好的肥力、規劃和諧的田地，以及經縝密安排的村莊；在德國境外，我們則會看到無法穿越的灌木區、草原區，以及無止境的原始林，淤塞的河流蜿蜒其間。這段雖然運用失當，但依舊肥沃的黑土，本來能成為樂園，成為歐洲的加利福尼亞，但現實卻是經營每況愈下，無人照料，打上了前所未有的文化恥辱印記，這是對下等人及其管治的永恆控訴。[96]

易言之，斯拉夫人懂的只有「亂」；德國人才懂得克服並改造自然，發揮其用處。

更糟的是，這種令人無言、種族歧視的德意志自信，根本不是現實的反映。事實證明，戰爭期間的農產開發效率極低，充斥著糟糕的決策，也沒有掌握好輕重緩急，不只未能充分利用可行的契機(尤其是在西歐)，甚至適得其反。德國官員未能創造出他們能夠且應該產出的資源與結果，原因顯然不是因為破壞或抵抗行動，而是因為無能。[97]

二戰期間，德軍其他的失敗也肇因於規劃不周，例如一九四一年德意志國防軍(Wehrmacht)入侵蘇聯時的補給問題。在解釋德軍在史達林格勒與其他地方陷入僵局的原因時，一般人腦海中立刻浮現的會是俄羅斯的寒冬。但早在冬天到來之前就能清楚看出補給線基本後勤出了問題，無法把糧食、燃料與軍備運到最需要的地方，可說是出師不利。[98]

一九四〇年代初期孟加拉的大規模饑荒，確實有惡劣天候的因素在裡面。「饑荒降臨，情狀駭人恐怖，無以名狀，」未來成為首任印度總理的賈瓦哈拉爾・尼赫魯（Jawaharlal Nehru）如是說，「每天都有數以千計的男女老幼因缺糧而死。」世界上有些地方「正有人死去……在戰場上殺害彼此。」但在馬拉巴爾、比賈布爾、奧里薩，以及「孟加拉邦豐饒肥沃的土地上」，情況卻截然不同：「這裡的死亡毫無意義、毫無道理、毫無必要；死亡是因為人的無能與無情」。[99]

加起來有兩、三百萬人死於飢餓與相關疾病。尼赫魯表示這些人的死都是徒然，說得一點都沒錯。阿馬蒂亞・沈恩曾經對這次的饑荒有過開創性研究，這是他贏得諾貝爾經濟學獎的關鍵之一。沈恩主張，饑荒期間的囤積，以及後續所引發的糧價飆升，泰半是當局決策不當，使得情況雪上加霜所導致。[100]其時，旱象最嚴重的時間點比缺糧早了一年以上；更有甚者，饑荒爆發不久前的幾個月，降雨量甚至在平均之上。因此，高死亡率的主因還是政治與軍事因素，而非乾旱本身。殖民地官員限制糧食進口，加上大量難民（主要來自緬甸）湧入孟加拉地區、由來已久的嚴重營養不良及瘧疾的盛行，這些都很要命。孟加拉的這場重災與十九世紀下半葉與二十世紀的多數饑荒不同，這一回主要是人為錯誤，而不是季風雨不夠或土壤含水量的問題。[101]

第二次世界大戰的恐怖終於在一九四五年劃下句點。六年的血戰導致數千萬人死亡——陣亡人數遠遠比不上不敵飢餓、疾病，或者在大屠殺時死於毒氣室的人數。男女老幼死傷之眾，要怪人類的殘酷，也要怪人類的才華，居然發明出比以往更高效的工具殺害更多的人。

其中威力最強大的是一種新型爆炸裝置，破壞力甚至大到把世界導入一段相對和平與繁榮的時期——

畢竟使用的後果可是毀天滅地，恐怕會全球滅絕。因此，大規模毀滅武器感覺根本不能在戰爭中使用，時至今日只有兩個例外：廣島與長崎。

⋮ ⋮ ⋮

這類武器的開發，讓人開始擔心它們除了炸毀目標之外，是否還會造成更多的傷害。根據希特勒的親信阿爾伯特・施畢爾（Albert Speer）的說法，希特勒自己「搞不懂核子物理翻天覆地的特性」，「其概念顯然超出他智慧所能及」。施畢爾向主事的德國理論物理學家詢問關於引爆核彈的問題，要他們回答「成功的核分裂，其爆炸是否能處於完全控制之下，還是說會繼續分裂下去，造成連鎖反應」，但卻得不到明確的答案，讓他心神不寧——希特勒也坐立難安，「地球在他統治之下恐怕會變成一顆發紅、發熱的星星，這種可能性當然讓他開心不了」。[102]

大西洋彼岸從事曼哈頓計畫（Manhattan Project）的研究人員也在想引爆核武是否會引發災難，把大氣層燒光，而他們最後提出的報告則表示這種事情不太可能發生，至少以現有核彈規模來說不會。「無論大氣的一部分會因此加熱到什麼樣的溫度，」三位領銜的理論物理學家認為，「都不至於引發自持傳遞的核子連鎖反應。」[103]

雖然實戰中曾使用的核武裝置只有兩具，但在一九四五年至一九六三年間，卻有過四百多次的大氣核試爆；一九六三年，美國、英國與蘇聯同意簽署《部分禁止核試驗條約》（*Partial Nuclear Test Ban Treaty*），禁止在大氣層與水下進行核武試驗——此後換成中國開始核試，法國則是繼續核試，因此又多了六十三次大氣核試爆。一九四五年至一九八〇年間（這一年，中國最後一次在羅布泊進行核試），五百零四次大氣核試爆的總當量為四百四十百萬噸當量。[104]

就引爆核彈不會點燃大氣層來說，物理學家說中了，但他們對於爆炸產生的輻射塵卻有所誤解。他們以為輻射塵的放射性水準會先大量降低，好幾年後才會平均落回地球，但實情卻是放射性核種沉積的地理分布會有很大的差異。何況落塵的情況跟緯度關係密切，差異也很大，北方受到影響的速度會比南方快很多。[105]

在這個脈絡下，有一點值得一提：二戰剛結束的那段時間，正好對應到二十世紀早期暖化期的結束。戰爭的最後幾個月，日本與德國城市遭到盟軍狂轟濫炸。日本六十九座城市中（包括廣島與長崎）共四百六十一平方公里的區域，已經被美軍B－29超級堡壘（Superfortress）空襲過，市內大火，煙霧沖天。德國也遭遇相同命運，盟軍在戰爭期間對德國城市發動空襲的炸彈總量，八〇％以上是在一九四四年至一九四五年間投彈的。大部分空襲採用燃燒彈，美國戰略司令部（US Strategic Command）認為燃燒彈破壞力達到高爆炸藥四到五倍——這些攻擊摧毀德國二〇％的居住區，過程中導致七百五十萬平民流離失所。裊裊黑煙與熱流，讓飛行員把目標區稱為「黑色地獄」。[106]

雖然火災導致大量黑灰釋放，但這對全球地表氣溫的影響似乎微不足道。[107]影響更大的可能是北半球哈德里胞（Hadley cell）在一九四〇年代往赤道移動，北半球因此降溫。[108]不過，二十世紀中葉氣候模式變化與全球暖化停滯似乎還有其他關鍵，也就是整體的高度核子活動及個別的大氣核試爆。

氣候變化與核試之間的關聯，早在一九五〇年代就有人提出——美國原子能委員會（US Atomic Energy Commission）與美國空軍提交放射性生化危機的報告，談到放射性碎片對高層大氣電離的可能影響，還提到「大氣所承載的顆粒物……恐將影響地面天氣」。[109]美國中西部長期乾旱之後，就已經有民眾擔心天氣因人為因素而變化，而日本異常冷溼的夏季，同樣也引發廣泛的討論，還有氣象學家荒川昭夫等學者的論文，把異常天氣跟個別與全部核爆相連。[110]

美國原子能委員會、美國空軍與蘭德公司（RAND Corporation）主導的機密計畫「陽光計畫」（Project Sunshine），有一部分就是在研究天氣與氣候擾動造成的影響。一九五三年，計畫報告提到「放射性碎片的危害，會透過各種途徑進入人體」。[111]伊士曼柯達公司（Eastman Kodak Company）威脅要原子能委員會為他們的損失負起責任，因為一千多英里之外的核試汙染物居然破壞該公司的X光片——這些事件也促成各界了解放射性物質釋放造成的影響，尤其核彈開始愈做愈大，試爆的海拔高度也愈來愈高。[112]

一九五〇年代中期，美國國會成立委員會調查核武造成的衝擊。委員會表示，「人類有許多發明，像是火藥、無線電、飛機與電視等等，人們往往把天氣與氣候的變化歸咎於這些發明」。既然「原子與熱核爆炸是人類最戲劇性的成就，承受部分咎責也是很自然的事」。[113]不過，委員會雖然表示過去十年間「異常的不良天氣」確有增加，但這些明顯的異常現象還沒有超過「偶然」所能解釋的程度。話雖如此，委員會仍補充道：「未能偵測到統計上有影響力的改變」，不等於「爆炸沒有造成實質重大影響的證明」。無論何者為是，都需要深入研究始能知之。[114]

委員會的說法反映當時科學界的共識：就跟以前，蓋・卡倫德的碳排影響假說一樣，問題需要更多的數據、更多的分析才能回答，此外也要避免驟下結論。[115]近年來的研究有部分借鑑對於核戰可能影響的新研究，認為大氣中施爆，尤其是大型氫彈及其釋放的微塵，是導致全球暖化在二十世紀中葉停滯的原因。[116]然而二戰剛落幕時，戰略家最關心的倒不是新型大規模毀滅武器是否在偶然間導致氣候出現變化，而是有沒有辦法開發出能改變、控制氣候的武器。

22 重塑全球環境

（二十世紀中葉）

我們必須把蓋子蓋上，等到可憐的麻雀精疲力盡，一連這樣好幾天，之後麻雀就沒剩幾隻了。——重慶西南農業大學學生談一九五八年的打麻雀運動

「操縱天氣」的構想由來已久，深植人心。時間從上古到今天，空間從南亞到美洲，各個社會都有用來祈雨、保護莊稼、求豐收、風調雨順的儀式。這些儀式往往步驟繁複，旨在討好人格化或非人格化的諸神，有時供奉食物或祭獻犧牲，有時則是改變行為如齋戒，希望能讓超自然力量垂青。

到了十九世紀，人們干涉天氣的方法與目標變得愈來愈堅定。美國人對此興趣尤其濃厚，好幾位先驅展開實驗，看看能不能誘發降雨。詹姆斯・艾斯比（James Espy）正是其中之一，他是第一位取得聯邦贊助的氣象學家，在一八四〇年代進行一連串人造雨實驗，像是焚燒大片林地，希望巨大的熱空氣柱能創造雲，帶動降雨。儘管這類實驗最後並不成功，但其他科學家根據猜想——一般認為戰鬥時發射過大量炮彈的話，不久後往往會下起暴雨，兩者似乎有關聯——發展出新的觀念。[1]

儘管得不到結果，但美國政府還是態度積極。國會在十九世紀下半葉撥經費給農業部（Agriculture Department），實驗以爆炸的方式從天空「震」出雨來。初步反應不錯，就進一步追加經費。但後續結果

沒有預期成功，一連兩個多月不間斷引爆——觀測員認為完全模擬大型戰役的情況——卻沒有下一滴雨。論者一針見血：前提有問題，失敗當然不意外，根本是浪費納稅人的錢，是「人類才智所設想出最蠢的表現」。因此，還沒用到的經費就繳回國庫了。[2]

二十世紀初，造雨有如詐騙業，騙子說服農民分攤錢，換來催雨落、大豐收的前景。像查爾斯・哈特菲爾德（Charles Hatfield）就是「騙子中的騙子」，擅長展示看似經實驗驗證、萬無一失、從最新科學發現而來的化學製品。[3]

一如既往，戰爭總能讓人幅大關注並挹注那些有機會帶來戰略優勢的新科技。比方說一戰期間，英國科學與產業研究部（Department of Scientific and Industrial Research）所監管的航太諮議會（Advisory Committee for Aeronautics），便實驗過各式各樣的新發明，像是用來對付齊柏林飛船（Zeppelin）的燃燒彈、製作模型飛機以提升射擊視野，以及用於自動射擊的液壓計時設備，甚至計畫製造人工雲。[4]

氣象學一下子大熱，畢竟預測戰場天氣情況的價值顯而易見。美國在一九一七年參戰時，陸軍通訊兵團（Signal Corps）便著手訓練一千人擔任軍事天氣觀測員與預報員——這並不容易，甚至有物理學家稱之為「用猜的科學」，對此並不看好。傑出氣象學家內皮爾・蕭（Napier Shaw）爵士則表示「光靠觀測、製圖與預報」還不夠，還要培養數學與物理學的專業技能。觀測領域開始在一九二〇年代興起，只不過成長是需要時間的：一九一九年至一九二三年，美國有六百多位化學博士，植物學與物理學博士各有兩百人，地質科學博士將近百人，而氣象學卻只有兩人。[5]

航空與航電的進步，讓人們開始注意雲霧的驅散——希望能清楚看到著陸跑道——一九二〇年代開始用帶電砂做實驗，後續針對雲層形成的試驗更是成果可期。國內外媒體以此為報導題目，《紐約時報》（*New*

York Times）評論，雖然操縱天氣這個題材「已經讓假專家瘋了一個世紀以上」，但軍方研究的方向不只前景看好，有望「改變地理與歷史」，甚至終將翻轉「全人類的未來」。[6]

軍方實驗的腳步在一九二〇年代逐漸放緩，資金也逐漸減少；不過學界的興趣依然濃厚，希望能更了解天氣的形成，乃至於如何影響天氣。美國氣象學會（American Meteorological Society）的成立也有推波助瀾的效果，學會的宗旨在於促進「包括氣候研究在內的氣象學知識的發展與傳播，推廣應用於公共衛生、農業、工程學、陸路與內水交通、海空導航，以及其他工商業領域」。[7]從瑞典到美國，從德國到蘇聯，科學家提出各種構想，如傳遞水氣、冰晶形成、氯化鈣粉末施用等等，部分更進入實驗階段。據說蘇聯土庫曼降雨學會（Turkmenistan Institute of Rainfall）曾利用地面或在空中進行的化學反應，成功在「無雲的天空造雨」。[8]

二戰期間對於雲滴大小與冰晶形成的研究，激起對於氣象操縱的新一波研究，初步結果良好。奇異公司（General Electric）在紐約州斯克內塔第（Schenectady）的研究實驗室（Research Laboratory）團隊證實碘化銀與乾冰粒子能提供凝結核讓水氣吸附，這個過程稱為「種雲」（cloud seeding）。[9]成果令人興奮，影響必然深遠，技術界部分要人甚至深信「人為操控天氣在科學上將成為可能」，不久後也許「按下電波按鈕」就能「讓風暴消失，或是偏離原本的路徑」。[10]

對其他人來說，機會不在於風暴能否控制，而是這種初露頭角的新科技能否用為進攻型武器。戰爭期間，曾經在曼哈頓計畫中扮演要角的美國科學研究發展辦公室（Office of Scientific Research Development）主任萬尼瓦・布希（Vannevar Bush），想知道有沒有可能不是造雨，而是造雪；他接著詢問，假如能造雪，能否在敵軍部隊頭頂上降下上千噸的雪，這可是有著明顯的戰略與軍事優勢。[11]

到了一九四七年，研究計畫正式成立，旨在設法「操縱龐大的自然力，為各地的人類謀福祉」。這項代號「捲雲計畫」(Project CIRRUS)的計畫目標，在於增進對氣象模式的認識，進而提升預報準確度；另外，也試圖利用乾冰粒、銀種雲或灑水進入積雲等方式，希望能引發造雨的連鎖效應。一份祕密備忘錄表明計畫的目標，是從戰略與戰術觀點出發，確定氣象操縱的可行性。有人並不相信，美國國防部研發委員會(Research and Development Board)成員之一覺得乾脆拿錢買「一大堆老鼠跟蛇皮」，說不定還比較容易求到雨。[12]

實際參與計畫的人無論對實驗本身還是其意義，態度都很固執己見。奇異公司研究實驗室主任，也是一九三二年諾貝爾化學獎得主厄文・蘭繆爾(Irving Langmuir)博士，對計畫重要信深信不疑。一九五〇年八月，蘭繆爾登上《時代》(*Time*)雜誌封面，標題寫著：〈人類能操縱自己身居其中的大氣嗎？〉(Can man learn to control the atmosphere he lives in?)。[13]他在同年十二月的一次專訪中表示，造雨與氣象控制有機會成為「跟原子彈一樣強大的武器」。文中引用蘭繆爾的原話表示，只要三十公克的碘化銀，效果「在最佳條件下相當於一枚原子彈」。[14]

前海軍軍官霍華・奧維爾(Howard Orville)得到艾森豪(Eisenhower)總統任命，擔任氣象控制諮議會(Advisory Committee on Weather Control)主席。奧維爾表示，操縱天氣潛力無邊。奧維爾為《柯利爾雜誌》(*Collier's*)撰稿，文中提到「雖然今天聽起來是幻想」，但在不久的將來，「派飛機上天」去破壞德州及其他地方上空的龍捲風與颶風，是有機會成真的，甚至有可能「影響每一種天氣，震驚世人的想像」。如今只需要民眾的支持，以及研究經費的挹注，假如兩者皆到位，「我們或許終將能讓天氣有條有理」。

奧維爾打鐵趁熱，解釋這麼做的意義。他說，首先「俄羅斯會處於不利地位」，畢竟「天氣現象通常是由西往東轉移」。影響氣候模式不只能利益美國本土，更能作為一種武器。奧維爾話說得直白：只要控制天氣，就有可能「用雨水淹沒敵人，或者止住雨水，讓敵國的作物得不到所需的水分，以打擊其糧食供應」。[15]

冷戰成為定局，氣象也為了一九五〇年代的熱門話題。科普作家法蘭克・卡雷（Frank Carey）提出看法，認為「種雲」之後讓雲飄到蘇聯土上方，引發「滂沱大雨」，或許能削弱蘇聯；他也表示，如果反過來，「想要達成另一種效果」，也有可能「對同樣的雲『過度種雲』，造成旱災，讓糧食收成得不到水」。他也呼應奧維爾的說法，表示幸好「俄羅斯很難報復，畢竟多數的天氣都是從西往東發展。」[16]時任德州參議員的林登・詹森（Lyndon Johnson，後來當上美國總統）則有更大膽的想法，他說只要想想看「從太空，無限的主宰者將能控制地球的天氣，引發乾旱與洪水，改變潮汐並提高海平面，讓墨西哥灣暖流轉向，把溫帶變成寒帶。」[17]

即便人們對氣候控制的潛力如此一廂情願，但實驗結果卻令人氣餒。種雲在理論與實際上雖然都可行，但要創造出足量的雨水，滿足效率上的可行——無論作為戰略武器，或是幫助美國與其他地方的農民——卻極為困難，甚至不可能實現。[18]資金仍源源不斷，部分是因為擔心其他國家先掌握氣象操縱科技。奧維爾警告，假如發生這種情況，影響將會非常慘痛。「要是不友好的國家解開氣象控制的難題，比我們更早控制大規模天氣模式，下場恐怕會比核子大戰更慘烈。」一九五八年元旦，《紐約時報》頭版刊登一篇文章，作者說這將代表「紐約市會被埋在數百英尺的冰或水的底下，就看人家是把氣溫調高還是調低」。[19]「假如俄羅斯先發現控制天氣的可行方法」，麻省理工學院教授亨利・修頓（Henry Houghton）想到就「瑟瑟發抖」；無論是有意為之還是無心插柳，蘇聯氣候改善「將會嚴重削弱我國經濟與抵抗能力」。[20]

⋮　⋮　⋮

蘇聯在科技方面的進展讓焦慮情緒更形劇烈，不只是核武器的發展，還有太空計畫的成立——一九五七年十月，蘇俄發射史普尼克（Sputnik）衛星。美國完全沒料到史普尼克升空，引起部分人士震驚，甚至是恐慌，因為這不只是一些人所謂的「大外宣」，更是揭露蘇聯彈道與發射系統搭載彈頭的能耐。[21]美國科學家仔細鑽研蘇聯太空飛行器所拍攝的月背相片，也鑽研其所使用的科技。[22]

難怪會有人擔心蘇聯在氣象操縱方面也有長足進步。一九四六年，蘇聯重要糧倉地區當中有許多因為異常高溫（尤其是六月時）引發的乾旱而歉收，引發嚴重饑荒。[23]災情一直延續到一九四八年，據說有超過百萬人死亡——而蘇聯在二戰期間已經有兩千四百萬至兩千七百萬的超額死亡。[24]這次災情帶來的結果之一，就是國家由上到下設法實施學者所謂的「全世界最大規模的生態工程建設」：也就是改變蘇聯氣候的計畫。[25]

一九四八年十月二十日宣布的「史達林自然大改造計畫」（Great Stalin Plan for the Transformation of Nature），就是試圖與人為氣候變遷抗衡。這項計畫居然能制定出來並獲得批准，真是令人不敢置信，畢竟史達林對於人類影響自然的情況早有定見。一九三〇年代，史達林曾寫道，「對於社會的發展來說，最恆定也最不可或缺的條件，無疑是地理環境」，但在過去三千年來，「歐洲地理條件就算不是毫無變化，也是變化甚微」，無關緊要。他繼而表示，自然世界「需要數百萬年以上」才會有大幅改變，不像「人類社會體系」，「區區數百年或幾千年便足以」造成差異。[26]

現在大改造計畫目標是造六百萬公頃的新森林、一系列共八段的綠帶，以及砂土固化，作為屏障擋住從中亞吹來的風，進而讓俄羅斯南部降溫，並為當地帶來降雨。一九五〇年，當局頒布進一步的辦法，提升生態大改造的規模，發包修築水壩與水力發電廠，打造新運河體系，然後種植更多的樹。[27]

計畫不只目標遠大，也是蘇聯內部宣傳的重點：「有哪個資本主義國家會以如此浩大的規模進行建設？」林業管理部長問道，「它們才承擔不起這種重責大任。它們關心的不是人民，而是怎麼守住自己的錢。布爾喬亞國家建設的根本，就是搶奪本國與其他國家的人民。」[28]

但是，計畫的成果卻跟目標之長遠與自信之爆棚不相符。首先，蘇聯的大型計畫往往成效不彰，部分是個人之間的衝突，部分則是官僚無止盡的內鬥。這一回，中央對於自然的改造會如何進行、能夠怎麼做，或者應該怎麼做的規劃也很差勁。其次，改造自然的目標與方法要有科學的支持，但相關科學的假說卻不如預期的強大或先進。[29]史達林於一九五三年三月辭世，之後大改造計畫便遭到擱置，林業管理部關閉，為了林管工作僱用的工人大多數遭到遣散。[30]一九五六年二月，尼基塔・赫魯雪夫（Nikita Khrushchev）在莫斯科的第二十次共產黨代表大會閉幕時發表著名演說，回顧史達林統治。他說，如今該是時候邁向新時代：史達林哪裡都沒去，「從未見過工人與集體農場農民」，對農事所知甚少，農村完全不屬於他的守備範圍。史達林最後一次造訪農村已經是一九二八年的事。他不是靠親自下鄉，而是靠「剪輯過的影片來認識農村，鄉間的真貌在影片裡看起來都很美好」，農家桌子都快撐不住上面擺放的火雞與鵝，嘎嘎作響。難怪他採取的措施就是無法成功。[31]

赫魯雪夫表示，史達林還犯下其他罪行，像是用不實與編造的指控刑求、處決黨員，還有他的錯誤外交政策與個人崇拜的危險——赫魯雪夫這一番演說講了好幾小時，滔滔不絕，內容嚇得聽眾瞠目結舌。赫魯雪夫不斷強調，史達林認為自己是天才，天才「表達自己的意見時，大家都得附和，讚美他的智慧」——尤其是權力都掌握在像史達林這種天才手中的時候。史達林「不是透過說服與解釋，也不是耐心與人民合作，而是強加他自己的觀念，要求別人絕對地順從他的意見」。蘇聯農業問題與挫敗都要歸咎於史達林；赫魯雪夫說，現在這些錯誤將得到彌補，其餘則留待歷史。如今要採取新的作法，從世界舞臺上的蘇聯轉往對本國環境的照顧。[32]

有些新措施的目標相當高遠。美方非常關注蘇聯研究機構的學者們對雲物理學做過哪些研究，美國科學家與情報官員和對各種材料，確認研究人員、研究項目、研究地點及進度（看看有多成功，或者並無進展）。[33]蘇聯科學家對北極冰帽融化的情況著力甚深，認為「大型公共建設擾亂整個北半球風向循環模式」有其可能。蘇聯的思維之先進、目標之遠大，甚至有一位工程師阿卡迪・馬爾金（Arkady Markin）提議國際合作設計一道攔水壩，橫亙白令海峽，「可以把太平洋的溫暖海水泵送進比較冷的北冰洋」，有時也可以反向操作，「抵銷格陵蘭、拉不拉多等寒冷洋流」，讓紐約、倫敦、柏林、斯德哥爾摩與符拉迪沃斯托克（Vladivostok）的氣溫升高好幾度。話雖如此，「原子彈之父」愛德華・泰勒（Edward Teller）仍表示：「俄羅斯人無須動武，憑藉科學與技術的優勢就能征服我們。」，蘇聯「科學發展之快，恐怕我們是追不上了」，對此「我們無能為力……。假如他們有了這種新的控制方法，而我們沒有，世界變會成怎麼樣？」[34]

這類憂慮表態是經過仔細選擇，要用來說服國會為目前與將來的研究提供資金，進行雄心勃勃的地理工程計畫。像是「在冰面大規模使用顏料」以「融冰並改變局部氣候」；或是放置巨大的太空鏡片，有如「巨型放大鏡」集中陽光，「防止果園受霜害，或是融化大西洋冰山，讓港口解凍」；或是「以安全的方式為整座城市或其他地區提供光照」。[35]

還有強大的核能——一九五三年，美國總統艾森豪在聯合國「原能和平」（Atoms for Peace）演說中提到，核能雖然是「最大的破壞力」，但還是能「發展為莫大的利益，造福全人類」，用於「滿足世人的需求，而非造成世界的恐懼——讓沙漠化為綠洲、讓受凍的人得溫暖、讓挨餓的人得溫飽，減輕世上的苦難」。[36]有些資深官員認為能源將會變得非常廉價，甚至到無須收費的地步。[37]

愛德華・泰勒表示，現在正是物理學家與工程師用這種新的力量，匡正「這顆稍微有點缺陷的行星」時。除了有機會「修復自然的失察」，「地理工程」(geographical engineering) 這個「重要的新學科」也開創無限的可能性。他說：「我們會讓地表適合我們」。包括核爆在內的新科技「將能讓人們改造眾多地貌」。改變並不侷限於地形改造，核能還可以讓魚類基因突變，創造「更有食物價值的新魚種」。不只如此：高壓爆炸還能把碳變成「地球上最堅硬、最稀有、最美麗的物質：鑽石」。當時的軍事史家拉爾夫・桑德斯 (Ralph Sanders) 表示，「假如有人一兩百年後再訪地球」，想必會認不出來「地理上的地標」，其他將發生的轉變更是不在話下。[38]

蘇聯的科學家也是大拍胸脯。阿卡迪・馬爾金高喊「人的創造力無所不有」，亦即原爆所能達到的「非凡結果」將沒有極限；有了原爆就能改造自然，「切穿山脈，開出新的峽谷」，或是造出新的島嶼，以及「運河、蓄水庫與海洋」。這當然不是終點，尼可萊・盧新 (Nikolai Rusin) 與莉亞・弗利特 (Lila Flit) 在《人類對抗氣候》(*Man versus Climate*) 一書中寫道：「我們即將跨越征服自然的門檻」。[39]另一位蘇聯作家則提到其他好幾種不久後或能實現的方法，像是融化北極冰帽，改造北非氣候、創造查德海與剛果海，以及灌溉撒哈拉。這些計畫將能開闢「百萬百萬畝的良田」，「一年二作，甚至三作，造福人類」。這對「非洲人民民族解放鬥爭」有幫助。[40]「數十年內」，作者預測，巨大的水壩與堤防與「抽水站將足以應對所有海洋，加上其他現在尚未發明的設備」，能讓人類完全控制世界的「熱體系」。他接著表示，唯一的障礙是「持續存在的資本主義」，有如「鐵鍊與鐵球，妨礙人類走向幸福的命運。」而他的結論是幸好「什麼都無法阻擋歷史之步武……黑夜後必是白日，勝利終將到來。」他說，改造與馴服大地的能力「沒有極限」。[41]

儘管看好這個美麗新世界的呼聲不斷，但真正的收穫並不多。其實，部分觀察家早就對科學幫助人類進步的論調——或是製造什麼了不起的新武器，創造並維持單極世界——感到厭煩，他們認為突破既不會立刻發生，也不會像期待中那樣厲害。美國有高階官員對於「一盎司特定生物材料就足以殺害兩億人」的說法嗤之以鼻：這個數字「根本是幻想，毫無事實根據」。為了評估生物戰可能性的升高，美國戰爭部長在一九四六年接獲默克報告（Merck Report）。有人認為報告內容「誇大失真，從現今科學角度來看過於聳動」——但差不多同一時間所寫的另一份報告，居然是在警告過度關注未來所具有的風險，還認為「『巴克・羅傑斯』（Buck Rogers）那種穿越到未來戰爭已經到來，或者很有可能在未來十年內發生」。[42]

一份提交給美國國家科學研究委員會（National Research Council of the United States Academy of Sciences），發表於一九六〇年代中葉的高階報告裡，提到過去十年間的研究帶來「很有意思」的成果，「為未來的氣象改造」提供鼓勵。不過，報告中的整體評估是「對於展開大規模且有效的氣象改造計畫來說，時機尚未成熟」。必須先解決「基礎問題」，才會有真正的進展。報告作者因此表示，「我們必須強調成功所需的時間」應該以數十年為單位。[43]

此時，對於衝擊自然環境的實驗，輿論態度不只日趨懷疑，有時候甚至是強烈反對；與此同時，民眾也擔心核戰爆發的後果——美國部分圈子甚至經常對在月球表面進行核試爆進行嚴肅討論。[44] 著名公共知識分子，如數學家約翰・馮諾伊曼（John von Neumann）便曾警告，有意的人為氣候操縱恐怕比核戰影響更大。他的〈科技會不會要了你我的命？〉（Can We Survive Technology?）一文，讓人擔心起人類發展是否正創造出自己既不能完全了解，也無法徹底控制的怪物。[45]

就算這篇文章還不足以敲響警鐘，大量見諸報端、關於牛奶中鍶九十同位素含量過高的報導也絕對可以。連《花花公子》（*Playboy*）雜誌都刊登一篇名〈汙染物〉（The Contaminators）的主筆專欄，警告說小孩恐怕會「早夭……或是出現奇怪的突變」。為了讓民眾安心，美國總統約翰・F・甘迺迪（John F. Kennedy）甚至讓人家拍下他喝牛奶的畫面，並表示自己在白宮用餐時都會喝牛奶。[46]

⋮　⋮　⋮

更早以前的人在思索改造自然會造成的後果時，對於影響每每輕描淡寫。泰勒聲稱用核爆在南美洲與非洲開鑿新運河，或是在阿拉斯加創造新的深水港，放射性落塵「可以忽略不計」。地下核試爆衝擊微乎其微，因為放射能都被鎖在地表之下。[47]

這些願景與承諾與事實相差十萬八千里。從軍方與民間所拍攝的許多影片可以清楚感受到，核能固然有許多正向的潛力，但這股新力量也能造成嚴重的苦難。一九五七年的《鉛錘行動：軍事成效研究》（*Operation Plumbbob: Military Effects Studies*）等影片，讓人看到刻意暴露於核試爆中的豬隻身上出現的恐怖影響。至於一九五五年的《內華達核試爆》（*Atomic Tests in Nevada*）則是從猶他州聖喬治（St George）寧靜夜晚的鏡頭開始。「天還沒亮，」旁白說，「現在是清晨五點。此時一個人都沒有。每家店都沒開，每個人都在睡。」在小鎮醒來，居民開始工作之前，天空化為刺眼的白。大家都醒了，展開他們的日常。「沒有什麼好緊張的」，旁白告訴觀眾，口吻毫無說服力；經過先前的試爆，居民已經見怪不怪了。然而，看影片的人無不感覺到這是個恐懼的時代，而非希望的時代。[48]

像是太平洋強斯頓島（Johnston Island）上空進行高空試爆前遭到抗議、以引爆一系列核彈創造新港口的戰車計畫（Project CHARIOT）引發爭議，還有名叫「色當」（Sedan）的熱核裝置在內華達州爆炸，導致一千三百萬美國人（相當於總人口的七%）暴露於輻射中，這些事件促成更嚴格的指導原則。[49]一九六三年四月，甘迺迪總統提出國家安全備忘錄第二三五號（National Security Memorandum 235），「規定可能對於物質與生態環境造成重大或長遠影響之大規模科學或技術實驗之進行方式」。幾個月後，《部分禁止核試驗條約》在愈演愈烈的反核示威浪潮中簽署。一九六二年的古巴飛彈危機及第三次世界大戰的可能性，讓民眾的焦慮之情更加嚴重。還有蘇聯車里雅賓斯克（Chelyabinsk）的馬亞克核子設施（Mayak nuclear facility）的意外——一九五七年九月，一座儲存槽爆炸，造成當時史上最嚴重的核災——時至今日，以釋放的放射性物質來說，災情也僅次於車諾比與福島核災。[50]之後會談到，還有其他因素促進美國與蘇聯在這時恢復友好關係。[51]

有意研究自然環境改造或氣象操縱的，還不只美、蘇兩國。美國政府宣布實驗種雲計畫之後，澳洲、法國與南非立刻跟進研究；十二個月之後，至少有十二個國家從事相關領域實驗，到了一九五〇年底則有約三十國。[52]

儘管上述實驗因為面臨投資報酬不成比例，而在一九五〇年代末期式微，但人們改變物質環境的雄心壯志未減。印度獨立是生態大改造的好時機，希望印度社會能藉此改變，走向現代化。至少像曾擔任印度帝國農業研究會（Imperial Council of Agricultural Research）副主席的資深官員英勇領袖達塔・辛爵士（Sardar Bahadur Sir Datar Singh）是這麼希望的。他寫道，「數世紀來，印度農民用的是古老的犁和鐮刀；數世紀來，農民一直在承受不人道的折磨與重負。」、「重新擘劃的時刻來臨了。五千年前古老的摩亨佐–達羅時期傳下來的原始農業經濟，必須用科學發展與科學技術加以取代，農民才有餘裕能接受教育與文化薰陶。」[53]

其中一種方法是集眾人之力，推動「廣種糧計畫」（Grow More Food）等計畫——一九四七年至一九五一年間，印度國內糧食生產增加；另一種則是由控制糧食穀物，這也在一九四八年九月實施。[54]還有一種辦法可以把國家拖進現代，也就是一系列的超大型工程。印度獨立前，只有三十座高於三十公尺的水壩；如今一位資深官員表示這些高壩將作為「新印度願景的象徵，順流而來的祝福，將是這一代人送給子孫的長久禮物」。水壩、運河、電纜、道路等等，都不只是進步的動力，更是讓人不再看天臉色——尤其是異常氣候。水壩意味著印度與印度人即便在「最嚴重的季風災情中」也能安然無恙，對於一群在「成為民族」之前沒有能力也沒有意願興建建設的人群來說，這些水壩代表他們的嶄新未來。[55]

經由透過大型建設擁抱現代性，得付出什麼樣的人命與生態代價？這一點倡議者說的不多。在印度，多達四千萬人因為建壩工程而被迫遷居，因為其他大型工程而搬遷者也有一千多萬人。還有土壤鹽化、林地與田地遭受洪水、河流淤積或改道，以及天然排水受到衝擊——這一切造成的影響，要到二十世紀下半葉才逐漸顯現。此外，瘧疾流行、漁業資源枯竭、涉及用水取得的賄賂猖獗，以及潰堤造成的災難。有學者說，富有的地主階級受益，被迫搬家的人承受「貧困與逐漸邊緣化」之苦。[56]

然而，建設水壩不只是為了沽名釣譽：美方尤其認為水壩是防止饑荒，乃至於促進和平的關鍵。美國總統哈利・S・杜魯門（Harry S. Truman）想像在長江與多瑙河興建大壩，對抱持懷疑態度的人嗤之以鼻。「這些都辦得到，」他對一位幕僚表示，「別讓人家跟你唱反調。」他說，等到大壩建成，「上千萬、上億人再也不用餓肚子、受迫、遭受侵擾，戰爭的根源就會減少許多」。[57]

杜魯門發言支持興建大壩時，心裡並沒有想到印度，畢竟他始終認為印度是個「街上擠滿閒晃的人跟牛，巫醫跟窮人會坐在燒熱的煤炭上，在恆河裡洗澡」的國家——至少一九五一年，他在跟民主黨要員切斯特・鮑爾斯（Chester Bowles，曾任康乃狄克州長）表示有意在印度派駐大使時，是這麼告訴對方的。[58]即便如此，杜魯門與後來的幾任總統都積極倡議，認為對於尼羅河、底格里斯河、約旦河、印度河、湄公河、伊洛瓦底江與恆河等流域來說，興建水壩是非常有利、鼓舞人心的措施。領軍的是一位學者所謂的「技術精銳」，像是哈維・斯洛坎（Harvey Slocum）——斯洛坎是印度希馬喬邦（Himachal Pradesh）巴克拉南伽水壩（Bhakra Nangal dam）主任設計者，這座水壩高二百二十六公尺，蓄水量超過九百萬立方公尺。斯洛坎相當客氣，認為自己能比肩「拿破崙、艾森豪、亞歷山大大帝等偉大的將領」。[59]

水壩也為鄰國與敵國提供合作的途徑——或者挑戰彼此的途徑。一九四七年印巴分治，隨後變成獨立的印度與巴基斯坦。印度在巴里河間地（Bari Doab，印度河重要水道之一）切斷對巴基斯坦的供水，此舉引發激烈衝突，恐將發展為全面戰爭，進而演變為大批穆斯林與印度教徒從南亞甲地大規模遷徙到乙地的情況。爭議升級後，很快就告上聯合國，巴基斯坦在聯合國主張「扣住的供水」是「數百萬人存亡」的關鍵，這種作法不僅觸犯「國際法……也有悖於聯合國成員國的義務」，而印度則主張有權「控制流經其領土的河水」，並堅持因為印巴分治的獨特情勢，此案無論如何都不適用國際法。[60]

曾擔任美國原子能委員會主委的政府資深官員大衛・李林塔爾（David Lilienthal）表示，喀什米爾（Kashmir）議題「眼下不打一仗恐怕是無法解決了」。印度「需要更多水源，不然就會饑荒」，而巴基斯坦自然會「擔心未來」。不過，依靠人情義理與工程是可以減緩緊張的。倘若把「整個印度河流域當成一個單位來發展」，以單一實體來設計、建設與經營，類似美國的田納西河流域管理局（Tennessee Valley Authority），情況將大幅改善。[61]二十年後，當越南衝突愈演愈烈時，美國重現這種努力磋商促成水權協議的作法——詹森總統提議在湄公河興建大壩與灌溉工程以緩和情勢。[62]

這種辨別與解決問題的視角十分狹隘，取得的成效也很有限——有時候現實的冷酷更是雪上加霜。二戰後，美國與蘇聯之間的競爭因冷戰而加劇，兩國在全球舞臺上一較高下。美國與歐洲尤其重視中東，一方面是因為其地理位置；另一方面則是中東有龐大的油藏。由於伊朗是歐美眼中「自由世界防線外牆上的弱點」，需要補強，因此得到相當的注意。伊朗明顯的問題是，該國四分之三的人口為沒有土地、財產不多的佃農；另一個問題則是信貸利率已經超越敲竹槓的程度，根本就是懲罰，利率甚至高到七五%。[63]

美國為此著力甚深，希望能幫助伊朗現代化。領頭的是福特基金會（Ford Foundation）這個美國最大的慈善組織，跟美國政府層峰關係完美無瑕：一九五〇年代，福特基金會主席保羅・霍夫曼（Paul Hoffmann）監督在伊朗的計畫，他在之前也主持馬歇爾計畫（Marshall Plan）的實施——也就是美國提供外援，幫助西歐在二戰戰後重建。福特基金會帶來微型金融方案，讓農民與歐洲採購商接觸，並展開能改進生產方法、刺激社群參與地方事務、提升信用度的計畫。此外，美國政府提供大量資金援助——一九四六年至一九五三年，每年的援助平均約為兩千七百萬美元；一九五三年，CIA策動政變，推翻穆罕默德・摩薩臺（Mohammed Mossadegh），一年後美國的金援增加到平均每年一億兩千萬美元以上。當然，美國也提供修建大壩的資金，這一回是蓋在德黑蘭（Tehran）附近的卡拉季（Karaj）。[64]

伊朗政界當權派對這些措施幾乎一點興趣都沒有，他們幾乎沒有從改革中得益，搞不好還有所損失。但更糟的恐怕還在後頭——為了伊朗現代化所做的這些努力，結果卻完全與期望背道而馳：伊朗變得長期仰賴西方；軍費極高，軍備主要來自美國，為美國承包商帶來收益的同時，經濟與政治權力也牢牢掌握在伊朗菁英手中；大多數伊朗民眾強烈不滿的情緒，讓強硬派的伊朗人民黨（Tudeh party），或是阿亞圖拉・何梅尼（Ayatollah Khomeini）等宗教人物隨時能借題發揮——他們輕而易舉就把問題指向伊朗國內的不平等，並指出美國得為此負責。[65]

阿富汗的故事也很類似。二十世紀上半葉，阿富汗國運不錯，二戰結束時還有一億美元的儲備。即便如此，首相穆罕默德・達烏德（Mohammed Daoud）仍說阿富汗是一個「落後的國家」。「我們得做點什麼，否則就要滅國了。」他對於蓄水壩特別積極，結果在赫爾曼德河蓄水壩的計畫卻成了一場災難，非但沒有成為阿富汗之夢的結晶，還變成一場惡夢。除了地下水位升得太高，土壤鹽化也很快成了大問題。工程期間，建築工人的薪水與技術人員的薪資讓政府付出大量金額，成本轉嫁到農民身上。美方為此項建設提供借款，農民還得承受為了還款而設計出來的低效能稅收。更糟糕的或許是引來蘇聯的競爭——蘇聯非常不希望失去對阿富汗地區的影響力，結果則是加拉拉巴德水壩（Jalalabad dam）的興建與阿姆河（Amu Darya）的重大開發。這些建設依靠蘇聯提供的三倍於美國的借款，而還款條件幾乎無法滿足。這一切都削弱國王與政府的信用——二十世紀後半葉開始並延續至今的動盪，都是以此為背景。[66]

⁝ ⁝ ⁝

美國與蘇聯為了爭取人心與肚皮，試圖對其他地方的地理面貌有類似的干預動作，但成果往往不如預期。例如，美國往往把拉丁美洲看成「共產黨煽動的沃土」，於是嘗試把美國發展出來的作法與模式推行到當地。以委內瑞拉來說，這包括新的農法，像是大量使用合成肥料以增產，還有糧食採購計畫與供應鏈最佳化。這些作法旨在穩定委國經濟，平息工會的戰意，同時用現代生活的便利（例如開架式超市）來刺激、獎勵委內瑞拉中產階級。但這些作法反而滋生懷疑與不滿，國家正變成——借用一位廣播主持人的話——「遼闊無邊的經濟奴隸農場」。加上美國工業巨頭計畫壟斷委內瑞拉糧食供應與分配，委國實質上變成殖民地。

無論有沒有根據，這些恐懼演變到了一九六〇年代，導致美國利益與活動的門面——石油大亨與慈善家納爾遜・洛克斐勒（Nelson Rockefeller）被打上「頭號公敵」的烙印，而且給他貼標籤的人還不是左派煽動者，是委內瑞拉中央銀行；美國企業遭汽油彈攻擊，示威者強烈要求美國投資人停止「掠奪我們的大陸」。[67]

美蘇之間的競爭對各大洲的政治、經濟與軍事都有重大影響，對於生態的影響也很深遠。一九四九年，連任總統成功的杜魯門在就職演說上提到：「全世界超過一半的人生活在水深火熱之下。」意思是飢餓受苦。他表示，總之「他們的東西不夠吃。」[68]杜魯門曾聽取簡報，對方向他保證美國的軍火庫裡有一種「威力強大的武器」，也就是「無盡的科技資源」，不僅能「激發他國民眾的想像」，還能提升「糧食、衣服與其他消費品」的產能。[69]

有人提醒杜魯門不能操之過急。一九四九年十二月，美國國家安全會議（National Security Council）建議總統，雖然亞洲是「重要原物料來源，其中許多深具戰略價值」，但總統應該「審慎避免扛起提升亞洲生活水準的責任」，[70]這麼做會造成無止盡的麻煩。比較好的作法是如同一位資深外交官在不久後所言，接受「歷史的時鐘有快有慢，不同的地方有不同的時區」。[71]美國政策制定者害怕蘇聯會利用全球的貧困，推動左翼大業，促使各國革命：杜魯門總統的援外顧問伊薩多・魯賓（Isador Lubin）在一九五〇年代告訴他，亞洲農民尤其容易受蘇聯影響，「他們簡直就像被塞在一座沒有邊緣的村子裡。這簡直就是『暴力革命的溫床』。[72]

這是美國外交政策演進的重要線索。二戰結束後不久，美國前總統赫伯特・胡佛（Herbert Hoover）便出訪超過四十個國家與地區，回報這些地方在糧食供應與饑荒方面遭受的考驗。以胡佛為首的救荒委員會（Famine Emergency Committee）在報告中提到，假如無法替印度找到小麥供應，將會有兩億三千萬人危在旦夕。不到一年，世界各地數十個國家就得到借款、援助與專業支援，超過兩千名技術專家在超過三十五個國家出力。許多措施都跟農業生產有關，而之所以要提供各種援助，至少有一個原因是華府認為政局動盪與共產革命會緊跟著人口過多、資源耗竭及飢餓而來。於是乎，這些措施便進入冷戰框架，也成為美國國家安全的一環。[73]

不過，確實也有人真心想改善世界上其他人的命運，推廣之前成效良好的美國發展模式——至少主要受益者，也就是歐裔移民後代卓然有成。提升與創新讓農業生產力在一九三〇年代與一九四〇年代迎來黃金時代，化肥、蟲劑、雜交種子、育種計畫、機械化農具、抗生素以及其他方面的進展，讓美國農業產能在二十世紀中葉增加到二或三倍。[74]但美國作物產能（一九一〇年前後約七千萬公噸，一九六五年達到一億公噸，十年後又增加到將近一億四千萬公噸）更讓人驚訝之處，在於所用的農地面積更小，從一九五四年約三千兩百萬公頃減少到一九七〇年的堪堪兩千兩百萬公頃。[75]

這種爆量成為國內討論與政府政策的主題。出版商亨利・魯斯（Henry Luce）在一九四一年初的《生活》（*Life*）雜誌上寫到，「美利堅世紀」（American Century）意味著美國的「命途」就是要跟「萬民」分享，不只是分享美式生活，還有「我們了不起的工業產品」。他還特別強調：「這個國家眾所皆知的責任，就是餵飽世界上那些因為全球文明崩潰而飢餓貧困的人。」[76]關於這一點，杜魯門總統也在一九四九年的就職演說採用類似的說法。「就發展工業與科學技術來說，美國在各國中一枝獨秀，」他說，「我國技術知識之豐富難以衡量，不僅不停成長，而且取之不竭，用之不盡。我相信，我們應該讓愛好和平的人都能從我們的技術知識蘊藏中獲益，幫助他們實現期望中的美好生活。」[77]

儘管杜魯門聲稱「舊帝國主義……在我們的計畫中並無立足之地」，但美國的援外措施中仍存在某種新殖民狂熱。也就是說，原本是支持開發中世界的努力，後來卻變形成另一種東西。戰後期間，美國農民與生產商遭遇出口市場萎縮的考驗，因為世界上其他遭戰火肆虐過的地方，如今農業也開始恢復了。聯邦糧食儲備爆量，光是每日的倉儲費用，美國政府就得支出約一百萬美元；到了一九五〇年代初期，甚至提高到每年五億美元之譜。因此「糧食和平計畫」（Food for Peace）等於一口氣解決好幾個問題：用美國農業成果供應開發中世界，尤其是亞洲，讓貧窮「絕跡」；為美式價值廣開門路，同時讓蘇聯價值愈走愈窄；減少革命動盪的威脅；支持美國農民，減少過多存糧，並降低開支。[78]

感覺美好到像幻覺，實際也是幻覺。美國糧食剩餘大量傾銷，導致價格起不來，過程中傷害各國農民，連帶影響對於農業及農村的整體投資。儘管印度總理尼赫魯在一九四八年表示「什麼都可以等，唯獨農業不能等」，但隔年國內產量還是不夠，因此他跟美國談起進口。[79]年進口量穩定陡升，一九五四年至一九六〇年間，印度進口的美國小麥數量不斷提高，從二十萬公噸增加到四百萬公噸。別人拿農村的困難來詢問尼赫魯，尼赫魯故作輕鬆說：「低價比高價好得多」。[80]

然而實情卻是穀賤傷害國內生產，提高進口依賴，耗費外匯存底。此外，非但無助於社會經濟發展，反而對於一九五〇年代晚期就出現壓力與危機跡象的經濟更加不堪負荷——聯合國糧農組織（UN Food and Agriculture Organisation）及部分美國官員的示警完全命中。[81]不只如此，一九五六年《四八〇公法》（*PL 480*）簽訂，計畫允許讓美國把糧食運往面臨赤字的國家，而這些折價出售的糧食則以盧比支付，雖然留在印度，但由美國政府持有。賒欠的金額高到在一九七〇年代美國控制印度多達三分之一的貨幣供給，居於潛在與實質影響力極大的地位——而這麼多貨幣掌握在外國手中，本身就是經濟與政治問題。[82]

情況和委內瑞拉一樣，美國的主宰地位把結果導向與預期完全相反的方向。一九五七年，印度大旱歉收，政府強迫農民折價售糧；這種作法必然在好幾個邦激起民眾對左翼政黨的支持——左翼政黨承諾進行土地改革（以及其他），印度喀拉拉邦甚至是由共產黨主政。[83]

警鈴一下大作，尤其尼赫魯曾在一九五五年高調訪問蘇聯。這位印度總理在一九二七年去過莫斯科，當時他就對蘇聯與印度遭遇的挑戰之類似留下深刻印象。他後來表示自己對於蘇聯的五年計劃非常有感，雖然這些工業化計畫「有各種瑕疵、錯誤與無情之處」，但仍不失為「黑暗悲慘的世界中一種明亮、振奮人心的現象」。[84]在一九五五年的這次訪問，尼赫魯參觀農場與工廠，蘇聯還承諾贈送設備，包括數百輛牽引機、收割機等機械，期許幫助農耕能增進友誼。這只是眾多例子之一。從柬埔寨到衣索比亞、從蘇丹到尼泊爾，都有蘇聯援助與借款所挹注的開發建設，許多都跟農村現代化有關，要把貧瘠的鄉間土地變成有產出的農地，或者提升原本農地的產量。[85]蘇聯意欲影響世界各地的反殖民運動，而農業發展就是各種作法當中的首選，目標往往是削弱西方對戰略重要區域的影響力或是取得珍貴的天然資源。[86]

⋮　⋮　⋮

整體來看，這種作法似乎是在挑戰美國所維護的自由民主願景。有些重大建設確實是態度的宣示，尤其是蘇聯提供經費興建的亞斯文高壩（Aswan High Dam），讓美國國務院事後為之扼腕。不過，蘇聯經濟學家、農學家與發展專家經常抱怨自己沒有足夠資源，無法為自己派駐的國家帶來有意義的改變，而且他們都是拿美國同行間競爭對手所能運用的資金來做比較。[87]

蘇聯的成果沒有口號喊得扎實。史達林在一九五三年過世後十年間，蘇聯國內農業與生態轉型也同樣如此。赫魯雪夫跟史達林之間雖然關係緊張，尤其是在後者人生的最後幾年間，但赫魯雪夫還是成為蘇聯政壇上握有關鍵影響力的權力掮客，最後更當上最高領導人。史達林死後幾個月，赫魯雪夫提出並實施名為「生地」（Virgin Lands）的計畫，對鄉間進行大改造，旨在提升蘇聯農業。赫魯雪夫計畫把蘇聯各地數百萬公頃的土地（集中在西伯利亞與哈薩克）化為機械化、產業規模的農地，這不只大幅改變自然世界的特性，也讓居民的飲食產生巨變：一九五三年，肉類與乳類的消費量居然比一九一四年還低。[88]

這種方針跟二戰有關，尤其是因為人口方面的變化使然。蘇聯某些地方的男女性別比例已經演變到一比二，甚至一比三，這既是因為戰爭期間身亡的男性比女性多，也是因為大規模都市化——從前線歸來的男性前往都市尋找待遇與工作環境比鄉下更好的工作和機會。[89]

但赫魯雪夫自己的經驗與農業觀點影響也很大。他在一九五四年初強調蘇聯的統計數據扭曲到完全不正確的程度。兩年前的糧產並非當局宣稱的一億三千萬公噸，而是比這個數字低三〇%，來到九千兩百萬噸。更有甚者，他強調如今的產量遠比二戰前來得少。現在需要開發大片土地——超過四千萬公頃——成立巨型農場，靠規模的優勢來獲益。[90]這麼做是為了為人類提供更多穀物，但也是要餵養更多動物，進而提升肉類蛋白質、奶與蛋的產量，改善生活水準。[91]

其中一項關鍵是種植玉米：赫魯雪夫曾經待在烏克蘭超過十年，看過當地是怎麼靠種植玉米而躲過一九四九年的饑荒；現在他成為布道家，視玉米為蘇聯革命新時代的結晶。赫魯雪夫表示，玉米「已經證明其作為飼料的無窮潛力」，是提升蛋白質與乳品產量的「關鍵必須」。[92]積極的中央計畫帶來立即的成果，玉米種植的情況在一九五三年至一九五五年間翻漲五倍，然後在接下來七年又提高一倍。[93]

生地計畫可不只是耕新田，種新作物，而是讓整個農業部門在追求繁盛的過程中升級的一環——其他措施還包括基因、土壤化學、機械、工程與會計的創新使用。赫魯雪夫是堅定的信徒。造訪埃及時，一位官員試圖解釋當地農法的試行與驗證，而赫魯雪夫對他說，「這全是胡扯」。「你在浪費時間，」赫魯雪夫接著說，「化學農業才是答案。」[94]新技術與新科技能提升生活品質。「我們希望蘇聯人民放開肚皮吃，」

赫魯雪夫表示，「而且不只是麵包，更要是好的麵包，還有足夠的肉、牛奶、奶油、蛋與水果。」[95]

蘇聯鄉間的轉型，以一種實現政治命運的畫面來呈現。「同志們，與美國之間的競爭，贏家一定是我們，」赫魯雪夫如是說，「這是因為我們的經濟以馬克思與列寧的指導為基礎，發展的過程沒有布爾喬亞、沒有地主，也沒有人對人的剝削。」[96]一九五五年，出訪北非的代表團返回蘇聯之後所提交的報告，也對赫魯雪夫的說法大為肯定。報告中表示，出訪期間「我們清楚看到我們社會主義制度的龐大優勢」，尤其美國都在「摧毀小農」——這跟赫魯雪夫的信念相當吻合，他認為世界上許多地方的農業都「掌握在少數資本主義農場主的手中」。報告聲稱情況顯而易見：「我們對美國享有極大的優勢。」[97]

這並非事實，相較於美國，蘇聯處於長期的氣候劣勢。蘇聯的熱力條件非常不適合農業：蘇聯農業用地有八〇%屬於「產量最低的熱力區域」——是美國情況的四倍。更有甚者，美國大約三分之一的農業用地位於最適合農業生產的氣候區，而蘇聯這樣的土地卻只有四%。相對雨量優勢也明顯偏向北美洲，有潮溼的海洋空氣維持整個大陸的高溼度。根據部分估計，美國適合種植穀物的土地有五六%擁有溫、溼度最佳組合，而蘇聯卻只有一．四%。[98]

氣候並非蘇聯模式跟美國模式比較時面臨的唯一挑戰。美國與資本主義西方的「美式生活」是以巨量、選擇及低價的理念（已經成為現實了）為基礎。供應鏈的效率、品質標準化、經銷商之間的競爭和薄如蟬翼的利潤，已經讓西方超市變成成就斐然的企業，對非西方世界來說簡直就像展示櫃。在各種商品與製品的重量下呻吟的貨架，不只引人注目，也是冷戰較勁時的重要工具。學界中人的注意力往往放在飛彈、科技與意識型態上，但對於普羅大眾來說，比起理論的高談闊論，大自然所受到的開發不只比較容易解釋，也更有意義。

美國人也曉得這個道理：例如一九五七年的札格雷布貿易博覽會（Zagreb Trade Fair），就是美國食品鏈協會（National Association of Food Chains）會長約翰・羅根（John Logan）口中「在東歐有效宣傳民主的方法」；另一個例子則是一九五九年莫斯科鷹狩公園（Sokolniki Park）舉辦的展覽，蘇聯當局之所以會讓活動舉行，是為了作為美蘇關係融冰的標誌。美方計畫利用機會大打「選擇與表現的自由，各種商品與理念不受限制的流動」，具體而微展現自由世界——自然跟蘇聯世界大相逕庭。美國副總統李察・尼克森（Richard Nixon）逛展時，看著陳列的裝置，脫口說出自動點火瓦斯爐與掃地機器人能夠「讓我們家庭主婦生活過得更愜意」。雖然赫魯雪夫反脣相譏，訓斥尼克森這種典型「看待女性的資本主義態度」，但也不得不接受美國生態與企業環境創造出的結果確實遠勝蘇聯。一九五九年，蘇聯部長會議第一副主席（Deputy Premier）阿納斯塔斯・米高揚（Anastas Mikoyan）回訪美國時說：「我們俄羅斯沒有這種店」。[99]

赫魯雪夫在莫斯科開會時多次強調，「超越」美國非常重要，不只糧食與商品生產量要超越，科學與技術的創新也要超越。[100] 被殖民國家對西方所展現的豐盛「垂涎三尺」，因此必須讓人家看到社會主義模式不只不落人後，還能更勝一籌。[101]

推動蘇聯社會經濟政策的力量，不只是與外界的競爭，還有對於改革、現代化與適應失敗的擔憂。赫魯雪夫後來回憶道，提升生活水準對於確保國家穩定與長遠發展來說相當重要：差勁的住居、粗茶淡飯與短缺，無論是單一一項，還是兩、三項加起來，都有可能引發大規模抗爭。一九五三年的東德，以及一九五六年的波蘭與匈牙利可引以為鑑。此外，由於史達林執政時控制毫不手軟，有人擔心現在放鬆的話，恐怕會造成預料之外的結果。「我們怕失去對國家的控制，」赫魯雪夫寫道，「不希望有什麼隨之而來的浪潮，把我們掃到一邊。」[102]

換句話說，蘇聯農業轉型其實是蘇聯及其衛星國家方向大轉彎的一環。[103]例如一九五〇年代晚期，當局霸氣下令興建大規模集合住宅，提供的獨戶單位不只改善生活方式，更創造出把國家隔絕在外（至少理論上如此）的私人空間。[104]服飾品牌如波蘭的波蘭時尚（Moda Polska），以及像是東德的《西碧拉》（*Sibylle*）等雜誌推動成衣流行與最新時尚——這些都是轉往消費主義的例子。這也等於心照不宣地承認以往因為過度關注生產而忽視公民的需求，尤其是婦女的需求。各方努力生產消費性產品，希望能在家中「減輕婦女的負擔」，一家大報還開闢新的「家與家庭」版面，瞄準女性讀者，主打流行、家務訣竅與家用設備。從赫魯雪夫在一九六一年第二十二屆黨代表大會上的發言，就能清楚看出方向已經跟列寧及其信徒的信條有大幅轉向：「辛苦工作的人擁有許多財物……這跟共產主義建設原則並不衝突。」[105]

如果覺得這話聽起來沒什麼說服力，那「生地」計畫就更難過關了。數以萬計的新拓殖者被送往哈薩克，不只讓基礎設施難以負荷，引發社會摩擦，還造成生態災難，人稱蘇聯史上「最嚴重的生態滅絕」——把注入鹹海的水流改造成灌溉渠的作法不僅有欠考量，後來也一敗塗地。[106]到了二〇一〇年，曾是全世界第四大湖的鹹海，已經有八萬七千平方公里的乾湖床暴露在外，每年被風帶走四千五百萬噸的含鹽與汙染物的沙塵，造成長四百公里，寬四十公里的煙塵。如今約有五百萬人受到直接影響，每兩名婦女就有一人因此得到嚴重的婦科疾病。[107]總而言之，改造鹹海盆地的作法就是天大的災難。[108]

赫魯雪夫改造自然環境的大計畫，在顏面掃地中結束。一九六三年，莫斯科被迫向華盛頓請求穀類進口，承認農業改革業已失敗，同時也是沉痛的控訴——一位美國參議員表示，這是「所有共產國家的最大弱點」，也就是「無力生產糧食」。其他參議員則希望藉機採取強硬姿態，史壯・瑟蒙（Strom Thurmond）說：「冷戰時，糧食就是武器，跟子彈或炸彈沒有什麼不同」。把小麥賣給蘇聯，只會讓蘇聯能繼續挹注軍費；感覺他認為較好的作法，是把蘇聯餓到變成民主國家。[109]

這次慘敗讓赫魯雪夫賠上自己的工作。一九六四年十月，赫魯雪夫遭到罷黜，他的同僚與曾經的支持者使出回馬槍，批評他的「無腦方案」，還特別撻伐他對玉米的執迷。近年來態度比較寬容的學術研究指出，赫魯雪夫是承受非戰之罪：他所領導、試圖將之現代化的蘇聯，不光是在農業方面，而是全面遭到各種危機的肆虐；更有甚者，譴責赫魯雪夫推動個人偏好的政策，其實是模糊其他人的責任，畢竟也是因為他們為這種全國大改造計畫背書，或者容許。[110]

⁝　⁝　⁝

蘇聯的情況雖然沒有根據計畫發展，但至少沒有像中國那麼悽慘。一九一一年至一九一二年間爆發辛亥革命，末代皇帝溥儀退位，中國變成共和制度。革命後數十年間，中國始終動盪不安，一戰結束後奇差無比的處置，引發一連串的危機，共產黨也因此興起；內戰隨之而來，嚴重削弱了一九三〇年代與二戰期間抗日的力量——一九三一年滿州遭到併吞，以及六年後的南京大屠殺（死亡人數介於四萬至三十萬）可謂其縮影。情況在一九四五年二月——也就是歐戰結束前夕——每況愈下，史達林索要領土，尤其要控制港口旅順，更堅持讓出大量鐵道基礎建設——邱吉爾與羅斯福沒有先跟中國當局商量，便答應史達林的要求。[111]

對於毛澤東領導下的中國共產黨，史達林並未提供多少支持或鼓勵——事實上正好相反。這位蘇聯領導人在一九四五年八月聯絡毛澤東，要求他確保自己的軍隊避免與政府軍起衝突。毛澤東心領神會，幾週後便通令：「今後為和平發展、和平建國之新時代，必須團結統一，杜絕內爭。因此各黨派應在國家一定方針之下，蔣主席領導之下，澈底實行三民主義，以建設現代化之新中國。」史達林的動機有部分是為了確保美軍撤出東亞，但也有滿州工業心臟地帶的誘惑——同年秋天，紅軍便按部就班劫掠滿州。目擊者回憶當時，士兵「盜走舉目所及的一切，拿大槌砸毀浴缸和廁所，把電線從壁面下拉出來」；完事後，「廠房彷彿只剩骨架，機械設備一掃而空」。這次搶奪的成果，價值大二十億美元。[112]

冷戰的斷層線已經形成，華盛頓此時做出一系列影響重大的決定。西歐重建得益於大筆資金挹注，但中國不比西歐，華府勻出來的支持聊勝於無，甚至根本沒有。更有甚者，戰後歐洲復甦的舵手，喬治・馬歇爾（George Marshall），是奉杜魯門總統的訓令前往中國。他不是去支持蔣介石政府，而是去調停，讓蔣介石與毛澤東和共產黨達成協議。他相信了史達林對中國毫無興趣的樣子，也相信了「中國的民主」在毛澤東主政下將會遵循「美國的道路」的安撫用承諾。對毛澤東與追隨者來說，掛這種保證沒什麼好損失，甚至收穫還不少——尤其此時華盛頓實施武器禁運，綁住蔣介石的手腳，而他的對手卻獲得鬆綁，來自莫斯科的大量步槍、機關槍、飛機與火炮讓他們聲勢大振。[113]

結果的戲劇性不出預料。時局不穩加上信心消失，導致長期通貨膨脹，一九四七年的生活花費居然比十年前高了三萬倍。無怪乎經濟迅速陷入危機，官僚機構實質癱瘓，因為政府得費盡九牛二虎之力支付公職人員的薪俸，結果反過來加劇貪腐與政府的崩潰。局面有利於共產黨，他們在一九四八年勢如破竹，城市一座接著一座落入其掌握；一九四九年初，解放軍已經推進北京西直門。[114]新世界誕生了。

至於這個新世界會是什麼樣貌，當時遠未可知。毛澤東的部隊牢牢控制中國大陸半壁之時，中國士人間早就經過一番靈魂拷問。文人與策士熱議中國被歐洲各國甩在後頭的原因和過程——西方各國發展為全球強權，同時在所謂的「百年國恥」期間掐住中國的喉頭。對於需要什麼才能讓國家現代化，變回曾經的龐然大物，有許多人懷抱大膽的想法。孫中山是最有聲量、最有權威的一位，他曾當選中華民國第一位總統，不過是臨時性質，任期始於一九一二年元旦。對孫中山來說，美國顯然是效法的對象。「為了確保我們的成功，」他為在美演說準備的講詞中寫道，「我們要仿照你們的政府而締造我們的新政府。」這有各種原因，但「尤其因為你們是自由與民主的戰士」。[115]

孫中山曾經寫書談論中國的「存亡問題」。其中包括英國人，「英之求友邦，貴能為英盡力，今既無力，自然應以其國為英之犧牲。」他說，英國人對待友邦就跟蠶農養蠶差不多——說穿了，就是利用牠們，然後宰了牠們。[116]關於中國的需要，孫中山想過、寫過也說過很多。一九二四年，他在演講中鋪陳自己的看法。當務之急在於中國要變為現代工業國。這樣的中國是什麼樣貌，他有很清楚的願景：這個國家要遍布規模與倫敦、紐約相同的城市，由十六萬公里的鐵路及一百五十萬公里新鋪設的馬路彼此相連。如此一來，交通不發達的農業經濟體就能搖身變成火車頭。他認為，若長江與黃河設水力發電廠，就能得到一億匹馬力，「無論是行駛火車汽車、製造肥料和種種工廠的工作，都可以供給」。易言之，屆時中國就能在發展階段上三級跳，成為先進國家，再度稱雄於世界。[117]

雖然毛澤東本來也採取中國要沿美國路線發展的想法，聲稱「中國的民主要走美國的道路」，但他的想法卻在掌權立威之後有了大幅轉變。韓戰期間，他投入數以萬計的軍隊支持金日成勢力，想法也變得更加極端。一家黨報聲稱美國「無比黑暗，無比腐敗，無比殘忍」，與毛澤東的看法相互呼應；美國這個國家是「少數百萬富翁的樂園，〔卻是〕無數窮人的地獄」。總而言之，美國是「各種罪惡的淵藪……陰暗、凶殘、墮落、腐敗、放蕩、人壓迫人、人吃人」。[118]

毛澤東採取不同的模式，他的這種路線在美國完全沒有——一九五〇年十二月，中共中央發表明確指示：「仇美、鄙美、蔑美。」[119]毛澤東的靈感來自莫斯科。一九五〇年，毛澤東與史達林達成《中蘇友好同盟互助條約》不久後，「學習蘇聯」的口號就喊得震天價響；俄語變成中國各級學校的必修課，中國要走的不是美國的路，而是要跟隨蘇聯的腳步。毛澤東胸有成竹預測道：「蘇聯的今天就是我們的明天。」[120]

在這種脈絡下，赫魯雪夫於一九五六年對史達林的嚴詞批評，對整個中國乃至於毛澤東個人都有嚴重不良的影響。共產黨掌權的代價是嚴重的動盪與暴力，對此毛澤東不只支持，甚至積極促成。他向指認「反革命分子」訂定粗略的目標。「反革命」這個標籤可以貼的範圍很廣，包括富有小地主與老師，有時候甚至整個社群都算：比方說上海，上海是全世界除紐約以外，外來人口最多的城市，是「一座不事生產的城市，是一座寄生的城市」。在毛澤東的鼓勵下，規模與破壞力驚人的暴力循環隨之而來。他說：「殺反革命比下一場透雨還痛快。」[121]

不難看出抨擊史達林專橫跋扈、煽動暴力、未能實施正面改革的這些話，也能套在毛澤東身上。赫魯雪夫平地一聲雷的幾個月後，一九五六年九月的第八次全國代表大會對於個人崇拜大加批判，同時高舉集體領導。黨章中移除了「毛澤東思想」，顯示這位領導人的地位已經變得搖搖欲墜。[122]

毛澤東對風向非常敏感，迅速果斷因應莫斯科語氣與方向的改變。他說，蘇聯模式並不值得仿效，痛斥那些「一切照抄，機械搬用」的人。更有甚者，蘇聯犯了許多錯，尤其涉及農村與農民——毛澤東有膽量說出來，中國在這一點上做得比蘇聯好。他不只大膽批評蘇聯，也大膽提出現在需要做的事，是從頭到腳整頓共產黨本身，現在的黨顯然已經脫軌了。他說，有人想把權力攢在手中，因此壓制自由，讓人民失去發言權。「百花齊放，百家爭鳴」勢在必行。[123]這真是一流的求生本能。

不過，毛澤東不能止步於此，光是重新調整自己對中國的願景、重新定位自己還不夠。赫魯雪夫嚴詞批判史達林與他的政策，批判史達林周圍的人的錯誤。「比赫魯雪夫更赫魯雪夫」的毛澤東必須想出扎實的方案，要簡明扼要，而且可以達成。不久後，毛澤東就找到完美的配方。這包括一份在一九五六年發表的長期計畫，呼籲中國要「化學化、機械化、電氣化」，以提高農產量——就像赫魯雪夫在蘇聯的嘗試。官方報告中說：「透過糧食自給確保糧食安全的方針是發展戰略必須的第一要務，不能放鬆」。[124]

毛澤東把這種態度提煉成四個字，告訴人民「人定勝天」。史達林有一篇著名的文章，提到人類無法影響天文、地質與自然界其他的類似過程，但毛澤東對此不以為然。[125]人類是大自然的主宰，當然可以也應該要強迫大自然服從於人類意志。「高山嘛，我們要你低頭，你還敢不低頭？河水嘛，我們要你讓路，你還敢不讓路！」毛澤東如是說。[126]他又在另一個場合說過，「人類認識自然的能力是無限的，改造自然的能力也是無限的」——一位追隨毛很久的助手對此無比崇拜，「其他的世界領導人，都不敢這樣睥睨高山大河。」[127]

這些言論是經過設計，要激起人民採取行動。水壩、水力發電廠與灌溉計畫，以前無古人的規模進行——步調之所以劇烈迅速，是因為毛澤東那種再不做就來不及的態度在後面催生出來的。[128]例如光是一九五八年，就有將近六億立方公尺的土方搬移；隔年，搬移的土方量更是一週就超過巴拿馬運河興建期間的量，至少官方是這麼宣稱的。無論如何，這種說法讓人感受到有多少資源投入中國現代化，也感受到背後的雄心壯志。毛澤東更預言農產量會提升，中國工業產能將在十五年之內超越西方帝國主義的標竿——英國。不久後，毛澤東甚至表示超英趕美的速度還可以更快，說不定兩、三年就夠了。[129]

至於懷疑這些邏輯、方法或原則的人，反而都成了牛鬼蛇神、名譽掃地，甚至在一九五〇年代晚期的大型建設展開之前就是這種情況了。比方說一九五〇年代之初，水利工程專家黃萬里就對在黃河三門峽興建大壩的計畫有所疑慮，提到人稱「國殤」的黃河帶來大量的泥沙，恐怕會損傷壩體，破壞環境，更別說有將近五十萬人得因工程被迫遷離。黃萬里提出問題，結果被人打成「右派」；但凡有嫌疑的人身上都貼著這個標籤，職業生涯也一夕終結。許多人也有一樣的遭遇，像是同為水利專家的陳惺，他則是主張大壩興建將導致土地積水，然後土壤鹽化與鹼化。毛澤東的側近——像是他的私人祕書李銳，曾經警告大躍進的風險，結果他們不只地位不保，甚至不見容於社會。[130]

被打成「右派」的人有許多最後淪落到勞改營，地點多半都很偏遠，到那裡加入數以百萬、千萬的下鄉大軍，去砍樹、挖渠、修路、造橋，開荒闢土。工人在「毀林開荒」、「從石頭縫裡擠地，向石頭要糧」等口號的鼓勵下，讓中國大片區域有了天翻地覆的變化。[131]成績傑出的村子成為模範，讓人看到為國家大業辛苦奉獻能達到的成果。

例如甘肅省的鄧家堡，就成為海報與紀錄片的題材，尤其是因為鄧家堡是一個關於性別角色的正面故事。鄧家堡動員鼓勵婦女從「沒有生產力」的手工業改為參與集體農業。一九五二年至一九五六年間，鄧家堡糧產增加超過一倍，地方政府大膽提出計畫，要創造「一萬個鄧家堡」。[132]

但鄧家堡的實情卻與此大相逕庭：一名官員多年後回想：「多數都是誇大，是吹出來的。」更有甚者，農產量短暫激增後很快就恢復過往水準——這下子村民連自己吃飽都有困難，因為政府還會徵收糧食。[133]鄧家堡的殷鑑在前，把大躍進跟改造生態與食物鏈掛鉤則是另一個災難性的決策。中國各大城市人口密集，長久以來頗受公衛問題所苦，最常見的就是局部與全面性的傳染病。一九五〇年代初期，中國當局在情勢緊張時指控美國發動細菌戰，以細菌感染的蒼蠅、蚊子、蜘蛛、螞蟻與其他昆蟲為媒介，故意朝都市居民投放。[134]

中國迅速現代化，自然也會要求衛生水準要升級，尤其是城市，這樣才能反映社會主義理想國。因此，當局在全國發動「除四害」運動，毛澤東在一九五八年第八屆中央委員會第四次全體會議上策動，堅持「全體人民，連五歲小孩都要動員來消除四害」。所謂的「四害」，指的是老鼠、蒼蠅、蚊子與麻雀。四害裡列入麻雀，是因為大家認為麻雀會吃掉收成。「我們會架梯子上樹打翻麻雀窩，麻雀晚上回巢時還要敲鑼打鼓吵」，當年的小學生回憶道。[135] 一九五九年三月至十一月間，中國各地將近二十萬隻麻雀被殺。[136]

麻雀確實會吃穀子，但也會吃大量的昆蟲。大量麻雀遭到撲殺——一連幾年都很難看到——結果糧食因病蟲害而減少，直接衝擊產量數字，更放大快速現代化、都市化與工業化導致的問題。借用一位史學泰斗的話來說，這一切的做為造就「史上最嚴重的人為饑荒」。一九五九年至一九六一年間，餓死的人不計其數。因為糧食短缺而死的人數很難確切估計，不過多數史家認為應該落在三千五百萬至五千萬人之間。[137]

環境也受到嚴重的衝擊：由於饑荒，人們把各種動物都殺來吃，從牲口、寵物到老鼠都不放過；植物也一樣倒楣，不顧一切想活下去的人什麼都吃。他們把種子和根從地理刨出來吃掉，連樹葉與樹皮都不放過。數十年後環境才恢復。[138] 其中最嚴重的則是為創造更多耕地而大面積伐林所造成的生態浩劫。一九六六年，總理周恩來難得坦白承認自己擔心環境已遭受的傷害。「我最擔心的，一個是治水治錯了，一個是林子砍多了，治水治錯了，樹砍多了，下一代人也要說你。工業犯了錯誤，一、二年就可以轉過來，林業和水利犯了錯誤，多少年也翻不過身來。」[139]

二十世紀期間，跨越多個科學領域的創新、對於糧食與能源的需求，以及政治意識型態間的競爭，讓自然資源不停受到開發。有些人就是拒不接受其他地方的前車之鑑。一九六三年十月，花神颶風（Hurricane Flora）侵襲古巴之後，斐代爾・卡斯楚（Fidel Castro）說「革命是一股比大自然更強大的力量」。風雨、氣旋、颶風，「跟革命一比都不是東西」。卡斯楚的喉舌《革命報》（*Revolución*）也同意他的說法——颶風過境隔天，這家報紙就表示「來一百個『花神』，還是一百個帝國主義國家，都無法擊敗我們」。古巴外交部長勞爾・羅阿（Raúl Roa）認為所言甚是，他提到南美洲的大解放者，聲稱「要向玻利瓦（Bolívar）看齊，要是大自然反抗我們，我們就跟大自然宣戰」。[140]

關鍵在於對這種大戰天地的言論有所保留，將其理解為面對逆境時展現政治決心的不屈之姿，而不是照章全收。即便如此，二十世紀中葉還是有人把永續拋諸腦後——部分是因為樂觀，相信新科技能夠造福「平民世紀」（century of the common man）。這個詞語出自亨利・華萊士（Henry Wallace）。一九四二年，時任美國副總統的華萊士信心十足，認為新思想、新創新與新科技將成為散播自由的關鍵，而且特別能為農產量注入強心針。「現代科學具備我們做夢也想不到的潛力」。但有一點不難想像，因為有了創新，「在科技上，我們可以讓世界上的所有人都有足夠的東西吃」。一位評論家讚嘆此次演說「堪稱第二次世界大戰的《蓋茲堡演說》（*Gettysburg Address*）」[141]

到了一九六〇年代，局勢看來前途多舛。雖然有光明與希望的罕有火炬——像是馬丁・路德・金恩（Martin Luther King）與美國民權運動致力推動人人平等，或是太空科學的進展讓人類得以在一九六〇年代末登月進行月球漫步，但許多人還是覺得山雨欲來風滿樓。古巴飛彈危機清楚提醒世人風險有多大，而世界和平與世界毀滅僅僅一線之隔。牽連整個東南亞的越戰讓人愁上加愁。

值此脈絡，無怪乎反文化（counterculture）方興未艾。反文化不只重視自由，抵抗消費，更帶有明確的生態訊息。就連層峰也開始擔心資源的消耗、生活方式的選擇與經濟成長的追求，恐怕都會對自然環境造成壓力，代價都是大自然承受。逐漸加深的焦慮感，甚至讓一些人懷疑人類的行動與決定，會不會一不小心就導致人類自己的滅絕。現在該是徹底改變的時候了。

23 油然焦慮

（約一九六〇年至一九九〇年）

有鑑於初始效應的規模極大，且影響極其深遠，因此我們希望文中提出的科學議題，能受到積極且批判性的檢證。——TTAPS小組論〈核子冬天〉（Nuclear Winter），《科學》（*Science*），一九八三年

冷戰在世界上各個不同的地區，以眾多的方式進行，帶來各種影響，而其中一種重大的影響卻往往遭到忽略，就是對待環境的態度。不過，擔心生命面臨滅絕的威脅，卻是實實在在的擔憂。美國人類學家瑪格麗特・米德（Margaret Mead）便提到在一九六〇年代晚期，一整代的人是在全球毀滅、鋪天蓋地的核戰、末日雖然未至，但必將到來……是在這種不斷滋長的恐懼中長大的。米德寫道，年輕人「從來不曉得沒有戰爭滅絕威脅的時代是什麼樣子」。[1] 人們往往以「要做愛，不要作戰」等口號來勾勒美國參與越戰所激起的反戰示威，不過反文化的出現其實跟生態關懷有莫大的關係。

垮世代作家如傑克・凱魯亞克（Jack Kerouac）早就開始把大自然寫成逃離都市生活，逃離美國城郊百般聊賴的緩解。例如在《達摩流浪者》（*The Dharma Bums*，一九五八年），凱魯亞克筆下的敘事者賈菲・萊德（Japhy Ryder）便懷抱「背包大革命」的願景，「成千上萬的美國年輕人」拋下中產階級的存在方式，一頭

栽進山野，或者祈禱，或者把時間拿來逗小孩笑、逗老人開心，這麼做的動機則是「把永恆自由的異象帶給每一個人與萬物」。[2]用藥亦有其影響：一九六六年，提摩西・賴瑞（Timothy Leary）在紐約演講時提到迷幻藥（LSD）開啟大門，提供比工作生活更崇高的意義。賴瑞表示，存在的目的在於「榮耀神，敬拜神」，這些都是「古老的目標」，值得今人護持。因此，該做的事情就是「開機、調頻、擯棄雜訊」。[3]

美國非裔民運人士如科麗塔・史考特・金恩（Coretta Scott King），是反核運動的要角，把非武裝與爭取種族平等連在一起。[4]女性扮演關鍵角色，讓人們重視起公共意識。一九六一年十一月一日，全美各地約五萬名「關心時事的主婦」串聯大罷工，包括紐約、芝加哥、底特律、聖路易與洛杉磯等城市都有示威活動，有人上街遊行，有人組成糾察隊包圍核子設施，藉此施壓官員，希望禁止大氣中核試爆。[5]童書插畫家戴格瑪・威爾遜（Dagmar Wilson）也是這個萌芽運動中的標竿人物。她發表給甘迺迪總統的公開信，闡述其理念：「今日的美國婦女，」她說，「想要看到的是各國停止進行核試。」[6]

這其實是北美與英國悠久傳統的一環，無論是成立環保組織保護森林、河流與野生動物，還是關注實驗動物待遇與動物園、野生保護區環境等動物權益運動的推動，婦女都很有影響力。[7]到了二十世紀中葉，女性的角色變得比一個世紀以前受限許多——男性宰制公共空間，女性則承受刻板持家角色的期待，接受傳統女性角色，像是當老師、圖書館員或提供家政妙方。[8]

然而從一九六〇年代初起，情況開始有了轉變。《美國家庭》（*American Home*）、《麗的雜誌》（*Redbook*）與《好管家》（*Good Housekeeping*）等女性雜誌，開始定期發文談論汙染、環境水準降低，以及這些情況對於家庭生活的衝擊。近來有學者說，「環境目標感覺就像〔中產階級婦女〕家庭主婦與母親關注的自然延伸」。[9]對於深切關心生態破壞，關心美國大自然原野，乃至於美式生活每況愈下的人來說，瑞秋・卡森

(Rachel Carson) 於一九六二年發表的《寂靜的春天》(*Silent Spring*) 發揮號召令的作用。

卡森感嘆，以前「各種生命與周遭環境和諧共處」，「田野結實，果園滿坡」，狐狸吠叫其間，「鹿靜靜穿過原野，半掩在秋天的晨霧中」，如今大量使用殺蟲劑的商業農耕取代這一切。這就彷彿「每種詛咒降臨在社區上」，萬籟俱寂——「無聲的春天」。化學物質不只害死每一種鳥兒，還躲在「突如其來、無法解釋的死亡背後，大人的死如此，孩子的死亦如此」。農民自己都「談到家人生了嚴重的病」。「四處都是死亡的陰影」，讓人難以承受。[10]

卡森表示，殺蟲劑「在遠山湖泊的魚體內、在土壤裡鑽來鑽去的蚯蚓體內、在鳥類下的蛋裡面，甚至是在人身體裡面都有其蹤跡。無論年齡，現在絕大多數人體內都有這些化學物質。母乳裡有，胎兒組織說不定也有。」如果這還不夠清楚，就看看博學家亞伯特・史懷哲 (Albert Schweitzer) 的犧牲奉獻吧——卡森向史懷哲致意，同時引用他的悲觀預測：「人類已經失去預見與未雨綢繆的能力。破壞大地就是他的末日。」[11]

《寂靜的春天》銷售量一飛沖天，之所以能狂賣，泰半得歸功於出版社精明行銷手法，提前把書寄給身居要職的女性、美國女性選民聯盟 (League of Women Voters) 等團體，以及美國兒童局 (Children's Bureau)、美國猶太婦女協會 (National Council of Jewish Women)、美國婦女俱樂部聯合會 (National Federation of Women's Clubs) 和其他許多組織的主事者。《寂靜的春天》也影響當時政壇的論辯，甚至促使甘迺迪總統下令調查殺蟲劑使用並提交報告。[12]

生態議題相關的行動倡議——包括卡森重點批評的合成化學物質——其實是發生在私人利益與公共貧窮之辯的大脈絡裡。關於公私問題，哈佛學者小亞瑟・史列辛格 (Arthur Schlesinger Jr) 與J・K・蓋爾布雷斯（J. K. Galbraith）算得上是呼籲最力的人。[13]蓋爾布雷斯的《富裕的社會》（*The Affluent Society*）比《寂靜的春天》早幾年出版，也是暢銷書。他在書中直言明明這麼多的有錢人，城市怎麼還是「路面破爛，市容因為垃圾、難看的建築、廣告看板」，以及「早該地下化」的電纜線而難以入目？人們怎麼有辦法明明能享受豐饒，卻得在「廚餘腐敗的惡臭中」享受？他自問，難道這就是「美國的天才所在？」[14]

類似的質問漸成主流，在《紐約時報》等報刊上有了高能見度。一九六〇年，該報批評儘管美國享有「有史以來最高度的私人財富」，但國家的「教育財源不足，河川遭到汙染，醫院病床總是不夠，貧民窟四處蔓延，中等收入住居缺乏。我們當然需要更多也更好的公園、街道、居留設施、供水。美國生活的品質，正苦於這些匱乏。」[15]

美國政壇老將們為了對付問題而絞盡腦汁。曾在甘迺迪與詹森政府擔任內政部長的史都華・尤德爾（Stewart Udall）寫道：「美國如今立於財富與力量之巔，但我們生活的這片土地的美麗卻正在消逝，醜陋愈來愈多，開放空間縮水，整體環境一天天因為汙染、噪音與疏於治理而惡化。」[16]甘迺迪遭到暗殺之後，林登・詹森繼位。他在數個月後的一九六四年五月到密西根大學演講，坦言：「大家引以為豪的不只是美國的強大、美國的自由，還有美國的美麗。如今這般美麗正遭遇危機。我們喝的水、吃的食物，連呼吸的空氣，都受到汙染的威脅……綠地與濃密的森林正在消失。」結果，我們「與大自然的共融」正受到侵蝕。他進一步表示侵蝕帶來的危險無比巨大，「一旦仗打輸了，我們瑰麗的自然被毀，就再也無法收復了。」[17]行動刻不容緩。

越戰的報導加深人們對於生態受到破壞的憂心。這場戰爭讓輿論的天平向環境傾斜——因為美國軍方故意對樹林、作物及稻田使用除草劑與落葉劑，目的在於破壞地貌，剝奪越南共產黨勢力的糧食，削弱他們的軍事力，並打擊其士氣。這種戰術的由來是一項機密研究，旨在探討如何透過與自然的互動和干預，得到最多的軍事優勢。[18]

一九六二年至一九七一年間，美軍在「牧場助手行動」（Operation RANCHHAND）中對南越噴灑大約九千萬公升的除草劑——粉劑、白劑、藍劑，但最有名的還是使用量最大的橙劑。[19] 一九六六年，科學家向詹森總統抗議，「就算能證明這些化學物質對人體無害，這種戰術仍然是野蠻之舉，因為會殃及無辜；由於作物被毀，這種作法等於是攻擊當地所有的人。」[20] 第二波請願有五千名科學家聯名，包括十七名諾貝爾獎得主，點名詹森總統，要求他停止在東南亞使用除草劑。[21] 耶魯大學教授兼植物學家亞瑟・蓋爾斯敦（Arthur Galston）曾用數年時光研究越戰中除草劑戰法對於植物生態與人類（包括美軍）健康的影響，他說美國的作法形同「生態滅絕」。[22]

此外，還有意外事件導致嚴重破壞，引來國內外媒體廣泛關注。一九六九年一月，聯合石油公司（Union Oil）在加州聖塔芭芭拉（Santa Barbara）外海的鑽油平臺A（Platform A）鑽井，結果導致石油外洩，以每小時約四萬公升的速度注入海洋，長達十一天。等到外洩停止，已經有將近一百四十萬公升流入大海。[23] 環運人士在幾天內組織名為「把油清掉！」（Get Oil Out!）的團體，讓這起事件獲得媒體報導——一年後，一位記者把這起事件形容為「環保上『響徹世界的一槍』」。[24]

另一聲槍響則是克利夫蘭（Cleveland）蓋雅荷加河（River Cuyahoga）上的火光——一九六九年，河中的石油與其他汙染物起火燃燒。儘管火勢不大，善後也不難，但還是引發關注，尤其是媒體報導。《時代》雜誌上一篇文章的作者在事件後痛批「那河的顏色跟巧克力一樣，油膩，表面還有氣體浮出來的氣泡，那水與其說是流動，還比較像是滲出。」一九七〇年，《國家地理》（*National Geographic*）雜誌發出「我國生態危機」（Our Ecological Crisis）特刊，其中一篇報導說蓋雅荷加河「承受鋼鐵廠、化工廠、屠宰場與其他產業的廢棄物」。[25]

這幾起災難加上其他高知名度的災情——例如一九六七年的托利谷號（Torrey Canyon）在英格蘭西岸擱淺，漏出一億六千萬公升原油——點燃要求行動的呼聲。時任克利夫蘭市長，也是美國主要城市第一位黑人市長卡爾・斯托克斯（Carl Stokes）發揮關鍵作用，他到國會作證，並要求採取管控措施，處理「蓋雅荷加河受到的蹂躪」，以及對五大湖區生態造成的影響。[26]上任才一個多星期就遇到聖塔芭芭拉漏油事件的尼克森總統，很清楚必須改變。為了「你我期待的未來社會」，美國需要「以更有效、更重視保護自然的方式，來運用海陸資源」。他表示，這些造成環境破壞的意外無疑已「深深觸動美國民眾的良知」。[27]

尼克森是在解讀輿論走向，至於風向有多明顯？《紐約時報》推測「對於『環境危機』的關注日漸成長」，「正席捲國內大學校園，強烈的程度有可能即將超越大學生對越戰的不滿」。學生組織遊說團體與研究會反對不必要的包裝，有時候甚至投訴大學當局在生態破壞與汙染中的牽涉。華盛頓大學的一位學生表示，「環境議題顯然會取代目前其他重大議題」。科羅拉多大學的一位年輕地質學家則說，幸好「民眾開始感受到〔危機〕有多麼迫切」。有報紙報導，許多學生對於一九七〇年四月二十二日的「D日」（D-Day）翹首以盼，談到部分人士相信這場全國行動「會比任何一場反戰示威更盛大，也更有意義」。[28]

上述預測完全命中。威斯康辛州參議員蓋洛德・尼爾森（Gaylord Nelson）長期大力提倡對水土使用和空氣汙染嚴加管制，他呼籲促成「一場龐大的草根抗議」，而大學生、科學家與環保人士齊心協力宣傳這個改名為「地球日」（Earth Day）的活動。一九七〇年四月二十二日，約有兩千萬美國人走上街頭，針對環境危機宣講，把這些關懷推上全世界政治優先順序的頂端。[29]知名廣播主持人阿利斯泰爾・庫克（Alistair

Cooke）說得好，地球日「是第一次集眾人之力，提醒我們這個地球正在衰敗，受到汙染」。[30]

《紐約時報》報導，尼克森總統採取行動，「將提升生活品質定為國家下一個十年的頭號目標。」[31] 開風氣之先的人絕對不是尼克森——前一任總統詹森便簽字通過三百項保育措施入法，包括一九六三年的《空氣清潔法案》（*Clean Air Act*）、一九六五年的《水質法》（*Water Quality Act*）與一九六四年的《荒野保護法》（*Wilderness Act*）——範圍超過九百萬英畝的國有林。[32] 總而言之，尼克森雷厲風行，簽署《國家環境政策法》（*National Environmental Policy Act*），修訂《空氣清潔法案》，並發布行政命令，成立環境保護局（Environmental Protection Agency）——全都在一九七〇年底前完成。[33]

此時，聯合國早已接獲許多陳情，指出「國內與國際層級的措施有升級的迫切性，以限制人類環境所受到的損害，可能的話更是要消除之」。[34] 一九七二年六月，第一屆聯合國人類環境會議（UN Conference on the Environment）在斯德哥爾摩舉行。籌備過程中，聯合國祕書長庫爾特・瓦爾特海姆（Kurt Waldheim）委託進行非正式的調查，調查報告強調「地球能源體系」極其脆弱，但凡有「微小但負面的改變」，恐怕就會「影響能源平衡」。報告的作者表示，如今需要「全球層面決策與全球性關懷的新能力……對於全球性責任的新的承擔」。[35] 簡言之，「人類必須肩負起守護世界的責任。」[36]

印度總理英迪拉・甘地（Indira Gandhi）在會上致詞時表示：「我們和各位同樣關心動植物生態的迅速惡化」、「我國有部分野生動物絕種，一大片美麗的樹林——歷史的無聲見證——已經毀於一旦」。「應對環境失衡的早期跡象」固然重要，甚至是不得不為，但也不能忘記有另一個物種「同樣陷於危機」，那就是「人」。她說：「人在貧窮中受到營養不良與疾病的威脅、在脆弱時受到戰爭的威脅、在富裕時受到自己的繁榮引發的汙染所威脅。」先進國家已宰制他人、剝削他人資源的方式致富。「我們希望不要再繼續剝奪環境之富，」她接著說，「對於許許多多的人遭遇的、不容樂觀的貧困，則一刻不能或忘。貧窮與匱乏，不就是最嚴重的汙染源嗎？」千萬別忘了，「我們生活在一個分裂的世界」。[37]

她的話令人回想起，許久之前便有人承諾要致力於終結世界各地的貧窮與飢餓。雖然約翰・F・甘迺迪在一九六一年的總統就職演說中，最有名的還是他那句挑戰舊有觀念的「不要問國家能為你做什麼，要問你能為國家做什麼」，但他的講詞當中也承諾遠大的目標。這位新總統說：「歡迎自由國家的新成員，我們誓言，絕不會讓一種殖民控制的型態被另一種更無情的暴政所取代。」美國將幫助有需要的人——甘迺迪補充道：「對於半個地球外住在簡陋的房子與村落中，奮力想斷開悲情之鎖鏈的人，我們則誓言盡己所能助人自助，沒有時間限制——不是因為共產黨可能會這麼做，也不是因為我們要追求他們的選票，而是因為要為所當為。要是自由社會無力幫助眾多的窮人，也救不了少數的富人。」[38]

他的話呼應了十多年前杜魯門總統的承諾。先前提到，杜魯門認為美國可以成為世界上一股善的力量，簡直到了傳教的程度。一九四六年四月，他透過全國廣播演說時，提到「美國面對重責大任」，不可能「對飢餓孩童的哭聲充耳不聞。我們絕不會背對數以百萬計、只求一丁點麵包皮的人……。要是我們不願意與受苦受難的人分享我們相對的餘裕，我們就不夠格做美國人。當我說美國態度堅決，會盡己所能為世界另一頭的饑荒提供救濟時，我確信我是代表每一位美國人講話。」[39]

⁝　⁝　⁝

根據美國眾多政策制定者與思想家的看法，饑荒問題的核心在於「開發中」世界的人口不斷增加——「不是因為生育率提高，」一九七〇年代初期一份ＣＩＡ報告對此提出說明，「而是因為死亡率陡降，尤其是嬰兒死亡率」。[40]對於這意味著什麼，引發了廣大讀者的高度興趣。早從馬爾薩斯的時代開始，增加的人口、資源的壓力與不穩的政局之間的關係，一直是他們努力解答的問題。如今這些主題有了新的喉舌，像是愛德華・莫瑞・伊斯特（Edward Murray East）的《人類的十字路口》（*Mankind at the Crossroads*，一九二三年）、瓦倫・湯普森（Warren Thompson）的《太平洋的人口數量與和平》（*Population and Peace in the Pacific*，一九四六年），尤其是威廉・福克特（William Vogt）的《生存之路》（*Road to Survival*，一九四八年）與費爾菲爾德・奧許朋（Fairfield Osborn）的《我們遭到掠奪的行星》（*Our Plundered Planet*，一九四八年）等著作，為即將發生的未來勾勒出不祥的畫面。[41]

這些著作影響力很廣，讓全世界財富數一數二的洛克斐勒基金主席切斯特・I・巴納德（Chester I. Barnard）問旗下職員：明明地球的承受力已經達到極限，甚至超過限度，為什麼還要在墨西哥資助建設以提升農產量？[42]有幾份研究報告充分表達從這個角度看問題的合理結論，例如洛克斐勒基金會委託進行的「世界糧食問題」（World Food Problem）調查，便強調「人口成長與資源分配不均、資源不足等情況互相衝突」；或是一九五九年福特基金向印度政府提出的「糧食危機報告」（Food Crisis Report），聲明印度面臨的「棘手問題」在於糧食供應與人口迅速成長之間的落差。[43]

世界正面臨威脅，一飛沖天的人口將導致大規模饑荒——但對幾年前乃至於幾十年前，這個問題沒有迫切到會讓人費心。一九四六年，美國人聽到的是歐洲與亞洲情況悲慘，因此要「省吃儉用，省點麵包，留點動植物油」。杜魯門總統強調：「自願省下來的每一片麵包、每一盎司的動物油與植物油，都能讓饑民繼續活下去。」很簡單，「我們多吃一點，數百萬、數千萬人將必死無疑。」[44]

一九五〇年代與一九六〇年代，這種訊息一再重複——雖然厄里奇夫婦保羅與安（Paul and Anne

Ehrlich）在一九六八年合著的《人口炸彈》（*The Population Bomb*），警告這一仗早就打輸了。兩位作者在這部影響力卓著的書中直言：「餵飽全人類的機會已經錯過了，數以百萬計的人就要餓死。」書籍封面大剌剌寫著：「你讀這幾個字的時候，就有四個人餓死，多半是兒童。」[45]

愈來愈多人得共用地球的前景，是新的焦慮來源。人們還害怕核子末日，擔心大自然變成工業中心地帶，地貌坑坑疤疤，毒害土壤、水源與人體。人口過多如今大有可能演變為另一場災難。一些人覺得始作俑者一望便知。「白種人就是人類史上的癌，」蘇珊・桑塔格（Susan Sontag）在一九六〇年代中期寫道，「就是白種人，也只有白種人和他們的意識型態與發明，無論傳播到哪裡就抹去那兒獨立自主的文明，破壞地球生態平衡，弄到現在甚至威脅到生命本身。」比起「西方人挾帶其理想、崇高的藝術，挾帶他們的知識冒險情懷〔以及〕他那想吞食天地的征服能量」，蒙古騎兵就沒那麼嚇人了。[46]

其他人則提供解決方法。甘迺迪總統提議「將技術轉移到糧食短缺國家」，刺激「一場對社會的影響不亞於工業革命的科學革命」。[47]這種期盼並不見得都是虛幻。學者研究對大量使用化肥與大量灌溉有良好反應的高產作物，掀起所謂的「綠色革命」——只不過今天學界對於這場革命有多「綠」，或者算不算是一場革命，抑或這會不會只是虛晃一招，而不是貨真價實的現象，往往抱持懷疑。[48]初步結果顯示，用日本與墨西哥的矮稈麥雜交出的侏儒麥產量是傳統麥種的四倍；之所以產量會這麼高，部分得歸功於抗稈銹病能力提升，部分則是解決晚熟的問題。類似的作法接著也用來創造新的稻米品種，同樣達到早熟、對日照長度敏感性低，以及短硬的稻株。[49]其中一位先驅者諾曼・布勞格（Norman Borlaug），獲頒諾貝爾和平獎，以表揚他開發新穀類品種，進而「投入大量生產，為全球饑民提供食物」的努力。[50]

這些發展似乎帶來希望，讓人類能避開全球人口增加造成問題中最難解決的一個。一九六〇年代晚期，已經有尼克森總統所謂的「奇蹟種子」可供使用，看來全球糧食供應問題的解決方法已經出現了。[51]種植新型雜交作物種類，帶來大量的餘糧，近年來的研究認為全球可攝取熱量激增約一一%至一三%。[52]

其實，因為產量大幅提升而受益的人，主要是生活在早已工業化、能開發新科技並迅速採用的國家，這一點實在不無諷刺。[53]更有甚者，產量的激增還產生各種出乎意料的新問題。在一次頂尖專家會議上可以看出來，以前大家擔心的是糧食太少，隨著第三世界的農產開始有剩餘，現在則是覺得糧食太多：「比起飢餓的嘴，我們比較擔心遊手好閒」。[54]

考量社會經濟影響並沒有錯。例如在南亞，能夠取得信貸、累積實作經驗的農場主收購小生產者，財富與信心的增加帶來土地所有權的鞏固。在印度與巴基斯坦部分地區，地主也插足利用新的契機，土地價值翻三倍，加劇社會極化，尤其是不平等早已存在的地方。[55]聯合國在一九七四年進行的研究顯示，綠色革命並非改革階級制度，而是加以鞏固。[56]

綠色革命本身也有適得其反的地方，畢竟其核心目標不只是征服自然，更是要平撫政治的不穩定，但實際上卻有許多截然相反的個案。例如在一九七〇年代初的印度，民粹主義者就是強調因為收成量提升所造成的貧富差距來獲得支持。再說獅子山，獅子山是西非「稻米帶」的一部分，稻米在該國社交生活與經濟活動中扮演要角。獅子山本有的、市場參與程度高的富農，收割新技術的回報，尤其是在低地區——傳統的稻種受降雨量影響較大，而低地區並不適合。[57]至於菲律賓，斐迪南・馬可仕（Ferdinand Marcos）政權及其家族因此得到鞏固權力的機會，他們獨占種子、化學產品、貸款與機械供應——而且還控制價格。[58]綠色革命本該提供「科技，取代自然與政治的角色，創造富庶與和平」。有些學者認為這兩者都沒有達成。[59]

綠色革命未能成功的一個原因，顯然跟以下事實有關：世界上有些地方因為環境限制，不適合大規模農業生產，而綠色革命的本意是追求克服這些限制。熱帶地區降雨強烈，因為改種作物而除去原有植被的地方很容易水土流失、地表逕流與地力耗竭。[60]過度使用合成殺蟲劑與肥料會導致土壤重金屬增加，例如鎘、鉛與砷，土壤酸性因此加重。[61]有學者表示：「這種理想化的新農業科技的主要『成就』，就是把工業世界那種高產量，但跟永續性嚴重牴觸的農業體系推廣到整個熱帶地區」。[62]土壤劣化令人大吃一驚——據估計，全球因為採用相關新農法而導致的劣化面積將近二十億公頃——還有二十六億人受影響。[63]

綠色革命也嚴重衝擊生態系與健康。從一九六〇年代開始引進印度的新作物，需要大量用水——後續的灌溉農業發展，是今天該國遭遇嚴重供水壓力的主因之一。[64]種植生長速度快的雜交作物，也會導致高粱、大麥、花生與多種其他作物的栽培大幅減少，間接影響動植物生態平衡。[65]據估計，有十萬種本土稻種因為引進外地的雜交品種而消失。[66]還有農民在沒有足夠保護的情況下施用農藥造成影響——女性受到的危害尤甚，在印度這樣的國家，婦女構成該國農業勞動力的一半，假如在年輕時接觸到化學物質的話，傷害還會更大。[67]

另一個問題則是人口大規模移動，原因有政府政策、世界銀行挹注的建設，以及尋找工作機會與食物。以印尼為例，多達一千五百萬至兩千萬人移入蘇門答臘、加里曼丹、蘇拉威西與伊里安查亞（Irian Jaya）的叢林，不只改變當地生態，也讓侵害人權的情況變得普遍，加上大規模伐木業發展——光是在東南亞這一帶，如今每年就有大約七十五萬公頃林地遭到砍伐。甚至在一九八〇年代中期，就有人稱之為「世界銀行最不負責任的計畫」。[68]

低度開展世界的都市化程度提高，孟買、馬尼拉與墨西哥城等城市的規模則是大增，引發社會與政治穩定性的擔憂，而市政當局也承受壓力，必須盡早完成基礎建設，才能因應激增的居民——這也反過來導致環境惡化。有些地方的糧產受到質疑，擔心恐怕根本無法跟上人口。一九六八年，印度糧食與農業部長C．蘇布拉瑪尼亞姆（C. Subramaniam）蒞臨史丹佛大學演講，聽講的保羅．厄里奇抱持懷疑態度。厄里奇寫道：「印度要找到方法生產足夠的糧食，養活比今天所能支持的還要多一千兩百萬人」，根本是天方夜譚。他預測將有數百萬人以上死亡。[69]

厄里奇認為：「人口規劃是唯一的解答。」[70]早在一九五〇年代，世界銀行就開始提倡此一策略——例如世界銀行預測假如印度採取積極的節育計畫，則所得將能在三十年內提升四〇%以上。[71]布勞格也積極提倡節育，他在一九七〇年十二月表示：「人口怪物的龐大與壞處」，意識到的人還不夠多。他跟其他人開發新稻種，只是爭取時間——他的原話是「呼吸的餘地」——約莫三十年。[72]這種危言之策促使各國政府出手介入生殖健康，範圍包括性教育、家庭計畫，甚至是大規模強迫絕育計畫等。[73]

其他人則不作如是想，起碼一開始不覺得。一九五〇年代初期，中國就有一份經濟學的學報提到「人愈多，就愈能提早實現人類最偉大的理想——共產主義社會」。在毛澤東看來，中國龐大的人口是一種正面的資產，能讓中國不懼危險。一九五七年，毛澤東在莫斯科對著瞠目結舌的赫魯雪夫說：「大不了就是核戰爭，核戰爭有什麼了不起，全世界二十七億人，死一半還剩一半，中國六億人，死一半還剩三億，我怕誰去。」[74]至於設定人口成長上限或者提倡避孕措施，那也是沒有必要——至少毛澤東是這麼想的。就算一百年內全世界有半數人口在中國，那也不要緊，到時候「人民有文化了，就會控制了」。[75]

到了一九七〇年代之初，連中國也終於採取措施，希望控制如今已經比一九四九年多五〇%的人口——當局實施計畫生育，提高大多數地區的法定結婚年齡到二十代中段，並鼓勵母親拉長懷胎的間隔。[76]進入一九七九年，人口增加的步調並未如預期放緩，政府於是實施一胎化政策。[77]一般把一胎化政策詮釋為共產黨中央決心採取有效現代化計畫的象徵，但其實支撐政策的幾乎每一項原理，都是從西方世界及西方科學挪過來用的。[78]不出常見的預期，這種解決方式創造一批新的問題，尤其是人口的低度替代與快速老化。這兩大難分難解的問題，將對於中國未來的經濟，乃至於社會與政治發展途徑造成深遠影響。

⋮　⋮　⋮

對今日世人來說，上面提到的議題——以及恐懼——當中有許多都不陌生：核災的威脅；追求經濟成長結果導致生態破壞；以竭澤而漁的方式使用資源；全球人口增加，對基礎建設與糧食供應帶來的壓力；過度企盼能帶來希望的新思想與新技術，誰知也打開潘朵拉的盒子；政府與跨政府組織一再聲明合作的重要性，實際上卻無甚進展；至於最懾人心魄的則是對於未知的重重憂心。除此之外，應該還多了一項對氣候變遷的擔憂。

部分科學家擔心，人類的行為不只改變了自然世界，引發改變的不只是汙染、殺蟲劑與自然資源的耗竭，甚至還包括改變氣候本身。一九五七年，羅傑・雷維爾（Roger Revelle）與漢斯・居斯（Hans Suess）發表論文，探討大氣中二氧化碳的增加，預測「未來數十年間，只要全世界工業文明對燃料與能源的需求繼續指數成長，化石燃料的燃燒率將持續提升。」兩位科學家表示，這樣演變的結果令人不安：「如今人類是在進行一種大規模的地質實驗，過往不可能，未來也無法重現。」工業革命的衝擊，以及因為燃燒化石燃料而來的二氧化碳增加——尤其是十九世紀中葉以來的增幅——意味著「在短短幾個世紀內，我們就會將沉積岩中經過數億年所儲存的有機碳，重新釋放回大氣與海洋之中。」雷維爾與居斯沒有放膽去猜測可能的結果，但他們確信結果的影響將無遠弗屆。[79]

大約同時期的其他研究也開始發出警訊。先前提到，從二十世紀初甚至是更久以來，天氣模式、氣候條件與長短期氣候變化始終是軍事計畫的關鍵。冷戰盛期，五角大廈曾表示「國防部對於環境科學有極高的興趣，畢竟軍事上必須理解用兵的環境，要有能力去預測，甚至是加以控制」——特別是因為飛彈導引系統需要盡可能多的資訊，像是低層與高層大氣、電離情況、測地、地磁及其他許多的數據。[80]

極地研究得到大量人力、物力，除了一九四〇年代晚期的「跳高行動」（Operation HIGHJUMP）派出大型探險隊到南極洲並設立基地之外，還有十年後美國陸軍工兵團（US Army Corps of Engineers）冰雪與永凍研究機構（Snow, Ice, and Permafrost Research Establishment, SIPRE）在格陵蘭成立的世紀營（Camp Century）。研究內容包括二氧化碳監控，而且監測的不只是目前，還有歷史上的情況——其他地方的測站，例如夏威夷冒納羅亞（Mauna Loa）的觀測站也是這樣。[81]

世紀營的發現尤其成果斐然：這裡是「冰蟲計畫」（Project ICEWORM）預定地，原本要存放六百枚核子彈道飛彈。駐紮於此的科學家在亨利・巴德（Henri Bader，過去研究阿拉斯加冰層捕捉的二氧化碳氣泡）的指導下鑽探冰芯，帶來一連串發現。世紀營團隊利用從奧克拉荷馬州帶來的鑽井機，為之前數千年乃至數萬年的氣候條件提供實證，進而為長期氣候條件提供參照點，有助於比較當今世界與古時候氣候變遷的規模與速率。[82]

這段時期，蘇聯也有許多學者針對整體氣候變遷，以及人類對氣候的影響進行大量研究，像是葉夫根尼・費多羅夫（Evgenii Fedorov）。[83]米哈伊爾・布迪科（Mikhail Budyko）是先行者，他對於低層大氣層與地表關係的開創性研究，讓蘇聯之外如美國等其他國家的氣候學家大感興趣，接力進行。[84]布迪科的研究領域之一是人為產生的大量的熱，並由此探討局部、區域乃至於全球氣候是否會受到這些人為熱的影響，以及受影響的地點和方式。研究顯示，極地冰反照率回饋（ice–albedo feedback）會導致極區冰雪減少。太陽輻射加熱地表，進一步融化冰雪，減少地表反照率，形成正回饋循環，加劇全球暖化。[85]一切都顯示過程中的人類行為與活動，「將在不久後的將來造成重大氣候變遷」，布迪科在一九六九年寫道：「結果是假以時日，自然的氣候變化將會被人類創造與形塑的變化所取代。」[86]

人類對氣候的影響，成為科學界熱議的主題。石油與天然氣產業同業公會——美國石油學會（American Petroleum Institute）所委託的研究報告表示，有鑑於燃燒化石燃料釋出的碳的數量，「未來的發展必須嚴肅以對」。[87]另一份於一九七〇年刊登在《科學》期刊的論文，探討的不只是化石燃料，還有產生的塵埃、微粒與空氣汙染，尤其是在城市的情況，畢竟城市是「目前人類活動影響最明顯，局部效應也最大的地方」。自然氣候波動的「雜訊」，很容易掩蓋人為的影響；因此，「一套合適的、用於評估早期氣候變化的全球監控體系」就成為當務之急。[88]

也有文章談目前的間冰期將會在何時結束，或者檢視全球歷史氣候條件，主張世界正處於降溫循環，還要八千三百年才會結束云云。[89]大約同時期的其他研究則強調臭氧層正遭受氧化亞氮的破壞，超音速交通的來臨則會讓情況進一步惡化，因為排放廢氣的海拔高度變得更高；或是評估氟氯碳化物（chlorofluorocarbons, CFCs）對臭氧層的影響。這一切都讓人更加關注未來可能的發展。[90]

恐懼情緒蔓延到公眾領域。就連在一九五〇年代，都有大眾報紙刊登文章描繪悽慘的情狀，說世界即將進入新的冰期，恐將導致「撒哈拉房地產大熱」。[91]到了一九七〇年代，這類看法更是大行其道。一九七〇年一月，《華盛頓郵報》（*Washington Post*）斬釘截鐵說寒冬將是新的冰期降臨的先兆；「人類是否正製造著新的冰期？」《洛杉磯時報》（*LA Times*）在四天後如是問；數個月後，換成《波士頓環球報》（*Boston*

Globe）報導新的冰期預計將在二十一世紀初到來——這只是平面媒體大量類似報導中的幾個例子。[92] 媒體表示陰冷的世界即將到來，不僅將長期持續，而且難以抵擋。一九七四年，《時代》雜誌表示「四處都是預兆」，到處都能看到全球寒化的跡象，而這已經造成撒哈拉以南非洲、中美洲、中東與印度的旱象。氣候變遷部分是因為太陽活動的關係，但「人類恐怕對寒潮也有責任」，因為「農耕與燃燒燃料把煙塵及其他粒子釋放到大氣中」，「愈來愈多陽光遭到遮擋，無法照到地表，因此難以升溫」。[93] 一年後，《新聞週刊》（*Newsweek*）跟進，宣稱「氣象學家對於寒化的原因與規模意見不一……但他們幾乎一致認為，這股寒冷的趨勢一定會讓本世紀餘下的時間農產大減」。[94]

但這根本不是事實：研究環境與氣候變遷的科學家多數都會謹慎避免對現況做出籠統的斷言，何況對未來發表災難性預測。一九七四年，幾份提交給美國國家科學委員會（National Science Board）的報告提到氣候趨勢明顯寒化，但也指出必須有「重大進展」，以確認氣體排放、汙染物或微粒等是否會影響目前氣候，以及如何影響、範圍多大等。[95] 一年後，美國國家科學院（National Academy of Sciences）的研究報告則表示「重大氣候變遷將會迫使經濟與社會產生全球規模的調適」，並因此再度重申需要更多的研究；美國國家科學院也坦言「地球氣候不斷在變化」，不清楚「未來的改變幅度會有多大」。[96] 一九七四年四月，美國國務卿亨利．季辛吉（Henry Kissinger）在聯合國大會演講時也抱持同樣的態度：科學家必須盡快調查「季風帶乃至於全世界發生氣候變化的可能性」。[97]

即便如此，部分學者仍強烈表達其意見，而且是對著層峰。一篇全球寒化論文的作者群在一九七二年去信尼克森總統，警告將來「全球氣候非常可能會惡化，而且強度遠高於人類文明之前所經歷，必須及早因應」。白宮把這封信發給幾個單位「了解並採取適當行動」。[98]

同年稍晚，CIA也準備了一份報告，談論氣候變遷對於「情報問題」、國家安全與全球事務而言代表什麼。「氣候此前並非情報分析的主要考量，因為直到不久前，主要國家的國情都沒有因為氣候而出現嚴重動盪。」畢竟二十世紀的氣候情形，是千年來——根據報告作者所說，可以一直回溯到十一世紀——大部分時間中最適合農業發展的。[99]近年來的氣候事件卻是讓人不寒而慄：緬甸、哥斯大黎加、宏都拉斯與巴基斯坦乾旱，北韓、菲律賓與蘇聯歉收，日本的收成遭受霜害，北美五大湖區造逢百年來最嚴重洪水，北越異常暴雨，還有蘇聯與中國在一九七〇年代初期的惡劣天氣、乾旱及洪水，在在顯示「如今氣候已是關鍵因素。」尤其是「糧食政治將成為各國政府的頭號議題。」[100]CIA提到大量且不斷增加的科學研究指出「全球正經歷氣候變遷」，而且「將造成一九七〇年代全球農業歉收」。[101]

另一份同時獨立進行、平行繳交的CIA報告則是細查其背後的意涵。「氣候學家認為寒潮是現在進行式，假如果真如此」，作者聲明，全世界「幾乎肯定會發生嚴重糧食短缺」，糧產量會從生長季較短的蘇聯與中國開始下跌，而南亞、東南亞與華南季風降雨不足的頻率也會增加。[102]「此外，氣候正在變遷時，」作者接著說：「劇烈的天氣——例如不合季節的寒害、溫暖期、強烈風暴、洪水等等——想必會更加常見。」這一切將造成「巨大衝擊」，不只影響糧食與人口的平衡，也影響「全球權力平衡」，主因是美國的地理環境讓其生態較不受氣候變化所傷害，而這很可能導致本來就仰賴美國的國家，以及即將變得仰賴美國的國家出現反美情緒。[103]

報告的作者表示，社會與政治動盪的可能性將大增，畢竟「農村群眾」在饑荒壓力下會變得「難馴」，而撒哈拉以南非洲、東非與印度的都市中產階級生活水準將因為糧食短缺和物價激增而下降。[104]報告作者警告，在最惡劣的情況下，「以武力為後盾的大規模遷徙將成為迫在眉睫的議題。核勒索並非無法想像。」至於貧窮國家，很可能人口「問題」將要用「最令人不愉快的方式」來解決，講白了就是大規模饑荒。[105]《華盛頓郵報》的喬治・威爾（George Will）拿到這份報告的副本之後，把其中的發現用白話總結出來：他下筆寫道，假如真的氣候變遷，「會有超多人死亡」。[106]

美國政府部分資深要人深信，可以把農業、氣候與經濟的制衡力轉為收益。尼克森政府的農業部長厄爾・巴茨（Earl Butz）說「糧食是一種武器」，而且「如今更是我們談判的主要工具之一」。[107]問題在於就算有農業這張好牌可打，一旦涉及能源，美國的手氣就很爛。能源議題對於政策的影響力，遠比對於氣候變遷的警告、降低化石燃料消耗的呼籲、鼓勵對於可再生與潔淨能源來源的投資，以及激發關於永續性的討論影響力大得太多了。

⁝ ⁝ ⁝

造化弄人，朝降低化石燃料消耗的方向前進的動力，並非來自科學界或情報單位簡報中的警告，而是一九七三年十月的事件造成的結果——事情發生在一萬公里以外的中東，阿拉伯國家聯手在猶太教聖日「贖罪日」（Yom Kippur）對以色列發動突襲，隨之而來的戰爭，也因此得名為「贖罪日戰爭」。為了向美國施壓，石油輸出國家組織（Organization of Petroleum Exporting Countries, OPEC）成員中的阿拉伯國家減產原油，然後對美國及其他表態或據信支持、同情以色列的國家實施原油禁運。結果就是一場重大能源危機。

幾週內，美國就面臨短缺，尼克森總統更是在十一月七日透過電視對全國發表演說時，稱之為「國家的嚴重問題」。美國因為能仰賴石油進口，「近年來得以蓬勃發展」。中東的戰爭改變了局面，讓國家面臨「二戰以來最嚴重的短缺」。因此，美國民眾現在必須採取徹底的行動：短期而言，這意味著「我們必須少用能源，也就是少用暖氣、少用電、少用汽油」。接著他說，至於長期的話，「意味著我們必須開發新的能源」，以求未來能源自主。[108]

尼克森清楚說明這套措施，並立即生效，家家戶戶都要做出改變。「為了確保全國各地都有足夠的油料能度過整個冬季，」尼克森說，「我們所有人必須在更低的氣溫中生活工作。」意思是調低「各位家裡的溫控至少六度」；尼克森的私人醫生也支持這種作法，他告訴尼克森，比起溫暖的環境，在冷一點的地方「你真的會比較健康」。辦公室、工廠與「商業建築」必須把溫度調低十度——「如果不調低溫度，就要減少工時」，總之，沒有別的選擇。[109]

聯邦政府接獲通知，由上到下都要大調整。「政府各部會與各局處」的能源消耗都要減少，未來還要進一步降低；各州州長可積極考慮「稍微調整學年」的方案（想必是趁夏天日照更長時多上點課）並限制各個社區「不必要的照明」；政府將採取措施，鼓勵使用大眾運輸與共乘；為了減少油耗，公家車輛時速不得超過每小時五十英里（緊急狀況除外）；全國高速公路將根據燃油引擎的最佳效率制定速限，以求每日能節省數萬桶石油。「我們必須合作，才能改變」，尼克森如是說。[110]

總統接著表示，美國應該對近年來的登月及曼哈頓計畫的科技成就感到振奮，一鼓作氣「發揮潛能，在無須仰賴外部能源供應的情況下，滿足我國能源內需」。尼克森宣布新計畫——他命名為「獨立計畫」（Project Independence），誓言讓美國在一九八〇年以前用本國資源滿足能源需求。[111]

時至今日，能源取得、物價上升、環境問題、依賴外國的出口，以及這些情況對經濟與國家安全造成的隱憂，依舊迴盪在世界。政府承諾要化解沉痾痼疾，卻是接連的口惠而實不至，一開始的信誓旦旦同樣言猶在耳。一九七〇年代初期的能源危機的確為美國帶來深刻的影響，最明顯的就是每小時五十五英里的速限——總統演說後僅僅數週，這個速限便已入法，並持續施行了二十多年，在美國部分地區，甚至至今仍是州級政策。早期的研究顯示這些限制讓美國人每年多花將近二十億小時的時間，但降低車速不只能救命，還能節省燃料。[112]不過，今天的用路人無論是駕駛電動車還是別種車輛上路，多半都不會把規定的行車速限與限制能源消耗的緊急措施聯想在一起。

當然，美國國內化石燃料遊說團體的勢力也是一大考驗，讓朝著潔淨能源發展的目標難以達成。除此之外，選民也不願意加稅去挹注長期計畫。這些難題在吉米・卡特（Jimmy Carter）擔任總統期間（一九七六年至一九八〇年）達到高點。一九七七年，卡特透過全國演講時宣布他的國家能源計畫（National Energy Plan），「國會成員面對的選擇並不容易。每過一個月，我們的能源問題就更嚴重。今年夏天，我國使用的石油與汽油量更是史無前例」，對於進口的依賴非但未減，反而提高。卡特表示，這種情況造成的通膨壓力已超出美國政府所能控制，他引用國防部長哈洛・布朗（Harold Brown）的話，「眼下缺乏可靠的能源來源，這就是對我國與盟國安全……最嚴重的威脅。」之所以新成立能源部（Department of Energy）來監督、協調如何因應極端考驗，國安問題正是其中一項考量。[113]

卡特說，美國必須「減少消費，從原油與汽油轉往其他能源」，並「鼓勵美國本土生產能源」。他接著表示，政府要一面支持國內化石燃料製造商，一面採用減稅和處罰，以「加快從原油與汽油轉往燃煤、風力及太陽能、地熱、甲烷與其他能源的速度」。總統坦承這不容易，畢竟美國面臨「長期的未來挑戰」，而民選官員的任期並不長。即便如此，他仍表示肯定：「我希望，也許今後的一百年，將能改採永不枯竭的能源。」[114]

卡特不是第一個提出投資研究、開發乾淨能源的總統。一九七〇年代初，尼克森就在國會提出改善能源效率的計畫，並且投資科技以幫助過渡到更乾淨的能源，像是太陽能、地熱及氫為基礎的核融合反應爐。[115]然而，通過的撥款少到不值一哂，而且一直未能開發出可商轉的能源。相較之下，卡特是用宣教的熱情在推動。「世界還沒準備好面對未來」，就職後不久，卡特在電視上對全國發表談話。他一面鼓勵使用煤炭，一面勾勒遠大的目標，要讓家戶與新的建築絕緣隔熱，並開發、推廣太陽能。卡特說，「為了保護我們的就業機會、我們的環境、我們的生活水準及我們的未來」，這一切勢在必行。道理很簡單：「如果想為子子孫孫留下美好的世界，我們就不能自私、不能膽怯。」[116]

和他意見一致的人不夠多。問題有一部分跟一九七〇年代晚期的地緣政治動盪有關——OPEC在一九七九年再度把原油價格提高五〇%，威脅要讓全球經濟陷入衰退，其中也包括美國經濟。卡特的遲鈍反應讓情況更形惡化。一九七九年七月，選民幾個月後就要在總統大選中投票了，他卻痛斥「在這個一度為辛勤的工作、興旺的家庭、緊密的社群，以及對神的信仰而自豪的國度裡，如今我們當中卻有太多人變得崇尚縱樂與消費」，「愈來愈不尊重政府、教會與學校，」他補充道，「這既是事實，也是警告。」問題在於人的貪婪。「人的身分再也不是由其行跡，而是由其擁有來決定。」[117]這些責備的話效果奇差，卡特的支持度跌落到前所未有的低點。羅納德・雷根（Ronald Reagan）充分利用情勢，「老實的男男女女們以自己的方式謀求自己的生計，他們懂人情世故，正派體面」，雷根為他們辯護的話就這麼落入沃土，把他送進白宮。[118]

如今回顧，還是很難理解投入能源轉型的機會是怎麼錯過的。比方說，卡特在一九七九年夏天宣布一份十億美元的撥款計畫，提供太陽能與其他再生能源發展所用，同時大秀白宮新鋪設的太陽能板屋頂。「等到二〇〇〇年，我身後這個太陽熱水器，今天裝設的熱水器，還會在這裡供應便宜、高效的能源，」他說，「從現在起，過了一代人之後，這個太陽能熱水器要麼變成一個奇珍異寶、一件博物館的館藏、一條沒有走的路，要麼化為美國人最偉大、最激勵人心的奇遇當中的一小部分。」[119]

接下來數十年，世界沒有走上潔淨、再生能源的道路，而是走向能源消耗、化石燃料燃燒、碳排放與汙染排放的激增——而這一切的主因則是密集的國際貿易與全球化程度的提升。沒有人能想得到，把世界推向這個方向的兩大契機：其一居然是美國總統制度的漏洞；其二則是越戰期間發展的氣象改造計畫。

⁝　　⁝　　⁝

事情是這樣的：蘭德公司研究員丹尼爾・艾爾斯伯格（Daniel Ellsberg）參與一項歷史分析計畫，探討從二戰結束到一九六〇年代晚期，美國在印度支那扮演的角色。對所見實情大失所望的他，把一批跟美軍在東南亞行動相關、數以千計的文件所組成的大祕寶交給媒體——人稱「五角大廈文件」（Pentagon Papers）。文件內容開始在《紐約時報》與《華盛頓郵報》的一系列獨家新聞與揭露性報導中刊登，讀者完全被報導吸引——而且怒不可遏，因為政府授權進行的祕密行動數量之多與範圍之廣，也因為媒體揭發詹森政府「不只對民眾說謊，也對國會說謊」，而且是有系統地說謊。[120]

相關報導在一九七一年夏天開始見報，美國政府採取行動阻止報告見諸報端，但最高法院裁定政府的作法違反《憲法第一修正案》（*First Amendment of the Constitution*），在法律上站不住腳，此後便如野火般燒延。[121]有一項披露尤其令人咋舌，原來政府在越戰期間長期試圖操縱東南亞的天氣。早在五角大廈文件洩露之前，就有一份報告宣稱「空軍造雨單位」已經在一次代號「同胞中間人」（Intermediary Compatriot）、始於一九六七年的祕密計畫中「成功把天氣導向對北越不利的方向」，在雨季時增加叢林路網的降雨。[122]

這份報告引起華盛頓部分人士的擔憂，尤其是參議院海洋與國際環境小組委員會（Subcommittee on

Oceans and International Environment），他們要求國防部長對此回應，而國防部長起先以危害國家安全為由拒絕，後來才到參議院作證，表示國防部沒有試圖操縱天氣，陳述「我們絕對沒有對北越進行那種行動」。[123]

所以，等到記者西摩・赫許（Seymour Hersh）在長篇幅披露報導中，明確寫出這場協同計畫展開的原因、發展的方式與地點，詳述前揭氣象操縱就發生在一九七二年夏天時，政府才會如此顏面無光。一位對行動內容知之甚詳的官員說明：「我們試著安排好天氣模式，以符合我們的需求。」[124]他所說的是「獨眼龍計畫」（Project POPEYE），其實就是「同胞中間人」的新代號，因為原本的代號雖是機密，但已經外流，所以改了名字。[125]

從後來浮上檯面的情資來看，獨眼龍計畫目標在於沿著北越與寮國南部的交通路線，透過用碘種雲以「製造夠多的降雨」，「阻截或至少延誤貨運交通」，藉此打亂補給。初步實驗在寮國進行，並未知會寮國當局，而且是在保密到家的情況下實施，「僅限極少數美國官員知情」。實驗階段，「進行五十次以上的種雲實驗」。國防部稱結果「極為成功」，經種雲的雲層有八〇%以上隨後降雨，傾盆大雨「帶來極大影響，讓車輛行進路線……無法發揮作用」。駐紮在越南的一處美軍特種部隊營區「在四小時內淹起了深達九英寸的水」，感覺讓美軍人員措手不及。[126]

早期的報告提到實驗結果前景看好，充分證明這項技術可以對敵方的移動、補給與通訊造成嚴重影響；搭配轟炸橋梁與渡河口的話，可以創造創造瓶頸，加強效果。然而，這麼做也有潛在的副作用。首先，根據國務卿狄恩・拉斯克（Dean Rusk）的看法，「前述提案將大幅改變未來數個月的天氣模式，因此配合的行動必須立刻進行」。其次，備忘錄中坦言，「這種作法理論上會造成泰國出現若干惡劣天候，當地……正常的降雨量將會有一定程度減少」，不過這不需要擔心；但無論如何，降雨量與降雨時機點的改變，很可能對「目標區以外的地方帶來可觀的影響」。保密也是個問題，像是「在印度進行氣象實驗的計畫」，會有美國種雲機遭擊落或是消息走漏給媒體的可能。因此，提案若要繼續進行，就必須有總統的授權。[127]

後來在參議院聽證期間，獨眼龍計畫的目的也浮上檯面，旨在「阻止敵方使用道路，手段如削弱道路維護、造成道路沿線土石流、沖垮渡口（以及）維持土壤潮溼情形，久於正常時間跨度」。[128]從計畫開始實施，到計畫在赫許的揭露報導刊登後兩天中止時，共超過五年期間，美軍飛行器執飛兩千五百架次以上，由南越新山一（Tan Son Nhut）基地的情報官員設定主要目標，每年花費大約三百六十萬美元。[129]這些飛行器的「種雲任務並不僅限於」寮國與北柬埔寨，還會在泰國執行任務，而且未曾詢問泰國政府是否允許，也沒有知會這些架次的目的與性質。[130]

這些披露只是冰山一角。一九七二年四月的參議院聽證會提到，三年前美國已經在菲律賓進行氣象干預，並與該國政府就「可能的颶風操作」進行討論。一九七一年，美國海軍人員在沖繩選擇雨雲、種雲，維持其「存活」，以幫助緩解旱象。美國也曾與加拿大展開關於在五大湖區種雲的「非正式」討論，還有跟英國討論在巴哈馬進行「颶風研究」。[131]

此外，還有「索環計畫」（Project GROMET），這項極機密計畫是為了緩解一九六六年至一九六七年間印度的旱象，詹森總統個人對此非常關心，甚至到了入迷的程度。他深入研究週雨量圖，「確切得知雨下在哪裡，以及哪裡沒下雨」。就這項計畫來說，美國有跟印度總理英迪拉‧甘地商討，甘地政府予以放行，甚至採取措施以確保美國的參與與行動不至於眾所周知。結果，這次的干預並不成功，一九六七年夏季豐沛的季風降雨到來——不需要那麼多。[132]

這類氣象操縱的性質與範圍出人意料。美國軍方開發的「種雲手法」，「如今已運用在世界上幾乎每一個國家」，一位資深官員講出準備好的聲明，讓參議員大吃一驚。軍方除了跟美國國內數十個機構及「多家私人企業」已有合作之外，還跟「印度、菲律賓、臺灣、智利、以色列、羅德西亞、墨西哥、葡萄牙、法國、義大利、阿根廷與澳洲」，對氣候改造有興趣的個人進行接觸。[133]

這讓人「非常難過」，參議員克雷伯恩・佩爾（Claiborne Pell）大呼反對——他是一九七二年四月時參議院聽證會主席，其中有幾場是閉門會議。他說：「對於現有環境改造技術，如果我們不限制其軍事用途，就會有開發出更危險技術的風險，而這些新技術的影響，我們恐怕並不清楚，對全球環境也有可能造成不可逆轉的傷害。」[134]委員會建議，美國政府「與其他國家政府達成共識」，以國際條約為目標，禁止「以任何環境或地球物理改造作為戰爭武器」。[135]

這樣的提議對於蘇聯，對於華盛頓與莫斯科的關係尤其重要。一九六〇年代末，蘇聯便實施大規模計畫，要充實其核武庫，同時投資發展反彈道飛彈（Anti-Ballistic Missile, ABM）防禦系統，在軍事衝突的兵棋推演中很可能帶來決定性的優勢。最後，美蘇從一九六九年開始進行戰略武器限制談判（Strategic Arms Limitation Talks, SALT），三年後在莫斯科就初步協定簽字。[136]

這樣的雙邊合作是美蘇關係大融冰的一環，為其他協議打開大門。為首的政策制定者與科學家在各種場合培養出友好默契，例如在新罕布夏州定期舉行的達特茅斯會議（Dartmouth conferences），為美蘇之間的討論提供機會。[137]現在這些接觸利上加利，發展成關於人為氣候干預的雙邊會談——會談始於一九七四年夏天，一年後協議大綱出爐，作為《禁止環境改造公約》（*Environmental Modification Convention*）並提交聯合國，後於一九七六年十二月十日通過。[138]

此項公約禁止將「環境改造技術」，也就是「改變地球自然動態、組成或結構……包括地球生態、岩石圈、水圈與大氣圈，乃至於外太空的技術」用於軍事用途。公約內舉例說明前開技術所造成的現象：「地震、海嘯；破壞區域生態平衡；改變天氣模式（雲、降雨、各種氣旋與龍捲風）；改變氣候模式；改變洋流；改變臭氧層狀態；以及改變電離層狀態」。[139]

一九七六年五月到六月，為了進一步展現合作與開放，一批科學代表團在蘇聯待了三週，探討氣象操縱的研究與雲物理學，了解蘇聯如何在高加索、摩爾達維亞（Moldavia）、中亞，以及保加利亞與匈牙利等蘇聯集團國家，加起來超過五百萬公頃的地方種雲；蘇聯官員與科學家宣稱已有成效，「非常成功……未來幾年還會繼續行動」。會談友好而有收穫，學者比較高加索與科羅拉多州的冰雹，討論用火箭把冰核送入過冷雲的好處，以及最有效的消霧手法。來訪的科學家獲准進入莫斯科、列寧格勒、提比里西（Tbilisi）、基輔與納爾契克（Nalchik）等地的多個研究機構。不過，訪客印象最深刻的居然是研究計畫主持人的年紀，顯然比他們的前輩年輕許多，可說是蘇聯當局對相關領域興趣與投入提升的訊號。[140]

這些科學家之間的個人情誼與學術互動，對接下來數年來說相當重要。關鍵並非有意識地實施氣象操縱計畫，改變全球氣溫，甚或是對大氣層排放氣體的影響，而是模擬美國與蘇聯爆發戰爭的可能衝擊。根據一九七五年發表的一項研究，就算處於低盪期（détente，兩大超級強權之間關係暖化），還是不能不去強調核戰的可能後果，相關的知識因此發揮嚇阻效果，讓雙方不去使用這些威力強大的武器。[141] 核戰的衝擊將長時間維持或者延續數個月，火災將「嚴重阻礙陽光穿透照射地表」。在這種情境下，「農業生產恐怕會幾乎絕跡於北半球，從核戰初始影響中倖存下來的人，也沒有食物可吃」。[142] 相關研究帶來深遠的影響。有學者嘗言，「在一九八〇年代的美國，關於氣候變遷最為人所熱議的不是二氧化碳，而是『核子冬天』的可能性。」[143]

⁝ ⁝ ⁝

學界模擬預測美蘇大規模核子對抗造成的衝擊，一系列成果發表讓緊張情緒倏地增強。一九八三年，兩國學者相隔數個月在各自國家發表假說，吸引民眾注意力，也讓人害怕起這兩大截然不同的社會經濟與政治體系彼此間的敵對有多麼高的風險。理查・圖爾柯（Richard Turco）領銜的一群學者在《科學》期刊上發表論文，運用「新的資料與改進後的模型」，並且從火星沙塵暴研究得到靈感，探討野火與都市大火產生的「黑煙」會造成什麼影響。作者群寫道，雖然「世界上大多數人口或許能倖存於一開始的核武交火」，但大規模交戰將造成「地表光線大幅減少好幾週的時間，低於零度的地面氣溫將持續長達數個月……局部天氣與降雨量將大幅改變」。作者們表示，結果將是嚴酷的「核子冬天」。更讓人焦慮的觀察點則是「假如城市地區成為攻擊主要目標」，「大量的煙塵排放」，就連「規模不大的核子交火都能引發相對大的氣候效應」。[144]

不久後，一份在蘇聯發表的論文對於核戰的後果也得出類似結論：黑煙將籠罩全地球，阻擋陽光，導致氣溫驟降，所有淡水都會結凍，所有莊稼都無法收成，生態將陷入動盪。動植物與微生物將大規模滅絕，陸地生物相受到全面影響。[145]美國的情報分析師表示懷疑，認為蘇聯對於「核子冬天」的研究「幾乎都得自美國的構想、數據與模擬」。更有甚者，蘇聯的科學家「一直提出比西方類似研究所得成果更嚴重的氣候變遷」。[146]

美方的情報與科學評估是蘇聯的計算不只並非原創，還很粗糙，而且根據的是他們老舊的 BESM-6 電腦用了四十小時才算出來，而不是用美國最先進的 Cray-1 電腦只用八分鐘算出的結果。因此，很難不認為蘇聯是在發動一場目標明確的宣傳戰，推動裁軍，以減少軍事開支，並且在國外引發紛爭——這些都對蘇聯有利。[147]

不過，圖爾柯與同僚確實提出核子攻擊後三十天內，地表溫度將降至負一七°C，零度以下低溫將維持約三個月，氣溫重返正常要大約一年的基本情境。因應這種處境的方法確實值得思考。[148] 儘管美國做出一些更準確的模擬，把上述假設中的部分嚴重程度降級，認為應該是「核子秋天」，而非核子冬天，但末日情境還是攫住了民眾的注意力，認為是「與時局相符的世界末日故事」。如果跟一九八〇年代各種災難擺在一起，像是衣索比亞的乾旱與饑荒、全球愛滋病蔓延、車諾比核子設施重災等——一路看下來，人類就是自己最大的敵人。[149]

當然，蘇聯內部也有有力人士認真看待核災的威脅。一九八三年十二月，物理學家謝爾蓋・卡皮察（Sergei Kapitsa，其父彼得・卡皮察〔Pyotr Kapitsa〕是諾貝爾物理學獎得主）應參議員愛德華・甘迺迪（Edward Kennedy）與馬克・哈特菲爾德（Mark Hatfield）的邀請，前往參議院出席圓桌會議，探討核戰的影響。卡皮察也是知名電視主持人，在蘇聯主持一個每週播出一次的科學節目。他提醒與會者一八一五年的坦博拉火山爆發，以及拜倫勛爵在隔年所寫的詩〈無光〉（Darkness）——卡皮察表示，這首詩在蘇聯很有名，因為作家伊萬・屠格涅夫（Ivan Turgenev）曾將之翻譯為俄文。詩是這麼寫的：

我做了夢，也不盡然是夢。
明亮的日頭熄滅了，至於繁星
則在永恆的太空裡遊蕩於黑暗，
光線沒有，途徑沒有，而冰冷的地球
在無月的虛空中盲目擺盪暗淡。[150]

一個月後，卡皮察在聯合國演講時說「核武不再是戰爭的工具」，並再次提到坦博拉火山噴發與拜倫的詩，稱這首詩是「迄今文學中對於核子冬天最好的描述」。他也引用瑪莉・雪萊的《科學怪人》，認為這部作品顯示人類與科技交會處的危險還沒有得到充分認識。[151]

美蘇關係在眾多因素影響下，朝向裁軍的討論與行動發展。羅納德・雷根與米哈伊爾・戈巴契夫(Mikhail Gorbachev)兩人的性格——戈巴契夫成為領導人之後，為組織硬化的蘇聯帶來一番新氣象——以及他們的私交，對此影響很大。其他進攻型與防守型軍備，如搶占媒體版面的戰略防禦方案(Strategic Defense Initiative)的發展也很重要，只不過部分學者主張攻守軍備在過程中的影響比一般所認為得更複雜，效果也比較有限。[152]蘇聯入侵阿富汗，美國在中東、伊朗與其他地方的陣痛，以及這一切為國內帶來的壓力，都是一九八〇年代醞釀出地緣政治變遷、裁軍對話與超級強權合作的素材。

汙染、更嚴謹的環境法規、更理想的廢棄物處理，乃至於對自然資源耗竭的擔憂，不只是美國與西方世界許多地方的重要議題，也始終是地方層面上最受關注的問題。這樣的關注影響政治的先後順序與動員，也強化環保運動的力道。[153]

蘇聯也是一樣的情形，國內愈來愈多人呼籲重視環保而不是經濟發展，要改善空氣品質，停止破壞性的採礦，清除工業廢棄物，阻止並翻轉伐林，並保護受人為破壞最著名的兩大案例——鹹海與貝加爾湖(Lake Baikal)。[154]隨著戈巴契夫以「開放」(glasnost)與「重建」(perestroika)為原則實施改革，讓蘇聯公民更容易要求政府採取行動之後，前述的呼聲就更通達無礙，也更響亮了。大型示威活動可以證明，地方性、區域性、全國性與全球性環境議題已受到蘇聯人民高度關注。[155]

世界上其他地方紛紛出現類似情況，例如喜馬拉雅山麓的抱樹運動(Chipko movement)，讓國際上注意到森林覆蓋面積不停減少，而這場運動除了鼓舞其他運動外，也敲響了警鐘，提醒人們環境惡化正發生在地球每一個角落，必須減緩其速度，甚至是停止下來。[156]一九八〇年代，全球伐林攀上高峰，期間有數千萬公頃的雨林遭到砍伐，多半是亞馬遜地區整地所造成。[157]從巴西到墨西哥、從西非到中東、從加拿大到中美洲，抗議團體與運動在此時如雨後春筍，要求改變富國那種促成開發自然與自然資源，造成嚴重傷害的消費方式。[158]

環境保護為美蘇關係提供明顯、相互且相當友好的重疊領域，讓兩強能以同理、良性的全球領袖形象現身，好處多多。一九八五年十月的日內瓦，雷根與戈巴契夫首度會面，討論大量議題，像是重申完全禁止化學武器，以及在未來定期會面等，並達成一致。兩人也承諾「環境保護全球有責，將透過共同研究與切實措施，對環保做出貢獻」。[159]

實際貢獻的機會來得很快。除了對核戰、汙染增加、生態惡化的恐懼外，人們還擔心氣候變遷恐怕會釀成災難。以臭氧層為例，臭氧層位於大氣層中，吸收幾乎所有的太陽紫外線。從一九七〇年代開始，研究臭氧層的科學家便擔心臭氧耗竭問題，只不過認為排放氟氯碳化物（經常用於噴霧罐，或者作為溶劑、冷媒與滅火劑）跟臭氧層破洞有關的看法，遭到相關產業部門的人猛烈抨擊。[160]到了一九八〇年代中葉，已有近一步的研究建立兩者之間的實證關聯，而人們對於氣候變遷速度及其影響的擔憂，讓臭氧問題進入主流媒體。[161]

國際間努力減少並逐步淘汰氟氯碳化物，成功在一九八五年三月與一九八七年九月分別簽署《維也納公約》（*Vienna Protocol*）與《蒙特婁議定書》（*Montreal Protocol*），已故的前聯合國祕書長科菲・安南（Kofi Annan）更曾表示，《蒙特婁公約》「或許是聯合國監督下締結過最成功的國際協定」。這些努力或將能讓臭氧層在二十一世紀下半葉恢復到一九八〇年的水準。[162] 臭氧層議題是此時期美蘇問對話的重點，例如《蒙特婁公約》簽訂後幾個月，雷根與戈巴契夫在華盛頓會面，兩位領導人同意推動「全球氣候與環境變遷的共同研究，在雙邊關心的議題如保護、維持平流層臭氧等領域進行合作」。[163]

這類的合作表現，意義往往在於正面的姿態與意向的表達，而不是實際達成的成果。但若從今天回顧，一九八〇年代在許多方面都是黃金時代，人們以真誠的決心透過合作因應重大問題，甚至懷抱樂觀，認為全球性的問題或許能找到全球性的解方。一九八七年關於臭氧的協議是個例子，不過也有其他重大倡議獲得採納，例如一九八八年聯合國同意舉辦大型環境與發展會議之後，所達成的《生物多樣性公約》(*Convention on Biological Diversity*) 聯合國大會聲明，「環境狀態持續變質，全球生命維持體系嚴重惡化，如果讓現有趨勢持續發展，將會干擾全球生態平衡，傷害地球維持生命的特質，導致生態災難，大會對此深表關切」，並意識到「果決、迫切的全球行動，是保護地球生態平衡的關鍵」。問題只剩要採取什麼步驟、在哪裡實行，以及由誰來推動。[164]

部分人士已經意識到問題不只在於臭氧。一九八八年六月，美國國家航空暨太空總署（NASA）戈達德太空研究所 (Goddard Institute for Space Studies) 首席科學家詹姆斯・漢森 (James Hansen) 對美國參議院作證，陳述「溫室效應不僅已經可以偵測到，而且正在改變我們的氣候。」聽證結束後，他直接對媒體表示：「別再空口說白話了。」現在需要的不是說，而是做。[165]

只不過接下來還是口惠而實不至。對副總統喬治・H・W・布希 (George H. W. Bush) 來說，氣候變遷作為議題，已經夠分量讓他在一九八八年美國總統選舉期間的一系列競選活動中拿來談論（他也當選了）。「我是環保人士，而且一直都是」，布希如是說。他還說，「有人以為我們對『溫室效應』無能為力，他們大概忘了『白宮效應』(White House effect)」，並承諾讓蘇聯、中國與其他國家坐下來討論全球暖化。[166]

聽起來很振奮人心：一九九二年六月，聯合國環境與發展會議（United Nations Conference on Environment and Development，又稱地球高峰會〔Earth Summit〕）在里約熱內盧舉行，著手就因應「人類對氣候體系的危險干預」的方法達成共識，像是管控溫室氣體排放，同時允許「經濟方面特別仰賴化石燃料生產的國家使用並出口之，尤其是開發中國家」。參與里約峰會的各國固然注意到「氣候變遷的預測還有許多不確定性」，但各國都意識到「由於全球氣候變遷性質使然，需要所有國家盡可能通力合作，共同參與有效且適切的跨國因應措施」。[167] 布希說，此次峰會是真正的突破。他表示，如今是該採取「踏實的行動來保護這個地球」。畢竟「我們的子孫」會「根據你我今後所採取的行動來評判我們。我們不該讓他們失望。」[168]

會上簽署的《聯合國氣候變化框架公約》(*UN Framework Convention on Climate Change*)，其實就像一九八八年「氣候變遷對全球安全的意義」(Changing the Atmosphere: Implications for Global Security) 國際會議——與會政府試圖在二〇〇五年減少二〇%的二氧化碳排放，但承諾沒有約束力——承諾的很多，但實踐的很少。當年看起來是一個里程碑，但實情卻是這份要穩定「溫室氣體在大氣層中累積的量，以免對氣候體系帶來危險的人為干預」，最後由一百九十二國簽署的公約，並未帶來多少有形的成果。[169]

這無疑是錯失良機，而且錯過的還是冷戰結束所帶來的天賜良機。布希總統在里約表示，一九九〇年代初期是「前所未有的和平、自由與穩定期，對環境問題的協同行動將是未有之機遇」。但其實進展為零，突破也很少。新幾輪的談判——例如一九九二年達成共識，一九九七年於京都簽署的新議定書，確立了各國「責任各有不同」，也就是富裕的先進工業國應該承擔更多的責任——結果也有問題。[170] 不只如此，全球最大化石燃料消費國，也就是美國，更是在會後拒絕在未經修正的情況下核准京都的協議，參議院以九十五比零的票數拒絕簽署。[171]

根據一位記者在一九九二年的報導，結果之所以如此，部分是因為布希在公開場合雖然對氣候問題態度積極，但他個人對此完全「沒有興趣」。「他從未出席相關的正式科學簡報，而且即便在政府官員之間的齟齬公開之後，或是其他工業國家領導人呼籲採取行動時，他也沒有主導行政方針」，反而把所有決策都委任給一位「個人認為氣候暖化發展方向是危言聳聽」的官員。[172]

⋮ ⋮ ⋮

除了布希總統外，還有其他人意識到針對氣候議題發表正確言論有助於爭取選票，但實際做了什麼的話則會敗票。比爾・柯林頓（Bill Clinton）當上總統之後，也面臨一樣的局面。根據近年來解密的通話紀錄，柯林頓曾在與英國首相東尼・布萊爾（Tony Blair）通話時，坦承氣候變遷「是個確確實實的問題」。他說，毫無疑問「得做點什麼」，像是使用更乾淨的能源，與汽車產業合作提升能源效率以減少排放。但是，國會內部的政治派別意味著就算大家「普遍接受」氣候變遷是個問題，要採取有意義的措施加以對治的機會仍微乎其微。[173]

雖然最近有研究指出，因為以臭氧為主軸的《蒙特婁議定書》，到了二十一世紀中葉，全球氣溫將會比原本至少涼爽一℃（北極則是低三至四℃），但如果認為有任何措施能達到成功的地步，恐怕太樂天了。[174] 成功的前景就這麼煙消雲散了。一九八九年夏天，一連串事件引發的連鎖反應，最後導致柏林圍牆倒塌，兩德統一，歐洲各個共產政權被民選政府取代，曾經加入蘇聯的共和國一個接著一個宣布獨立，蘇聯隨之瓦解，最終在一九九一年十二月走入歷史。

回顧過去，這是搭橋鋪路、恢復友好與相互達成協議的絕佳機會；但到頭來歷史走上不同的道路。對俄羅斯民族主義者來說，蘇聯的垮臺成了恥辱與痛苦——據俄羅斯總統弗拉迪米爾・普丁（Vladimir Putin）在二〇〇五年的發言，這是二十世紀「最嚴重的災難」。[175] 蘇聯瓦解對世界上其他地方帶來重大影響，只不過跟俄羅斯民族主義者的看法不同。蘇聯的瓦解帶來的兩個重大轉折：其一，大量自然資源本來處於莫斯科經濟與政治控制下數十年，卻在一夕之間成為全球市場大力開發的標的；其二，一九八九年發生在東歐與蘇聯的震盪，深深影響北京未來數個月乃至數年的思維——同年夏天，學生來到中國首都中心的天安門廣場，領導大規模示威，他們提出類似的改革與自由的要求，北京當局差點就撐不住了。蘇聯的結果，徹底改變中國的民主、外交與經濟政策走向。

這兩項發展的重要性難以言語，其影響相加後所塑造的新世界，堪比歐洲人在一四九〇年代來到美洲之後的情況。事實證明，一九八九年之後的數十年，是有史以來商業交流與整合，也就是全球化的規模最大、強度最高、速度最快的一段密集時期。局部、區域與全球氣候所受到的衝擊之大不言可喻，堪稱人類與自然歷史上前所未見，其影響將塑造後代子孫所生活的世界。

24 瀕臨生態極限

（約一九九〇年至今）

Широкий простор для мечты и для жизни Грядущие нам открывают года.（夢想與生活的廣闊空間正由未來加以開拓。）——俄羅斯國歌

二十世紀最後幾十年，人們對於自然資源與原物料的需求大幅且無盡地成長。尋找大量、便宜且容易開發的資源，已經成為全球性活動。美國與法國的鋁土礦藏耗竭之後，就換牙買加與幾內亞來當最大出口國，為已開發國家提供工業生產所需。此外，還有西非的鐵、摩洛哥與塞內加爾的磷酸鹽、巴布亞紐幾內亞的銅與黃金，以及南太平洋新喀里多尼亞的鎳——一九五〇年至一九七六年間，新喀里多尼亞的鎳出口量至少成長百倍。[1]

全球貿易強度不只持續提升，而且是快速增加。交通網的發展讓貨物能夠以史上最快、最便宜的方式流通於世，帶動國際貿易的成長。新科技帶來知識的分享、資訊（與物價）的平準，以及強化的商業能力，讓世人拉近與彼此的距離。早在數位革命發生，帶來即時下單之前，前述趨勢已經很清楚了：一九八五年，蘇聯開放領空給民航飛行——反映的既是蘇聯與西方敵對態勢減緩，也有莫斯科在經濟下滑期間謀取外幣的需求——不只大幅減少歐亞之間原本的飛行時間，也讓商業活動與企業領導人交流更加頻繁，為迅速的

經濟合作與投資鋪好路。[2]

在冷戰結束的催化之下，商業聯繫與經濟成長進一步加深。蘇聯瓦解提供機會，讓豐富的資源得以在全球市場上銷售，不受政治教條與附帶條件的束縛，而西方企業在蘇聯的投資則提升效率，帶動生產，為新的生產活動、農地、礦場與管線等帶來資金，拉低價格。蘇聯的瓦解也讓工業排放量大減，因為生產活動減少，有時甚至陷入停擺；更有甚者，高物價與低購買力讓畜牧產品消費大幅減少，導致前蘇聯地區牛豬數量在一九九二年至二〇一一年間減半。糧食體系重整（包括農田廢耕）停擺，農產貿易重構，讓全球溫室氣體排放大幅減少。[3]一九九一年蘇聯瓦解之後的二十年間，化石燃料生產受到各種不確定性所衝擊，或許這些年間甲烷排放大減，跟經濟與政治的動盪密不可分。[4]蘇聯垮臺對懷抱特定政治理想的人來說是壞事，但對全球氣候而言似乎是好事——至少短期內如此。

劇變也在世界上其他地方發生。雖然中國與全球市場整合的推動力，可以回溯到一九七〇年代初期尼克森總統訪問北京，以及其後卡特政府給予中國最惠國待遇，但真正讓情況徹底改觀的其實是北京領導層在一九九〇年代初期開放外資的決定：一批能夠立即上手、以低價製造商品龐大勞動力突然湧現，再加上超過十億人的市場帶來的銷魂前景，而且這個市場在未來肯定會迅速成長。

成長的步調讓人大吃一驚。一九九〇年以來的三十年間，全球經濟規模成長為四倍，這麼短的時段，而且不時有一九九〇年的伊拉克戰爭、一九九八年的亞洲金融風暴、九一一攻擊及其餘波、二〇〇八年金融危機，以及新冠大流行（根據部分估計，光是對美國經濟，新冠疫情就導致十六兆美元的損失）等打斷，速率可謂相當驚人。[5]國際與全球貿易協定的擴大，加上對物流能力的投資——像是龐大的貨輪，今天最大的貨輪能裝載超過兩萬個貨櫃，還有能處理貨運量的港口設施——促成市場更加緊密整合，創生跨洲供應鏈，推動全球經濟成長。

世界貿易組織（World Trade Organization, WTO）成員國降低關稅壁壘，為價格帶來下修壓力，激發出一波榮景——至少對於能夠獲益的國家是如此。比方說，哥倫比亞在一九九五年獲准加入WTO之後，進口稅平均降低四分之三以上，而印度則是從徵收八〇%以上，下降到平均三〇%。一九九〇年之後的三十年，美國經濟成長到三倍以上，但同時期的中國卻成長四十五倍，名目GDP從一九九〇年的三千一百億美元左右，上漲到二〇二〇年的超過十四兆美元。我用一個例子來說明規模的變化有多大：一九八五年的中國據估計有兩萬輛私人運具在路上跑，今天這個數字已經超過兩億四千萬輛。[6]

一九九〇年代初以來，一系列的政治、經濟、社會、科技與數位革命讓你我生活的世界改頭換面。但在所有變化當中影響最大的，恐怕還是自然世界的轉變，是生態系的重組，是局部、區域及全球氣候在眼下與未來所受到的衝擊。比方說，自一八六〇年以來，美國中西部的集約耕作已經導致將近六百億公噸的表土流失——土壤失去有機質與養分之後劣化，不僅拉低產量，還推升農業成本。[7]全球每年估計有三百六十億公噸土壤流失，預料撒哈拉以南非洲、南美洲與東南亞的流失量會迅速增加。[8]使用大量農藥，加上重金屬與塑膠汙染，不只影響土壤品質與產能，一旦攝取進入人體，這些物質還會傷害心血管。[9]

一旦遭受竭澤而漁的開發，資源耗竭之後就會有很明顯的影響。比方說，北美洲五大湖區西部的高原含水層（High Plains Aquifer），該含水層形成於約六千五百萬年前，是注入密西西比河的各條水道由洛磯山脈沖刷下的沉積物構成的。高原含水層在科羅拉多州地面下將近十四公尺，能支應該州的用度。如今含水層的水分全靠滲入土壤的雨水來補充，蓄水的速度追不上補充的速度，主因是為了灌溉所謂的「世界的麵包籃」。這也不是新聞：早在一九七八年，堪薩斯州副州長謝爾比・史密斯（Shelby Smith）便發出警語，表示堪薩斯州「用水問題嚴重，危機迫在眉睫」。儘管水位下降的速度減緩，但高原含水層如今已經有部分完全耗竭。近年來有研究指出，高原含水層是數百萬年以上的時間才能形成，結果「人的一輩子就把它耗光了」。[10]

含水層耗竭是破壞，伐林也是破壞。上千萬公頃的森林消失，二十世紀末為了開闢新的農地，是熱帶森林遭砍伐的主因。[11]事實上，熱帶地區的伐林有九九％都是農業擴張使然。[12]在東南亞，大部分林地之所以遭伐，是為了要生產棕櫚油——世界上最普遍的植物油，全美包裝產品半數以上都能找到這個成分，例如護唇膏、肥皂與冰淇淋。[13]棕櫚油是進一步，退兩步的經典案例——歐盟認定棕櫚油是永續生質燃料，有助於減少對化石燃料的依賴，結果居然變成鼓勵砍伐森林改作種植園之用。[14]

亞馬遜地區也是類似的故事，為了呼應全球消費需求，當地有大片土地遭到清整。亞馬遜各種林地當中，有六三％失去的面積是整地以供牛肉與乳製品生產的結果，巴西土地改為牧牛草場的情況尤其嚴重。[15]即便伐林的速度在二十一世紀初年有所減緩，但二〇二一年的速度卻達到十五年來最高，原因是有人放火非法整地，巴西總統雅伊爾・波索納洛 (Jair Bolsonaro) 甚至來不及加重環境法律的執法力道。[16]剛果盆地各國，如喀麥隆、中非共和國、剛果民主共和國、赤道幾內亞、加彭與剛果共和國等，是全世界第二大溼性熱帶林的家。二〇〇〇年至二〇一四年，估計有一千六百萬畝的林地因為農業與伐木而消失；消失的速度很可能還會加快，畢竟該地區人口預計將在二一〇〇年之前成長為五倍。[17]

⋮　⋮　⋮

牛肉、其他肉品與乳製品生產相關的大規模整地，也造成林地的消失。例如自二〇〇〇年以來，巴西的大豆栽種面積已經翻倍，達到三千四百萬公頃，不只導致熱帶雨林減少，對巴西稀樹草原區（Cerrado，全球生物多樣性熱點，南美洲最大盆地的淡水便源於此）也有負面影響。[18]數十年來，世界變得更富有，交流更緊密，人也愈來愈多——共享這顆星球及其資源的人，從一九六〇年的三十億人，增加到二〇一九年將近八十億。為了達到世人的要求，全球大約四分之三的大豆生產是用於作為動物的飼料，雞與豬為其大宗。[19]不難理解環境惡化、生態系崩潰、生物多樣性喪失，而這顯然跟我們吃什麼東西的決定所造成的長期影響有關。由於接下來數十年對肉、奶、蛋的需求預期會強勁成長，這些壓力恐怕會愈來愈沉重。[20]

新整理的地種植棕櫚樹，長出大豆，養起牛隻。但是森林消失所造成的衝擊，遠遠超越了棕櫚油、黃豆與牛肉的進口國民眾的餐桌變化。首先，全球大約十六億人的生計仰賴森林，尤其是開發中國家的人民。[21]再者，森林覆蓋面積減少，將劇烈衝擊動植物棲地與生物多樣性：根據聯合國環境規劃署（United Nations Environment Programme）指出，約有八〇%的兩棲動物、七五%的鳥類與六八%的哺乳動物以森林為家。[22]因此，大幅改造地貌會對每一種生命型態造成深遠而嚴重的影響。

伐林對氣候模式有重大的影響。比方說，在二〇〇〇年之後這十年，全球碳排當中就有二%至九%來自於熱帶土地上的棕櫚栽種。[23]二〇〇一年至二〇一九年，光是東南亞每年平均就有三百多萬公頃的森林消失，等於每年有四億兩千萬噸的碳釋放到大氣中——由於森林砍伐逐漸往高海拔與陡峭的坡地上發展，而這些地方的碳密度高於低地，情況因此雪上加霜。[24]

亞馬遜雨林的生態生產力從一九八〇年代開始不斷下降，樹木死亡率增加，而森林火災的後續效應又會放大旱象，減少蒸散，因為水氣分布模式、降雨量與森林存續都發生變化。[25]這些改變非常明顯，因為亞馬遜從吸碳之地變成碳排之地——人為活動集中在東部區域，碳排放量也更大。[26]還有其他重要因素，像是甲烷、氧化亞氮、生物源揮發性有機化合物（biogenic volatile organic compounds）及氣膠等。對它們的認識也很重要，畢竟亞馬遜各地區情況多元，而人們在評估目前狀態與未來預測時往往忽略這些因素。[27]

雖然對於未來發展的模擬結果相當分歧，但近年來有一系列研究皆指出，在全球氣候中扮演要角的亞馬遜生態系，突然崩潰的風險愈來愈高，而這對我們所有人都會帶來嚴重後果。[28] 除了人為的林地整伐之外，森林大火也變得愈發頻繁猛烈，波及範圍也更廣。例如二〇二一年，每分鐘就有相當於十個足球場大小的林地毀於野火——光是俄羅斯就有五百多萬公頃被燒毀（還有一百萬公頃是人為整地）。[29] 近來有一份報告指出，未來數十年間猛烈大火將急遽增加，尤其在北極圈更容易發生，加速永凍苔原解凍，解凍後就更容易發生大火，帶來無法逆轉的陸地碳釋放，進入大氣，加速全球暖化。[30]

二〇二一年十一月，第二十六屆聯合國氣候變遷大會（UN Climate Change Conference）在格拉斯哥舉行，共一百四十一國宣誓「在二〇三〇年以前停止並逆轉森林的消失」。[31] 以近幾年、數十年乃至數個世紀的實證來看，只能說這個目標的口氣很大。不只土地與森林的變更用途讓我們生活的世界出現劇烈變化，全球化的貿易也改變動植物的棲地——人類自己的也不例外。先前已經談過，歷史上貿易與運輸網的開通，一定會帶來新的物種，造成重大的生態轉變。

⋮ ⋮ ⋮

現代世界具備超高連通性的全球化貿易與交通網，生產者與消費者之間的距離變得更近，人力也更容易移動到世界各地。但是，這張網也會導致陌生物種擴張、移置與入侵到新的地點，造成本土種滅絕、食物鏈大亂，以前所未有的規模和驚人的速度，在自然環境中引發劇烈的改變。[32]

貿易與交通網對於人類的健康、福利及財政也有重大的影響，畢竟許多部分在經濟生產活動扮演重要角色，甚至是帶來財政後果：比方說，棕樹蛇入侵關島，導致意外停電的小時數數以千計，因為這種蛇會妨礙供電，被電線纏住或是困在電廠，造成每年多達兩百次的臨時停電——財產損失、修復工作與生產停擺等價值往往數百萬美元。[33]至於波多黎各樹蛙（common coqui）傳入夏威夷，因為這種蛙求偶叫聲很吵，干擾當地居民，因而導致入侵情況嚴重的地方房地產價值下跌。[34]

二〇〇二年，原生於東亞的光臘瘦吉丁蟲（emerald ash borer）經確認為密西根州與安大略省的樹木殺手；兩年後，已有一千五百萬棵樹死亡，或者奄奄一息。全美有八十億棵梣樹，它們無法承受這種昆蟲——一旦遭殃，則會有價值兩千八百億美元的林產泡湯，何況移除市區死亡樹木還得多花兩百億至六百億美元。[35]還有原產東南亞的亞洲星天牛，有估計指出牠們恐導致美國各大城市三〇％的樹木死亡（數量超過十億棵），損害價值達到六千六百九十億美元，而且正在染指俄羅斯的梣樹，往西朝歐洲蔓延。[36]英國的肯特（Kent）也爆發星天牛災情，源頭可能是進口木料包裝夾帶這種昆蟲。在動植物健康局（Animal and Plant Health Agency）與林務委員會（Forestry Commission）主導下，人們用了六年抓捕，最後才由生物安全事務政務次長發表成功根除的正面聲明。[37]另外，還有秋行軍蟲，這種昆蟲對許多穀類、玉米、高粱、稻米都有嚴重危害，而且稻米尤甚。秋行軍蟲是美洲原生種，在二〇一六年首度有在西非出現的紀錄，一年後就成為全世界蔓延速度最快的主要害蟲。[38]

整體來看，假如抵擋不住害蟲與病原體的入侵與蔓延，世界農業將承受每年上千億美元的損失——中國、美國、印度與巴西因為一千三百種高風險的病蟲害，面臨絕大的潛在風險。然而就GDP而論，風險最大的前二十國當中，大部分都位於撒哈拉以南非洲。[39]害蟲不只會破壞生態系，像白蟻還能對建築物造成傷害，加上預估未來數十年的白蟻巢大小與地理分布都會激增，傷害只會更大。白蟻問題也會影響氣候，因為這類生物是龐大的甲烷排放源。[40]

最嚴重的挑戰還是包括寄生植物、病毒、真菌與細菌在內的植物病蟲害，據信全球每年因此減少一〇%的糧食生產。慣行農法以施用化學藥劑或抗生素來對付病蟲害，但由於細菌自然發展出抗藥性，上述藥劑正逐漸失去藥效。[41]加上數十年來，好幾種農作物的營養價值都出現可觀的下降，可能是施用肥料、殺蟲劑，以及以作物大小、產量為尊的激進農法使然。[42]

不過，影響程度最大的環境轉變，則是肇因於數十年來人類群聚密集的程度。城市與都會區是最受氣候變遷衝擊的地方：雖然緊密居住能促成高速的交換，但城市並非生產中心，而是消費中心。都市居民需要食物、飲水與能源，這些都得從一段距離以外取得（有時候距離甚遠），而且源頭很少只有都市的腹地或鄰近地區。工廠設廠地點與製造活動都會設在城內或城郊，以獲得勞動力或交通、電力與數位網絡，但製造業所需的原物料往往是從其他地方運來的，而且往往來自遠方。

全球與能源相關的二氧化碳排放中，約四分之一來自交通，而且這個比例在已開發國家還會更高——美國交通碳排占整體碳排的二九%，而加州更是有四一%左右的碳排來自交通。有時候生產效率低所造成的碳排，比貨品長途運輸製造的更多；其實，就算商品是在其他地方用比較「潔淨」的方式來生產，有時候運輸業其實還是能減少碳排，也帶來社會經濟方面的益處。[43]

即便有這些例外的情況，都市化仍然造成各式各樣的環境問題，尤其是高人口密度帶來的需求所導致。拉丁文的城市（civitas）基本上就是「文明」的同義詞，但其實城市只占了全世界陸地面積的一小塊，說不定只有三%那麼少。[44]少歸少，都市化程度愈來愈高，意味著全球有半數以上的人住在都會區，而這個比例預計將在二〇五〇年以前達到七%。由目前人口趨勢來看，這代表在接下來三十年間，還會有另外二十五億人將住到城市中。對於各種資源的需求來說，其影響自不待言——除了理所當然的基礎建設外，還有二氧化碳、溫室氣體與熱的排放。[45]

三十多年來的都市化速度驚人，規模令人瞠目結舌。一九九〇年至二〇一〇年間，中國都會區營造工程增為四倍，從連續衛星影像可以看出成都部分城區的建築面積在一九九六年後的六年間成長為三〇〇%。[46]中國都市人口在四十年間從約一八%提升到將近六〇%，數億人到城市生活，是有史以來最大、最快的都市化。[47]據估計，中國在二〇一一年至二〇一三年所使用的水泥，比美國在整個二十世紀所使用的還多。[48]

世界上其他地方的都市化，像是奈及利亞、印度、巴西與印尼，也都在歷史上榜上有名——墨西哥城、拉各斯、馬尼拉、孟買、雅加達、達卡與開羅如今都有至少兩千萬人口，其中幾座更是遠遠超越這個數字。新冠疫情爆發前，以未來十五年間GDP成長最快的城市預測來說，前十座城市都在印度；至於這些預測是否準確，目前還在未定之天。[49]不過，各大洲與區域之間的都市化水準與成長率顯然不是平均分布，北美洲、拉丁美洲與加勒比海有八〇%以上的人口生活在都會區，而撒哈拉以南非洲的比例卻僅有四〇%。[50]

城市推升社會經濟不平等的程度：自一九八〇年以來，全世界都市人口超過三分之二經歷愈來愈嚴重的收入不均，也就是說對將近三十億住在城市裡的人來說，生活現實與未來前景要比上一代差了不少。[51]即便貧民窟的環境在過去十五年間已有提升，但估計仍有十億人（也就是全球都市居民中每四人就有一人）生活在不耐久或過於擁擠的住居，抑或缺乏乾淨用水與下水道設施，又或是沒有免遭驅逐的安全感。[52]

除了是消費的中心外，城市及其居民也產生大量的廢棄物，基礎建設與自然環境承受壓力，像是熱衰竭、缺水、能源需求及衛生處理的困難。[53]有時候這些考驗不只排山倒海，更是公衛災難的原因。以拉各斯為例，在這座城市的人口密集區，能使用沖水馬桶的居民不到半數，只能上露天的溝形廁所——洗手設備也有限。[54]高收入國家的城市能花錢讓廢棄物眼不見為淨，例如紐約市每年便花超過四億五千萬美元，把超過三百萬公噸的垃圾運出城，送去焚化爐、回收廠和掩埋場。[55]但世界上多數的大城市沒有這麼多的選擇，清運垃圾的方式往往很初階、很糟糕或者根本沒有。

人們深刻關切石油與天然氣對氣候的影響，但廢棄物的影響卻往往為人忽略，明明全球人為排放總量有將近二〇%來自廢棄物，主要是掩埋場中有機物質厭氧腐敗的結果。[56]據估計，直到二〇五〇年，掩埋廢棄物的增加速率都會是人口成長率的兩倍以上，而這很可能讓甲烷濃度大幅上升，進一步加劇全球暖化。近來有研究使用德里、孟買、拉合爾與布宜諾斯艾利斯等地的垃圾掩埋場衛星資料，顯示城市的排放等級遠比一般報導的高上許多——制定並實施能減緩垃圾掩埋對於大氣條件影響的政策成為當務之急。[57]

這項研究也確認辨別「超級排放源」（superemitter）的地點及重要性，所謂的超級排放源產生不成比例的大量排放，努力減少這類地點的排放，成效就會很好。世界各地的城市所產生的副產品是顯而易見的課題，畢竟城市製造出七〇%以上的溫室氣體排放，而這跟全球暖化密不可分。其中又有一半的溫室氣體是僅僅二十五座「巨型城市」的產物——除了墨西哥與東京外，其餘都是中國城市。[58]

⁝　⁝　⁝

都市化加上低收入國家的快速工業化，以及國際貿易的日益密切，都會導致空氣品質下降，而我們先前已經談過，空汙會對健康帶來各種不良影響。二十一世紀以來，印度、巴基斯坦、孟加拉與尼泊爾的微粒汙染已經增加四七%，印度某些地方甚至記錄到 $PM_{2.5}$ 濃度為一〇七微克／立方公尺——比世界衛生組織

人口前十大國家從 2020 年的 $PM_{2.5}$ 濃度降到世界
衛生組織指引標準所帶來的潛在預期壽命增加

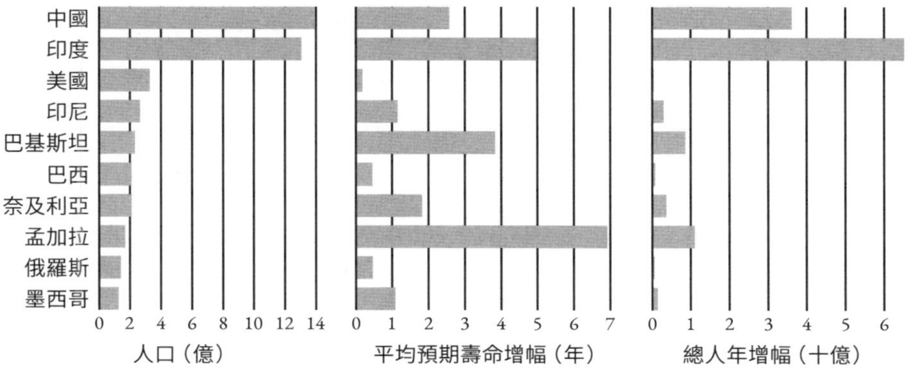

全球預期壽命受到 $PM_{2.5}$ 與非 $PM_{2.5}$ 相關死因／死亡風險的影響

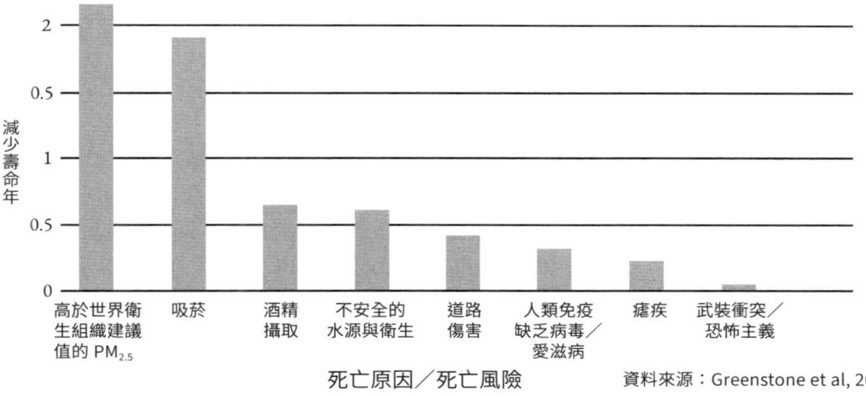

資料來源：Greenstone et al, 2022

指引標準高了二十一倍以上。空氣品質不佳意味著剛果民主共和國金夏沙以東的幾個省分，或是瓜地馬拉米斯科（Mixco）等地的人類預期壽命比本該有的數值還少了三年半；東南亞各地有九九．九％的人口生活在空汙超過世衛組織指標的地方，男女老幼的預期壽命因此減少一年半——總計少了將近九億六千萬人年（person-years）。以全球平均而論，微粒汙染對預期壽命的影響是酒精的三倍、人類免疫缺乏病毒／愛滋病的六倍、戰爭與恐怖主義行動的八十九倍。[59]

高收入國家的空氣品質之所以遠優於其他國家，一部分證明立法有效，但大部分還是因為製造業——及其髒汙的副產品——已經外包到世界上的其他角落，由別人來承受環境、衛生與人命的損失。即便製造業外移，歐洲、美國與澳洲城市的人均溫室氣體排放仍然高出許多，畢竟這些地方有高消費模式，生活選擇與能源供應都更多。[60]易言之，有錢人對環境與氣候的直接、間接傷害，比窮人多得多。

推動這種情況的是一種新科技的發明與普及：空調。根據一位經濟學泰斗的看法，空調重塑了二十世紀下半葉美國人口分布與政局，程度不亞於民權運動。[61]以前有些地點天氣過於炎熱，無法形成主要都市聚落。一旦能夠控制氣溫，維持恆定，就能讓辦公室、工廠、住家與娛樂設施在原本過熱的地方如雨後春筍般出現，讓人們生活的方式與居住的地方徹底改頭換面。多項研究指出，正是因為空調帶來的影響，光是在美國與熱相關的致死率就下降了多達八〇%。[62]能夠讓炎熱地區的教室與工作場所保持涼爽，對生產力與認知能力來說至關重要。研究顯示，一旦氣溫從涼爽的二〇ºC開始往上，學生的標準數學測驗成績就會下滑，而熱壓力也會影響簡單的認知與操作，像是操控方向盤。[63]

空調與相關的能源需求，讓人類得以創造獨立於周邊自然世界的人造氣候環境。換個角度說，這代表大都會可以興建在沒有冷氣就無法建城的地方，而都會的未來則取決於冷氣機和供其運轉的能源。一位傑出新聞人指出，如今已有超過三百五十座主要城市位於夏季均溫超過三五ºC的地方；由目前的暖化模式來推估，二〇五〇年為止恐怕有六百多座城市加入其行列——十六億人得生活在遠超過人體最適宜溫度的困難條件下，也就是醫學研究一貫設定的一五至二〇ºC。[64]

空調需要大量的能源才能運作：以沙烏地阿拉伯為例，當地每天要燒七十萬桶原油，主要是讓建築物比原本的氣溫涼爽。沙烏地阿拉伯所有能源消耗約有七〇%用於空調。雖然在潔淨能源生產方面取得部分進步，但遲至二〇一七年，當地的能源仍全數來自化石燃料能源。[65]以眼下的情況來看，冷氣機與風扇占全球電力消耗的一〇%；到了二〇二〇年代末，這個比例恐怕會變成三或四倍，還有人估計到了二〇五〇年將會有九十億臺的降溫設備。[66]在這種情況下，旱象頻傳的地方（例如美國南方與西部山區），若人口迅速成長，就會讓既有的水資源與基礎建設、運輸、能源壓力陡升，但這樣的人口成長居然發生了，這已經超越難以理解，而是無法置信的地步。[67]

這種情況是整體行為模式的一環，人們在做選擇的時候，會以看似確定的預設條件為基礎，認為明天的世界會跟今天一樣風調雨順。比方說，美國各地有將近四百萬間房子蓋在洪水位行水區，很容易遭受熱帶氣旋、洪水與其他天災的打擊；光是在佛羅里達州，就有六分之一的住房建在氾濫平原。整體而言，這代表美國位於氾濫平原的住宅房產估價過高，多了將近四千四百萬美元，而這個數字還沒有把海平面上升、暴風雨頻率與強度提升，以及其他災害考慮進去。[68]

⋮ ⋮ ⋮

這種明知山有虎，偏向虎山行的選擇已經夠讓人摸不著頭緒了，偏偏人們還有無數個一樣費解的決定。在人類所有的能源生產中，有將近四分之三變成廢熱；雖然這些廢熱沒有直接讓大氣增溫，對於氣候變遷的影響也可以忽略不計，但這種浪費證明我們是以恣意揮霍的態度對待周遭世界。[69]以英國為例，每年丟棄的食物將近一千萬公噸，價值近兩百億英鎊。食材從農田、牧場、雞舍進入垃圾桶的過程中，有播種、照料、收割、撿拾、餵養、放牧、屠宰與運輸，不是只送到販售地點，還要放到食品櫥櫃或冰箱，然後進了堆肥堆或垃圾桶，這些都需要能源。加起來就等於三千六百萬公噸的溫室氣體排放，而這些氣體是因為無效率才會產生。[70]

把其他地方的數據加進來擴大來看，聯合國環境規劃署與氣候行動團體WRAP指出，全球在二〇一九年有九億三千一百萬公噸的食物遭到浪費——足以載滿兩千三百萬輛四十公噸卡車，首尾相連能環繞地球七圈。這些浪費掉的食物當中，將近三分之二發生在家庭環節，全球每年人均丟棄或未食用的食物為七十四公斤，而且中低收入國跟高收入國差距不大。[71]據估計，全球溫室氣體排放有八%至一〇%，跟這些沒有吃下肚的食物有關。[72]人們未能有效掌握膳食預算與規劃，承受代價的是動植物、土地、大氣——以及你我彼此。

無獨有偶，流行產業整體據估計貢獻全球約一〇%的溫室氣體，比航空業與海運加起來還多。[73]有人認為，到了二〇五〇年，成衣產業將占全球碳預算的四分之一。[74]成衣業所用去的能源與資源中有一大部分浪費掉了：據估計，光是在英國，消費者衣櫃裡沒穿過的衣服就價值將近五百億美元。[75]這只是冰山一角：全世界一年中每一天的每一小時的每分每秒，都有相當於能裝滿一臺垃圾車的紡織品棄置在掩埋場，這些衣物與布料不是主人不想要了，就是沒有人買。[76]其中至少有三萬九千公噸最後傾倒在全世界最乾燥的地方——阿他加馬沙漠，在那裡耗費上百年才會生物降解——搞不好根本不會。[77]

更有甚者，成衣製造過程極為耗水：光是製作一件棉質襯衫就需要兩千七百公升的淡水——相當於一個人兩年半的飲用量，而一件牛仔褲用水需七千五百公升，夠一個人喝七年了。[78]二〇一〇年，全世界有四分之一人口受到缺水影響，歐盟有一七%的面積與一〇%以上的人口已經苦於缺水。成衣業的耗水在這個脈絡之下，其影響不言可喻。[79]水情壓力迅速升高，用水需求預計在二〇二〇年代末將會超過供水量四〇%——這還沒有算進氣候變遷對供水的影響。[80]基礎建設不佳意味著有些水是浪費掉的——據估計，從二〇二〇年三月開始的一整年裡，英格蘭與威爾斯每天有三十億公升的水因漏水而流失，而歐洲據計同樣有二〇%至四〇%的可用水也在不必要的情況下浪費了。[81]

要說明生活方式選擇帶來的影響，還有一長串其他的例子。有研究探討巴塞隆納的飲用水習慣，顯示瓶裝水對環境的衝擊是自來水的三千五百倍，改喝自來水或過濾水則是好處多多，能減少資源與原物料的使用量。[82]每年製造出來的寶特瓶約有五千億個，等於全世界男女老幼每人用六十個以上。根據幾年前的一項研究，全世界每秒賣出約兩萬個寶特瓶，其中回收不到一半，再製新瓶的比率更是僅有七%。[83]可口可樂工廠據信一年生產超過一千億個一次性寶特瓶，一位高階主管表示可口可樂公司不會放棄一次性塑膠瓶，畢竟消費者喜歡，「要是我們不配合消費者，還怎麼做生意。」[84]

消費者的需求很可能都是短期欲望，而代價往往為人忽略或是隱而未顯。比方說，遊輪假期大受歡迎，促使企業建造更多、更大的船隻，好載著顧客航向一生難忘的航程。根據近年來的分析，二〇一七年時，全球最大遊輪業者——嘉年華集團（Carnival Corporation）在歐洲沿岸造成的有毒氧化物排放，是全歐洲兩億六千萬輛汽車排放量加總的將近十倍——各種海洋與沿岸生物受到顯而易見的影響，危害人類健康的風險也愈來愈高，尤其是威尼斯、帕爾馬（Palma）與巴塞隆納等主要遊輪停靠港。[85]還有太空旅遊業的暢旺，不僅帶來臭氧層破洞的威脅，排放的黑灰更是航空業的五百倍以上。[86]

⋯ ⋯ ⋯

數位時代推動通訊、資訊與連線能力的變革，也對價格帶來下修壓力，刺激消費：網路零售業者不必在市中心找店租高昂的店面，無須僱人替貨架補貨來刺激消費者，甚至不用在消費者下單的國家設立實體營業處，也不需要符合當地法律。此外，用行動裝置下單這麼方便，無怪乎全世界最大的幾家公司——蘋果（Apple）、字母控股（Alphabet）、阿里巴巴、亞馬遜（Amazon）、Meta、威訊（Verizon）——都跟交易模式的推動有直接與間接的關聯。例如，在二〇一九年十一月十一日，阿里巴巴一年一度的雙十一光棍節促銷，就在九十多秒內創下約一百三十億美元銷售額；當天的出貨量居然有十二億九千萬件包裹。[87]到了二〇二〇年，雙十一購物節的出貨量更是逼近四十億件包裹。[88]二〇一九年一整年下來，中國消耗九百多萬噸的塑膠包裝——相當於一億三千萬成年人的體重，需要七億棵樹才能中和其碳排。[89]

低效與浪費也蔓延到其他領域。許多藥品因為物理與化學上容易變質而難以調配、儲存及運輸，變得不能使用或必須銷毀；結果，將近半數的生物製劑（包括疫苗）在尚未施用之前就報廢了。[90]除了材料、生產與運輸外，還有冷鏈與物流體系的難題，這意味著交通與能源基礎建設不佳、氣候或地理挑戰艱鉅（或兩者皆有），或是鄉村與郊區人口眾多的國家，在配送疫苗等藥品時得經歷重重考驗。這方面的問題造成各式各樣的影響，衝擊收入、社會發展與政治的自由化。[91]

別遺漏了軍事，軍事能源消耗甚為可觀，承平時期亦然。新的F-35A戰鬥機在常態訓練飛行時，每公里就消耗將近六公升燃油，在沒有空中加油的情況下消耗完最大燃油量的話，二氧化碳排放量將達到將近二十八公噸。衝突期間，財政與環境成本陡增：二〇〇一年起，美軍大量投入在敘利亞、伊拉克與阿富汗，還有像是南中國海等其他舞臺，此後國防部占整個美國政府能源消耗中大約八〇%。美國國防部的確是全世界使用最多汽油的政府機構，也是全球製造溫室氣體最多的單一機構。這些能源主要用於戰機的燃油，其他車輛與船隻也要用油；此外，還有加熱、照明及為軍事設施供電的需求——包括五十六萬處的設施，還有八百座基地中超過二十七萬五千棟建築，在美國與世界各地占地達一千一百萬公頃。[92]

美軍的規模讓各國瞠乎其後，而其餘國家當中有多國的軍事能源開支實難估計，但國防的代價高昂則殆無疑義。氣候變遷與戰爭之間的關聯，一九八八年的多倫多大氣層變遷會議（Toronto Conference on Changing Atmosphere），竟然就有與會者把氣候變遷與戰爭之間的關聯放在首位，與會代表在一致同意的聲明中表示，人類的活動形同「沒有規劃、沒有控制、牽涉全球的一場實驗，後果僅略遜於全球核戰」。[93]

他們的苦口婆心需要好一段時間才能被完全理解。二〇一九年，英國電影和電視藝術學院（British Academy of Film and Television Arts, BAFTA）與環境組織 Albert 在德勤（Deloitte）的支持下，看了二〇一七年九月至二〇一八年九月間，英國四大廣播公司所播出將近十三萬集的電視節目。提及「氣候變遷」與「全球暖化」的次數分別為三千一百二十五次和七百九十九次。權當比較，提到「肉汁」的次數為三千九百四十二次、「起司」將近三萬三千次，而「狗」則是十萬五千兩百四十五次。[94]二〇二一年秋季發表的追蹤報導中提到，提及氣候變遷的次數比「金魚」稍多，比「莎士比亞」略少，大約是「媽的法克」（motherfucker）的兩倍。[95]可見對於明日乃至於今日世界的關注，還不到能夠有或該有的程度。

⁝ ⁝ ⁝

根據世界氣象學會（World Meteorological Association）指出，二〇一〇年至二〇二〇年這十年，是近代氣象紀錄自一八八〇年代開始以來最溫暖的時期。[96]歐洲遭遇數百年一遇的旱象，受影響最嚴重的產米國家與區域，產量則銳減達四〇%。[97]與此同時，自二〇〇〇年以來，美國西南部也出現西元八〇〇年以來最乾燥的情況，部分科學家認為原因是「超級大旱」（megadrought），氣溫高於平均，降水則遠低於平均，導致北美洲兩大蓄水庫米德湖（Lake Mead）與鮑威爾湖（Lake Powell）水量大減，出現創紀錄的低水位。[98] 二〇一九年是北極有紀錄以來最溫暖的一年，導致將近六千六百億公噸的冰融化，是之前二十年間平均數的兩倍。[99] 秘魯安地斯山區冰河退縮——原因八成跟人類活動有關——導致大洪水發生機率提高，威脅城鎮與鄉村。[100] 強烈風暴與極端降雨也跟人因氣候變遷有關，像是在二〇二二年初，馬達加斯加、馬拉威與莫三比克在六週內，接連遭遇三個熱帶氣旋與兩個熱帶風暴，部分就是氣象條件轉變使然。[101]

這些天氣事件之所以如此重要，是因為它們都是全球一致暖化模式的一環。先前談過，歷史上有許多特別寒冷或溫暖的時期，像是小冰河期、中世紀氣候異常期或羅馬溫暖期，但這些時期並非放諸四海皆準，而是在單一或幾個地區，甚或是大洲特別明顯。相反地，最近這一百五十年的暖化卻是全球一致的。對地球上九八%的地方來說，二十世紀是過去兩千年最溫暖的時期。這不只前所未有，而且絕非巧合。[102]

暖化問題加速的核心在於資源耗竭、製造業、都市化與人口成長，這一切皆深深仰賴龐大的能耗，尤其是跟碳相關的能源。即便近年來再生能源得到大量挹注（像是水力、地熱，以及發展最好的風力和太陽能），但全世界使用的能源仍有約八〇%來自燃燒化石燃料。[103] 燃燒化石燃料會釋放二氧化碳到空氣中，在大氣中捕捉熱，強化溫室效應，造成地球平均氣溫上升。

人口成長、都市化規模擴大、新型製造與運輸科技，加上更頻繁的商業交流，都推升最近數十年間對能源的更多需求：具影響力作家大衛・華萊士—威爾斯（David Wallace-Wells）提到，約八五%的碳基燃料燃燒發生在第二次世界大戰結束後，而有半數的燃燒居然是發生在《歡樂單身派對》（*Seinfeld*）第一集播出的時間點（一九八九年七月）之後。結果，現在大氣中的碳比過去數百萬年還要多。[104]

人類的活動跟氣候中的自然變化，是如何互動、影響或減緩的？這仍然為人所熱議，主要是因為技術上的困難，還無法衡量複雜的跡象與數據。比方說，有人指出全球地表溫度的迅速暖化在二十一世紀初期出現放緩，地表與對流層溫度，以及表層海洋熱含量與海平面等上升趨勢異常低，也就是所謂的「全球暖化減緩」（global warming slowdown/hiatus）。有爭議的不只是其成因，連這種現象是否存在的前提都有人懷疑——對於選擇或測量的偏誤（或兩者皆有）是否影響結論，甚至是測量儀器的改變是否讓數據失真，各方看法並不一致。[105]

這些討論有其外溢效應，讓想要相信「沒有人為氣候衝擊」這回事的人有了信仰的對象。不過，有學者爬梳二〇一二年以來經同儕審查、將近九萬篇與氣候相關的論文，顯示研究相關領域的科學家對於人因氣候變遷的共識已經超過九九%。這個比例跟美國第一百一十七屆國會議員的意見大相逕庭，無論是眾議院還是參議院都有四分之一以上的議員（半數以上的共和黨眾議員與六〇%的共和黨參議員）對人為氣候改變表示懷疑，不然就是拒不接受相關科學證據。[106]

最重大的若干變化（例如愈來愈嚴重的地球能量失衡）並非人類活動的結果，而是自然發生的可能性其實微乎其微，算起來還不到一%。[107]一項接著一項的研究，揭示轉變正迅速發生，共同勾勒出一幅不僅讓人不得不信，而且相當不祥的畫面。比方說，南極兩大冰河正以五千五百年來最快的速率流失其冰層。[108]研究人員以距今約一千五百萬年左右的一段時期為藍本進行氣候模擬，因為當時大氣的二氧化碳濃度與全球溫度和本世紀末的預期值相近。模擬結果顯示，連鎖效應恐將造成南極無法維持其龐大冰層。[109]也就是說，南極西冰蓋（West Antarctic Ice Sheet）崩塌的風險愈來愈高，一旦大規模融冰，預測海平面將上升三到四公尺，甚至更高。[110]

雖然史威茲冰河（Thwaites）下方的高溫地熱流是冰川融化的原因之一，但異常的平均溫度，像是二〇二〇年春天南極測得有紀錄以來最高的溫度（比平均溫度高出約四．五°C），顯然會加劇突然崩塌的危險。[111]自從一九九〇年代以來，冰河融化導致地球水體位置重分配，衝擊已經大到導致地軸偏移；更有甚者，新研究指出陸地水存量當中的地面水枯竭，例如北印度的情況——二〇一〇年，北印度有三千五百一十億立方公尺的水遭抽取——也會影響極點的位移，而這顯然也是人為因素導致全球暖化、極地升溫的結果。[112]

問題不見得都是人類造成的。阿拉斯加極圈內的苔原大火正加速永凍土融化，進一步導致動植物腐植質在地表浮現，把碳釋放到大氣中，加劇其他暖化因素。[113]二〇二一年夏天，西伯利亞發生燎原大火，規模比全球其他野火加起來都大，因此形成NASA所謂「既廣且厚的酸性雲毯」，覆蓋大半個俄羅斯，過程中釋放的碳估計達五億零五百萬公噸。[114]這場大火規模與五年前亞馬遜地區的野火相仿——二〇一六年的聖嬰現象引發極端乾旱，成為超級大火發生的背景。[115]

這類事件與暖化過程當中各式各樣的驅力彼此交織，引發回饋循環，讓情況雪上加霜：大氣升溫後，會有更多水從海洋、河川與湖泊蒸散，水氣進入大氣中，捕捉更多的熱，加強一開始的暖化。如此一來，恐怕就會引發難以避免，甚至無處可逃的惡性循環。一旦二氧化碳濃度高到某個水準，常見於亞熱帶上空、同時覆蓋二〇%低緯度洋面的平流層雲系，就有可能變得稀薄，然後消失，引發更嚴重的全球暖化。[116]對於類似的「臨界點」——亦即跨越之後，不穩定的情勢將在一系列氣候骨牌效應中愈來愈糟——也有不少討論與研究。[117]

還有許多例子，例如冰帽崩塌、山區冰河幾乎全融化、永凍土解凍釋放碳、洋流大亂、北半球大片森林因火災而消失等。[118]光是這十年來，格陵蘭的暖化情況已經造成該島地表上三兆五千億噸的冰融化流入海洋。[119]對於未來的融冰來說，無法回頭的點已經過了，也就是說無論採取什麼措施去對治溫室氣體排放，融冰的變化已是「板上釘釘」。根據近年來的一項研究，前途可是相當多舛——在最佳預測中，全球海平面到了本世紀末會上升將近十一英寸（二十八公分），而最糟的預測則是前者數值的將近三倍。目前有數億人生活在海拔高度不到一公尺的聚落裡，對他們來說，後果會非常恐怖。[120]

海洋與其他水體則是另一種例子。影響海洋的熱浪變得愈來愈頻繁，延時更久，強度也更高，造成珊瑚礁、褐藻群及海草床的破壞與消失。[121]海洋暖化嚴重影響魚群與無脊椎動物。[122]工業捕魚造成的傷害最大，導致大型掠食性魚類的生物量大幅減少，跌落至工業化前水準的一〇%，對生態系帶來嚴重影響。[123]海洋暖化恐怕還會讓情況進一步改變，因為水溫升高會提高新陳代謝率，讓掠食魚種進食量更大，也因為大型魚種很可能會離開原本的活動範圍與緯度。[124]

一九八〇年以來，全球海洋與淡水湖的含氧量迅速下降，表面含氧減少五．五%，淡水湖深水區更是減少將近二〇%。這一點影響很大，畢竟水體中溶氧濃度對於支持生物多樣性、控制溫室氣體排放與飲用水質來說都很重要。[125]無獨有偶，由於海洋捕捉並吸收九〇%的溫室氣體，肇因於全球暖化的脫氧作用不只對生態系有顯而易見的影響，而且即便所有二氧化碳排放立即停止，脫氧過程仍會持續數個世紀。[126]部分研究確實認為海洋經歷的變化，已經大到來不及回頭。[127]也就是說，氣候變遷不是在擔心未來，甚至不是擔心現在，而是已經造成無法迴避的問題。

有些難題如今顯而易見。例如實地檢測發現夜晚氣溫高會讓稻米產量與品質降低。[128]對於北美洲的兩種主要田地作物，也就是玉米與黃豆來說，甚至稍微一點溫度變化都會影響產量——一旦比最適溫度二九℃高一度，日產量都會下降〇．五%。這意味著只要世界愈熱，糧食種植就愈難，而且愈貴。有研究指出，根據目前最主流的氣候模擬，到了二〇五〇年，在財務與產量上都會有龐大損失。[129]

一旦有更多的光線與更熱的天氣條件，海洋、湖泊與河川中蓬勃生長的光合藻類就會大爆發，這不只有毒，還會影響食物鏈當中的其他有機體。[130]煙塵中的鐵氣膠也有可能引發並推動這類藻華（有可能覆蓋數千平方公里的面積）——二〇一九年至二〇二〇年澳洲野火之後，南冰洋到處形成的藻華就是明證。[131]

全球暖化正迫使地球上的生物改往他方重新分布，而且速度前所未有。比方說，候鳥是長距離散播種子的要角，至於種子是往比較溫暖還是比較寒冷的緯度帶去，則端視結實期間，以及鳥類是往北還是往南遷徙。近來有研究指出，其樣本組當中有八六%的植物物種是由候鳥帶往南方傳播，往北帶的則只有三五%。另一項研究則發現早春會導致大黃蜂食物來源縮水，增加族群大減的風險——這對於蜜蜂（與其他物種）提供的「關鍵的授粉服務」來說影響不言可喻，尤其蔬菜、水果與多種作物都會受到波及。[132]氣候界線已經往寒冷緯度移動，動植物棲地、生態氣與食物鏈網早已展開重組。[133]

當然，重組的也包括傳染病的傳播方式。在熱帶地區，蚊子一年四季都很活躍，但到了其他地點，就會因為冷暴露而進入滯育狀態或季節性休眠。一旦秋冬變暖，蚊子的年度活動時間就有可能拉長，分布範圍也會往北擴大，如此則影響甚鉅，畢竟許多種類的蚊子帶有能傳染人類及／或野生動物的病毒，像是聖路易斯腦炎（St Louis encephalitis virus）、東部馬腦炎（Eastern equine encephalitis）、登革熱與西尼羅病毒（West Nile virus）。[134]有人估計到了二〇七八年，由於全球暖化與疾病帶北移之故，最慘的狀況下會有約八十五億人——或者說全球預期人口的九〇%受到瘧疾與登革熱的威脅。[135]

二〇二〇年的新冠大流行提醒我們，跨物種的疾病有可能釀災。鑽研這個領域的學者早在新冠疫情之前就知道，人類的傳染病估計約有六〇%是源於動物，而所有新出現的傳染病則約有七〇%是動物傳給人的。貿易與交通網構成現代全球化的骨架，固然讓人流與物流以遠甚過往的速度往來於全世界，但疾病傳播的速度也因此快上加快——不久前的新冠全球疫情就清楚展現這一點。[136]

關於未來的防治工作，有許多尚待學習的重要課題，而在暖化的世界中還有一項關鍵必須理解，也就是會隨溫度與氣候而改變的不只是疾病環境，連疾病本身也會改變。已知的傳染病當中有將近六〇%，曾經在某個時間點因為旱災、野火、極端降雨、洪水與海平面上升而更加猖獗。這類氣候災難強化病原體的特定環節，像是提供更適合繁殖的氣候、加速生命週期、增加潛在暴露於病原體的季節數量或時間長短，強化病原體載體互動的機會，以及增加其毒性。此外，致災氣候也會削弱人類對病原體的抵抗力，例如免疫力因熱衰竭而下降，因為極端氣候而降低獲得醫療照顧的機會，或是因為難以取得食物，或者因為作物暴露在更高的二氧化碳濃度而營養下降，結果使人營養不良。[137]

⋮　⋮　⋮

綜合上述的所有因素，今日與明日的世界看來實在很嚇人。多項模擬預測，海平面將會因為格陵蘭的極端融冰事件與南極冰蓋融化而上升。[138]其他預測則推估到了二〇五〇年，強烈熱帶氣旋的威脅將加倍，影響範圍擴大到目前發生率低、人口密度高的地方，置於險境的居民將數以百萬計，尤其是柬埔寨、寮國、莫三比克與眾多太平洋島國等低收入國家。[139]到了本世紀下半葉，阿拉斯加的氣候可能已深受影響，不只發生雷雨的機率變成三倍，而且極端氣候條件將導致洪水暴漲、土石流及閃電引發的野火。[140]到了本世紀末，歐洲各地遭遇結構扎實、移動緩慢、帶來大量降雨的風暴，頻率將增為十四倍。[141]

還有一些評估則是認為，假如目前人口分布模式繼續保持下去，到了二〇五三年，美國從德克薩斯州北界與路易斯安那州經愛荷華州、印第安那州與伊利諾州的陸地部分——目前有超過一億美國人以此為家——將暴露在超過一二五℉（五℃出頭）的夏季氣溫中。[142]愈來愈多證據顯示，北半球中緯度地區的夏季已經拉長，春、秋、冬季則相應縮短，若是氣候變遷沒有緩和的話，這個模式將會持續發展到長達六個月的夏季變成常態。[143]

自一九八〇年代以來，北半球同時發生多起範圍與伊朗或蒙古（分別是全世界面積第十八與第十九大的國家）相仿的熱浪，機率已經變成六倍之高，而目前五月至九月熱季的多重熱浪維持時間與強度都在增加。[144]義大利氣象學會（Italian Meteorological Society）主席盧卡・梅勒卡利（Luca Mercalli）表示，若目前的排放與暖化趨勢不變，到了二一〇〇年時，米蘭的平均溫度將達到五〇℃，義大利各地氣溫也會比今天高八℃，整個地中海地區將承受極端天氣的正面衝擊。[145]

無論是買不起，還是根本弄不到，一旦缺乏人工冷卻手段，這種天氣條件將對人命造成嚴重威脅。炎熱的天氣與自殺率的上升、心理健康惡化與認知能力驟降有密切關係，其中高熱對口語思維、空間意識與專注時間影響尤其嚴重。[146]再加上溼度，情況將更加嚴峻。即便全球只稍微暖化，都會危及西南亞、南亞印度河與恆河流域，以及華東等人口稠密區的數億人。在「溼球」（wet bulb）效應影響下，就算是最能適應的人，即使在有遮蔭且通風的場所，也無法堅持幾小時以上。[147]

科學家表示，海水的性質與組成已經發生轉變，很可能會進一步影響未來。比方說，北冰洋（含波福海〔Beaufort Sea〕）所蓄積的淡水，是北半球最大的大洋淡水儲存，而從本世紀初開始，其淡水量已增加超過四〇％。這團海水往北大西洋釋放的時機點與規模，以及鹽度異常的程度，會大幅影響大西洋經向翻轉環流的力道，而該環流對北半球氣候有重大影響。[148]由於大西洋經向翻轉環流（亦稱墨西哥灣流體系）近數十年來流速已經降到過去一千年來的低點，而這種下降本身就跟人為全球暖化有關，北冰洋淡水注入大西洋的情況更是不能小覷。[149]

還有裏海，它是全世界最大內陸水體，根據部分預測，裏海水面到了二十一世紀末將至少降低九公尺，導致「裏海失去二五%總面積，約九萬三千平方公里陸地將露出水面，與葡萄牙面積相仿」。誰能料到缺水壓力沉重的中亞地區，短期內反而因此供水大增，預料將在二〇二〇年代達到高峰。未來的預兆早已出現：二〇二二年哈薩克大旱，導致一百萬公頃作物農損，而二〇二一年當地大片地區天氣炎熱，也導致牲口大量死亡。[150]

還有喜馬拉雅山脈的冰原，若碳排能大幅降低，則冰原會減少三分之一；如果無法驟降，則是減少多達三分之二。喜馬拉雅地區的興都庫什山脈（Hindu Kush）山區與山腳住了八個國家的兩億四千萬人，還有十六億五千人住在下游的十個河谷，直接或間接得益於冰河的資源。這些人都需要冰河的儲水，一旦冰原減少，他們的生計及豐富多元的文化、語言、宗教、傳統知識體系，乃至於性命，都將遭受威脅。[151]

對於人類未來數十年要面對的情況，部分模擬的結果令人坐立難安。根據近年來的一份研究，即便採取強而有力的氣候緩和措施，還是會有十五億人生存在超過歷來認為適合人類生存的溫度棲位——假如是人口成長、氣候變遷持續的最糟設想，則數字將提高到三十五億人，也就是預期全球人口約三〇%。[152]無怪乎人們會把關注的焦點轉到引發的反應，尤其是大規模遷徙及暴力衝突的可能性。[153]

哪一個區域與地區受影響最嚴重，或者第一個受到影響？問題將會如何醞釀、加速或蔓延？要猜想與評估都不容易。十七個水情嚴重告急的國家中，有十二個位於中東與北非。根據預測，假如全球暖化受到控制，這些地方的熱緊迫致死率在本世紀最後幾十年間仍會是目前的二到七倍；假如暖化失控的話，數字還會翻上幾番。[154]接下來是東南亞，到了二〇五〇年，漲潮將會淹沒目前將近五千萬人的家園——何況東南亞有七七%的人口生活在沿岸或低窪的河流三角洲。[155]大家或許也該關注西薩赫勒地區各國，它們是全球最脆弱的國家，過去五十年來上升的氣溫，加上降雨頻率減少，以及極端天氣事件頻率與嚴重程度提高，都加劇高度的極端貧窮、快速人口成長與脆弱的治理等問題——這些因素加總起來，說明填補權力真空的為何會是組織性犯罪網、恐怖組織與各種手段激烈的非國家行動者，如伊斯蘭國（ＩＳＩＳ）與蓋達（Al-Qaida）附隨組織。[156]

問題令人憂心的程度，甚至讓多國政府開始著手計畫如何因應氣候變遷帶來的效應。比方說，美國國防部在二〇一〇年發表的重要回顧中，提到氣候變遷將會「決定行動實施的環境、角色與任務」，並提醒「情報圈所做的評估，顯示氣候變遷將對世界各地地緣政治帶來重大衝擊，引發貧困、環境惡化，並進一步削弱脆弱的政權。氣候變遷將導致糧食與飲水更加缺乏，疾病傳播增加，而且恐怕會引發或加劇大規模遷徙。」[157]各界投入大量資源組成專案委員會，執筆研究報告，並準備計畫以因應現實——美國總統歐巴馬在二〇一六年表示：「氣候變遷是個愈來愈嚴重的國安問題，而且對國內外皆然。」[158]

面臨氣候變遷時，維持美軍設施的成本就是嚴重的問題。早在一九九〇年，就有人在談氣候變遷對於武裝部隊、軍事行動、軍隊設施與體系的影響。根據五角大廈在二〇一八年的報告，美國國防部大約半數設施受到氣候變遷相關影響，一年後才坦言有數十座設施反覆遭遇洪水、乾旱、野火與沙漠化等情況。[159]

其他國家也面臨嚴峻挑戰。俄羅斯有八〇%以上的天然氣與一五%的原油生產，以及非鐵與稀土金屬，還有將近兩千五百億美元的固定資產皆位於北極圈內。氣候變遷預計將影響二〇%的建築與其他基礎設施，一旦覆蓋該地區大部分的永凍土融化，減輕影響所需的總金額將近八百五十億美元。[160]金額之所以會如此龐大，部分是因為二十世紀下半葉所使用的標準強化水泥柱受到永凍土解凍及土壤支撐力變化，結果承載力下降之故。[161]有調查指出，只要氣溫比目前均溫高一．五°C，就有可能導致雅庫次克（Yakutsk）幾乎全城面目全非，還會影響周邊區域的鐵公路。[162]針對世界上其他地方所做的研究，也凸顯出溫度變化對建築結構完整性帶來的風險。[163]

俄羅斯自然資源與環境保護部（Ministry of Natural Resources and the Environment）近年來發表的一份重大報告指出，除了莫斯科與其他幾座大城正受到溫度上升、水汙染與空氣汙染的嚴重威脅外，該國北部永凍土融化還會將「危險的化學、生物與放射性物質釋放到人類的棲地」。[164]西伯利亞出現炭疽、蜱傳腦炎（tick-borne encephalitis）和回歸熱（borreliosis，即萊姆病〔Lyme disease〕）的案例增加，讓人們多了一個擔心未來的理由。[165]

⋮　⋮　⋮

這些擔憂在你我的日常生活中扮演切切實實的角色，而且戲分愈來愈重，尤其是對下一代來說。一項對十個國家共一萬名兒童與青少年（十六至二十五歲）的大型調查發現，雖然情緒強度與種類各異，但半數以上的受訪對象對於氣候變遷感到難過、焦慮、憤怒、無力、不知所措與罪惡感。近五〇%的人說，因氣候變遷而起的感受對自己的日常生活與行為有負面影響，同時有七五%的人坦承自己一想到未來就感到恐懼。調查人員發現，年輕人的焦慮固然是複雜的主題，但氣候危機確實引發精神壓力，導致像是惶惑與背叛感、背棄感，因為大人對氣候變遷無動於衷。[166]

關注不見得能發展成正向的行動：在英國舉行的音樂節（聽眾多半是年輕人）每年產生兩萬三千五百公噸廢棄物，像是塑膠瓶、廢棄的帳篷與剩食。即便二〇二二年持有格拉斯頓伯里（Glastonbury）音樂節入場券的人高唱「綠色宣言」（Green Pledge），也有許多人在格蕾塔・童貝里警告世界正「走向懸崖」與「全面的自然災難」時為她喝采，但參加音樂節的人還是留下大約兩千公噸的垃圾，平均每人十公斤。[167]

話雖如此，有些民意調查與訪談的結果仍顯示，年輕人會因為擔心氣候變遷而不太想多生小孩。[168] 薩塞克斯公爵與夫人（Duke and Duchess of Sussex）感覺也抱持類似態度，他們在接受《*Vogue*》專訪時表示，「人世間是借來的」、「我們應該能為下一代留下多一點的美好」、「我們得試著回饋世界一些，還要團結起來，努力撫慰受傷的人，至少要延緩氣候變遷」，外界將這番話解讀為夫妻倆明確決定為了地球長期的福祉，不會再生第三胎——特別是英國一家以人口規劃為焦點的慈善組織，更是稱讚兩人為「其他家庭的榜樣」，並聲明要頒發特別獎給他們。[169]

全世界四〇%的土地退化，半數人口深受衝擊，這很難讓人不對未來悲觀。[170] 限制全球暖化幅度在二〇一五年《巴黎協定》中訂定的目標，也就是一．五℃內，機會可說是微乎其微，而且說不定已經錯過了。[171] 近來有研究根據目前趨勢進行預測，認為將全球平均溫度變化限制在《巴黎協定》目標內的機率為〇．一%。[172] 聯合國祕書長古鐵雷斯在二〇二一年夏季表示，巴黎的目標是「維持生命」，而近幾個月「生命的脈搏又更弱了」。[173] 全球已經有約三〇%人口暴露在危及生命的氣候條件下，一年達二十多天。假如溫室氣體排放能大幅減少，到了二一〇〇年，還是會有將近半數人面臨上述情境；但若是無法減少，數字將逼近四分之三。[174]

科學家驗證關於氣候變遷導致大滅絕的假說，探討臨界點，他們表示即使棲地的氣候只是輕微變化，都會對動植物物種造成劇烈影響；他們評估第六次大滅絕是否已不再是可不可能的問題，而是現在進行式；他們提醒世人應該認真思考人類的「殘局」——難怪許多人覺得如今來到要採取決絕行動的時間點，要迫使政治人物與決策者跟問題直球對決，而不只是空口說白話。[175]

有同理心其實不難。二〇二二年夏，乾旱、缺水與熱浪演變成歐盟執委會聯合研究中心（European Commission Joint Research Centre）所說至少五百年來最嚴重的情況，歐洲各地氣溫屢創紀錄，英國、法國與伊比利半島皆出現四〇°C的高溫，而七月更是創下最乾燥的紀錄。[176]泰晤士河上游見底，萊茵河水位下降三十公尺，迫使駁船必須以拉縴方式前進；法國的核子反應爐因為缺乏冷卻用水必須停機，或是以最低限運轉。歐洲各國領袖的因應措施有哪些？西班牙首相建議商務人士開會時不要打領帶；瑞士總理表示夫妻一起洗澡比較省水；希臘在凌晨三點後關閉熱門觀光景點的照明；德國則是停止對公共建築、游泳池、部分城市的室內外運動場淋浴間供應熱水。即便有些國家後來提出更嚴格的措施（主要還是為了因應激增的能源價格），但一開始的因應實在很難讓人信服，感覺都不痛不癢，政界領袖也不了解眼下面臨挑戰的規模，更別提未來的考驗了。[177]

農作歉收、糧食與飲水短缺、物價上漲、大規模遷徙、暴力程度與戰爭可能性提高，加上人們用天崩地裂的口吻來討論，對於未來預期經濟動盪的程度，足以令人不寒而慄。國際貨幣基金在二〇二〇年十月表示，若不採取進一步手段減少溫室氣體，地球溫度將達到「數百萬年來所未見，致災的可能性極高」，這包括經濟活動大受干擾、生產力降低、嚴重的天災、傳染病盛行，以及人類健康惡化，甚至死亡。[178]二〇二二年夏天，某投資銀行高階主管表示：「就算邁阿密在一百年後會沉到水底，又有誰在乎？」他表示自家銀行「平均放款期限」是七年，然後補充一句：「到了第七年，地球不管發生什麼事，都跟我們的放款簿沒關係。」[179]有人則是用比較冷靜的口吻來談這件事。歐洲中央銀行資深官員表示，「氣候變遷可能對貨幣政策造成或此或彼的影響」。[180]貝萊德集團（BlackRock）執行長賴瑞・芬克（Larry Fink）一針見血地表示，

「氣候危機就是投資危機」。[181]

金融危機會有多大？人類與其他動植物受到最嚴重的威脅是什麼？由於變因太多，不確定性也太多，實在難以評估。然而有學者認為，若氣候變遷以目前的趨勢持續，到了二一〇〇年，將有多國的平均收入會衰退七五%。本來就是窮國的國家受到的打擊最深，它們不僅醫療水準落後，基礎建設與制度發展程度也低，不像富裕世界一般暢旺。[182]

造化弄人，受到氣候變遷影響最嚴重的地區，有許多因為製造業而苦於高度汙染。高收入國家的製造業受到這些地方的廉價勞力與寬鬆環境控制吸引而外移，變成一種新殖民體制，犧牲窮人來滿足富人的需求。例如據估計，一九七〇年至二〇一七年間，全球開採、使用的原物料將近二．五兆公噸，高收入國家（根據世界銀行的分類）消費其中七五%，中低收入與低收入國家加起來則不到一%。[183]消費不平等大到什麼程度呢？據估計，紐約市使用的能源比整個撒哈拉以南非洲還多。[184]雖然全世界有五分之一的人生活在非洲，但非洲只占能源相關二氧化碳排放量不到三%，是所有地區當中人均排放量最低的。全球最佳的太陽能資源當中，非洲坐擁六〇%，但儘管太陽能已經是整個非洲最便宜的能源，卻只有不到一%的地方裝設太陽能設備，這充分說明了現代世界開發資源的方式依舊故我。[185]

這種情況是氣候、資源、地理、社會經濟不平等現況的一環：比方說，高收入國家有許多人擔心氣候變遷對未來金融造成的影響，但眼下的現實卻是低收入國家早就在承受環境惡化的苦果，一方面肇因於氣候變遷的模式；另一方面則是缺乏氣候融資使然。根據非洲發展銀行（African Development Bank）的評估，非洲整體將因為氣候變遷與相關衝擊，人均GDP成長減少五%至一五%。儘管有全世界將近五分之一的人口（同時坐擁豐富的自然資源），但在全世界歷史二氧化碳排放量上卻只占三%。[186]從全球來看，收入在後段班的人所製造的碳排量就跟最有錢的一%一樣多。[187]富有的美國人碳排足跡比生計無著的人大上太多，主要是因為大房子需要更多加熱、照明與能源；富人郊區的碳排有可能比附近的社區高十五倍。[188]種族與族群層面的影響也很大，研究顯示至少在美國，有色人種承受不佳的空氣品質與高度健康危害，原因通常在於他們居住的地方更靠近排放源。[189]

這感覺實在很不公平：富裕的國家比發展中國家更有辦法因應個別與多重的挫折，天災、極端天候與溫度升高帶來的傷害對發展中國家來說也更嚴重。[190]富裕國家之所以能夠因應，泰半是走了生態與氣候的大運，正好坐落在利於生產的緯度：已經有人指出，一三°C是最適合人類生產活動的溫度，溫度愈高，表現就愈差。更讓人感到不平的是，窮國的收入很可能會因為氣候變遷而驟降，富國的收入居然還會上升。全球暖化造成各種問題，其中之一就是加劇不平等。[191]連低收入國家內部的不平等也愈來愈嚴重，窮人承受氣候變遷最負面的影響。[192]

⁝ ⁝ ⁝

即便二〇一五年《巴黎協定》中設定的目標，尤其是限制全球暖化不超過一．五°C的目標能夠達成，熱帶地區暴露在危險熱度的機率仍會增加五〇%至一〇〇%，中緯度許多地區則是變成三至十倍，這些地方將經歷罕見的酷熱熱浪，而且是每一年。[193]其實，光是全球暖化一°C（我們已經跨越這道門檻），我們就得面臨在自然界引發一連串災難性連鎖反應的危機。[194]這還沒完，氣候變遷很可能導致全球地緣政治重組。儘管有許多人會在未來數十年間遭遇苦難，但隨著自然環境的轉變，也會有新的機遇出現在眼前。二十一個能受益的國家當中，有半數以上位於前蘇聯與中歐、東歐，包括波羅的海國家、烏克蘭、亞美尼亞、白羅斯與俄羅斯。[195]

好處不會白白流向這些國家，俄羅斯自然資源與環境保護部的一份報告草稿說得很清楚：俄羅斯人要準備面對疫情、歉收、饑荒、病蟲害、森林大火，以及暴露在化學、生物與放射性物質中的可能——何況俄羅斯是全球面積最大的國家，若要修復氣候變遷對城市與基礎設施造成的損害，成本會非常高昂，俄羅斯人也要做好承擔的準備。[196]

不過，有些人寧願往好處想。例如普丁就曾打趣說氣候變遷是好事，讓俄羅斯人不用花那麼多錢買毛皮披風，收成還會更多更好。[197] 投資開發科技、效率與土壤科學，確實讓俄羅斯的農業出口量在二〇〇〇年至二〇一八年提升十六倍。二〇一五年後的五年間，俄羅斯小麥出口翻倍，成為全球最大小麥出口國，占全球市場的四分之一。[198]

雖然不宜過度簡化，但俄羅斯被認為考量了過去、現在與未來的生態資源紅利，並決定在二〇二二年二月入侵烏克蘭。資源在戰略考量中扮演了一定角色，並非全無道理。俄羅斯將其自然環境帶來的利益武器化，用以對烏克蘭、歐洲乃至更廣泛地區施加壓力。這些財富有古代氣候變遷所造就的石油、天然氣與自然資源，也有對今日全世界熱量攝取至關重要的作物與其他食物，這一切無疑讓俄羅斯的環境牌愈來愈好打，其他人則見落下風。早在俄軍進攻烏克蘭的一年之前，就有一位資深情報官員表示：「全球生態混亂，堪稱是二十一世紀最為人所低估的安全威脅。」[199] 國家乃至於非國家行動者，是否會將資源按住不發，為此興兵或出手干預？採用的手段、實施的時間與地點為何？這些都會加劇其他的壓力與考驗，尤其是氣候變遷所帶來的挑戰，值得深入關注。

結語

有些人對「氣候變遷」懷疑不已，但二〇二二年夏天的天氣，恐怕足以讓強硬派都覺得全球天氣系統中好像有怪事在醞釀。歐洲發生創紀錄的熱浪；非洲經歷數十年來最嚴重乾旱；巴基斯坦經歷將近平均雨量八倍的降雨，導致數千萬人流離失所；美國死亡谷（Death Valley）在三小時內下了全年平均雨量的四分之三，山洪爆發；南韓遭遇史上最大時雨量，每小時降雨將近一百五十毫米；澳洲經歷現代史上最潮溼的一年；南半球烏拉圭的冬季氣溫衝破四〇°C，幾乎跟南非一樣熱；還有中國在史上最熱夏季後，經歷長期乾旱。這些堪稱是全球史上最嚴重的熱浪，在全球氣候史上也沒有先例，氣候變遷議題也因此登上世界各地新聞媒體頭版。[1]

不過，還是有人對自己的懷疑立場打死不退。英國脫歐談判代表弗羅斯特勛爵（Lord Frost）陳詞：「現有證據不足以支持我們正處於氣候『緊急狀態』的說法。」他接著表示，現代世界還在推薦使用「『風力』這種中世紀的科技」更是荒謬愚蠢。「我們都是被政府、一大票知識分子跟NGO〔非政府組織〕要人家犧牲救地球的意見嚇唬大的，叫我們不要旅行，要生活在當地，吃少點，停止吃肉，把燈關掉，反正就是不要變成負擔。」換言之，就是他們都在胡說。[2]

類似的觀點在權力中樞還不難找，尤其是民主國家，高度推崇，甚至是不能沒有表達意見、新聞報導等自由的民主國家。「過去十八年來，」美國參議員泰德・克魯茲（Ted Cruz）在第一次主持氣候變遷聽證會時表示，「並沒有出現重大的暖化。」他還說，目前用來理解全球氣候趨勢的模型「錯得離譜，不符合證據與數據」。[3]氣候變遷是「一場騙局」——說這話的是時任美國總統唐納・川普，儘管他過去曾承認氣候變遷並非騙局。他說，大家現在「口口聲聲都是氣候變遷，氣候本來就會變遷。」他堅稱沒什麼好擔心的，還呼應克魯茲的說法，表示凡是跟自己不同調的科學家都不要相信。[4]

二〇二二年上臺的兩位英國首相也都認為潔淨能源並非當務之急：里希・蘇納克（Rishi Sunak）鄭重表示，我們應該「確保田地是拿來種食物，而不是種太陽能板」；莉茲・特拉斯（Liz Truss）說：「我是那種想看到農夫生產食物，而不是看他填表格，零零星星在田裡裝太陽能板。大家要的是農作物。」[5]沒有人曉得為什麼非得二選一？為什麼不能兩者兼得？無論如何，就算英國政府達成在二〇三五年將太陽能發電量增為五倍的承諾，鋪設太陽能板所需的土地約占目前使用中農地的〇・五%——大概是目前高爾夫球場用地的一半多一點而已。[6]總之，他們的意思很清楚：再生能源、氣候變遷與對未來的擔憂，這些聽聽就好。

這類成見有一部分是能源產業在背後煽風點火，讓人們覺得氣候變遷是刻意誤導，是對氣候和氣候科學報告的誇大與扭曲，背後的原因則是五花八門，像是有人惡搞、國內政治操作、外國干預，當然也有人是真的擔心。分析數以百萬計的社群媒體帳號後可以發現，平日推特（Twitter，已更名為X）上關於氣候變遷的原始推文約有四分之一是自動機器人產生的，背後操縱的則是各式各樣想在社群媒體散播不合的「壞分子」。機器人絕大部分都在推「否認性研究」，跟「偽科學」有關的推文多達三八%是自動生成的內容——接著真人使用者轉推，其他機器人再推波助瀾，接收到的人就愈來愈多。[7]

有些氣候懷疑論者指出關於未來的預測有高度猜測成分（確實如此），並且指出經濟成長、新科技與調適或許能緩解即將到來的問題，甚至能解決其中的一部分（這也沒錯），藉此來掩蓋警報聲響。[8] 但持懷疑論也要有足夠的信心與把握；更有甚者，從整體歷史及本書的內容可以看到，事實證明社會、人群與文化無法適應的次數，在歷史上已經出現太多次了。人類演進史的某些環節，其實是前人不斷掉棒，後人不斷撿起。

因此，問題的重點就不在調適與否，而是調適的時、地與方法。就這幾點來說確實有不少好消息值得慶祝，也有樂觀的理由。比方說，每年都有糧食、水、能源與其他資源遭到嚴重浪費，但只要有進步的決策，以及在必要時資金與法規到位，就能輕鬆減少不少浪費，而且成本不見得高昂。例如，澳洲的用水量在二〇〇一年與二〇〇九年間減少四〇％，ＧＤＰ卻在同一時間成長將近三分之一。[9] 中國在二〇一三年實施《大氣汙染防治行動計劃》，並且在隔年夏天宣布「向汙染宣戰」，此後直到二〇二〇年，中國懸浮微粒汙染降低將近四〇％。光是北京就減少五五％的空汙，居民平均壽命則增加約四．五年。[10]

歐盟採取政策，禁止耗能的照明系統，改採節能的ＬＥＤ（發光二極體），節省大筆經費；根據部分估計，低收入國家若採取類似措施，將能節省四百億美元電費，且每年減少三億兩千萬公噸的碳汙染。[11] 儘管一般態度悲觀，但許多國家其實已取得大幅進展。以歐盟成員國為例，一九九〇年至二〇一九年間，各國加起來減少將近二五％的溫室氣體排放，而且有望在接下來十年再減少一五％。[12]

還有美國，美國在過去二十年進步斐然，加上目前的聯邦與各州政策，將能讓這個全球最大經濟體步上排放量大減的發展方向。即便在人口增加、產業製造力提升與國際、全球貿易高度發展的情況下，美國到了二〇三〇年的溫室氣體排放量，仍可望比二〇〇五年減少二四％，最多甚至可達三五％。雖然跟二〇一五年《巴黎協定》的承諾與遠大目標有落差，但這依然是可觀的進展。[13] 二〇二二年的《降低通膨法案》

（*Inflation Reduction Act*）內容包括美國史上迄今最大宗的氣候與能源投資，部分評論者大為推崇，認為法案可望加速達成未來亟需的「綠色轉型」。[14]

這些措施可以迅速落實，即便沒有新建儲能設施，太陽能與風力仍能滿足眾多工業國家多達九〇%的能源需求。[15] 其實在二〇二二年春季，加州就透過再生能量來源，生產出足以供應州內近九五%需求的潔淨能源，假如把魔鬼谷核電廠（Diablo Canyon nuclear plant）也算進來，則是首度生產出超過一〇〇%需求的能源。[16] 二〇一九年，英國電網在將近一百五十年來首度超過兩週沒有燃煤供電——紀錄後來中斷，無疑是因為數百萬人打開電視、開熱水壺煮水，並且收看電視節目《戀愛島》（*Love Island*）最終回的關係。[17]

一項針對兩百多國共兩萬九千座化石燃料發電廠所做的調查顯示，一小批「超級排放源」電廠（只占總數五%）製造全球發電碳排中將近七五%，只要這些電廠提升發電效能，及／或從燃煤、燃油改為天然氣，則碳排將能大幅減少，而且現有的碳捕捉技術也能讓排放量減半。[18]

還有其他讓人保持樂觀的理由。部分科學家主張，許多氣候模擬過於悲觀，並且過度以最糟的設想為出發點，尤其是關鍵的綠能科技成本。其實，近來有研究顯示，如果以實證研究為基礎來看，迅速的綠能轉型不只能「讓全球能源體系更環保、健康且安全，減少空汙，價格更穩定，並減少氣候損害」，而且「整體將帶來數兆美元的淨節省費用」。易言之，成效相當良好。[19]

此外，對於如何降低環境受到破壞的程度，也有新構想出現。例如近來有研究顯示，將航空器飛行高度提高或降低不到二%，就能減少凝結尾對氣候的衝擊程度。所謂的凝結尾，是高熱尾氣遇到低壓冷空氣而凝結的現象。這麼一丁點的凝結尾，就會影響太陽輻射與地面輻射熱之間的平衡，改變氣候，是大氣中八〇%的輻射強迫作用（radiative forcing）的成因。根據研究人員的計算，調整飛行高度對成本影響微乎其微，燃料消耗增加還不到〇．一%。[20]

全球貿易有十分之九是靠船隻進行，船運同樣會影響氣候，製造碳排。關於如何減緩船運的衝擊，研究亦指出航速若降低一〇%，就能減少一三%的碳排，而且因為對引擎動力的需求降低，航行所需的能源甚至有機會減少四〇%。降速也能降低水下噪音，對海洋生態有利，同時能減少鯨魚撞擊船隻的機率，進而改善海洋生物多樣性。[21]

上面這幾個例子說明出色的研究與清晰的思索，有助於找出立竿見影的解方，帶來重大而直接的影響。還有許多研究值得一提：比方說，放牧的空間愈大，碳排就會愈高，因此放任牛隻四處排泄，不僅會增加溫室氣體排放，還會汙染土壤與水源。不過，研究顯示經過訓練的牛隻可以控制排尿反射，在條溝中小便，對環境與氣候大有助益。[22]

科學家已經研發出植物性乳化劑，不僅富含蛋白質與抗氧化物，能取代蛋黃醬、湯品與醬汁等食品中的蛋乳成分，又能降低對家禽的影響。[23]只要用植物做成的人造肉，或是從動物細胞培養出來的培養肉，抑或是發酵產生的微生物蛋白質，來取代二〇%的牛肉，就能將每年全球伐林與相關的二氧化碳排放減半。[24]

有人提出並成功驗證新方法，能夠分解所謂的「永久化學物」(forever chemicals)，也就是用在紡織品、化妝品與食物容器上，以防水、防油、防沾黏(例如平底鍋)的物質，而且這種新方法既能免去現行用於分解上述物質的高難度技術要求，又不會產生有害的副產品，因此對自然環境很有幫助。[25]提高湖水中的特定細菌，能分解塑膠汙染物，有助於將之從生態系中移除。[26]利用生物工程提升黃豆光合作用的速度，增加化學反應的效率，在不影響品質的情況下增產——對於黃豆乃至於其他農作物來說，其意義不言可喻。[27]

⋮　⋮　⋮

這就是科學與科學研究美妙之處。確實，研究的過程有時候會進進退退。比方說，改用所謂碳中和科技的興高采烈，可能會讓人忽略棄用化石燃料也會為不同資源與原物料帶來壓力。明確表示改採風力發電等再生能源的態度固然值得嘉許，但人們也很容易忘記，甚或根本沒有意識到要用風力產生四分之一的全球能源，就需要至少四億五千萬公噸的鋼材，而生產這些剛才又需要相當於六億公噸燃煤的化石燃料。[28]解決方法之一在於寄望新的材料：密西根州立大學（Michigan State University）研究人員開發出能製作渦輪扇葉的合成樹脂，而且這種材料還能分解回收做成小熊軟糖。[29]

類似的情況還有電動車。許多國家、州與城市改推電動車，但大家很容易忘記電動車需要充電，對電力需求更高，而且電動車同樣會製造高度汙染。比方說，合成橡膠輪胎就是微塑膠的主要來源，如今高濃度微塑膠不只出現在路邊，連河川、海洋，甚至北極都有其蹤影，每年有將近七百萬公噸輪胎與非廢氣來源（如車輛的煞車）的微粒排放量。[30]其實，汽車輪胎造成的微粒汙染遠比現代汽車廢氣來得多，恐怕多達一千八百倍以上。[31]這一點影響很大，畢竟搭載大電池、能夠行駛高達五百公里才充電的車型，重量自然會比使用汽柴油的車型重，排放的微粒也因此多了八%以上。[32]

當然，我們在思索氣候變遷、思索自然資源的過度開發，以及思索在你我眼前轉變的世界時，還可以往看似稀鬆平常的議題去思考。有些運動賽事在室外進行，天氣好才能比賽，例如全世界關注人數第二大的運動——板球。受到氣候變遷影響，我們是否還能進行或觀看這類運動？幾大在運動場進行的運動中，哪一種受影響最深？[33]假如阿爾卑斯山的冰雪如預期般全面溶解，歐洲的冬季運動會不會全數消失？[34]由於格陵蘭冰層融出一百一十兆公噸的水，海平面確定將升高二十七至七十八公分，在這種情況下還該買濱海的房地產嗎？[35]

至 2100 年的大氣二氧化碳濃度與氣溫增加預測

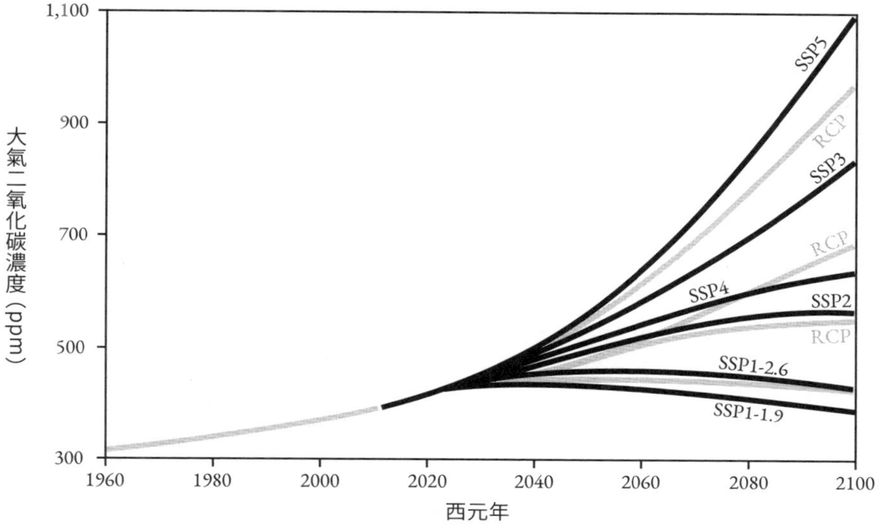

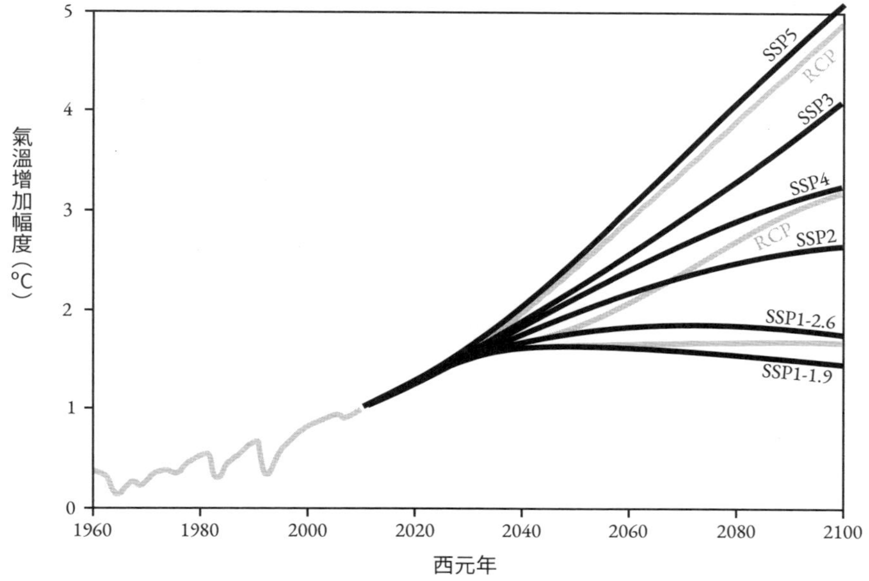

資料來源：O'Neill et al, 2016

SSP 共享社會經濟路徑（Shared Socioeconomic Pathway）

RCP 代表濃度路徑（Representative Concentration Pathways）

伊微沙島（Ibiza）的著名夜店會不會成為歷史？畢竟西班牙氣溫飆高，選擇其他觀光地跳舞開派對不僅更合理、更舒服，還不會有性命之憂。[36]有毒的藻華已經從非洲一路長過大西洋，而且還在繼續擴大。如此一來，加勒比海的湛藍海水還能保持風景如畫嗎？[37]橄欖收成因為缺雨和酷熱而大減，橄欖油價格騰貴，我們所謂的「地中海飲食」會不會因此消失？世人長期認為地中海當地人之所以長壽，是因為生活方式與飲食使然，要是地中海飲食消失，他們的預期壽命會不會受到影響？[38]

假如要冒生命危險走訪泰姬瑪哈陵（Taj Mahal）、中國的長城或佩特拉（Petra）古城，遊客還會去嗎？要是伊斯蘭信仰五功之一的朝覲——前往麥加巡禮，繞行神聖的天房——因為極端高溫而變得難以實現，甚至會有危險的話，伊斯蘭教的意義會受到什麼影響？假如聖河恆河變成涓滴細流，甚至完全乾涸的話，印度的大壺節會變成什麼光景？[39]

已開發世界生育率泰半迅速下降已成為事實，而在全球人口下降——至少溫帶地區下降的情況下，這個因素會如何影響決策？人口衰退是否會帶來資源需求大減、環境壓力減輕、能源需求降低的情況？如果會，又會以什麼方式在什麼時間點發生？

這些問題搞不好一點也不重要，畢竟人類最大的威脅，不見得來自氣候變遷，也不見得來自那些等著在本世紀下半葉發作的慘狀。根據假設所進行的氣候趨勢預測最多到二一〇〇年，再下去就沒有可信度了——畢竟預測是要從目前的因素出發，看趨勢可能會領著我們往哪兒走。然而，還有很多可能性足以一下子讓所有氣候變遷的預測都顯得多餘。其中之一就是重大戰爭的可能性。

近年來，各界熱烈討論世界暖化跟暴力之間的關係，尤其是未來的「水資源戰爭」，各國爭奪因為全球暖化及／或過度消費而受限的資源。至少直到俄羅斯總統普丁在入侵烏克蘭初期，讓該國核武進入備戰狀態之前，認真思考動用核武可能性的人並不多。第二次世界大戰結束後，「互相保證毀滅」貫穿華盛頓與莫斯科在大部分時候的戰略思維。過去三十年間，人們很難想像動用核武，主要是因為核武將帶來恐怖的後果，但也是因為許多人認為冷戰結束等於徹底終結互相保證毀滅的威脅。

即便如此，聯合國祕書古鐵雷斯仍在二〇二二年八月的演說中表示，核武對抗的威脅已變得跟冷戰時一樣嚴重。他強調，「人類與核滅絕之間，只隔了一場誤會，一次錯估」。[40]運用最新氣候模擬所做的新分析顯示，大量使用核彈頭造成的煙塵，將在十五年間破壞大部分的臭氧層。[41]即便是核戰規模相對小的情況，像是印度與巴基斯坦之間的局部戰爭，也會影響農作物——減少全球七%的熱量攝取，美國與俄國等中高緯度國家的農業受到影響會特別嚴重。[42]

還有其他現象會嚴重影響地球上的日常生活，像是強烈影響地球磁層的太陽風，太陽風暴會破壞電網的變壓設備，美國經濟因此付出一兆美元以上的代價，用了好幾年才恢復。太陽風暴的風險之高，讓美國正式立法「預測與偵測」太空天氣現象，如「太陽閃焰、太陽高能粒子與地磁擾動」。二〇一六年，美國總統歐巴馬發布行政命令〈國家級太空天氣現象協調準備準則〉(Coordinating Efforts to Prepare the Nation for Space Weather Events)，指示國防部、國土安全部、內政部、商業部、能源部等部會首長偕同ＮＡＳＡ署長，「將經濟損失與生命危害降到最低」。[43]

太陽風暴考驗相當嚴峻。二〇一二年七月曾有一次日冕物質拋射，初始速度大約每秒兩千五百公里。假如提早一週發生，拋射就會以更近的距離通過地球，對衛星、飛行器、電力系統，乃至於整體人類社會造成嚴重後果——畢竟我們對現代科技級為仰賴，而科技產品對於任何型態的電磁擾動都很脆弱。[44]

月引洪水 (lunar flooding) 也是風險。ＮＡＳＡ預估二〇三〇年代中葉，月球週期將會增強潮汐力，海面高度上升，引發潮汐洪水淹沒低窪地區，以及造成重災的地震。世界各大洋，甚或地中海也都有海嘯問題，聯合國教科文組織曾表示，地中海沿岸在二〇三〇年之前遭遇海嘯的機率高於一〇〇％。[45]

星體撞擊的威脅同樣非常切身。例如在一九八九年三月，原名「1989FC」，後改名為「阿斯克勒庇俄斯四五八一號」（4581 Asclepius）的小行星，從距離地球六十八萬公里處通過；假如這顆小行星早六小時來，就會撞擊地球，造成毀滅性影響（撞擊的角度與地點都會影響嚴重的程度）。[46]另一顆小行星「阿波菲斯九九九四二號」（99942 Apophis），則是在二〇〇四年發現其存在後，據信會對地球造成最嚴重威脅的其中一顆星體。不久前，NASA判斷該顆小行星不會撞擊地球——至少百年內不至於。[47]儘管如此，NASA仍然開發行星防禦系統，「雙小行星改道測試」（Double Asteroid Redirection Test, DART），並於二〇二一年部署，地外物體造成威脅的程度可見一斑。[48]

不過目前為止，火山對全球氣候帶來的風險才是最大的。歷來針對全球暖化，人們已經投入大量的腦力與注意力預做準備，但卻幾乎沒有投注時間、計畫或資金去因應大規模火山爆發的潛在影響。儘管有新證據顯示，火山爆發指數（Volcanic Explosivity Index, VEI）七級的爆發大約每六百二十五年發生一次——八級的爆發週期則大約是每一萬四千三百年——比過往認為得還要頻繁，但缺乏準備的情況依舊。[49]

上一次的VEI7噴發是一八一五年的坦博拉火山爆發，時間正一分一秒流逝，而且恐怕比過去流逝得更快：近年來的探勘顯示，火山作用與火山活動跟冰層融化及海平面上升關係密切，地殼與地函受到的壓力之間有其因果關係。[50]假如為真，下一次超級噴發到來的腳步就是愈走愈快，屆時會有大量的火山灰與氣體噴發進入大氣層，關於氣候變遷的討論也可以不用再提，隨著氣溫驟冷、農作歉收、動植物死亡，人類的傷亡將是數以百萬計，甚至上億人喪生。有人估計在二一〇〇年發生大爆發的機率是六分之一——也就是說，比小行星與彗星撞擊加起來高出數百倍。[51]

二〇二二年一月十五日，東加群島海底火山洪阿東加—洪阿哈阿帕伊（Hunga Tonga-Hunga Ha'apai）大爆發，世界各地都有報導，但對於爆發的科學分析卻鮮有版面，人們對火山影響仍缺乏常識。如果以一九四五年在廣島上空投下的原子彈為基準，這次噴發的爆炸威力比一百枚同時引爆還大。[52]巨大的煙塵噴入大氣層，高度創下紀錄，NASA科學家更表示火山的熱度與海中的過熱蒸氣宛如「超級雷雨的高能燃料」，在三天內引發將近六十萬次雷擊。[53]這次海底火山爆發不僅是近現代觀察到最猛烈的噴發，還帶來其他效應——海底火山的情況與大多數陸地上的火山不同，一般火山會造成寒冷化現象，但洪阿東加—洪阿哈阿帕伊的噴發卻導致大量水汽化並注入大氣層，反而將導致地表暖化，強化既有的氣候趨勢。[54]

問題不在大規模火山爆發會不會發生，而是何時發生。二〇二一年三月，美國地質調查局（Geological Survey）發出警訊，表示全世界最大活火山——冒納羅亞火山「持續從休眠中甦醒」。雖然美國地質調查局提到噴發「不至於迫在眉睫，但已到了重新檢視個人應變計劃的時候」。更新資訊時，美國地質調查局引用班傑明・富蘭克林的話，下了一個令人不安的標題：「火山觀測——『不及時準備，你會準備不及。』」[55]更有甚者，民眾想像中的鮮活畫面是單一一座火山的劇烈爆發，但真正需要關注，對全球氣溫、供應鏈、交通與通訊網潛在威脅更嚴重的，恐怕是小型活火山相對小規模，但群體性的噴發。[56]

其他現象或許也會影響目前對於氣候變遷的預測，甚至是影響眼下變遷的方向與情況。全球已有五十多國曾實施氣候調節，例如驅散霧氣、加強降雨與降雪，以及遏止冰雹。[57]「對沙烏地阿拉伯來說，種雲是最有機會的解決方案」，利雅德的國家氣象中心（National Centre of Meteorology）執行長艾曼・古拉姆（Ayman Ghulam）談起這個年雨量平均只有一百毫米、受氣候影響恐怕最為嚴重的國家時如此表示。[58]北京奧運前夕，為了提供運動員與觀眾理想的天候，也為了展現該國最好的一面，中國曾動用種雲技術；而為了確保二〇一六年五一勞動節慶祝活動時，莫斯科上空能萬里無雲，俄羅斯也採取和中國一樣的作法。[59]

中國對於氣候與天氣調節格外積極，制定計畫要發射「低頻高能聲波（去）激發雲體，加以活化」，是一種低成本、可遙控的手法，要為降雨粒子提供能量。[60]二〇一二年至二〇一七年，中國用人造雨的方式增加超過兩千三百億立方公尺的降雨，當局更宣布要大幅提升並發展人工影響天氣工作，像是在二〇二〇年大膽聲明「基礎研究和關鍵技術研發取得重要突破，現代化水平和精細化服務能力穩步提升，安全風險綜合防範能力明顯增強，體制機制和政策環境更加優化，人工增雨（雪）作業有想面積達到五百五十萬平方公里以上，人工防雹作業保護面積達到五十八萬平方公里以上。」這些措施將共同「支持生態保護與修復」，並且成為森林大火緊急應變、緩解高溫與乾旱影響的基礎。[61]

這種思維方式有個重要元素，是把大自然當成「馴服」的標的——也就是可以隨意掌握，而不是設定為環境設下界限或要求自我調適。比方說，把雲形容成「空中蓄水庫」，等於是建立一種觀念，把天氣、氣候及整個大自然當成能夠與應該用來滿足人類需求的存在，甚至是進一步認為生態正在「現代化」，憑藉創造力、科技力與一股熱忱，就能緩解乃至於消除大規模的環境挑戰。[62]

其他地方的科學家選擇的用語同樣也很關鍵。美國國家科學院在二〇一五年發表的重大研究報告，就選了「氣候介入」（climate intervention），而不是「地理工程」（geoengineering）、「氣候工程」（climate engineering）或氣候調節；院方之所以會選擇這個詞彙，不是為了強調控制天氣的能力，而是因為在改變大氣條件時，結果比較不精準，也缺乏確定性，而介入比較能把握那種不確定感。[63]

美國有大量與天氣調節相關的活動進行，根據法律規定，相關活動紀錄必須經美國國家海洋暨大氣總署（National Oceanic Atmospheric Administration），交由美國商業部記錄在案。[64]雖然部分學者提到，這些報告往往誇大製造與產生的降雨量，並且這類活動也會造成不利於環境的細微因素（像是種雲用的碘化銀造成汙染），但研究也指出相較於水資源的價值，這些代價算是相對較低。也就是說，整體上似乎利大於弊。[65]

種雲行動多是機密，旁人並不清楚其目標、規模與方法，也不了解非自然改變天氣對其他國家與地區的天氣系統，尤其是降雨量可能造成的影響。[66]這種「調節天氣模式，將大量水氣從含量豐富的甲地天空，導引到缺乏水氣的乙城市上空」的行動，無疑會大大影響甲乙兩地的生態系，甚至影響其他地方。[67]

近年來有報告指出，除了「目前的監測系統不足以量化〔天氣調節的〕影響」外，對於「政治、社會、法律、經濟與倫理面向」的了解也很模糊。更有甚者，一群資深學者斷言，人為介入自然的天氣系統，恐怕會導致「無法預測、無法處理的嚴重潛在後果，恐將追悔莫及」。[68]易言之，試圖影響、調節或操縱氣候，結果可能弄巧成拙。

閉門進行的最新、最先進研究究竟進展如何，外人無從得知。早在三十年前，就有人針對反制全球暖化提出方案。根據一九九二年，結合美國科學家跨領域合作所撰寫的大範圍政策文件來看，許多不同的減緩方案已開始實施——像是採用節能照明、提升小型車與大卡車燃料使用效率、使用乾淨的再生能源、淘汰水稻生產、減少氮肥使用、降低反芻動物數量，以及修補天然氣管線漏洞。

其他還有許多創意滿點的建議浮上檯面，包括在地球軌道設置「太空反射鏡」以反射陽光；使用大炮把粒子打進平流層，形成並維持灰雲，以增加陽光反射率，藉此讓地球降溫；施放「數億顆鋁箔氫氣球在平流層中」，構成類似反射幕，阻擋陽光照射地球；「在船隻上或發電廠裡」燃燒硫，模擬海面低雲以反射陽光；還有把鐵投入海洋，刺激能吸收二氧化碳的浮游生物，讓牠們生生不息。美方報告中表示，「我們必須對各種方法有更多了解，畢竟若溫室暖化發生了，這些方法說不定能左右局面」。更有甚者，報告還提到雖然「這些方法對於環境有什麼潛在副作用，我們尚不了解」，但值得一提的是「部分選項的實施相當便宜」。[69]

截至二〇〇三年，由於前述新構想中前景看好的並不多，美國國家科學研究委員會保守表示，「對於人為天氣調節的效果，還沒有令人信服的科學證據」，雖然有些順利的跡象，但證據仍需積極驗證。儘管如此，近年來還是產生「許多大有前途的發展和進步」。[70]委員會因此建議成立國家級跨部會的計畫，探討天氣調節，以及使用新科技與新工具可能在無意間造成的後果。[71]

僅僅過了十年，科學的進步便足以讓人透過技術衡量氣候調節的衝擊，透過大規模調查，讓人一窺將二氧化碳從大氣中移除（所謂的碳捕捉），還有提升太陽輻射反射量以使地球降溫等新思維。根據二〇一五年發表的報告，後者「此時不應實施」後一項措施。研究人員建議，其他對治全球暖化的措施則需要積極驗證，進一步研究減緩或逆轉全球暖化的方法。不過，大幅降低二氧化碳排放，顯然仍是最佳解。[72]

二〇二一年發表的追蹤研究指出，就算太陽能地理工程可行，也無法對治氣候變遷與全球暖化的原因（也就是大氣中溫室氣體濃度的增加），或解決相關問題如海洋酸化。[73]即便如此，依然有更多對於大規模調節的研究在進行，像是探討調節對地球所有生命的可能影響。[74]合理推測，未來幾年將會有大量的研究能告訴我們更多，甚至是給我們更好的建議，看看做些什麼才能防止局面演變到萬劫不復的程度。不過，我們也可以合理推論，某些國家甚至是非國家行動者恐怕會在接下來數年乃至於數十年，選擇去驗證甚至實施能帶來解決之道（或者看似如此），結果卻對地球上的其他人造成負面影響。

我們今日面對的問題與考驗，當然跟最早的人類祖先所面對的在許多方面完全不同。然而有一點沒變：我們所處的自然環境，以及維持這個自然環境的氣候，構成你我存在的脈絡。話雖如此，我們還是逐漸相信科技能克服我們的侷限，我們重塑、改造自然的作法能減緩、避免，甚或是戰勝那些決定我們生活空間與生活方式的所有障礙和屏障。

信心滿歸滿，代價不是沒有。聯合國表示，世界上高達四〇%的土地已經退化。按照目前的速率，土地劣化面積將在二〇五〇年以前達到南美洲的大小。[75]「地球超載日」(Overshoot Day)——亦即標示出每個年度當中，資源消耗超出地球再生能力的那一天，藉此讓世人關注永續性——在一年當中的時間點不斷提前，一九九〇年代落在約十月，到了二〇二二年已經提前到七月下旬。[76]

當然，人類不見得不能調整自己。或許是改變我們的生活方式與所做的選擇，或許是新科技與新觀念使然，或許是合作高度的提升——無論原因是開明的治理，還是危機與不得已。然而我們得時刻提醒自己，歷史上的人類在面對周遭物質與自然世界的改變，以及隨之而來的影響時，往往疏於認識或者無法適應。

說起來在人類的故事中，包括氣候在內的環境因素雖然不時介入，導致帝國毀滅、社會瓦解或是讓人反應不及，但環境因素其實不是角色，而是舞臺，讓我們得以在臺上展現自己的存在，形塑我們的所作所為、我們的身分，乃至於我們生活的空間與方式。觀眾通常只想到舞臺上發生的事情——主角的一言一行——而沒有考慮到其言其行所開展的脈絡。演員來來去去，但要是劇場打烊或垮臺，我們全部都會完蛋。

動植物得在適合自己的棲地才能成長茁壯，人類也一樣；一旦落入不適合自己的環境，動植物的生命將備受考驗，甚至無法存活，人類也如此。我們獨具匠心，能找出方法調整棲地，再造自然，以符合自己的需求——或是興建城市，或是打造人工水系讓作物能在本來無法種植的地方生長，抑或是藉由創新、反覆試驗、開發科技調御不利條件，創造人工生態系。人類的故事，是智謀、韌性與適應的故事。

然而，這些特質卻會導致安全的錯覺，讓人以為苦日子總有一天會回歸平常——歷史學家可以提醒大家，這其實只是一廂情願。今日與明日的問題，關鍵在於我們其實活在能耐的極限，甚至是超出能力範圍，仰賴一切不出岔子，幾乎沒有容錯空間。這種生活方式在過去會造成脆弱、風險與岌岌可危，一如本書試圖讓讀者看到的情況，即便來到今天也並無二致。

我們人類出現在地球歷史上的時間，對於這顆行星來說不過就是轉瞬。我們把自然的歷史化為「大規模滅絕」的概念，想成徹頭徹尾的恐怖，但其實自然才不在乎誰輸誰贏，也不會為不同的生物相排先後，重點永遠在於調適與生存。千萬別忘了，我們之所以能出現在地球上，是因為過往的氣候劇變，加上這顆行星因為僥倖而變得適合我們的存在。

早自太初，氣候一直在形塑著大地，長期的變化模式決定了人類覺得有用的資源與原物料（例如煤、石油及天然氣）會出現在哪個位置，但除非我們加以使用，否則跟其他動植物不會有瓜葛。無庸置疑——至少理應無庸置疑——世界會繼續以地軸為中心轉動，地球會繼續繞著太陽，無論我們有多少人（也許很多，也許很少）有幸活在世上見證並享受這一切。有一點清楚無比：假如我們與後代子孫躲不掉全球暖化，或是無法適應，我們就是步上過去眾多其他物種的後塵。我們的「失」，將是其他動植物的「得」。[77]

米爾頓在《失樂園》中寫道，逐出伊甸園有其後果。神因為全人類的祖先，也就是亞當與夏娃的短視、貪婪與違抗而震怒，祂「按名召來祂大能的天使」，命其改變地軸，改變氣候，讓大地蒙受「難熬的冷與熱」，讓雷電「挾恐怖而怒號」。樂園的氣候本來完美無瑕，從來不受「酷寒與熾熱」影響。換句話說，人類面對的氣候之所以不斷惡化，元凶始終是自己。[78]

從米爾頓的《復樂園》(*Paradise Regained*) 就能清楚看出，他也想過重返樂園。米爾頓是跟隨淵遠流長的傳統。二世紀時，聖宜仁 (St Irenaeus) 想像基督復臨的那一刻，想像這將帶來的喜悅，以及信友將領受的豐盛。他寫道，上主將宣布「每一粒麥將結萬穗，各生一萬穀粒，各產十磅純淨上好麵粉。葡萄樹將有一萬枝條，各有一萬腋芽，各有一萬新梢，各有一萬花穗，各有一萬果實」——而且每一顆果實都無比多汁。「其餘所有結果的樹、種子與草亦將同等結實纍纍。」也就是說，沒有人會餓肚子。[79]

類似的富足許諾，在世界各大文學傳統中幾乎都能找到，尤其《奧義書》宣說「大地如眾生之蜜，眾生如大地之蜜」，或像《古蘭經》提到在樂園中將能「在樹蔭下，依身床榻」，園中滿是佳偶享受水果，還有他們想要的一切。[80] 在湯瑪斯・摩爾 (Thomas More) 虛構的《烏托邦》(*Utopia*) 裡，食物「在四處都能不勞而獲」；而對北美洲的若干原住民來說，樂園的理想地點不在新世界或死後的世界，而是此地，只是是在過去——彼時食物與資源更為豐富。[81]

⁝　⁝　⁝

然而在現實世界中，我們正拿自己的未來冒極大的風險。二〇二一年春天，一份關於生物多樣性經濟的重要報告出爐，內容提到人類用大自然的資源來獲得食物、飲水與遮風避雨處。但我們也把大自然當成二氧化碳、塑膠與汙染等廢物的去處。報告的作者帕薩・達斯古普塔 (Partha Dasgupta) 爵士說，原因不只是短視，更是愚蠢：「各地的政府幾乎在花錢讓人剝削自然，而不是保護自然，把非永續的經濟活動排在第一位，讓問題雪上加霜。」[82]

報告還表示，我們其實正在竭澤而漁。眼下，「我們若想維持今日世界的生活水準，就需要一．六個地球」，這個評估暴露出世人對於解決問題所投注的心力與採取的行動之少，顯然是「根深蒂固、無所不在的沉痾」。[83]英國政府的預算責任辦公室（Office for Budget Responsibility）不久前表示，「如何解決氣候變遷」這個問題歸根究柢其實很好解決：出手讓淨排放走向零的終歸是大自然，而不是人類的行動。這將以災難性的方式實現，包括饑荒、疾病或戰爭所造成的人口大量減少。只要世上燒燃料、砍森林，把礦物從地殼下扯出來的人變少了，人類的碳足跡或許就能大幅減少——我們也會更接近幻想中過去那長長久久、鬱鬱蔥蔥的樂園。也許我們能找出辦法，用和平的方式重返樂園——是個歷史學家的話，就不會這麼下注。

謝辭

這是一個令人難忘的寫作計畫。我跟許多人一樣，思索氣候變遷很長一段時間，試圖理解全球暖化會在未來幾年，以及對未來子孫造成什麼影響。能夠思考、閱讀、研究氣候變遷的歷史，看極端天氣與長期穩定期在過去扮演的角色，對我來說不只樂趣無窮，同時也是一段艱辛但豐收的旅程。

撰寫本書使我不得不去跟新類型的文獻材料打交道，尤其是科學文獻，並學習如何詮釋這些材料；撰寫本書也把我推向以前並未深入研究過的區域，探討當地人的歷史，讓我大開眼界，過程也令我成為更扎實的歷史學者。身為歷史學家，服務於全世界頂尖大學之一，享有自由發展我的想法，跟同事互動，大膽暢想我所從事的主題，我非常清楚這是多麼得天獨厚的一件事。

雖然本書已經醞釀數十年，但在最一開始，我必須先感謝洛杉磯蓋蒂中心（Getty Center）主席 Jim Cuno，在二〇一七年邀請我前往美國，擔任主席委員會學人（President's Council Fellow），讓我得益於中心非凡的資源，研究氣候史，開設初步講座，給我機會組織自己的思考，凝鍊自己的想法。所有的想法都需要一個起心動念與一個脈絡，而我非常感謝蓋蒂中心及其受託人，提供愉快而慷慨的環境，讓一個計畫能夠從發想開始，變得比我原本的想像還要遠大。

我很感謝牛津大學的同事和學生，提供不斷刺激思考的環境；也感謝博德利圖書館（Bodleian Library）

的同仁，這裡擁有世界級的藏書，而我要找的材料常常藏得很深，並不好找，但館員們以近乎無窮的耐心幫我找到它們的下落。我一定要感謝牛津大學伍斯特學院（Worcester College）院長與同仁，感謝那些研究古代晚期與拜占庭、全球與帝國史，乃至於相關領域的友人與同事，在這麼多年來的幫助與支持。A・G・雷文提斯基金會（A. G. Leventis Foundation）與斯塔夫羅斯・尼亞爾霍斯基金會（Stavros Niarchos Foundation）的支持也很關鍵，對於兩基金會受託人持續的鼓勵與挹注，我銘感五內。

我也非常感謝劍橋大學國王學院（King's College）院長與同仁，尤其是 Robin Osborne 教授、Lorraine Headon、David Good 教授與 Katie Campbell 博士，以及 Alison Traub 和 Stephen Toope 教授，他們是絲路族群、文化與國家研究的中流砥柱，開啟新的大門，對我的整體學涯及本書的研究裨益良多。

經紀人 Catherine Clarke 與 Zoe Pagnamenta 一直是我的守護神，還有 Knight Ayton 經紀公司的團隊總是鼓勵我，讓我有一種自己很有趣、很能幹的錯覺。我的編輯 Alexis Kirschbaum 與 Michael Fishwick，提供溫暖鼓舞與冰冷如鋼的絕佳平衡，這一招一直都很有效。我很感謝他們兩位，也很感謝我的審稿人 Peter James，我從以前就知道他們的火眼金睛有多厲害。

能夠和 Lauren Whybrow、Genista Tate-Alexander、Hayley Camis 與 Jonny Coward 合作，確保本書讀起來、看起來跟實際上一樣好，一直是樂趣無窮。我很感謝 Mike Athanson 繪製的精美地圖。Jo Carlill 找彩圖時下的功夫堪稱上窮碧落下黃泉。特別感謝 Emma Ewbank 製作的精美封面，我最近的幾本書都出自其手筆。俗話說不要以貌取人，但就《地球之路》這本書來說，讀者如果以封面取書，我也開心。

我很高興這麼多年來，能夠跟 Bloomsbury、Knopf、Spectrum、Rowohlt Berlin 以及世界各地其他出版社合作，謝謝社方堅定不移的信心與支持。我也很感激 Chris Stringer 教授慷慨自己寶貴的建議以及對人類演化的看法，還有 Vicki Smith 博士提點我伊洛潘戈火山在西元四三一年爆發的時間點。也感謝我在伍斯特學院的同事 Michael Drolet，指點我關於米歇爾・舍瓦利耶的事。

孩子們支持我、鼓勵我，不時笑我到底要花多久時間才能寫完，笑我老是在吃飯時間開差不多的話題。因為有他們，我才能完成本書。謝謝 Katarina、Flora、Francis 與 Luke，謝謝你們：現在的你們比我開始寫書時長大好多。我好懷念你們問我還有多少沒寫，最新的一章進度寫到哪年哪月了。雖然我答應以後不寫書了，但我看自己八成會食言；你們的支持總是比你們想像的更多。

我在二〇一八年失怙。過去的每一天，我沒有一天不想念我的父親。以前我們天天都在聊歷史、政治，還有他真正的熱情所在——地質學。我很遺憾，自己在撰寫本書的時候，已經沒有辦法這麼做了。二〇二〇年至二〇二二年全球疫情封城期間，我心心念念都是我的母親與手足，那時總是一連好幾個月見不到他們。

不過，本書是要獻給 Jessica，我這輩子的摯愛。三十多年來，她看著我把半生不熟的想法化為更有前景的內容，總是告訴我，我能夠做到，建議我怎麼做可以更好，而且總是我的支柱，是我快樂與笑聲的泉源，日復一日，無論晴雨。這麼多年來，她每一天都是我的靈感，總是在恰好的時刻說出恰好的話；她是磐石，是本書與我人生的基礎。若是沒有她的支持與鼓勵，我絕不可能辦到。她總是樂觀、勇敢面對未來，提醒我也這麼做。我將更加緊握她的手，以及我們孩子的手——是她的敦促鼓舞了我們，即便朝向不確定的未來，仍舊要懷著希望。所以，因為許許多多的所以，這本書要獻給她。

注解

本書的注解內容包羅萬象，超過兩百多頁，羅列多年來對《地球之路》做的研究，以及我的同行、同事、友人傑出的學術成果。

為了替讀者省些力氣，不用多帶這兩百多頁到處跑——同時也是為了減少書的篇幅，進而減少紙張、印刷用量與貨運碳排——這些注解可以上網在 www.bloomsbury.com/theearthtransformed 找到。您可以在網站上下載注解、參考，閒暇時再來查找，希望能便利有心跟進研究書目的讀者朋友。您也能透過掃描左側QR碼的方式存取注解。根據二〇二二年英國政府溫室氣體排放換算係數計算，將這類注解改為線上版，能夠讓英國首刷書籍減少一四．三噸的二氧化碳當量的總排放節省量。

減少頁數的作法也能讓我們控制成本，確保更多的讀者能夠負擔。

彼德．梵科潘作品集
地球之路：人類、氣候與文明的未竟故事

2025年8月初版　　定價：新臺幣880元
有著作權．翻印必究
Printed in Taiwan.

著者	Peter Frankopan
譯者	馮奕達
叢書編輯	陳胤慧
副總編輯	蕭遠芬
校對	蘇淑君
內文排版	劉秋筑
封面設計	陳宜楓

出版者	聯經出版事業股份有限公司
地址	新北市汐止區大同路一段369號1樓
叢書主編電話	(02)86925588轉5317
台北聯經書房	台北市新生南路三段94號
電話	(02)23620308
郵政劃撥	帳戶第0100559-3號
郵撥電話	(02)23620308
印刷者	文聯彩色製版印刷有限公司
總經銷	聯合發行股份有限公司
發行所	新北市新店區寶橋路235巷6弄6號2樓
電話	(02)29178022

編務總監	陳逸華
副總經理	王聰威
總經理	陳芝宇
社長	羅國俊
發行人	林載爵

行政院新聞局出版事業登記證局版臺業字第0130號

本書如有缺頁，破損，倒裝請寄回台北聯經書房更換。　ISBN 978-957-08-7759-5 (精裝)
聯經網址：www.linkingbooks.com.tw
電子信箱：linking@udngroup.com

國家圖書館出版品預行編目資料

地球之路：人類、氣候與文明的未竟故事/ Peter Frankopan著．馮奕達譯．初版．新北市．聯經．2025年8月．656面．17×23公分
（彼德·梵科潘作品集）
譯自：The earth transformed: an untold history.
ISBN 978-957-08-7759-5（精裝）

1.CST：人類生態學

391.5　　　　114010229